热 学

刘玉鑫 编著

北京大学出版社
PEKING UNIVERSITY PRESS

图书在版编目(CIP)数据

热学 / 刘玉鑫编著. -- 北京：北京大学出版社，2024.10
"101 计划"核心教材. 物理学领域
ISBN 978-7-301-33805-6

Ⅰ. ①热… Ⅱ. ①刘… Ⅲ. ①热学－高等学校－教材 Ⅳ. ① O551

中国国家版本馆 CIP 数据核字 (2023) 第 037257 号

书　　　名	热学
	REXUE
著作责任者	刘玉鑫　编著
责 任 编 辑	班文静
标 准 书 号	ISBN 978-7-301-33805-6
出 版 发 行	北京大学出版社
地　　　址	北京市海淀区成府路 205 号　100871
网　　　址	http://www.pup.cn　新浪微博：@ 北京大学出版社
电 子 邮 箱	zpup@pup.cn
电　　　话	邮购部 010-62752015　发行部 010-62750672　编辑部 010-62765014
印 刷 者	北京市科星印刷有限责任公司
经 销 者	新华书店
	787 毫米 ×1092 毫米　16 开本　27.5 印张　523 千字
	2024 年 10 月第 1 版　2025 年 3 月第 2 次印刷
定　　　价	82.00 元

未经许可，不得以任何方式复制或抄袭本书之部分或全部内容。
版权所有，侵权必究
举报电话：010-62752024　电子邮箱：fd@pup.cn
图书如有印装质量问题，请与出版部联系，电话：010-62756370

出 版 说 明

为深入实施科教兴国战略、人才强国战略、创新驱动发展战略,统筹推进教育科技人才体制机制一体化改革,教育部于 2023 年 4 月 19 日正式启动基础学科系列本科教育教学改革试点工作 (下称 "101 计划"). 物理学领域 "101 计划" 工作组邀请国内物理学界教学经验丰富、学术造诣深厚的优秀教师和顶尖专家, 及 31 所基础学科拔尖学生培养计划 2.0 基地建设高校, 从物理学专业教育教学的基本规律和基础要素出发,共同探索建设一流核心课程、一流核心教材、一流核心教师团队和一流核心实践项目. 这一系列举措有效地提高了我国物理学专业本科教学质量和水平, 引领带动相关专业本科教育教学改革和人才培养质量提升.

通过基础要素建设的 "小切口", 牵引教育教学模式的 "大改革", 让人才培养模式从 "知识为主" 转向 "能力为先", 是基础学科系列 "101 计划" 的主要目标. 物理学领域 "101 计划" 工作组遴选了力学、热学、电磁学、光学、原子物理学、理论力学、电动力学、量子力学、统计力学、固体物理、数学物理方法、计算物理、实验物理、物理学前沿与科学思想选讲等 14 门基础和前沿兼备、深度和广度兼顾的一流核心课程, 由课程负责人牵头, 组织调研并借鉴国际一流大学的先进经验, 主动适应学科发展趋势和新一轮科技革命对拔尖人才培养的要求, 力求将 "世界一流" "中国特色" "101 风格" 统一在配套的教材编写中. 本教材系列在吸纳新知识、新理论、新技术、新方法、新进展的同时, 注重推动弘扬科学家精神, 推进教学理念更新和教学方法创新.

在教育部高等教育司的周密部署下, 物理学领域 "101 计划" 工作组下设的课程建设组、教材建设组、联合参与的教师、专家和高校, 以及北京大学出版社、高等教育出版社、科学出版社等, 经过反复研讨、协商, 确定了系列教材详尽的出版规划和方案. 为保障系列教材质量, 工作组还专门邀请多位院士和资深专家对每种教材的编写方案进行评审, 并对内容进行把关.

在此, 物理学领域 "101 计划" 工作组谨向教育部高等教育司的悉心指导、31 所参与高校的大力支持、各参与出版社的专业保障表示衷心的感谢; 向北京大学郝平书记、龚旗煌校长, 以及北京大学教师教学发展中心、教务部等相关部门在物理学领域 "101 计划" 酝酿、启动、建设过程中给予的亲切关怀、具体指导和帮助表示由衷的感谢; 特别要向 14 位一流核心课程建设负责人及参与物理学领域 "101 计划" 一流核心教材编写的各位教师的辛勤付出, 致以诚挚的谢意和崇高的敬意.

基础学科系列"101 计划"是我国本科教育教学改革的一项筑基性工程. 改革, 改到深处是课程, 改到实处是教材. 物理学领域"101 计划"立足世界科技前沿和国家重大战略需求, 以兼具传承经典和探索新知的课程、教材建设为引擎, 着力推进卓越人才自主培养, 激发学生的科学志趣和创新潜力, 推动教师为学生成长成才提供学术引领、精神感召和人生指导. 本教材系列的出版, 是物理学领域"101 计划"实施的标志性成果和重要里程碑, 与其他基础要素建设相得益彰, 将为我国物理学及相关专业全面深化本科教育教学改革、构建高质量人才培养体系提供有力支撑.

物理学领域"101 计划"工作组

前　言

前言 授课视频

目前认识到的运动形式有机械的、热的、电磁 (包括光) 的和 "暗" 的等. 热学是研究热运动的规律及其对物质宏观性质的影响, 以及热运动与其他各种运动形式之间相互转化规律的物理学分支. 很显然, 热学的研究对象包括热运动的规律和物质的宏观性质. 宏观性质可以根据物质状态的特征分为静态的和动态的, 并可以根据物质的运动形式分为力的、热的和电磁 (包括光) 的等. 物质系统 (亦称为热力学系统) 的最重要特征之一是其由大量微观粒子组成, 也就是说热力学系统既可以是宏观上的大系统, 也可以是宏观小微观大的系统, 因此热学的研究对象不仅包括宏观可见的系统, 还包括通常意义上的微观系统. 再者, 物质的状态不仅包括固态、液态、气态、等离子体态、高压态、粉尘态等表观 (平常可见) 的状态, 还包括仅微观上可分辨的由物质的组分粒子的关联 (或构型、结构) 决定的微观状态. 通常把仅宏观可见的状态简称物态, 把考虑微观结构的状态简称物相, 例如, 常见的物质 —— 铁, 由其分子 (原子) 构成四种不同的晶体结构, 于是有体心立方 δ 铁、面心立方 γ 铁、体心立方 β 铁和体心立方 α 铁, 并且它们的性质有较大差异, 因此呈现为固态的铁有四种物相. 那么物相是具有更普遍意义的描述热力学系统状态的概念. 系统由一个物相向另一个物相的演化 (变化) 统称为相变. 现代物理学研究表明, 在物质演化 (包括宇宙等的演化) 过程中, 相变起着至关重要的作用, 因此物相结构与相变已成为现代物理学的重要研究领域.

根据热学的研究对象的上述特点, 在长期的研究中逐渐形成了由宏观入手和由微观入手两种方法, 并分别简称宏观方法和微观方法. 宏观方法是根据大量观测事实, 应用数学工具, 通过逻辑推理和演绎, 分析、总结、归纳出确定的、可观测的宏观物理量之间的关系及其变化规律. 由于观测事实既可以是静态的, 也可以是动态的, 因此这种方法既适用于研究状态方程等静态性质, 也适用于研究热力学定律等动态规律, 通常也称之为热力学方法. 显然, 这种方法具有唯象、可靠和普适的特点. 微观方法是根据物质微观结构学说, 从微观层次出发, 利用统计的方法阐述物质宏观性质的物理本质, 因此通常也称之为统计物理方法. 显然, 这种方法具有唯理和基本的特点, 但由于受到对微观结构及组分粒子之间相互作用的认识水平和实际计算能力的限制, 这种方法被认为具有近似的特点. 由于宏观物理量是相应的微观物理量的统计平均值, 因此热力学 (宏观) 方法和统计物理 (微观) 方法相辅相成、互为补充.

再者, 与经典力学系统的性质类似, 热力学系统的性质也可大致分为静态性质和动态性质两部分，所谓的静态性质包括状态方程 (状态参量之间的关系)、微观状态的统计分布规律、态函数等，动态性质包括热力学三大定律等. 作为基础物理课程 "热学" 的教材或参考书，本书较系统地介绍热运动的基本性质、规律，以及热学研究的基本方法及应用. 根据热学的研究对象和研究方法的上述特点，本书内容共分九章. 第一章介绍基本概念和规律，包括热力学系统及其平衡态的基本概念、状态参量的概念、热力学系统及热力学过程遵循的基本规律. 第二、第三和第四章介绍和讨论热力学系统的静态性质，其中，第二章主要介绍和讨论热力学系统的状态方程的概念及其确定；第三章介绍和讨论热平衡态下系统热运动的基本规律 —— 按微观状态的统计分布规律；第四章介绍和讨论热力学系统的态函数，以使读者对热力学系统的统计物理研究方法和热力学研究方法的相辅相成性具有较具体的感性认识. 第五和第六章是传统的关于热力学系统的动力学性质和规律的内容，具体深入地介绍和讨论热力学过程遵循的基本规律 —— 热力学第一定律、第二定律和第三定律，以及对热力学系统的态函数进行研究的热力学方法. 第七、第八和第九章是热力学系统和过程的性质和规律的应用的内容，其中，第七章对偏离平衡态不大的系统 (即近平衡系统) 中的输运现象予以简要介绍，并说明输运现象的微观本质，同时对非平衡过程中的基本规律予以简单介绍；第八章介绍液体和固体的彻体和表面两方面的基本性质，以使读者了解利用热学基本原理研究并解决实际物理问题的方法，尤其是打破传统的热学基本原理的应用对象仅仅是气体系统的观念；第九章介绍和讨论物相和相变的基本概念，以及单元系中常见相变的现象、性质、规律及其唯象理论描述.

按前述热力学系统状态的性质，本书内容的展开方式是，先将静态性质与动态性质两部分大致分开、分别讨论，然后讨论基本原理的应用. 第二、第三和第四章讨论静态性质和规律，第五、第六和第七章重点讨论动态性质和规律，第八章讨论常见系统的静态和动态性质，第九章讨论特殊过程的性质、规律及相应研究方法之概要. 按原理、方法及应用的著录展开方式来看本书的内容，即第一章介绍和讨论最基本的概念和原理，第二至第七章主要介绍较具体的原理、规律和方法，并穿插介绍一些应用，第八和第九章主要介绍前述规律和方法的应用. 为展示宏观方法与微观方法之间的关系，在各章节的介绍和讨论中都兼顾两种方法. 当然，考虑各课程内容划分的惯例，本书对微观方法的介绍和讨论仅在分子动理论的框架下展开，不采用标准的统计物理的系综理论方法. 全书的内容和分量与基础物理课程 "热学" 的约 45～54 学时相匹配，可作为相应的教材或参考书，其基本内容也可供 30～40 学时的 "热学" 课程的教学使用. 因为本书涉及内容较宽广全面，讨论较系统深入，其中的一些内容可以选讲，还有一些内容仅供读者扩展阅读，窃以为可以这样处理的内容在其节标题 (或小节标题、问题序号) 处分别做了标记 * 和 **.

关于教学, 尤其是基础物理课程的教学, 经过多年的努力, 人们基本上已经将目标定位由单纯向同学们传授知识转变到了提高同学们自己获取知识的能力、提高同学们批判性思维的能力和创新性研究的能力. 为真正实现这一目标定位, 作者认为至少应该注意下述事项或环节: (1) 准确把握并宣扬物理学的内涵和外延, 避免物理学被认为是 "纯粹理论" 科学, 甚至因所谓的加强应用技术而将基础物理课程边缘化; (2) 着重于对基本概念的准确论述和讲解, 着重于对物理原理和机制的基础性及其寻根求源的探索性, 切莫让人们将 "物理" 误认为是 "无理"; (3) 着重于对物理图像和知识体系的构建, 着重于培养同学们的解析计算能力和数据分析能力, 着重于对定理、定律及公式的实质及适用条件的分析, 避免生搬硬套, 甚至误导同学们; (4) 积极调动和激发同学们探索未知的兴趣和欲望, 培养并提高同学们批判性思维的能力和创新性研究的能力, 切忌抹杀同学们的好奇心和批判精神. 然而, 在目前的情况下, 让同学们广泛查阅研读繁多的原始文献仍不现实.

众所周知, 教育的目标是立德树人, 专业是教育和人才培养的平台, 课程是教育和人才培养的抓手, 教材则是课程构架和教学内容的系统性载体、是同学们学习的依托、是教师们讲授的主线. 因此, 为实现潜移默化、润物无声地既启迪智慧又立德树人的作用, 要求课程和相应的教材必须以科学观 (包括科学精神、科学素养和科学方法等) 作为它们的魂. 具体到热学, 它是同学们接触、了解组分单元极多、宏观规律不完全遵守决定论的动力学规律的第一门课程, 并且热学中关于热与功 (能) 之间关系的认识是物理学基本概念的升华, 是质的飞跃, 其他概念和方法的建立及其应用和启示也都具有重大意义. 这表明, 热学不仅具有基础性的特点, 还是充满前沿性和创新性的学科, 相应的课程当然必须体现该学科的基础性、前沿性和创新性. 因此同学们学习和教师们讲授的难度都很大. 考虑预期目标与现实状况的契合, 在本书的编写过程中, 作者始终贯彻 "崇尚结构、力求平实、承袭传统、注意扩展" 的方针, 具体的着力点包括: (1) 切实注意阐述理论及其导出或证明过程, 尤其是热学的热力学和统计物理两种研究方法的相辅相成、相得益彰之处, 以使同学们不仅尽快适应热学的特点和研究方法, 而且构建起系统完整的热学知识体系; 同时还重视对实验及应用的描述和分析, 以使同学们可以由之体会到物理学不仅是深化并提高人类对自然界的认识的科学, 更是几乎所有高新技术的源泉的科学, 从而窥得物理学是 "见物讲理、依理造物" 的科学的学科真谛. (2) 关于概念的准确性及学科本身的基础性、前沿性和创新性, 对于定理、定律及公式等, 本书尽量在预判的同学们已经具备的知识储备的基础上给出完整的论述、论证或证明, 避免 "可以证明" 的字样. 对于远远超出同学们知识储备基础和本课程范畴的问题, 本书明确说明在后续的课程中可以得以解决或处于正在研究的阶段. 例如, 对于熵及热力学第二定律, 尽可能从多方面、多视角展开论述和介绍, 尤其是清晰地给出了克劳修斯熵与玻尔兹曼熵的等价性的论证, 避免学术上有 "一言堂" 或 "强词夺理", 甚至 "无理取闹" 的嫌疑. 关于热学的研究对象及热学原理的使用范围, 强调其核心在于由大量微观粒子 (微观状态) 组成的特点, 而不在于其是否宏观可见. 在具体的介绍和讨论中, 除了以宏观系统为实例外, 还适时提及由大量微观粒子 (微观状态)组成的微观系统, 并专门列出了附录 C 来介绍一个实例. (3) 关于知识体系构建及物理实质、使用范围等, 无论是对表征静态性质的状态方程、统计分布规律、态函数, 还是对表征动态性质的热力学三大定律、近平衡态中的输运过程和相变, 本书始终在物理学本质上是实验科学这一认识的基础上来展开内容, 尤其是对于认识过程和升华飞跃, 尽量以从无到有、不断深化、实现升华的顺序表述, 具体即以遇到问题、发现问题、提出问题作为开端来展开, 然后对解决问题的方案和方法予以具体分析和介绍, 再对新建立方法的成功、适用范围和尚存问题等进行分析, 以使同学们具有身临其境之感. 一方面, 使同学们切身感受到自己不仅是知识的接受者和储藏器, 更是经验尚且不足的解释者、发现者和创造者, 从而更新身份定位, 自觉自愿地接受严格的训练和培养, 实现由要我学到我要学的转变, 为实现研究性学习奠定基础. 另一方面, 通过这样的分析和讨论, 使同学们的以实事求是、热爱科学、坚持真理等为核心的科学精神和以科学判断、批判能力和科学应用等为核心的科学素养得以训练和培养. 再一方面, 以之作为实例, 见习、研判利用实验探究、模型假设、理论分析、演绎推理、归纳总结、类比推广、顿悟突破、融合集成等科学研究方法进行创新性研究的过程, 对同学们发现问题和提出问题的能力、分析问题和解决问题的能力等进行训练, 从而使同学们的创造性思维和创新性工作能力, 以及科学方法及相关品质, 尤其是应对未来未知因素的能力, 得以培养和提高, 对当代物理学人才的创新能力, 以及更进一步的引领未来的能力的培养有所帮助. (4) 尽可能在不超出同学们知识储备水平层次上自然地引入前沿研究和发展现状的介绍, 以激发同学们的兴趣和积极性, 并以其为基础进行展开和深化. (5) 关于解析计算和数据分析, 除了在正文和例题中尽量完整严格展现之外, 本书还引用、改编和新编习题两百多道, 其中约四分之一是根据目前人们广泛关心的自然现象和学术问题, 以及正在致力研究的问题或提出的方法而改编和新编的, 难度较大, 尤其是对解析计算、数值分析、物理直觉及合理近似的要求较高, 以期由之激发同学们的兴趣, 培养并提高同学们的能力. 此外, 本书还附有一百八十多道思考题, 以帮助同学们掌握课程主要内容, 并训练培养同学们扩展建立新的研究方案或模型的思路.

尽管本书是基于作者在北京大学物理系和物理学院讲授热学二十多年的讲义整理而成，并经多位同人和多个兄弟单位使用，但是，由于其中蕴含的材料不仅信息量较大，而且知识跨度也较大，尤其是探索之处甚多，加上作者水平所限，书中一定存在很多不妥和错误之处，恳请读者不吝赐教.

在本书编著过程中，北京大学的高原宁院士、欧阳颀院士、李定平教授、刘川教授、马中水教授、穆良柱教授、全海涛教授、舒幼生教授、王稼军教授等，以及北京师范大学的涂展春教授和严大东教授、重庆大学的秦思学教授、大连理工大学的付伟杰教授、东北师范大学的马剑钢教授、国防科技大学的陈平形教授、哈尔滨工业大学的隋郁教授、辽宁师范大学的张宇教授、南开大学的常雷教授和李勇男教授、浙江大学的李敬源教授、中山大学的姚道新教授等认真阅读了书稿，并多次与作者进行深入具体的讨论，提出了许多宝贵的修改意见. 北京大学理论物理研究所、北京大学普通物理教学中心，以及其他单位的很多同人也提出了许多宝贵的意见和建议. 穆良柱教授还核对了所有习题的参考答案，秦思学教授还提供了部分宝贵的资料. 在此，作者对诸位同人表示衷心感谢!

刘玉鑫

2024 年 3 月于北京大学物理学院

目 录

第一章 基本概念与基本原理 · 1

  1.1 物质结构的基本图像 · 1

    1.1.1 物质结构的原子分子学说 · 1

    1.1.2 物质分子处于不停顿的无规则运动状态 · 2

    1.1.3 分子之间存在相互作用 · 3

  1.2 热力学系统及其状态参量 · 5

    1.2.1 热力学系统及其分类 · 5

    1.2.2 热力学系统的状态参量 · 6

  1.3 平衡态的概念 · 7

  1.4 温度与温标 · 9

    1.4.1 温度的概念 · 9

    1.4.2 温度相同的判定原则 —— 热力学第零定律 · 9

    1.4.3 温度高低的数值标定 —— 温标 · 10

  1.5 热力学过程和准静态过程 · 16

    1.5.1 热力学过程及准静态过程的概念 · 16

    1.5.2 实现准静态过程的可能性及条件 · 17

  1.6 能量守恒定律 · 18

  思考题 · 20

  习题 · 21

第二章 状态方程 · 23

  2.1 状态方程的基本概念 · 23

  2.2 气体的状态方程 · 25

    2.2.1 理想气体的状态方程 · 25

    2.2.2 实际气体的状态方程简介 · 30

    2.2.3 理想气体状态方程的初级微观理论 · 34

    2.2.4 温度的本质 · 37

  2.3 确定状态方程的一般方法 · 40

    2.3.1 确定状态方程的唯象方法 · 40

    2.3.2 确定状态方程的理论方法* · 45

思考题 ⋯⋯⋯⋯⋯⋯⋯⋯⋯⋯⋯⋯⋯⋯⋯⋯⋯⋯⋯⋯⋯⋯⋯⋯⋯⋯⋯⋯⋯⋯ 45
习题 ⋯⋯⋯⋯⋯⋯⋯⋯⋯⋯⋯⋯⋯⋯⋯⋯⋯⋯⋯⋯⋯⋯⋯⋯⋯⋯⋯⋯⋯⋯⋯ 47

第三章 热平衡态下微观状态的统计分布规律 ⋯⋯⋯⋯⋯⋯⋯⋯⋯⋯⋯⋯ 52

3.1 统计规律与分布函数的概念 ⋯⋯⋯⋯⋯⋯⋯⋯⋯⋯⋯⋯⋯⋯⋯⋯⋯ 52
    3.1.1 事件及其概率 ⋯⋯⋯⋯⋯⋯⋯⋯⋯⋯⋯⋯⋯⋯⋯⋯⋯⋯⋯ 52
    3.1.2 统计规律及其伽尔顿板实验演示 ⋯⋯⋯⋯⋯⋯⋯⋯⋯⋯⋯⋯ 53
    3.1.3 随机变量与分布函数 ⋯⋯⋯⋯⋯⋯⋯⋯⋯⋯⋯⋯⋯⋯⋯⋯ 54
    3.1.4 一些常见的分布律 ⋯⋯⋯⋯⋯⋯⋯⋯⋯⋯⋯⋯⋯⋯⋯⋯⋯ 58
3.2 麦克斯韦分布律 ⋯⋯⋯⋯⋯⋯⋯⋯⋯⋯⋯⋯⋯⋯⋯⋯⋯⋯⋯⋯⋯ 61
    3.2.1 速度空间与速度分布律的概念 ⋯⋯⋯⋯⋯⋯⋯⋯⋯⋯⋯⋯⋯ 61
    3.2.2 麦克斯韦速度分布律和速率分布律 ⋯⋯⋯⋯⋯⋯⋯⋯⋯⋯⋯ 63
    3.2.3 麦克斯韦速度分布律的实验检验 ⋯⋯⋯⋯⋯⋯⋯⋯⋯⋯⋯⋯ 66
    3.2.4 麦克斯韦分布律的一些应用举例 ⋯⋯⋯⋯⋯⋯⋯⋯⋯⋯⋯⋯ 70
3.3 麦克斯韦-玻尔兹曼分布律 ⋯⋯⋯⋯⋯⋯⋯⋯⋯⋯⋯⋯⋯⋯⋯⋯⋯ 77
    3.3.1 重力场中微观粒子数密度随高度的等温分布 ⋯⋯⋯⋯⋯⋯⋯ 77
    3.3.2 玻尔兹曼密度分布律及麦克斯韦-玻尔兹曼分布律 ⋯⋯⋯⋯⋯ 78
3.4 能量均分定理与经典统计物理遇到的困难 ⋯⋯⋯⋯⋯⋯⋯⋯⋯⋯⋯ 81
    3.4.1 分子的自由度 ⋯⋯⋯⋯⋯⋯⋯⋯⋯⋯⋯⋯⋯⋯⋯⋯⋯⋯⋯ 81
    3.4.2 能量均分定理 ⋯⋯⋯⋯⋯⋯⋯⋯⋯⋯⋯⋯⋯⋯⋯⋯⋯⋯⋯ 82
    3.4.3 热力学系统的内能和热容 ⋯⋯⋯⋯⋯⋯⋯⋯⋯⋯⋯⋯⋯⋯ 84
3.5 粒子按微观运动状态的分布规律* ⋯⋯⋯⋯⋯⋯⋯⋯⋯⋯⋯⋯⋯⋯ 92
    3.5.1 微观粒子运动状态的描述及微观粒子系统的分类 ⋯⋯⋯⋯⋯ 92
    3.5.2 三类系统的微观状态数 ⋯⋯⋯⋯⋯⋯⋯⋯⋯⋯⋯⋯⋯⋯⋯ 96
    3.5.3 近独立粒子系统的粒子按能量的最概然分布 ⋯⋯⋯⋯⋯⋯⋯ 99
3.6 气体分子的碰撞及其概率分布 ⋯⋯⋯⋯⋯⋯⋯⋯⋯⋯⋯⋯⋯⋯⋯ 106
    3.6.1 气体分子的平均自由程与平均碰撞频率 ⋯⋯⋯⋯⋯⋯⋯⋯ 106
    3.6.2 气体分子碰撞的概率分布 ⋯⋯⋯⋯⋯⋯⋯⋯⋯⋯⋯⋯⋯⋯ 112
思考题 ⋯⋯⋯⋯⋯⋯⋯⋯⋯⋯⋯⋯⋯⋯⋯⋯⋯⋯⋯⋯⋯⋯⋯⋯⋯⋯⋯⋯⋯ 114
习题 ⋯⋯⋯⋯⋯⋯⋯⋯⋯⋯⋯⋯⋯⋯⋯⋯⋯⋯⋯⋯⋯⋯⋯⋯⋯⋯⋯⋯⋯⋯ 116

第四章 热力学系统的态函数 ⋯⋯⋯⋯⋯⋯⋯⋯⋯⋯⋯⋯⋯⋯⋯⋯⋯⋯⋯ 122

4.1 内能和焓 ⋯⋯⋯⋯⋯⋯⋯⋯⋯⋯⋯⋯⋯⋯⋯⋯⋯⋯⋯⋯⋯⋯⋯⋯ 122
    4.1.1 内能 ⋯⋯⋯⋯⋯⋯⋯⋯⋯⋯⋯⋯⋯⋯⋯⋯⋯⋯⋯⋯⋯⋯ 122
    4.1.2 焓 ⋯⋯⋯⋯⋯⋯⋯⋯⋯⋯⋯⋯⋯⋯⋯⋯⋯⋯⋯⋯⋯⋯⋯ 124

4.2 熵 · 125
    4.2.1 熵的概念与确定 · 125
    4.2.2 熵与信息 · 128
4.3 自由能、自由焓和化学势* · 129
    4.3.1 自由能与自由焓 · 129
    4.3.2 化学势及其与自由焓的关系 · 130
思考题 · 133

第五章 热力学第一定律 · 135

5.1 热力学第一定律 · 135
    5.1.1 功 —— 力学相互作用下转移的能量 · 135
    5.1.2 热量 —— 热学相互作用下转移的能量 · 137
    5.1.3 功、热量及内能之间的关系 —— 热力学第一定律 · · · · · · · · · · · · · · · · · · · 138
5.2 热力学第一定律在关于物体性质讨论中的应用 · 140
    5.2.1 物体的热容 · 140
    5.2.2 物体的内能和焓 · 141
    5.2.3 实际气体的节流膨胀效应 · 145
5.3 热力学第一定律对理想气体的应用 · 152
    5.3.1 理想气体的等体过程 · 152
    5.3.2 理想气体的等压过程 · 154
    5.3.3 理想气体的等温过程 · 155
    5.3.4 理想气体的绝热过程 · 156
    5.3.5 理想气体的多方过程 · 163
5.4 循环过程和卡诺循环 · 169
    5.4.1 循环过程的概念、性质和效率 · 169
    5.4.2 理想气体的卡诺循环及其效率 · 174
    5.4.3 内燃机的理想循环 · 176
    5.4.4 制冷设备与制热设备 · 178
思考题 · 180
习题 · 182

第六章 热力学第二定律和第三定律 · 189

6.1 可逆过程与不可逆过程 · 189
    6.1.1 可逆过程与不可逆过程的概念 · 189
    6.1.2 可逆过程与不可逆过程的举例及区分 · 190

6.2 热力学第二定律的两种语言表述·191
6.2.1 热力学第二定律的克劳修斯表述·192
6.2.2 热力学第二定律的开尔文表述·192
6.2.3 克劳修斯表述与开尔文表述的等价性·192
6.3 热力学第二定律的数学表述·194
6.3.1 卡诺定理·194
6.3.2 热力学第二定律的数学表述·197
6.3.3 卡诺定理应用举例·198
6.4 熵与熵增加原理·200
6.4.1 熵的概念·200
6.4.2 熵变的计算·202
6.4.3 熵增加原理·210
6.5 熵和热力学第二定律的统计意义·211
6.5.1 宏观熵与微观熵之间的关系·212
6.5.2 熵及热力学第二定律的统计意义·215
6.6 自由能、自由焓、化学势及热力学基本方程*·219
6.6.1 自由能·219
6.6.2 自由焓·222
6.6.3 热力学系统的态函数及其间的一些关系·224
6.6.4 化学势·228
6.7 热力学第二定律的应用举例·229
6.7.1 热力学温标的建立·229
6.7.2 卡诺定理的另一种证明·232
6.7.3 在均匀物质的热力学性质的讨论中的应用举例·235
6.7.4 化学反应热力学·237
6.8 热力学第三定律·239
6.8.1 规定熵的标准参考点的必要性·239
6.8.2 选取熵的标准参考点的可能性·239
6.8.3 标准参考点的选取及普朗克绝对熵·240
6.8.4 热力学第三定律·241
6.8.5 负温度*·241
思考题·242
习题·244

第七章 近平衡态中的输运过程·248
7.1 近平衡态中的输运过程及其宏观规律·248
7.1.1 黏滞现象及其宏观规律·248

	7.1.2 热量传输现象及其宏观规律 · 250

       7.1.2 热量传输现象及其宏观规律 · 250
       7.1.3 扩散现象及其宏观规律 · 257
  7.2 气体中输运现象的微观解释 · 260
       7.2.1 输运过程中的流 · 260
       7.2.2 黏滞、热传导和扩散现象的微观解释及相应系数的确定 · · · 262
  7.3 稀薄气体中的输运现象 · 266
  7.4 布朗运动及其引起的扩散 · 268
       7.4.1 布朗运动的理论描述 · 268
       7.4.2 布朗粒子的扩散举例 · 270
  7.5 非平衡过程中的一些常见现象和基本规律简介 · · · · · · · · · · · · · · · · 271
       7.5.1 分岔、分形与自相似结构 · 272
       7.5.2 耗散结构与自组织现象 · 273
       7.5.3 非平衡演化过程的一些基本规律* · 276
  思考题 · 284
  习题 · 284

第八章   液体和固体的基本性质 · 288

  8.1 液体和固体的概念与研究方法概述 · 288
       8.1.1 液体和固体的概念与分类 · 288
       8.1.2 液体和固体的微观结构及相应的研究方法 · · · · · · · · · · · · · 290
  8.2 液体和固体的彻体性质 · 294
       8.2.1 液体和固体的热容 · 294
       8.2.2 液体和固体的压缩性质和热膨胀性质 · · · · · · · · · · · · · · · · · 297
  8.3 液体和固体的输运性质 · 299
       8.3.1 黏滞性质 · 299
       8.3.2 扩散性质 · 301
       8.3.3 导热性质和导电性质 · 303
  8.4 液体表面的性质 · 306
       8.4.1 表面与表面张力 · 307
       8.4.2 表面张力系数 · 309
       8.4.3 表面能与表面内能 · 314
       8.4.4 弯曲液面内外的压强差 · 318
  8.5 润湿现象与毛细现象 · 324
       8.5.1 润湿、不润湿及接触角 · 324
       8.5.2 毛细现象 · 331
  思考题 · 337
  习题 · 338

第九章 单元系的相变与复相平衡······344

9.1 相、相变及相平衡的概念······344
9.1.1 相的概念与相稳定条件······344
9.1.2 相变及其分类······349
9.1.3 相平衡及相图······353

9.2 单元系的复相平衡······354
9.2.1 单元系复相平衡的条件······354
9.2.2 单元系复相平衡的性质······355

9.3 一级相变及其基本特征······360
9.3.1 常见一级相变概述······360
9.3.2 饱和蒸气压与饱和蒸气压方程······364
9.3.3 相平衡曲线······366
9.3.4 相平衡时两相的物质的量之间的关系······369
9.3.5 热力学函数的特征······370
9.3.6 相变和相分离的方式······372

9.4 连续相变的基本特征及热力学描述······378
9.4.1 有序－无序相变概述······378
9.4.2 超导相变及其热力学描述**······380
9.4.3 液氦相变的基本特征*······385

9.5 相变的唯象理论*······388
9.5.1 热力学势的特点与描述方案概述······389
9.5.2 二级相变的朗道理论描述······390
9.5.3 二级和一级相变的朗道理论的统一描述······394
9.5.4 相图的确定······395

思考题······398
习题······399

附录 A 名词索引······404

附录 B 常见高斯积分表······408

附录 C 无法确定热力学势情况下确定系统相图的一个现代物理学研究实例简介······409

部分习题参考答案······413

主要参考书目······423

第一章　　基本概念与基本原理

1.1　物质结构的基本图像

1.1.1　物质结构的原子分子学说

宇宙广袤，生灵万物，千姿百态，种类繁多，对它们以各个击破的方式分别进行研究当然可以，但任务极其繁重，于是人们发展建立了对它们进行分类研究的方式. 关于分类，人们采用其构成的相同性. 无论在我国，还是在西方，自古就有物质由最小基本单元构成的朴素原子论学说和"一尺之棰，日取其半，万世不竭"的无限可分学说，并且存在激烈争论. 到十九世纪初，英国科学家道尔顿 (Dalton) 发现，一种物质和另一种物质化合形成其他物质时，它们的质量总是成简单的整数比关系. 据此，他提出物质都由原子组成，不同物质的原子的质量有简单的整数比关系. 这样就把经典的原子论提高到了一个新的高度. 化学家们还根据可以利用化学方法使化合物分解，但不能利用化学方法使单质分解的实验事实，提出化合物由分子组成，分子由原子组成，原子不能被任何化学手段分割或改变的观点. 虽然物质结构的原子分子论在十九世纪就得到公认，但由于没有直接的证据证明原子、分子的真实性，因此原子、分子一直被认为是为描述问题方便而臆想出来的抽象概念. 到二十世纪初，关于分子无规则运动——布朗运动 (Brownian motion) 的理论建立并得到实验检验后，才真正确立了物质结构的原子分子学说.

更深入地，1911 年，卢瑟福 (Rutherford) 的 α 粒子散射实验表明，原子并不是无结构、不可分割的，而是由电子 (electron) 和原子核 (nucleus) 组成. 后来又发现原子核由质子 (proton) 和中子 (neutron) (质子和中子统称为核子) 等强子 (hadron) 组成，核子和其他强子都由夸克 (quark) (或夸克与反夸克) 组成 (具体地，由三个价夸克组成的强子称为重子 (baryon)，由一个价夸克与一个反夸克组成的强子称为介子 (meson)). 因此，按照现代科学认识水平的观点，物质结构的原子分子学说可以表述为: 所有物质都由分子、原子组成，分子是组成物质的保持其化学性质的最小单元，例如，O_2，H_2O 等. 原子是组成单质和化合物的基本单元，它由原子核和电子组成. 原子核由质子和中子等强子组成，强子由夸克或夸克与反夸克组成. 由此可知，物质结构是分层次的. 因此，关于物质性质的讨论应该建立在相应的结构层次上.

在考察常见宏观物质的热运动性质和规律的层次上，通常把分子、原子看作组成物质的微观单元. 例如, 在讨论常见的以固态、液态及气态存在的物质的热运动性质及规律时, 都把物质视为仅由分子组成. 但是, 对高能原子核碰撞形成的物质的研究, 以及对脉冲星等致密天体中的物质的研究, 就至少应在质子、中子及传递其间相互作用的介子的层次上; 而对早期形成的宇宙及目前宇宙中的被称为奇异星等天体的研究, 则应在夸克及传递其间相互作用的胶子 (gluon) 的层次上.

1.1.2 物质分子处于不停顿的无规则运动状态

物质分子都在不停顿地做无规则运动. 所谓无规则运动就是完全随机的运动, 该随机性既包括速度的大小, 又包括速度的方向. 这就是说, 对所有分子而言, 其运动是各向同性的, 没有任何一个方向比其他方向占有优势. 这样, 分子的无规则运动就与其整体、定向运动不同. 定量来讲, 分子无规则运动的特征是: 在其体坐标系 (或质心坐标系) 中, 分子的质心动量为零. 分子的这种无规则、随机运动又称为热运动. 那么, 我们在讨论物质分子的热运动时就应该将之与整体运动区分开来, 并将整体运动扣除掉. 对于物质分子的热运动的概念, 还应该注意, 热运动是所有分子运动的宏观、整体表现, 并不是对某一个具体分子而言的. 分子热运动的典型表现是布朗运动. 英国植物学家布朗 (Brown) 于 1827 年在显微镜下观察悬浮在静止的液体中的花粉时, 发现花粉颗粒不停顿地做无规则的跳跃运动. 后来, 人们把微小颗粒的无规则运动统称为布朗运动, 并把做无规则运动的微小颗粒称为布朗粒子.

虽然观察到了布朗运动现象, 如图 1.1 所示, 但在当时及其后相当长一段时间内, 关于布朗运动的本质并不清楚. 直到 1877 年, 德尔索 (Delsaux) 指出, 这种现象是由于微小颗粒受到周围分子碰撞的不平衡而引起的一种运动. 这种不平衡表明, 液体或气体分子的运动是无规则的, 因为只有在组成介质的分子都做无规则运动的情况下, 在任一很短的时间间隔内从不同方向撞击微小颗粒的分子数才会不同, 从而微小颗粒在不同方向受到的冲击作用不同, 于是微小颗粒向着受到冲击作用大的方向运动. 并且,

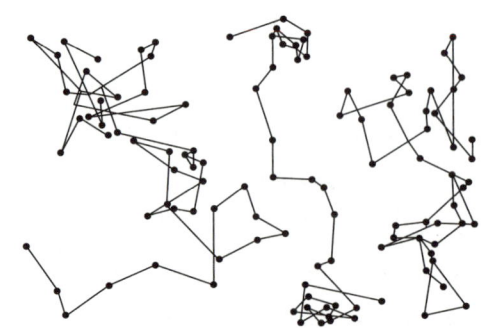

图 1.1　实验观察到的藤黄粉末在水中的布朗运动的投影示意图

随着微小颗粒线度的增大，荷载它们的介质 (液体或气体) 的分子从各个方向对它们的冲击作用的合成效果减弱，从而使微小颗粒的无规则运动剧烈程度减弱．随着温度升高，液体 (或气体) 分子的无规则运动剧烈程度增强，其对微小颗粒的冲击变得更加频繁，从而使微小颗粒的无规则运动变得更加剧烈．由此可知，微小颗粒的无规则运动与荷载它们的介质的分子的无规则运动互为表里．

虽然德尔索的论断阐明了布朗运动的本质，但由于缺乏系统的定量分析，说服力仍然不足．1905 年，爱因斯坦 (Einstein) 首先在统计力学框架下建立了布朗运动的理论，随后，斯莫卢霍夫斯基 (Smoluchowski) 和朗之万 (Langevin) 也分别发表了他们关于布朗运动的理论研究成果，完整地建立了关于布朗运动的理论 (简单的初步讨论可参见 7.4 节)．1908 年，佩兰 (Perrin) 用实验精确地证实了爱因斯坦等的理论的正确性，图 1.1 是佩兰实验结果的图示．随着科学的发展和实验技术的进步，其后，更多的实验事实都说明原子、分子不仅确实存在，而且总是处于不停顿的无规则运动状态．

截止到目前的研究表明，在不受特殊约束 (或限制) 的情况下，各个层次上的微观粒子都总是处于不停顿的无规则运动状态．

1.1.3 分子之间存在相互作用

一方面，物质由分子和原子组成，分子和原子都在不停顿地做无规则运动．另一方面，物质又都以某种形态存在，例如，常见的物质形态有固态、液态、气态等．为什么分子或原子可以凝聚成固体或液体呢? 让我们先考察一些日常实例: 拉断一段金属丝需要在其两端施加很大的拉力; 水龙头中流出的水大多形成连续的水流; 提起置于黏稠液体中的棍子时可以看到液体有粘连; 气体可以变成液体; 液体可以凝结成固体······ 凡此种种都表明，物体各部分之间存在吸引力，进而可以推知，分子之间存在吸引力．可是，固体和液体很难被压缩．这表明，组成固体和液体的分子之间不可能靠得太近．于是可以推知，分子之间还存在排斥力．综合这两方面因素可知，分子之间存在相互作用力，通常称这种相互作用力为分子力 (intermolecular force)．分子力包括吸引力和排斥力两部分．

1.1.3 授课视频

根据实验可以推知，分子力在分子相距较远时表现为吸引力，在分子相距较近时表现为排斥力 (常形象地称之为有短程排斥心)．由力学知识可知，t 时刻动量为 $\boldsymbol{P}$ 的质点所受的力 $\boldsymbol{F}$ 与质点所处势场 φ 之间满足

$$\boldsymbol{F} = \frac{\mathrm{d}\boldsymbol{P}}{\mathrm{d}t} = -\nabla\varphi.$$

并且，如果定义 $\varphi(r \to \infty) = 0$，则有

$$\varphi(r) = \int_r^\infty \boldsymbol{F} \cdot \mathrm{d}\boldsymbol{r}.$$

于是, 伦纳德 (Lennard) 和琼斯 (Jones) 提出, 与分子力对应的分子之间的相互作用势可以近似表示为图 1.2(a) 中的实曲线的形式, 并可解析地表示为

$$\varphi(r) = 4\varepsilon_0 \left[\left(\frac{d}{r}\right)^{12} - \left(\frac{d}{r}\right)^6 \right], \tag{1.1}$$

其中, ε_0 和 d 为常量. 相互作用势可以更一般地表示为

$$\varphi(r) = \frac{\lambda}{r^s} - \frac{\mu}{r^t}, \tag{1.2}$$

其中, $s \in [9, 15]$, $t \in [4, 7]$. 这种形式的分子之间的相互作用势称为伦纳德 – 琼斯势 (Lennard-Jones potential).

由图 1.2 (a) 可知, 存在位置 r_0, 使得分子之间的相互作用势有最小值 $-E_B$ (图上用 $-E_0$ 表示), E_B 通常称为势阱深度或结合能 (binding energy), r_0 称为平衡距离, d 称为分子有效直径. 当分子之间的距离小于平衡距离 r_0, 尤其是小于分子有效直径 d 时, 分子之间有强大的排斥力. 因此在一些近似讨论中, 人们把分子假设成半径为 d 的刚性小球, 当分子之间互不接触时, 其间无相互作用; 当分子与分子接触时, 其间的碰撞为弹性碰撞. 于是有刚球势模型 (见图 1.2(b)):

$$\varphi(r) = \begin{cases} \infty, & r \leqslant d, \\ 0, & r > d. \end{cases} \tag{1.3}$$

显然, 刚球势模型完全忽略了分子互不接触 (碰撞) 情况下其间的相互作用, 过于简单, 因此在一些讨论中, 人们仍把分子假设成半径为 d 的刚性小球, 当分子与分子接触时, 其间的碰撞为弹性碰撞; 当分子之间互不接触时, 其间有吸引作用. 于是有苏则朗势模型 (见图 1.2(c)):

$$\varphi(r) = \begin{cases} \infty, & r \leqslant d, \\ -\varepsilon_0 \left(\frac{d}{r}\right)^6, & r > d. \end{cases} \tag{1.4}$$

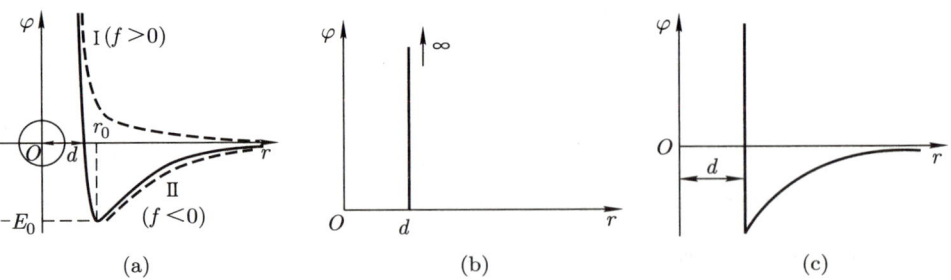

图 1.2 分子之间的相互作用势的几种模型的示意图, 其中, (a) 伦纳德 – 琼斯势模型 (其中的虚线标记相应的力), (b) 刚球势模型, (c) 苏则朗势模型

由图 1.2 还可知, 当分子之间的距离小于平衡距离 r_0, 尤其是小于分子有效直径 d 时, 分子之间的排斥力很强. 当分子之间的距离远大于平衡距离 r_0 时, $\varphi \to 0$, 分子

之间的作用力很弱 ($f \to 0$), 即分子成为自由粒子. 只有当分子之间的距离 $r \approx r_0$, 即处于势阱中时, 才能形成间距 $r \approx r_0$ 的束缚状态, 从而形成稳定的凝聚态. 由于分子除与其他分子之间有相互作用外, 还具有无规则运动, 即有动能 $\frac{1}{2}mv^2$, 因此分子的平均动能为

$$\overline{\varepsilon}_k = \frac{1}{2}m\overline{v^2}.$$

那么, 在 $\overline{\varepsilon}_k \ll E_B$ 的情况下, 所有分子都被束缚在势阱宽度限定的区间内运动, 从而形成稳定的凝聚态, 即形成固态. 在 $\overline{\varepsilon}_k \gg E_B$ 的情况下, 物质分子的平均动能远大于其间的势阱深度, 相互作用对分子运动状态的影响很小, 从而所有分子将尽可能均匀地充满其可占据的空间, 即形成气态. 在 $\overline{\varepsilon}_k \approx E_B$ 的情况下, 物质分子的平均动能与其间的势阱深度相当, 分子可以不完全受制于其他分子的束缚, 但不会偏离太远, 总的效果是形成介于固态和气态之间的液态. 总之, 物质形态与分子之间的相互作用势的势阱深度密切相关, 如果势阱深度 E_B 远大于分子热运动的平均动能, 则物质呈固态; 如果势阱深度 E_B 约等于分子热运动的平均动能, 则物质呈液态; 如果势阱深度 E_B 远小于分子热运动的平均动能, 则物质呈气态.

1.2 热力学系统及其状态参量

1.2.1 热力学系统及其分类

在热学中, 通常把作为研究对象的在给定范围内由大量微观粒子组成的体系称为热力学系统, 并简称系统. 与之相对, 与热力学系统发生相互作用的其他物体或体系为外界或环境. 宏观上看, 通常对热力学系统按下述方式进行分类.

一、根据系统与外界的关系对热力学系统进行分类

根据系统与外界的关系可以把热力学系统分为开放系统 (open system)、绝热系统 (adiabatic system)、封闭系统 (closed system) 和孤立系统 (isolated system). 所谓开放系统就是与外界之间既可以有物质交换也可以有能量交换的热力学系统, 绝热系统就是与外界之间不可以有能量交换 (严格地, 应该是不可以有除明显的机械或电磁形式之外的能量交换) 但可以有物质交换的热力学系统, 封闭系统就是与外界之间不可以有物质交换但可以有能量交换的热力学系统, 孤立系统则是与外界之间既没有物质交换也没有能量交换的热力学系统. 由于开放系统既与外界交换物质又与外界交换能量, 具体讨论相当复杂, 因此本书的讨论主要限于绝热系统、封闭系统和孤立系统.

二、根据系统的组成成分对热力学系统进行分类

根据系统的组成成分可以把热力学系统分为单元系和多元系. 所谓单元系就是由

一种化学成分组成的热力学系统, 例如, 氧气、氮气、纯金属、水、二氧化碳等. 多元系就是由多种化学成分组成的热力学系统, 例如, 空气、溶液、合金等.

三、根据系统组成的均匀性对热力学系统进行分类

由前述的热力学系统是作为研究对象的在给定范围内的由大量微观粒子组成的体系的定义可知, 热力学系统的状态有宏观状态与微观状态之分. 所谓的宏观状态, 简单来讲, 即系统的表观状态, 例如, 我们常见的固态、液态、气态, 再如, n 种运动状态的各自的粒子数分布 $(N_1, N_2, \cdots, N_n)$ 等. 微观状态则指组成系统的各微观粒子的运动状态、几何构型等, 例如, 具体是哪 N_i 个粒子处于上述的第 i 种运动状态等. 因此, 更精细地, 人们把物质的状态分为不同的相. 所谓相就是被一定边界包围的, 具有确定并且均匀的物理和化学性质的一个系统或系统的一部分的状态. 那么, 通常的气态只有一个气相; 通常的液态也只有一个液相, 但极低温度下的液氦却有两个相; 通常的固态却可能有多个相, 例如, 碳有四个相、铁有四个相、冰有十几个相. 既然有不同的相, 那么这些不同的相之间就可以互相转变, 这种不同相之间的转变称为相变. 有关相、相变等概念及性质的具体讨论参见第九章. 这里, 我们仅根据热力学系统的物理和化学性质的均匀性对系统进行分类. 以这种均匀性为判据, 可以把热力学系统分为单相系统和复相系统. 所谓单相系统就是只有一个相的系统, 也就是系统内各部分之间的物理和化学性质都均匀且相同的系统, 因此单相系统又称为均匀系统. 例如, 处于气相或通常的液相或固相的热力学系统都是单相系统. 与之相对, 由多个相组成的系统, 即系统内各部分之间的物理和化学性质不同的系统称为复相系统或非均匀系统. 例如, 处于水和水蒸气共存状态的系统, 由于水和水蒸气的密度不同, 此两相共存状态在空间分布的密度不同, 因此这种系统是非均匀系统, 也就是复相系统.

由于每一类系统都具有一些共同的性质, 因此通过对一类系统中某一具体系统进行研究, 就可以获取关于这一类系统的共同性质的知识. 本书将沿着由简单到复杂的路线, 先讨论单元单相的孤立、封闭和绝热系统, 并穿插讨论多元单相的孤立、封闭和绝热系统, 最后讨论单元复相系统. 由于开放系统及多元复相系统很复杂, 因此在本书中不予讨论.

1.2.2 热力学系统的状态参量

接下来将热学与我们已经熟悉的力学相联系. 在力学中, 为确定物体的运动状态, 引入了物体的位置坐标、速度、力等物理量. 因此在热学中, 为确定热力学系统的状态, 也需要引入一些物理量. 这些确定热力学系统状态的物理量称为系统的状态参量, 也称为系统的热力学坐标. 热力学系统的状态参量可以分为几何、力学、电磁、化学和

热学五类.

为确定热力学系统的空间范围, 需要引入几何状态参量. 因为常见的热力学系统一般都分布于三维空间, 所以常见的几何状态参量为体积. 对于某些特殊的热力学系统, 有时可以以模型形式简化为一维或二维, 从而对于一些特殊的热力学系统, 其几何状态参量可以是长度或面积.

对于热力学系统, 由于外界与系统之间可能有相互作用, 系统内各部分之间通常也有相互作用, 因此力是热力学系统中的一个重要的力学状态参量. 因为单位面积所受的正压力为压强, 所以热力学系统的常见的力学状态参量是压强. 压强的基本单位是牛·米$^{-2}$ (记为 N·m^{-2}), 称为帕斯卡, 用 Pa 表示. 因为帕斯卡单位太小, 所以通常采用导出单位巴 (记为 bar) 或标准大气压 (记为 atm), 它们与 Pa 的关系是 $1\,\text{bar} = 10^5\,\text{Pa}$, $1\,\text{atm} = 101325\,\text{Pa} = 1.01325\,\text{bar}$. 习惯上, 标准大气压还用厘米 (或毫米) 汞柱表示, 其具体关系为 $1\,\text{atm} = 76\,\text{cmHg} = 760\,\text{mmHg}$. 有时, 也用托 (记为 Torr) 为单位, $1\,\text{Torr} = 1\,\text{mmHg}$.

热力学系统可能受到电场或/和磁场的作用, 有些系统本身就带电或/和具有磁性, 为描述系统与电场、磁场有关的状态, 我们需要借用电学及磁学中的基本物理量. 于是我们有电场强度 E、磁场强度 H (或磁感应强度 B)、电极化强度 P、磁化强度 M 等电磁状态参量.

由于热力学系统中可能有化学反应, 因此需要化学状态参量. 决定化学反应的重要参量是物质的浓度, 即单位体积中的物质的量. 那么基本的化学状态参量就是物质的量或质量. 物质的量通常用摩尔 (记为 mol) 表示. 1 mol 物质包含的物质单元的数目对于任何物质都为一个常量, 通常称之为阿伏伽德罗常量 (Avogadro constant), 记为 N_A. 对于宏观系统, 其物质单元是分子, $1N_A \approx 6.022 \times 10^{23}$. 据此, 1 mol 物质的质量称为该物质的摩尔质量, 通常用 μ_m 或 μ 表示.

由于热学研究的内容是物质处于热状态下的性质和规律, 因此一定涉及直观上可以感知的物体的冷热程度. 那么, 为了完备地描述热力学系统的宏观状态, 需要引入一个表示系统冷热程度的物理量. 该表示物体 (或系统) 冷热程度的状态参量称为温度. 因为几何、力学、电磁和化学状态参量的测量分别需要利用几何学、力学、电磁学、化学的手段, 所以热学所特有的状态参量只是温度. 关于温度的概念和数值标定参见 1.4 节的讨论.

1.3 平衡态的概念

热力学系统的状态和性质由状态参量描述. 但是在有些情况下, 热力学系统并没

授课视频

有确定的状态参量. 例如, 对于一用活动隔板分为左右两部分, 左边部分充满气体, 右边部分为真空的系统, 将活动隔板打开时, 左边部分的气体在自由膨胀的过程中, 容器内任一处的压强都在随时间变化, 因此该热力学系统没有确定的压强, 其状态和性质都不确定. 这种状态常被称为非平衡态. 严格地, 在没有外界影响的情况下, 系统各部分的宏观性质可以自发地发生变化的状态称为非平衡态. 在没有外界影响的情况下, 系统各部分的宏观性质长时间不发生变化的状态称为平衡态. 在外界的影响下, 系统各部分的宏观性质长时间不发生变化的状态称为稳定态. 例如, 将一根均匀的金属棒的一端置于盛在很大容器内的冰水混合物中, 另一端置于酒精灯上加热, 则开始时金属棒上各处的冷热程度会发生变化. 经过足够长时间后, 尽管金属棒上各处的冷热程度不同, 但不再发生变化, 即系统各部分分别具有各自确定的温度. 虽然这一宏观状态可以长时间保持下去, 但由于有外界影响, 因此这种状态不是平衡态, 而是稳定态. 很显然, 稳定态与平衡态不同, 其区别在于是否存在外界影响. 深入的研究表明, 经过适当的时间, 偏离平衡态不太远的系统 —— 近平衡系统可以达到平衡态. 热力学系统由其初始的非平衡态达到平衡态所经历的时间称为系统的弛豫时间. 不同的热力学系统有不同的弛豫时间, 即使是同一系统, 如果初始状态不同, 其弛豫时间也会有差异.

由于热力学系统是由处于不停顿的无规则运动状态的大量微观粒子组成的, 这些大量微观粒子的无规则运动一定使得系统的宏观性质在不同时刻有小的涨落, 并且可以证明 (简单讨论见 3.1 节), 如果一系统的物质单元数目为 N, 则系统的宏观性质的涨落幅度反比于 $\sqrt{N}$, 因此系统的宏观性质不可能长时间严格精确保持不变. 另一方面, 描述系统宏观性质的状态参量是相应微观物理量的统计平均值, 因此只要涨落幅度不大, 上述统计平均值在长时间内就能保持固定不变, 所以平衡态是热动平衡态.

对于实际的热力学系统, 绝对不受外界影响是不可能的, 故平衡态是理想化的概念. 然而, 只要系统的弛豫时间远小于扰动或操作过程的特征时间, 则在扰动或操作过程中, 系统就能恢复到原来的状态, 即宏观上保持不变. 因此在系统的弛豫时间远小于扰动或操作过程的特征时间的条件下, 平衡态可以相当好地实现.

我们知道, 热力学系统的状态和宏观性质由系统的几何、力学、电磁、化学和热学状态参量表示. 由于几何和电磁状态参量通常由外界限定, 并且电磁状态参量在宏观上不够明显, 即使明显, 其效果也是做功, 即与力学状态参量相似, 因此在考虑热力学系统自身宏观性质时, 电磁状态参量可以不考虑或归入力学状态参量. 于是, 通常仅考虑力学、化学和热学状态参量. 平衡态的宏观性质长时间不发生变化就要求这些状态参量确定不变, 并且在所考虑的区域内各处之间达到平衡. 因为具有确定的长时间不发生变化的力学状态参量即要求系统内各部分之间受力平衡, 由力学原理可知, 这种受力平衡保证系统内各部分之间没有宏观相对运动,也就是系统内部及系统与外界之间没有粒子流和物质交换. 通常称这种状态为力学平衡态. 因为化学状态参量包括物质的量、浓度、化学成分和相等, 所以化学状态参量保持长时间不发生变化就要求系统内各处浓度相同、没有物质流动、化学反应达到平衡、相变也达到平衡或形成确定的相. 通常称这种状态为化学平衡态. 因为热学状态参量是系统冷热程度的度量, 即系统的温度, 由热学状态参量所表示的宏观性质不发生变化说明系统内各处的冷热程度相同, 从而没有能量流动. 通常称这种状态为热平衡态. 总之, 通常的平衡态要求热力学系统同时处于力学平衡态、热平衡态和化学平衡态, 即平衡态条件包括力学平衡、热平衡和化学平衡条件, 其宏观表征分别为压强均匀、无宏观粒子流动、无物质流动、温度处处相同、浓度相同、化学反应达到平衡、无化学成分变化、无相变.

仔细考察上述平衡态条件可知, 其实现可以是在全域上的, 也可以是在局域上的, 因此平衡态还具有局域性.

1.4 温度与温标

1.4.1 温度的概念

关于热力学系统的状态参量的讨论表明, 为标记系统的冷热程度, 需要引入一个热学中特有的物理量. 该标记系统冷热程度的物理量称为温度. 显然, 温度是宏观物理量. 深入的研究表明, 本质上, 温度是组成系统的大量微观粒子的无规则运动剧烈程度的表现和度量, 有关详细讨论参见 2.2 节.

1.4.2 温度相同的判定原则 —— 热力学第零定律

在热学中, 人们把由导热壁连接而实现的接触称为热接触. 而导热壁是两热力学系统之间的位置固定但可以使其两边的系统状态相互影响的隔板, 例如, 金属隔板、金属容器的器壁等. 与之相对, 两热力学系统之间的位置固定且使其两边的系统状态互不影响的隔板称为绝热壁, 例如, 石棉、云母、木材等材料制成的器壁等可近似为绝热壁. 经验表明, 冷热程度不同的两物体通过热接触, 经过一段时间后, 可以达到相同的冷热程度, 即达到相同的温度, 并且宏观性质不再发生变化, 这就是说两物体达到了热平衡态. 由此可知, 温度是否相同的判据是是否达到热平衡态. 由于不同的热力学系统通常具有不同的宏观性质, 因此可以有不同的温度, 尽管通过是否达到热平衡态可以判定温度是否相同, 但对于温度不同的两热力学系统, 仍无法确定它们的温度的相对高低. 那么, 为判定两物体温度的高低, 一定需要与第三个可以作为标准的热力学系统比较, 观察它们是否达到热平衡态. 实验结果表明, 在不受外界影响的条件下, 如果

两热力学系统中的每一个都与第三个热力学系统处于热平衡态, 则它们彼此也必定处于热平衡态, 该规律称为热平衡定律. 例如, 对于图 1.3 所示的 A, B, C 三个系统, A, B 分别置于由绝热壁隔开的容器的不同部分 (如图 1.3 (a) 和图 1.3 (b) 所示), 如果将处于确定状态的系统 C 分别与 A (如图 1.3 (a) 所示)、B (如图 1.3 (b) 所示) 热接触时, A 和 C 处于热平衡态, B 和 C 也处于热平衡态, 则将 A, B 放在一起时 (如图 1.3 (c) 所示), A, B, C 三个系统必定处于热平衡态. 此时再将 C 拿开, 则 A 和 B 也必定处于热平衡态.

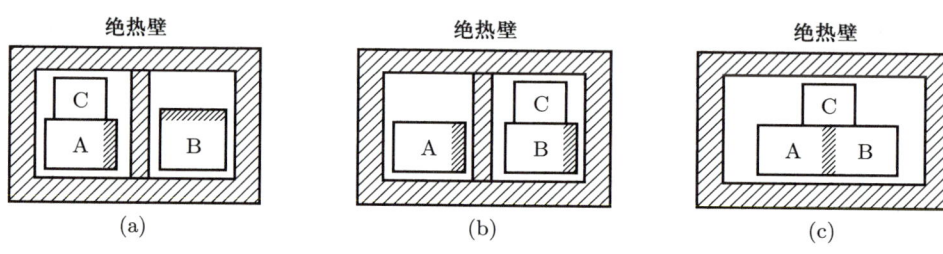

图 1.3 处于热平衡态的 A, B, C 三个系统的示意图

这样, 根据热平衡定律, 如果 C 是选作标准的热力学系统, 当 C 与 A 热接触, 以及 C 与 B 热接触时都处于热平衡态, 则 A 和 B 一定有相同的温度; 如果 C 与 A 热接触达到一个热平衡态, 把 C 恢复到原状态后再将其与 B 热接触达到另一个热平衡态, 则 A, B 两系统的温度一定不同. 如果已对作为标准的系统 C 进行过数值标定, 则通过观察比较 C 与 A 热接触达到热平衡态后所发生的变化, 以及 C 与 B 热接触达到热平衡态后所发生的变化, 即可确定 A, B 温度的相对高低及具体数值. 由此可知, 热平衡定律是关于温度相同的最基本原理, 并阐明了判定不同物体温度高低的方法的基本原理. 虽然该基本原理在热力学第一定律和第二定律提出八十多年之后才由福勒 (Fowler) 提出 (1939 年), 但从逻辑关系, 以及关于热学的概念、规律的基本程度上看, 该原理应在热力学第一定律和第二定律之前, 所以通常称该热平衡定律为热力学第零定律.

1.4.3 温度高低的数值标定 —— 温标

根据热力学第零定律, 人们可以使处于确定初始状态的第三个物体 C 与两个物体 A, B 分别热接触来判定物体 A, B 是否处于热平衡态, 即判定它们的温度是否相同. 若不同, 人们还可以根据 C 的变化来区分 A, B 温度的高低. 但是, 这样并不能确定它们的温度的具体数值. 为给出温度的具体数值, 还需要有数值标定方法. 温度的数值表示法称为温标 (temperature scale).

判定不同物体或不同状态下温度的高低需要有处于确定初始状态的第三个物体与

之热接触, 并比较第三个物体与它们达到热平衡态时的变化, 那么制定温标首先需要选定作为标准的第三个物体. 这种选定的作为标准的物体称为测温物质 (thermometric substance). 通常的气体、液体、固体都可选作测温物质. 其次还需要选定测温物质的某物理量作为标定温度变化行为的物理量. 这一选定的用来标定温度变化行为的物理量称为测温属性 (thermometric property). 由于在一个确定状态下的物体有确定的温度, 因此测温属性与温度之间一定仅有单值函数关系. 为精确确定温度, 测温属性应该是对温度变化敏感的物理量. 所以测温属性应该是与温度有单值的、显著的函数关系的物理量. 测温属性与温度之间的函数关系称为测温曲线. 测温曲线应该由实验测定, 但原始地, 通常由人为约定给出. 根据这些要求, 对于气态测温物质, 通常选其体积或压强作为测温属性, 对于固态测温物质, 通常选其电阻、发光强度等作为测温属性. 由热力学第零定律可知, 仅有测温物质和测温属性只能确定物体温度的相对高低及其间的差值. 为标定温度的数值还需要规定标准点 (calibration point) 及相应的温度值. 此后, 根据测温属性相对于其在标准点处数值的变化标定温度的数值. 综上所述, 测温物质、测温属性和固定标准点是准确地定量标定温度的基本要素, 常称之为温标三要素. 值得注意的是, 温标三要素中的测温属性不仅包括选定的物理量, 还包括其测温曲线, 固定标准点还包括指定标准点的温度值.

例如, 对于一均匀物质系统, 其在一定范围内的热平衡态可由参量 (x,y) 确定, 记系统的温度函数为 $f(x,y)$, (x_1,y_1) 和 (x_2,y_2) 是处于热平衡的两个状态, 由热平衡的定义可知, $f(x_1,y_1) = f(x_2,y_2)$. 推而广之, 自然有函数 $\varphi(f(x_1,y_1)) = \varphi(f(x_2,y_2))$, 或者

$$F(x_1,y_1) = F(x_2,y_2).$$

这表明函数 $F(x,y)$ 符合温度函数的第一个条件: 如果两个状态相互热平衡, 则它们的温度一定相同. 再者, 如果 (x_1,y_1) 状态和 (x_2,y_2) 状态不相互热平衡, 由于 $f(x,y)$ 是温度函数, 因此应当有 $f(x_1,y_1) \neq f(x_2,y_2)$. 显然, 如果 $\varphi(f)$ 是 f 的单调函数, 则必然有 $\varphi(f(x_1,y_1)) \neq \varphi(f(x_2,y_2))$, 或者

$$F(x_1,y_1) \neq F(x_2,y_2).$$

这表明函数 $F(x,y)$ 也符合温度函数的第二个条件: 如果两个状态不相互热平衡, 则它们的温度不同, 亦即温度函数是状态参量的单值敏感函数. 总之, 依据上述方案构造的函数 $F(x,y)$ 是温度函数. 也就是说, 在系统的某个状态 (x_0,y_0) 附近可以定义温度函数 $T = f(x,y)$.

在实际生产、生活及科学研究中, 使用的温标主要有经验温标 (empirical temperature scale)、理想气体温标 (ideal gas temperature scale)、热力学温标 (thermodynamic temperature scale) 和国际实用温标 (international practical temperature scale). 详细深入地讨论温标需要一些专门的知识, 在这里仅简要介绍这些常见温标.

一、经验温标

目前采用的经验温标主要有华氏温标和摄氏温标两种. 华氏温标是德国物理学家华伦海特 (Fahrenheit) 于 1714 年利用水银在玻璃管内的体积变化而建立的温标. 其中, 规定氯化氨与冰水混合物的熔点为 0 度 (相当于当地冬天的最低温度), 冰水混合物的温度为 32 度, 在 0 度与 32 度之间将一定量的水银的体积 (或水银柱的长度) 变化量等分为 32 格, 即测温属性与温度之间成线性关系, 华氏温标的单位 "度" 常记作 °F. 摄氏温标是瑞典物理学家、天文学家摄尔修斯 (Celsius) 于 1742 年以水银为测温物质, 以细玻璃管内水银的体积为测温属性, 测温曲线也是线性函数关系而制定的温标. 其与华氏温标的不同之处在于, 规定纯冰与纯水在一个标准大气压下达到平衡态时的温度 (常称为水的冰点温度) 为 0 度, 纯水与水蒸气在蒸气压等于一个标准大气压下达到平衡态时的温度 (常称为水的汽点温度) 为 100 度. 摄氏温标的单位 "度" 记作 °C. 由于在两固定标准点之间水银的体积 (或水银柱的长度) 随温度线性变化, 即可记温度 t 与水银柱的长度 X 的关系为

$$t(X) = t_0 + kX.$$

再记 $t = 0\,°C$ 时水银柱的长度为 X_i, $t = 100\,°C$ 时水银柱的长度为 X_s, 则有

$$t(X) = 100 \frac{X - X_i}{X_s - X_i}.$$

于是从水银柱的高度 X 即可直接读得温度 t 的数值. 据此做成的可用来测定其他物体的温度的标准装置即为摄氏温度计 (Celsius thermometer).

华氏温标与摄氏温标之间的关系为

$$t/°F = 32 + \frac{9}{5}\, t/°C. \tag{1.5}$$

除在英、美等国仍采用华氏温标外, 现在世界上绝大多数国家在日常生活中都使用摄氏温标.

二、理想气体温标

在经验温标下, 测温物质和测温属性可能千差万别. 利用由不同测温物质及相应的测温属性做成的温度计测量某一处于确定状态的系统的温度时会得到不同的结果. 例如, 利用摄氏温标下的二氧化碳定压温度计、铂 – 铂铑热电偶温度计等测量一些状态的温度时所得结果相对于氢定容温度计的测量结果的偏差如图 1.4 所示. 因此, 为

使温度测量得到确定、一致的结果, 必须建立统一的温标作为标准. 由图 1.4 可以知道, 利用铂电阻温度计的测量结果与利用氢定容温度计的测量结果的最大偏差大概为 0.4 °C, 而利用二氧化碳定压温度计的测量结果与利用氢定容温度计的测量结果的偏差最大不超过 0.1 °C. 这表明, 不同的气体温度计的测量结果比较接近. 于是, 为建立统一的温标, 可选择气体作为测温物质.

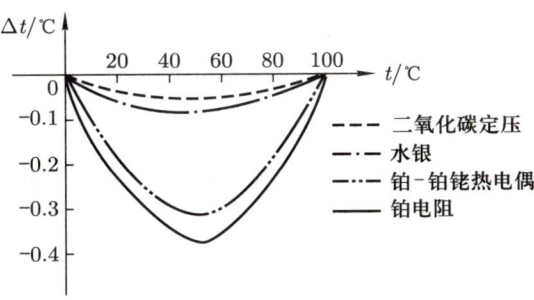

图 1.4 几种温度计对 $0 \sim 100\,°C$ 温区的测量结果相对于氢定容温度计的测量结果的偏差

对于一定量的稀薄气体, 实验表明, 在体积 (严格来讲, 应该是容器的容积) 固定的条件下, 压强 p 与摄氏温标下的温度 t 之间满足

$$p = p_0(1 + \alpha_p t). \tag{1.6}$$

这就是著名的盖吕萨克定律, 由盖吕萨克 (Gay-Lussac) 于 1809 年提出. 亦有人称之为阿蒙东定律, 因为阿蒙东 (Amontons) 于 1669 年即注意到其部分迹象. 并且, 当 $p_0 \to 0$ 时, 任何气体的 α_p 都趋于同一个常量 $\dfrac{1}{T_0}$, 如图 1.5 所示, 即有

$$\lim_{p_0 \to 0} \alpha_p = \alpha_0 = \frac{1}{T_0}.$$

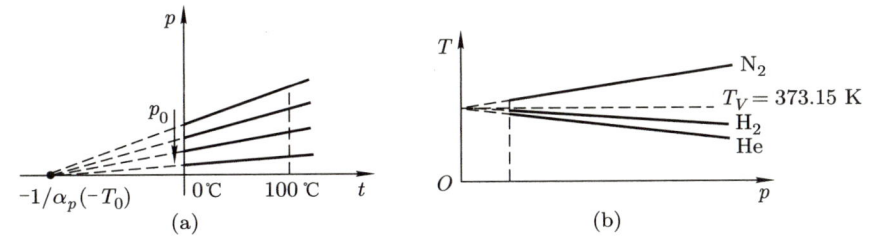

图 1.5 α_p 在 $p_0 \to 0$ 的极限情况下的行为及对一些常见气体的测量结果

于是

$$p = p_0 \frac{T_0 + t}{T_0}.$$

定义
$$T = T_0 + t, \tag{1.7}$$
则有
$$p = \frac{p_0}{T_0} T,$$
于是得到
$$T = \frac{p}{p_0} T_0.$$

由此可知, 选定一具体压强状态 p_0 为标准状态 (固定状态), 并规定其温度值为 T_0, 即可确定任意压强状态下的温度. 例如, 取 (现行规定) H_2O 的三相点 (triple point, 即冰、水和水蒸气三相共存, 并达到平衡的状态) 为标准状态, 规定其温度为 $T_0 = 273.16\,\mathrm{K}$, 则有
$$T = T_0 \frac{p}{p_0} = 273.16 \frac{p}{p_0}.$$

对上式取 $p_0 \to 0$ 时的极限 (因为只有在 $p_0 \to 0$ 的极限情况下, 不同气体的 α_p 才都趋于常量 $1/T_0$), 则得
$$T_V(p) = 273.16 \lim_{p_0 \to 0} \frac{p}{p_0}. \tag{1.8}$$

这样, 我们在规定了一个固定标准点的情况下就建立了不依赖于具体化学组分的定容气体温标. 据此可以做成定容气体温度计.

实验还表明, 在压强保持为 p_0 不变的情况下, 稀薄气体的体积与摄氏温标下的温度 t 之间满足
$$V = V_0(1 + \alpha_V t). \tag{1.9}$$

并且, 当 $p_0 \to 0$ 时, 对于任何气体, α_V 都趋于同一个常量, 即有
$$\lim_{p_0 \to 0} \alpha_V = \alpha_0 = \frac{1}{T_0}.$$

定义 $T = T_0 + t$, 则有
$$V = \frac{V_0}{T_0} T.$$

该规律即著名的查理定律, 由查理 (Charles) 于 1787 年提出. 亦有人称之为查理 – 盖吕萨克定律, 因为盖吕萨克于 1801 年确认了查理的结果, 并于 1802 年公布. 也有人称之为查理 – 道尔顿 – 盖吕萨克定律, 因为道尔顿曾于 1801 年 10 月发文说明有此规律. 显然, 采用与建立定容气体温标相同的方案规定固定标准点及相应的温度, 可以建立定压气体温标

$$T_p(V) = 273.16 \lim_{p_0 \to 0} \frac{V}{V_0}. \tag{1.10}$$

据此也可以做成定压气体温度计. 由于定压气体温度计的结构比定容气体温度计的结构复杂得多, 并且使用时的操作也麻烦得多, 因此实际中较少使用.

实验上还发现, 压强趋于零的气体还遵从玻意耳定律, 即当温度保持不变时, 一定量的气体的压强和体积的乘积为一个常量. 严格遵从查理定律、盖吕萨克定律及玻意耳定律的气体称为理想气体. 由上述讨论可知, 当压强趋于零时, 实际气体可以很好地近似为理想气体, 于是上述从定容和定压两种角度建立的气体温标统称为理想气体温标, 通常记为 T, 单位为开尔文 (Kelvin), 简记为 K. 由实验测量结果可知, 在一个标准大气压下, 水开始结冰的温度 (冰点) 或冰开始熔化为水的温度 (熔点, 即摄氏温标下的 $0\,°\mathrm{C}$) 在理想气体温标下的数值为 273.15 K, 那么由 (1.7) 式可知, 理想气体温标与摄氏温标之间的关系为

$$T/\mathrm{K} = 273.15 + t/°\mathrm{C}. \tag{1.11}$$

实验还表明, 以理想气体温标为基础制造的理想气体温度计确实与所用的工作物质的化学组分无关, 即不依赖于具体的气体.

三、热力学温标

热力学理论研究表明, 在热力学第二定律的基础上可以建立不依赖于任何测温物质的具体测温属性的温标 (参见第六章). 这种不依赖于任何测温物质的具体测温属性的温标称为热力学温标或绝对温标 (absolute temperature scale), 由之确定或标记的温度称为热力学温度 (thermodynamic temperature) 或绝对温度 (absolute temperature).

在热力学温标中, 规定热力学温度是基本的物理量, 其单位为 K, 1 K 定义为水的三相点的热力学温度的 $\frac{1}{273.16}$. 这就是说, 水的三相点的热力学温度定义为 273.16 K.

可以证明, 在理想气体温标适用的温度范围内, 理想气体温标是热力学温标的具体实现方式.

四、国际实用温标

由于以理想气体温标为基础的气体温度计的结构和使用都很复杂, 一般只在少数国家的核心计量机构才会建立这类装置, 因此利用气体温度计直接确定热力学温度仍很繁复, 且不能在国际上推广和普遍采用. 为解决这些问题, 国际上通过约定一系列物质的温度的固定标准点、特殊温区内作为标准测量用的内插仪器及其测温属性形成了国际实用温标, 简记为 ITS. 国际实用温标于 1927 年制定第一版, 其后曾于 1948 年、1960 年、1968 年、1975 年、1990 年进行修订. 现在国际上采用 1990 年国际温标 (ITS-90).

1.5 热力学过程和准静态过程

1.5.1 热力学过程及准静态过程的概念

状态随时间的变化称为过程. 我们现在以气缸活塞系统为例讨论热现象中的过程. 如图 1.6 所示, 随着活塞的运动, 气缸中的气体在不同时刻有不同的状态. 这种热力学系统的状态随时间的变化称为热力学过程, 简称过程. 显然, 对于气缸活塞系统, 由于活塞的运动方式不同, 气缸中的气体随时间的变化可以有多种不同的过程. 我们通常按照过程中系统状态的性质和特征对热力学过程进行分类.

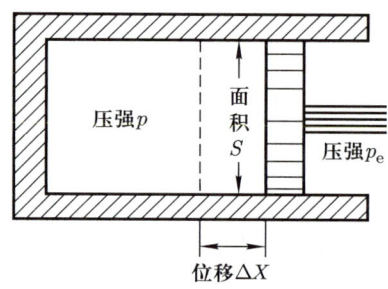

图 1.6 气缸活塞系统示意图

简单地, 热力学过程可以分为准静态过程和非准静态过程两大类. 所谓准静态过程就是进行得足够缓慢, 以至于系统连续经过的每一个中间态都处于平衡态的过程. 如果一个过程中系统连续经过的每一个中间态并不都处于平衡态, 则称之为非准静态过程. 对于准静态过程, 如果在系统经过的所有中间态, 其压强、体积、温度三者中的一个保持不变, 则分别称之为定压过程或等压过程 (isobaric process)、等容过程或等体过程 (isochoric process)、等温过程 (isothermal process). 如果一个热力学过程是在绝热系统中发生的, 则称之为绝热过程 (adiabatic process). 根据准静态过程的定义, 由于平衡态本身就是一个理想化的概念, 因此准静态过程是一个理想化的过程. 在这一理想情况下, 系统连续经过的每一个中间态都处于平衡态表明在过程进行的每一时刻, 系统的状态都有确定的状态参量, 那么通过描述准静态过程中系统的状态参量的变化规律就可以很好地描述准静态过程的性质. 所以准静态过程具有可以由状态参量的变化进行描述, 从而可以不明确考虑时间的特征. 对于单元均匀系, 描述其平衡态的状态参量有压强 p、体积 V 和温度 T. 由于这三个状态参量满足一定的状态方程, 因此独立的状态参量只有两个, 那么, 对于准静态过程, 其连续经过的每一个中间态都可以在 $p\text{-}V$ 图 (或 $T\text{-}V$ 图、$p\text{-}T$ 图) 中表示为一个点, 整个过程可以在 $p\text{-}V$ 图 (或 $T\text{-}V$ 图、$p\text{-}T$ 图) 中表示为一条曲线. 所以准静态过程还具有可以在 $p\text{-}V$ 图等坐标图中表示为一条曲线的特征. 对于常见的等压、等容、等温、绝热等准静态过程, 根据其中一些状态参量的特殊性质 ($p=$ 常量、$V=$ 常量、$T=$ 常量等) 可以将这些过程在 p-V 图中表示为如图 1.7 所示的连接初态 i 和末态 f 的曲线.

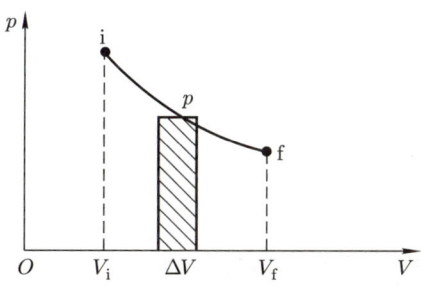

图 1.7 准静态过程的图示举例

对于非准静态过程, 由于其进行中所经历的每一个中间态并不都处于, 甚至都不处于平衡态, 即可能没有确定的状态参量, 因此非准静态过程不能用 p-V 图 (或 T-V 图、p-T 图) 中的曲线表示. 由准静态过程的这些特征可知, 只有对于准静态过程, 才可以进行具体细致的讨论和计算, 从而帮助我们深入理解和认识实际过程的性质和规律. 因此我们目前讨论的问题除非明确指出, 一般都限于准静态过程.

1.5.2 实现准静态过程的可能性及条件

准静态过程是理想化的过程, 是不可能严格实现的. 但是, 由于平衡态可以近似实现, 因此准静态过程也可以近似实现. 既然平衡态是系统同时满足力学平衡、热平衡、化学平衡条件的状态, 那么准静态过程实现的条件就应该是过程中系统内各部分之间及系统与外界之间都始终同时满足力学平衡、热平衡和化学平衡条件. 具体地, 由于平衡态实现的条件是系统的弛豫时间小于过程的特征时间, 因此实现准静态过程的条件就是使过程进行得足够缓慢, 从而使其特征时间大于系统的弛豫时间. 并且该特征时间相对于系统的弛豫时间越大, 准静态过程实现的近似程度越高. 由于系统的弛豫时间是由系统本身的内禀性质决定的, 因此特征时间大于弛豫时间的条件就需要通过控制过程的进行速度来实现. 根据控制方式的不同或对不同的过程采取不同的控制方式, 准静态过程可以以不同的方式实现. 例如, 对于气缸活塞系统的膨胀和压缩过程, 因为气缸中气体受扰动一定是靠近活塞的部分先受影响, 然后在气缸中形成密度疏密波, 并以声速 (约为 $300\,\text{m/s}$) 传播开来. 若气缸的线度为 $10^{-1}\,\text{m}$, 则这种扰动传遍气缸中的气体, 并达到有确定状态参量的状态需要的时间, 即系统的弛豫时间 $t_\text{R} \approx 3 \times 10^{-4}\,\text{s}$, 那么只要活塞运动的速度不太大, 如 $10^0 \sim 10^1\,\text{m/s}$, 活塞对气体影响的特征时间 $t_\text{P} \approx 10^{-2} \sim 10^{-1}\,\text{s}$, 就有 $t_\text{R} \ll t_\text{P}$, 当一次影响完成后, 气体早已重新建立

起新的平衡态,因此这样的过程可以近似为准静态过程. 在具体操作中, 可以通过减小各步之间的压强差 Δp 使之趋于无穷小量 $\mathrm{d}p$ 而实现, 如图 1.8 所示. 同理, 对于热量传递过程, 可以通过使每一步的温度变化 ΔT 小到可近似为无穷小量 $\mathrm{d}T$ 而实现. 对于其他过程, 只要使相应的特征量 X 在每一步的变化量 ΔX 小到可近似为无穷小量 $\mathrm{d}X$, 这一过程就可近似为准静态过程.

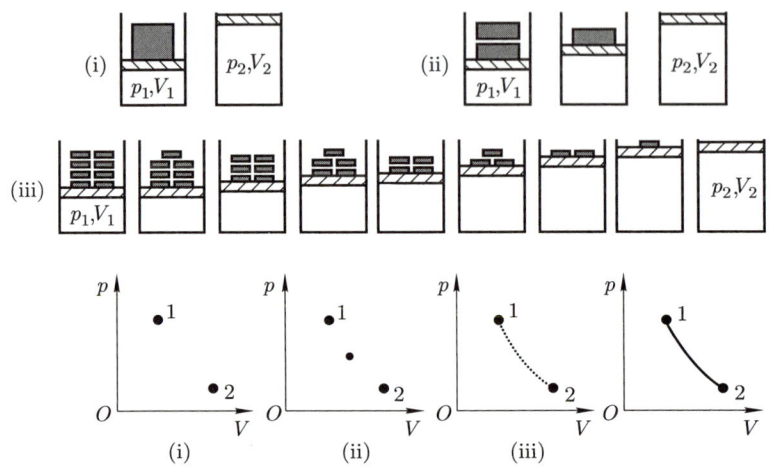

图 1.8 气缸活塞系统中的过程可以近似为准静态过程的图示举例

1.6 能量守恒定律

回顾前述讨论可知, 我们研究热力学系统的性质时涉及的具体对象可能是稳定的处于平衡态的系统及其性质, 也可能是由一个平衡态演化到另一个平衡态 (包括相变) 的演化过程的性质和效应, 还可能涉及过程演化的方向及多种可能的路径和结局, 凡此种种, 都是热学的研究范畴. 为进行具体研究, 人们当然需要依据最基本的原理.

随着科学技术的发展, 到十九世纪前期, 人们发现物质有机械的、热的、电的、磁的、光的、化学的等多种运动形式, 并且这些不同形式之间可以相互转化, 例如, 热可以转化为功, 并据此制成了蒸汽机. 功也可以转化为热, 十八世纪末, 英国伦福德伯爵 (Count Rumford, 原名汤普森 (Thompson)) 发现利用钝钻头加工炮筒时, 尽管出现的碎末较少, 但产生的热更多, 且取之不尽. 这不仅否定了热质说, 还说明功可以转化为热. 戴维 (Davy) 的两块冰相互摩擦可以使它们融化的实验也说明功可以转化为热. 这些不同形式之间可以转化的原因和转化时的关系 (或者说效率) 当然是需要探讨的重要问题. 德国医生迈耶 (Meyer) 通过对比在南亚和在欧洲的人的静脉血液的颜色 (他曾作为年轻的随船医生到达爪哇), 将在南亚的人的静脉血液比在欧洲的人的静脉血液明显鲜红的事实归因于两个地区的气温差异, 较具体地, 根据拉瓦锡 (Lavoisier) 的人的体温由血液的氧化维持的观点, 他认为在位于热带的南亚地区, 气温很高, 人体散热很少, 血液氧化相对于在欧洲的人较少, 而血液氧化是通过做功来实现的, 从而提出热量产生与做功等价的观点, 并给出二者之间的等价关系 (热功当量): $1\,\text{cal} = 3.57\,\text{J}$ (1841 年, 他将文章投送 *Annalen der Physik*, 但未被录用发表; 1842 年, 他在 *Annalen der Chemie und Pharmacie* 发表了一篇短文, 给出此结果; 1845 年, 他在自己刊印的小册子中给出较详细的论述). 这种观点太过新奇, 再加上迈耶不熟悉物理, 其语言表述不专业, 因此其观点在刚提出时当然不被肯定和接受, 并且其计算的数值误差也很大. 同期的焦耳 (Joule) 的系统实验进一步说明热量产生与做功等价 (1843 年发表), 并给出其间的等价关系 (因此人们称热功当量为焦耳热功当量). 稍后的亥姆霍兹 (Helmholtz) 的系统分析总结说明各种运动形式都对应有能量 (传递), 这些不同形式的能量可以相互转化, 从而提出能量守恒原理 (1847 年, 在给 *Annalen der Physik* 投稿未被录用发表后, 也以小册子的形式单独刊印发表). 于是, 到十九世纪中期, 人们认识到, 物质的各种运动形式的总能量保持不变, 即能量守恒. 二十世纪前期发现的康普顿效应确认在微观世界的过程中能量也守恒. 后来又认识到能量守恒是由时间平移不变性决定的, 从而能量守恒成为物理学中普遍的基本规律. 于是, 我们有能量守恒定律: 自然界中的一切物体都具有能量, 能量有多种不同的形式, 它能从一种形式转化为另一种形式, 从一个物体传递给另一个物体, 在转化和传递的过程中, 能量的总量不变.

回顾力学原理我们知道, 当物体在力的方向上有位移时, 力即对物体做功, 并具体表述为 $W = \boldsymbol{F} \cdot \boldsymbol{X} = \sum_i F_i X_i$. 对于热力学系统, 由前面讨论的热力学系统的状态参量可知, 热力学系统的力是很广义的, 可以是通常意义上的力, 也可以是压强 (单位面积上的正压力), 还可以是电磁力等. 位移也是广义的, 可以是线位移、面位移 (面积变化), 也可以是体位移 (体积变化), 还可以是电磁位移 (例如, 电极化、磁化). 记热力学系统的广义力为 Y_i, 广义位移为 X_i, 则相应于广义力的外界对系统做的功也可以表述为 $\sum_i Y_i X_i$. 例如, 在压强 p 的作用下, 系统的体积有变化 $\mathrm{d}V$, 则外界对系统做的功为 $\mathrm{d}W = -p\,\mathrm{d}V$. 根据在力学中已经熟悉的物理学的功能关系可知, 热力学系统的功可以是相应于明显的机械能或/和电磁能的传递.

热力学系统相对于通常意义上的纯粹的力学系统或/和电磁系统的差别是能量的传递除了以相应于明显的机械能或/和电磁能的形式传递的能量 (即做功) 外, 还有其他的能量传递方式. 这种除了以相应于明显的机械能或/和电磁能的形式传递的能量之外的以其他形式传递的能量称为热量. 当然, 由前述的热力学系统由大量微观粒子组成的基本特点 (相应地, 有大量微观状态) 可知, 热力学系统有相应于其组分粒子的无规则运动的动能和这些组分粒子之间的相互作用势能共同决定的能量, 人们常称之为内能. 将能量守恒定律应用于热力学系统可知, 当外界对系统做功或/和外界传递给系统热量的情况下, 系统的内能会发生变化, 其变化量即外界对系统做的功与外界传递给系统的热量之和. 记一元过程中外界对系统做的功为 đW、外界传递给系统的热量为 đQ, 则系统内能的改变量为

$$dU = đW + đQ. \tag{1.12}$$

此即著名的热力学第一定律, 是任何热力学系统和热力学过程必须遵从的基本原理. 第五章将对热力学第一定律及其应用予以具体讨论.

思 考 题

1.1 试尽可能多地给出组成物质的微观粒子处于不停顿的无规则运动状态的实例.

1.2 试尽可能多地给出组成物质的微观粒子之间具有相互作用的实例.

1.3 试比较常见的几种分子之间的相互作用势的特点及其异同.

1.4 试画出 $V(r) = \dfrac{a}{r} - br$ (其中, a, b 都是正的实数) 的图示, 并说明其基本特征.

1.5 试分析讨论分别呈现固态、液态、气态的物质的组分单元的无规则运动动能与它们之间的相互作用势能的相对大小之间的关系.

1.6 试比较平衡态、非平衡态及稳定态的异同.

1.7 试分析确定下述系统中, 哪些处于平衡态? (1) 食盐溶解于水的过程中的溶液系统. (2) 腌菜时, 腌菜缸中出现水, 菜变咸, 经过很长一段时间后, 腌菜缸中的菜和水形成的系统. (3) 高压锅中温度保持为 100 °C 的 H_2O. (4) 现在观测到的在加速膨胀的宇宙.

1.8 由压强的量纲和在中学学习中已经熟悉的概念可知, 压强的直观物理意义是单位面积上所受的正压力, 试尽可能多地给出压强的其他直观物理意义.

1.9 试根据在中学学习中已经熟悉的概念, 比较温度与热量的异同.

1.10 试分析温标三要素, 说明它们在表征 (或者说确定) 温度时的重要性.

1.11 试回顾建立理想气体温标的过程及其核心内容.

1.12 试分析建立其他温标的可能性, 以及建立时应该注意的重要事项.

1.13 试说明建立热力学温标和国际实用温标的必要性.

1.14 试比较准静态过程与非准静态过程的异同, 并说明在热学中引入准静态过程模型的必要性.

1.15 试分析实现准静态过程的可能性和方式.

1.16 试回顾建立热功当量概念的过程及其重要意义.

1.17 试比较热学中的功和热量(或者说热力学过程中的做功和传热)的本质及其间的异同.

1.18 试分析热力学第一定律与能量守恒定律之间的关系.

习　题

1.1 在一个标准大气压下,水的冰点温度是 t_i,汽点温度是 t_s. 一支未经校准的温度计,在这样的压强下,放在冰水混合物中指示温度为 t_i',放在沸水中指示温度为 t_s'. 假定该温度计的刻度在 t_i' 和 t_s' 之间是等分的,试确定当指示温度为 t_p' 时的真实温度.

1.2 将水银温度计浸在冰水混合物中时,水银柱的长度为 4 cm;浸在沸水中时,水银柱的长度为 24 cm.

(1) 将该温度计浸在某种沸腾的化学溶液中时,水银柱的长度为 25.4 cm,试确定该溶液的温度.

(2) 在 22 °C 时,水银柱的长度为多少?

1.3 用 L 表示液体温度计中液柱的长度,并定义温标 t^* 与 L 之间的关系为 $t^* = a\ln L + b$,其中,a, b 为常量. 规定冰点温度为 $t_i^* = 0°$,汽点温度为 $t_s^* = 100°$. 设在冰点时,液柱的长度为 $L_i = 5$ cm;在汽点时,液柱的长度为 $L_s = 25$ cm. 试确定 $t_1^* = 0°$ 到 $t_2^* = 10°$ 之间的液柱的长度差,以及 $t_1^* = 90°$ 到 $t_2^* = 100°$ 之间的液柱的长度差.

1.4 定义温标 t^* 与测温属性 X 之间的关系为 $t^* = \ln(kX)$,其中,k 为常量.

(1) 设 X 为定容稀薄气体的压强,并假定水的三相点温度为 $t^* = 273.16°$,试确定温标 t^* 与理想气体温标 T_i 之间的关系.

(2) 在温标 t^* 中,水的冰点和汽点分别为多少度?

(3) 在温标 t^* 中,是否存在 $0°$?

1.5 用定容理想气体温度计测得冰点的理想气体温度为 273.15 K,试确定该温度计内的气体在冰点和三相点时的压强之比的极限值.

1.6 用定容理想气体温度计测得测温泡内的气体在水的三相点和汽点时的体积之比 $\dfrac{V_{tr}}{V_s}$ 的极限值是 0.732038,试确定水的汽点在理想气体温标下的值.

1.7 利用定容理想气体温度计测量某物质的沸点. 当测温泡在水的三相点时,其中的压强值为 $p_{tr} = 500$ mmHg. 当测温泡浸入待测物质中时,测得的压强值为 $p = 734$ mmHg. 当从测温泡中抽出一些气体,使 p_{tr} 减为 100 mmHg 时,测得 $p = $

146.68 mmHg. 再从测温泡中抽出一些气体, 使 p_{tr} 减为 40 mmHg 时, 测得 $p = 68.68$ mmHg. 试确定该物质的沸点在理想气体温标下的温度.

1.8 记某定容理想气体温度计的测温泡中的压强在水的三相点时为 p_{tr}. 在某确定温度 T 下, 测温泡中的压强为 p. 现对一状态的温度进行多次测量, 以得到较准确的结果. 测量数据为: 当 $p_{tr} = 66.66$ kPa 时, $p = 102.35$ kPa; 当 $p_{tr} = 50.00$ kPa 时, $p = 76.76$ kPa; 当 $p_{tr} = 33.33$ kPa 时, $p = 51.19$ kPa; 当 $p_{tr} = 16.67$ kPa 时, $p = 25.59$ kPa; 当 $p_{tr} = 8.34$ kPa 时, $p = 12.81$ kPa. 试确定该状态在理想气体温标下的温度.

1.9 设计一温度计, 使其固定标准点为水的冰点和汽点, 且其间隔记为 $100°$.

(1) 若记体积固定情况下, 上述两状态的压强比值为 $\lim\limits_{p_i \to 0} \dfrac{p_s}{p_i} = \gamma_s$, 则冰点在理想气体温标下的温度为 $\theta_i = \dfrac{100}{\gamma_s - 1}$. 试证明: 利用该定容理想气体温度计测量水的冰点 θ_i 的相对误差与测量水的汽点 θ_s 的相对误差之间满足 $\left|\dfrac{\mathrm{d}\theta_i}{\theta_i}\right| = 3.7315 \left|\dfrac{\mathrm{d}\gamma_s}{\gamma_s}\right|$.

(2) 若一状态的压强与冰点压强的比值为 $\lim\limits_{p_i \to 0} \dfrac{p}{p_i} = \gamma$, 则该状态在理想气体温标下的温度为 $\theta = \gamma \theta_i$. 试证明: 这样测量的相对误差与测量汽点的相对误差之间满足 $\left|\dfrac{\mathrm{d}\theta}{\theta}\right| = \left|\dfrac{\mathrm{d}\gamma}{\gamma}\right| + 3.7315 \left|\dfrac{\mathrm{d}\theta_s}{\theta_s}\right|$.

1.10 仿 1.9 题, 设计温度计时, 仅选取一个固定标准点, 该点的温度在理想气体温标下的数值为一普适常量. 试证明: 若记体积固定情况下的一状态的压强与固定标准点的压强的比值为 $\lim\limits_{p_{tr} \to 0} \dfrac{p}{p_{tr}} = \gamma$, 则对该状态的温度测量的相对误差为 $\left|\dfrac{\mathrm{d}\theta}{\theta}\right| = \left|\dfrac{\mathrm{d}\gamma}{\gamma}\right|$.

1.11 设有物质的量为 1 mol 的理想气体系统, 其热平衡态由 (p, V) 两个状态参量标记, 试给出状态 (p_0, V_0) 附近的一个温度函数.

1.12 推广 1.11 题, 设有一均匀物质系统, 其在一定范围内的热平衡态可由状态参量 $(x, y, z, \cdots, w)$ 确定. 试证明: 在系统的某个状态 $(x_0, y_0, z_0, \cdots, w_0)$ 附近可以定义温度函数 $T = f(x, y, z, \cdots, w)$.

第二章 状态方程

2.1 状态方程的基本概念

热力学系统的宏观状态由状态参量描述. 常见的均匀热力学系统通常不显示电磁性质 (明确说明的除外), 其物质的量一定, 密度 ρ 可以由体积 V 及物质的量决定, 那么体积 V、压强 p 及温度 T 是常见的描述系统宏观状态及性质的状态参量, 并且常称这类系统为 p-V-T 系统. 实验表明, 单元均匀系统的状态参量——压强 p、体积 V 和温度 T 不完全独立, 这就是说, 这些状态参量之间有一定的函数关系 $f(p,V,T)=0$. 由该函数关系可知, 存在曲面方程 $p=p(V,T), V=V(T,p)$ 和 $T=T(p,V)$. 以 p,V,T 为坐标轴的坐标系中的这一曲面称为 p-V-T 曲面. 对于一定量的纯物质, 实验测量表明, 其 p-V-T 曲面如图 2.1 的中间部分所示. 处于平衡态的热力学系统的状态参量之间满足的函数关系称为该热力学系统的状态方程, 简称状态方程或物态方程. 例如, 对于单元均匀的 p-V-T 系统, 其状态参量之间满足的函数关系 $f(p,V,T)=0$ 就是其状态方程.

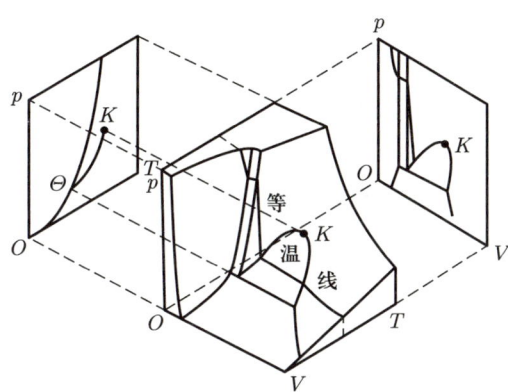

图 2.1 纯物质的 p-V-T 曲面示意图及其在 p-T 平面、p-V 平面上的投影

对于通常的 p-V-T 系统, 三个状态参量 p,V,T 满足一个状态方程 $f(p,V,T)=0$, 这表明存在一个约束条件, 因此这三个状态参量 p,V,T 中只有两个是独立的. 可以由独立变化的状态参量完全确定的物理量称为热力学系统的状态函数, 简称态函数. 对于 p-V-T 系统, 如果取压强 p 和温度 T 为状态参量, 则体积 $V=V(T,p)$ 就是态函数; 如果取 T,V 为状态参量, 则 $p=p(V,T)$ 就是态函数; 如果取 p,V 为状态参量, 则

$T = T(p, V)$ 就是态函数. 在以后章节的讨论中还会出现内能 (U)、焓 (H)、熵 (S)、自由能 (F)、自由焓 (G) 等物理量, 它们都是热力学系统的态函数.

由于 p-V-T 曲面为三维空间内的曲面, 不容易观察并进行分析讨论, 因此通常采用投影图. p-V-T 曲面在 p-V 平面上的投影就是 p-V 图. 为更加清楚, 通常取一系列分别对应于不同温度 T 的等温线进行投影, 由此得到的 p-V 图就是一系列等温线, 图 2.1 右上方的 p-V 平面内的折线和图 2.2 中的 $ABCDEF$ 折线均为一等温线. 由图 2.2 可知, 由 p-V 图上的等温线不仅可以确定系统的状态参量之间的关系 $T = T(p, V)$, 还可以知道系统的状态在该温度下的演化行为. 例如, 对应很小摩尔体积的状态为液相 (态), 对应很大摩尔体积的状态为气相 (态), 中间的水平段表示系统的固、液、气三相中的两相, 甚至三相共存并达到相平衡的状态, 所以 p-V 图上的等温线在讨论相及相变时也被称为相平衡曲线, 较具体的讨论参见第九章.

由于 p-V-T 曲面除可以投影到 p-V 平面上外, 还可以投影到 p-T 平面、V-T 平面上. 相应的投影图分别是 p-T 图 (如图 2.1 的左上方所示. 为更加清楚, 我们将之转述于图 2.3 中)、V-T 图. 在 p-V-T 曲面内, 固、液、气三相中任意两相共存的曲面都由等温线密布而成, 所以它们都是垂直于 p-T 平面的曲面. 那么它们在 p-T 平面上的投影就是它们与 p-T 平面的交线, 因此固 – 液共存、液 – 气共存和固 – 气共存的状态及其演化就可以分别由 p-T 图上的曲线来表示. 由于 p-V-T 曲面中的三相共存线是等温线, 因此其在 p-T 图上的投影为一个点. 常见的 p-T 图如图 2.3 所示. 由于 p-T 图上的曲线表示物质两相共存的状态, 因此图 2.3 所示的三条曲线把 p-T 平面分为三个部分, 这三个部分分别表示宏观物质以固相、液相、气相存在时的压强 p 与温度 T 之间的关系. 总而言之, p-T 图不仅表示物质以单相存在时 p 与 T 之间的关系, 还表示物质的两相共存状态及三相共存状态. 因此 p-T 图常被称为相图, 其上的 $p(T)$ 曲线称为相平衡曲线 (有关具体讨论参见第九章).

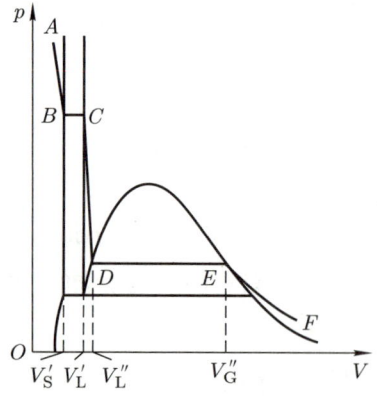

图 2.2 纯物质的等温线示意图 (其中上凸段为理论模型下的结果, 具体讨论见 9.3.3 小节)

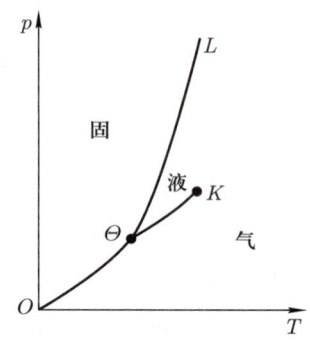

图 2.3 纯物质的 p-T 图示意图

2.2 气体的状态方程

2.2.1 理想气体的状态方程

2.2.1 授课视频

由 1.4 节中关于温标的讨论可知,当温度较高、压强趋于零时,各种气体的宏观状态都遵从玻意耳定律、查理定律和盖吕萨克定律,并且有相同的 α_p 和 α_V. 满足这些性质的气体称为理想气体. 显然, 理想气体是实际气体在压强很小的情况下的极限, 是一个气体模型.

由实验发现的玻意耳定律可知, 理想气体的压强 p 和体积 V 的乘积是由温度 T 决定的常量, 即有 $pV = C(T)$. 将之应用于处于水的冰点状态的水蒸气, 则有

$$p_0 V_0 = C(T_0).$$

实验还表明, 在体积固定不变的情况下, 理想气体的压强与温度成正比, 那么, 对于体积保持在上述冰点状态的体积 V_0, 但温度 T 和压强 p 可以变化的气体, 有

$$pV_0 = C(T).$$

根据在实验观测基础上建立定容理想气体温度计的原理, 我们知道,

$$T = 273.16 \lim_{p_0 \to 0} \frac{p}{p_0} = 273.16 \lim_{p_0 \to 0} \frac{pV_0}{p_0 V_0} = 273.16 \lim_{p_0 \to 0} \frac{C(T)}{C(T_0)} = 273.16 \frac{C(T)}{C(T_0)},$$

所以

$$C(T) = \frac{C(T_0)}{273.16} T = \frac{p_0 V_0}{273.16} T.$$

实验表明, 在温度为 273.15 K, 压强为 1 atm 的情况 (这一情况常被称为标准状况) 下, 1 mol 任何气体的体积 $V_{m,0}$ 都为 22.4144 升 (升常简记为 L). 那么, 由玻意耳定律可知, 对于 1 mol 任何气体, $p_0 V_{m,0} = 22.4144 \, \text{atm} \cdot \text{L/mol}$ 都为一个常量, 即

$$\frac{p_0 V_{m,0}}{273.16} = 8.314510 \, \text{J/(mol} \cdot \text{K)}$$

是对任何气体都相同的常量, 称之为普适气体常量 (universal gas constant), 简记为 R. 所以 1 mol 理想气体的压强 p、体积 V_m 和温度 T 之间的关系可以表示为

$$pV_m = RT. \tag{2.1}$$

该关系式即为 1 mol 理想气体的状态方程. 对于物质的量为 ν 的理想气体, 由于体积为广延量, 即有 $V = \nu V_m$, 则物质的量为 ν 的理想气体的状态方程为

$$pV = \nu RT. \tag{2.2}$$

由于一定量理想气体的物质的量 ν 可以由其质量 M 和摩尔质量 μ 表示为 $\nu = \dfrac{M}{\mu}$, 因此质量为 M 的理想气体的状态方程为

$$pV = \frac{M}{\mu} RT. \tag{2.3}$$

对于由几种组分组成的混合理想气体, 设其共有 n 种组分, 其中, 第 i 种组分的质量为 M_i, 摩尔质量为 μ_i, 则其物质的量为 $\nu_i = \dfrac{M_i}{\mu_i}$, 那么混合理想气体系统的总物质的量为

$$\nu = \nu_1 + \nu_2 + \cdots + \nu_n = \frac{M_1}{\mu_1} + \frac{M_2}{\mu_2} + \cdots + \frac{M_n}{\mu_n}. \tag{2.4}$$

由于每一种组分的理想气体的状态参量都满足理想气体状态方程, 设系统的温度为 T, 第 i 种组分气体的压强和体积分别为 p_i, V_i, 则 $p_i V_i = \nu_i RT$. 如果各组分气体都分别均匀分布于混合理想气体系统所处的整个空间 V 中, 即 $V_1 = V_2 = \cdots = V_i = \cdots = V_n = V$, 即对于第 i 种组分气体, $p_i V = \nu_i RT$, 则

$$\sum_i p_i V = \sum_i \nu_i RT,$$

于是

$$pV = \nu RT.$$

这就是说, 对于混合理想气体, 其状态方程仍可以表示为 (2.2) 式的形式, 但其压强 p 为

$$p = p_1 + p_2 + \cdots + p_n. \tag{2.5}$$

也就是说, 混合理想气体系统的压强为各组分气体的分压强之和, 这就是著名的道尔顿分压定律 (Dalton's law of partial pressure).

另一方面, 如果假定组成混合理想气体的各组分气体都具有相同的压强 p, 也可得到 $pV = \nu RT$ 的结论, 只不过其中的 $V = V_1 + V_2 + \cdots + V_n$. 这相当于把各组分气体分别限定于子空间内, 各子空间体积的大小 V_i 使得相应组分气体满足 $pV_i = \nu_i RT$. 这样, 混合理想气体的状态方程 $pV = \nu RT$ 还可以从分体积的角度来理解.

例题 1 中等肺活量的人在标准状况下呼吸一次大约吸进 $1\,\mathrm{g}$ 氧气, 如果空气温度及各组分含量不随高度变化, 那么飞行员飞到大气压强等于 $400\,\mathrm{mmHg}$ 的高空时每次呼吸吸进的氧气有多少克?

解 因为题中所给压强为空气压强, 即混合气体压强, 所以采用理想气体状态方程直接计算时得到的实际是空气的质量. 设空气中氧气所占质量百分比为 x, 则吸进

质量为 m 的氧气时实际吸进空气的质量为 m/x. 假设空气可以近似为理想气体, 并记飞行员每次呼吸吸进的空气的体积为 V, 高空处空气的压强、温度分别为 p, T, 摩尔质量为 μ, 则由理想气体状态方程得

$$pV = \frac{m/x}{\mu}RT,$$

于是有

$$m = \frac{x\mu pV}{RT}.$$

设在标准状况下飞行员每次呼吸吸进氧气的质量为 m_0, 则实际吸进空气的质量为 m_0/x. 记标准状况下空气的压强为 p_0、温度为 T_0, 则由题意和理想气体状态方程得

$$p_0 V = \frac{m_0/x}{\mu}RT_0,$$

那么

$$x\mu = \frac{m_0 R T_0}{p_0 V},$$

所以

$$m = \frac{pV}{RT} \cdot \frac{m_0 R T_0}{p_0 V} = \frac{pT_0}{p_0 T}m_0.$$

又由题意可知, $T = T_0$, $p = 400\,\mathrm{mmHg}$, $p_0 = 760\,\mathrm{mmHg}$, $m_0 = 1\,\mathrm{g}$, 则

$$m = \frac{p}{p_0}m_0 = \frac{400}{760} \times 1\,\mathrm{g} \approx 0.526\,\mathrm{g}.$$

总之, 飞行员飞到大气压强等于 $400\,\mathrm{mmHg}$ 的高空时每次呼吸吸进的氧气约为 0.526 克.

例题 2 图 2.4 为低温测量中常用的一种气体温度计的示意图, 上端 A 是压力计, 下端 B 是测温泡, 两者通过导热性能很差且很长的毛细管 C 相连. 毛细管 C 很细, 其容积与 A 的容积 V_A 和 B 的容积 V_B 相比可忽略不计. 测量时, 先把温度计在室温 T_0 下充气到压强 p_0, 并密封起来, 然后将 B 浸入待测物质. 设 B 中气体与待测物质达到热平衡态后, A 的读数为 p, 试确定待测物质的温度 (用 V_A, V_B, p_0, T_0 及 p 表示).

解 设待测物质的温度为 T. 由于毛细管 C 很长, 导热性能又很差, 因此当 B 中气体与待测物质达到热平衡态时, A 中气体的温度仍保持为 T_0, 但 A 和 B 中气体的压强却同为 p. 再设 A 中原有气体的质量为 M, B 中原有气体的质量为 m, 当 B 浸入待测物质从而压强降低时, 有一部分气体由 A 经毛细管 C 进入 B, 记这一部分气体的质量为 Δm, 则在压强平衡后, B 中气体的质量为 $m + \Delta m$, A 中气体的质量为 $M - \Delta m$. 假设这些气体可以近似为理想气体, 根据理想气体状态方程可得, 在测温前压力计 A 中, 有

$$p_0 V_A = \frac{M}{\mu}RT_0, \tag{a}$$

在测温前测温泡 B 中, 有
$$p_0 V_B = \frac{m}{\mu} R T_0, \tag{b}$$

在测温后压力计 A 中, 有
$$p V_A = \frac{M - \Delta m}{\mu} R T_0, \tag{c}$$

在测温后测温泡 B 中, 有
$$p V_B = \frac{m + \Delta m}{\mu} R T. \tag{d}$$

将 (a) 式加 (b) 式, 并整理得
$$p_0 \frac{V_A + V_B}{T_0} = \frac{M + m}{\mu} R, \tag{e}$$

改写 (c) 式和 (d) 式, 并使之相加得
$$p\left(\frac{V_A}{T_0} + \frac{V_B}{T}\right) = \frac{M + m}{\mu} R. \tag{f}$$

将 (f) 式减 (e) 式, 得
$$\frac{p - p_0}{T_0} V_A + \left(\frac{p}{T} - \frac{p_0}{T_0}\right) V_B = 0,$$

解之得
$$T = \frac{p V_B}{p_0(V_A + V_B) - p V_A} T_0,$$

所以待测物质的温度为
$$T = \frac{p V_B}{p_0(V_A + V_B) - p V_A} T_0.$$

例题 3 在制造氦氖激光器的激光管时, 需要充以一定比例的氦氖混合气体, 如图 2.5 所示, 原来在容器 1 和容器 2 中分别充有压强为 $2.0 \times 10^4\,\mathrm{Pa}$ 的氦气和压强为 $1.2 \times 10^4\,\mathrm{Pa}$ 的氖气, 容器 1 的容积是容器 2 的 3 倍. 现打开活塞, 使这两部分气体混合. 试求混合后气体的总压强和两种气体的分压强.

解 依题意, 设混合前后氦氖两种气体都可以近似为理想气体, 它们的温度都不发生变化, 且相等. 混合后两种气体的分压强分别为 p_{He}, p_{Ne}. 因为混合后它们的体积都是 $V_1 + V_2$, 则由理想气体状态方程得
$$p_{He}(V_1 + V_2) = p_1 V_1,$$
$$p_{Ne}(V_1 + V_2) = p_2 V_2,$$

于是
$$p_{He} = \frac{V_1}{V_1 + V_2} p_1 = \frac{3 V_2}{3 V_2 + V_2} p_1 = \frac{3}{4} p_1 = 1.5 \times 10^4\,\mathrm{Pa},$$
$$p_{Ne} = \frac{V_2}{V_1 + V_2} p_2 = \frac{V_2}{3 V_2 + V_2} p_2 = \frac{1}{4} p_2 = 3.0 \times 10^3\,\mathrm{Pa},$$

并且混合后气体的总压强为

$$p = p_{\text{He}} + p_{\text{Ne}} = 1.8 \times 10^4 \,\text{Pa}.$$

总之, 混合后气体的总压强为 $1.8 \times 10^4 \,\text{Pa}$, 其中, 氦气和氖气的分压强分别为 $1.5 \times 10^4 \,\text{Pa}$ 和 $3.0 \times 10^3 \,\text{Pa}$.

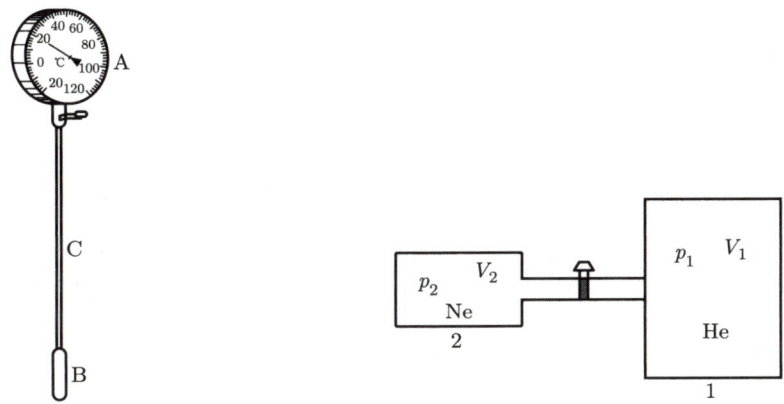

图 2.4　低温测量中常用的气体温度计示意图　　图 2.5　制备氦氖混合气体的装置示意图

例题 4　通常所说的混合气体中各组分的体积百分比, 指的是当每种组分单独处在与混合气体的压强、温度相同的状态下时, 其体积与混合气体体积的百分比. 已知空气中几种主要组分的体积百分比分别是: 氮气 78%、氧气 21%、氩气 1%, 并且氮气、氧气、氩气的分子量分别为 $28.0, 32.0, 39.9$, 求在标准状况下空气中各主要组分的分压强和密度, 以及空气的密度.

解　设标准状况下空气的体积为 V, 则依题意可知, 氮气、氧气、氩气的体积分别为 $V_{\text{N}_2} = 0.78V$, $V_{\text{O}_2} = 0.21V$, $V_{\text{Ar}} = 0.01V$.

把这三种气体混合成标准状况下的空气时, 它们的状态的变化分别是:

$$\text{氮气}: \{p_0, V_{\text{N}_2}, T\} \to \{p_{\text{N}_2}, V, T\},$$
$$\text{氧气}: \{p_0, V_{\text{O}_2}, T\} \to \{p_{\text{O}_2}, V, T\},$$
$$\text{氩气}: \{p_0, V_{\text{Ar}}, T\} \to \{p_{\text{Ar}}, V, T\}.$$

假设这些气体及混合后的气体都可以近似为理想气体, 因为混合前后温度保持不变, 则由理想气体状态方程得

$$p_0 V_{\text{N}_2} = p_{\text{N}_2} V, \qquad p_0 V_{\text{O}_2} = p_{\text{O}_2} V, \qquad p_0 V_{\text{Ar}} = p_{\text{Ar}} V,$$

所以, 在标准状况下空气中各主要组分的分压强分别为

$$p_{\text{N}_2} = \frac{V_{\text{N}_2}}{V} p_0 = 0.78 p_0 = 0.78 \,\text{atm}, \qquad p_{\text{O}_2} = \frac{V_{\text{O}_2}}{V} p_0 = 0.21 p_0 = 0.21 \,\text{atm},$$

$$p_{\text{Ar}} = \frac{V_{\text{Ar}}}{V} p_0 = 0.01 p_0 = 0.01 \text{ atm}.$$

又由理想气体状态方程 $pV = \dfrac{M}{\mu} RT$ 得

$$\rho = \frac{M}{V} = \frac{\mu p}{RT}.$$

于是, 在标准状况下空气中各主要组分的密度分别为

$$\rho_{\text{N}_2} = \frac{\mu_{\text{N}_2} p_{\text{N}_2}}{RT} = \frac{28.0 \times 10^{-3} \times 0.78 \times 1.01325 \times 10^5}{8.31 \times 273.15} \text{ kg/m}^3 \approx 0.97 \text{ kg/m}^3,$$

$$\rho_{\text{O}_2} = \frac{\mu_{\text{O}_2} p_{\text{O}_2}}{RT} = \frac{32.0 \times 10^{-3} \times 0.21 \times 1.01325 \times 10^5}{8.31 \times 273.15} \text{ kg/m}^3 \approx 0.30 \text{ kg/m}^3,$$

$$\rho_{\text{Ar}} = \frac{\mu_{\text{Ar}} p_{\text{Ar}}}{RT} = \frac{39.9 \times 10^{-3} \times 0.01 \times 1.01325 \times 10^5}{8.31 \times 273.15} \text{ kg/m}^3 \approx 0.02 \text{ kg/m}^3.$$

那么, 在标准状况下空气的密度为

$$\rho = \rho_{\text{N}_2} + \rho_{\text{O}_2} + \rho_{\text{Ar}} \approx (0.97 + 0.30 + 0.02) \text{ kg/m}^3 = 1.29 \text{ kg/m}^3.$$

总之, 在标准状况下空气中各主要组分的分压强和密度分别约为: 氮气 0.78 atm, 0.97 kg/m^3; 氧气 0.21 atm, 0.30 kg/m^3; 氩气 0.01 atm, 0.02 kg/m^3. 在标准状况下空气的密度约为 1.29 kg/m^3.

例题 5 宇宙中的相当大一部分恒星是由高温高密原子核组成的自引力系统, 其能源主要是引力势能和核燃烧 (即核反应) 产生的能量, 而核燃烧只有在一定温度以上才能 "点火". 试用理想气体状态方程定性讨论恒星 "永恒" 存在的原理.

解 恒星与其他没有硬边界约束的系统一样, 密度和温度都自中心向外逐渐减小, 因此核反应主要在内部进行. 由于核反应产生能量后会向外界释放, 因此温度会下降. 当温度下降到核反应的 "点火" 温度之下时, 核燃烧即中止. 由理想气体状态方程可知, 在体积不变的情况下, 温度降低导致压强降低, 那么在核反应区外侧压强的作用下, 核物质 (燃料) 会收缩, 这种收缩使得压强增大, 温度升高, 核燃烧会重新 "点火". 这样周而复始, 使得恒星在核燃料消耗完之前保持基本 "稳定" 的温度燃烧下去, 一方面不断向外界释放能量, 一方面自身稳定存在.

2.2.2 实际气体的状态方程简介

一、范德瓦耳斯方程

对于理想气体, 人们假定其分子都是质点, 并且除碰撞的瞬间外分子之间无相互作用. 系统的压强即单位面积上所受的正压力, 亦即单位体积内的正压力所做的功, 也

2.2.2
授课视频

就是动能密度 (2.2.3 小节将予以具体讨论). 但事实上, 气体分子和其他物质的分子一样, 其间都有相互作用, 这种相互作用在分子相距很近时表现为排斥力, 形象地说, 分子具有体积; 而当分子相距较远时, 这种相互作用表现为吸引力. 1873 年, 范德瓦耳斯 (van der Waals) 指出, 由于分子具有体积, 气体中分子所能自由活动的空间不是气体所占空间的体积. 记 1 mol 气体所处的容器的容积为 V_m, 则组成这些气体的分子能够活动的空间的体积为 $V_m - b$. 考虑到气体分子之间具有吸引力, 实际气体的压强并不只是分子运动引起的压强 p, 还有分子之间的相互作用贡献的能量, 亦即分子之间的相互作用引起的压强, 从而应引入一个修正量, 使得 $p \to p + \dfrac{a}{V_m^2}$. 于是 1 mol 实际气体的状态方程应为

$$\left(p + \frac{a}{V_m^2}\right)(V_m - b) = RT. \tag{2.6}$$

这就是著名的范德瓦耳斯方程, 其中, a, b 称为范德瓦耳斯修正量.

对于范德瓦耳斯方程 (见 (2.6) 式), 在 $T = $ 常量的条件下, 取 $p \to \infty$ 的极限, 可得 $V_m - b = 0$, 所以 $b = V_m$. 由此可知, b 为 1 mol 非理想气体在不能再继续压缩的极限情况下所占的体积 V_m. 通过具体计算可知, 如果一个气体分子的体积为 v_0, 则近似有

$$b = 4 N_A v_0.$$

总之, 范德瓦耳斯修正量 b 是考虑气体分子体积而引入的修正量.

分子无规则运动引起的压强通常称为动理压强, 记为 p_k. 由理想气体压强公式的推导 (见 2.2.3 小节) 可知, 理想气体的压强实际上全部是气体的动理压强. 将范德瓦耳斯方程与理想气体状态方程比较可知, 在不考虑分子体积效应的情况下, $p_范 + \dfrac{a}{V_m^2}$ 相当于动理压强 p_k, 于是 $p_范 = p_k - \dfrac{a}{V_m^2}$. 由于气体的压强为气体分子在单位时间内作用在单位面积上的冲量的统计平均值, 因此 $p_范 = p_k - \dfrac{a}{V_m^2} \ne p_k$ 是由于分子之间存在相互吸引力而导致相互拖曳, 从而使得分子对气体中任一面元的冲量发生变化所致. 这就是说, $-a/V_m^2$ 是由于气体分子之间的相互吸引力而引起的内压强 p_{in}. 因此范德瓦耳斯修正量 a 是考虑气体分子之间的相互吸引力而引起的内压强参数. 较深入的计算表明, 内压强参数 a 可以由分子的体积 v_0 和分子的结合能 ε_B, 以及阿伏伽德罗常量近似表示为

$$a = 4 N_A^2 \varepsilon_B v_0.$$

综上所述, 范德瓦耳斯修正量 a, b 具有明确的物理意义. 范德瓦耳斯方程不仅形式简洁, 易于计算, 而且物理图像鲜明, 意义清楚, 但是修正量 a, b 对于不同的实际气

体是经验参数, 没有普适数值. 一些常见气体的范德瓦耳斯修正量如表 2.1 所示. 实际计算表明, 范德瓦耳斯方程可以较好地描述一些实际气体的宏观状态参量之间的关系.

表 2.1 一些常见气体的范德瓦耳斯修正量

气体	氦气	氢气	氮气	氧气	二氧化碳	水蒸气
修正量 $a/(\mathrm{atm}\cdot\mathrm{L}^2\cdot\mathrm{mol}^{-2})$	0.0341	0.247	1.361	1.369	3.643	0.0304
修正量 $b/(\mathrm{L}\cdot\mathrm{mol}^{-1})$	0.0234	0.0256	0.0385	0.0315	0.0427	0.0304

对于物质的量为 ν 的范德瓦耳斯气体, 由于其体积为 $V = \nu V_\mathrm{m}$, 而系统的物质的量 ν 可以由气体的质量 M 和摩尔质量 μ 表示为 $\nu = \dfrac{M}{\mu}$, 因此质量为 M、体积为 V 的范德瓦耳斯气体的状态方程为

$$\left[p + \left(\frac{M}{\mu}\right)^2 \frac{a}{V^2}\right]\left(V - \frac{M}{\mu}b\right) = \frac{M}{\mu}RT. \tag{2.7}$$

二、位力展开和昂内斯方程

把理想气体状态方程 (见 (2.1) 式) 与范德瓦耳斯方程 (见 (2.6) 式) 比较可知, 其间的差别主要是体积项由 $V_\mathrm{m} \to V_\mathrm{m} - b$, 并且 $V_\mathrm{m} - b < V_\mathrm{m}$, 从而气体的摩尔浓度由 $\dfrac{1}{V_\mathrm{m}} \to \dfrac{1}{V_\mathrm{m} - b}$, 并且 $\dfrac{1}{V_\mathrm{m} - b} > \dfrac{1}{V_\mathrm{m}}$. 那么, 一般地, 将宏观状态参量 p 与 T 之间的关系按浓度的幂次展开, 可以得到

$$pV_\mathrm{m} = A + \frac{B}{V_\mathrm{m}} + \frac{C}{V_\mathrm{m}^2} + \frac{D}{V_\mathrm{m}^3} + \cdots \tag{2.8}$$

或

$$pV_\mathrm{m} = A' + B'p + C'p^2 + D'p^3 + \cdots. \tag{2.9}$$

这种表示实际气体的宏观状态参量之间关系的方法称为位力展开 (virial expansion), 所得的方程常称为卡末林–昂内斯方程 (Kamerlingh-Onnes' equation), 简称昂内斯方程. 其中的系数 $A, B, C, \cdots$ 及 $A', B', C', \cdots$ 分别称为第一、第二、第三⋯⋯位力系数.

三、范德瓦耳斯方程与昂内斯方程之间的关系

1 mol 气体的范德瓦耳斯方程 (见 (2.6) 式) 可以改写为

$$p = \frac{RT}{V_\mathrm{m} - b} - \frac{a}{V_\mathrm{m}^2}.$$

将之关于 $\dfrac{b}{V_\mathrm{m}}$ 做泰勒展开, 则得

$$p = \frac{RT}{V_\mathrm{m}-b} - \frac{a}{V_\mathrm{m}^2} = \frac{RT}{V_\mathrm{m}\left(1-\dfrac{b}{V_\mathrm{m}}\right)} - \frac{a}{V_\mathrm{m}^2}$$

$$= \frac{RT}{V_\mathrm{m}}\left[1 + \frac{b}{V_\mathrm{m}} + \left(\frac{b}{V_\mathrm{m}}\right)^2 + \left(\frac{b}{V_\mathrm{m}}\right)^3 + \cdots\right] - \frac{a}{V_\mathrm{m}^2}.$$

于是有

$$pV_\mathrm{m} = RT + \frac{bRT-a}{V_\mathrm{m}} + \frac{b^2 RT}{V_\mathrm{m}^2} + \frac{b^3 RT}{V_\mathrm{m}^3} + \cdots. \tag{2.10}$$

与昂内斯方程相比则得, 范德瓦耳斯方程是

$$A = RT, \quad B = bRT - a, \quad C = b^2 RT, \quad D = b^3 RT, \quad \cdots$$

情况下的昂内斯方程. 由此可知, 范德瓦耳斯方程是特殊形式的具有更清楚物理意义的昂内斯方程.

由 (2.10) 式可知, 对于相同摩尔体积 (实际为容器的容积) 的范德瓦耳斯气体和理想气体, 存在一个转变温度

$$T_\mathrm{B} = \frac{a}{bR}, \tag{2.11}$$

在系统的温度高于 T_B 的情况下, 范德瓦耳斯气体的压强高于理想气体的压强; 在系统的温度低于 T_B 的情况下, 范德瓦耳斯气体的压强有可能低于理想气体的压强. 这一 T_B 常被称为玻意耳温度.

例题 6 质量为 1.1 kg 的实际 CO_2 气体在体积为 $V = 20\,\mathrm{L}$、温度为 27 °C 状态下的压强是多大? 并将所得结果与同状态下的理想气体做比较. 如果体积相同、温度为 1027 °C, 情况将如何呢? (已知实际 CO_2 气体的范德瓦耳斯修正量为 $a = 3.643\,\mathrm{atm} \cdot \mathrm{L}^2 \cdot \mathrm{mol}^{-2}$, $b = 0.0427\,\mathrm{L} \cdot \mathrm{mol}^{-1}$.)

解 依题意可知, $M = 1.1\,\mathrm{kg}$, $\mu = 44.0 \times 10^{-3}\,\mathrm{kg/mol}$, $V = 20\,\mathrm{L}$, $T = (273+27)\,\mathrm{K} = 300\,\mathrm{K}$, $a = 3.643\,\mathrm{atm} \cdot \mathrm{L}^2 \cdot \mathrm{mol}^{-2}$, $b = 0.0427\,\mathrm{L} \cdot \mathrm{mol}^{-1}$, $R = 8.31\,\mathrm{J} \cdot \mathrm{mol}^{-1} \cdot \mathrm{K}^{-1} = 0.082\,\mathrm{atm} \cdot \mathrm{L} \cdot \mathrm{mol}^{-1} \cdot \mathrm{K}^{-1}$.

由质量为 M 的气体的范德瓦耳斯方程

$$\left[p + \left(\frac{M}{\mu}\right)^2 \frac{a}{V^2}\right]\left(V - \frac{M}{\mu}b\right) = \frac{M}{\mu}RT$$

可知, 该系统的压强为

$$p = \frac{\dfrac{M}{\mu}RT}{V - \dfrac{M}{\mu}b} - \left(\frac{M}{\mu}\right)^2 \frac{a}{V^2}.$$

代入已知数据, 则得

$$p = \left[\frac{\frac{1.1}{44.0\times 10^{-3}}\times 0.082\times 300}{20-\frac{1.1}{44.0\times 10^{-3}}\times 0.0427} - \left(\frac{1.1}{44.0\times 10^{-3}}\right)^2\times \frac{3.643}{20^2}\right] \text{atm} \approx 26.792\,\text{atm}.$$

若将这些气体近似为理想气体, 则由理想气体状态方程得

$$p_{理} = \frac{\frac{M}{\mu}RT}{V} = \frac{\frac{1.1}{44.0\times 10^{-3}}\times 0.082\times 300}{20}\,\text{atm} = 30.750\,\text{atm}.$$

比较两计算结果可知, 在体积为 20 L、温度为 27 °C 的状态下, 1.1 kg 的实际 CO_2 气体的压强小于理想气体的压强.

在 $T = (273+1027)\,\text{K} = 1300\,\text{K}$ 的状态下, 按照相同的方法计算得

$$p_{实} \approx 135.071\,\text{atm},$$

$$p_{理} = 133.250\,\text{atm}.$$

这就是说, 在温度为 1027 °C 的状态下, 1.1 kg 的实际 CO_2 气体的压强大于理想气体的压强. 比较所得数据, 我们进一步获悉, 在温度较高的状态下, 理想气体模型偏离范德瓦耳斯模型较小, 也就是偏离实际气体较小.

2.2.3 理想气体状态方程的初级微观理论

2.2.3 授课视频

一、理想气体的微观模型

由于组成热力学系统的微观粒子之间都有相互作用, 这种相互作用在短程区域内表现为很强的排斥力的特征, 使得人们可以形象地认为微观粒子具有确定的体积, 这就是说, 微观粒子不是质点. 但是, 由于在相距不是很近的情况下, 微观粒子之间的相互作用一般都比较弱, 因此可以近似认为, 除碰撞的瞬间外, 微观粒子之间没有相互作用. 平均来讲, 在压强较低的情况下, 微观粒子本身的线度远小于微观粒子之间的距离. 例如, 在标准状况下, 实验表明, 1 mol 常见气体的体积都是 22.4 L, 即 $V_0 = 2.24\times 10^{-2}\,\text{m}^3$, 其包含的微观粒子的数目都是 $N_A = 6.02\times 10^{23}$. 那么气体分子之间的平均距离为 $L = \left(\frac{V_0}{N_A}\right)^{1/3} = 3.34\times 10^{-9}\,\text{m}$, 而实验测量表明, 常见气体分子的直径大约为 $10^{-10}\,\text{m}$, 在更深层次上, 粒子的直径更小, 例如, 核子的直径大约为 $10^{-15}\,\text{m}$, 质量数为 A 的原子核的直径大约为 $1.2\times A^{1/3}\times 10^{-15}\,\text{m}$. 由此可见, 组成气体的微观粒子本身的线度最多是其间距的 $\frac{1}{10}$. 因此在温度较高、压强较低的情况下, 组成气体的微观粒子的大小与其间距相比通常可以忽略, 从而可以近似为质点. 综上所述, 从微观上讲, 理想气体是满足下述条件的气体: (1) 气体的组分粒子都是质点, 并遵从牛顿力学

规律; (2) 组分粒子之间除碰撞的瞬间外无相互作用; (3) 组分粒子之间的碰撞及粒子与器壁之间的碰撞都是完全弹性碰撞; (4) 组分粒子的运动完全各向同性, 没有任何一个方向具有优势.

二、理想气体的压强公式

我们知道, 压强是单位面积上所受的正压力, 组成气体的微观粒子之间具有相互作用, 考察气体内部任意一个假想截面 ΔS, 则有, 一方面, ΔS 两侧附近的粒子的相互作用对 ΔS 产生压力, 另一方面, 这些粒子可以携带动量穿过 ΔS, 也就是传递动量, 那么这些携带动量穿过 ΔS 的粒子也对截面 ΔS 产生压力. 因此, 一般而言, 气体组分粒子的运动和粒子之间的相互作用都对压强有贡献, 气体的压强应为这两部分贡献之和. 对于理想气体, 由于除碰撞的瞬间外, 粒子之间无相互作用, 因此理想气体的压强仅由组成气体的粒子的热运动产生. 因为单个粒子穿过截面 ΔS 而对 ΔS 产生的作用是瞬时脉冲, 所以理想气体的压强为大量粒子对截面 ΔS 作用的平均效果和整体贡献, 这就是说, 理想气体的压强是理想气体的组分粒子在单位时间内作用在单位面积上的冲量的统计平均值. 那么, 只要确定了单位时间内理想气体的组分粒子通过单位截面传递的动量的平均值就确定了理想气体的压强.

为具体计算, 我们在气体中任取一面元 ΔS, 并取 x 方向沿其法向, 如图 2.6 所示. 因为不同粒子的运动速度不同, 与面元 ΔS 之间的距离也不同, 所以在时间 Δt 内, 不可能气体的所有组分粒子都与面元 ΔS 相碰并传递动量. 假设粒子的速度可以分组, 记第 i 组粒子的速度为 v_i, 则只有处于以 ΔS 为底, 以 $v_{ix}\Delta t\,(v_{ix}>0)$ 为高的柱体内的粒子才能与 ΔS 相碰. 记该组粒子的数密度为 $n_i^{(+)}$, 则该柱体内的粒子数为

$$N_i = 数密度 \times 体积 = n_i^{(+)}\Delta S v_{ix}\Delta t.$$

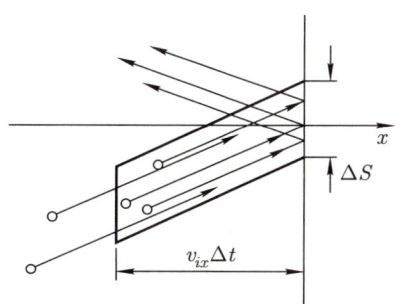

图 2.6 推导理想气体压强公式的原理图

设按速度分组的该组粒子中的每个粒子沿 x 方向的动量都为 P_{ix}, 则由理想气体模型的基本假定可知, 其组分粒子与面元 ΔS 之间的碰撞为弹性碰撞. 于是, 碰撞后, 其在 x 方

向的速度和动量分别变为 $-v_{ix}, -P_{ix}$, 即动量的改变量为 $\Delta P_{ix} = P_{ix} - (-P_{ix}) = 2P_{ix}$, 所以在 Δt 时间内通过该面元传递的动量, 即该组粒子施予面元 ΔS 的冲量为

$$\Delta P_i = 每个粒子的动量的改变量 \times 该组粒子的数目 = \Delta P_{ix} N_i = 2P_{ix} n_i^{(+)} \Delta S v_{ix} \Delta t.$$

由于粒子运动具有各向同性的性质, 则 $2n_i^{(+)} = n_i$ 为 $v_{ix} > 0$ 和 $v_{ix} < 0$ 的粒子的总数密度, 那么这组粒子施予面元的冲力为

$$\Delta F_i = \frac{\Delta P_i}{\Delta t} = P_{ix} n_i \Delta S v_{ix},$$

其中, $v_{ix} \in (-\infty, +\infty)$. 根据压强的定义可知, 该组粒子的运动引起的压强为

$$p_i = \frac{\Delta F_i}{\Delta S} = n_i P_{ix} v_{ix}.$$

那么总的压强就是

$$p = \sum_i p_i = \sum_i n_i P_{ix} v_{ix} = \frac{\sum_j n_j \cdot \sum_i n_i P_{ix} v_{ix}}{\sum_j n_j}.$$

因为 $\sum_j n_j = n$ 为所有气体粒子的数密度, $\sum_i \frac{n_i P_{ix} v_{ix}}{n}$ 为所有气体粒子的 $P_x v_x$ 的平均值, 所以

$$p = n\overline{P_x v_x}.$$

因为单个理想气体的组分粒子的热运动是完全无规则、各向同性的, 宏观整体上是没有运动的, 即 $\bar{v}_x = \bar{v}_y = \bar{v}_z = 0$, 所以

$$\overline{P_x v_x} = \overline{P_y v_y} = \overline{P_z v_z},$$

于是

$$\overline{\boldsymbol{P} \cdot \boldsymbol{v}} = \overline{P_x v_x} + \overline{P_y v_y} + \overline{P_z v_z} = 3\overline{P_x v_x},$$

也就是说

$$\overline{P_x v_x} = \frac{1}{3}\overline{\boldsymbol{P} \cdot \boldsymbol{v}}.$$

所以理想气体的压强可以由组成它的粒子的动量 $\boldsymbol{P}$、速度 $\boldsymbol{v}$ 和数密度 n 表示为

$$p = \frac{1}{3} n \overline{\boldsymbol{P} \cdot \boldsymbol{v}}. \tag{2.12}$$

对于常见的非相对论性理想气体, 记粒子的质量为 m, 则其动量为 $\boldsymbol{P} = m\boldsymbol{v}$, 那么 $\boldsymbol{P} \cdot \boldsymbol{v} = mv^2$, 所以非相对论性理想气体的压强为

$$p_{\text{NR}} = \frac{1}{3} n m \overline{v^2}.$$

由于非相对论性粒子的动能 $\varepsilon_k = \frac{1}{2}mv^2$, 因此非相对论性理想气体的压强为

$$p_{\mathrm{NR}} = \frac{2}{3}n\bar{\varepsilon}_k, \tag{2.13}$$

其中, $\bar{\varepsilon}_k$ 为粒子的平均动能.

对于极端相对论性粒子, $v=c$, $P=mc$, $m\overline{v^2}=m\overline{c^2}=mc^2=\bar{\varepsilon}_k$, 因此极端相对论性理想气体的压强可以表示为

$$p_{\mathrm{R}} = \frac{1}{3}n\bar{\varepsilon}_k, \tag{2.14}$$

其中, $\bar{\varepsilon}_k$ 为粒子的平均动能.

这些结果 (见 (2.13) 式和 (2.14) 式) 表明, 理想气体的压强的微观意义即系统的动能密度在每一个维度方向上的平均值.

2.2.4 温度的本质

由理想气体状态方程 (见 (2.2) 式) 可知, 理想气体的压强可以表示为 $p = \frac{\nu}{V}RT$. 记 $R = N_A k_B$, 其中, N_A 为阿伏伽德罗常量, 则

$$p = \frac{\nu N_A}{V}k_B T.$$

2.2.4
授课视频

因为 $\frac{\nu N_A}{V}$ 即体积为 V、物质的量为 ν 的理想气体的粒子数密度 n, 则理想气体状态方程可以改写为

$$p = nk_B T, \tag{2.15}$$

其中,

$$k_B = \frac{R}{N_A} = 1.380658 \times 10^{-23}\,\mathrm{J/K}, \tag{2.16}$$

并称之为玻尔兹曼常量. 由 k_B 的定义可知, 玻尔兹曼常量是描述热力学系统中的微观粒子行为的普适常量, 所以玻尔兹曼常量 k_B 是热力学与统计物理学中的基本常量, 其重要性远远超出气体的范畴.

比较 (2.13) 式和 (2.15) 式, 得

$$\bar{\varepsilon}_{k\mathrm{NR}} = \frac{3}{2}k_B T. \tag{2.17}$$

比较 (2.14) 式和 (2.15) 式, 得

$$\bar{\varepsilon}_{k\mathrm{R}} = 3k_B T. \tag{2.18}$$

于是有
$$T = \frac{I}{3}\frac{\bar{\varepsilon}_k}{k_B}, \tag{2.19}$$

其中, $\bar{\varepsilon}_k$ 为气体的组分粒子的平均动能, 并且, 对于非相对论性理想气体, $I = 2$; 对于相对论性理想气体, $I = 1$.

由此可见, 无论是相对论性理想气体, 还是非相对论性理想气体, 系统的温度都正比于系统中粒子的平均动能. 因此理想气体的温度是组成气体的粒子无规则运动剧烈程度的度量. 推而广之, 从本质上讲, 温度起因于大量微观粒子的无规则运动, 因此, (气体) 温度的本质是组成系统的大量微观粒子的无规则运动剧烈程度的度量.

顺便说明, 这种从物质的微观结构学说出发, 利用概率统计方法研究热力学系统的宏观性质的方法通常称为分子动理论. 所谓的宏观性质包括力学的、热学的、电磁学的等各方面的性质, 例如, 系统的压强、温度、电极化率、磁化率等.

利用理想气体状态方程的如 (2.15) 式的表述, 我们可以较方便地讨论一些实际问题, 例如, 飞行物体飞行速度的 "音障" 困难的部分原因. 我们知道, 声波是振动在介质中形成的疏密波, 声速就是该疏密波的波速. 当外界压迫气体的速度大于声速时, 由于压迫速度大于疏密波传播、扩散的速度, 在气体中就形成实际的高密度气体层. 由理想气体状态方程 $p = nk_B T$ 可知, 粒子数密度成倍增加时, 压强至少以相同的倍数增加. 对于飞行物体, 该强大的压强就会使之受到严重的破坏. 所以前端为平板的飞行物体的飞行速度通常有 "音障" 困难. 因此, 对于超音速飞行物体 (如超音速飞机、火箭等), 都需要从飞行动力学的角度进行研究, 设计出合适的外形 (尤其是前端), 避免 "音障" 造成破坏.

例题 7 电子真空管抽气抽到最后阶段时, 还应将真空管内的灯丝加热之后再进行抽气, 原因是灯丝表面上吸附有单原子层厚度的气体分子, 当灯丝受热时, 这些气体分子便释放出来. 设真空管内的灯丝由半径为 $0.02\,\text{mm}$、长度为 $600\,\text{mm}$ 的铂丝绕制而成, 而每个气体分子所占的面积大约为 $9 \times 10^{-16}\,\text{cm}^2$, 真空管的容积为 $25\,\text{cm}^3$, 当灯丝加热至 $1000\,°\text{C}$ 时, 所吸附的气体分子就从铂丝上跑出来散布于整个真空管内. 如果这些气体不抽出, 试问由之产生的压强是多大?

解 依题意, 记铂丝的半径为 r、长度为 L, 则铂丝的表面积为 $S = 2\pi rL$. 再记每个气体分子所占的面积为 S_0, 则铂丝上吸附的气体分子总数为 $\Delta N = \dfrac{S}{S_0}$. 那么这些气体分子脱离铂丝表面而散布于整个真空管内时, 真空管内气体的分子数密度的增量为
$$\Delta n = \frac{\Delta N}{V}.$$

由理想气体状态方程 $p = nk_\text{B}T$ 可知, 这时真空管内的压强增量为

$$\Delta p = \Delta n k_\text{B} T = \frac{S}{S_0 V} k_\text{B} T = \frac{2\pi r L}{S_0 V} k_\text{B} T.$$

将已知数据代入上式, 则得

$$\Delta p = \frac{2 \times 3.14 \times 2 \times 10^{-5} \times 6 \times 10^{-1} \times 1.38 \times 10^{-23} \times 1273}{9 \times 10^{-20} \times 2.5 \times 10^{-5}} \text{Pa} \approx 0.588 \, \text{Pa}$$
$$\approx 5.803 \times 10^{-6} \, \text{atm}.$$

总之, 由这些吸附在铂丝上的气体分子产生的压强约为 5.803×10^{-6} atm.

例题 8 一容器内贮有氧气, 压强为 1 atm, 温度为 27 °C, 求 (1) 单位体积内的分子数; (2) 氧气的密度; (3) 氧分子的质量; (4) 分子之间的平均距离; (5) 分子的平均动能; (6) 若容器是边长为 0.3 m 的正方体, 当一个分子下降的高度等于容器的边长时, 其重力势能改变多少? 并将重力势能的改变量与其平均动能相比较.

解 (1) 因为氧气的压强 $p = 1\,\text{atm} = 1.01325 \times 10^5 \,\text{N/m}^2$, 温度 $T = (273+27)\,\text{K} = 300\,\text{K}$, 那么, 由 $p = nk_\text{B}T$ 可得, 单位体积内的氧分子数 (标准状况下, 单位体积内的理想气体分子的数目称为洛施密特数, 记为 n_L. 由此方法可知, $n_\text{L} = 2.69 \times 10^{25}\,\text{m}^{-3}$) 为

$$n = \frac{p}{k_\text{B}T} = \frac{1.01325 \times 10^5}{1.38 \times 10^{-23} \times 300} \,\text{m}^{-3} \approx 2.447 \times 10^{25} \,\text{m}^{-3}.$$

(2) 由理想气体状态方程 $pV = \frac{M}{\mu}RT$ 可得, 该容器内氧气的密度为

$$\rho = \frac{M}{V} = \frac{\mu p}{RT} = \frac{32.0 \times 10^{-3} \times 1.01325 \times 10^5}{8.31 \times 300} \,\text{kg/m}^3 \approx 1.301 \,\text{kg/m}^3.$$

(3) 设氧分子的质量为 m, 则由 $\rho = mn$ 可得

$$m = \frac{\rho}{n} \approx \frac{1.301}{2.447 \times 10^{25}} \,\text{kg} \approx 5.317 \times 10^{-26} \,\text{kg}.$$

(4) 设分子之间的平均距离为 $\overline{L}$, 则 $\overline{L}^3$ 相当于一个分子的有效体积, 那么, 由 $\overline{L}^3 n = 1\,\text{m}^3$ 可得

$$\overline{L} = \left(\frac{1}{n}\right)^{1/3} \approx \left(\frac{1}{2.447 \times 10^{25}}\right)^{1/3} \,\text{m} \approx 3.444 \times 10^{-9} \,\text{m}.$$

(5) 该容器内氧分子的平均动能为

$$\overline{\varepsilon}_\text{k} = \frac{3}{2} k_\text{B} T = \left(\frac{3}{2} \times 1.38 \times 10^{-23} \times 300\right) \,\text{J} = 6.21 \times 10^{-21} \,\text{J}.$$

(6) 由 $\Delta \varepsilon_\text{p} = mg\Delta h$ 可得, 题设过程中氧分子重力势能的改变量为

$$\Delta \varepsilon_\text{p} = mg\Delta h \approx (5.317 \times 10^{-26} \times 9.8 \times 0.3) \,\text{J} \approx 1.563 \times 10^{-25} \,\text{J}.$$

所以

$$\frac{\Delta \varepsilon_\text{p}}{\overline{\varepsilon}_\text{k}} \approx 2.52 \times 10^{-5}.$$

由此可见, 氧分子重力势能的改变量与其平均动能相比可以忽略不计.

2.3 确定状态方程的一般方法

2.3.1 确定状态方程的唯象方法

一、确定状态方程的唯象方法涉及的基本物理量

对于 $p\text{-}V\text{-}T$ 系统,状态方程可以表示为 $f(p, V, T) = 0$,据此可得,$p = p(V, T)$,$V = V(p, T)$,$T = T(p, V)$. 这就是说,系统的压强由体积和温度决定,如此等等. 根据实验测量的可行性,人们引入体膨胀系数、等体压强系数和等温压缩系数,以描述热力学系统状态变化的基本特征.

1. 体膨胀系数

在压强保持不变的情况下,温度升高 1K 引起的系统体积变化的比率称为该系统的体膨胀系数或等压膨胀系数,通常记为 α,即

$$\alpha = \lim_{\Delta T \to 0}\left[\frac{1}{V}\left(\frac{\Delta V}{\Delta T}\right)_p\right] = \frac{1}{V}\left(\frac{\partial V}{\partial T}\right)_p, \tag{2.20}$$

其中,$\left(\frac{\partial V}{\partial T}\right)_p$ 为体积 V 在压强 p 不变的情况下关于温度 T 的偏导数. 其意义是,在压强 p 保持不变的情况下,体积 V 随温度 T 变化的变化率. 显然,只要实验上测定了一个系统的体膨胀系数 α 随温度 T 变化的关系,我们就知道了该系统的体积随温度变化的行为.

2. 等温压缩系数

由 $V = V(p, T)$ 可知,系统的体积 V 还可以随压强的变化而变化. 在温度保持不变的情况下,增加单位压强引起的系统体积减小的比率称为该系统的等温压缩系数,通常记为 κ_T,即

$$\kappa_T = \lim_{\Delta p \to 0}\left[-\frac{1}{V}\left(\frac{\Delta V}{\Delta p}\right)_T\right] = -\frac{1}{V}\left(\frac{\partial V}{\partial p}\right)_T, \tag{2.21}$$

其中,$\left(\frac{\partial V}{\partial p}\right)_T$ 为体积 V 在温度 T 不变的情况下关于压强 p 的偏导数. 其意义是,在温度 T 保持不变的情况下,体积 V 随压强 p 变化的变化率.

3. 等体压强系数

由 $p = p(V, T)$ 可知,$p\text{-}V\text{-}T$ 系统的压强随系统的体积及温度的变化而变化. 在体积保持不变的情况下,温度升高 1K 引起的系统压强变化的比率称为该系统的等体压强系数或相对压力系数,通常记为 β,即

$$\beta = \lim_{\Delta T \to 0}\left[\frac{1}{p}\left(\frac{\Delta p}{\Delta T}\right)_V\right] = \frac{1}{p}\left(\frac{\partial p}{\partial T}\right)_V, \tag{2.22}$$

其中,$\left(\frac{\partial p}{\partial T}\right)_V$ 为压强 p 在体积 V 不变的情况下关于温度 T 的偏导数.

4. 体膨胀系数、等温压缩系数及等体压强系数之间的关系

以体积 V 和温度 T 为状态参量, 则有状态方程 $p = p(V, T)$. 对 $p = p(V, T)$ 取全微分, 即既考虑温度变化 dT 引起的压强变化, 又考虑体积变化 dV 引起的压强变化, 则得

$$dp = \left(\frac{\partial p}{\partial T}\right)_V dT + \left(\frac{\partial p}{\partial V}\right)_T dV.$$

考虑等温压缩系数的定义 $\kappa_T = -\frac{1}{V}\left(\frac{\partial V}{\partial p}\right)_T$ 和均匀系统中物理量的一致连续性, 我们有

$$\left(\frac{\partial p}{\partial V}\right)_T = \frac{1}{\left(\frac{\partial V}{\partial p}\right)_T} = -\frac{1}{V\kappa_T}.$$

再考虑等体压强系数的定义 $\beta = \frac{1}{p}\left(\frac{\partial p}{\partial T}\right)_V$, 我们有

$$\left(\frac{\partial p}{\partial T}\right)_V = p\beta.$$

那么上述 p 的全微分表达式可以改写为

$$dp = p\beta dT - \frac{1}{V\kappa_T} dV.$$

在压强保持不变的情况下, $dp \equiv 0$, 那么由上式可知

$$p\beta - \frac{1}{V\kappa_T}\left(\frac{\partial V}{\partial T}\right)_p = 0.$$

再考虑体膨胀系数的定义 $\alpha = \frac{1}{V}\left(\frac{\partial V}{\partial T}\right)_p$, 则上式可化为

$$p\beta - \frac{1}{\kappa_T}\alpha = 0.$$

于是有

$$p\beta\kappa_T = \alpha. \tag{2.23}$$

此即体膨胀系数 α、等体压强系数 β 和等温压缩系数 κ_T 之间的关系. 它表明, 这三个系数中只有两个可以独立变化, 另一个可以由 (2.23) 式确定.

例如, 对于理想气体 (以下标 IG 表示), 由其状态方程 $pV = \nu RT$ 可得

$$\alpha_{\text{IG}} = \frac{1}{T}, \qquad \beta_{\text{IG}} = \frac{1}{T}, \qquad \kappa_{T,\text{IG}} = \frac{1}{p}.$$

显然
$$p\beta_{\text{IG}}\kappa_{T,\text{IG}} = p \cdot \frac{1}{T} \cdot \frac{1}{p} = \frac{1}{T} = \alpha_{\text{IG}}.$$

常见状态的宏观物质的体膨胀系数、等体压强系数及等温压缩系数的数值如下:

气体: $\alpha \sim 10^{-3}\,\text{K}^{-1}$, $\beta \sim 10^{-3}\,\text{K}^{-1}$, $\kappa_T \sim 10^0\,\text{atm}^{-1}$. 例如, 对于标准状况下的理想气体, $\alpha = 3.66 \times 10^{-3}\,\text{K}^{-1}$, $\beta = 3.66 \times 10^{-3}\,\text{K}^{-1}$, $\kappa_T = 1\,\text{atm}^{-1}$.

液体: $\alpha \sim 10^{-4}\,\text{K}^{-1}$, $\beta \sim 10^{1\sim 2}\,\text{K}^{-1}$, $\kappa_T \sim 10^{-6}\,\text{atm}^{-1}$. 例如, 对于常温下的水, $\alpha = 1.8 \times 10^{-4}\,\text{K}^{-1}$, $\beta = 46.3\,\text{K}^{-1}$, $\kappa_T = 3.9 \times 10^{-6}\,\text{atm}^{-1}$.

固体: $\alpha \sim 10^{-3}\,\text{K}^{-1}$, $\beta \sim 10^3\,\text{K}^{-1}$, $\kappa_T \sim 10^{-7}\,\text{atm}^{-1}$. 例如, 对于标准状况下的铜, $\alpha = 5.0 \times 10^{-3}\,\text{K}^{-1}$, $\beta = 6.5 \times 10^3\,\text{K}^{-1}$, $\kappa_T = 7.6 \times 10^{-7}\,\text{atm}^{-1}$.

由此可知, 常见气体、液体和固体的体膨胀系数都相当小, 大约是万分之一到千分之一. 常见液体和固体的等温压缩系数很小, 仅约为百万分之一, 甚至千万分之一. 这表明, 在温度不变的情况下, 液体和固体很难被压缩, 但气体很容易被压缩. 再者, 气体的等体压强系数相当小, 仅约为千分之一, 但固体的等体压强系数很大, 高达数千, 因此, 如果不考虑温度升高会引起体积增大效应而留出合适的空间, 则在温度升高但体积不变的情况下, 压强急剧增大将引起巨大的破坏. 图 2.7 为原来常用材料做成的火车轨道在夏天发生变形的实例图. 另一方面, 在现在的高速铁路建设中使用的都是长轨, 从而对制作这类轨道的材料要求更高, 为得到合适性能的材料, 必须开展相应的基础研究, 当然, 也可以通过将轨道内的巨大压强外引泄掉的方法避免轨道受到破坏. 这些都充分说明基础物理知识及相应研究在工程技术设计及施工中极其重要.

图 2.7 在没有考虑固体很大的等体压强系数的情况下, 火车轨道发生变形的实例图

二、确定状态方程的唯象方法

1. 一般讨论

由前述讨论可知, 体膨胀系数、等温压缩系数和等体压强系数是在系统的状态方

程的基础上引入的描述系统的一个状态参量随另一个状态参量变化的规律的可观测量, 那么, 利用实验测得的这些系数既可以检验状态方程的正确性, 也可以唯象地确定状态方程. 现在对之予以简单讨论.

下面先假设状态方程可以表示为 $p = p(V,T)$ 的形式. 对 $p = p(V,T)$ 取全微分, 即考虑温度变化 dT 引起的压强变化和体积变化 dV 引起的压强变化的叠加, 并注意等体压强系数的定义 $\beta = \frac{1}{p}\left(\frac{\partial p}{\partial T}\right)_V$ 和等温压缩系数的定义 $\kappa_T = -\frac{1}{V}\left(\frac{\partial V}{\partial p}\right)_T$, 则得

$$dp = \left(\frac{\partial p}{\partial T}\right)_V dT + \left(\frac{\partial p}{\partial V}\right)_T dV = p\beta dT - \frac{1}{V\kappa_T}dV,$$

即有微分方程

$$\frac{dp}{p} = \beta dT - \frac{1}{pV\kappa_T}dV. \tag{2.24}$$

假设状态方程可以表示为 $V = V(T,p)$ 的形式. 对之取全微分, 即考虑温度变化 dT 引起的体积变化和压强变化 dp 引起的体积变化的叠加, 则得

$$dV = \left(\frac{\partial V}{\partial T}\right)_p dT + \left(\frac{\partial V}{\partial p}\right)_T dp.$$

考虑体膨胀系数的定义 $\alpha = \frac{1}{V}\left(\frac{\partial V}{\partial T}\right)_p$ 和等温压缩系数的定义 $\kappa_T = -\frac{1}{V}\left(\frac{\partial V}{\partial p}\right)_T$, 则上式即

$$dV = V\alpha dT - V\kappa_T dp.$$

于是有微分方程

$$\frac{dV}{V} = \alpha dT - \kappa_T dp. \tag{2.25}$$

如果通过实验测得了体膨胀系数 α、等体压强系数 β 及等温压缩系数 κ_T 随状态参量演化的行为, 即测定了 α, β, κ_T 作为状态参量的函数的具体表达式, 则解上述微分方程 (见 (2.24) 式和 (2.25) 式) 中的任意一个, 即可确定系统的状态方程.

2. 液体和固体的状态方程的初级近似确定

记液体和固体的状态可以以温度 T 和压强 p 为状态参量描述, 即状态方程可以表示为 $V = V(T,p)$ 的形式. 对状态方程两边取全微分得

$$dV = \left(\frac{\partial V}{\partial T}\right)_p dT + \left(\frac{\partial V}{\partial p}\right)_T dp. \tag{2.26}$$

根据体膨胀系数的定义 $\alpha = \frac{1}{V}\left(\frac{\partial V}{\partial T}\right)_p$ 和等温压缩系数的定义 $\kappa_T = -\frac{1}{V}\left(\frac{\partial V}{\partial p}\right)_T$, (2.26) 式可以改写为

$$dV = V\alpha dT - V\kappa_T dp.$$

于是有
$$\frac{dV}{V} = \alpha dT - \kappa_T dp.$$

实验测量表明, 固体和液体通常不易被压缩, 并且它们的体膨胀系数 α 和等温压缩系数 κ_T 都为常量 (可简记为 α, κ). 将这些结果代入上式, 直接积分则得
$$\ln\frac{V}{V_0} = \alpha(T - T_0) - \kappa(p - p_0), \tag{2.27}$$
其中, V_0, T_0, p_0 为确定的参考状态的状态参量.

实验测量表明, 固体和液体通常不易被压缩, 即温度、压强分别有改变量 $T - T_0$, $p - p_0$ 时, 体积的改变量 $V - V_0$ 很小, 于是
$$\ln\frac{V}{V_0} = \ln\frac{V_0 + (V - V_0)}{V_0} = \ln\left(1 + \frac{V - V_0}{V_0}\right) \approx \frac{V - V_0}{V_0}.$$
将之代入 (2.27) 式, 则固体和液体的状态方程可以表述为
$$V \approx V_0[1 + \alpha(T - T_0) - \kappa(p - p_0)],$$
其中, V_0, T_0, p_0 为确定的参考状态的状态参量.

例题 9 对于一物质的量为 ν 的系统, 实验测得 $\alpha = \dfrac{\nu}{p}\dfrac{R}{V}$, $\kappa_T = \dfrac{1}{p} + \dfrac{a}{V}$, 其中, p, V 分别为系统的压强和体积, R 和 a 都是常量, 试确定系统的状态方程.

解 假设系统的状态方程可以表示为 $V = V(T, p)$ 的形式, 则有
$$\frac{dV}{V} = \alpha dT - \kappa_T dp.$$
将实验测得的 α 和 κ_T 与状态参量的关系代入上式, 则得
$$\frac{dV}{V} = \frac{\nu R}{pV}dT - \left(\frac{1}{p} + \frac{a}{V}\right)dp.$$
将上述方程两边同时乘以 pV, 得
$$p\,dV = \nu R dT - V dp - apdp,$$
整理得
$$d(pV) = \nu R dT - apdp,$$
积分得
$$pV = \nu RT - \frac{1}{2}ap^2 + C,$$
其中, C 为积分常量.

考虑常见物质满足的条件: $p = 0$ 时, $T = 0$, 则 $C = 0$, 对上式整理则得, 该系统的状态方程为
$$p\left(V + \frac{a}{2}p\right) = \nu RT.$$

2.3.2 确定状态方程的理论方法*

回顾 2.2.3 小节的讨论我们知道, (2.13) 式和 (2.14) 式中的 n 为粒子的数密度, $\overline{\varepsilon}_k$ 为粒子的平均动能, 则 $n\overline{\varepsilon}_k$ 为理想气体系统的平均动能密度. 由此可知, 理想气体状态方程可以表述为系统的压强与平均动能密度之间的关系. 推而广之, 一系统的状态方程可以表述为系统的压强与能量密度之间的关系.

事实上, 在现代物理学中, 人们称热力学系统的压强与能量密度之间的关系 $p = p(\varepsilon)$ 为系统的状态方程. 因此人们可以利用状态方程与系统的态函数的关系 (第六章中将予以简单介绍, 系统讨论请参见 "热力学与统计物理" 的教材或专著) 来确定系统的状态方程. 对于实际系统的状态方程的理论研究, 通常采用的方案是由物质系统的拉格朗日量或哈密顿量 (后续课程 "理论力学" 中将予以讨论) 导出系统的有效热力学函数 Ω、系统的压强 p 和系统的平均能量密度 ε (后续课程 "统计物理学" 中将予以讨论), 从而得到物质系统的压强与平均能量密度之间的关系, 亦即得到相应相的状态方程. 对于纯粹的量子场论 (严格来讲, 应该是非微扰有限温度量子场论) 层次上的物质系统, 也已发展建立了通过确定系统中组分粒子的传播子和自能等而确定系统的压强, 进而确定系统的状态方程的方法. 对于有相变和两相共存状态的物质系统的状态方程的确定, 严格的理论方法仍在探讨研究中, 现在常用的近似方法是对得到的各相物质的状态方程再利用麦克斯韦构建 (具体讨论可参见第九章)、吉布斯构建 (后续课程 "统计物理学" 中将予以讨论) 方案或新近建立的三窗口构建方案来得到. 因为这些方法的理论化程度都较高, 超出本课程的范畴, 所以不予具体介绍, 仅以由强子和夸克组成的混合星物质的状态方程为例进行简单讨论, 结果示于图 2.8 中.

思 考 题

2.1 试尽可能多地给出状态方程的物理意义.

2.2 试回顾建立理想气体状态方程的过程及其核心内容.

2.3 试说明在实验上确定一个实际气体系统的状态方程时需要重点关注的物理量, 以及实验测定时的困难之处.

2.4 试述理想气体模型的要点, 以及理想气体状态方程 $pV = \nu RT$ 中各物理量的物理意义.

2.5 试根据理想气体模型的要点, 说明理想气体是组分单元之间实际具有点接触排斥作用的物理系统的近似.

2.6 混合理想气体的状态方程可以表述为与单一组分理想气体状态方程 $pV =$

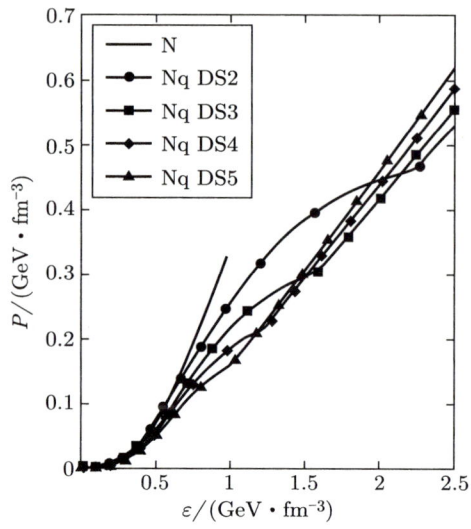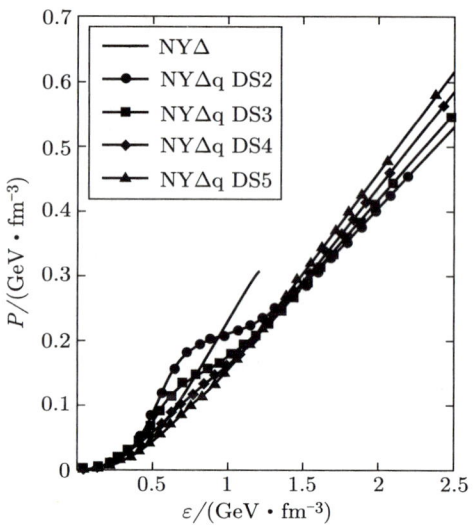

图 2.8 由强子和夸克组成的混合星物质的状态方程 (图片取自 Bai Z, Chen H, Liu Y X. Phys. Rev. D, 2018, 97: 023018), 其中, 左侧为由通常的相对论平均场方法得到的强子物质的状态方程和由量子色动力学 (QCD) 的戴森 – 施温格方程 (Dyson-Schwinger equation) 方法得到的夸克物质的状态方程经吉布斯构建方案得到的结果, 右侧为利用新近建立的三窗口构建方案得到的结果

νRT 相同的形式, 试述其中各物理量的物理意义.

2.7 试述理想气体状态方程 $p = nk_B T$ 中各物理量的物理意义, 并与第一章中思考题部分的 1.8 题的结果进行比较.

2.8 试述玻尔兹曼常量 k_B 的物理意义及其与普适气体常量 R 之间的关系.

2.9 试结合 2.4 题和 2.7 题的讨论, 给出建立表征实际气体状态方程的范德瓦耳斯方程的简便方案和过程.

2.10 再结合 2.4 题和 2.7 题的讨论, 给出建立表征实际气体状态方程的位力展开形式的简便方案和过程.

2.11 对于有人乘坐的橡皮艇, 由于重力作用, 橡皮艇一定会侵入水中. 试比较晚上气温变低但大气压强保持不变的情况下, 橡皮艇侵入水中的深度相对于白天的变化情况.

2.12 夏天, 我们的教学楼门口通常都挂有帘子, 楼内开着空调. 假设帘子是极轻质的, 试说明在室外无风的情况下, 帘子是稍微向室外飘还是向室内飘, 并阐述其物理机制.

2.13 试证明: 对于一定量的实际气体, 在其体积膨胀到很大时, 描述其状态参量之间关系的范德瓦耳斯方程将趋于理想气体状态方程.

2.14 对于范德瓦耳斯气体, 存在被称为玻意耳温度的转变温度 $T_B = \dfrac{a}{bR}$ (其中, a, b 为范德瓦耳斯修正量), 在其之上, 范德瓦耳斯气体的压强高于理想气体的压强; 在其之下, 范德瓦耳斯气体的压强有可能低于理想气体的压强. 试说明该现象的物理机制.

2.15 试分析讨论以位力展开形式表述的实际气体状态方程中各位力系数的量纲.

2.16 试回顾利用初级近似方法确定液体和固体的状态方程的过程, 并分析直观物理图像在解决实际物理问题时的重要性.

2.17 对于非相对论性理想气体和相对论性理想气体, 利用分子动理论, 都可以得到它们的压强正比于其平均动能密度的结论, 但比例系数不同. 试说明出现比例系数差异的物理机制.

2.18 在利用分子动理论推导理想气体系统的压强时, 本教材采用与其他大多数教材中相同的方案, 即实际计算时取器壁上的一个面元作为研究对象. 这当然使得计算较为简便, 但容易引起误解. 事实上, 在气体内部的任何一处都存在压强, 相应地, 应该把作为研究对象的面元取在气体内部的任何一处. 试在这样的方案下具体导出理想气体状态方程.

2.19 试述温度的本质, 并说明: (1) 对于单个微观粒子, 可否说它具有温度及相应的机制. (2) 加速器中粒子的温度是否随被加速到的速度升高而升高及相应的机制.

习 题

2.1 试讲述民间俗语 "热生风" 的物理机制.

2.2 人们通常称单位质量物质的体积为该物质的比容 (或比体积). 试确定氮气在压强为 $0.5\,\mathrm{kg/cm^2}$、温度为 $27\,°\mathrm{C}$ 情况下的比容.

2.3 一房间呈立方体形状, 其底边的长和宽都为 $10\,\mathrm{m}$, 房间高度为 $3\,\mathrm{m}$, 假设空气的平均摩尔质量为 $29 \times 10^{-3}\,\mathrm{kg/mol}$, 试确定在标准状况下, 该房间内的空气的质量.

2.4 一正方体形状容器的边长为 $20\,\mathrm{cm}$, 其中贮有压强为 $1\,\mathrm{atm}$、温度为 $300\,\mathrm{K}$ 的气体. 当把气体加热到 $400\,\mathrm{K}$ 时, 容器每个壁所受的压力为多大?

2.5 如题 2.5 图所示, 两个横截面积相同的连通管, 一个为开管, 另一个为闭管, 原来两管内的水银面等高, 且闭管内水银面到管顶的距离为 a. 现在打开阀门, 使水银漏掉一些, 因此开管内的水银面下降了 h. 假设整个过程中的温度保持不变, 大气压强为 p_0, 试确定闭管内的水银面下降了多少?

2.6 横截面积为 S 的粗细均匀的 U 形管, 其中贮有水银, 如题 2.6 图所示. 今将

U 形管的右侧与压强保持为 75 cmHg 的大气相通,左侧上端封闭,其中空气柱的长度为 50 cm,温度为 300 K. 试确定使闭管内的空气柱的长度变为 60 cm 的情况下需要加热到的温度.

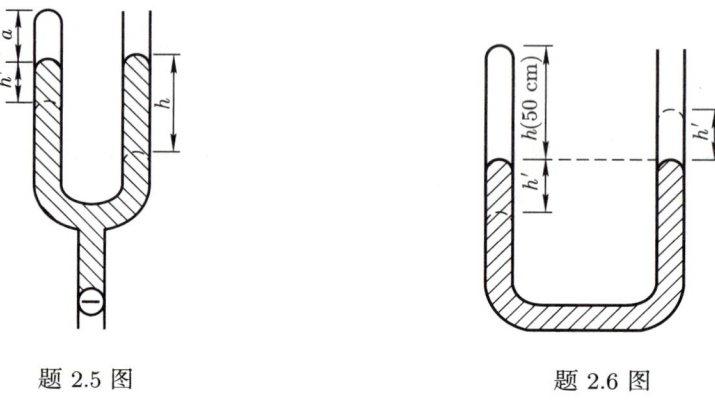

题 2.5 图 题 2.6 图

2.7 一端封闭的玻璃管长为 $l = 70$ cm,其中贮有空气,空气柱上面有一段长为 $h = 20$ cm 的水银柱将空气柱封住,水银面与管口对齐. 今将玻璃管的开口端用玻璃片盖住,轻轻倒转后再除去玻璃片,因而有一部分水银漏出.

(1) 试确定在大气压强 $p_0 = 75$ cmHg 的情况下,留在管内的水银柱的长度.

(2) 试确定水银可以完全从管内流出的情况对应的大气压强.

2.8 水银气压计中混入了一个空气泡,因此它的读数比实际的气压小. 当精确的气压计读数为 768 mmHg 时,它的读数只有 748 mmHg,并且此时管内水银面到管顶的距离为 80 mm. 试确定对应该气压计的读数为 734 mmHg 的实际气压值 (假设空气的温度保持不变).

2.9 一个氢气球可以自由膨胀,随着氢气球不断升高,大气压强不断减小,氢气球就不断膨胀. 如果忽略大气的温度和摩尔质量随高度的变化,试确定氢气球在上升过程中所受的浮力是否变化.

2.10 在矿井入风巷道的某一截面处,空气的压强为 $p = 0.9$ bar,温度为 $T = 17\,°C$,流速为 $v = 5$ m/s,该处的横截面积为 $S = 8$ m^2,试确定每秒钟时间内流经该处的空气的质量 (已知空气的平均摩尔质量是 28.9×10^{-3} kg/mol).

2.11 一个氧气瓶的容积是 32 L,其中氧气的压强是 130 atm. 规定瓶内氧气压强降到 10 atm 时就得充气,以免混入其他气体而需洗瓶. 现有一玻璃室,每天需用 1 atm 下的氧气 400 L,试确定一瓶氧气可以使用的天数.

2.12 一篮球在室温为 20 °C 时打入空气,使其内压强达到 1.5 atm.

(1) 赛球时,篮球温度升高到 40 °C,试确定这时球内的压强.

(2) 赛球时, 篮球被扎破一个小洞, 从而开始漏气, 试确定当球赛结束后, 篮球恢复到室温时, 球内剩下的空气占原有空气的百分比 (篮球体积不变, 室内外的大气压强均为 1 atm).

2.13 在密封的瓶子中贮有温度为 17 °C、压强为 1 atm 的空气. 如果瓶内压强是 1.3 atm 时就可将瓶塞顶开, 试确定, 当瓶内空气被加热到多高温度时就密封不住了.

2.14 二八自行车的车轮直径为 71.12 cm, 内胎截面半径为 3 cm, 在 −3 °C 的天气向空胎内打气. 打气筒长为 30 cm, 截面半径为 2.5 cm, 打了 20 次之后, 如果车胎内气体的温度为 7 °C, 试确定车胎内气体的压强.

2.15 深海潜水员要在四周都是水的压力下呼吸. 因为在 0.2 MPa 分压强以下的氧气是有毒的, 所以在一定的水深以下必须使用特殊的混合气体. 已知海水的密度为 $\rho = 1.025 \times 10^3 \,\text{kg/m}^3$, 试确定:

(1) 按照含氧气 21% 的体积百分比计算在什么深度下空气中氧气的分压强为 0.2 MPa?

(2) 在深水作业中使用含 3% 的氧气和 97% 的氮气 (3% 和 97% 是体积百分比) 的混合气体, 求在水深 200 m 处, 这种混合气体中氧气的分压强.

2.16 按质量计, 空气由 76% 的氮气、23% 的氧气和约 1% 的氩气组成 (其余组分很少, 可以忽略), 试计算空气的平均摩尔质量.

2.17 两容器的容积相同, 其内装有相同质量的氮气和氧气, 两容器用一内壁光滑的水平玻璃管连通, 玻璃管正中间有一小滴水银, 如题 2.17 图所示. 试确定:

(1) 如果两容器内气体的温度相同, 水银滴能否平衡?

(2) 如果将氧气的温度保持为 $T_1 = 30$ °C, 氮气的温度保持为 $T_2 = 0$ °C, 水银滴如何移动?

(3) 要使水银滴不动, 并维持两容器的温度差为 30 °C, 则氮气的温度应为多高?

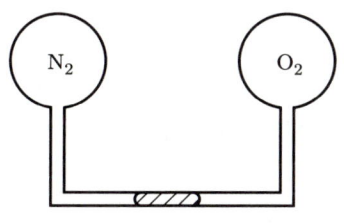

题 2.17 图

2.18 一容积为 2.5 L 的烧瓶内有 1×10^{15} 个氧分子、4×10^{15} 个氮分子和 3.3×10^{13} 个氩原子, 设混合气体的温度为 150 °C, 试确定混合气体的压强.

2.19 假设氧气的范德瓦耳斯修正量 $a = 1.360 \,\text{atm} \cdot (\text{L/mol})^2$, $b = 0.031831 \,\text{L/mol}$,

试确定压强为 100 atm、密度为 100 g/L 的氧气的温度.

2.20 用范德瓦耳斯方程确定密封于容积为 $V = 20\,\text{L}$、温度为 $13\,°\text{C}$ 的容器内的质量为 $M = 1.1\,\text{kg}$ 的 CO_2 的压强, 并将计算结果与理想气体模型下的计算结果进行比较 (已知 CO_2 的范德瓦耳斯修正量 $a = 3.592\,\text{atm} \cdot (\text{L/mol})^2$, $b = 0.042671\,\text{L/mol}$).

2.21 近代物理学中常用电子伏 (eV) 作为能量单位, 试问在多高温度下分子的平均平动动能为 $1\,\text{eV}$? $T = 1\,\text{K}$ 时的热运动平均能量相当于多少电子伏?

2.22 对于一致密星体, 测得其温度为 $3.87 \times 10^8\,°\text{C}$. 假设该星体由核子 N、共振态粒子 Δ 及超子 Λ 等强子及一些轻子组成, 试确定这些粒子的热运动动能各为多少焦耳? 实验测得这些强子的质量分别是 $m_\text{N} = 938\,\text{MeV}/c^2$, $m_\Delta = 1232\,\text{MeV}/c^2$, $m_\Lambda = 1115\,\text{MeV}/c^2$, 试估计在不考虑温度效应而仅考虑强子效应的情况下, 对该星体物质性质的计算带来的系统误差为多大?

2.23 一能量为 $1\,\text{TeV}$ 的高能宇宙射线粒子射入 $0.001\,\text{mol}$ 的氖管内. 如果该宇宙射线粒子的能量完全由氖气吸收, 试确定平衡后氖气的温度升高多少?

2.24 我们知道, 聚变能可以近似抽象为氘原子核与氘原子核融合形成氦原子核时释放出的能量, 但是由于氘原子核带正电荷, 其间有库仑排斥力, 因此需要温度高到一定程度才可能有聚变反应发生. 实验测得氘原子核的有效直径大约为 $3\,\text{fm}$, 试确定该聚变反应的"点火"温度.

2.25 一容积为 $11.2\,\text{L}$ 的真空系统已被抽到 $10^{-5}\,\text{mmHg}$ 的真空, 为了提高其真空度, 将它放入 $300\,°\text{C}$ 的烘箱中烘烤, 使器壁上吸附的气体分子释放出来. 若烘烤后压强增为 $10^{-2}\,\text{mmHg}$, 试确定器壁上原来吸附的气体分子数.

2.26 质量为 $50\,\text{g}$、温度为 $18\,°\text{C}$ 的氦气装在容积为 $10\,\text{L}$ 的封闭容器内, 容器以 $v = 200\,\text{m/s}$ 的速度做匀速直线运动. 若容器突然停止运动, 那么定向运动的动能全部转化为分子热运动的动能, 则平衡后氦气的温度和压强各增大多少?

2.27 已知一热力学系统的状态方程为 $f(p, V, T) = 0$, 试证明: 对于一般的函数 f, 都有 $\left(\dfrac{\partial V}{\partial p}\right)_T \left(\dfrac{\partial p}{\partial T}\right)_V \left(\dfrac{\partial T}{\partial V}\right)_p = -1$.

2.28 试分别确定理想气体及范德瓦耳斯气体的体膨胀系数、等体压强系数和等温压缩系数.

2.29 实验测得常温下水银的体膨胀系数为 $1.8 \times 10^{-4}\,\text{K}^{-1}$, 等温压缩系数为 $3.87 \times 10^{-6}\,\text{atm}^{-1}$. 并且在温度为 $278\,\text{K}$、压强为 $2\,\text{atm}$ 的情况下, 水银的密度为 $13.6 \times 10^3\,\text{kg/m}^3$. 对水银加压并使之冷却, 在温度为 $268\,\text{K}$ 的情况下, 测得其密度为 $13.75 \times 10^3\,\text{kg/m}^3$, 试确定该情况下水银的压强.

2.30 实验测得某种液体在常温下的等温压缩系数近似为常量 $4.5 \times 10^{-5}\,\text{atm}^{-1}$.

并且其在 $0\,°\mathrm{C}$ 下的压强为 $1\,\mathrm{atm}$, 在 $100\,°\mathrm{C}$ 下的压强为 $2\,\mathrm{atm}$. 试确定该液体在常温下的体膨胀系数.

2.31 对于一维系统, 仿照体膨胀系数, 我们可以定义线膨胀系数. 对于厚度都为 d, 长度和宽度也都分别相同的两个金属薄片, 测得其线膨胀系数分别为 α_1, α_2, 为方便标记, 记 $\alpha_1 < \alpha_2$. 现将它们粘成厚度为 $2d$ 的薄板, 则当温度升高 ΔT 时, 该薄板将变成球壳状. 试确定该球壳的曲率半径.

2.32 测量标定一以钢丝为摆线的摆钟在 $18\,°\mathrm{C}$ 的条件下是准确的. 如果该钢丝的线膨胀系数在常温下为常量 $1.2 \times 10^{-5}\,°\mathrm{C}^{-1}$, 那么在温度为 $28\,°\mathrm{C}$ 的情况下, 该摆钟每天差多少?

2.33 实验测得某种气体在压强为 p、体积为 V、温度为 T 的状态附近的等体压强系数为 $\beta = \dfrac{1}{T}$, 等温压缩系数为 $\kappa_T = \dfrac{1}{p}\left(1 - \dfrac{b}{V}\right)$, 其中, b 为数值大于零的常量, 试确定该气体系统的状态方程.

2.34 实验测得一 p-V-T 系统的体膨胀系数和等温压缩系数与状态参量的关系分别为 $\alpha = \dfrac{3aT^3}{V}$, $\kappa_T = \dfrac{b}{V}$, 其中, a 和 b 为常量, 试确定该系统的状态方程.

2.35 实验测得 $1\,\mathrm{mol}$ 过热蒸气的体膨胀系数和等温压缩系数与状态参量的关系分别为 $\alpha = \dfrac{R}{pV_\mathrm{m}} + \dfrac{na}{V_\mathrm{m}T^{n+1}}$, $\kappa_T = \dfrac{RT}{p^2 V_\mathrm{m}}$, 其中, n, a, b 和 R 为常量, 试确定该过热蒸气系统的状态方程 (气体状态方程的卡兰达模型).

第三章 热平衡态下微观状态的统计分布规律

由前述讨论我们知道,热力学系统是由大量微观粒子组成的物体(或体系),这些微观粒子的运动状态千差万别,并且由于碰撞,每个粒子的状态都频繁改变.但实验测量发现,在不受外界影响,或者外界条件确定不变的情况下,所有这些微观粒子的状态,例如,速度、速率、运动能量等都有一定的统计规律性,处于相应平衡态的热力学系统具有确定的宏观状态和性质.在本章中,我们简要讨论热平衡态下微观粒子的运动状态的统计分布规律及由之确定系统宏观性质的方法.

3.1 统计规律与分布函数的概念

3.1.1 事件及其概率

3.1.1
授课视频

以气体为例,组成气体的每一个分子的运动速度的大小和方向都是偶然的、随机的,但从宏观、整体的角度来看,由大量分子组成的气体都有一定的压强和温度,这表明这些大量的偶然事件有一定的分布规律.这种微观上直观的千变万化、完全偶然,而宏观上具有一定规律的现象称为统计规律性.数学上,研究统计规律性的学科称为概率论,并把在一定条件下一系列可能发生的事件组合中发生某一事件的机会或可能性称为发生该事件的概率.对于事件组合 $\{A_i\}(i=1,2,\cdots,N)$,事件总数为 N,出现事件 A_i 的次数为 $N(A_i)$,则出现事件 A_i 的概率为

$$P(A_i) = \lim_{N \to \infty} \frac{N(A_i)}{N}. \tag{3.1}$$

这些可能发生的事件称为偶然事件或随机事件,即

$$0 < P(A_i) < 1.$$

随机事件可分为互不相容事件和独立事件.

对于一系列随机事件,如果一事件发生时,其他事件不可能同时发生,则称这样的事件组合为互不相容事件.例如,抛掷硬币时,如果印有装饰图案的一面向上,则印有币值的一面不可能向上.对于互不相容事件 A_i, A_j,有

$$P_{\text{exc}}(A_i + A_j) = P_{\text{exc}}(A_i) + P_{\text{exc}}(A_j). \tag{3.2}$$

对于所有的互不相容事件,$\sum_i P(A_i) = 1$,即互不相容事件的概率具有归一性.

如果在一个随机事件组合中，一事件的发生不因其他事件是否发生而受到影响，则称这样的事件组合为独立事件. 对于独立事件 A_i, A_j，有

$$P_{\text{ind}}(A_i \cdot A_j) = P_{\text{ind}}(A_i) \cdot P_{\text{ind}}(A_j). \tag{3.3}$$

例如，连续两次抛掷硬币，第二次出现印有装饰图案的一面向上不受第一次是否出现印有装饰图案的一面向上的影响，故两次连续出现印有装饰图案的一面向上是两个独立事件.

3.1.2 统计规律及其伽尔顿板实验演示

如前所述，乍看起来单个偶然事件是否出现是完全偶然的，没有任何规律的，例如，在第一章的讨论中我们已经指出的气体分子的运动，对于每一个分子，其运动都是随机的，其速度的大小和方向都是完全偶然的. 但事实是否真的没有任何规律呢？不然. 大量随机实验表明，从宏观、整体的角度来看，大量偶然事件具有一定的规律性. 这种微观上千变万化、完全偶然，而宏观上具有一定的数值和规律的现象称为统计规律性. 例如，前述的抛掷硬币实验中，某一次抛掷时，是否出现印有装饰图案的一面向上不仅不确定，而且完全随机. 但是很多次实验的结果表明，在这很多次实验中，大约有一半的总抛掷次数中可以得到印有装饰图案的一面向上的结果. 又如，前述的气体分子的运动中，每一个分子运动速度的大小和方向都完全随机，也就是其动量和动能都完全偶然，但由这些大量分子组成的气体却有一定的压强和温度. 由此可知，统计规律是对大量偶然事件整体起作用的规律，它表示这些事件在整体上的必然联系.

为了使大家对随机事件和统计规律有直观、具体的理解，现以伽尔顿板实验为例进行具体讨论. 伽尔顿板就是在上半部分随机排列着许多钉子，在下半部分配以许多等宽度小槽的竖直隔板，图 3.1 为其示意图.

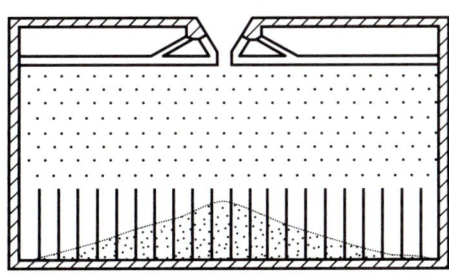

图 3.1　伽尔顿板示意图

实验方案通常是分别多次使单个小球落下和使许多小球一起落下两个环节，观察比较每次操作中单个小球落入哪个小槽，以及许多小球一起落下时各个不同小槽中小

球的数目. 实验结果表明, 一次投入一个小球时, 小球因与板中上半部分随机排列着的许多钉子的碰撞而多次改变运动方向, 最后落入下半部分的某个小槽中. 然后, 再投入一个小球, 结果发现它可能落入另一个小槽中. 多次重复这样的操作可以发现, 单个小球经与板中钉子碰撞后落入哪个小槽完全是随机的、偶然的, 也就是偶然事件或随机事件. 然而, 使许多小球一起落下时, 一些小槽中落入的小球较多, 另一些小槽中落入的小球较少. 多次重复该操作可以发现, 伽尔顿板下半部分各个小槽中落入的小球数目分布基本上保持不变, 例如, 正对入口的下方的小槽中落入的小球总是较多, 而远离正对入口的下方的小槽中落入的小球总是较少.

伽尔顿板实验结果表明, 使许多小球一起落下时, 落入各个小槽中的小球数目有确定的分布, 这意味着单个小球落入某个小槽的可能性的大小是确定的. 或者说, 对于由大量微观粒子组成的系统的宏观性质和规律而言, 统计规律起主导作用. 由此可知, 统计规律与力学的决定性规律有着明显的差别, 统计规律是对大量偶然事件整体起作用的规律, 力学规律是对单个事件起作用的规律, 统计规律不是力学规律的简单叠加. 另一方面, 多次使许多小球一起落下时, 落入下半部分各个小槽中的小球数目分布基本保持不变, 而不是绝对相同, 这说明在统计规律起主导作用的情况下, 单个偶然事件相对统计规律仍会有涨落.

3.1.3 随机变量与分布函数

3.1.3 授课视频

以伽尔顿板实验为例, 先将伽尔顿板下半部分的小槽编号, 记 i 为小槽序号, 再设小球总数为 N, 落入第 i 个小槽中的小球数目为 ΔN_i, ΔA_i 为落入第 i 个小槽中的小球所占的面积 (或体积), 其宽度为 Δx_i, 高度为 h_i, 则

$$N = \sum_i \Delta N_i = C \sum_i \Delta A_i = C \sum_i h_i \Delta x_i,$$

其中, C 为单位面积 (或体积) 内容纳的小球数目. 那么, 按照概率的定义可知, 小球落入第 i 个小槽中的概率为

$$P_i = \frac{\Delta N_i}{N} = \frac{h_i \Delta x_i}{\sum_j h_j \Delta x_j}.$$

抽象地, 对于一系列事件, 如果一组量 $\{x_1, x_2, \cdots, x_i, \cdots\}$ 是否出现可以表示其中某事件是否发生, 则这些量称为随机变量. 随机变量有分立随机变量和连续随机变量之分, 例如, 上述伽尔顿板实验中的小槽序号 i 只能取自然数. 这种只能取一些不连续的分立数值的随机变量称为分立随机变量. 但是将上述小槽的宽度精细化, 使每个小槽的宽度 Δx_i 趋于无穷小量 dx, 则标记小槽序号的分立数值就成为可连续变化的坐标 x. 这种可连续变化的随机变量称为连续随机变量.

对于分立随机变量组合 $\{x_i\}$, 设随机变量 x_i 的概率为 $P(x_i)$, 则 $\{P_i\} = \{P(x_1), P(x_2), \cdots, P(x_i), \cdots\}$ 称为其概率分布组合. 因为所有可能的随机变量出现的总概率为 1, 所以该概率分布满足归一化条件 $\sum\limits_i P_i = 1$, 并且这些随机变量的平均值为 $\bar{x} = \sum\limits_i P_i x_i$.

对于连续随机变量, 仍以伽尔顿板实验为例, 我们知道, 小球落入第 i 个小槽中的概率为

$$P_i = \frac{\Delta N_i}{N} = \frac{h_i \Delta x_i}{\sum\limits_j h_j \Delta x_j}.$$

概率分布 P_i 如图 3.2 所示.

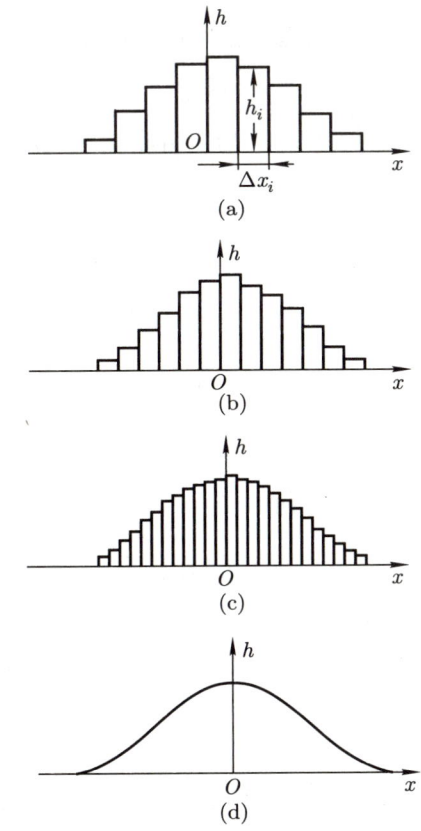

图 3.2 伽尔顿板实验中, 各个小槽中落入小球数目的概率分布示意图

将小槽的宽度 Δx_i 精细化, 以至于 Δx_i 成为无穷小量 $\mathrm{d}x$, ΔN_i 成为无穷小量 $\mathrm{d}N$, 则 P_i 也相应地成为无穷小量

$$\mathrm{d}P = \frac{\mathrm{d}N}{N} = \frac{h(x)\mathrm{d}x}{\int h(x)\mathrm{d}x}.$$

令 $f(x) = \dfrac{h(x)}{\int h(x)\mathrm{d}x}$, 则

$$\mathrm{d}P = f(x)\mathrm{d}x. \tag{3.4}$$

于是有

$$f(x) = \frac{\mathrm{d}P}{\mathrm{d}x} = \frac{1}{N}\frac{\mathrm{d}N}{\mathrm{d}x}. \tag{3.5}$$

这样定义的函数 $f(x)$ 称为分布函数. 由 $\mathrm{d}P = f(x)\mathrm{d}x$ 可知,

$$f(x) = \frac{\mathrm{d}P}{\mathrm{d}x} = \frac{\mathrm{d}N/N}{\mathrm{d}x},$$

即 $f(x)$ 表示随机变量出现在 x 附近单位区间内的概率, 所以分布函数又称为概率密度.

因为概率具有归一性, 即 $\int \mathrm{d}P = 1$, 所以分布函数也具有归一性, 即

$$\int f(x)\mathrm{d}x = 1. \tag{3.6}$$

又由上述讨论可知, $\mathrm{d}P = f(x)\mathrm{d}x$ 为随机变量的数值处于 $x \sim x+\mathrm{d}x$ 区间内的概率, 所以随机变量 x 的平均值为

$$\overline{x} = \int x f(x)\mathrm{d}x. \tag{3.7}$$

而对于任意物理量 $G = G(x)$, 其平均值则为

$$\overline{G} = \int G(x) f(x)\mathrm{d}x. \tag{3.8}$$

具体地, 对于组成热力学系统的大量微观粒子, 其速度分布函数为

$$f(\boldsymbol{v}) = \frac{1}{N}\frac{\mathrm{d}N}{\mathrm{d}\boldsymbol{v}}. \tag{3.9}$$

它表示这些微观粒子按速度分布的概率密度, 即速度 $\boldsymbol{v}$ 附近单位区间内的粒子数占总粒子数的比例, 也就是说, $f(\boldsymbol{v})\mathrm{d}\boldsymbol{v}$ 表示速度处于 $\boldsymbol{v} \sim \boldsymbol{v}+\mathrm{d}\boldsymbol{v}$ 区间内的粒子数占总粒子数的比例. 并且还有能量分布函数

$$f(\varepsilon) = \frac{1}{N}\frac{\mathrm{d}N}{\mathrm{d}\varepsilon}. \tag{3.10}$$

它表示组成系统的微观粒子中能量处于 ε 附近单位区间内的粒子数占总粒子数的比例, 也就是说, $f(\varepsilon)\mathrm{d}\varepsilon$ 表示能量处于 $\varepsilon \sim \varepsilon+\mathrm{d}\varepsilon$ 区间内的粒子数占总粒子数的比例. 很

显然, 只要知道了速度分布函数 $f(v)$、能量分布函数 $f(\varepsilon)$, 就可以根据 (3.8) 式求得以速度 v 或能量 ε 为自变量的物理量 $G(v), G(\varepsilon)$ 的平均值, 从而确定这些宏观物理量.

实际工作中, 人们常定义

$$\overline{(\Delta G)^n} = \overline{(G - \overline{G})^n}$$

为物理量 G 的 n 阶矩 (或 n 次矩), 其中的二阶矩又常称为涨落, 还常引入相对涨落

$$\chi_2^G = \frac{\sqrt{\overline{(\Delta G)^2}}}{\overline{G}}.$$

显然, 一阶矩

$$\overline{\Delta G} = \overline{G - \overline{G}} = \int [G(x) - \overline{G}] f(x) \mathrm{d}x = \int G(x) f(x) \mathrm{d}x - \int \overline{G} f(x) \mathrm{d}x = \overline{G} - \overline{G} = 0,$$

二阶矩

$$\overline{(\Delta G)^2} = \overline{(G - \overline{G})^2} = \int [G^2(x) - 2G(x)\overline{G} + \overline{G}^2] f(x) \mathrm{d}x = \overline{G^2} - \overline{G}^2,$$

三阶矩

$$\overline{(\Delta G)^3} = \overline{(G - \overline{G})^3} = \int [G^3(x) - 3G^2(x)\overline{G} + 3G(x)\overline{G}^2 - \overline{G}^3] f(x) \mathrm{d}x = \overline{G^3} - 3\overline{G^2}\,\overline{G} + 2\overline{G}^3.$$

由此可知, 一阶矩不提供超越平均值所能提供的关于分布函数的信息, 但涨落和高阶矩提供超越平均值所能提供的关于分布函数的信息.

例题 1 N 个假想的气体分子的分布如图 3.3 所示, (1) 试由 N 和 v_0 确定 N_0; (2) 试确定速率在 $1.5v_0$ 到 $2v_0$ 之间的分子数; (3) 试确定分子的平均速率.

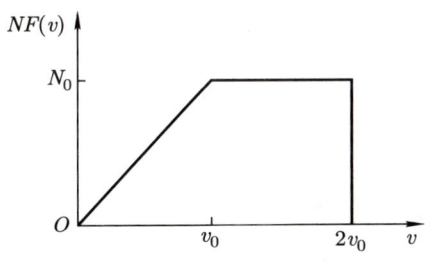

图 3.3 例题 1 图

解 (1) 由图 3.3 可知, 这 N 个气体分子的速率分布函数可以解析地表示为

$$F(v) = \begin{cases} \dfrac{N_0}{Nv_0} v, & 0 < v < v_0, \\ \dfrac{N_0}{N}, & v_0 \leqslant v \leqslant 2v_0, \\ 0, & v > 2v_0. \end{cases}$$

由速率分布函数的归一化条件可知,

$$\int_0^{v_0} \frac{N_0}{Nv_0} v \mathrm{d}v + \int_{v_0}^{2v_0} \frac{N_0}{N} \mathrm{d}v = 1,$$

即

$$\frac{1}{2} \frac{N_0}{Nv_0} v_0^2 + \frac{N_0}{N} v_0 = 1,$$

所以

$$N_0 = \frac{2N}{3v_0}.$$

(2) 由分布函数的定义可知, 速率分布函数可以表示为

$$F(v) = \frac{\mathrm{d}N}{N\mathrm{d}v}.$$

即速率 v 附近小区间 $\mathrm{d}v$ 内的分子数为

$$\mathrm{d}N = NF(v)\mathrm{d}v.$$

依题意可知, 在速率 $v \in [1.5v_0, 2v_0]$ 的区间内, $F(v) = \frac{N_0}{N} = \frac{2}{3v_0}$, 所以速率在 $1.5v_0$ 到 $2v_0$ 之间的分子数为

$$\Delta N = \int_{1.5v_0}^{2v_0} NF(v)\mathrm{d}v = \int_{1.5v_0}^{2v_0} N\frac{2}{3v_0}\mathrm{d}v = \frac{N}{3}.$$

(3) 依题意可知, 这 N 个分子的平均速率为

$$\bar{v} = \int_0^{\infty} vF(v)\mathrm{d}v = \int_0^{v_0} v\frac{N_0 v}{Nv_0}\mathrm{d}v + \int_{v_0}^{2v_0} v\frac{N_0}{N}\mathrm{d}v = \frac{11}{6}\frac{N_0}{N}v_0^2 = \frac{11}{9}v_0.$$

3.1.4 一些常见的分布律

一、高斯分布

1. 无规行走

质点自原点出发, 在 xOy 平面内无规行走, 步长不限, 每一步取向都等概率, 且后一步与前一步无关, 经 N 步后, 质点出现在位置 (x, y) 附近 $\mathrm{d}x\mathrm{d}y$ 面元内的概率为

$$\mathrm{d}P(x, y) = f(x, y)\mathrm{d}x\mathrm{d}y.$$

该概率的意义可以理解为: 做多次都走 N 步的无规行走实验, 质点落在 (x, y) 附近 $\mathrm{d}x\mathrm{d}y$ 面元内的次数占总实验次数的比率; 也可以理解为: 大量质点同时从原点出发做无规行走, 经 N 步后, 落在 (x, y) 附近 $\mathrm{d}x\mathrm{d}y$ 面元内的质点数占总质点数的比率. 所以 $f(x, y)$ 就是分布函数.

2. 分布函数 $f(x,y)$ 的确定

因为每一步取向都等概率, 即无优先方向, 所以当 N 很大时, $f(x,y)$ 在 xOy 平面内关于原点圆对称, 于是有

$$f(x,y) = f(x^2 + y^2).$$

又因为 x, y 方向互相独立, 由独立事件组合的概率乘法法则得

$$f(x^2 + y^2) = g(x^2) \cdot g(y^2).$$

记 $r^2 = x^2 + y^2$, 则

$$\ln f(r^2) = \ln g(x^2) + \ln g(y^2).$$

对上式求关于 x^2 的偏导数, 则有

$$\frac{\partial \ln f(r^2)}{\partial x^2} = \frac{\partial \ln g(x^2)}{\partial x^2} + \frac{\partial \ln g(y^2)}{\partial x^2} = \frac{\partial \ln g(x^2)}{\partial x^2}.$$

考虑 r^2 与 x^2 的关系 $r^2 = x^2 + y^2$, 我们知道

$$\frac{\partial \ln f(r^2)}{\partial x^2} = \frac{\partial \ln f(r^2)}{\partial r^2} \frac{\partial r^2}{\partial x^2} = \frac{\partial \ln f(r^2)}{\partial r^2} \cdot 1 = \frac{\partial \ln f(r^2)}{\partial r^2}.$$

于是有

$$\frac{\partial \ln f(r^2)}{\partial r^2} = \frac{\partial \ln g(x^2)}{\partial x^2}.$$

同理可证

$$\frac{\partial \ln f(r^2)}{\partial r^2} = \frac{\partial \ln g(y^2)}{\partial y^2}.$$

因此有

$$\frac{\partial \ln f(r^2)}{\partial r^2} = \frac{\partial \ln g(x^2)}{\partial x^2} = \frac{\partial \ln g(y^2)}{\partial y^2}.$$

因为上式中的三部分分别是不同变量的函数, 为保证它们相等, 要求它们必须是同一个常量. 为保证相同的面元内的概率相等和分布函数的归一性, 该常量必为一负值 (否则, 关于 $f(r^2)$ 的积分将向 ∞ 发散), 即有

$$\frac{\partial \ln f(r^2)}{\partial r^2} = \frac{\partial \ln g(x^2)}{\partial x^2} = \frac{\partial \ln g(y^2)}{\partial y^2} = -\alpha,$$

其中, α 为正的常量. 于是有

$$g(x^2) = C_x \mathrm{e}^{-\alpha x^2}, \qquad g(y^2) = C_y \mathrm{e}^{-\alpha y^2},$$

所以

$$f(x,y) = C \mathrm{e}^{-\alpha(x^2 + y^2)},$$

其中, $C = C_x C_y$ 为由归一化条件确定的常量.

3. 高斯分布及其性质

所谓的高斯分布, 即与无规行走对应的概率分布, 因此高斯分布可以表述为

$$g(x) = \sqrt{\frac{\alpha}{\pi}} e^{-\alpha(x-\mu)^2}.$$

并且高斯分布具有下述性质:

$$\overline{x} = \int_{-\infty}^{+\infty} x g(x) \mathrm{d}x = \mu,$$

$$\sigma^2 = \overline{(x-\mu)^2} = \int_{-\infty}^{+\infty} (x-\mu)^2 g(x) \mathrm{d}x = \frac{1}{2\alpha}.$$

数学上, 高斯分布通常表述为下述标准形式:

$$g(x) = \frac{1}{\sigma\sqrt{2\pi}} e^{-\frac{1}{2}\left(\frac{x-\mu}{\sigma}\right)^2}.$$

二、二项式分布

体积为 V 的容器由隔板分为左右两部分, 使其左边有 n_1 个粒子、右边有 n_2 个粒子, 且 $n_1 + n_2 = N$. 则这些粒子在容器的左右两边的宏观分布共有 $N+1$ 种方式:

$$\{N,0\}, \{N-1,1\}, \cdots, \{1,N-1\}, \{0,N\}.$$

记一个粒子在容器的左右两边的概率分别为 p, q, 则 n_1 个粒子在左边、n_2 个粒子在右边的概率为 $p^{n_1} q^{n_2}$. 因为从 N 个粒子中取出 n_1 个粒子的方式为 $\mathrm{C}_N^{n_1} = \dfrac{N!}{n_1!(N-n_1)!}$, 所以出现宏观状态 $\{n_1, n_2\}$ 的概率为

$$P_N(n_1) = \mathrm{C}_N^{n_1} p^{n_1} q^{N-n_1}. \tag{3.11}$$

显然, 该表达式与二项式 $p+q$ 的 N 次方 $(p+q)^N$ 的展开式的形式完全相同, 因此常称之为二项式分布. 并且, 与分布函数相同, 二项式分布具有归一性:

$$\sum_{n_1=0}^{N} P_N(n_1) = 1.$$

直接计算 n_1 及其平方的平均值, 得

$$\overline{n}_1 = \sum_{n_1=0}^{N} P_N(n_1) n_1 = p\frac{\partial}{\partial p} \sum_{n_1=0}^{N} P_N(n_1) = p\frac{\partial}{\partial p}(p+q)^N = pN,$$

$$\overline{n_1^2} = \sum_{n_1=0}^{N} P_N(n_1) n_1^2 = p\frac{\partial}{\partial p} p\frac{\partial}{\partial p} \sum_{n_1=0}^{N} P_N(n_1) = \overline{n}_1^2 + Npq.$$

那么 n_1 的涨落为

$$\overline{(\Delta n_1)^2} = \overline{(n_1 - \overline{n_1})^2} = \overline{n_1^2} - \overline{n_1}^2 = Npq.$$

于是有

$$\frac{\sqrt{\overline{(\Delta n_1)^2}}}{\overline{n_1}} = \frac{1}{\sqrt{N}}\sqrt{\frac{q}{p}}. \tag{3.12}$$

这表明，在一个由 N 个物质单元组成的系统中，如果每一个微观状态的概率 p 和 q 等确定，则物理量的涨落反比于物质单元数 N 的平方根.

另一类常见且重要的分布是近独立粒子系统的最概然分布. 这是本章的重点，下面几节将沿着由特殊到一般的路线对之进行具体讨论.

3.2 麦克斯韦分布律

3.2.1 速度空间与速度分布律的概念

在经典物理中，微观粒子的运动状态可以用坐标和动量描述. 在三维空间内，根据讨论实际问题的需要，可以用直角坐标描述，也可以用球坐标描述，还可以用柱坐标或其他坐标描述，并且常把这种空间称为粒子的位形空间 (configuration space). 在不考虑相对论效应的情况下，粒子的动量 $\boldsymbol{P} = m\boldsymbol{v}$，由于微观粒子的质量为常量，因此动量可以由速度 $\boldsymbol{v}$ 来描述. 根据 $\boldsymbol{v} = \mathrm{d}\boldsymbol{r}/\mathrm{d}t$，其中，$\boldsymbol{r}$ 为三维空间内粒子的位矢，则速度 $\boldsymbol{v}$ 也张成一个三维空间. 这样的以速度分量为坐标建立起来的空间称为速度空间 (velocity space)，如图 3.4 所示.

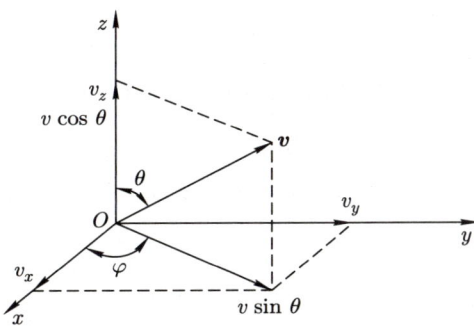

图 3.4 速度矢量示意图及其直角坐标和球坐标表示之间的关系

速度的球坐标表示 (v, θ, φ) 与直角坐标表示 (v_x, v_y, v_z) 之间的变换与位形空间

的球坐标与直角坐标之间的变换完全一样, 可以表示为

$$v_x = v\sin\theta\cos\varphi,$$
$$v_y = v\sin\theta\sin\varphi,$$
$$v_z = v\cos\theta.$$

与位形空间内 r 附近的微小变化 $\mathrm{d}r$ 形成一个小体积元 $\mathrm{d}^3 r = \mathrm{d}x\mathrm{d}y\mathrm{d}z$ 相同, 速度空间内 v 附近的微小变化 $\mathrm{d}v$ 也形成一个小体积元. 在直角坐标系中, 该小体积元如图 3.5 (a) 所示, 并可表示为

$$\mathrm{d}^3\boldsymbol{v} = \mathrm{d}v_x\,\mathrm{d}v_y\,\mathrm{d}v_z.$$

在球坐标系中, 该小体积元如图 3.5 (b) 所示, 并可表示为

$$\mathrm{d}^3\boldsymbol{v} = v^2\sin\theta\mathrm{d}v\mathrm{d}\theta\mathrm{d}\varphi.$$

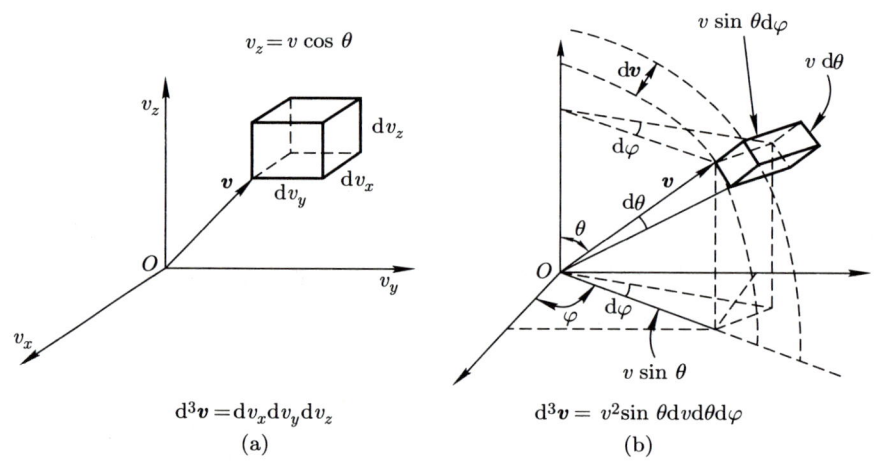

图 3.5 速度空间内的小体积元在 (a) 直角坐标系和 (b) 球坐标系中表示的示意图

由于热力学系统由大量微观粒子组成, 每个粒子有其各自的速度, 这样的组成系统的粒子的速度千变万化, 我们不可能确切地知道每个粒子的速度. 统计规律表明, 只要我们知道粒子按速度的分布函数, 就可以确定与速度有关的宏观物理量. 与 3.1 节关于分布函数的一般讨论相联系, 如果由 N 个粒子组成的系统中有 $\mathrm{d}N(v_x,v_y,v_z)$ 个粒子的速度处于 $v_x \sim v_x + \mathrm{d}v_x, v_y \sim v_y + \mathrm{d}v_y, v_z \sim v_z + \mathrm{d}v_z$ 区间内, 则

$$f(v_x,v_y,v_z)\mathrm{d}v_x\mathrm{d}v_y\mathrm{d}v_z = \frac{\mathrm{d}N(v_x,v_y,v_z)}{N} \tag{3.13}$$

表示这种粒子占所有粒子的概率,

$$f(v_x,v_y,v_z) = \frac{\mathrm{d}N(v_x,v_y,v_z)}{N\mathrm{d}v_x\mathrm{d}v_y\mathrm{d}v_z} \tag{3.14}$$

就是速度处于 v_x, v_y, v_z 附近的粒子的概率密度, 即粒子按速度分布的分布函数. 在不受外界影响的情况下, 组成热力学系统的微观粒子的运动是完全无规则的热运动, 三个速度分量 v_x, v_y, v_z 互相独立, 即为独立事件, 那么我们可以分别考察 x, y, z 方向的速度分量 v_x, v_y, v_z 的分布函数 $f(v_x), f(v_y), f(v_z)$. 对于 x 方向, 若其速度分量处于 $v_x \sim v_x + \mathrm{d}v_x$ 区间内的粒子数为 $\mathrm{d}N(v_x)$, 则

$$f(v_x) = \frac{\mathrm{d}N(v_x)}{N\mathrm{d}v_x}$$

就是粒子按 v_x 分布的分布函数. 这表明分布函数 $f(v_x)$ 表示沿 x 方向的速度分量处于 v_x 附近的粒子的概率密度,

$$f(v_x)\mathrm{d}v_x = \frac{\mathrm{d}N(v_x)}{N}$$

表示 x 方向的速度分量处于 $v_x \sim v_x + \mathrm{d}v_x$ 区间内的粒子占总粒子的概率. 同理, 对于 y 方向和 z 方向, $f(v_y), f(v_y)\mathrm{d}v_y, f(v_z), f(v_z)\mathrm{d}v_z$ 分别具有完全类似的物理意义. 并且, 根据独立事件组合的概率乘法法则可知,

$$f(v_x)\mathrm{d}v_x \cdot f(v_y)\mathrm{d}v_y = \frac{\mathrm{d}N(v_x, v_y)}{N}$$

表示 x, y 方向的速度分量分别处于 $v_x \sim v_x + \mathrm{d}v_x$, $v_y \sim v_y + \mathrm{d}v_y$ 区间内的粒子占总粒子的概率. 又由定义可知,

$$\frac{\mathrm{d}N(v_x, v_y)}{N} = f(v_x, v_y)\mathrm{d}v_x\mathrm{d}v_y,$$

则速度分布函数之间满足

$$f(v_x, v_y) = f(v_x)f(v_y).$$

同理, 对于三维空间, 有

$$f(v_x, v_y, v_z) = f(v_x)f(v_y)f(v_z), \tag{3.15}$$

即速度分布函数 $f(v_x, v_y, v_z)$ 为粒子分别按速度的 x, y, z 方向的分量 v_x, v_y, v_z 分布的分布函数 $f(v_x), f(v_y), f(v_z)$ 的乘积.

3.2.2 麦克斯韦速度分布律和速率分布律

一、麦克斯韦速度分布律的导出与表述

由 3.2.1 小节的讨论我们知道, 由大量微观粒子组成的系统中, 粒子的速度分布函数 $f(v_x, v_y, v_z)$ 与粒子分别按速度的 x, y, z 方向的分量分布的分布函数 $f(v_i)$ ($i = x, y, z$) 之间满足

$$f(v_x, v_y, v_z)\mathrm{d}v_x\mathrm{d}v_y\mathrm{d}v_z = f(v_x)\mathrm{d}v_x\, f(v_y)\mathrm{d}v_y\, f(v_z)\mathrm{d}v_z.$$

又由微观粒子的速度各向同性、宏观静止可以推断, 分布函数仅与速度 $\boldsymbol{v}$ 的大小有关, 而与速度 $\boldsymbol{v}$ 的方向无关, 于是

$$f(\boldsymbol{v}) = f(v_x, v_y, v_z) = g(\boldsymbol{v}^2) = g(v_x^2)g(v_y^2)g(v_z^2).$$

显然

$$\ln g(\boldsymbol{v}^2) = \ln g(v_x^2) + \ln g(v_y^2) + \ln g(v_z^2).$$

仿照关于无规行走的讨论, 做试探解

$$\ln g(v_i^2) = A - Bv_i^2, \quad i = x, y, z,$$

则有

$$g(v_i^2) = e^A e^{-Bv_i^2} = C_i e^{-Bv_i^2}, \quad i = x, y, z.$$

记 $C_x C_y C_z = C$, 则有

$$f(\boldsymbol{v}) = g(\boldsymbol{v}^2) = Ce^{-B(v_x^2 + v_y^2 + v_z^2)} = Ce^{-B\boldsymbol{v}^2}, \tag{3.16}$$

其中, B, C 为待定参量. 因为任意一个实际的分布必须满足粒子数守恒 (即分布函数的归一性) 和能量守恒 (即对分布函数与能量乘积的积分等于粒子的平均能量) 的物理条件, 所以, 对于近独立粒子系, 由于其组分粒子之间的相互作用可以忽略, 因此系统中粒子的动能即系统的总能量, 则有

$$\int f(\boldsymbol{v}) \mathrm{d}^3 \boldsymbol{v} = \int_0^\infty \int_0^{2\pi} \int_0^\pi Ce^{-B\boldsymbol{v}^2} v^2 \sin\theta \mathrm{d}v \mathrm{d}\theta \mathrm{d}\varphi = 1, \tag{3.17}$$

$$\int f(\boldsymbol{v})\varepsilon(\boldsymbol{v}) \mathrm{d}^3 \boldsymbol{v} = \frac{m}{2} \int_0^\infty \int_0^{2\pi} \int_0^\pi v^2 Ce^{-B\boldsymbol{v}^2} v^2 \sin\theta \mathrm{d}v \mathrm{d}\theta \mathrm{d}\varphi = \frac{3}{2} k_\mathrm{B} T, \tag{3.18}$$

其中, k_B 为玻尔兹曼常量, T 为系统的温度. 利用高斯积分公式 (参见附录 B) 完成上述积分可知, (3.17) 式和 (3.18) 式可分别表示为

$$4\pi C \frac{\sqrt{\pi}}{4B^{3/2}} = 1, \tag{3.19}$$

$$2\pi m C \frac{3\sqrt{\pi}}{8B^{5/2}} = \frac{3}{2} k_\mathrm{B} T. \tag{3.20}$$

求解由 (3.19) 式和 (3.20) 式组成的方程组, 则得

$$B = \frac{m}{2k_\mathrm{B} T}, \tag{3.21}$$

$$C = \left(\frac{m}{2\pi k_\mathrm{B} T}\right)^{3/2}. \tag{3.22}$$

将 (3.21) 式和 (3.22) 式确定的 B 和 C 代入 (3.16) 式, 则得

$$f(\boldsymbol{v}) = \left(\frac{m}{2\pi k_B T}\right)^{3/2} e^{-\frac{mv^2}{2k_B T}}.$$

此即热平衡的近独立粒子系统中的粒子按速度分布的分布律. 由于它最早由麦克斯韦 (Maxwell) 用碰撞概率的方法导出, 因此常称之为麦克斯韦速度分布律, 记为 $f_M(\boldsymbol{v})$. 于是我们有麦克斯韦速度分布律

$$f_M(\boldsymbol{v}) = \left(\frac{m}{2\pi k_B T}\right)^{3/2} e^{-\frac{mv^2}{2k_B T}}. \tag{3.23}$$

二、麦克斯韦速率分布律

因为

$$f_M(\boldsymbol{v}) \mathrm{d}^3 \boldsymbol{v} = f_M(\boldsymbol{v}) v^2 \sin\theta \mathrm{d}v \mathrm{d}\theta \mathrm{d}\varphi,$$

将上式对角度 θ 和 φ 积分, 则得

$$\int_\Omega f_M(\boldsymbol{v}) v^2 \sin\theta \mathrm{d}v \mathrm{d}\theta \mathrm{d}\varphi = 4\pi v^2 f_M(\boldsymbol{v}) \mathrm{d}v,$$

此即包含各种方向的速率处于 $v \sim v + \mathrm{d}v$ 区间内的粒子占总粒子的概率. 于是我们得到麦克斯韦速率分布律

$$F_M(v) = 4\pi v^2 f_M(\boldsymbol{v}). \tag{3.24}$$

三、麦克斯韦速度分布律和速率分布律的性质和特征

深入系统的研究 (参见 3.5 节) 表明, 麦克斯韦速度分布律和速率分布律分别为不考虑粒子之间的相互作用及外界对系统的作用的情况下, 热平衡系统中的微观粒子按速度、速率的最概然分布律, 即实际的分布函数.

考察麦克斯韦速度分布律 (见 (3.23) 式) 可知, 粒子随速度的概率密度分布函数 $f_M(\boldsymbol{v})$ 可以图示为 $\{v_x, v_y, v_z\}$ 空间内关于原点反演对称的曲面, 并且与系统的温度和粒子的质量有关, 其在某一速度空间维度 (例如, v_x) 方向上的分布及其与系统的温度和粒子的质量之间的关系分别如图 3.6 (a) 和图 3.6 (b) 所示. 由于麦克斯韦速率分布律包含麦克斯韦速度分布律和一个 v^2 因子, 因此麦克斯韦速率分布律随 v 变化的曲线是一条在 $v = 0$ 处等于 0, 且在 $v \neq 0$ 处有一个极大值的曲线. 对应于麦克斯韦速率分布律 $F_M(v)$ 的极大值的速率称为粒子的最概然速率 (the most probable speed), 记为 v_p. 计算表明, 随着温度升高, $F_M(v)$ 的极大值减小, 对应的最概然速率增大 (3.2.3 小节将给出其具体函数关系). 在不同温度及不同质量 m_1, m_2 ($m_2 < m_1$) 下的麦克斯韦速率分布律分别如图 3.7 (a) 和图 3.7 (b) 中的实线和虚线所示.

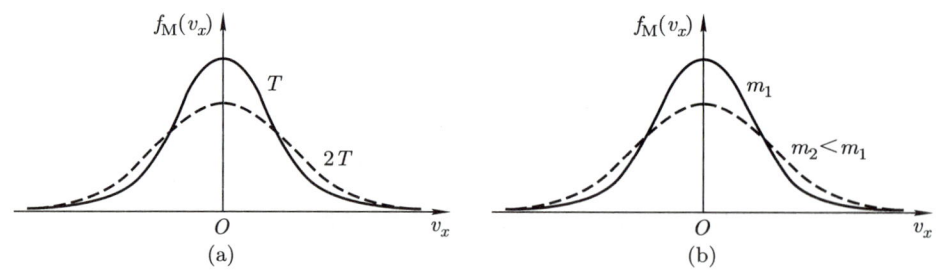

图 3.6 (a) 不同温度下的麦克斯韦速度分布律的示意图 (实线、虚线分别对应温度 $T, 2T$), (b) 不同质量下的麦克斯韦速度分布律的示意图 (实线、虚线分别对应质量 m_1, m_2)

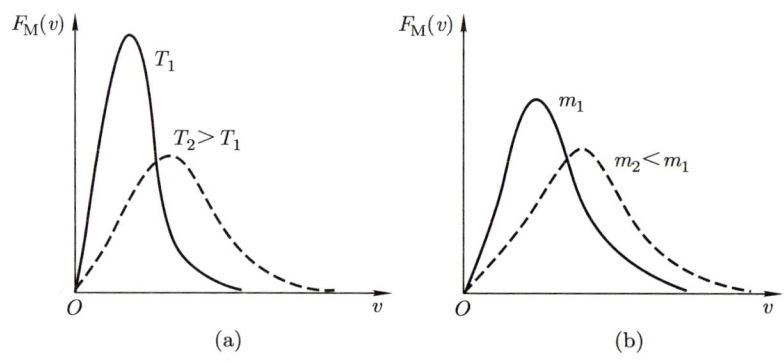

图 3.7 (a) 不同温度下的麦克斯韦速率分布律的示意图 (实线、虚线分别对应温度 T_1, T_2), (b) 不同质量下的麦克斯韦速率分布律的示意图 (实线、虚线分别对应质量 m_1, m_2)

由分布函数的一般性质可知, 在热平衡态下, 粒子的速度分布函数为麦克斯韦分布律所示的最概然分布, 任意一个可以表示为速度的函数的物理量 $Q = Q(\boldsymbol{v})$ 的平均值都可以表示为

$$\overline{Q} = \int Q(\boldsymbol{v}) f_{\mathrm{M}}(\boldsymbol{v}) \mathrm{d}^3 \boldsymbol{v}. \tag{3.25a}$$

类似地, 任意一个可以表示为速率的函数的物理量 $Q = Q(v)$ 的平均值都可以表示为

$$\overline{Q} = \int Q(v) F_{\mathrm{M}}(v) \mathrm{d}v. \tag{3.25b}$$

3.2.3 麦克斯韦速度分布律的实验检验

平衡态下热力学系统的粒子按速度的分布律是麦克斯韦在十九世纪中期首先给出的, 但在当时的条件下无法由实验直接检验. 到二十世纪初, 随着真空技术和分子束流技术的发展, 斯特恩 (Stern) 于 1919 年率先用实验证实了麦克斯韦速度分布律和速率分布律的正确性. 随后有一系列实验都验证了麦克斯韦速度分布律和速率分布律的正确性, 其中典型的有: 1934 年我国物理学家葛正权的实验, 1947 年斯特恩及其同事

的实验, 1955 年米勒 (Miller) 和库施 (Kusch) 的实验. 因各个实验的装置及原理大同小异, 这里仅就米勒 – 库施实验做一简单介绍.

米勒 – 库施实验装置的示意图如图 3.8 (a) 所示, 其中, O 是蒸气源, S 是其上的一条狭缝, R 是筒壁上置有很多斜槽 (图上仅给出其中之一) 的可绕轴线转动的圆筒 (长度为 L), D 是测量蒸气分子的探测器. 这些装置都置于可抽成高真空的容器内. 实验时, 通过加热, 在蒸气源中产生铊蒸气, 铊蒸气分子由狭缝 S 准直而逸出, 然后进入圆筒, 经过筒壁上的斜槽后, 打到探测器 D 上. 由于圆筒 R 转动, 记其角速度为 ω, 当分子由斜槽出射时, 对应于分子出射端斜槽的半径转过的角度为 ϕ, 假设斜槽足够细, 那么从斜槽中逸出的分子以速率 v 走过路程 L 的时间一定等于圆筒以角速度 ω 转过角度 ϕ 的时间, 即有

$$\frac{L}{v} = \frac{\phi}{\omega}.$$

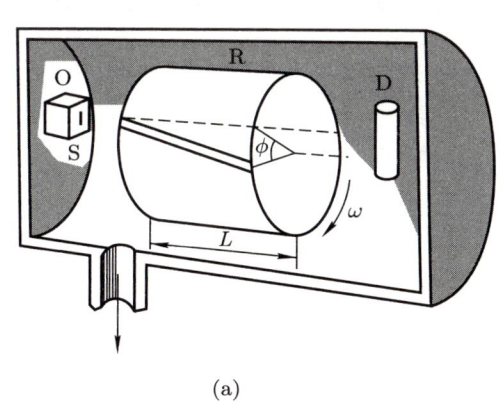 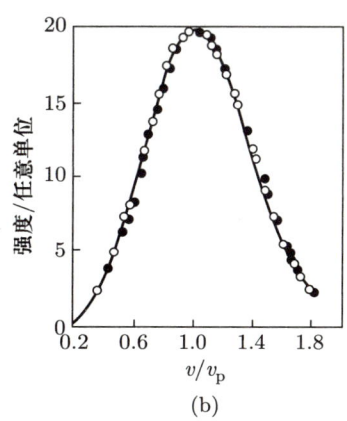

(a) (b)

图 3.8 (a) 米勒 – 库施实验装置示意图, (b) 米勒 – 库施实验测量结果与理论计算结果的比较

显然, 仅具有满足上述关系的速率 v 的分子才能通过圆筒. 那么, 由探测器 D 记录下不同 ω 情况下 ϕ 方向的分子数目 (束流强度) 分布, 就可以得到经狭缝 S 准直后逸出的分子束流中的分子的速率分布律 $F_B(v)$.

由于由狭缝 S 准直后逸出的分子束流中的分子按速率 v 的分布律并不是蒸气源中无规则运动的分子的速率分布律 (麦克斯韦速率分布律), 因此为检验麦克斯韦速率 (速度) 分布律, 我们需要确定麦克斯韦速率分布律与上述由狭缝逸出的分子束流中的分子的速率分布律 $F_B(v)$ 之间的关系. 为此, 我们先确定从狭缝逸出的分子束流中的分子的数率 (泻流数率), 再确定逸出的分子束流中的分子的速率分布律与麦克斯韦速率分布律之间的关系.

一、泻流数率

微观粒子处于不停顿的无规则运动状态,那么在任一时刻都可能有粒子达到系统的边界 (例如,对于宏观气体系统,气体分子总可能碰到其所处容器的器壁). 单位时间内碰到单位面积器壁上的分子数称为该系统的分子的碰壁数率,常记作 Γ. 在一定时间 Δt 内碰到面积为 S 的器壁上的分子数为 $N_c = \Gamma S \Delta t$, 而在无穷小时间间隔 dt 内碰到面积为 dS 的器壁上的分子数 dN_c 与相应的碰壁数率 $d\Gamma$ 之间满足

$$dN_c = d\Gamma dt dS.$$

直观地,对于平行于 yOz 平面的器壁,如图 3.9 所示,设容器内分子的数密度为 n, 则 dt 时间内碰到面积为 dS 的器壁上的分子数就是高为 $v_x dt$、底面积为 dS 的柱体元内的分子数:

$$dN_c = \text{速度为 } v_x \text{ 的分子数密度} \times \text{柱体元体积} = n f_M(v_x) dv_x \cdot v_x dt dS.$$

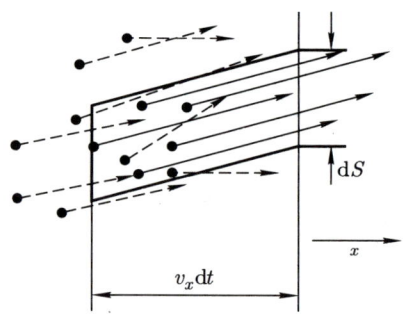

图 3.9 穿过平行于 yOz 平面的器壁上的小孔泻流的示意图

比较则得

$$d\Gamma = n f_M(v_x) v_x dv_x. \tag{3.26}$$

那么

$$\Gamma = \int_0^\infty n f_M(v_x) v_x dv_x = \int_0^\infty n \left(\frac{m}{2\pi k_B T}\right)^{1/2} e^{-\frac{mv_x^2}{2k_B T}} v_x dv_x = n\left(\frac{m}{2\pi k_B T}\right)^{1/2} \frac{k_B T}{m} = \frac{1}{4} n \bar{v}.$$

所以气体分子的碰壁数率为

$$\Gamma = \frac{1}{4} n \bar{v}, \tag{3.27}$$

其中, $\bar{v}$ 为容器内所有分子的平均速率. 如果器壁上有小孔, 则上述与器壁相碰的气体分子可以由小孔逸出容器. 在小孔 dS 的线度和器壁的厚度都小于气体分子中所有分

子在连续两次碰撞之间自由运动的距离的平均值的情况下,气体分子从小孔 dS 逸出的现象称为泻流现象 (effusion phenomenon). 由于小孔 dS 的线度和器壁的厚度都小于气体分子中所有分子在连续两次碰撞之间自由运动的距离的平均值,因此,平均来讲,气体分子在逸出小孔的过程中不会改变方向,从而逸出小孔的气体分子数目等于碰到器壁上的小孔处的气体分子数目. 由前述气体分子的碰壁数率可知,气体分子的泻流数率为

$$\Gamma_{\text{effu}} = \frac{1}{4} n \bar{v}. \tag{3.28}$$

二、逸出的束流中分子的速率分布律与麦克斯韦速率分布律之间的关系

记蒸气源中各种速度分子的总数密度为 n, 蒸气源器壁上小孔的面积为 $\mathrm{d}S$, 以垂直于小孔的方向为 x 轴建立坐标系, 如图 3.9 所示, 则蒸气源内单位体积中速度处于 $v_x \sim v_x + \mathrm{d}v_x, v_y \sim v_y + \mathrm{d}v_y, v_z \sim v_z + \mathrm{d}v_z$ 区间内的分子数密度为

$$\mathrm{d}n = n f_{\mathrm{M}}(\boldsymbol{v}) \mathrm{d}v_x \mathrm{d}v_y \mathrm{d}v_z.$$

在时间 $\mathrm{d}t$ 内, 这些分子中可与小孔相碰的, 也就是可以由小孔逸出形成分子束流的分子数密度为

$$\mathrm{d}n_{\mathrm{c}} = n f_{\mathrm{M}}(\boldsymbol{v}) \mathrm{d}v_x \, \mathrm{d}v_y \, \mathrm{d}v_z \cdot v_x \mathrm{d}t \mathrm{d}S,$$

其中, $v_x > 0$, $f_{\mathrm{M}}(\boldsymbol{v})$ 为麦克斯韦速度分布律. 以球坐标表示则有

$$\mathrm{d}n_{\mathrm{c}} = n f_{\mathrm{M}}(\boldsymbol{v}) v^2 \sin\theta \mathrm{d}v \mathrm{d}\theta \mathrm{d}\varphi \cdot v \sin\theta \cos\varphi \, \mathrm{d}t \mathrm{d}S.$$

显然, 在 $\theta \in (0, \pi)$, $\varphi \in \left(-\dfrac{\pi}{2}, \dfrac{\pi}{2} \right)$ 区间内的分子都可以在 $\mathrm{d}t$ 时间内由小孔逸出. 所以在 $\mathrm{d}t$ 时间内, 由蒸气源中速率处于 $v \sim v + \mathrm{d}v$ 区间内的分子形成的分子束流中的分子数密度为

$$\begin{aligned}
n_{\mathrm{c}}(v \sim v + \mathrm{d}v) &= \int_0^\pi \int_{-\frac{\pi}{2}}^{\frac{\pi}{2}} n f_{\mathrm{M}}(\boldsymbol{v}) v^3 \sin^2\theta \cos\varphi \mathrm{d}\theta \mathrm{d}\varphi \mathrm{d}v \mathrm{d}t \mathrm{d}S \\
&= \pi n f_{\mathrm{M}}(\boldsymbol{v}) v^3 \mathrm{d}v \mathrm{d}t \mathrm{d}S \\
&= \frac{n}{4} \cdot 4\pi v^2 f_{\mathrm{M}}(\boldsymbol{v}) v \mathrm{d}v \mathrm{d}t \mathrm{d}S \\
&= \frac{n}{4} F_{\mathrm{M}}(v) v \mathrm{d}v \mathrm{d}t \mathrm{d}S,
\end{aligned}$$

其中, $F_{\mathrm{M}}(v)$ 为麦克斯韦速率分布律. 这就是说, $\mathrm{d}t$ 时间内形成的分子束流中速率处于 $v \sim v + \mathrm{d}v$ 区间内的分子数密度为

$$\mathrm{d}n_{\mathrm{B}} = \frac{n}{4} F_{\mathrm{M}}(v) v \mathrm{d}v \mathrm{d}t \mathrm{d}S.$$

由泻流数率 (即碰壁数率) 的讨论可知, 这段时间内形成的分子束流中分子的总数密度为

$$n_{\mathrm{B}} = \frac{n}{4}\bar{v}\mathrm{d}t\mathrm{d}S,$$

其中, $\bar{v}$ 为蒸气源中所有分子的平均速率, 即 $\bar{v} = \sqrt{\dfrac{8k_{\mathrm{B}}T}{\pi m}}$, 所以分子束流中的分子按速率的分布律为

$$F_{\mathrm{B}}(v) = \frac{\mathrm{d}n_{\mathrm{B}}}{n_{\mathrm{B}}\mathrm{d}v} = \frac{v}{\bar{v}}F_{\mathrm{M}}(v). \tag{3.29}$$

将 $\bar{v}$ 和 $F_{\mathrm{M}}(v)$ 的具体表达式代入 (3.29) 式则得

$$F_{\mathrm{B}}(v) = \frac{m^2}{2k_{\mathrm{B}}^2 T^2} v^3 \mathrm{e}^{-\frac{mv^2}{2k_{\mathrm{B}}T}}. \tag{3.30}$$

由此可知, 只要测定了由蒸气源逸出的分子束流中分子的速率分布律就得到了蒸气源中气体分子无规则运动的速率分布律, 从而可以检验麦克斯韦速率 (速度) 分布律. 米勒 – 库施实验中, 对蒸气源中铊蒸气温度为 870 K 和 944 K 情况下的实验测量结果分别如图 3.8 (b) 中的小圆圈和小圆点所示, 通过理论计算得到的 $F_{\mathrm{M}}(v)$ 如图 3.8(b) 中的实线所示 (在图 3.8(b) 中, 速率以最概然速率 v_{p} 为单位标记). 由图 3.8(b) 可知, 理论计算结果与实验测量结果符合得很好. 从而很好地证明了麦克斯韦速率分布律及速度分布律的正确性.

另外, 在前面的讨论中, 没有说明实验装置中的斜槽宽度, 这实际隐含了默认斜槽是没有宽度的几何线, 但事实上这仅是极端的理想模型. 如果考虑斜槽的宽度, 则 (3.30) 式中的 v^3 应修改为 v^4.

3.2.4 麦克斯韦分布律的一些应用举例

3.2.4 授课视频

一、平衡态下微观粒子的最概然速率、平均速率及方均根速率

最概然速率就是出现概率最大的速率, 常记作 v_{p}, 并由极值方程

$$\frac{\mathrm{d}}{\mathrm{d}v}F_{\mathrm{M}}(v)\Big|_{v=v_{\mathrm{p}}} = 0$$

确定 (严格地, 还需要满足条件 $\dfrac{\mathrm{d}^2}{\mathrm{d}v^2}F_{\mathrm{M}}(v)\Big|_{v=v_{\mathrm{p}}} < 0$).

因为

$$F_{\mathrm{M}}(v) = 4\pi v^2 f_{\mathrm{M}}(\boldsymbol{v}) = 4\pi v^2 \left(\frac{m}{2\pi k_{\mathrm{B}}T}\right)^{3/2} \mathrm{e}^{-\frac{mv^2}{2k_{\mathrm{B}}T}},$$

$$\frac{\mathrm{d}F_{\mathrm{M}}(v)}{\mathrm{d}v} = \frac{\mathrm{d}}{\mathrm{d}v}\left[4\pi v^2 \left(\frac{m}{2\pi k_{\mathrm{B}}T}\right)^{3/2} \mathrm{e}^{-\frac{mv^2}{2k_{\mathrm{B}}T}}\right]$$

$$= 4\pi \left(\frac{m}{2\pi k_{\mathrm{B}}T}\right)^{3/2} \mathrm{e}^{-\frac{mv^2}{2k_{\mathrm{B}}T}}\left[2v + v^2\left(-\frac{m \cdot 2v}{2k_{\mathrm{B}}T}\right)\right],$$

则有
$$2v_\mathrm{p} - \frac{m}{k_\mathrm{B}T}v_\mathrm{p}^3 = 0.$$

解之得, 满足物理要求的解为
$$v_\mathrm{p} = \sqrt{\frac{2k_\mathrm{B}T}{m}}.$$

这里已经舍去了 $v_\mathrm{p} = 0$ 解, 因为它显然不满足物理要求.

由此可知, 处于平衡态的热力学系统中的微观粒子的最概然速率为
$$v_\mathrm{p} = \sqrt{\frac{2k_\mathrm{B}T}{m}}. \tag{3.31}$$

根据麦克斯韦速率分布律, 我们可以直接求得处于平衡态的热力学系统中的微观粒子的平均速率为
$$\overline{v} = \int_0^\infty v F_\mathrm{M}(v)\mathrm{d}v = \sqrt{\frac{8k_\mathrm{B}T}{\pi m}}. \tag{3.32}$$

方均根速率 v_rms 定义为系统中粒子的速率平方的平均值的平方根, 即 $\sqrt{\overline{v^2}}$. 因为
$$\overline{v^2} = \int_0^\infty v^2 F_\mathrm{M}(v)\mathrm{d}v = \frac{3k_\mathrm{B}T}{m},$$

所以
$$v_\mathrm{rms} = \sqrt{\frac{3k_\mathrm{B}T}{m}}. \tag{3.33}$$

很显然, 该结果与由温度的统计解释 $\overline{\varepsilon} = \frac{1}{2}m\overline{v^2} = \frac{3}{2}k_\mathrm{B}T$ 得出的结果完全一致. 因为方均根速率与无规则运动动能的平均值直接相关, 所以在一些常见问题的讨论中, 方均根速率尤为重要. 常温 (例如, 0 °C) 下一些常见气体分子的方均根速率如表 3.1 所示.

表 3.1 常温下一些常见气体分子的方均根速率

气体	CO_2	O_2	N_2	CH_4	H_2
$v_\mathrm{rms}/(\mathrm{m/s})$	393	461	493	651	1843

二、泻流分离同位素方法

由麦克斯韦分布律的实验检验部分中关于粒子的碰壁数率, 即泻流数率的讨论可知, 如果器壁很薄, 则容器内的气体分子由器壁上的小孔逸出的数率为
$$\varGamma_\mathrm{effu} = \frac{1}{4}n\overline{v},$$

其中, n 为容器内的气体分子的数密度, $\overline{v}$ 为这些气体分子的平均速率.

由于 $\bar{v} = \sqrt{\dfrac{8k_\mathrm{B}T}{\pi m}} \propto \dfrac{1}{\sqrt{m}}$，因此在确定温度下，不同质量的气体分子的泻流数率 $\varGamma_\mathrm{effu} \propto \dfrac{1}{\sqrt{m}}$. 设原来容器内有两种气体，它们的分子数密度分别为 n_1, n_2，分子质量分别为 m_1, m_2，则其泻流数率分别为

$$\varGamma_1 = \frac{1}{4} n_1 \sqrt{\frac{8k_\mathrm{B}T}{\pi m_1}}, \qquad \varGamma_2 = \frac{1}{4} n_2 \sqrt{\frac{8k_\mathrm{B}T}{\pi m_2}}.$$

如果泻流出的气体分子被收集在另一个容器内，设收集气体分子的容器的容积为 V，则单位时间后，其中的分子质量为 m_1 的气体的分子数密度为 $n_1' = \dfrac{\varGamma_1}{V}$，分子质量为 m_2 的气体的分子数密度为 $n_2' = \dfrac{\varGamma_2}{V}$，那么，在泻流出的气体中的两种分子质量气体的分子数密度之比为

$$\frac{n_1'}{n_2'} = \frac{\varGamma_1/V}{\varGamma_2/V} = \frac{\varGamma_1}{\varGamma_2} = \frac{n_1}{n_2} \sqrt{\frac{m_2}{m_1}}.$$

即分子数密度的比值反比于分子质量比值的平方根，其中的比例系数为原分子数密度的比值. 所以在泻流出的气体中，分子质量较小的组分会相对增加. 利用这种方法可以分离同位素.

三、星体周围大气的稳定性

力学原理告诉我们，物体逃脱半径为 R_s、质量为 M_s 的星体束缚的速率的最小值为

$$v_\mathrm{es} = \sqrt{\frac{2GM_\mathrm{s}}{R_\mathrm{s}}},$$

其中，G 为万有引力常量. 对于气体分子，其方均根速率为

$$\sqrt{\overline{v^2}} = \sqrt{\frac{3k_\mathrm{B}T}{m}} = \sqrt{\frac{3RT}{\mu}}.$$

当 $v_\mathrm{es} \gg \sqrt{\overline{v^2}}$ 时，气体分子的无规则运动动能远小于星体对它的引力势能，从而不会逃脱星体的束缚. 那么，在一个星体表面附近是否形成稳定的大气层取决于比值

$$K = \frac{v_\mathrm{es}}{\sqrt{\overline{v^2}}} = \sqrt{\frac{2GM_\mathrm{s}\mu}{3R_\mathrm{s}RT}} \propto \sqrt{\frac{\mu}{T}}.$$

将太阳系中八大行星及月球的半径和质量，以及测得的表面温度分别代入上式，通过计算得到的几种常见气体在距离地球较近的一些星体附近的 K 值如图 3.10 所示. 由此可知，距离地球较近的金星周围有以 CO_2 为主要成分的高压大气，火星周围有以 CO_2 为主要成分的稀薄大气. 进一步考察图 3.10 可知，太阳系中其他星体周围也不可能有与地球周围的成分结构相同的大气.

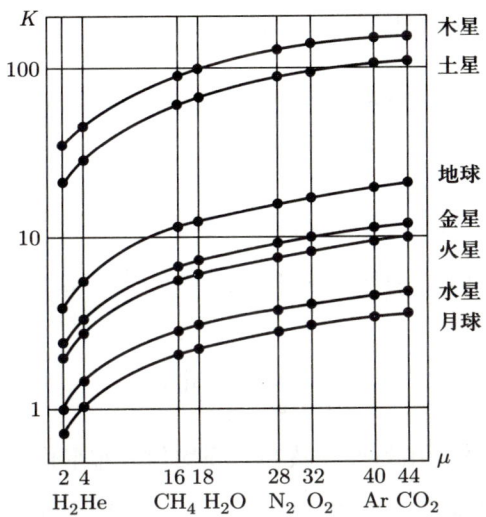

图 3.10 太阳系中地球附近的几个星体对应的 K 值

这一方面说明, 如果生命体所需生存条件相同, 则太阳系中其他星体上不可能有与人类相同的动物; 另一方面也说明, 地球上人类的生存空间是很有限、很宝贵的. 由 K 的表达式可知, 由臭氧层破坏形成温室效应及植被破坏等因素引起的温度升高会降低地球周围大气的 K 值, 从而改变大气的结构, 并影响其稳定性, 直接威胁到人类的生存环境. 由此可知, 环境保护异常重要、迫在眉睫.

例题 2 设氮气的温度为 $300\,°\text{C}$, 求速率在 $1000\,\text{m/s}$ 到 $1005\,\text{m/s}$ 之间的氮分子数 ΔN_1 与速率在 $500\,\text{m/s}$ 到 $505\,\text{m/s}$ 之间的氮分子数 ΔN_2 之比.

解 记氮分子的速率分布律为 $F(v)$, 则由定义可知, 题设两速率区间 $\Delta v_1, \Delta v_2$ 内的分子数分别为

$$\Delta N_1 = \int_{v_1}^{v_1+\Delta v_1} NF(v)\mathrm{d}v, \qquad \Delta N_2 = \int_{v_2}^{v_2+\Delta v_2} NF(v)\mathrm{d}v,$$

其中, N 为氮分子的总数, $v_1 = 1000\,\text{m/s}$, $v_2 = 500\,\text{m/s}$, $\Delta v_1 = \Delta v_2 = 5\,\text{m/s}$.

因为麦克斯韦速率分布律是组成经典理想气体的分子的速率的最概然分布律, 所以题设氮分子的速率分布律为

$$F(v) = 4\pi \left(\frac{m}{2\pi k_\text{B}T}\right)^{3/2} v^2 \mathrm{e}^{-\frac{mv^2}{2k_\text{B}T}},$$

其中, m 为氮分子的质量, k_B 为玻尔兹曼常量.

因为 $\Delta v_1 \ll v_1$, $\Delta v_2 \ll v_2$, 并且 $\Delta v_2 = \Delta v_1$, 所以

$$F(v_1) \approx F(v_1 + \Delta v_1), \qquad F(v_2) \approx F(v_2 + \Delta v_2).$$

于是计算 ΔN 时可以不用积分, 因此

$$\frac{\Delta N_1}{\Delta N_2} = \frac{NF(v_1)\Delta v_1}{NF(v_2)\Delta v_2} = \frac{F(v_1)}{F(v_2)} = \frac{v_1^2 \mathrm{e}^{-\frac{mv_1^2}{2k_\mathrm{B}T}}}{v_2^2 \mathrm{e}^{-\frac{mv_2^2}{2k_\mathrm{B}T}}} = \frac{v_1^2}{v_2^2} \mathrm{e}^{-\frac{\mu(v_1^2-v_2^2)}{2RT}},$$

其中, μ 为氮分子的摩尔质量, R 为普适气体常量.

将 $v_1 = 1000\,\mathrm{m/s}$, $v_2 = 500\,\mathrm{m/s}$, $\mu = 28.0 \times 10^{-3}\,\mathrm{kg/mol}$, $R = 8.31\,\mathrm{J/(mol \cdot K)}$, $T = 573\,\mathrm{K}$ 代入上式, 则得

$$\frac{\Delta N_1}{\Delta N_2} \approx 0.4409.$$

例题 3 假设某星体为由氦原子核在空间均匀分布形成的气团, 试确定氦原子核的最概然速率为 $1 \times 10^6\,\mathrm{m/s}$, $1 \times 10^3\,\mathrm{m/s}$, $1\,\mathrm{m/s}$ 时, 星体的温度分别为多高?

解 由 $v_\mathrm{p} = \sqrt{\dfrac{2k_\mathrm{B}T}{m}}$ 可得

$$T = \frac{m}{2k_\mathrm{B}} v_\mathrm{p}^2 = \frac{\mu}{2R} v_\mathrm{p}^2,$$

其中, μ 为氦原子核的摩尔质量, R 为普适气体常量.

将 $\mu = 4.0 \times 10^{-3}\,\mathrm{kg/mol}$, $R = 8.31\,\mathrm{J/(mol \cdot K)}$, $v_{\mathrm{p},1} = 1 \times 10^6\,\mathrm{m/s}$, $v_{\mathrm{p},2} = 1 \times 10^3\,\mathrm{m/s}$, $v_{\mathrm{p},3} = 1\,\mathrm{m/s}$ 代入上式, 则得最概然速率为以上三种情况时, 星体的温度分别为

$$T_1 \approx 2.407 \times 10^8\,\mathrm{K}, \qquad T_2 \approx 2.407 \times 10^2\,\mathrm{K}, \qquad T_3 \approx 2.407 \times 10^{-4}\,\mathrm{K}.$$

例题 4 观测表明, 金星的质量为地球质量的 0.82, 半径为地球半径的 0.952, 表面温度约为 730 K; 火星的质量为地球质量的 0.108, 半径为地球半径的 0.531, 表面温度约为 240 K; 木星的质量为地球质量的 318 倍, 半径为地球半径的 11.22 倍, 表面温度约为 130 K. 试计算这些星体表面的逃逸速率及 CO_2, O_2, H_2 的方均根速率.

解 由力学原理可知, 物体飞离质量为 M_s、半径为 R_s 的星体的逃逸速率为

$$v_\mathrm{es} = \sqrt{\frac{2GM_\mathrm{s}}{R_\mathrm{s}}},$$

其中, G 为万有引力常量. 那么, 对于金星 (V), 有

$$\begin{aligned}
v_{\mathrm{es,V}} &= \sqrt{\frac{2GM_\mathrm{V}}{R_\mathrm{V}}} = \sqrt{\frac{2G \cdot 0.82 \cdot M_\mathrm{E}}{0.952 R_\mathrm{E}}} \\
&= \sqrt{\frac{2 \times 6.67 \times 10^{-11} \times 0.82 \times 5.98 \times 10^{24}}{0.952 \times 6.37 \times 10^6}}\,\mathrm{m/s} \\
&\approx 1.04 \times 10^4\,\mathrm{m/s},
\end{aligned}$$

$$\sqrt{\overline{v_{CO_2}^2}} = \sqrt{\frac{3RT}{\mu_{CO_2}}} = \sqrt{\frac{3\times 8.31\times 730}{44.0\times 10^{-3}}}\,\text{m/s} \approx 6.43\times 10^2\,\text{m/s},$$

$$\sqrt{\overline{v_{O_2}^2}} = \sqrt{\frac{3RT}{\mu_{O_2}}} = \sqrt{\frac{3\times 8.31\times 730}{32.0\times 10^{-3}}}\,\text{m/s} \approx 7.54\times 10^2\,\text{m/s},$$

$$\sqrt{\overline{v_{H_2}^2}} = \sqrt{\frac{3RT}{\mu_{H_2}}} = \sqrt{\frac{3\times 8.31\times 730}{2.0\times 10^{-3}}}\,\text{m/s} \approx 3.02\times 10^3\,\text{m/s}.$$

对于火星 (M), 有

$$v_{\text{es,M}} = \sqrt{\frac{2GM_M}{R_M}} = \sqrt{\frac{2\times 6.67\times 10^{-11}\times 0.108\times 5.98\times 10^{24}}{0.531\times 6.37\times 10^6}}\,\text{m/s}$$
$$\approx 5.05\times 10^3\,\text{m/s},$$

$$\sqrt{\overline{v_{CO_2}^2}} = \sqrt{\frac{3RT}{\mu_{CO_2}}} = \sqrt{\frac{3\times 8.31\times 240}{44.0\times 10^{-3}}}\,\text{m/s} \approx 3.69\times 10^2\,\text{m/s},$$

$$\sqrt{\overline{v_{O_2}^2}} = \sqrt{\frac{3RT}{\mu_{O_2}}} = \sqrt{\frac{3\times 8.31\times 240}{32.0\times 10^{-3}}}\,\text{m/s} \approx 4.32\times 10^2\,\text{m/s},$$

$$\sqrt{\overline{v_{H_2}^2}} = \sqrt{\frac{3RT}{\mu_{H_2}}} = \sqrt{\frac{3\times 8.31\times 240}{2.0\times 10^{-3}}}\,\text{m/s} \approx 1.73\times 10^3\,\text{m/s}.$$

对于木星 (J), 有

$$v_{\text{es,J}} = \sqrt{\frac{2GM_J}{R_J}} = \sqrt{\frac{2\times 6.67\times 10^{-11}\times 318\times 5.98\times 10^{24}}{11.22\times 6.37\times 10^6}}\,\text{m/s}$$
$$\approx 5.96\times 10^4\,\text{m/s},$$

$$\sqrt{\overline{v_{CO_2}^2}} = \sqrt{\frac{3RT}{\mu_{CO_2}}} = \sqrt{\frac{3\times 8.31\times 130}{44.0\times 10^{-3}}}\,\text{m/s} \approx 2.71\times 10^2\,\text{m/s},$$

$$\sqrt{\overline{v_{O_2}^2}} = \sqrt{\frac{3RT}{\mu_{O_2}}} = \sqrt{\frac{3\times 8.31\times 130}{32.0\times 10^{-3}}}\,\text{m/s} \approx 3.18\times 10^2\,\text{m/s},$$

$$\sqrt{\overline{v_{H_2}^2}} = \sqrt{\frac{3RT}{\mu_{H_2}}} = \sqrt{\frac{3\times 8.31\times 130}{2.0\times 10^{-3}}}\,\text{m/s} \approx 1.27\times 10^3\,\text{m/s}.$$

例题 5 对于一个经典气体系统, 证明速率小于最概然速率的分子数占总分子数的比率与温度无关, 并计算这一比率.

解 依题意可知, 系统中分子的速率分布律可以表示为

$$F(v) = 4\pi\left(\frac{m}{2\pi k_B T}\right)^{3/2} v^2 \mathrm{e}^{-\frac{mv^2}{2k_B T}}.$$

因为最概然速率 $v_\mathrm{p} = \sqrt{\dfrac{2k_\mathrm{B}T}{m}}$, 所以上述速率分布律又可以表示为

$$F(v) = \frac{4}{\sqrt{\pi}} \frac{v^2}{v_\mathrm{p}^3} \mathrm{e}^{-\frac{v^2}{v_\mathrm{p}^2}}.$$

令 $\dfrac{v}{v_\mathrm{p}} = x$, 则速率 v 附近 $\mathrm{d}v$ 区间内的分子数可以表示为

$$\mathrm{d}N = NF(v)\mathrm{d}v = \frac{4N}{\sqrt{\pi}} \frac{v^2}{v_\mathrm{p}^3} \mathrm{e}^{-\frac{v^2}{v_\mathrm{p}^2}} \mathrm{d}v = \frac{4N}{\sqrt{\pi}} x^2 \mathrm{e}^{-x^2} \mathrm{d}x.$$

那么速率小于一确定值 v 的分子数为

$$\Delta N_{0\sim v} = \int_0^v NF(v)\mathrm{d}v = \int_0^x \frac{4N}{\sqrt{\pi}} x^2 \mathrm{e}^{-x^2} \mathrm{d}x = N\left[\mathrm{erf}(x) - \frac{2}{\sqrt{\pi}} x \mathrm{e}^{-x^2}\right],$$

其中, $\mathrm{erf}(x) = \dfrac{2}{\sqrt{\pi}} \displaystyle\int_0^x \mathrm{e}^{-x^2} \mathrm{d}x$ 称为误差函数. 对于 $v = v_\mathrm{p}, x = 1$ 的情况, 则有

$$\Delta N_{0\sim v_\mathrm{p}} = N\left[\mathrm{erf}(1) - \frac{2}{\mathrm{e}\sqrt{\pi}}\right]$$

为一常量. 所以速率小于最概然速率的分子数占总分子数的比率

$$\frac{\Delta N_{0\sim v_\mathrm{p}}}{N} = \mathrm{erf}(1) - \frac{2}{\mathrm{e}\sqrt{\pi}}$$

与温度 T 无关. 原命题得证.

通过具体数值计算可得 $\mathrm{erf}(1) = 0.8427$, 那么

$$\frac{\Delta N_{0\sim v_\mathrm{p}}}{N} = 0.8427 - \frac{2}{\mathrm{e}\sqrt{\pi}} \approx 0.4276.$$

例题 6 试确定在分子束流实验中, 从蒸气源器壁上的小孔中逸出的分子束流中分子的最概然速率、平均速率和方均根速率.

解 因为从蒸气源器壁上的小孔中逸出的分子束流中分子的速率分布律为 (推导过程见麦克斯韦分布律的实验检验部分)

$$F_\mathrm{B}(v) = \frac{v}{\bar{v}} F_\mathrm{M}(v) = \frac{m^2}{2k_\mathrm{B}^2 T^2} v^3 \mathrm{e}^{-\frac{mv^2}{2k_\mathrm{B}T}},$$

那么, 由极值条件 $\dfrac{\mathrm{d}F_\mathrm{B}(v)}{\mathrm{d}v} = 0$ 可得

$$\frac{m^2}{2k_\mathrm{B}^2 T^2}\left(3v^2 - \frac{mv^4}{k_\mathrm{B}T}\right)\mathrm{e}^{-\frac{mv^2}{2k_\mathrm{B}T}} = 0.$$

解之得, 分子束流中分子的最概然速率为 (已舍去不满足物理要求的 0 解)

$$v_\mathrm{p,B} = \sqrt{\frac{3k_\mathrm{B}T}{m}}.$$

并且

$$\overline{v}_B = \int_0^\infty v F_B(v) \mathrm{d}v = \frac{m^2}{2k_B^2 T^2} \int_0^\infty v^4 e^{-\frac{mv^2}{2k_B T}} \mathrm{d}v = \frac{m^2}{2k_B^2 T^2} \frac{3\sqrt{\pi}}{8 \left(\frac{m}{2k_B T}\right)^{5/2}}$$

$$= \sqrt{\frac{9\pi k_B T}{8m}},$$

$$\overline{v_B^2} = \int_0^\infty v^2 F_B(v) \mathrm{d}v = \frac{m^2}{2k_B^2 T^2} \int_0^\infty v^5 e^{-\frac{mv^2}{2k_B T}} \mathrm{d}v = \frac{m^2}{2k_B^2 T^2} \frac{1}{\left(\frac{m}{2k_B T}\right)^3} = \frac{4k_B T}{m},$$

所以分子束流中分子的方均根速率为

$$\sqrt{\overline{v_B^2}} = 2\sqrt{\frac{k_B T}{m}}.$$

3.3 麦克斯韦 – 玻尔兹曼分布律

3.3.1 重力场中微观粒子数密度随高度的等温分布

考察重力场中高度为 z 附近底面积为 $\mathrm{d}S$、厚度为 $\mathrm{d}z$ 的小区间内的微观粒子系统, 如图 3.11 所示. 假设该处微观粒子的数密度为 n, 每个微观粒子的质量为 m, 高度为 z 处的压强为 p, 高度为 $z + \mathrm{d}z$ 处的压强为 $p + \mathrm{d}p$, 则显然有力学平衡条件

$$(p + \mathrm{d}p)\mathrm{d}S + nmg\mathrm{d}S\mathrm{d}z = p\mathrm{d}S,$$

化简可得

$$\mathrm{d}p = -nmg\mathrm{d}z = -\rho g \mathrm{d}z, \tag{3.34}$$

其中, $\rho = nm$ 为高度 z 附近微观粒子系统的密度.

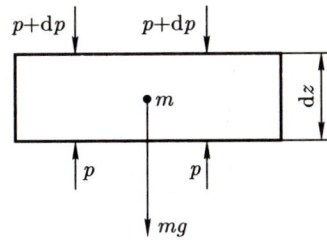

图 3.11　重力场中高度为 z 附近底面积为 $\mathrm{d}S$、厚度为 $\mathrm{d}z$ 的大气薄层的受力情况示意图

另一方面, 假设该微观粒子系统可近似为理想气体, 即

$$p = nk_B T.$$

对于处于等温状态的大气系统, 对上式两边取全微分则得

$$dp = k_B T dn.$$

于是, 我们有

$$k_B T dn = -nmg dz,$$

即

$$\frac{dn}{n} = -\frac{mg}{k_B T} dz,$$

解之则得

$$n = n_0 e^{-\frac{mgz}{k_B T}}, \tag{3.35}$$

其中, n_0 为 $z = 0$ (例如, 地面上) 处微观粒子的数密度, 并且对不同种类的微观粒子取不同的数值. 这就是重力场中微观粒子的数密度随高度 z 的等温分布规律. 由此可知, 随着高度 z 增大, 微观粒子的数密度成指数衰减. 再将 (3.35) 式代入 $p = nk_B T$, 则得

$$p = p_0 e^{-\frac{mgz}{k_B T}}, \tag{3.36}$$

其中, p_0 为 $z = 0$ 处微观粒子系统的压强, 并且对微观粒子质量不同的系统取不同的数值. 该关系通常称为等温气压公式. 由此可知, 重力场中等温微观粒子系统的压强随高度增大而成指数衰减.

因为所取小区间内的粒子数为 $dN(z) = ndzdS$, 将 (3.35) 式代入则得, 高度为 z 附近底面积为 dS、厚度为 dz 的小区间内的微观粒子数为

$$dN(z) = n_0 e^{-\frac{mgz}{k_B T}} dz dS.$$

那么底面积为 dS 的柱体 (高度无限延伸) 中的微观粒子总数为

$$N = \int dN(z) = \int_0^\infty n_0 e^{-\frac{mgz}{k_B T}} dS dz = \frac{n_0 k_B T}{mg} dS.$$

由分布函数的定义可知, 重力场中微观粒子随高度的等温分布律为

$$f(z) = \frac{dN(z)}{Ndz} = \frac{mg}{k_B T} e^{-\frac{mgz}{k_B T}}. \tag{3.37}$$

3.3.2 玻尔兹曼密度分布律及麦克斯韦 – 玻尔兹曼分布律

一、玻尔兹曼密度分布律

考察重力场中微观粒子随高度的等温分布律 (见 (3.37) 式) 可知, 其随高度分布的衰减因子中的 mgz 就是质量为 m 的微观粒子在重力场中的势能 $U(z)$. 玻尔兹曼

(Boltzmann) 将之直接推广到任意外场, 记粒子在外场中的势能为 $U(r)$, 则由 (3.35) 式和 (3.37) 式可知, 该外场中粒子数密度的分布律为

$$n(r) = n_\mathrm{B}(r) = n_0 \mathrm{e}^{-\frac{U(r)}{k_\mathrm{B}T}}. \tag{3.38}$$

该分布律通常称为玻尔兹曼密度分布律.

利用玻尔兹曼密度分布律可以讨论任意外场中的微观粒子系统, 例如, 回转体中的微观粒子系统. 由于回转体中质量为 m 的粒子的势能为

$$U(r) = -\frac{1}{2}I\omega^2 = -\frac{1}{2}m\omega^2 r^2,$$

其中, r 为粒子距转动轴 (或中心) 的距离, ω 为转动的角速度, 那么粒子数密度随 r 的分布律为

$$n(r) = n_0 \mathrm{e}^{\frac{m\omega^2 r^2}{2k_\mathrm{B}T}},$$

系统的压强随 r 的分布律为

$$p(r) = p_0 \mathrm{e}^{\frac{m\omega^2 r^2}{2k_\mathrm{B}T}},$$

其中, n_0, p_0 分别为转动轴处系统的粒子数密度和压强. 由此可见, 随着与转动轴距离的增加, 回转体系统的粒子数密度和压强都成平方指数增加. 因此自然界 (三维空间) 中呈旋转漏斗状的龙卷风、台风、飓风的外沿的破坏力极大, 而其中心却风和日丽.

二、麦克斯韦 – 玻尔兹曼分布律

我们知道, 微观粒子按速度的分布律为麦克斯韦速度分布律

$$f_\mathrm{M}(\boldsymbol{v}) = \left(\frac{m}{2\pi k_\mathrm{B}T}\right)^{3/2} \mathrm{e}^{-\frac{mv^2}{2k_\mathrm{B}T}}.$$

因为上式中的 $\frac{1}{2}mv^2$ 为粒子无规则运动的动能 ε_k, 所以麦克斯韦速度分布律可以改写为按动能的分布律

$$f_\mathrm{M}(\boldsymbol{v}) = f(\varepsilon_\mathrm{k}) = \left(\frac{m}{2\pi k_\mathrm{B}T}\right)^{3/2} \mathrm{e}^{-\frac{\varepsilon_\mathrm{k}}{k_\mathrm{B}T}}.$$

另一方面, 由玻尔兹曼密度分布律 (见 (3.38) 式) 可知, 外场中粒子按位置的分布律为

$$f_\mathrm{B}(r) = C_0 \mathrm{e}^{-\frac{U(r)}{k_\mathrm{B}T}} = C_0 \mathrm{e}^{-\frac{\varepsilon_\mathrm{p}}{k_\mathrm{B}T}},$$

其中, $\varepsilon_\mathrm{p} = U(r)$ 为粒子在外场中的势能.

由于经典力学中微观粒子的运动状态由其位置和动量描述, 即位置和动量 (或速度) 是互相独立的, 因此粒子按速度的分布和按位置的分布就是互相独立事件. 由独立

事件组合的概率乘法法则可知, 粒子按速度和按位置的分布律可以一般地表述为

$$f_{\mathrm{MB}}(\boldsymbol{v}, r) = f_{\mathrm{M}}(\boldsymbol{v}) f_{\mathrm{B}}(r) = C_0 \left(\frac{m}{2\pi k_{\mathrm{B}} T}\right)^{3/2} \mathrm{e}^{-\frac{\varepsilon_{\mathrm{k}} + \varepsilon_{\mathrm{p}}}{k_{\mathrm{B}} T}}.$$

通常称该分布律为麦克斯韦 – 玻尔兹曼分布律. 上式中的动能 ε_{k} 为所考虑物理问题层次上的平动、振动、转动等各种形式运动的动能, 势能 ε_{p} 为所考虑物理问题层次上的各种形式的势能, 不仅包括平直空间内的势能, 还包括其他各种形式的势能, 记 $\varepsilon = \varepsilon_{\mathrm{k}} + \varepsilon_{\mathrm{p}}$, 则上式可以改写为

$$f_{\mathrm{MB}}(\varepsilon) = C_0' \mathrm{e}^{-\frac{\varepsilon}{k_{\mathrm{B}} T}}. \tag{3.39}$$

可以证明 (具体讨论见 3.5 节), 麦克斯韦 – 玻尔兹曼分布律是经典热力学系统的最概然分布律, 也就是实际的分布函数. 因此, 由麦克斯韦 – 玻尔兹曼分布律 (此后将简称玻尔兹曼分布律) 可以讨论任意经典热力学系统的性质.

例题 7 做布朗运动的微观粒子系统可以看成在计及浮力的重力场中达到平衡态的巨分子系统, 它们的粒子数密度 n 遵从玻尔兹曼分布律

$$n = n_0 \mathrm{e}^{-\frac{\varphi}{k_{\mathrm{B}} T}},$$

其中, φ 是粒子的势能, n_0 是 n 在 $\varphi = 0$ 处的值. 记构成布朗粒子的物质的密度为 ρ, 布朗粒子所处液体的密度为 ρ_0, 并可将布朗粒子视作半径为 a 的小球, 布朗粒子在所悬浮的液体中的高度差为 Δz 的两层内的数密度分别为 n_1, n_2, 试证明

$$k_{\mathrm{B}} T = \frac{4\pi a^3 g \Delta z (\rho - \rho_0)}{3 \ln \frac{n_1}{n_2}}.$$

若实验测得 $\Delta z = 30\,\mu\mathrm{m}$, $\frac{n_1}{n_2} = 2.08$, $\rho = 1.194\,\mathrm{g/cm^3}$, $\rho_0 = 1\,\mathrm{g/cm^3}$, $a = 0.212\,\mu\mathrm{m}$, $T = 273\,\mathrm{K}$, 试确定阿伏伽德罗常量 N_{A}.

解 以铅直向上为 z 轴正方向建立坐标系, $\hat{z}$ 为其单位矢量. 因为悬浮于液体中的布朗粒子受重力 $-mg$ 和浮力 $mg\rho_0/\rho$ 的作用, 这两个力的合力为 $\boldsymbol{f} = -mg(1 - \rho_0/\rho)\hat{z}$. 令 $z = 0$ 处的势能为 0, 则粒子在上述重力场中高度为 z 处的势能为

$$\varphi = -\int_0^z \boldsymbol{f} \cdot \mathrm{d}\hat{z} = mgz\left(1 - \frac{\rho_0}{\rho}\right),$$

则粒子数密度的分布律为

$$n = n_0 \mathrm{e}^{-\frac{mgz}{k_{\mathrm{B}} T}\left(1 - \frac{\rho_0}{\rho}\right)}.$$

设 $z = z_1$ 处 $n = n_1$, $z = z_2$ 处 $n = n_2$, 则有

$$\ln \frac{n_1}{n_2} = \ln \frac{n_1}{n_0} - \ln \frac{n_2}{n_0} = -\frac{mg}{k_{\mathrm{B}} T}\left(1 - \frac{\rho_0}{\rho}\right)(z_1 - z_2).$$

记 $\Delta z = z_2 - z_1$, 并考虑 $m = \frac{4}{3}\pi a^3 \rho$, 则有

$$\ln \frac{n_1}{n_2} = \frac{4}{3}\pi a^3 \rho \frac{g}{k_{\mathrm{B}}T}\left(1 - \frac{\rho_0}{\rho}\right)\Delta z,$$

所以

$$k_{\mathrm{B}}T = \frac{4\pi a^3 g \Delta z(\rho - \rho_0)}{3 \ln \frac{n_1}{n_2}}.$$

原命题得证.

因为阿伏伽德罗常量 $N_{\mathrm{A}} = R/k_{\mathrm{B}}$, 将上式代入则得

$$\begin{aligned}
N_{\mathrm{A}} &= \frac{3RT}{4\pi a^3 g \Delta z(\rho - \rho_0)} \ln \frac{n_1}{n_2} \\
&= \frac{3 \times 8.31 \times 273 \times \ln 2.08}{4 \times 3.14 \times (0.212 \times 10^{-6})^3 \times 9.8 \times 30 \times 10^{-6} \times 0.194 \times 10^3} \,\mathrm{mol}^{-1} \\
&\approx 7.30 \times 10^{23} \,\mathrm{mol}^{-1}.
\end{aligned}$$

所以, 由该实验测得的阿伏伽德罗常量约为 $7.30 \times 10^{23} \,\mathrm{mol}^{-1}$.

3.4 能量均分定理与经典统计物理遇到的困难

3.4.1 分子的自由度

▶ 3.4.1
授课视频

通过对力学的学习, 我们已经熟知, 决定物体位置所需要的独立坐标称为该物体的自由度, 相应的数目称为该物体的自由度数. 因为分子由原子构成, 所以分子有一定的构型. 现在的研究表明, 原子、原子核及强子也都有结构. 那么, 与经典力学中的质点组类似, 分子的自由度不仅包括确定其质心位置的自由度, 还包括确定其空间取向及各原子之间相对位置的自由度. 具体地, 对于单原子分子 (例如, He 及其他惰性气体等), 因其有一定的体积, 故可近似为刚体, 于是单原子分子通常有六个自由度, 其中三个确定其质心位置, 三个确定其转动性质. 如果单原子分子可以近似为质点, 则它只有三个自由度. 对于双原子分子 (例如, O_2, HCl 等, 如图 3.12(a) 所示), 一般而言, 它有六个自由度, 其中三个为平动自由度, 两个为转动自由度, 一个为振动自由度. 而三原子分子 (例如, H_2O 等, 如图 3.12(b) 所示) 有九个自由度, 其中三个为平动自由度, 三个为转动自由度, 三个为振动自由度. 四原子分子 (例如, NH_3 等, 如图 3.12(c) 所示) 有十二个自由度, 其中三个为平动自由度, 三个为转动自由度, 六个为振动自由度.

一般而言, 对于由 n 个 "基本粒子" 组成的复合粒子, 例如, 由 n 个原子组成的分子, 其可能的自由度数为 $3n$, 其中三个为平动自由度, 三个为转动自由度, 其余 $3n - 6$ 个为振动自由度. 上述各原子之间的相对位置可以变化, 即具有振动自由度的分子, 称

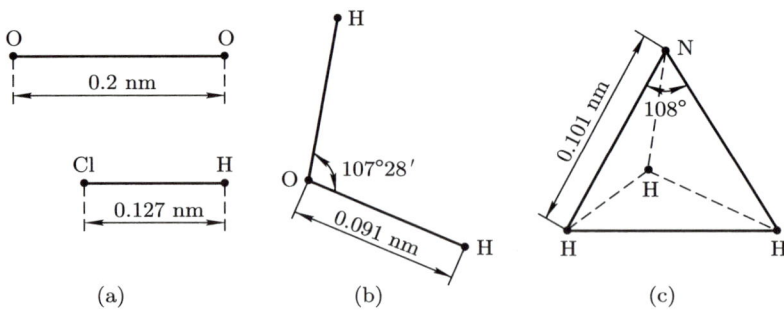

图 3.12 (a) 双原子分子、(b) 三原子分子及 (c) 四原子分子结构示例

为非刚性分子. 各原子之间的相对位置不能变化, 即振动自由度数为零的分子, 称为刚性分子. 那么刚性双原子分子仅有五个自由度, 刚性三原子及多原子分子都仅有六个自由度.

3.4.2 能量均分定理

力学原理告诉我们, 物体沿每一个自由度的运动都有动量, 相应地, 都有动能. 对于三个平动自由度, 记之为 x, y, z, 则每个自由度上都有平动动能, 并且可以分别表示为 $\frac{1}{2}mv_x^2, \frac{1}{2}mv_y^2, \frac{1}{2}mv_z^2$, 其中, m 为粒子的质量, v_x, v_y, v_z 分别为沿 x, y, z 自由度运动的速度, 且总的平动动能为

$$\varepsilon_t = \frac{1}{2}m(v_x^2 + v_y^2 + v_z^2) = \frac{1}{2}mv^2.$$

对于每一个转动自由度, 都有转动动能

$$\varepsilon_r = \frac{1}{2}I\omega^2,$$

其中, I 为相应于该自由度的转动惯量, ω 为转动角速度. 对于每一个振动自由度, 除有动能 $\frac{1}{2}mv^2$ 外, 还有势能

$$\frac{1}{2}kr^2 = \frac{1}{2}m\omega^2 r^2,$$

其中, k 为振动对应的劲度系数. 那么, 对于不仅有平动自由度, 还有转动和振动自由度的分子, 其每一个自由度也都有能量, 并且该能量都可以表示为沿该自由度运动的特征速度量的平方与一个常量的乘积的一半的形式.

对于平动自由度, 由对理想气体温度的讨论可知, 每一个分子的平均平动动能为

$$\overline{\varepsilon}_t = \frac{1}{2}m\overline{v^2} = \frac{3}{2}k_B T.$$

由于 $v^2 = v_x^2 + v_y^2 + v_z^2$, 并且 $\overline{v_x^2} = \overline{v_y^2} = \overline{v_z^2} = \frac{1}{3}\overline{v^2}$, 因此每一个平动自由度的动能的平均值为

$$\overline{\varepsilon}_{\text{t},i} = \frac{1}{2}m\overline{v_i^2} = \frac{1}{2}k_\text{B}T, \tag{3.40}$$

其中, $i = x, y, z$. 这表明, 平衡态时, 理想气体分子沿 x, y, z 三个平动自由度的动能的平均值相等, 并且都等于 $\frac{1}{2}k_\text{B}T$.

当然, 由于气体分子的运动都是随机的、无规则的, 因此各个分子的动能可能差别很大. 但是, 由气体分子构成的热平衡态是靠这些分子之间的频繁碰撞而实现并维持的, 由力学中两物体弹性碰撞的具体计算可知, 在碰撞过程中, 原来能量较大的分子总是输出能量, 原来能量较小的分子总是获得能量. 对于不同自由度而言, 也完全一样. 因此达到平衡态时, 不同气体分子的各个自由度的能量如此充分交换, 以至于完全不能说某一个自由度较其他自由度在能量上占有优势, 于是总的能量就平均分配到各个自由度上. 这就是说, 在热平衡态下, 气体分子的每一个自由度都具有平均能量 $\frac{1}{2}k_\text{B}T$. 较一般地, 记 ξ_i 为某一自由度的广义坐标或广义动量, 考察前述的平动、振动和转动自由度的能量表达式可知, 广义动量都以平方的形式出现在其能量表达式中, 即有 $\varepsilon_i = \lambda\xi_i^2$, 其中, λ 为与 ξ_i 无关的参量. 根据玻尔兹曼分布律 (见 (3.39) 式) 和计算平均值的一般规则, 可知

$$\overline{\varepsilon} = CC_0' \int \varepsilon \text{e}^{-\frac{\varepsilon}{k_\text{B}T}} \text{d}\omega,$$

其中, C 为由组成系统的粒子数和每一个能量状态在其相空间中的体积决定的常量, $\text{d}\omega$ 是与 ξ_i 相关的积分体积元. 将 $\varepsilon = \varepsilon_i$ 的表达式代入上式, 则有

$$\begin{aligned}\overline{\varepsilon} = \overline{\lambda\xi_i^2} &= CC_0' \int \lambda\xi_i^2 \text{e}^{-\frac{\lambda\xi_i^2}{k_\text{B}T}} \text{d}\xi_i \\ &= CC_0' \left(-\frac{1}{2}\xi_i k_\text{B}T \text{e}^{-\frac{\lambda\xi_i^2}{k_\text{B}T}} \Big|_{-\infty}^{+\infty} + \frac{1}{2}k_\text{B}T \int \text{e}^{-\frac{\lambda\xi_i^2}{k_\text{B}T}} \text{d}\xi_i \right) \\ &= \frac{1}{2}k_\text{B}T CC_0' \int \text{e}^{-\frac{\varepsilon}{k_\text{B}T}} \text{d}\varepsilon, \end{aligned}$$

由分布函数的归一性可知

$$CC_0' \int \text{e}^{-\frac{\varepsilon}{k_\text{B}T}} \text{d}\varepsilon = 1,$$

于是

$$\overline{\varepsilon} = \overline{\lambda\xi_i^2} = \frac{1}{2}k_\text{B}T.$$

这表明, 经典的热平衡系统中每一个粒子的各自由度的动能或势能的平均值为 $\frac{1}{2}k_\text{B}T$ 是一个普遍成立的规律, 通常称这一规律为能量按自由度的均分定理或能量均分定理.

很显然，能量均分定理是对大量粒子无规则运动的统计平均的结果，是统计规律的表现，不适用于单个粒子的行为. 后来的研究表明，这一规律也不适用于量子化的情况.

对于由有 t 个平动自由度、r 个转动自由度和 s 个振动自由度的分子组成的处于平衡态的热力学系统，由能量均匀定理可知，其中任意一个分子在每一个自由度上热运动的平均能量都为 $\frac{1}{2}k_\mathrm{B}T$，因此每一个分子的平均热运动能量为

$$\bar{\varepsilon} = \frac{1}{2}(t+r+2s)k_\mathrm{B}T, \tag{3.41}$$

其中，振动自由度数 s 的系数不为 1 而为 2，这是因为一个振动自由度不仅具有振动动能，还具有振动势能.

对于可近似为质点的单原子分子，$t=3, r=s=0$，则

$$\bar{\varepsilon} = \frac{3}{2}k_\mathrm{B}T.$$

对于刚性双原子分子，$t=3, r=2, s=0$，则

$$\bar{\varepsilon} = \frac{5}{2}k_\mathrm{B}T.$$

对于非刚性双原子分子，$t=3, r=2, s=1$，则

$$\bar{\varepsilon} = \frac{7}{2}k_\mathrm{B}T.$$

对于刚性三原子及多原子分子，$t=3, r=3, s=0$，则

$$\bar{\varepsilon} = 3k_\mathrm{B}T.$$

关于能量均分定理的理论证明，在现在的普通物理层次上还难以严格给出，因此该定理是根据其他自由度运动的能量函数与平动自由度运动的能量函数的表述形式的相似性，以及在玻尔兹曼分布律层次上计算那一形式下的能量平均值所得的结论. 并且，我们可以从其他方面进一步予以验证 (例如，习题部分的 3.4 题).

3.4.3 热力学系统的内能和热容

一、理想气体的内能

热力学系统中的微观粒子除有无规则运动动能之外，还有相互作用势能、整体运动动能，以及外场对它们的作用能. 我们通常把组成热力学系统的所有微观粒子的无规则运动的能量与这些微观粒子之间的相互作用势能之和称为该热力学系统的内能. 对于理想气体系统，由于除碰撞的瞬间外，粒子之间没有相互作用，因此组成理想气体

系统的粒子只有其自身的动能, 没有相互作用势能. 对于质量为 M、摩尔质量为 μ 的理想气体系统, 其物质的量为 $\nu = \dfrac{M}{\mu}$, 包含的微观粒子总数为

$$N = \nu N_{\mathrm{A}} = \frac{M}{\mu} N_{\mathrm{A}},$$

那么系统的内能为

$$U = N\bar{\varepsilon} = \frac{M}{\mu} N_{\mathrm{A}} \cdot \frac{1}{2}(t+r+2s)k_{\mathrm{B}}T.$$

因为 $N_{\mathrm{A}} k_{\mathrm{B}} = R$ 为普适气体常量, 所以质量为 M、摩尔质量为 μ 的理想气体系统的内能为

$$U = \frac{1}{2}\frac{M}{\mu}(t+r+2s)RT. \tag{3.42}$$

对于 1 mol 理想气体形成的热力学系统, 其内能为

$$U_{\mathrm{m}} = \frac{1}{2}(t+r+2s)RT. \tag{3.43}$$

于是, 对于单原子分子组成的理想气体, 由于这样的分子可以近似为质点, 即其自由度数分别为 $t=3, r=s=0$, 因此

$$U_{\mathrm{m}} = \frac{3}{2}RT.$$

对于刚性双原子分子组成的理想气体, 由于这样的分子相当于两端有质点的刚性杆, 其转动的三个欧拉角受它们的余弦的平方和为一的约束, 因此其自由度数分别为 $t=3, r=2, s=0$, 于是

$$U_{\mathrm{m}} = \frac{5}{2}RT.$$

对于非刚性双原子分子组成的理想气体, 由于这样的分子的基本图像与刚性双原子分子的基本图像类似, 但非刚性意味着两原子之间的距离可以在小范围内变化, 因此其自由度数分别为 $t=3, r=2, s=1$, 于是

$$U_{\mathrm{m}} = \frac{7}{2}RT.$$

对于刚性三原子及多原子分子组成的理想气体, 由于刚性意味着原子之间的距离固定不变, 因此没有振动自由度, 又因为三个原子形成一个平面, 其转动的三个欧拉角不受它们的余弦的平方和为一的约束, 所以其自由度数分别为 $t=3, r=3, s=0$, 于是

$$U_{\mathrm{m}} = 3RT.$$

另外, 上述对非刚性双原子分子的讨论中述及其自由度数分别为 $t=3, r=2, s=1$, 于是 $U_{\mathrm{m}} = \dfrac{7}{2}RT$. 事实上, 上述讨论都仅是关于分子的几何构型, 没有考虑各自由度是否能够被激发而发挥作用, 之后将对此予以讨论.

二、理想气体的定容热容

在一定条件下, 一个系统的温度升高或降低 1 K 时吸收或释放的热量称为该系统在其所处条件下的热容量, 也简称热容, 通常记为 C, 即

$$C = \lim_{\Delta T \to 0} \frac{\Delta Q}{\Delta T}, \tag{3.44}$$

其中, ΔQ 为系统的温度升高或降低 ΔT 时吸收或释放的热量. 系统在体积保持不变的条件下的热容为系统的定容热容, 记为 C_V, 即

$$C_V = \lim_{\Delta T \to 0} \left(\frac{\Delta Q}{\Delta T}\right)_V, \tag{3.45a}$$

利用热力学理论可以证明, 系统的定容热容可以表示为

$$C_V = \left(\frac{\partial U}{\partial T}\right)_V, \tag{3.45b}$$

其中, U 为系统的内能. 这就是说, 系统的定容热容等于在体积保持不变的条件下系统的内能随温度的变化率.

对于理想气体系统, 由于 $U = \frac{1}{2}\frac{M}{\mu}(t+r+2s)RT$, 则

$$C_V = \frac{1}{2}\frac{M}{\mu}(t+r+2s)R, \tag{3.46}$$

其中, μ 为系统的摩尔质量, M 为系统的质量, R 为普适气体常量, t, r, s 分别为组成系统的粒子的平动、转动、振动自由度数.

由于容量通常还与标度有关, 简单地说, 就是与系统中的物质的量有关, 因此, 对于 1 mol 理想气体形成的热力学系统, 其定容摩尔热容为

$$C_{V,\mathrm{m},\mathrm{IG}} = \left(\frac{\partial U_\mathrm{m}}{\partial T}\right)_V = \frac{1}{2}(t+r+2s)R. \tag{3.47}$$

对于单位质量理想气体形成的热力学系统, 其定容热容称为定容比热容, 记为 c_V. 显然, 定容比热容与定容摩尔热容之间的关系为

$$c_V = \frac{1}{\mu}C_{V,\mathrm{m}}. \tag{3.48}$$

由 (3.47) 式可知, 对于单原子分子组成的理想气体系统, 其定容摩尔热容为

$$C_{V,\mathrm{m},\mathrm{IG}} = \frac{3}{2}R.$$

对于刚性双原子分子组成的理想气体系统, 其定容摩尔热容为

$$C_{V,\mathrm{m},\mathrm{IG}} = \frac{5}{2}R.$$

对于非刚性双原子分子组成的理想气体系统，其定容摩尔热容为

$$C_{V,\mathrm{m,IG}} = \frac{7}{2}R.$$

对于刚性三原子及多原子分子组成的理想气体系统，其定容摩尔热容为

$$C_{V,\mathrm{m,IG}} = 3R.$$

上述讨论表明，理想气体系统的定容热容可以由能量均分定理确定. 将所得理论计算结果与表 3.2 所示的一些常见气体在 0 °C 下的定容摩尔热容的实验测量结果比较可知，对于单原子分子气体，理论计算结果与实验测量结果符合得很好. 对于双原子分子气体，刚性模型的理论计算结果与大多数气体的实验测量结果相符.

表 3.2 一些常见气体在 $0\,°\mathrm{C}$ 下的定容摩尔热容的实验测量结果

单原子分子气体	He	Ne	Ar	Kr	Xe	单原子 N
$C_{V,\mathrm{m}}/R$	1.49	1.55	1.50	1.47	1.51	1.49
双原子分子气体	H_2	O_2	N_2	CO	NO	Cl_2
$C_{V,\mathrm{m}}/R$	2.53	2.55	2.49	2.49	2.57	3.02
三原子及多原子分子气体	CO_2	H_2O	CH_4	C_2H_4	C_3H_6	NH_3
$C_{V,\mathrm{m}}/R$	3.24	3.01	3.16	4.01	6.17	3.42

三、经典理论在对气体的热容研究中遇到的困难及解决途径

由表 3.2 可知，对于三原子及多原子分子气体，只有少数理论计算结果与实验测量结果明显一致. 这表明，对于三原子及多原子分子气体，经典热容理论与实验相差甚远. 另一方面，分子结构理论表明，三原子及多原子分子气体与单原子及双原子分子气体之间的差别在于分子的自由度不同. 由此推想，三原子及多原子分子气体的热容的理论计算结果与实验测量结果之间的差别可能起因于对其组分粒子自由度的确定.

再考察气体的定容摩尔热容与温度的关系. 经典理论表明，理想气体的定容摩尔热容与温度无关，但是实验测得的气体的定容摩尔热容与温度有关. 以双原子分子气体氢气为例，其在不同温度下的定容摩尔热容的实验测量结果如图 3.13 所示.

由图 3.13 可知，仅仅在常温 ($T \sim 10^2\,\mathrm{K}$) 条件下，刚性双原子分子模型的理论计算结果才与实验测量结果一致. 而在低温 ($T \sim 10^1\,\mathrm{K}$) 及高温 ($T > 10^3\,\mathrm{K}$) 条件下，理论计算结果都与实验测量结果不符合. 仔细考察图 3.13 可知，不同温区中氢气的定容摩尔热容相差 R. 将这一实验测量结果与理论计算结果相联系可知，假设随着温度升高，氢气的自由度逐步激发，具体地，在低温下，只有三个平动自由度；在常温下，有三个平动自由度和两个转动自由度；在高温下，除有平动和转动自由度外，还有一个振动自由度. 则各个温区的理论计算结果都与实验测量结果符合得很好.

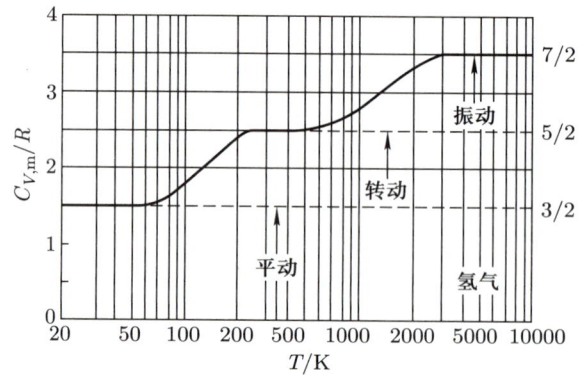

图 3.13 不同温度下的氢气的定容摩尔热容的实验测量结果

然而, 在经典物理中, 粒子的各种自由度等价, 不会出现这种不同条件下某些自由度冻结或激活的现象. 从能量的观点来看, 经典物理中粒子的能量连续分布, 不会出现这种实验测量到的离散激发现象. 这一气体热容的经典理论与实验测量结果之间存在的严重矛盾, 正是十九世纪末二十世纪初 "物理学的晴朗天空的远方 '飘动的两朵乌云'" 之一 (黑体辐射问题的紫外灾难, 具体介绍及问题的解决见 3.5 节) 的原型. 该问题的解决, 促进了量子理论的提出和发展.

按照量子理论, 组成系统的微观粒子都处在能量为分立数值的状态, 对于能量分别为 ε_i 和 ε_{i+1} 的两个状态, 存在特征温度 Θ, 使得 $\varepsilon_{i+1} - \varepsilon_i = k_B \Theta$, 只有当系统的温度

$$T \geqslant \Theta = \frac{1}{k_B}(\varepsilon_{i+1} - \varepsilon_i)$$

时, 才会有由能量为 ε_i 的状态到能量为 ε_{i+1} 的状态的激发, 显示出相应的自由度. 较深入的研究表明, 对于气体, 引起其分子的平动、转动、振动自由度激发的特征温度分别为 10^{-12} K, 10^2 K, 10^3 K. 由此可见, 在任何温度下都有平动自由度 $t = 3$, 于是, 在很低温度下, 有定容摩尔热容 $C_{V,m} = \frac{3}{2}R$. 在常温下, 转动自由度被激发, 于是, 除有 $t = 3$ 外, 还有 $r = 2$, 因此 $C_{V,m} = \frac{5}{2}R$. 在高温下, 不仅有 $t = 3, r = 2$, 还有 $s = 1$, 所以在高温下双原子分子气体的定容摩尔热容为 $C_{V,m} = \frac{7}{2}R$. 这些结果表明, 在经典物理范畴内, 可以不深究物理本质, 但要注意到不同温度下自由度 t, r, s 取不同数值, 这样, 理想气体的定容摩尔热容就可以由 (3.47) 式确定. 于是理想气体的定容热容问题得以圆满解决. 关于黑体辐射问题的紫外灾难, 在能量取分立数值的情况下, 计算所有振动态的平均能量, 将其结果代入泻流能量的表达式, 即可得到著名的黑体辐射本领的普朗克公式, 其理论计算结果与实验测量结果符合得很好, 从而使问题也得以圆满解决. 这些问题的解决说明微观状态的能量一定是量子化的.

例题 8 标准状况下的氧气和氦气各 22.4 L 相混合,混合后,(1) 氦原子的方均根速率是多少?(2) 氦原子的平均能量是多少?(3) 氧分子的平均能量是多少?(4) 该系统的总内能中有多大比例被氦气所携带?

解 依题意,混合后的气体仍处于标准状况,那么,

(1) 氦原子的方均根速率为

$$\sqrt{\overline{v_{\text{He}}^2}} = \sqrt{\frac{3k_BT}{m_{\text{He}}}} = \sqrt{\frac{3RT}{\mu_{\text{He}}}} = \sqrt{\frac{3 \times 8.31 \times 273}{4.0 \times 10^{-3}}}\,\text{m/s} \approx 1.30 \times 10^3\,\text{m/s}.$$

(2) 因为在 $T = 273\,\text{K}$ 的常温下,氦原子的自由度为 $t = 3, r = 0, s = 0$,所以题设混合气体中氦原子的平均能量为

$$\overline{u}_{\text{He}} = \frac{1}{2}(t+r+2s)k_BT = \frac{3}{2}k_BT = \frac{3}{2} \times 1.38 \times 10^{-23} \times 273\,\text{J} \approx 5.65 \times 10^{-21}\,\text{J}.$$

(3) 因为在 $T = 273\,\text{K}$ 的常温下,氧分子的自由度为 $t = 3, r = 2, s = 0$,所以题设混合气体中氧分子的平均能量为

$$\overline{u}_{\text{O}_2} = \frac{1}{2}(t+r+2s)k_BT = \frac{5}{2}k_BT = \frac{5}{2} \times 1.38 \times 10^{-23} \times 273\,\text{J} \approx 9.42 \times 10^{-21}\,\text{J}.$$

(4) 因为混合气体中氧气和氦气的物质的量都是 1 mol,即其中氦原子数与氧分子数相同,都等于阿伏伽德罗常量,所以该系统中氦气携带的能量占总内能的比例为

$$\frac{U_{\text{He}}}{U} = \frac{U_{\text{He}}}{U_{\text{He}} + U_{\text{O}_2}} = \frac{N_A \overline{u}_{\text{He}}}{N_A \overline{u}_{\text{He}} + N_A \overline{u}_{\text{O}_2}} = \frac{\overline{u}_{\text{He}}}{\overline{u}_{\text{He}} + \overline{u}_{\text{O}_2}} = \frac{3}{3+5} = 37.5\%.$$

例题 9 质量为 50 g、温度为 18 °C 的氮气装在 10 L 的密闭绝热容器内,容器以 200 m/s 的速率做匀速直线运动,若容器突然停止运动,定向运动的动能全部转化为分子热运动的动能,则平衡后氮气的温度和压强各增大多少?

解 由能量均分定理可知,由平动、转动、振动自由度分别为 t, r, s 的粒子组成的质量为 M、摩尔质量为 μ 的气体的内能为

$$U = \frac{1}{2}\frac{M}{\mu}(t+r+2s)RT,$$

其中,R 为普适气体常量,T 为系统的温度. 由于在常温下,氮分子的自由度为 $t = 3, r = 2, s = 0$,则当温度改变 ΔT 时,系统内能的变化量为

$$\Delta U = \frac{1}{2}\frac{M}{\mu}(t+r+2s)R\Delta T = \frac{5MR}{2\mu}\Delta T.$$

依题意,当系统定向运动的动能全部转化为分子热运动的动能时,氮气温度的变

化量为

$$\Delta T = \frac{2\mu}{5MR}\Delta U = \frac{2\mu}{5MR}E_k = \frac{2\mu}{5MR}\frac{1}{2}Mv^2 = \frac{\mu v^2}{5R}$$

$$= \frac{28.0\times 10^{-3}\times 200^2}{5\times 8.31}\,\mathrm{K}$$

$$\approx 26.96\,\mathrm{K}.$$

因为常温下的气体可以近似为理想气体，则由理想气体状态方程 $pV = \dfrac{M}{\mu}RT$ 可知，平衡后，氮气压强的变化量为

$$\Delta p = \frac{M}{V}\frac{R}{\mu}\Delta T \approx \frac{50\times 10^{-3}\times 8.31}{10\times 10^{-3}\times 28.0\times 10^{-3}}\times 26.96\,\mathrm{Pa} \approx 4.00\times 10^4\,\mathrm{Pa}.$$

例题 10 在温度不太高的情况下，质量为 2 g 的 CO_2 与质量为 3 g 的 N_2 的混合气体的定容摩尔热容为多少？

解 记 CO_2 的质量为 M_1，定容比热容为 $c_{V,1}$，N_2 的质量为 M_2，定容比热容为 $c_{V,2}$，定义混合气体的定容比热容为

$$c_V = \frac{M_1 c_{V,1} + M_2 c_{V,2}}{M_1 + M_2},$$

定容摩尔热容为

$$C_{V,\mathrm{m}} = c_V \mu.$$

由于混合气体中的物质的量等于其包含的各组分的物质的量之和，则混合气体的摩尔质量 μ 与两组分的摩尔质量 μ_1 和 μ_2、质量 M_1 和 M_2 及总质量 $M = M_1 + M_2$ 之间满足

$$\frac{M}{\mu} = \frac{M_1}{\mu_1} + \frac{M_2}{\mu_2}.$$

因此

$$C_{V,\mathrm{m}} = c_V \mu = \frac{M_1 c_{V,1} + M_2 c_{V,2}}{M}\cdot \frac{M}{\dfrac{M_1}{\mu_1}+\dfrac{M_2}{\mu_2}} = \frac{M_1 c_{V,1} + M_2 c_{V,2}}{\dfrac{M_1}{\mu_1}+\dfrac{M_2}{\mu_2}}.$$

记 CO_2 和 N_2 的定容摩尔热容分别为 $C_{V,\mathrm{m},1}$，$C_{V,\mathrm{m},2}$，则上式可化为

$$C_{V,\mathrm{m}} = \frac{\dfrac{M_1}{\mu_1}C_{V,\mathrm{m},1} + \dfrac{M_2}{\mu_2}C_{V,\mathrm{m},2}}{\dfrac{M_1}{\mu_1}+\dfrac{M_2}{\mu_2}}.$$

由能量均分定理可知，由平动、转动、振动自由度分别为 t, r, s 的粒子组成的气体的定容摩尔热容为

$$C_{V,\mathrm{m}} = \frac{1}{2}(t + r + 2s)R.$$

因为在常温下, 对于 CO_2 和 N_2, 我们有 $t_1 = 3, r_1 = 3, s_1 = 0, t_2 = 3, r_2 = 2, s_2 = 0$, 所以有 $C_{V,m,1} = 3R, C_{V,m,2} = \frac{5}{2}R$. 那么, 将已知数据代入上式则得, 混合气体的定容摩尔热容为

$$C_{V,m} = \frac{\frac{2}{44.0} \times 3 \times 8.31 + \frac{3}{28.0} \times \frac{5}{2} \times 8.31}{\frac{2}{44.0} + \frac{3}{28.0}} \, \text{J}/(\text{K} \cdot \text{mol}) \approx 22.01 \, \text{J}/(\text{K} \cdot \text{mol}).$$

四、固体的热容及经典理论对其研究中遇到的困难和解决途径

固体大多是晶体, 晶体中原子都排列成晶格点阵, 虽然不同固体中原子排列的晶格点阵可能差异很大, 但每个原子都受其周围若干原子的共同作用, 从而既没有平动自由度也没有转动自由度, 而只有振动自由度. 这就是说, 固体中原子的构型及运动模式可以形象地表示为图 3.14 所示的形式. 因此组成固体的微观粒子的平动、转动、振动自由度分别为 $t = 0, r = 0, s = 3$. 于是, 由 (3.41) 式可知, 固体中每个粒子的平均能量为 $\overline{\varepsilon} = \frac{1}{2}(t + r + 2s)k_B T = 3k_B T$, 即有

$$U_{S,m} = 3N_A k_B T = 3RT.$$

于是有

$$C_{S,m} = \frac{dU_{S,m}}{dT} = 3R. \tag{3.49}$$

该规律常被称为杜隆 – 珀蒂定律.

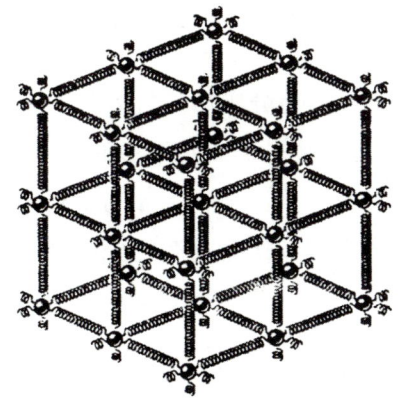

图 3.14 固体中的一种原子构型及运动模式示意图

室温下对一些常见固体的摩尔热容的实验测量结果如表 3.3 所示. 由表 3.3 可知, 上述杜隆 – 珀蒂定律给出的结果与大多数常见固体的测量结果一致. 事实上, 杜隆 – 珀蒂定律最早就是根据实验测量结果总结归纳而提出的.

表 3.3 室温下对一些常见固体的摩尔热容的实验测量结果

材料	硼	金刚石	铝	硅	铁	铜	锌	银	镉	锡	铂	金
$C_{S,m}/R$	1.26	0.68	3.09	2.36	3.18	2.97	3.07	3.09	3.08	3.34	3.16	3.20

仔细考察表 3.3 可知, 对于很坚硬的固体 (例如, 金刚石、硼、硅等), 杜隆 – 珀蒂定律给出的结果比实验测量结果大, 并且其间的差异相当大. 坚硬, 即对于相同的外力, 其形变较小, 也就是响应较弱, 这表明这些固体中的分子振动所对应的劲度系数较大, 相应的振动动能较高. 那么, 仿照解决气体的定容摩尔热容随温度的变化行为与理论计算结果不一致的方案, 我们可以假设: 在常温下, 组成坚硬固体的分子的振动自由度没有完全激活, 从而导致其内能较低, 热容较小. 较具体地, 爱因斯坦提出了考虑单一模式振动的固体热容理论, 部分解决了上述固体的热容问题; 德拜 (Debye) 进一步指出, 固体中分子的振动模式实际可能有多个, 从而提出考虑多模式振动的德拜固体热容理论, 很好地解决了关于固体热容的上述问题 (稍具体的讨论见第八章).

上述振动自由度不能完全激活, 并且存在多种振动模式的概念, 显然超出经典物理的范畴, 因此与气体的热容一样, 对固体热容的准确表述也需要在量子物理的层面上才能实现. 综合气体和固体的热容问题的解决方案我们可以知道, 分子的运动状态不是连续的, 而是离散化的, 也就是量子化的, 相应的动力学理论应该是量子力学, 甚至更进一步的量子场论.

3.5 粒子按微观运动状态的分布规律*

在 3.2 节中我们断言, 麦克斯韦分布律是气体分子速度的最概然分布律. 事实是否如此呢? 再者, 分子只是诸多种类的微观粒子中的一种, 对于任意的微观粒子, 其分布规律为何呢? 在本节中, 我们把气体分子推广到任意的微观粒子, 把速度推广到一般的运动状态, 初步讨论微观粒子按其运动状态的分布规律, 并说明麦克斯韦速度分布律就是近独立粒子系统中的粒子按其速度的最概然分布.

3.5.1 微观粒子运动状态的描述及微观粒子系统的分类

一、微观粒子运动状态的描述

根据所讨论系统的结构层次不同, 组成热力学系统的微观粒子可以是分子、原子、电子、原子核、光子、核子 (更广义地说, 强子)、夸克及胶子等, 也可以是由这些粒子组成的团簇, 例如, 蛋白质即是由分子、原子组成的大分子团簇. 上述关于气体和固体的热容的讨论表明, 微观粒子的运动状态是量子化的, 较具体地说, 就是既具有实物粒子的性质, 又具有波的性质, 描述这种量子化的运动状态的较简单的动力学是量子力学. 但是在某些情况下, 微观粒子的运动状态也可近似由描述宏观物体运动规律的经典力学和连续状态来描述.

在经典力学中, 微观粒子的运动状态由坐标和动量描述, 于是有广义坐标 q、广义动量 p 和哈密顿量 H 等物理量, 运动方程可表示为

$$\dot{q}_i = \frac{\partial H}{\partial p_i}, \qquad \dot{p}_i = -\frac{\partial H}{\partial q_i}.$$

例如, 对于一维自由运动的质量为 m 的粒子, 记其运动方向为 $\hat{x}$, 则其哈密顿量为

$$H = \frac{1}{2}mv_x^2 = \frac{p_x^2}{2m},$$

速度为

$$v_x = \dot{x} = \frac{\partial H}{\partial p_x}.$$

再如, 对于在重力场中运动的质量为 m 的粒子, 记其重力方向为 $-\hat{z}$, 则其哈密顿量为

$$H = mgz,$$

所受的力为

$$f_z = \dot{p}_z = -\frac{\partial H}{\partial z} = -mg,$$

其中, 负号 "−" 表示重力方向沿 z 轴负方向.

广义坐标 $q = \{q_1, q_2, \cdots, q_d\}$ 和广义动量 $p = \{p_1, p_2, \cdots, p_d\}$ 构成的 $2d$ 维空间称为相空间. 粒子运动过程中的每一个状态对应相空间内的一个点 (常被称为代表点), 代表点在相空间内的集合称为相轨道.

在量子力学中, 微观粒子的运动状态由以其坐标和动量为自变量的波函数和能量描述, 其中, 波函数由函数 Ψ 表示, $|\Psi|^2$ 表示概率密度, 其物理意义与前述的分布函数完全相同. 物理量用线性厄米算符表示, 运动方程可表示为

$$i\hbar\frac{\partial}{\partial t}\Psi(\boldsymbol{r}, t) = \hat{H}\Psi(\boldsymbol{r}, t),$$
$$\hat{H}\Psi(\boldsymbol{r}) = E\Psi(\boldsymbol{r}).$$

量子力学表明, 通常的微观粒子的能量取分立数值 ε_i, 其数值由对应的量子数 i 决定, 从而对于不同的量子数 i 形成一套能量谱 (简称能谱), 能谱中的每一个能量称为一个能级. 相应于一个能级 ε_i 的运动状态可以只有一个, 也可以不止一个. 如果相应于一个能级 ε_i 的运动状态不止一个, 则称之为简并的, 如果相应的状态 Ψ_i 有 g_i 个, 则称 g_i 为该能级的简并度, 即粒子的状态可以表示为 $\Psi_i = \{\Psi_1, \Psi_2, \cdots, \Psi_{g_i}\}$. 形象地,

微观粒子运动状态的基本图像可以比喻为一栋楼层间距不一定相同的楼房, 该楼房的每一楼层相当于粒子的能谱中的一个能级, 楼层的高度相当于两相邻能级之间的能量差, 每一楼层上的房间相当于对应该能级的粒子的运动状态, 其房间数目就相当于该能级的简并度.

实验表明, 微观粒子的内禀性质除了质量、电荷等外, 还有自身转动, 该属性称为自旋 (spin). 形象但不严谨地说, 微观粒子类似于一个小陀螺, 它可以绕自身的某些轴转动. 描述自旋性质的量子数为自旋量子数 s. 对于一些粒子, 其自旋量子数为半奇数 (例如, $\frac{1}{2}, \frac{3}{2}, \cdots$), 这类粒子称为费米子, 例如, 电子、质子、中子, 其自旋量子数都是 $\frac{1}{2}$. 而另一些粒子的自旋量子数为整数, 例如, 0, 1, 2, $\cdots$, 这类粒子称为玻色子, 例如, 光子的自旋量子数是 $s = 1$ 等. 具有完全相同的内禀性质 (质量、电荷、自旋等) 的同类粒子称为全同粒子. 由于全同粒子的内禀性质完全相同, 因此在多个全同粒子组成的系统中, 全同粒子不可分辨, 从而在全同粒子系统中交换任意两个或多个粒子, 系统的状态保持不变, 从波函数的角度来讲, 全同粒子系统的波函数具有交换对称性. 对于全同粒子组成的玻色系统, 其波函数关于其中任意两个粒子的交换是对称的; 对于全同粒子组成的费米系统, 其波函数关于其中任意两个粒子的交换是反对称的. 并且, 对于费米系统, 不可能有两个全同的费米子处于同一个量子态, 此即著名的泡利不相容原理 (Pauli exclusion principle). 而对于玻色系统却没有这样的限制, 也就是说, 多个玻色子可以具有完全相同的状态. 每个量子态所允许容纳的粒子数目的这一差异导致玻色系统与费米系统具有不同的统计规律.

二、微观粒子系统的分类

如上所述, 微观粒子系统可以根据其组分粒子的自旋量子数的不同分为玻色系统和费米系统.

微观粒子系统还可以按粒子之间相互作用强度的大小来分类. 如果系统中粒子之间的相互作用很弱, 以至于相互作用的平均能量远小于单个粒子的平均能量, 因而可以忽略粒子之间的相互作用, 则整个系统的能量 E 可以近似表达为组成系统的所有单个粒子的能量 ε_i 之和, 即

$$E = \sum_i \varepsilon_i,$$

这样的系统称为近独立粒子系统, 否则称为关联系统或强关联系统. 理想气体系统是典型的近独立粒子系统, 超导体中的电子是强关联系统, 原子核及核物质中的核子, 在有些情况下, 可以近似为在其他核子的整体效应形成的平均场中的近独立粒子系统, 而在另一些情况下, 应视为强关联系统.

事实上，即使是近独立粒子系统，虽然其中粒子之间的相互作用很弱，但仍然有相互作用。正是这种微弱的相互作用使粒子之间可以有能量和动量的传递，从而使系统中每一个粒子的运动状态可以发生变化，保持系统处于平衡态。否则，各粒子完全独立运动，一旦系统受影响而偏离平衡态，那么系统就无法再达到平衡态。由于近独立粒子系统中粒子之间的相互作用很弱，这种很弱的相互作用可以视为仅在瞬间存在，而在大多数时间内没有相互作用，从而使每个粒子都可以保留其经瞬间相互作用而达到的运动状态，而不受其他粒子的影响，形成一定的分布，呈现由统计规律决定的状态和性质。因为强关联系统很复杂，所以本课程仅对近独立粒子系统进行讨论。

另一方面，在一些情况下，微观粒子的运动状态可以近似用经典力学来描述。经典力学中，微观粒子的运动状态由相空间内的相轨道描述，并且每一个微观粒子都有其独立的相轨道，于是人们可以对微观粒子进行编号，并跟踪观测其状态。那么，在经典力学近似下，微观粒子是可分辨的。又由于经典力学中，粒子的能量、动量、位置都可以连续变化，因此处在每一个状态上的粒子数目是不受限制的。这样的由可分辨的全同近独立粒子组成的处在每一个状态上的粒子数目不受限制的系统称为玻尔兹曼系统 (Boltzmann system)。

总之，从微观上讲，热力学系统可以分为玻色系统和费米系统，并且近似有玻尔兹曼系统。

三、等概率原理

组成系统的所有微观粒子的运动状态的可能组合称为系统的微观状态。由于组成热力学系统的微观粒子是大量的，因此对应于一个宏观状态的微观状态的数目也是大量的，并且这些微观状态总在发生着极其复杂的变化，则在讨论热力学系统的宏观性质时，不可能，也没必要精确确定系统的微观状态及其复杂的变化，而只要知道了各个微观状态出现的概率，就可以利用统计方法确定微观物理量的统计平均值，从而确定相应的宏观物理量。因为相应于一个确定的宏观状态的微观状态很多，且不断变化，则在没有确切证据的情况下，没有理由认为某一个微观状态一定比其他微观状态优越。于是玻尔兹曼于 1871 年提出著名的等概率原理。等概率原理认为，对于处在平衡态的孤立系统，其各个可能的微观状态出现的概率都相等。这就是说，如果平衡态下孤立系统的可能的微观状态总数为 Ω，则系统的任意一个微观状态出现的概率都为 $1/\Omega$，即在任一时刻 t，都有

$$P_1(t) = P_2(t) = \cdots = P_\Omega(t) = \frac{1}{\Omega}. \tag{3.50}$$

如果与某一个宏观状态 j 相应的微观状态数为 Ω_j，则该宏观状态出现的概率为

$$P = \sum_{i=1}^{\Omega_j} \frac{1}{\Omega} = \frac{\Omega_j}{\Omega}. \tag{3.51}$$

等概率原理是平衡态统计物理的基础. 目前认为, 等概率原理是一个公理, 但人们一直致力于探讨其微观机制.

3.5.2 三类系统的微观状态数

一、微观状态分布的概念

对于一个全同近独立粒子系统, 以 $\varepsilon_i (i = 1, 2, \cdots)$ 表示粒子的第 i 个能级, g_i 表示能级 ε_i 的简并度, N_i 表示能级 ε_i 上的粒子数, 则数列 $\{N_1, N_2, \cdots, N_i, \cdots\} = \{N_i\}$ 称为系统的一种分布. 由于系统的总粒子数 N 是确定的, 系统的总能量 E 也是确定的, 因此一个可能实现的分布必须满足

$$\sum_i N_i = N,$$
$$\sum_i N_i \varepsilon_i = E.$$

这就是说, 任意一个实际的分布都应该满足粒子数守恒和系统总能量守恒的限制.

根据微观状态的定义, 对于一个微观状态, 组成系统的粒子的能级 ε_i 及占据能级 ε_i 的粒子数 N_i 是确定的, 也就是说粒子数分布 $\{N_i\}$ 是确定的. 那么系统的一个微观状态对应一个确定的分布. 但是, 由于微观粒子运动的复杂性, 在仅确定能级 ε_i 上的粒子数 N_i 的情况下, 并不知道是哪 N_i 个粒子占据能级 ε_i. 例如, 如果我们人为地对组成系统的粒子编号, 那么占据能级 ε_i 的粒子可以是编号为 $1, 2, \cdots, N_i$ 的 N_i 个粒子, 也可以是编号为 $i, i+1, \cdots, i+N_i-1$ 的 N_i 个粒子, 还可以是其他编号不相邻的 N_i 个粒子. 按照微观状态的定义, 对于有 N_i 个粒子占据能级 ε_i 的微观状态, 不仅占据能级 ε_i 的粒子数 N_i 确定, 而且具体哪 N_i 个粒子占据能级 ε_i 也是确定的, 但是分布 $\{N_i\}$ 仅确定能级 ε_i 上有 N_i 个粒子, 所以一个分布通常对应多个微观状态. 由于一个分布可以确定系统的一组宏观物理量 N, E 等, 即一个分布确定一个宏观状态, 因此, 由分布与微观状态的关系我们知道, 一个宏观状态有很多个微观状态.

二、三类系统的微观状态数

前面已经述及, 严格地, 微观粒子系统分为玻色系统和费米系统; 近似地, 还有玻尔兹曼系统. 下面我们分别讨论这三类系统的微观状态数.

1. 玻尔兹曼系统的微观状态数

我们知道, 对于玻尔兹曼系统, 组成系统的粒子是可分辨的, 并且粒子的能级是简并的 (即一个能级对应多个不同的状态, 亦即多个不同的状态具有相同的能量; 粗略

地讲, 即能级 ε_i 上的粒子数 N_i 可以是多个). 设能级 ε_i 的简并度为 g_i (即相应于同一个能级 ε_i, 具有 g_i 个不同的状态), 其上有 N_i 个粒子, 那么每个粒子都具有 g_i 种占据能级 ε_i 的方式, 例如, 假设对应能级 ε_i 的状态是 $\{\Psi_i\}$ ($i=1,2,\cdots,g_i$), 则每个占据能级 ε_i 的粒子的具体状态可以是 Ψ_1, 也可以是 Ψ_2, 还可以是 Ψ_{g_i}, 即共有 g_i 种占据能级 ε_i 的方式, 于是 N_i 个可分辨的粒子占据 ε_i 上 g_i 个微观状态的方式数就是 $g_i^{N_i}$. 由于粒子可分辨, 因此具体哪 N_i 个粒子占据能级 ε_i 的方式数就是从总的 N 个粒子中取出 N_i 个粒子的组合数, 即 $\dfrac{N!}{N_i!(N-N_i)!}$. 同理, N_{i+1} 个可分辨的粒子占据 ε_{i+1} 上 g_{i+1} 个微观状态的方式数就是 $g_{i+1}^{N_{i+1}}$. 由于粒子可分辨, 并且 N_i 个粒子已经分配到能级 ε_i 的状态, 因此具体哪 N_{i+1} 个粒子占据能级 ε_{i+1} 的方式数就是从除去占据能级 ε_i 的 N_i 个粒子之外的 $N-N_i$ 个粒子中取出 N_{i+1} 个粒子的组合数, 即 $\dfrac{(N-N_i)!}{N_{i+1}![(N-N_i)-N_{i+1}]!}$. 对于具有稳定能谱 $\{\varepsilon_i\}$ 的稳定系统, 由于各能级相互独立, 则系统具有的微观状态总数即为上述各种情况的连乘积, 因此对应分布 $\{N_i\}$ 的微观状态数为

$$\Omega_{\mathrm{BM}} = \frac{N!}{\prod\limits_i N_i!} \prod\limits_i g_i^{N_i}. \tag{3.52}$$

2. 玻色系统的微观状态数

对于玻色系统, 组成系统的粒子是不可分辨的, 粒子的各能级 ε_i 都可以是简并的. 记玻色系统的能级 ε_i 的简并度为 g_i, 共有 N_i 个粒子占据能级 ε_i, 由于 g_i 个简并态是可分辨的, 对之占据的方式实际是在 $N_i + g_i$ 保持不变的条件下, 先为第 j 个态指定一个粒子数的基础上进行的 (指定第 j 个态的粒子数为 N_i^j 的情况下, 其他 $g_i - 1$ 个态的粒子数 $N_i - N_i^j$ 就是已知和确定的), 因此 N_i 个粒子占据 g_i 个态的方式数相当于从 $N_i + g_i - 1$ 个数中取出 N_i 个数的方式数, 也就是条件组合数

$$\mathrm{C}_{N_i + g_i - 1}^{N_i}.$$

于是 N_i 个粒子占据简并度为 g_i 的能级 ε_i 的方式数为

$$\frac{(N_i + g_i - 1)!}{N_i!(g_i - 1)!}.$$

以把量子态比喻为一座楼房中的楼层和各楼层上的房间数为例, N_i 个玻色子占据简并度为 g_i 的某能级 ε_i 相当于 N_i 个不可分辨的人入住某楼层上的 A, B, C, D, E, F, $\cdots$ 等 g_i 个房间. 下面我们以 $N_i = 4$, $g_i = 5$ 为例具体说明. 显然, 如果 A 房间住四个人, 入住房间 B, C, D, E 的方式只有一种 (都空着); 如果 A 房间住三个

人, 入住房间 B, C, D, E 的方式有四种 (一个人住在其中任一个房间, 另三个房间空着); 如果 A 房间住两个人, 入住房间 B, C, D, E 的方式有十种 (两个人都住在其中任一个房间, 另三个房间空着, 有四种方式; 两个人分别住在不同房间, 有六种方式); 如果 A 房间住一个人, 入住房间 B, C, D, E 的方式有二十种 (其余三个人都住在其中任一个房间, 另三个房间空着, 有四种方式; 两个人住在四个房间中的任一间, 一个人住在另三个房间中的任一间, 有十二种方式; 三个人分别住在不同房间, 有四种方式); 如果 A 房间空着, 入住房间 B, C, D, E 的方式有三十五种 (四个人都住在其中任一个房间, 另三个房间空着, 有四种方式; 三个人住在四个房间中的任一间, 一个人住在另三个房间中的任一间, 有十二种方式; 两个房间中各住两个人, 另两个房间空着, 有六种方式; 一个房间中住两个人, 两个房间中各住一个人, 另一个房间空着, 有十二种方式; 四个人分别住在不同房间, 仅有一种方式). 据此, 我们知道四个人入住某楼层上的五个房间的方式共有七十种, 也就是说四个玻色子占据简并度为五的某能级 ε_i 的方式共有七十种, 即其微观状态数为七十. 按照前述公式计算, 即有占据方式数为 $\frac{(N_i + g_i - 1)!}{N_i!(g_i - 1)!} = \frac{(4 + 5 - 1)!}{4!(5 - 1)!} = 70$. 该实例一方面说明上述公式的正确性, 另一方面可以看到, 分配房间的方式正是对粒子在简并态上分布时受到粒子数确定的条件限制 (条件组合) 的反映.

对于一组能级 $\{\varepsilon_i\}$, 其上分别有 N_i 个玻色子, 即分布为 $\{N_i\}$ 的玻色系统, 其微观状态数就是每个能级对应的微观状态数的乘积, 于是其微观状态数为

$$\Omega_\mathrm{B} = \prod_i \frac{(N_i + g_i - 1)!}{N_i!(g_i - 1)!}. \tag{3.53}$$

3. 费米系统的微观状态数

由泡利不相容原理我们知道, 费米系统的每个量子态最多只能容纳一个费米子. 又因为粒子不可分辨, 则 N_i 个费米子占据能级 ε_i 上 g_i 个 ($g_i \geq N_i$) 量子态的方式数就是从 g_i 个量子态中取出 N_i 个的方式数, 那么相应的可能占据方式数为

$$\mathrm{C}_{g_i}^{N_i} = \frac{g_i!}{N_i!(g_i - N_i)!}.$$

所以分布为 $\{N_i\}$ 的费米系统的微观状态数是

$$\Omega_\mathrm{F} = \prod_i \frac{g_i!}{N_i!(g_i - N_i)!}. \tag{3.54}$$

例如, 对于 3 个自旋量子数为 $\frac{3}{2}$ 的费米子形成的费米系统, 由于其 z 方向投影量子数可以是 $\frac{3}{2}, \frac{1}{2}, -\frac{1}{2}, -\frac{3}{2}$, 即简并度 $g_i = 4$, 则其微观状态数为 $\frac{4!}{3!(4-3)!} = 4$. 这 4 个微观状态的量子数组合分别是 $\left\{\frac{3}{2}, \frac{1}{2}, -\frac{1}{2}\right\}, \left\{\frac{3}{2}, \frac{1}{2}, -\frac{3}{2}\right\}, \left\{\frac{3}{2}, -\frac{1}{2}, -\frac{3}{2}\right\}, \left\{\frac{1}{2}, -\frac{1}{2}, -\frac{3}{2}\right\}$.

3.5.3 近独立粒子系统的粒子按能量的最概然分布

一、最概然分布的概念

由 3.5.2 小节的讨论我们知道，对于一个给定的系统，能谱 $\{\varepsilon_i\}$ 确定，各能级的简并度 g_i 也确定，但系统的微观状态数 Ω 随分布 $\{N_i\}$ 的不同而不同. 在各种分布中，相应于微观状态数最多的分布称为系统的最概然分布.

3.5.3
授课视频

前已提及，实际的宏观状态中，只有平衡态才是可以在没有外界影响的情况下长时间保持不变的状态，那么平衡态是所有宏观状态中出现概率最大的状态. 对于一个系统，记其微观状态总数为 Ω_t，系统的最概然分布对应的微观状态数为 Ω_p，则由等概率原理可知，该分布出现的概率为

$$P_p = \sum_{i=1}^{\Omega_p} \frac{1}{\Omega_t} = \frac{\Omega_p}{\Omega_t}.$$

因为最概然分布是相应于微观状态数最多的分布，所以与最概然分布对应的宏观状态是所有宏观状态中出现概率最大的状态，也就是可以长时间保持不变的状态. 总而言之，处于最概然分布的微观状态对应的宏观状态为平衡态，平衡态对应的微观状态分布为最概然分布.

二、玻尔兹曼系统的最概然分布

记玻尔兹曼系统的最概然分布对应的微观状态数为 Ω_{BM}，相应的分布为 $\{N_i^{BM}\} = \{N_i^{BM}(\varepsilon_i)\}$. 由数学原理可知，一个函数 Ω 与其对数函数 $\ln \Omega$ 有相同的单调性，那么 $\ln \Omega$ 取得极大值就相应于 Ω 取得极大值. 又因为玻尔兹曼系统的微观状态数 Ω_{BM} 的表达式中有连乘积，不易分析其极值，而由于乘积的对数等于乘积中各因子的对数的和，使得 $\ln \Omega_{BM}$ 的极值问题比较容易确定，因此下面我们从分析 $\ln \Omega_{BM}$ 的极值问题出发讨论分布 $\{N_i^{BM}\}$.

因为

$$\Omega_{BM} = \frac{N!}{\prod_i N_i^{BM}!} \prod_i g_i^{N_i^{BM}},$$

所以

$$\ln \Omega_{BM} = \ln N! - \sum_i \ln N_i^{BM}! + \sum_i N_i^{BM} \ln g_i.$$

因为当 $N \gg 1$ 时，$\ln N!$ 可由斯特林公式表示为 $\ln N! = N(\ln N - 1)$. 那么，假设玻尔兹曼系统中的分布 $\{N_i^{BM}\}$ 中的 N_i^{BM} 都满足 $N_i^{BM} \gg 1$，则

$$\ln \Omega_{\rm BM} = N(\ln N - 1) - \sum_i N_i^{\rm BM}(\ln N_i^{\rm BM} - 1) + \sum_i N_i^{\rm BM} \ln g_i$$
$$= N \ln N - N - \sum_i N_i^{\rm BM} \ln N_i^{\rm BM} + \sum_i N_i^{\rm BM} + \sum_i N_i^{\rm BM} \ln g_i.$$

因为对于任意一个分布 N_i, 都满足粒子数守恒 $\sum_i N_i = N$ 的条件, 所以 $\sum_i N_i^{\rm BM} = N$ 为常量. 于是上式可化为

$$\ln \Omega_{\rm BM} = N \ln N - \sum_i N_i^{\rm BM} \ln N_i^{\rm BM} + \sum_i N_i^{\rm BM} \ln g_i.$$

因为 $\ln \Omega_{\rm BM}$ 取极值时, $\delta \ln \Omega_{\rm BM} = 0$, 所以由上式可得

$$-\sum_i \left(\ln N_i^{\rm BM} \delta N_i^{\rm BM} + N_i^{\rm BM} \frac{\delta N_i^{\rm BM}}{N_i^{\rm BM}} \right) + \sum_i \ln g_i \delta N_i^{\rm BM} = 0.$$

又由 $\sum_i N_i^{\rm BM} = N$ 知道 $\sum_i \delta N_i^{\rm BM} = \delta N = 0$, 则上式即

$$-\sum_i \ln N_i^{\rm BM} \delta N_i^{\rm BM} + \sum_i \ln g_i \delta N_i^{\rm BM} = 0,$$

也就是

$$-\sum_i \ln \frac{N_i^{\rm BM}}{g_i} \delta N_i^{\rm BM} = 0. \tag{3.55a}$$

又因为实际的分布应满足粒子数守恒和能量守恒的要求, 所以

$$\begin{cases} \sum_i N_i^{\rm BM} = N, \\ \sum_i N_i^{\rm BM} \varepsilon_i = E, \end{cases} \tag{3.55b}$$

等价于

$$\begin{cases} \delta N = \sum_i \delta N_i^{\rm BM} = 0, \\ \delta E = \sum_i \varepsilon_i \delta N_i^{\rm BM} = 0, \end{cases} \tag{3.55c}$$

所以 (3.55a) 式中的各个 $\delta N_i^{\rm BM}$ 互相不独立, 即前述的 $\ln \Omega_{\rm BM}$ 的极值问题实际上是条件极值问题. 相应地, $\delta \ln \Omega_{\rm BM}$ 的极值条件应由拉格朗日乘子法扩展为

$$\delta \ln \Omega_{\rm BM} - \alpha \delta N - \beta \delta E = 0, \tag{3.56}$$

其中, α 和 β 为引入的待定因子 (常称为拉格朗日乘子). 将 (3.56) 式与 (3.55a) 式、(3.55c) 式联立, 则有

$$-\sum_i \left(\ln \frac{N_i^{\rm BM}}{g_i} + \alpha + \beta \varepsilon_i \right) \delta N_i^{\rm BM} = 0. \tag{3.57}$$

于是有

$$\ln \frac{N_i^{\mathrm{BM}}}{g_i} + \alpha + \beta \varepsilon_i = 0. \tag{3.58}$$

由 (3.58) 式可解得

$$N_i^{\mathrm{BM}} = g_i \mathrm{e}^{-\alpha - \beta \varepsilon_i}. \tag{3.59}$$

此即玻尔兹曼系统中的微观状态的最概然分布, 通常称之为玻尔兹曼分布.

又由粒子数守恒 $\sum_i N_i^{\mathrm{BM}} = N$ 和 $N = \sum_i g_i \mathrm{e}^{-\alpha - \beta \varepsilon_i} = \mathrm{e}^{-\alpha} \sum_i g_i \mathrm{e}^{-\beta \varepsilon_i}$ 可知, 待定因子 α 和 β 之间应满足

$$\mathrm{e}^{-\alpha} = \frac{N}{\sum_i g_i \mathrm{e}^{-\beta \varepsilon_i}}. \tag{3.60}$$

将 (3.60) 式代入 (3.59) 式还可以得到

$$N_i^{\mathrm{BM}} = \frac{N g_i}{\sum_i g_i \mathrm{e}^{-\beta \varepsilon_i}} \mathrm{e}^{-\beta \varepsilon_i}.$$

那么, 由分布函数的定义可知, 玻尔兹曼系统中的粒子按能量的分布函数为

$$f_{\mathrm{BM}}(\varepsilon_i) = \frac{N_i^{\mathrm{BM}}}{N} = \frac{g_i}{\sum_i g_i \mathrm{e}^{-\beta \varepsilon_i}} \mathrm{e}^{-\beta \varepsilon_i}. \tag{3.61a}$$

玻尔兹曼系统中的微观粒子遵守经典力学的运动规律, 能量 ε_i 可以连续取值, 则 (3.61a) 式可以改写为

$$f_{\mathrm{BM}}(\varepsilon) = g(\beta, \varepsilon) \mathrm{e}^{-\beta \varepsilon}. \tag{3.61b}$$

由上述讨论可知, 对于玻尔兹曼系统,

$$\delta \ln \Omega_{\mathrm{BM}} = -\sum_i \ln \frac{N_i^{\mathrm{BM}}}{g_i} \delta N_i^{\mathrm{BM}},$$

再对之取关于 N_i^{BM} 的微分, 则有

$$\delta^2 \ln \Omega_{\mathrm{BM}} = -\delta \sum_i \ln \frac{N_i^{\mathrm{BM}}}{g_i} \delta N_i^{\mathrm{BM}} = -\sum_i \frac{(\delta N_i^{\mathrm{BM}})^2}{N_i^{\mathrm{BM}}},$$

由于 N_i^{BM} 恒大于 0, 则一定有 $\delta^2 \ln \Omega_{\mathrm{BM}} < 0$, 这就严格证明了玻尔兹曼分布 $\{N_i^{\mathrm{BM}}\}$ 是使 $\ln \Omega_{\mathrm{BM}}$ 取极大值的分布, 也就是使 Ω_{BM} 取极大值的分布.

更进一步, 假设相对于玻尔兹曼分布 $\{N_i^{\mathrm{BM}}\}$ 有偏离 ΔN_i^{BM} 的微观状态数为 $\Omega_{\mathrm{BM}} + \Delta\Omega$, 将 $\ln(\Omega_{\mathrm{BM}} + \Delta\Omega)$ 做泰勒展开, 则有

$$\ln(\Omega_{\mathrm{BM}} + \Delta\Omega) = \ln\Omega_{\mathrm{BM}} + \delta\ln\Omega_{\mathrm{BM}} + \frac{1}{2}\delta^2\ln\Omega_{\mathrm{BM}} + \cdots.$$

将 $\delta\ln\Omega_{\mathrm{BM}} = 0$ 和 $\delta^2\ln\Omega_{\mathrm{BM}} = -\sum_i \dfrac{(\delta N_i^{\mathrm{BM}})^2}{N_i^{\mathrm{BM}}}$ 代入上式, 可得

$$\ln(\Omega_{\mathrm{BM}} + \Delta\Omega) \approx \ln\Omega_{\mathrm{BM}} - \frac{1}{2}\sum_i \frac{(\delta N_i^{\mathrm{BM}})^2}{N_i^{\mathrm{BM}}}.$$

于是

$$\ln\frac{\Omega_{\mathrm{BM}} + \Delta\Omega}{\Omega_{\mathrm{BM}}} \approx -\frac{1}{2}\sum_i \frac{(\delta N_i^{\mathrm{BM}})^2}{N_i^{\mathrm{BM}}} = -\frac{1}{2}\sum_i \left(\frac{\delta N_i^{\mathrm{BM}}}{N_i^{\mathrm{BM}}}\right)^2 N_i^{\mathrm{BM}}.$$

假设粒子按微观状态的分布相对于玻尔兹曼分布有很小的偏离, 例如, $\dfrac{\delta N_i^{\mathrm{BM}}}{N_i^{\mathrm{BM}}} \sim 10^{-6}$, 则

$$\ln\frac{\Omega_{\mathrm{BM}} + \Delta\Omega}{\Omega_{\mathrm{BM}}} \approx -\frac{1}{2}\sum_i \left(\frac{\delta N_i^{\mathrm{BM}}}{N_i^{\mathrm{BM}}}\right)^2 N_i^{\mathrm{BM}} \sim -\frac{1}{2}\sum_i 10^{-12} N_i^{\mathrm{BM}} \sim -10^{-12} N,$$

其中, N 为系统的总粒子数, 其特征数值为阿伏伽德罗常量的量级, 即 $N \sim 10^{23}$, 则

$$\ln\frac{\Omega_{\mathrm{BM}} + \Delta\Omega}{\Omega_{\mathrm{BM}}} \sim -10^{11}.$$

于是

$$\frac{\Omega_{\mathrm{BM}} + \Delta\Omega}{\Omega_{\mathrm{BM}}} \sim \mathrm{e}^{-10^{11}}.$$

该粗略计算表明, 即使粒子按微观状态的分布相对于玻尔兹曼分布的偏离很小 (约为 10^{-6} 的量级), 其微观状态数相对于最概然分布对应的微观状态数的偏离也非常大, 以至于其对应的微观状态数与最概然分布对应的微观状态数相比完全可以忽略不计. 这就是说, 最概然分布对应的微观状态数非常接近系统的全部可能的微观状态数. 根据等概率原理, 认定平衡态下玻尔兹曼系统的粒子都处于最概然分布而引起的误差完全可以忽略不计. 这一实例具体说明, 平衡态对应的微观状态分布就是最概然分布, 微观状态分布处于最概然分布的玻尔兹曼系统对应的宏观状态就是平衡态.

三、玻色系统和费米系统的最概然分布

对于玻色系统, 根据其微观状态数 Ω_{B} 与分布 $\{N_i^{\mathrm{B}}\}$ 的关系

$$\Omega_{\mathrm{B}} = \prod_i \frac{(N_i^{\mathrm{B}} + g_i - 1)!}{N_i^{\mathrm{B}}!(g_i - 1)!},$$

在 $N_i^B \gg 1, g_i \gg 1$, 从而 $N_i^B + g_i - 1 \approx N_i^B + g_i, g_i - 1 \approx g_i$ 的近似下, 利用与讨论玻尔兹曼系统完全相同的方法可以证明, 玻色系统的最概然分布为

$$N_i^B = \frac{g_i}{e^{\alpha+\beta\varepsilon_i} - 1}. \tag{3.62}$$

该分布称为玻色分布或玻色 – 爱因斯坦分布 (Bose-Einstein distribution). 其中的拉格朗日乘子 α, β 由粒子数守恒 $\sum_i N_i^B = \sum_i \frac{g_i}{e^{\alpha+\beta\varepsilon_i} - 1} = N$ 和能量守恒 $\sum_i N_i^B \varepsilon_i = \sum_i \frac{g_i \varepsilon_i}{e^{\alpha+\beta\varepsilon_i} - 1} = E$ 的条件确定.

对于费米系统, 根据其微观状态数 Ω_F 与分布 $\{N_i^F\}$ 的关系

$$\Omega_F = \prod_i \frac{g_i!}{N_i^F!(g_i - N_i^F)!},$$

在 $N_i^F \gg 1, g_i \gg 1$, 且 $g_i - N_i^F \gg 1$ 的假设下, 利用与讨论玻尔兹曼系统及玻色系统完全相同的方法可以证明, 费米系统的最概然分布为

$$N_i^F = \frac{g_i}{e^{\alpha+\beta\varepsilon_i} + 1}. \tag{3.63}$$

该分布称为费米分布或费米 – 狄拉克分布 (Fermi-Dirac distribution). 其中的拉格朗日乘子 α, β 由粒子数守恒 $\sum_i N_i^F = \sum_i \frac{g_i}{e^{\alpha+\beta\varepsilon_i} + 1} = N$ 和能量守恒 $\sum_i N_i^F \varepsilon_i = \sum_i \frac{g_i \varepsilon_i}{e^{\alpha+\beta\varepsilon_i} + 1} = E$ 的条件确定.

值得注意的是, 这里我们推导玻色分布和费米分布所用的假设 $N_i \gg 1, g_i \gg 1$ 等, 在实际情况下通常并不满足. 因此这里的推导并不严格, 甚至可以说存在严重缺点. 然而, 利用严格的统计物理理论可以证明, 这里得到的玻色分布和费米分布的结论是正确的. 有关严格系统的统计物理理论推导这里不再讨论.

四、玻尔兹曼分布与玻色分布和费米分布之间的关系及能量连续条件

1. 经典极限条件, 玻尔兹曼分布与玻色分布和费米分布之间的关系

上面我们导出了玻尔兹曼分布、玻色分布和费米分布. 玻尔兹曼分布为

$$N_i^{BM} = \frac{g_i}{e^{\alpha+\beta\varepsilon_i}} = g_i e^{-\alpha-\beta\varepsilon_i},$$

玻色分布为

$$N_i^B = \frac{g_i}{e^{\alpha+\beta\varepsilon_i} - 1},$$

费米分布为

$$N_i^F = \frac{g_i}{e^{\alpha+\beta\varepsilon_i} + 1},$$

其中的拉格朗日乘子 α,β 由粒子数守恒 $\sum_i N_i = N$ 和能量守恒 $\sum_i N_i\varepsilon_i = E$ 的条件确定.

很显然,如果玻色分布和费米分布中的参数 α 满足 $e^\alpha \gg 1$,则其分母中的 ∓ 1 可以忽略,从而

$$N_i^{\mathrm{B}} \approx N_i^{\mathrm{F}} \approx \frac{g_i}{e^{\alpha+\beta\varepsilon_i}} = \frac{g_i}{e^\alpha}e^{-\beta\varepsilon_i},$$

那么玻色分布和费米分布与玻尔兹曼分布的形式完全相同. 此时近似有

$$\frac{N_i^{\mathrm{B}}}{g_i} = \frac{N_i^{\mathrm{F}}}{g_i} = \frac{N_i^{\mathrm{BM}}}{g_i} = \frac{e^{-\beta\varepsilon_i}}{e^\alpha} \ll 1.$$

这相当于 g_i 很大,从而与经典情况一致. 所以 $e^\alpha \gg 1\,(\alpha \gg 1)$ 或 $\dfrac{N_i}{g_i} \ll 1$ 称为经典极限条件. 在经典极限条件下,具有不同交换对称性的玻色系统和费米系统在平衡态下都近似遵守经典粒子系统的玻尔兹曼分布.

又因为玻尔兹曼系统的微观状态数为

$$\Omega_{\mathrm{BM}} = \frac{N!}{\prod\limits_i N_i^{\mathrm{BM}}!} \prod_i g_i^{N_i^{\mathrm{BM}}},$$

玻色系统的微观状态数为

$$\Omega_{\mathrm{B}} = \prod_i \frac{(N_i^{\mathrm{B}} + g_i - 1)!}{N_i^{\mathrm{B}}!(g_i - 1)!},$$

费米系统的微观状态数为

$$\Omega_{\mathrm{F}} = \prod_i \frac{g_i!}{N_i^{\mathrm{F}}!(g_i - N_i^{\mathrm{F}})!},$$

则在 $\dfrac{N_i}{g_i} \ll 1$ 的经典极限条件下,

$$\Omega_{\mathrm{B}} = \Omega_{\mathrm{F}} = \prod_i \frac{g_i^{N_i}}{N_i!} = \frac{1}{N!}\frac{N!}{\prod\limits_i N_i!}\prod_i g_i^{N_i} = \frac{\Omega_{\mathrm{BM}}}{N!},$$

所以在经典极限条件 $e^\alpha \gg 1$ 或 $\dfrac{N_i}{g_i} \ll 1$ 下,玻色系统、费米系统和玻尔兹曼系统都遵守玻尔兹曼分布,即

$$N_i^{\mathrm{B}} = N_i^{\mathrm{F}} = N_i^{\mathrm{BM}} = \frac{g_i}{e^\alpha}e^{-\beta\varepsilon_i}.$$

并且,三类系统的微观状态数 $\Omega_{\mathrm{B}}, \Omega_{\mathrm{F}}, \Omega_{\mathrm{BM}}$ 之间满足

$$\Omega_{\mathrm{B}} = \Omega_{\mathrm{F}} = \frac{\Omega_{\mathrm{BM}}}{N!} = \prod_i \frac{g_i^{N_i}}{N_i!}.$$

由于 g_i 是能量为 ε_i 的量子态的简并度, 那么 $\dfrac{N_i}{g_i}$ 表示能量为 ε_i 的每一个量子态上的平均粒子数, 因此经典极限条件 $\dfrac{N_i}{g_i} \ll 1$ 说明在经典极限条件下每一个量子态上的粒子数远小于 1, 也就是很稀少. 与 3.5.1 小节讨论的微观状态的相空间描述相联系, 我们知道, 经典极限条件说明在相空间内该系统的粒子所能到达的相体积较大, 从而系统的体积和能量较大. 系统的体积大表明系统的粒子数密度小, 即系统比较稀薄, 例如, 稀薄气体系统.

2. 能量连续条件

很显然, 上述费米分布和玻色分布的具体表述形式中包含拉格朗日乘子 β, α (或化学势 μ). 为具体确定其中的拉格朗日乘子, 需要考虑约束条件

$$N^{\mathrm{F}} = \sum_i N_i^{\mathrm{F}} = \sum_i \frac{g_i}{e^{\alpha+\beta\varepsilon_i}+1}, \qquad N^{\mathrm{B}} = \sum_i N_i^{\mathrm{B}} = \sum_i \frac{g_i}{e^{\alpha+\beta\varepsilon_i}-1},$$

$$E^{\mathrm{F}} = \sum_i \varepsilon_i N_i^{\mathrm{F}} = \sum_i \frac{g_i\varepsilon_i}{e^{\alpha+\beta\varepsilon_i}+1}, \qquad E^{\mathrm{B}} = \sum_i \varepsilon_i N_i^{\mathrm{B}} = \sum_i \frac{g_i\varepsilon_i}{e^{\alpha+\beta\varepsilon_i}-1}.$$

由于在一般的能量取分立数值的情况下对上述包含指数的求和是相当困难的计算, 因此利用这些条件确定 α (或 μ) 和 β 并不容易. 即使是在经典极限条件下, 尽管费米分布和玻色分布都近似为玻尔兹曼分布的形式, 上述求和仍然不容易.

具体考察经典极限条件下的约束条件 $N = \sum_i g_i e^{-\alpha-\beta\varepsilon_i}$ 和 $E = \sum_i g_i \varepsilon_i e^{-\alpha-\beta\varepsilon_i}$ 可知, 其每一项相当于以 $e^{-\alpha-\beta\varepsilon_i}$ 为长, 以简并度 g_i 或简并度与能量的乘积 $g_i\varepsilon_i$ 为宽的小矩形的面积. 由于通常的能级排序是使 $\varepsilon_{i+1} > \varepsilon_i$, 因此随着 i 的增加, $e^{-\alpha-\beta\varepsilon_i}$ 为一系列逐步降低的阶梯, 分布函数为阶梯函数. 很显然, 如果对于所有能级 ε_i 都有

$$e^{-\beta\varepsilon_i} - e^{-\beta\varepsilon_{i+1}} = e^{-\beta\varepsilon_i}\left[1 - e^{-\beta(\varepsilon_{i+1}-\varepsilon_i)}\right] \ll e^{-\beta\varepsilon_i},$$

即

$$1 - e^{-\beta(\varepsilon_{i+1}-\varepsilon_i)} \ll 1,$$

也就是

$$0 < \beta(\varepsilon_{i+1} - \varepsilon_i) \ll 1,$$

则上述各阶梯函数转化为连续函数, 从而上述求和可以转化为积分, 使得上述计算较容易完成. 通过完成积分, 并考虑能量均分定理, 可以得知前述的拉格朗日乘子 β 可以表示为

$$\beta = \frac{1}{k_{\mathrm{B}}T}. \tag{3.64}$$

进而可知，上述能量连续条件可以改写为

$$\Delta\varepsilon = \varepsilon_{i+1} - \varepsilon_i \ll \frac{1}{\beta} = k_{\mathrm{B}}T. \tag{3.65}$$

由此可知，能量连续条件相当于温度 T 很高.

在能量连续的近似情况下，前述的简并度 g_i 可以表述为能量密度函数 $g(\varepsilon)$，对分立能量的求和可以转化为对能量的积分，从而可以较容易完成各种相关计算.

综合上述讨论可知，处于高温条件下的稀薄气体可以看作较好地满足经典极限条件和能量连续条件的系统. 与理想气体模型条件比较可知，理想气体就是满足经典极限条件和能量连续条件的系统. 由此我们还可以知道，理想气体（或者更一般地，高温情况下的实际气体）系统并不单指我们常见的氮气、氧气、氢气等，还包括由任意满足理想气体模型条件的微观粒子组成的系统，例如，光子系统、自由电子系统、核子系统、介子系统，甚至夸克系统.

将 (3.64) 式代入 (3.61b) 式，则有

$$f_{\mathrm{BM}}(\varepsilon) = g(k_{\mathrm{B}}T,\varepsilon)\mathrm{e}^{-\frac{\varepsilon}{k_{\mathrm{B}}T}}. \tag{3.61c}$$

在仅有动能 $\varepsilon_{\mathrm{k}} = \frac{1}{2}mv^2$，没有相互作用势能（即 $\varepsilon_{\mathrm{p}} \equiv 0$）的情况下，$\varepsilon = \varepsilon_{\mathrm{k}} + \varepsilon_{\mathrm{p}} = \frac{1}{2}mv^2$，那么

$$f_{\mathrm{BM}}(\boldsymbol{v}) \propto \mathrm{e}^{-\frac{m\boldsymbol{v}^2}{2k_{\mathrm{B}}T}}.$$

该式与麦克斯韦分布律的形式完全一致. 由此可知，麦克斯韦分布律实际是玻尔兹曼分布律在忽略粒子之间相互作用情况下的近似. 因为玻尔兹曼分布律是近独立粒子系统的最概然分布，即处于平衡态的近独立粒子系统的实际分布，所以麦克斯韦分布律是处于平衡态的理想气体系统的速度（速率）的实际分布律.

3.6 气体分子的碰撞及其概率分布

3.6.1 气体分子的平均自由程与平均碰撞频率

一、分子的碰撞截面

3.6.1 授课视频

分子之间有相互作用，当它们相距较远，彼此分离时有吸引力；当它们相距较近，彼此"接触"时有排斥力. 如图 3.15 所示，当分子 B 向位于 O 点的分子 A 靠近时，其运动"轨迹"与入射方向到分子 A 之间的垂直距离 b 有关. 这一距离通常被称为瞄准距离或碰撞参数 (impact parameter).

显然，随着瞄准距离 b 增大，分子 B 的运动方向的偏折角由大变小. 对于性质相同的分子，恰好使偏折角等于零的瞄准距离 $b_0 = d$ 称为分子的有效直径，以 d 为半径

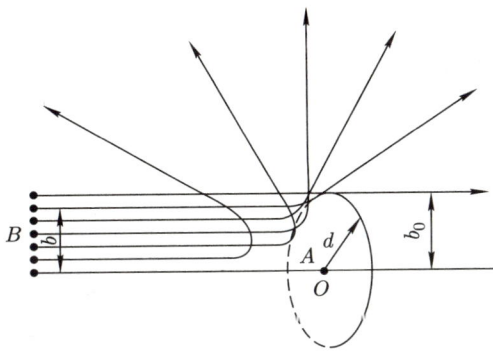

图 3.15 当分子 B 向分子 A 入射时,不同瞄准距离 b 情况下的运动 "轨迹" 示意图

的垂直于分子 B 入射方向的圆截面称为分子的散射截面 (scattering cross-section) 或碰撞截面 (collision cross-section),记为 σ,因此同类分子之间的碰撞截面为

$$\sigma_{\text{IPs}} = \pi d^2. \tag{3.66}$$

对于有效直径分别为 d_1, d_2 的两分子之间的碰撞,在两分子中心之间的距离为 $d = \frac{1}{2}(d_1+d_2)$ 的情况下,一分子可以相对另一分子 "擦肩而过",运动方向的偏折角为零,因此不同类分子之间的碰撞截面为

$$\sigma_{\text{NIPs}} = \frac{\pi}{4}(d_1+d_2)^2. \tag{3.67}$$

直观地,对于分子之间相互作用势为刚球势的两分子,在两分子中心之间的距离小于两分子有效半径之和的情况下发生碰撞时,各自都会改变运动方向;当其中心之间的距离大于两分子有效半径之和时,两分子互不影响;当其中心之间的距离恰好等于两分子有效半径之和时,两分子处于有作用与无作用分界的临界状态. 因此两分子之间相互作用的有效距离为两分子有效直径之和的一半,如图 3.16 所示. 相应地,有效直径相同的两分子和有效直径不同的两分子之间的碰撞截面分别如 (3.66) 式和 (3.67) 式所示.

二、分子之间的平均碰撞频率与平均自由程

组成热力学系统的微观粒子 (以下简称分子) 都处于不停顿的无规则运动状态,其间的相互碰撞随机发生,在相继两次碰撞之间,由惯性定律可知,分子做匀速直线运动. 因此每一个分子的运动 "轨迹" 都是无规则的折线,如图 3.17 所示. 运动 "轨迹" 折线中直线段的长度是分子在相继两次碰撞之间的匀速直线运动中走过的路程,常称为分子运动的自由程 (free path),记为 λ. 很显然,同一分子在不同的两次碰撞之间的自由程不同,不同分子的自由程更可能千差万别. 由于热力学系统都由大量分子组成,因此

可以利用统计平均的方法确定分子的平均自由程 (mean free path). 所谓分子的平均自由程就是组成系统的所有分子的自由程的平均值, 记为 $\overline{\lambda}$.

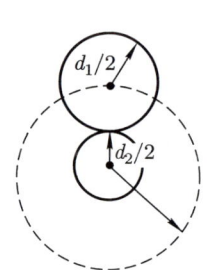 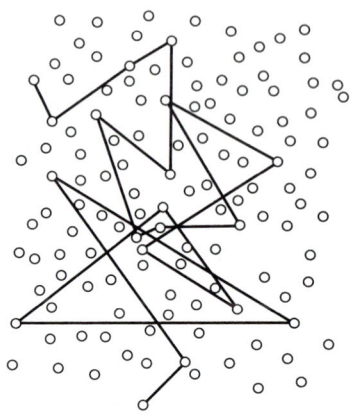

图 3.16　分子碰撞截面示意图　　　图 3.17　分子碰撞与自由程示意图

由于分子之间的碰撞是完全随机的, 因此在一定的时间内每个分子与其他分子碰撞的次数也完全不同, 为具体深入讨论, 也应采用统计平均的方法. 定义每个分子在单位时间内与其他分子碰撞次数的平均值为分子的平均碰撞频率 (mean collision frequency), 并简称碰撞频率, 记为 $\overline{Z}$. 显然, 碰撞频率的倒数表示分子的平均自由飞行时间, 即 $\overline{\tau} = \dfrac{1}{\overline{Z}}$. 记分子的平均速率为 $\overline{v}$, 则分子的平均自由程可以表示为 $\overline{\lambda} = \overline{v} \cdot \overline{\tau}$, 于是分子的平均自由程与碰撞频率之间的关系可以表示为

$$\overline{\lambda} = \frac{\overline{v}}{\overline{Z}}. \tag{3.68}$$

分子的平均自由程和碰撞频率 (或平均自由飞行时间) 描述组成热力学系统的大量分子的运动和碰撞的整体性质和规律, 并决定系统的宏观性质.

为了确定碰撞频率 $\overline{Z}$, 我们跟踪气体中的一个分子 A, 记录下在时间 Δt 内它与其他分子碰撞的次数, 就可以得到其碰撞频率. 由于在碰撞过程中, 重要的是分子之间的相对运动, 那么我们可以假定其他分子静止不动, 分子 A 以平均相对速率 $\overline{u}$ 运动. 假设分子 A 的中心的运动 "轨迹" 如图 3.18 中的带箭头的点画线所示, 因为只有中心与分子 A 的中心之间的距离小于或等于两分子的有效半径之和 (对于同一种分子组成的系统, 即一个分子的有效直径, 以下统称为有效直径) 的那些分子才可能与分子 A 相碰, 所以可设想存在以表示分子 A 的中心的运动 "轨迹" 的点画线为轴线, 以分子的有效直径 d 为半径的曲折圆柱体, 那么中心位于此圆柱体内的分子 B, C 等都与分子 A 相碰, 而分子 D, E, F, G, H 等都不与分子 A 相碰. 显然, 该圆柱体的横截面积 $\sigma = \pi d^2$ 就是分子的碰撞截面. 由于分子 A 在时间 Δt 内走过的路程为 $\overline{u} \Delta t$, 则相应

圆柱体的体积为 $\sigma\overline{u}\Delta t$. 设单位体积内分子的数密度为 n, 则在 Δt 时间内分子 A 与其他分子碰撞的次数为 $N_{\rm col} = n\sigma\overline{u}\Delta t$. 因此分子的碰撞频率为

$$\overline{Z} = \frac{N_{\rm col}}{\Delta t} = n\sigma\overline{u}. \tag{3.69}$$

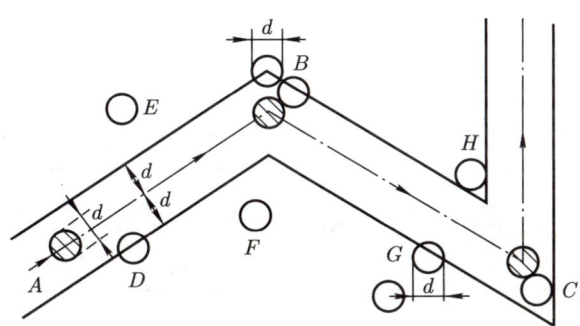

图 3.18 分子运动及与其他分子之间的碰撞示意图

由麦克斯韦分布律可以证明, 近平衡态系统中两分子相对运动速率的平均值为 $\overline{u} = \sqrt{\frac{8k_{\rm B}T}{\pi\mu}}$, 其中, $\mu = \frac{m_1 m_2}{m_1 + m_2}$ 为两分子的折合质量. 对于两个同类分子, $m_1 = m_2 = m$, $\mu = \frac{m}{2}$, 所以 $\overline{u} = \sqrt{2}\overline{v}$. 将之代入 (3.69) 式, 则得单一组分气体中的分子的碰撞频率为

$$\overline{Z}_{\rm IPs} = \sqrt{2}n\sigma\overline{v}. \tag{3.70}$$

根据理想气体状态方程 $p = nk_{\rm B}T$ 和平均速率公式 $\overline{v} = \sqrt{\frac{8k_{\rm B}T}{\pi m}}$ 可知, 分子的碰撞频率可由宏观状态参量 p, T 和分子的有效直径 d 表示为

$$\overline{Z}_{\rm IPs} = \frac{4\pi d^2}{\sqrt{\pi m k_{\rm B}T}}p.$$

把决定分子碰撞频率的 (3.70) 式代入 (3.68) 式, 则得单一组分气体中的分子的平均自由程为

$$\overline{\lambda}_{\rm IPs} = \frac{1}{\sqrt{2}n\sigma}. \tag{3.71a}$$

很显然, 气体分子运动的平均自由程与分子的平均速率无关, 与气体的分子数密度 n 成反比, 与分子之间的碰撞截面成反比, 也就是与分子的有效直径的平方成反比. 把理想气体状态方程 $p = nk_{\rm B}T$ 代入 (3.71a) 式, 则得

$$\overline{\lambda}_{\rm IPs} = \frac{k_{\rm B}T}{\sqrt{2}p\sigma}. \tag{3.71b}$$

由此可知, 在温度确定的情况下, 气体分子的平均自由程与气体的压强成反比. 在压强确定的情况下, 气体分子的平均自由程与气体的温度成正比. 标准状况下, 几种常见

气体分子的平均自由程和有效直径如表 3.4 所示. 由表 3.4 中所列数据可知, 标准状况下, 常见气体分子的平均自由程都远大于其有效直径, 从而可以认为这种状况下的气体足够稀薄, 于是可近似为理想气体. 因为常温下这些气体分子的平均速率大约为 $10^2 \sim 10^3$ m/s, 则气体分子的碰撞频率 $\overline{Z} = \overline{v}/\overline{\lambda}$ 大约为 $10^9 \sim 10^{10}$ s^{-1}. 乍看起来, 分子之间的碰撞非常频繁, 但由于一般系统的分子数都在 10^{20} 以上, 比较之下可知, 分子之间的碰撞并不频繁.

表 3.4 标准状况下, 几种常见气体分子的平均自由程 $\overline{\lambda}$ 和有效直径 d

气体	氢气	氮气	氧气	氦气	氩气
$\overline{\lambda}/(10^{-7}$ m$)$	1.123	0.599	0.547	1.798	0.666
$d/(10^{-10}$ m$)$	2.7	3.7	3.6	2.2	3.2

对于两类分子组成的稀薄混合气体, 记两种组分分子的有效直径分别为 d_1, d_2, 质量分别为 m_1, m_2, 分子数密度分别为 n_1, n_2, 由于组成物质的分子都在不停顿地做无规则运动, 它们相遇时发生碰撞, 因此, 由标记为 1, 2 的两类分子组成的混合气体中组分分子之间的碰撞包括第 1 类分子之间的碰撞、第 2 类分子之间的碰撞和第 1, 2 两类分子之间的碰撞. 具体地, 标记为 1 的分子的碰撞频率 $\overline{Z}_1$ 为第 1 类分子之间的碰撞频率 $\overline{Z}_{11}$ 和第 1, 2 两类分子之间的碰撞频率 $\overline{Z}_{12}$ 的和, 即有

$$\overline{Z}_1 = \overline{Z}_{11} + \overline{Z}_{12}.$$

由 $\overline{Z} = \dfrac{N_{\text{col}}}{\Delta t} = n\sigma\overline{u}$ 可得

$$\overline{Z}_{11} = n_1 \sigma_{11} \overline{u}_{11} = n_1 \pi d_1^2 \sqrt{2} \overline{v}_1 = n_1 \pi d_1^2 \sqrt{2} \sqrt{\dfrac{8k_{\text{B}}T}{\pi m_1}},$$

$$\overline{Z}_{12} = n_2 \sigma_{12} \overline{u}_{12} = n_2 \pi \dfrac{1}{4}(d_1 + d_2)^2 \sqrt{\dfrac{8k_{\text{B}}T}{\pi \mu}},$$

其中, $\mu = \dfrac{m_1 m_2}{m_1 + m_2}$ 为两类分子的折合质量.

于是有

$$\overline{Z}_1 = \overline{Z}_{11} + \overline{Z}_{12} = n_1 \pi d_1^2 \sqrt{2} \sqrt{\dfrac{8k_{\text{B}}T}{\pi m_1}} + n_2 \pi \dfrac{1}{4}(d_1 + d_2)^2 \sqrt{\dfrac{8k_{\text{B}}T}{\pi \mu}}$$

$$= \sqrt{\dfrac{8k_{\text{B}}T}{\pi m_1}} \left[\sqrt{2} n_1 \pi d_1^2 + n_2 \pi (d_1 + d_2)^2 \sqrt{\dfrac{m_1}{16\mu}} \right]$$

$$= \overline{v}_1 \left[\sqrt{2} n_1 \pi d_1^2 + n_2 \pi (d_1 + d_2)^2 \sqrt{\dfrac{m_1}{16\mu}} \right].$$

同理, 标记为 2 的分子的碰撞频率 $\overline{Z}_2$ 为

$$\overline{Z}_2 = \overline{Z}_{22} + \overline{Z}_{21} = \overline{v}_2 \left[\sqrt{2} n_2 \pi d_2^2 + n_1 \pi (d_1+d_2)^2 \sqrt{\frac{m_2}{16\mu}} \right].$$

于是, 由定义 $\overline{\lambda} = \dfrac{\overline{v}}{\overline{Z}}$ 可得, 两类分子的平均自由程分别为

$$\overline{\lambda}_1 = \frac{\overline{v}_1}{\overline{Z}_1} = \frac{1}{\sqrt{2}\pi d_1^2 n_1 + \pi(d_1+d_2)^2 n_2 \sqrt{\dfrac{m_1}{16\mu}}},$$

$$\overline{\lambda}_2 = \frac{\overline{v}_2}{\overline{Z}_2} = \frac{1}{\sqrt{2}\pi d_2^2 n_2 + \pi(d_1+d_2)^2 n_1 \sqrt{\dfrac{m_2}{16\mu}}}.$$

碰撞既包括分子与分子之间的碰撞, 又包括分子与器壁之间的碰撞. 通常情况下, 分子的平均自由程 $\overline{\lambda}$ 远小于容器的线度 L, 但当气体极稀薄时, 分子与分子之间碰撞的概率极小, 其平均自由程大于, 甚至远大于容器的线度 L, 从而气体中仅有分子与器壁之间的碰撞, 那么实际的碰撞频率为分子与器壁之间的碰撞频率, 即

$$\overline{Z}_{\text{t,Dlg}} = \overline{Z}_{\text{m-w}}.$$

并且, 分子的平均自由程实际上就是容器的线度, 即

$$\overline{\lambda}_{\text{t,Dlg}} = L.$$

这些就是极稀薄气体的特征. 这种极稀薄气体系统通常称为超高真空系统, 相应的气体称为克努森气体 (Knudsen gas).

例题 11 在上面讨论分子的碰撞频率时, 我们采用假定一个分子运动而其他分子都静止不动的模型, 试采用相反的模型, 即假定一个分子静止不动而其他分子相对该分子运动并与之相碰, 确定分子的碰撞频率.

解 假定分子 A 静止不动, 同类的其他分子 B 等相对 A 运动并与之相碰, 相对速率的平均值为 $\overline{u}_{AB}$. 很显然, 当 A, B 相碰时, 其中心的距离一定等于它们的有效直径 d. 这就是说, 与 A 相碰的 B 的中心必定在以 A 的中心为球心, 以 d 为半径的球面 S 上. 因为气体分子的碰壁数率为 $\varGamma = \dfrac{1}{4} n\overline{v}$, 其中, n 为分子数密度, $\overline{v}$ 为分子的平均速率. 依题意, 我们有 $\overline{v} = \overline{u}_{AB}$, 碰壁截面面积即球面面积 $S = 4\pi d^2$, 那么, 在单位时间内中心与球面 S 相碰的分子数为

$$N = \varGamma S = \frac{1}{4} n\overline{u}_{AB} \cdot 4\pi d^2 = n\sigma\overline{u}_{AB},$$

所以单位时间内其他分子与分子 A 相碰的次数为

$$N_{\text{col}} = n\sigma\overline{u}_{AB}.$$

因为分子 A 为任选的一个分子, 所以该结论适用于任意分子, 因此分子的碰撞频率为

$$\overline{Z} = N_{\text{col}} = n\sigma\overline{u}_{AB}.$$

显然, 该结论与假定 A 运动而其他分子都静止不动的情况下所得的结论 (见 (3.69) 式) 完全相同.

3.6.2 气体分子碰撞的概率分布

分子在任意两次碰撞之间的自由程和自由飞行时间长短不一, 并不都分别等于平均值 $\overline{\lambda}, \overline{\tau}$. 与大量分子的运动速率有确定的分布规律类比, 我们可以推断, 千差万别的气体分子的自由程和自由飞行时间也分别有一定的统计分布规律. 自由程处于 $\lambda \sim \lambda + \mathrm{d}\lambda$ 区间内的分子数占总分子数的百分比可以表示为 $P(\lambda)\mathrm{d}\lambda$, 自由飞行时间处于 $t \sim t + \mathrm{d}t$ 区间内的分子数占总分子数的百分比可以表示为 $P(t)\mathrm{d}t$, 分子碰撞的概率分布即可由 $P(\lambda), P(t)$ 表示.

如图 3.19 所示, 以分子自由运动方向为 x 轴正方向建立坐标系, 记 t 时刻位于 x 处截面 A 附近的分子数为 N, 由于任一分子都可能受其他分子碰撞而改变方向, 因此 $t + \mathrm{d}t$ 时刻位于 $x + \mathrm{d}x$ 处截面 A' 附近的分子数为 $N + \mathrm{d}N$, 其中的 $\mathrm{d}N$ 通常小于 0. 当 $\mathrm{d}t \to 0, \mathrm{d}x \to 0$ 时, 主要仅有线性响应, 即有 $|\mathrm{d}N| \propto N\mathrm{d}x$, 设其比例系数为 K, 则自由程分别为 $x, x + \mathrm{d}x$ 的分子数的差值可以表示为

$$-\mathrm{d}N = KN\mathrm{d}x, \tag{3.72}$$

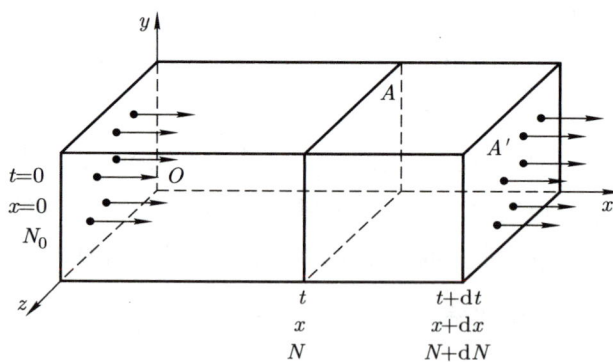

图 3.19 分子按自由程分布的原理示意图

即

$$\frac{\mathrm{d}N}{N} = -K\mathrm{d}x,$$

解之得

$$N = N_0 \mathrm{e}^{-Kx}.$$

因为 $-\mathrm{d}N$ 实际上是 N_0 个分子中自由程处于 $x \sim x+\mathrm{d}x$ 区间内的分子数, 所以 $-\mathrm{d}N/N_0$ 就是分子的自由程处于 $x \sim x+\mathrm{d}x$ 区间内的概率 $P(x)\mathrm{d}x$. 由 $N = N_0\mathrm{e}^{-Kx}$ 可知, $\mathrm{d}N = -KN_0\mathrm{e}^{-Kx}\mathrm{d}x$, 所以

$$-\frac{\mathrm{d}N}{N_0} = K\mathrm{e}^{-Kx}\mathrm{d}x.$$

对自由程取平均, 则有

$$\overline{\lambda} = \int_0^\infty x\left(-\frac{\mathrm{d}N}{N_0}\right) = \int_0^\infty xK\mathrm{e}^{-Kx}\mathrm{d}x = \frac{1}{K},$$

于是

$$K = \frac{1}{\overline{\lambda}},$$
$$N = N_0\mathrm{e}^{-\frac{x}{\overline{\lambda}}},$$
$$-\frac{\mathrm{d}N}{N_0} = \frac{1}{\overline{\lambda}}\mathrm{e}^{-\frac{x}{\overline{\lambda}}}\mathrm{d}x.$$

所以分子的自由程处于 $\lambda \sim \lambda + \mathrm{d}\lambda$ 区间内的概率为

$$P(\lambda)\mathrm{d}\lambda = -\frac{\mathrm{d}N(\lambda \sim \lambda + \mathrm{d}\lambda)}{N_0} = \frac{1}{\overline{\lambda}}\mathrm{e}^{-\frac{\lambda}{\overline{\lambda}}}\mathrm{d}\lambda.$$

分子按自由程 λ 分布的概率密度则为

$$P(\lambda) = \frac{1}{\overline{\lambda}}\mathrm{e}^{-\frac{\lambda}{\overline{\lambda}}}. \tag{3.73}$$

通过计算容易得知, 自由程大于某特定值 λ_0 的分子的概率为

$$P(\lambda_0) = \int_{\lambda_0}^\infty P(\lambda)\mathrm{d}\lambda = \mathrm{e}^{-\frac{\lambda_0}{\overline{\lambda}}}.$$

于是自由程大于 $\overline{\lambda}$ 的分子的概率为

$$P(\overline{\lambda}) = \mathrm{e}^{-\frac{\overline{\lambda}}{\overline{\lambda}}} = \mathrm{e}^{-1} \approx 0.37,$$

自由程小于 $\overline{\lambda}$ 的分子的概率则为

$$1 - P(\overline{\lambda}) \approx 0.63.$$

考虑自由程与自由飞行时间之间的关系

$$\lambda = \overline{v}t, \qquad \overline{\lambda} = \overline{v}\,\overline{\tau},$$

其中, $\overline{v}$ 为分子的平均速率, $\overline{\tau}$ 为分子的平均自由飞行时间. 将之代入 (3.73) 式, 则得自由飞行时间处于 $t \sim t + \mathrm{d}t$ 区间内的分子数占总分子数的百分比为

$$P(t)\mathrm{d}t = \frac{1}{\overline{\tau}}\mathrm{e}^{-\frac{t}{\overline{\tau}}}\mathrm{d}t,$$

分子按自由飞行时间分布的概率密度为

$$P(t) = \frac{1}{\bar{\tau}} e^{-\frac{t}{\bar{\tau}}}. \tag{3.74}$$

相应地, t 时刻残存分子的百分比为

$$\frac{N}{N_0} = e^{-\frac{t}{\bar{\tau}}}.$$

由此可知, 平均自由飞行时间 $\bar{\tau}$ 的物理意义是分子束流中分子数减为原来的 $1/e$ 所需要的时间.

例题 12 试计算 1 mol 理想气体分子中自由程处于 $\lambda_1 \sim \lambda_2$ 区间内的分子数及在此区间内的分子自由程的平均值.

解 由分子按自由程 λ 分布的概率密度

$$P(\lambda) = \frac{1}{\bar{\lambda}} e^{-\frac{\lambda}{\bar{\lambda}}}$$

(其中, $\bar{\lambda}$ 为所有分子的平均自由程) 可知, 自由程处于 $\lambda \sim \lambda + d\lambda$ 区间内的分子数为

$$dN = N_0 P(\lambda) d\lambda = \frac{N_0}{\bar{\lambda}} e^{-\frac{\lambda}{\bar{\lambda}}} d\lambda.$$

对于 1 mol 理想气体, $N_0 = N_A$, 则自由程处于 $\lambda_1 \sim \lambda_2$ 区间内的分子数为

$$N(\lambda_1 \sim \lambda_2) = \int_{\lambda_1}^{\lambda_2} dN = \int_{\lambda_1}^{\lambda_2} \frac{N_A}{\bar{\lambda}} e^{-\frac{\lambda}{\bar{\lambda}}} d\lambda = N_A \left(e^{-\frac{\lambda_1}{\bar{\lambda}}} - e^{-\frac{\lambda_2}{\bar{\lambda}}} \right).$$

所以自由程处于 $\lambda_1 \sim \lambda_2$ 区间内的分子自由程的平均值为

$$\bar{\lambda} = \frac{\int_{\lambda_1}^{\lambda_2} \lambda N_A P(\lambda) d\lambda}{N(\lambda_1 \sim \lambda_2)} = \frac{N_A \int_{\lambda_1}^{\lambda_2} \frac{\lambda}{\bar{\lambda}} e^{-\frac{\lambda}{\bar{\lambda}}} d\lambda}{N_A \left(e^{-\frac{\lambda_1}{\bar{\lambda}}} - e^{-\frac{\lambda_2}{\bar{\lambda}}} \right)} = \bar{\lambda} + \frac{\lambda_1 e^{-\frac{\lambda_1}{\bar{\lambda}}} - \lambda_2 e^{-\frac{\lambda_2}{\bar{\lambda}}}}{e^{-\frac{\lambda_1}{\bar{\lambda}}} - e^{-\frac{\lambda_2}{\bar{\lambda}}}}.$$

思 考 题

3.1 试回顾概率的概念及分类方案.

3.2 试分析讨论随机变量和概率分布的概念.

3.3 试给出四阶矩、五阶矩和六阶矩的表述形式, 以及四阶矩与均方根误差的比值、六阶矩与均方根误差的比值的表达式.

3.4 试对于高斯分布和二项式分布两种情况, 分别给出四阶矩与均方根误差的比值、六阶矩与均方根误差的比值的具体表达式.

3.5 试回顾导出麦克斯韦速度分布律和速率分布律的过程, 说明其核心要点.

3.6 试说明麦克斯韦速度分布律和速率分布律的特点, 以及它们之间的异同.

3.7 试回顾验证麦克斯韦速率分布律的实验原理和方案, 说明其中应用统计平均概念之处.

3.8 试由麦克斯韦速度分布律和速率分布律出发, 导出理想气体的压强公式.

3.9 试从热学的基本原理出发, 说明环境保护的重要性.

3.10 试尽可能多地举出泻流技术的应用实例, 讨论基础研究对高新技术开发的重要作用.

3.11 试讨论大气的等温模型的不足之处.

3.12 试通过对两经典粒子碰撞过程中能量传递 (或者交换) 行为的具体计算, 说明处于热平衡态的系统的微观粒子的能量分布满足能量均分定理的可能性.

3.13 试分析讨论实际物理系统的内能的组成成分, 以及实际计算时应该注意的事项.

3.14 试述热容的概念和对其进行研究时应该注意的事项, 以及将热容分为定容热容和定压热容的必要性.

3.15 试尽可能全面地说明经典物理理论在研究实际物理系统的性质时遇到的困难的具体表现.

3.16 试回顾组成热力学系统的微观粒子的量子本质的表现和简单的描述方案.

3.17 试述利用最概然分布的概念 (亦即玻尔兹曼统计方法) 确定微观粒子系统的状态按能量分布的核心要点和计算过程.

3.18 试说明在热学中根据组成系统的微观粒子的内禀性质及其遵守的统计规律, 可将微观粒子分为哪几类? 写出这些系统中的微观粒子按能量的分布规律的表达式, 并说明为什么麦克斯韦速度 (速率)分布律是处于平衡态的经典理想气体系统中分子的速度 (速率)的实际分布律.

3.19 对于组分粒子的能量为一最小能量单元 ε_0 (并可表述为 $h\nu$, 其中, h 为常量, ν 为组分粒子的本征频率) 的整数倍的温度为 T 的物理系统, 试由玻尔兹曼分布律出发, 计算系统的组分粒子的平均能量 (表述为 ν, T 和常量 h 及 k_B 的函数).

3.20 试比较由实际的微观粒子组成的气体系统与光子气体系统的异同.

3.21 试分析比较粒子的碰撞截面、碰撞频率、平均自由程、平均自由飞行时间等概念, 并讨论它们之间的关系.

3.22 相对于平均自由飞行时间的概念, 我们还可以引入平均驻留时间的概念来描述组成系统的微观粒子的运动特征, 试给出微观粒子的平均驻留时间的概率分布的表达式.

习 题

3.1 有 N 个粒子,当 $0 < v \leqslant v_0$ 时,其速率分布函数为 $F(v) = C$;当 $v > v_0$ 时,$F(v) = 0$.

(1) 试作出速率分布曲线.

(2) 试由 v_0 求出常量 C.

(3) 试确定粒子的平均速率.

3.2 已知速率分布函数为 $F(v)$,试确定速率处于 $v_1 \sim v_2$ 区间内的组分粒子的平均速率.

3.3 试根据麦克斯韦速率分布律,确定速率的倒数的平均值.

3.4 试根据麦克斯韦分布律证明:分子平动动能处于 $\varepsilon \sim \varepsilon + \mathrm{d}\varepsilon$ 区间内的概率为

$$f(\varepsilon)\mathrm{d}\varepsilon = \frac{2}{\sqrt{\pi}}(k_\mathrm{B}T)^{-3/2}\mathrm{e}^{-\varepsilon/(k_\mathrm{B}T)}\sqrt{\varepsilon}\mathrm{d}\varepsilon,$$

其中,$\varepsilon = \frac{1}{2}mv^2$. 并请根据上式求分子平动动能的最概然值.

3.5 气体分子局限于一维运动,速率服从麦克斯韦分布律,试确定这些气体分子的方均根速率、平均速率和最概然速率.

3.6 气体分子局限于二维运动,速度的每个分量都服从麦克斯韦分布律,试确定这些气体分子的方均根速率、平均速率和最概然速率.

3.7 系统 1 和系统 2 都是满足麦克斯韦速率分布律 $F_\mathrm{M}(v)$ 的理想气体系统,两系统中分子的最概然速率分别是 $v_{\mathrm{p},1}$ 及 $v_{\mathrm{p},2}$. 试证明:

$$\frac{F_\mathrm{M}(v_{\mathrm{p},1})}{F_\mathrm{M}(v_{\mathrm{p},2})} = \frac{v_{\mathrm{p},2}}{v_{\mathrm{p},1}}.$$

3.8 某种气体分子在温度为 T_1 时的方均根速率等于温度为 T_2 时的平均速率,试确定 T_2/T_1.

3.9 试确定 $300\,\mathrm{K}$ 温度下,氧分子的最概然速率、平均速率和方均根速率.

3.10 穿过某核反应堆中心处一面积的中子流密度是 $4 \times 10^{16}/(\mathrm{m}^2 \cdot \mathrm{s})$,假设这些中子是温度为 $300\,\mathrm{K}$ 的"热"中子,并服从麦克斯韦速率分布律,求中子气的数密度及分压强.

3.11 试根据麦克斯韦速度分布律,确定气体分子速度分量 v_x 的平方的平均值,并由此给出气体分子每一个平动自由度所具有的平动动能.

3.12 假设地球表面附近的大气是温度为 $0\,°\mathrm{C}$、压强为 $1\,\mathrm{atm}$ 的理想气体,速度大于地球上的第二宇宙速度的分子到达大气层边界就逃离大气层消失于星际空间中.

(1) 对于平均摩尔质量为 $29.0 \times 10^{-3}\,\mathrm{kg/mol}$ 的空气, 试确定在一秒钟时间内通过单位面积地球表面空气中损失的分子数 (泄漏数率), 以及一万年时间内地球上总共损失的空气的质量.

(2) 如果前述大气为氢气, 试确定其泄漏数率.

(3) 假定在地球诞生以来的约 50 亿年内, 其表面附近的大气的温度和压强没有发生过变化, 试通过具体计算说明现在地球附近的大气中没有氢气.

3.13 观测测得月球的质量约是地球的 1.2%, 半径约是地球的 27%, 其上的重力加速度约是地球上的 1/6, 其表面的日平均温度大约为 $-50\,°\mathrm{C}$ (白天受阳光直射处的温度可高达 $127\,°\mathrm{C}$, 夜晚其温度可降至 $-183\,°\mathrm{C}$), 试通过具体计算说明月球上仅可能有极稀薄且组分结构复杂的大气.

3.14 试确定速率大于某一 v_0 的气体分子在每秒钟时间内与单位面积器壁的碰撞次数.

3.15 通过测量在一秒钟时间内从容器薄壁上小孔泻流出的气体的质量 ω, 即可确定其中很稀薄的气体的压强. 如果小孔的面积为 S, 则有

$$p = \frac{\omega\sqrt{2\pi RT}}{S\sqrt{\mu}},$$

其中, μ 是气体的摩尔质量, 容器外被抽成真空.

(1) 证明该公式.

(2) 说明为什么这一方法只适用于很稀薄的气体和在薄壁上的小孔.

3.16 一容器被薄隔板分成两部分, 其中气体的压强、分子数密度分别为 p_1, n_1, p_2, n_2. 两部分气体的温度相同, 都为 T; 摩尔质量也相同, 都为 μ. 试证明: 如果 $p_1 > p_2$, 隔板上有一面积为 A 的小孔, 则单位时间内通过小孔由压强为 p_1 的一侧净流入压强为 p_2 的一侧的气体质量为

$$M = \sqrt{\frac{\mu}{2\pi RT}} A(p_1 - p_2).$$

3.17 天然铀矿石的成分主要是稳定的 $^{238}\mathrm{U}$, 仅有少量的放射性核素 $^{235}\mathrm{U}$. 为生产需要, 需要由天然铀矿石生产出放射性核素丰度很高的核燃料. 生产中, 常采用先制备出 UF_6 气体, 然后通过级联泻流的方法实现对 $^{235}\mathrm{U}$ 的提纯. 现有的 UF_6 气体中, $^{235}\mathrm{U}$ 的丰度为 0.7%, $^{238}\mathrm{U}$ 的丰度为 99.3%, 为得到 $^{235}\mathrm{U}$ 的丰度为 99% 的核燃料, 需要进行多少级泻流?

3.18 设有一容积为 V 的容器置于真空中, 容器内充满温度恒为 T 的稀薄气体, 器壁上开有一个面积为 ΔS 的小孔, 器壁的厚度可以忽略不计.

(1) 试导出单位时间内由小孔泻流出的气体分子的数目与气体的压强 p 及温度 T 的关系.

(2) 试求出容器内的气体压强减小到其初始压强的一半所需要的时间 (用 $V, \Delta S$ 和容器内气体分子的平均速率 $\bar{v}$ 表示).

3.19 二维电子气是目前描述电子器件中与电现象相关问题的常用模型. 现有一个器件的表面呈边长为 L 的正方形, 其中电子的数目记为 N, 每个电子的质量为 m.

(1) 记这部分电子气中电子的面密度为 n, 电子的平均动能为 $\bar{\varepsilon}$, 试证明该电子气系统的压强可以近似表述为 $p = n\bar{\varepsilon}$.

(2) 试求出从边缘上线度为 ΔL 的缝隙泻流出的电子的速度分布律.

(3) 记每个电子携带的电量为 $-e$, 试确定这些泻流出的电子在正对缝隙方向上形成的电流强度.

3.20 根据低温下稀薄气体的器壁上可吸附气体分子的现象, 人们发明了可以简便地提高真空度的 "低温泵". 考虑一个半径为 $0.2\,\mathrm{m}$ 的球形容器, 除使其器壁上一个面积为 $1\,\mathrm{cm}^2$ 的区域冷却到 $77\,\mathrm{K}$ 外, 其余部分及其内部的温度都保持为 $300\,\mathrm{K}$. 假设初始时刻容器内水蒸气的压强为 $1.33\,\mathrm{Pa}$, 每个水蒸气分子碰到上述被冷却的区域即被吸附或凝结到上面, 试确定使容器内的压强降到 $1.33\times 10^{-4}\,\mathrm{Pa}$ 所需的时间.

3.21 设地面附近的大气是等温的, 温度为 $t = 5\,^\circ\mathrm{C}$ 的海平面上的大气压强为 $p_0 = 750\,\mathrm{mmHg}$. 现测得某山顶的大气压强为 $p = 590\,\mathrm{mmHg}$, 试确定该山的高度. 已知空气的平均摩尔质量为 $28.97\times 10^{-3}\,\mathrm{kg/mol}$.

3.22 假定在海平面上的大气压强是 $10^5\,\mathrm{Pa}$, 那么在一般喷气式飞机飞行的海拔为 $10^4\,\mathrm{m}$ 的高空处的大气压强是多少? 珠穆朗玛峰顶海拔 $8848\,\mathrm{m}$, 那里的大气压强是多少? 设大气层等温, 保持为 $0\,^\circ\mathrm{C}$.

3.23 试确定在等温大气中一个分子的平均重力势能.

3.24 飞机起飞前, 压力计指示舱外大气压强为 $1\,\mathrm{atm}$, 温度为 $27\,^\circ\mathrm{C}$; 起飞后, 压力计指示舱外大气压强为 $0.4\,\mathrm{atm}$, 温度仍为 $27\,^\circ\mathrm{C}$. 试计算飞机距地面的高度 (空气的平均摩尔质量是 $28.97\times 10^{-3}\,\mathrm{kg/mol}$).

3.25 实验测得地球表面的大气压强为 $1\,\mathrm{atm}$, 温度为 $0\,^\circ\mathrm{C}$, 地球的半径为 $R_\mathrm{E} = 6370\,\mathrm{km}$, 重力加速度 $g = 9.8\,\mathrm{m/s^2}$ 保持不变, 大气的平均摩尔质量为 $\mu = 28.9\times 10^{-3}\,\mathrm{kg/mol}$, 试在等温大气模型下计算环绕地球的大气的总质量.

3.26 实际测量表明, 距离地面不太远的大气层的温度随高度增加而近似线性降低, 即有 $T(z) = T_0 - \alpha z$, 其中, α 为正定的常量, T_0 为地球表面的温度. 记地球表面的大气压强为 p_0, 大气的平均摩尔质量为 μ, 大气层内的重力加速度 g 为常量, 试给出

高度为 z 处的大气压强.

3.27 试确定温度为 27°C 时, 1 mol 氧气具有的平动动能和转动动能.

3.28 试确定温度为 300 K 时, 1 mol 氢气和 1 mol 氮气的内能, 以及 1 g 氢气和 1 g 氮气的内能.

3.29 试确定水蒸气分解为相同温度的氢气和氧气时, 内能的增加率.

3.30 试确定在 $3\,\mathrm{kg/cm^2}$ 的压强下, 5 L 氢气的热运动能量.

3.31 试确定常温下质量为 $M_1 = 3\,\mathrm{g}$ 的水蒸气与 $M_2 = 3\,\mathrm{g}$ 的氢气的混合气体的定容比热容.

3.32 容器内盛有汞蒸气、氖气、氦气的混合气体, 比较温度相同情况下这三类气体分子的平均动能和方均根速率的大小.

3.33 对于欧洲核子研究中心的大型强子对撞机上的高能铅 – 铅碰撞实验, 假设碰撞后很短时间内形成的 "火球" 内的物质是由质量很小、速度很接近光速的夸克形成的, 试估算这些夸克形成的物质的定容比热容.

3.34 暴露在分子质量为 m、分子数密度为 n、温度为 T 的理想气体中的干净的固体表面可以以某一数率吸收气体分子. 如果固体仅完全吸收撞击到其表面上的速度法向分量至少为 v_s 的气体分子, 而完全不吸收速度法向分量小于 v_s 的气体分子, 试给出固体对气体分子的吸收数率.

3.35 对处于容积 V 内的由 N 个单原子分子组成的气体加热到足够高的温度, 则这些原子中的一部分可以失去一个电子而形成离子, 这种现象称为热电离. 在温度为 T 的情况下, 热电离达到平衡时, 气体中未电离的原子、离子和自由电子的数密度分别为 $n_\mathrm{a}, n_\mathrm{i}, n_\mathrm{e}$, 记原子的电离能为 E_i, 一个原子所占的体积为 V_a, 试证明:

(1) 上述各量之间满足 $n_\mathrm{i} = n_\mathrm{e}, n_\mathrm{i} + n_\mathrm{a} = \dfrac{N}{V}, V_\mathrm{a} = \dfrac{n_\mathrm{a}}{n_\mathrm{i} n_\mathrm{e}} \mathrm{e}^{-\frac{E_\mathrm{i}}{k_\mathrm{B} T}}$.

(2) 记这些气体分子的电离度为 f, 则它与上述各量之间满足 $\dfrac{f^2}{1-f}\dfrac{N}{V} = \dfrac{1}{V_\mathrm{a}} \mathrm{e}^{-\frac{E_\mathrm{i}}{k_\mathrm{B} T}}$.

3.36 设一系统有 4000000 个分子, 分子只具有 3 个可能的分立状态, 其能量分别为 $0, \varepsilon, 2\varepsilon$, 角动量量子数分别为 $0, 1, 2$. 初始时, 在 0 能级上有 2000000 个分子, 在 ε 能级上有 1600000 个分子, 在 2ε 能级上有 400000 个分子. 如果分子由高能态退激发到低能态, 则会发出光, 并且光子的角动量量子数为 1.

(1) 试通过定量计算说明, 对系统进行光谱测量时, 是否可以测量到发射或/和吸收谱.

(2) 若既能测量到发射谱, 又能测量到吸收谱, 在不考虑能量等对跃迁强度直接影响的情况下, 发射谱和吸收谱的强度比是多大?

3.37 通过测量星体表面附近的摩尔质量为 μ 的气体中原子的光谱线的强度因多普勒红移的变化量和红移量可以确定星体表面的温度. 如果测得某一频率为 ν_0 的光谱线的强度减弱一半时的频率红移量为 $\Delta\nu$, 试证明星体表面的温度大约为 $T = \dfrac{\mu c^2}{2R\ln 2}\left(\dfrac{\Delta\nu}{\nu_0}\right)^2$.

3.38 现在的测量表明, 地球绕太阳的运动可以近似为圆周运动, 周期是 365.25 天, 太阳表面的温度约为 5800 K, 它由太阳内部氢原子核聚变为氦原子核的反应释放出的能量来维持, 太阳的质量为 1.99×10^{30} kg, 太阳的半径为 6.96×10^{8} m, 地球到太阳的平均距离为 1.50×10^{11} m, 火星到太阳的平均距离为 2.28×10^{11} m.

(1) 假设太阳常量 (太阳照射到地面上每平方米面积的功率) 为 1.36 kW/m^2, 试确定火星表面的平均温度和月亮面向太阳的一面的平均温度.

(2) 实验还测得基本电荷电量为 1.60×10^{-19} C, 质子的质量为 1.67×10^{-27} kg, 每燃烧 4 个氢原子核可获得约 25 MeV 的热能, 太阳质量中约 70% 是氢, 其中约 10% 可供燃烧, 试估计燃烧这些氢能维持太阳辐射多长时间.

(3) 现在的研究表明, 地球的年龄大约为 50 亿年, 试确定地球诞生时, 其绕太阳运动的周期与现在的周期之差.

(4) 试确定地球诞生时的太阳常量与现在的太阳常量之差.

3.39 试估算一位身高为 1.8 m 的人 (正常体表温度大约为 35.5 °C) 在正常的舒适室温下的辐射功率.

3.40 现在许多机场、车站、码头都设有非接触型的红外体温计, 以检测是否有高烧病人.

(1) 如果认定体温在 39.5 °C(忽略衣服表面温度与人体温度的差异) 及以上的人为高烧病人, 试确定红外体温计前的滤光片应该最敏感的红外光波长.

(2) 如果红外体温计也能同样检测到正常体温 (体表温度大约为 35.5 °C) 的人的频谱, 试确定该红外体温计检测到的体温为 39.5 °C 的高烧病人的频谱亮度比正常体温的人的频谱亮度高出的百分率.

3.41 电子管的真空度为 1.333×10^{-3} Pa, 设空气分子的有效直径为 3×10^{-10} m, 试求 27 °C 时单位体积内的分子数 n、平均自由程 $\bar{\lambda}$ 和碰撞频率 $\bar{Z}$.

3.42 在 1 atm, 15 °C 的情况下, 氢分子的平均自由程为 1.18×10^{-7} m, 试求氢分子的有效直径.

3.43 设某种气体分子的平均自由程为 $\bar{\lambda}$, 试证明一个气体分子在连续两次碰撞之间所走路程至少为 x 的概率为 $e^{-x/\bar{\lambda}}$.

3.44 假设某压强下温度为 300 K 的氧分子都以平均速率运动, 并且其平均自由程为 2 cm. 某一时刻这些氧气中有 N 个分子都刚与其他分子碰撞, 试确定经过多长时间后其中尚有一半分子未与其他分子碰撞.

3.45 某种有效直径为 2.6×10^{-10} m 的气体分子在 25 °C 的情况下的平均自由程为 2.63×10^{-7} m, 试确定:

(1) 这种情况下气体的压强.

(2) 一个分子在 1 m 的路程上与其他分子碰撞的次数.

3.46 一显像管的灯丝到荧光屏的距离为 20 cm, 已知空气分子的直径为 3×10^{-10} m, 在气体温度为 27 °C 的情况下, 为使灯丝发射的电子有 90% 直接到达荧光屏而在途中不与空气分子碰撞, 显像管的真空度至少为多高?

3.47 由电子枪发出一束电子射入压强为 p 的气体中, 在电子枪前相距 x 处放置一收集电极, 用来测定能自由通过这段距离的电子数. 已知电子枪发射的电子流强度为 100 μA, 当大气压强 $p = 100$ Pa, $x = 10$ cm 时, 到达收集电极的电子流强度为 37 μA. 试确定:

(1) 电子的平均自由程.

(2) 当气体的压强降到 50 Pa 时, 到达收集电极的电子流强度.

3.48 在带电粒子加速器装置中, 产生被加速粒子的离子源与加速电极之间都不可避免地有小的空隙. 通常情况下, 被加速粒子的体积与气体分子的体积相比可以忽略不计, 被加速粒子运动的速率比气体分子运动的速率大得多. 若一加速器中上述空隙的长度为 0.1 m, 其真空度为 $p = 10$ Pa 时, 能够穿越空隙进入加速腔的粒子流强度仅为离子源处的约 36.7%, 为使进入加速腔的粒子流强度不低于离子源处的 99.999999%, 则空隙中的真空度至少应低到什么程度?

第四章　热力学系统的态函数

由第二章的讨论可知, 热力学系统的状态参量不相互独立, 其中的一些可以表示为那些独立状态参量的函数, 即状态方程. 并且作为独立状态参量的函数的那些状态参量在任意两个状态之间的改变通常不仅由相关的两个状态的独立状态参量决定, 而且与系统所经历的两个状态之间的演化过程有关, 例如, 我们熟知的理想气体三大定律所述的压强 (由温度和体积决定) 的变化: 记两个状态的状态参量分别为 $\{T_i, V_i, p_i\}$, $\{T_f, V_f, p_f\}$, 如果这两个状态由等压过程相联系, 则 $p_f = p_i$; 如果这两个状态由等体过程相联系, 则 $p_f = \dfrac{T_f}{T_i} p_i$; 如果这两个状态由等温过程相联系, 则 $p_f = \dfrac{V_i}{V_f} p_i$. 更深入的研究表明, 通常的热力学系统中还存在一类特殊的物理量, 它们仅由系统的状态参量决定, 而与系统所经历的演化过程无关. 热力学系统中的这样的物理量称为热力学系统的态函数. 常见的热力学系统的态函数有内能、焓、熵、自由能和自由焓等. 本章对热力学系统的这些态函数的概念予以简要介绍.

4.1　内　能　和　焓

4.1.1　内能

4.1.1
授课视频

一、内能的概念

热力学系统由相应层次的大量微观粒子组成, 例如, 宏观物质由大量分子或/和原子组成, 致密天体中的白矮星由电子组成, 致密天体中的中子星由核子等强子 (包括强子集团) 组成, 甚至由强子和夸克共同组成, 抑或仅由夸克组成. 热力学系统中的这些粒子都处于不停顿的无规则运动状态, 并且它们之间有相互作用, 那么组成热力学系统的微观粒子具有动能和相互作用势能两种能量形式. 组成系统的微观粒子的动能和相互作用势能的总和称为热力学系统的内能. 记系统的内能为 U, 组成系统的大量微观粒子的动能的总和为 U_k, 这些微观粒子之间的相互作用势能的总和为 U_p, 则有

$$U = U_k + U_p. \tag{4.1}$$

前已提及, 考虑不同结构层次的系统, 组成系统的微观粒子可以相差很远, 例如, 在温度不太高的情况下, 热能不足以影响原子以下层次的微观粒子的运动状态, 所以对于常见的正常条件下的热力学系统可以认为其仅仅是由分子或原子组成的. 相应地,

U_k 和 U_p 也仅分别指分子 (或原子) 的热运动动能和分子 (或原子) 之间的相互作用势能. 但是对于目前引起人们广泛关注的天体系统 (例如, 中子星等) 和高能重离子碰撞形成的 "火球" 系统, 其组分包括质子、中子、超子、介子、电子、中微子, 甚至更深层次的夸克和胶子等, 于是系统的 U_k 就应指所有核子、超子、介子、电子、中微子等的动能, U_p 即包含所有这些粒子之间的相互作用势能. 总之, 考察热力学系统的内能时应注意系统的结构层次.

现在考察系统的内能与状态参量之间的关系. 由第三章的讨论可知, 组成系统的微观粒子的动能与系统的温度密切相关, 例如, 对于三维系统, 每个分子整体的热运动平动动能平均为 $\bar{\varepsilon}_k = \frac{3}{2} k_B T$, 并且还有与分子结构有关的转动动能和振动动能. 在相应自由度被激发的情况下, 这些能量也遵从能量均分定理, 对于每一个转动自由度, 有平均能量 $\frac{1}{2} k_B T$; 对于每一个振动自由度, 由于其既具有动能也具有势能, 因此有平均能量 $\frac{1}{2} k_B T + \frac{1}{2} k_B T = k_B T$. 无论如何, 热力学系统的每一个组分粒子的能量由系统的温度决定. 另一方面, 微观粒子之间的相互作用势能与微观粒子之间的距离密切相关, 而组成系统的微观粒子之间的距离由系统中的粒子数密度决定, 从而由系统的体积 V 决定, 则系统中微观粒子之间的相互作用势能 U_p 依赖于系统的体积 V, 即有 $U_p = U_p(V)$. 因此系统的内能 $U = U_k + U_p$ 应由系统的温度 T 和体积 V 决定, 也就是说, 系统的内能 U 是系统的状态参量的函数, 所以系统的内能是态函数.

二、内能的确定

直观地, 记系统中每一个组分粒子的平均能量为 $\bar{\varepsilon}$, 系统包含的组分粒子数为 N, 则系统的内能可表述为 $U = N\bar{\varepsilon}$. 由第三章的讨论可知, 系统关于组分粒子的能量状态的分布函数可以由玻尔兹曼分布律表述, 即有 $F(\varepsilon_i) = \mathrm{e}^{-\varepsilon_i/(k_B T)}$. 为表述简单, 记 $\frac{1}{k_B T} = \beta$, 则有 $F(\varepsilon_i) = \mathrm{e}^{-\beta \varepsilon_i}$. 考虑分布函数的定义可知,

$$U = N\bar{\varepsilon} = \frac{\sum_i \varepsilon_i F(\varepsilon_i)}{\sum_i F(\varepsilon_i)}.$$

记

$$Z = \sum_i F(\varepsilon_i) = \sum_i \mathrm{e}^{-\beta \varepsilon_i},$$

并称之为系统的配分函数, 则内能 U 即为

$$U = \frac{1}{Z} \sum_i \varepsilon_i \mathrm{e}^{-\beta \varepsilon_i} = \frac{1}{Z} \sum_i \left(-\frac{\partial}{\partial \beta} \mathrm{e}^{-\beta \varepsilon_i} \right) = -\frac{1}{Z} \frac{\partial Z}{\partial \beta},$$

于是有
$$U = -\frac{\partial}{\partial \beta} \ln Z. \tag{4.2}$$

由此可知, 处于平衡态的热力学系统的内能可以由系统的微观粒子按能量状态的分布函数确定, 具体由 (4.2) 式表述. (4.2) 式中的 Z 可由分布函数 F 表述为 $Z = \sum_i e^{-\beta \varepsilon_i} = \sum_i F(\varepsilon_i)$.

4.1.2 焓

4.1.2 授课视频

我国有以俗话形式表述的常识 —— 下雪不冷化雪冷, 究其原理可知, 之所以如此, 是因为下雪是由云凝结成雪花而下落的过程, 在这一云 (水蒸气) 凝结成雪花 (转变为固体) 的过程中, 云 (水蒸气) 系统向外界 (大气) 释放热量, 并且系统的组分保持 H_2O 不变. 而化雪过程是以固体形式存在的雪花转变为以液体形式存在的水的过程, 在这一过程中, 系统的组分也保持 H_2O 不变, 但从大气中吸收热量.

这一自然现象表明, 热力学系统内部蕴含能量, 在外界条件保持确定的情况下, 热力学系统在保持组分不变, 且温度和压强等条件不变的情况下, 由一种状态 (准确来讲, 是第一章关于热力学系统的分类中讨论过的相) 转变为另一种状态 (即发生相变) 的过程中, 这种蕴含于物质内部的能量会释放出来, 或者需要外界提供能量才能实现转变. 这样的能量即我们常说的相变潜热 (latent heat). 较严谨地讲, 热力学系统的相变潜热是系统在温度和压强等外界条件确定不变的情况下由一相转变为另一相的过程中吸收或释放的热量.

由第一章关于能量守恒定律及其在热学中的具体表述 —— 热力学第一定律可知, 在一个没有外界做功但有传热的过程中, 外界传递给系统的热量等于系统内能的增量, 即 $Q = U_f - U_i$, 其中, i, f 分别标记初态和末态. 与此类似, 热力学系统的相变潜热也可以由系统的 (另一种) 内部能量的改变量来表述, 记系统的相变潜热为 L, 相应的内部能量为 H, 初态和末态分别标记为 i, f, 则有

$$L = H_f - H_i.$$

热力学系统的这种形式的内部能量称为系统的焓.

系统的焓和相变潜热都与组成系统的物质的量有关, 也就是说, 系统的焓是广延量. 为便于比较, 人们通常取确定的标度, 例如, 单位质量的相变潜热 (常简称系统的相变潜热)、单位质量的焓、每摩尔的相变潜热、每摩尔的焓.

另一方面, 我们在第三章讨论过热力学系统的定容热容, 并得知热力学系统的定

容热容为在体积保持不变的条件下系统的内能随温度的变化率, 即有 $C_V = \left(\dfrac{\partial U}{\partial T}\right)_V$. 从上述措辞易知, 热力学系统的热容是表征系统的与过程相关的基本性质的物理量, 由于热力学系统在温度变化的情况下保持体积不变是不现实的理想情况, 而在温度变化的情况下保持压强不变却较容易实现, 因此除了定容热容之外, 常用的热容是定压热容. 由 (第一章已述) 热力学第一定律可知, 热力学系统在一等压元过程 ($\mathrm{d}p \equiv 0$) 中与外界交换的热量为

$$(đQ)_p = \mathrm{d}U - đW = \mathrm{d}U + p\,\mathrm{d}V = \mathrm{d}U + p\,\mathrm{d}V + V\,\mathrm{d}p = \mathrm{d}U + \mathrm{d}(pV) = \mathrm{d}(U + pV).$$

由于内能 U 是系统的态函数, 压强 p 和体积 V 是系统的状态参量, 因此 $U + pV$ 是系统的态函数. 并且, 如果记态函数 $U + pV$ 为 H, 则系统的定压热容可以简洁地表述为

$$C_p = \lim_{\Delta T \to 0} \left(\dfrac{\Delta Q}{\Delta T}\right)_p = \left(\dfrac{\partial H}{\partial T}\right)_p.$$

这样定义的态函数 $H = U + pV$ 称为热力学系统的焓. 利用 4.2 节将引入的热力学系统的熵的概念、相变的等压条件和热力学第一定律可以证明这样定义的态函数 —— 焓与前述的由相变潜热引入的相应于系统的不同于内能的内部能量 (亦称为焓) 等价 (请读者自己完成该证明).

4.2 熵

4.2.1 熵的概念与确定

一、熵的概念

回顾热学中我们已经接触到的重要的可测量物理量, 例如, 温度、压强、体积、内能和焓等, 我们知道, 这些物理量可以分为两类: 一类是强度量, 另一类是广延量. 强度量不因物质的量的变化而变化, 而广延量却对物质的量成简单的相加关系. 例如, 将两个具有相同状态参量的系统 A 和 B 连接起来, 形成一个大系统 A+B, 则有 $T_{A+B} = T_A = T_B$, $p_{A+B} = p_A = p_B$, 而 $V_{A+B} = V_A + V_B$, $U_{A+B} = U_A + U_B$, 这说明温度和压强是强度量, 体积和内能是广延量.

回顾第三章的讨论我们知道, 从微观上讲, 热力学系统的微观状态数 Ω 是最重要的物理量之一, 它决定处于平衡态的系统的微观状态的分布规律, 进而按照统计规律决定系统的可测量物理量和性质. 但是热力学系统的微观状态数 Ω 既不是强度量, 也不是广延量, 因为对于两个系统 A, B, 记其所拥有的微观状态数分别为 Ω_A, Ω_B, 由两个系统的微观状态数各自都是相互独立事件可知, 这两个系统组合形成的大系统 A+B

▶ 4.2.1
授课视频

的微观状态数为 $\Omega_{A+B} = \Omega_A \cdot \Omega_B$. 鉴于此, 人们当然希望引入能直接反映系统微观状态数的可测量物理量.

根据对数函数的性质, 我们知道

$$\ln \Omega_{A+B} = \ln(\Omega_A \cdot \Omega_B) = \ln \Omega_A + \ln \Omega_B,$$

即 $\ln \Omega$ 是广延量, 并且 $\ln \Omega$ 与 Ω 有相同的单调性质, 那么用 $\ln \Omega$ 定义的物理量既可以直接表征微观状态数 Ω 的多少和性质, 又可以与其他热力学量相对应. 这表明, 定义直接反映系统微观状态数的可测量物理量是现实和可行的.

具体地, 以玻尔兹曼系统为例, 其微观状态数为

$$\Omega = \frac{N!}{\prod_i N_i!} \prod_i g_i^{N_i}.$$

为简单计, 考虑 $g_i = 1$ 的情况, 此时 $\Omega = \dfrac{N!}{\prod_i N_i!}$, 则

$$\ln \Omega = \ln N! - \ln \prod_i N_i! = \ln N! - \sum_i \ln N_i!.$$

由粒子数守恒定律可知, $dN = 0$, $d \ln N! = d(N \ln N - N) = \ln N dN + N \dfrac{dN}{N} - dN = 0$, 于是

$$d \ln \Omega = -\sum_i d \ln N_i! = -\sum_i d(N_i \ln N_i - N_i) = -\sum_i \ln N_i dN_i.$$

由玻尔兹曼分布 $N_i = g_i e^{-\alpha - \beta \varepsilon_i}$ 可知, $g_i = 1$ 时, $N_i = e^{-\alpha - \beta \varepsilon_i}$, 则

$$\ln N_i = -\alpha - \beta \varepsilon_i = \ln N_0 - \beta \varepsilon_i,$$

于是

$$d \ln \Omega = -\sum_i (\ln N_0 - \beta \varepsilon_i) dN_i = -\ln N_0 \sum_i dN_i + \beta \sum_i \varepsilon_i dN_i = \beta \sum_i \varepsilon_i dN_i.$$

我们知道, 在经典物理范畴内, 每一种能量状态的能量 ε_i 都确定, 即有 $d\varepsilon_i = 0$, 于是

$$\sum_i \varepsilon_i dN_i = \sum_i (\varepsilon_i dN_i + N_i d\varepsilon_i) = d\sum_i N_i \varepsilon_i = dE.$$

因此

$$d \ln \Omega = \beta dE.$$

将 $\beta = \dfrac{1}{k_B T}$ 代入上式, 则得 $d\ln\Omega = \dfrac{dE}{k_B T}$, 于是

$$k_B d\ln\Omega = \frac{dE}{T}.$$

这表明系统的微观状态数 Ω 的对数的微小变化表征系统内部能量的微小变化, 具体地, $k_B d\ln\Omega$ 表征单位温度对应的蕴含于系统内部的能量的改变量.

上述讨论表明, 通过适当定义参考点, 人们可以定义

$$S = k_B \ln\Omega, \tag{4.3}$$

这样定义的 S 可以很好地描述热力学系统的微观状态及蕴含于系统内部的能量的性质. 显然, 由于比例系数 k_B (玻尔兹曼常量) 具有 $J\cdot K^{-1}$ 的量纲, 即具有单位温度对应的能量的量纲, 因此称这样定义的 S 为热力学系统的微观熵. 由于这样的熵是由玻尔兹曼引入的, 因此常称之为玻尔兹曼熵, 记为 S_B.

二、熵的确定

上述熵的定义很好地反映了热力学系统的微观状态及其数目的重要性, 并清楚地说明熵的本质是系统拥有的微观状态数的度量, 是系统内部有序和无序程度的度量. 但是, 由此定义难以确定热力学系统的熵, 因为通常我们直接拥有的不是系统的微观状态数, 而是系统的微观状态的分布律, 例如, 按能量状态的分布函数 $F(\varepsilon_i) = e^{-\beta\varepsilon_i}$, 或者系统的配分函数 $Z = \sum_i F(\varepsilon_i) = \sum_i e^{-\beta\varepsilon_i}$. 因此我们还需要由系统的分布函数 F 或配分函数 Z 确定系统的熵的方案.

回顾熵的定义可知, 我们曾假设了每一种能量状态的能量 ε_i 确定, 得到 $d\varepsilon_i = 0$, 但事实上, 如果系统受外界影响较大, 则 $d\varepsilon_i = 0$ 的假设并不成立. 况且在量子物理范畴内, 量子态的能量具有不确定性 (相应地, 量子态具有有限的寿命), 于是实际有

$$dS = k_B \beta \Big(dE - \sum_i N_i d\varepsilon_i\Big).$$

由 4.1 节关于内能的讨论可知,

$$\beta dE = -\beta d\Big(\frac{\partial}{\partial\beta}\ln Z\Big) = -d\Big(\beta\frac{\partial}{\partial\beta}\ln Z\Big) + \frac{\partial\ln Z}{\partial\beta}d\beta.$$

由分布函数的定义可知,

$$\sum_i N_i d\varepsilon_i = \sum_i e^{-\beta\varepsilon_i} d\varepsilon_i = -\frac{1}{\beta}\sum_i \frac{\partial\ln Z}{\partial\varepsilon_i}d\varepsilon_i.$$

于是

$$dS = k_B\Big[-d\Big(\beta\frac{\partial}{\partial\beta}\ln Z\Big) + \frac{\partial\ln Z}{\partial\beta}d\beta + \sum_i \frac{\partial\ln Z}{\partial\varepsilon_i}d\varepsilon_i\Big] = k_B\Big[d\ln Z - d\Big(\beta\frac{\partial}{\partial\beta}\ln Z\Big)\Big].$$

那么，通过适当选取参考点，则有

$$S_B = k_B \left(\ln Z - \beta \frac{\partial}{\partial \beta} \ln Z \right). \tag{4.4}$$

由此可知，热力学系统的微观熵可以由系统的微观状态的分布函数或配分函数确定，具体关系如 (4.4) 式所示.

前述讨论还表明，热力学系统的微观熵的表达式中的 $\mathrm{d}E = \mathrm{d}\sum_i N_i \varepsilon_i$ 为热力学系统的内能，并且对于每一种能量状态的能量 ε_i，都可能有 $\mathrm{d}\varepsilon_i \neq 0$，从而 $\sum_i N_i \mathrm{d}\varepsilon_i \neq 0$. 具体地，之所以 $\sum_i N_i \mathrm{d}\varepsilon_i \neq 0$，是因为有明显较大的外界影响. 记外界影响的广义坐标为 x_j，则

$$\mathrm{d}\varepsilon_i = \sum_j \frac{\partial \varepsilon_i}{\partial x_j} \mathrm{d}x_j.$$

回顾第三章关于微观状态的经典力学描述方案可知，$\frac{\partial \varepsilon_i}{\partial x_j} = -\dot{p}_j = -F_j$，即 $\frac{\partial \varepsilon_i}{\partial x_j}$ 实际对应于 j 方向的广义力 Y_j. 由力学原理可知，当物体在力的方向上有位移时，力即对物体做了功，这就是说，$\mathrm{d}\varepsilon_i$ 为与影响系统状态的外界因素相应的广义力所做的功. 由此可知，$\mathrm{d}E - \sum_i N_i \mathrm{d}\varepsilon_i$ 为除与广义力相应的明显的机械能和电磁能之外的形式的能量交换. 由第一章关于热力学系统的分类的讨论和此后的第五章的讨论可知，这样交换的能量实际即外界传递给系统的热量 đQ，于是前述热力学系统的微观熵的定义实际是

$$\mathrm{d}S_B = k_B \mathrm{d} \ln \Omega = \frac{\text{đ}Q}{T}. \tag{4.5}$$

4.2.2 熵与信息

4.2.2
授课视频

我们知道，当今社会是信息社会，所谓信息就是对事物状态、存在方式和相互联系进行描述的一组文字、符号、语言、图像及情态，即消除事物的不确定性的因素. 这些因素可以与热力学系统的微观状态相类比，而事物可以与热力学系统的宏观状态相类比. 设确定一个事物的因素有 Ω 个，第 j 个因素出现的概率为 P_j，信息论的创始人香农 (Shannon) 将热力学系统的熵的概念推广，定义信息熵 (或广义熵) 为

$$S_I = -K \sum_{j=1}^{\Omega} P_j \ln P_j. \tag{4.6}$$

取信息熵的单位为比特 (bit)，则 $K = 1/\ln 2$.

可以证明, 决定事物的因素越多, 各个因素的概率越接近, 信息熵 S_I 越大, 所以信息熵是无知或信息缺乏程度的度量. 据此, 可以确定信息的信息量为

$$I = -\Delta S = -(S_f - S_i), \tag{4.7}$$

其中, S_i, S_f 分别为收到信息前后事物的信息熵, 即一个信息的信息量为其引起的事物的信息熵的减少量. 由前述定义可知, 每擦去 1 bit 信息将使系统的熵增加 $dS = k_B \ln 2$. 由 (4.5) 式可知, 在一个元过程中, 如果系统的熵增加 dS, 则在温度为 T 的环境下, 需要外界向系统传递热量 $đQ = TdS$, 即外界需要消耗能量 $dE = TdS$. 那么, 每擦去 1 bit 信息需要消耗能量 $k_B T \ln 2$.

长时期的研究表明, 信息熵与热力学熵 (统计物理学熵) 一样, 其变化会带来动力学效应. 于是信息熵的引入使熵的概念由物理学进入信息学、生命科学、经济学、社会学等领域, 并推动这些学科定量化研究及动力学机制研究的发展. 例如, 目前关于脱氧核糖核酸 (DNA) 分子测序的研究, 使得人们可以获得 DNA 分子的微观结构的信息, 降低其信息熵, 向准确了解遗传的奥秘、有效防治疾病迈进了一步. 在物理学本身的范畴内来讲, 信息熵的概念也极大地推动了关于量子力学及引力等基本问题研究的深入和发展 (有兴趣的读者可参阅 Maruyama K, Nori F, Vedral V. Rev. Mod. Phys., 2009, 81: 1).

4.3 自由能、自由焓和化学势*

4.3.1 自由能与自由焓

一、自由能

因为温度 T 是系统的状态参量, 熵 S 和内能 U 是系统的态函数, 都具有确定的物理意义和数值, 那么, 对于一个确定的状态, T, S, U 的组合 $TS - U$ 或 $U - TS$ 也具有确定的物理意义和数值. 于是可以定义 $U - TS$ 为热力学系统的另一个态函数, 称之为系统的亥姆霍兹自由能 (Helmholtz free energy) 或亥姆霍兹函数 (Helmholtz function), 简称自由能, 记作 F, 即有

$$F = U - TS. \tag{4.8}$$

将该定义式改写, 则有 $U = F + TS$. 由 4.1 节关于热力学系统的内能的讨论和 4.2 节关于热力学系统的熵的讨论可知, 系统的内能是热力学系统内部的总能量, 系统的熵 S 与温度 T 的乘积是蕴含于系统内部的不能够对外界做功的那一部分能量, 于是系统的自由能实际是系统内部的能够对外界做功的那一部分能量, 由此人们可以确

定系统能够对外界做功的最大本领，并常称之为最大功原理. 显然，最大功原理是工程热力学关心的重要内容，限于课程范畴，本教材不对此予以系统深入的讨论，而仅在第六章给予简要介绍. 再者，由自由能的变化可以判定等温等体的热力学过程自发演化的方向，给出达到平衡态的条件等，从而解决热学中的很多重要问题. 第六、第八和第九章将对其一些应用予以讨论.

另一方面，将前述的内能与微观状态的分布函数 (配分函数) 的关系代入 (4.8) 式，则得

$$F = -\frac{1}{\beta}\ln Z = -k_B T \ln Z. \tag{4.9}$$

由此可知，热力学系统的自由能可以直接由系统的分布函数 (或者说，通过对所有能量状态的分布函数求和而定义的系统的配分函数) 确定.

二、自由焓

与自由能概念的引入类似，因为温度 T 是系统的状态参量，熵 S 和焓 H 是系统的态函数，都具有确定的物理意义和数值，那么，对于一个确定的状态，T, S, H 的组合 $TS - H$ 或 $H - TS$ 也具有确定的物理意义和数值. 于是可以定义 $H - TS$ 为热力学系统的另一个态函数，称之为系统的吉布斯自由焓 (Gibbs free enthalpy) 或吉布斯函数 (Gibbs function)，简称自由焓，常记作 G，即有

$$G = H - TS. \tag{4.10}$$

将该定义式改写，则有 $H = G + TS$. 由 4.1 节关于热力学系统的焓的讨论和 4.2 节关于热力学系统的熵的讨论可知，系统的熵 S 与温度 T 的乘积是蕴含于系统内部的不能够对外界做功的那一部分能量，于是系统的自由焓实际是系统内部的能够对外界做非体积功的那一部分能量，由此人们可以确定系统能够对外界做非体积功的最大本领. 这显然也是工程热力学关心的重要内容，限于课程范畴，本教材不对此予以系统深入的讨论，而仅在第六章给予简要介绍. 再者，由自由焓的变化可以判定等温等压的热力学过程自发演化的方向，给出达到平衡态的条件等，从而解决热学中的很多重要问题，尤其对相变过程的研究极为重要 (因为相变过程是等温等压过程). 第六和第九章将对其一些应用予以讨论.

4.3.2 化学势及其与自由焓的关系

一、化学势的概念的提出

回顾第三章关于平衡态系统中微观粒子的能量状态的分布律的讨论，由粒子数守

恒定律 $\sum_i N_i = N$ 和 $N = \sum_i g_i \mathrm{e}^{-\alpha-\beta\varepsilon_i} = \mathrm{e}^{-\alpha}\sum_i g_i \mathrm{e}^{-\beta\varepsilon_i}$ 可知, 待定因子 (拉格朗日乘子) α 和 β 之间应满足

$$\mathrm{e}^{-\alpha} = \frac{N}{\sum_i g_i \mathrm{e}^{-\beta\varepsilon_i}},$$

将之改写为

$$\mathrm{e}^{-\alpha} = \mathrm{e}^{\beta\mu},$$

则玻尔兹曼分布可以改写为

$$N_i^{\mathrm{BM}} = g_i \mathrm{e}^{-\beta(\varepsilon_i-\mu)}, \tag{4.11}$$

并且通常称这样定义的 μ 为玻尔兹曼系统的化学势.

对于玻色系统, 也可以通过改记 $\mathrm{e}^\alpha = \mathrm{e}^{-\beta\mu}$, 将其按能量的最概然分布 (即第三章所述的玻色分布或玻色 – 爱因斯坦分布)

$$N_i^{\mathrm{B}} = \frac{g_i}{\mathrm{e}^{\alpha+\beta\varepsilon_i}-1}$$

改写为

$$N_i^{\mathrm{B}} = \frac{g_i}{\mathrm{e}^{\beta(\varepsilon_i-\mu)}-1} \tag{4.12a}$$

或

$$n_i^{\mathrm{B}} = \frac{1}{\mathrm{e}^{\beta(\varepsilon_i-\mu)}-1}. \tag{4.12b}$$

显然, n_i^{B} 为玻色系统中处在能量为 ε_i 的量子态 i 的平均粒子数密度, 其中 $\mu = -\dfrac{\alpha}{\beta}$ 称为玻色系统的化学势.

同理, 对于费米系统, 也可以定义 $\mu = -\dfrac{\alpha}{\beta}$, 其中 α, β 为拉格朗日乘子, 将费米系统的最概然分布 (即第三章所述的费米分布或费米 – 狄拉克分布)

$$N_i^{\mathrm{F}} = \frac{g_i}{\mathrm{e}^{\alpha+\beta\varepsilon_i}+1}$$

改写为

$$N_i^{\mathrm{F}} = \frac{g_i}{\mathrm{e}^{\beta(\varepsilon_i-\mu)}+1} \tag{4.13a}$$

或

$$n_i^{\mathrm{F}} = \frac{1}{\mathrm{e}^{\beta(\varepsilon_i-\mu)}+1}. \tag{4.13b}$$

这样定义的 $\mu = -\dfrac{\alpha}{\beta}$ 称为费米系统的化学势.

二、化学势的直观物理意义 —— 化学势与自由焓的关系

将系统的自由焓 G 记为系统的温度 T、压强 p 和其所包含的粒子数 N 的函数，则其全微分为 $\mathrm{d}G = \left(\frac{\partial G}{\partial T}\right)_{p,N}\mathrm{d}T + \left(\frac{\partial G}{\partial p}\right)_{T,N}\mathrm{d}p + \left(\frac{\partial G}{\partial N}\right)_{T,p}\mathrm{d}N$，其中的 $\left(\frac{\partial G}{\partial N}\right)_{T,p}$ 亦称为化学势. 由此可知, 化学势是在温度和压强保持确定不变的条件下, 系统的自由焓随系统所包含的粒子数的变化率. 尽管它具有明确的物理意义, 但不够直观. 另外, 我们在前面讨论系统的能量状态的分布规律时也引入了化学势的概念. 下面我们以理想玻尔兹曼系统为例, 讨论近独立粒子系统的化学势的直观物理意义.

设能级 ε_a 的简并度为 g_a, 能量连续近似下的能量态密度为 $g(\varepsilon)$, 玻尔兹曼系统的化学势为 μ_{BM}, 则系统包含的粒子数为

$$N = \sum_a g_a n_a = V \int_0^\infty \mathrm{e}^{\beta(\mu_{\mathrm{BM}}-\varepsilon)} g(\varepsilon)\mathrm{d}\varepsilon,$$

其中, V 为系统在位形空间内的体积. 系统包含的内能为

$$U = \sum_a g_a \varepsilon_a n_a = V \int_0^\infty \varepsilon \mathrm{e}^{\beta(\mu_{\mathrm{BM}}-\varepsilon)} g(\varepsilon)\mathrm{d}\varepsilon.$$

系统的熵为

$$S = k_\mathrm{B} \ln \Omega = k_\mathrm{B} \ln \left(\frac{N!}{\prod_a N_a!} \prod_a g_a^{N_a} \right)$$

$$= k_\mathrm{B} \left(\ln N! - \ln \prod_a N_a! + \ln \prod_a g_a^{N_a} \right)$$

$$= k_\mathrm{B} \left(\ln N! + \sum_a N_a \ln g_a - \sum_a \ln N_a! \right)$$

$$= k_\mathrm{B} \left[\ln N! + \sum_a N_a \ln g_a - \sum_a N_a(\ln N_a - 1) \right],$$

略去常量项 $\ln N!$ 的贡献, 则有

$$S = -k_\mathrm{B} \sum_a N_a \left(\ln \frac{N_a}{g_a} - 1 \right) = -k_\mathrm{B} \sum_a n_a g_a (\ln n_a - 1)$$

$$= -k_\mathrm{B} \sum_a n_a g_a \ln n_a + k_\mathrm{B} N$$

$$= -k_\mathrm{B} V \int_0^\infty g(\varepsilon) \mathrm{e}^{\beta(\mu_{\mathrm{BM}}-\varepsilon)} \ln \mathrm{e}^{\beta(\mu_{\mathrm{BM}}-\varepsilon)} \mathrm{d}\varepsilon + k_\mathrm{B} N$$

$$= -k_\mathrm{B} V \int_0^\infty g(\varepsilon) \beta(\mu_{\mathrm{BM}}-\varepsilon) \mathrm{e}^{\beta(\mu_{\mathrm{BM}}-\varepsilon)} \mathrm{d}\varepsilon + k_\mathrm{B} N$$

$$= -k_\mathrm{B} \beta \left[V \mu_{\mathrm{BM}} \int_0^\infty g(\varepsilon) \mathrm{e}^{\beta(\mu_{\mathrm{BM}}-\varepsilon)} \mathrm{d}\varepsilon - V \int_0^\infty g(\varepsilon) \varepsilon \mathrm{e}^{\beta(\mu_{\mathrm{BM}}-\varepsilon)} \mathrm{d}\varepsilon \right] + k_\mathrm{B} N$$

$$= -k_\mathrm{B} \beta \mu_{\mathrm{BM}} N + k_\mathrm{B} \beta U + k_\mathrm{B} N.$$

将之代入 4.3.1 小节所述的自由焓的定义及熵与内能 U 等之间的关系, 得

$$\begin{aligned}
G &= U + pV - TS \\
&= U + Nk_\mathrm{B}T - T\left(-k_\mathrm{B}\beta\mu_\mathrm{BM}N + k_\mathrm{B}\beta U + k_\mathrm{B}N\right) \\
&= U + Nk_\mathrm{B}T + k_\mathrm{B}T\beta\mu_\mathrm{BM}N - k_\mathrm{B}T\beta U - k_\mathrm{B}TN \\
&= U + \mu_\mathrm{BM}N - U \\
&= \mu_\mathrm{BM}N.
\end{aligned}$$

所以理想玻尔兹曼系统的化学势为

$$\mu_\mathrm{BM} = \frac{G_\mathrm{BM}}{N}. \tag{4.14}$$

采用类似的方法可以证明, 理想费米系统的化学势 μ_F 为

$$\mu_\mathrm{F} = \frac{G_\mathrm{F}}{N}, \tag{4.15}$$

理想玻色系统的化学势 μ_B 为

$$\mu_\mathrm{B} = \frac{G_\mathrm{B}}{N}. \tag{4.16}$$

总之, 由 N 个微观粒子组成的近独立粒子系统的化学势为

$$\mu = \frac{G}{N}. \tag{4.17}$$

推而广之, 对于所有单相物质, 化学势就是热力学系统中每个粒子所具有的自由焓, 也就是在等温等压条件下对系统添加一个粒子所需要的能量.

由 (4.12a) 式可知, 为保证 N_i^B 总有意义, 应有 $\mathrm{e}^{\beta(\varepsilon_i-\mu)} > 1$, 也就是要求玻色系统的化学势 $\mu_\mathrm{B} < 0$. 结合上述关于化学势的物理意义的讨论可知, 玻色系统的化学势 $\mu_\mathrm{B} < 0$ 会使得系统的能量随粒子数增多而降低, 亦即使系统处于能量最低的状态, 从而玻色系统可以发生凝聚 (即常说的玻色 – 爱因斯坦凝聚 (Bose-Einstein condensation, 常简记为 BEC)).

思 考 题

4.1 试分析论证由系统的微观状态的统计分布律确定系统的内能的 (4.2) 式与系统的内能的原始定义式 (4.1) 之间的等价性.

4.2 试详细具体证明由系统的微观状态的统计分布律确定系统的熵的 (4.4) 式.

4.3 试证明信息熵的定义式 (4.6) 与微观上的定义式 (4.3) 之间的等价性.

4.4 试证明由相变潜热引入的系统的焓与由 $H = U + pV$ 定义的系统的焓的等价性.

4.5 试分析论述热力学系统的自由能和自由焓的物理意义.

4.6 试分析讨论费米系统是否也有可能发生凝聚. 如果可能, 试说明该可能性的物理机制, 并说明费米系统的凝聚与玻色 – 爱因斯坦凝聚的差别.

第五章 热力学第一定律

在第一和第三章中, 我们分别讨论了热力学系统的平衡态的描述方法和热力学系统的基本统计规律. 这些描述和讨论都是对热力学系统的一类确定的状态 —— 平衡态而言的. 平衡态是在力学平衡、热平衡和化学平衡都达到并得以维持的条件下, 热力学系统所处的状态. 在实际的物理问题中, 如果这些平衡条件之一或全部被破坏, 系统的状态将会发生变化. 由日常生活经验可知, 一个平衡态被破坏之后, 系统的状态会发生变化. 力学理论告诉我们, 力学系统状态的演化遵循动力学规律, 这些规律可以表述为牛顿定律和一些守恒定律. 对于热力学系统, 研究表明, 热力学系统和纯粹的力学系统一样, 其状态的演化也有一定的性质和规律, 这些动力学规律和性质可以表述为热力学第一定律、第二定律和第三定律. 本章中, 我们讨论热力学第一定律及其简单应用.

5.1 热力学第一定律

5.1.1 功 —— 力学相互作用下转移的能量

5.1.1
授课视频

力学研究表明, 在外力作用下, 物体的平衡态会被破坏, 从而改变物体的运动状态, 并且伴随有以功的形式表现出来的能量转移. 对于热力学系统, 通常把其力学平衡条件被破坏时产生的对系统状态的影响称为力学相互作用. 由于热力学系统的多样性, 热力学系统中的力学相互作用具有多种多样的形式, 它不仅包括机械的相互作用, 例如, 压强、表面张力、一维弹性力等, 还包括电场、磁场等对系统的影响. 与纯粹的力学系统在外力作用下引起的效应一样, 热力学系统在力学相互作用下不仅会改变状态, 而且在系统和外界之间会有能量转移, 这种能量转移也以做功的方式表现出来. 我们知道, 在力学系统中, 当物体受到力的作用并在力的方向上发生位移后, 力就对物体做功. 在热力学系统中, 力学相互作用是广义的, 相应的位移是广义位移. 记热力学系统所受的广义力为 Y, 引起的广义位移为 ΔX, 则由力学原理可知, 该元过程中力学相互作用对热力学系统所做的功为

$$\Delta W = Y \cdot \Delta X. \tag{5.1}$$

以图 1.6 所示的气缸活塞系统为例, 气缸中有一横截面积为 S 的活塞, 其中封有压强为 p 的流体 (气体或液体). 设活塞外侧的压强为 p_e, 在 p_e 作用下活塞向内移动

距离 ΔX, 根据力学原理可知, 该过程中外界对流体所做的元功为

$$\Delta W = (p_\mathrm{e} S) \cdot \Delta X.$$

从系统状态来看, 其体积减小了 $S\Delta X$, 即体积改变量 (广义位移) 为 $\Delta V = -S\Delta X$, 所以上式又可表示为

$$\Delta W = -p_\mathrm{e}\Delta V.$$

如果活塞与气缸壁之间的摩擦可以忽略不计, 上述压缩过程进行得足够缓慢以至于可以视为准静态过程, 则外界施予流体的压强 p_e 等于流体 (系统) 的压强 p, 即 $p_\mathrm{e} = p$, 那么上式可以重写为

$$\Delta W = -p\Delta V. \tag{5.2}$$

此即无摩擦准静态过程中体积功的元功表达式.

显然, 如果 $\Delta V < 0$, 则 $\Delta W > 0$, 它表示外界对系统做正功; 如果 $\Delta V > 0$, 则 $\Delta W < 0$, 它表示外界对系统做负功, 也就是系统对外界做正功. 这种对应标定了做功的正负与外界对系统做功还是系统对外界做功之间的关系.

对于系统体积由 V_i 变为 V_f 的有限的无摩擦准静态过程, 外界对系统所做的功就是相应的所有各元过程中所做功的叠加, 也就是

$$W = -\sum_j p_j \Delta V_j. \tag{5.3}$$

根据定积分的概念, 如果各元过程的体积改变量 ΔV_j 都是趋于零的无穷小量, 则 (5.3) 式实际上即

$$W = -\int_{V_\mathrm{i}}^{V_\mathrm{f}} p\,\mathrm{d}V. \tag{5.4}$$

根据定积分的意义, 上述功的数值可以在 p-V 图上表示为过程曲线与横坐标轴之间的曲边梯形的面积, 如图 1.7 所示. 于是, 只要知道了过程进行中 p 与 V 的关系 $p(V)$, 也就是 p-V 图上过程曲线的具体位置, 就可以确定该准静态过程中的功. 很显然, 过程曲线的位置不同, 其下曲边梯形的面积就不同, 这就是说, 过程进行的路径不同, 外界对系统所做功的数值就不同. 所以功的数值与路径有关, 不能由初态和末态完全确定. 因此功是过程量, 不是态函数. 于是元功通常以无穷小量 đW 表示, 而不能表示为全微分形式 dW.

表示系统在过程进行中状态参量之间关系的方程称为系统状态变化的过程方程. 显然, 过程方程与系统的状态方程不同, 过程方程描述系统状态变化的过程中各状态参

量之间的关系, 而状态方程描述系统处在任何一个确定状态时各状态参量之间的关系, 并且仅由状态方程不能确定过程方程. 例如, 对于理想气体, 其状态方程为 $pV = \nu RT$, 由此可知, $p = \dfrac{\nu RT}{V}$. 由于压强 p 不仅依赖于体积 V, 还依赖于温度 T, 因此由之不能唯一确定过程进行中各状态参量之间的关系. 但是在一些特殊情况下, 过程只经历一系列特殊的状态, 则过程方程可以由状态方程求得, 例如, 等温过程 $T =$ 常量, 从而 $p \propto \dfrac{1}{V}$, 所以理想气体的等温过程方程可以表示为 $T =$ 常量, 由之可以推出 $p = \dfrac{常量}{V}$, 即 $pV = p_j V_j =$ 常量. 知道了过程方程, 我们就可以利用 (5.3) 式或 (5.4) 式确定过程中外界对系统所做的功.

如前所述, 热力学系统中的力学相互作用是广义的, 除上述实例中提到的压强外, 还有表面张力、弹性力、电源电动势、磁场强度等多种形式的广义力, 在其作用下会产生相应的广义位移. 具体分析这些广义力和广义位移可知, 广义位移都正比于系统中的物质的量, 广义力都与系统中的物质的量无关, 也就是说, 广义位移是广延量, 广义力是强度量. 那么, 对于任意一个系统中发生的准静态过程, 通过分析过程中的特征量的性质, 就可以确定过程中的广义力和广义位移, 进而利用 (5.1) 式即可求出过程中的元功, 再通过积分就可以完全确定所讨论过程中外界和系统之间在力学相互作用下转移的能量.

5.1.2 热量 —— 热学相互作用下转移的能量

热力学系统的平衡态, 除满足力学平衡条件外, 还应满足热平衡和化学平衡条件. 当系统与外界之间存在温度差时, 系统的热平衡条件就被破坏, 系统的状态会随之发生变化. 当热力学系统状态的变化来源于热平衡条件被破坏时, 我们称系统与外界之间存在热学相互作用. 那么热学相互作用的表现就是外界和系统之间存在温度差. 由日常事实可知, 温度不同的两物体接触时, 温度较低的物体的温度会升高. 根据第一章关于温度本质的讨论我们知道, 在上述接触过程中一定有能量从高温物体传递到低温物体, 使组成原低温物体的微观粒子的无规则运动剧烈程度提高. 那么热学相互作用的效果就是有能量从高温物体传递到低温物体. 以这种方式传递的能量称为热量. 因此热量是热学相互作用下伴随系统状态的改变而传递的能量, 也就是说, 热量的本质是能量.

5.1.2 授课视频

平衡态的化学平衡条件包括化学反应平衡和相平衡等. 当系统与外界之间或系统内各部分之间存在化学反应不平衡或相不平衡等现象时, 我们称系统与外界之间或系统内各部分之间存在化学相互作用. 因为在化学反应过程中一般都有反应热存在, 在相变过程中也可能有相变潜热存在, 所以化学相互作用的效果除有物质组分或相的变化外，还有以热量的形式进行的能量转移. 因此化学相互作用下的能量转移与热学相互作用下的能量转移方式相同，都以热量的形式表现出来. 那么化学相互作用下的能量转移可以纳入热学相互作用下的能量转移进行讨论，也就是说，关于热量的讨论不仅限于热学相互作用的效果，也包括化学相互作用的效果.

比较热量和功的本质可知，热量和功是系统状态变化时伴随发生的两种不同的能量传递方式，是以不同形式传递的能量的度量，都与状态变化的具体路径有关. 因此热量和功一样，是过程量，而不是态函数. 所以一个无穷小的过程中传递的热量只能记作 đQ，而不能记作 dQ. 虽然如此，热力学系统中的热量和功还是有一定区别的，其区别主要表现在它们源自不同的相互作用. 热量来源于热学相互作用，只有存在温度差时才有热量传递；功是力学相互作用引起的，只有在广义力的方向上有广义位移时才有功出现. 由于电磁作用的效果通常表现为通过电磁作用力做功而改变系统的能量，因此，严格地，热量是系统与外界之间交换的除机械或电磁形式之外的其他形式的能量. 由于电磁力做功与机械力做功的效果都是通过做功改变系统的能量，因此可以归入力学相互作用或做功的范畴. 于是系统与外界之间相互作用的方式可以归结为仅有力学的和热学的两种方式，从而系统与外界交换能量的方式可以归结为仅有做功和传热两种. 另外，由上述定义可知，这里所说的力学相互作用、热学相互作用和化学相互作用等仅仅指对热力学系统的影响因素，不同于我们通常所说的自然界中存在的四种相互作用 (引力相互作用、电磁相互作用、强相互作用和弱相互作用).

5.1.3 功、热量及内能之间的关系 —— 热力学第一定律

5.1.3
授课视频

热力学系统与外界之间的相互作用可以分为力学的和热学的. 在这些相互作用下，一方面，系统的状态会发生变化，从而作为态函数的内能会随之改变. 另一方面，伴随有做功和传热两种形式的能量传递. 根据能量守恒守律，做功、传热和内能改变这三种形式的能量的总和应保持守恒. 于是当热力学系统的状态发生变化时，可以通过做功和传热等方式改变系统的内能，内能的增量等于外界对系统所做的功与外界传递给系统的热量之和，此即能量守恒定律在涉及热现象宏观过程中的具体表述，也就是著名的热力学第一定律. 记热力学过程中外界对系统所做的功为 W，外界传递给系统的热量为 Q，系统处于初态 i 时的内能为 U_i，达到末态 f 时的内能为 U_f，内能的增量 $U_f - U_i$ 记为 ΔU，则热力学第一定律可以用数学形式表示为

$$\Delta U = U_f - U_i = W + Q. \tag{5.5}$$

上述讨论表明，在一个热力学过程中，外界对系统所做的功 W 和外界传递给系统的热量 Q 都是代数量，都可正可负. 根据前述讨论，将这些量的符号约定如下：$W > 0$

表示外界对系统做正功, $W < 0$ 表示外界对系统做负功, 实质上也就是系统对外界做正功; $Q > 0$ 表示外界传递给系统正热量, $Q < 0$ 表示外界传递给系统负热量, 也就是系统向外界释放热量. 通常, 为区分系统对外界做功 (或释放热量) 和外界对系统做功 (或吸收热量), 分别用 W', Q' 表示系统对外界所做的功和系统传递给外界的热量. 对于内能的增量 ΔU, $\Delta U > 0$ 表示系统的内能增加 ($U_f > U_i$), $\Delta U < 0$ 表示系统的内能减少 ($U_f < U_i$).

如果系统发生的过程是一个微小过程, 以至于内能的增量为一无穷小量, 根据内能是态函数的性质, 该无穷小量可记为全微分, 于是 (5.5) 式可以表示为

$$dU = đQ + đW. \tag{5.6}$$

根据热力学第一定律, 我们可以对功、热量和内能进行进一步讨论. 从定义上看, 功是热力学系统在力学相互作用下传递的能量, 热量是热力学系统在热学相互作用下传递的能量, 内能是组成系统的微观粒子的无规则运动动能和相互作用势能的总和. 从本质上看, 功、热量和内能都是能量, 并且做功和传热是改变系统内能的两种不同方式. 从与系统状态的关系上看, 功和热量都是过程量, 不能仅由系统所经历过程的初态和末态确定, 而应由过程所经历的路径确定, 而内能是态函数. 因为如果对应系统的一个状态有两个内能 U 和 U' ($U \neq U'$), 则可以在不改变系统状态的情况下从系统取出能量, 这显然既与内能是组成系统的微观粒子的动能和势能之和的定义不符, 又违背能量守恒定律, 所以作为系统的态函数, 内能是系统状态的单值函数. 另一方面, 焦耳的大量实验 (其中的一部分如图 5.1 所示) 表明, 对于绝热过程, 系统内能的改变量为 $\Delta U = U_f - U_i = W_{绝热}$, 那么在一个绝热过程中, 外界对系统所做的绝热功 $W_{绝热}$ 与路径无关, 仅由系统的初态和末态决定. 据此, 我们可以给系统的内能一个宏观可操作的定义: 热力学系统的内能增量等于系统变化过程中外界对系统所做的绝热功. 如果系统经历一个非绝热过程, 虽然外界对系统所做的功和传递给系统的热量都不仅取决于

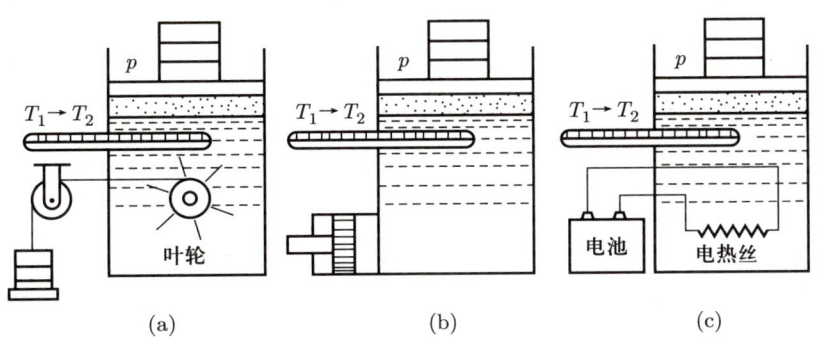

图 5.1 改变气缸活塞系统的状态的方式 (焦耳实验) 举例, 其中, (a) 为通过叶轮搅拌 (做功), (b) 为通过活塞加压 (做功), (c) 为通过电热丝加热 (电磁力做功)

系统的初态和末态, 还与过程所经历的路径有关, 但是外界对系统所做的功和传递给系统的热量之和却仅取决于系统的初态和末态, 而与过程所经历的路径无关.

因为功、热量和内能都是能量, 则在利用 (5.5) 式和 (5.6) 式进行计算时, 就应都以能量单位焦耳 (J) 为单位. 卡 (cal) 曾是热量的一种单位, 目前物理学中已将其废除. 考虑到历史原因, 卡仍作为专门领域中的一种非国家法定计量单位来使用, 国际上规定, 它与焦耳的关系 (即热功当量) 为 1 热化学卡 = 4.184 焦耳, 1 热工程卡 = 4.1868 焦耳.

考虑到热力学第一定律是能量守恒定律在涉及热现象宏观过程中的具体表述, 热力学第一定律还可以表述为第一类永动机是不可能造成的. 所谓第一类永动机就是不需要消耗任何形式的能量和动力而能对外界做功的机械. 显然, 这与能量守恒定律矛盾, 所以是不可能造成的. 事实上, 热力学第一定律的 "第一类永动机是不可能造成的" 的表述是亥姆霍兹的原始表述.

5.2 热力学第一定律在关于物体性质讨论中的应用

5.2.1 物体的热容

5.2.1
授课视频

我们知道, 容量通常指一定量的物体或系统荷载或容纳其他物质或能量等的能力, 它与物体或系统所处的环境、条件有关, 有一定的适用范围; 并且还与系统中的物质的量, 也就是标度相关. 热量是在热力学过程中传递的一种能量, 一个物体或系统荷载或容纳这种形式的能量的能力就是该物体或系统的热容. 定量地, 在一定的条件下, 物体或系统的温度升高 (或降低) 1 K 时吸收 (或释放) 的热量称为该物体或系统在该条件下的热容, 记之为 C, 即有

$$C = \lim_{\Delta T \to 0} \frac{\Delta Q}{\Delta T}. \tag{5.7}$$

对于热力学系统, 所谓一定的条件, 即物体或系统经历的过程具有确定的特征, 例如, 具有一定的状态参量 p 或 V. 关于标度相关性, 可以是系统整体, 也可以是特殊的标度, 例如, 1 mol 物质或单位质量物质. 对于 1 mol 物质, 其相应的热容为摩尔热容, 记为 C_m 或 C_0. 而单位质量物质的热容称为该物质的比热容, 简称比热, 常用 c 表示.

由热力学第一定律可知, 热力学系统吸收或释放热量的数量与其经历的过程有关, 那么热容定义中的一定的条件还包括一定的热力学过程. 相应地, 常见的等体过程和等压过程中的热容分别称为定容热容和定压热容, 并分别记为 C_V, C_p. 对于定容热容, 由于等体 (定容) 过程中状态参量的最典型关系是 $V = $ 常量, 即 $\Delta V = 0$, 由热力学第一定律可知, 定容过程中传递的热量为 $(\Delta Q)_V = (\Delta U - W)_V = (\Delta U + p\Delta V)_V = (\Delta U)_V$. 若相应的温度变化量为 ΔT, 则定容热容可以表示为

$$C_V = \lim_{\Delta T \to 0}\left(\frac{\Delta Q}{\Delta T}\right)_V = \lim_{\Delta T \to 0}\left(\frac{\Delta U}{\Delta T}\right)_V.$$

由偏导数的定义可知, 上式即

$$C_V = \left(\frac{\partial U}{\partial T}\right)_V. \tag{5.8}$$

对于等压 (定压) 过程, 因为 $\Delta p = 0$, 则 $p\Delta V = \Delta(pV) - (\Delta p)V = \Delta(pV)$, 那么, 由热力学第一定律可知,

$$(\Delta Q)_p = (\Delta U + p\Delta V)_p = [\Delta(U + pV)]_p,$$

若定义 $H = U + pV$, 则 $(\Delta Q)_p$ 可简写为 $(\Delta Q)_p = (\Delta H)_p$, 所以

$$C_p = \lim_{\Delta T \to 0}\left(\frac{\Delta Q}{\Delta T}\right)_p = \lim_{\Delta T \to 0}\left(\frac{\Delta H}{\Delta T}\right)_p.$$

由此可知, 系统的定压热容可以由上面定义的函数 $H = U + pV$ 在压强不变的情况下关于温度的偏导数表示, 即有

$$C_p = \left(\frac{\partial H}{\partial T}\right)_p. \tag{5.9}$$

5.2.2 物体的内能和焓

5.2.2 授课视频

如 4.1 节和 5.1 节所述, 物体的内能可以从微观和宏观操作两个角度来定义. 从微观上讲, 内能是组成物体的微观粒子的热运动动能和这些粒子之间的相互作用势能的总和; 从宏观操作上讲, 物体内能的变化量就是在引起物体状态变化的过程中外界对物体所做的绝热功.

再者, 从形式上看, 为简化定压热容的表述, 人们定义了函数 $H = U + pV$. 由于内能 U 是态函数, pV 由系统的状态参量 p 和 V 唯一确定, 因此这样定义的函数 H 也是系统的态函数, 并称之为焓. 于是我们有系统的另一个态函数 —— 焓, 其形式为

$$H = U + pV. \tag{5.10}$$

因为内能由组成物体的微观粒子的热运动动能和粒子之间的相互作用势能决定, 将之表示为物体的温度 T 和体积 V 的函数时可以比较方便地讨论物体的性质和微观结构, 所以通常取 $U = U(T, V)$. 由于焓的概念是在讨论定压热容及相变潜热时提出的, 那么, 把焓表示为温度 T 和压强 p 的函数时可以比较方便地讨论物体在温度 T 和压强 p 变化的过程中的性质, 因此通常将物体的焓表示为 $H = H(T, p)$.

由上述关于热容的讨论可知, 物体的定容热容 C_V 和定压热容 C_p 分别与内能、焓关于温度 T 的偏导数等价, 并分别如 (5.8) 式和 (5.9) 式所示. 由 (5.8) 式可知,

$$(\mathrm{d}U)_V = C_V \mathrm{d}T.$$

由 $U = U(T, V)$ 可知, 一般地, 应有

$$\mathrm{d}U = \left(\frac{\partial U}{\partial T}\right)_V \mathrm{d}T + \left(\frac{\partial U}{\partial V}\right)_T \mathrm{d}V = C_V \mathrm{d}T + f'(T, V)\mathrm{d}V.$$

同理,

$$\mathrm{d}H = \left(\frac{\partial H}{\partial T}\right)_p \mathrm{d}T + \left(\frac{\partial H}{\partial p}\right)_T \mathrm{d}p = C_p \mathrm{d}T + g'(T, p)\mathrm{d}p.$$

于是, 我们有

$$U(T, V) - U_0 = \int_{T_0}^{T} C_V \mathrm{d}T + f(V), \tag{5.11}$$

$$H(T, p) - H_0 = \int_{T_0}^{T} C_p \mathrm{d}T + g(p), \tag{5.12}$$

其中, T_0 是选取的标准点的温度, $f(V), g(p)$ 分别是温度 T 确定的情况下关于 V, p 的函数, U_0, H_0 是依赖于标准点选取的常量 (在一些专门学科中有具体规定, 例如, 在热化学中规定 $t = 25\,°\mathrm{C}\ (298.15\,\mathrm{K})$, $p = 1\,\mathrm{atm}\ (101325\,\mathrm{Pa})$ 时处于稳定形态的元素的状态为标准参考态, 标准参考态的焓为零, 记作 $H_0^{298} = 0$).

由 (5.11) 式和 (5.12) 式可知, 如果测定了系统的定容热容 $C_V(T)$ 和定压热容 $C_p(T)$, 并利用其他方法得到了 $f(V)$ 和 $g(p)$, 就可以确定系统的内能和焓. 由第二章的讨论可知, 当系统的温度变化时, 由于体膨胀系数 $\alpha \neq 0$, 系统的体积一定会发生变化, 因此在实验上, 定容热容很难测定, 而定压热容的测定却相对容易. 那么, 相对而言, 系统的焓比内能容易确定. 另一方面, 地球表面上的物体一般都处于确定的大气压强下, 物态变化, 或者说物相变化 (相变), 以及一些化学反应都在确定的压强下进行, 因此在实验和工程技术中, 焓比内能有更重要的实用价值.

对于理想气体这一典型的特殊系统, 因为理想气体的分子之间的相互作用力可以忽略, 即 $U_\mathrm{p} = $ 常量, 则内能 $U = U_\mathrm{k} + U_\mathrm{p}$ 和定容热容 C_V 都仅是温度 T 的函数, 即 $f(T, V)$ 应是一个常量, 从而可以并入 U_0, 那么理想气体的内能可以表示为

$$U(T, V) = U(T) = \int_{T_0}^{T} C_V(T)\mathrm{d}T + U_0. \tag{5.13}$$

由于理想气体状态方程为 $pV = \nu RT$, 因此理想气体的焓可以表示为

$$H(T, p) = H(T) = U(T) + \nu RT. \tag{5.14}$$

根据 (5.14) 式和 (5.9) 式可得

$$C_{p,\text{IG}} = \left(\frac{\partial H}{\partial T}\right)_p = \frac{\mathrm{d}H(T)}{\mathrm{d}T} = \frac{\mathrm{d}U(T)}{\mathrm{d}T} + \nu R = C_V + \nu R.$$

即对于理想气体, 其定容热容和定压热容之间满足

$$C_p - C_V = \nu R. \tag{5.15a}$$

相应地, 自然有

$$C_{p,\text{m}} - C_{V,\text{m}} = R. \tag{5.15b}$$

引入参量 $\gamma = \dfrac{C_p}{C_V}$, 并常称其为气体的泊松比或绝热指数, 则可解得

$$C_{V,\text{IG}} = \frac{1}{\gamma - 1}\nu R, \qquad C_{p,\text{IG}} = \frac{\gamma}{\gamma - 1}\nu R.$$

根据 3.4 节的讨论可知, 对于非相对论性单原子分子理想气体, $\gamma = \dfrac{5}{3}$; 对于常温下的非相对论性双原子分子理想气体, $\gamma = \dfrac{7}{5}$; 对于高温下的非相对论性双原子分子理想气体, $\gamma = \dfrac{9}{7}$; 对于极端相对论性单原子分子理想气体, $\gamma = \dfrac{4}{3}$.

上述分析表明, 理想气体的内能和焓都是态函数, 且仅与温度 T 有关, 与体积 V 和压强 p 无关, 即有 $U = U(T)$, $H = H(T)$. 但实际情况是否如此呢? 这需要由实验检验. 于是, 自十九世纪前期开始, 人们进行了很多实验对之进行检验. 下面简要介绍理想气体自由膨胀实验 (盖吕萨克, 1807 年; 焦耳, 1845 年)、通向大气的气体等温膨胀实验 (罗西尼 (Rossini) 和弗兰德森 (Frandsen), 1932 年) 的实验原理和测量结果.

焦耳的理想气体自由膨胀实验的实验装置及过程如图 5.2 所示. 开始时, 容器 A 中充满气体, 容器 B 中为真空, 连接容器 A 和 B 的阀门 C 关闭, 它们都浸在水中, 如图 5.2 (a) 所示. 然后将阀门 C 打开, 让气体自由膨胀, 充满容器 A 和 B, 如图 5.2 (b) 所示. 实验时, 测量阀门 C 打开前后的水温, 测量结果表明水温保持不变.

根据 $U = U(T, V)$ 可知, 当系统的温度改变 ΔT、体积改变 ΔV 时, 系统的内能的改变量为

$$\Delta U = \left(\frac{\partial U}{\partial T}\right)_V \Delta T + \left(\frac{\partial U}{\partial V}\right)_T \Delta V.$$

由热力学第一定律可知,

$$\Delta U = Q + W.$$

对于气体的自由膨胀过程, 因为无热量传递, 且不做功, 则 $\Delta U = 0$, 于是有

$$\left(\frac{\partial U}{\partial T}\right)_V \Delta T + \left(\frac{\partial U}{\partial V}\right)_T \Delta V = 0.$$

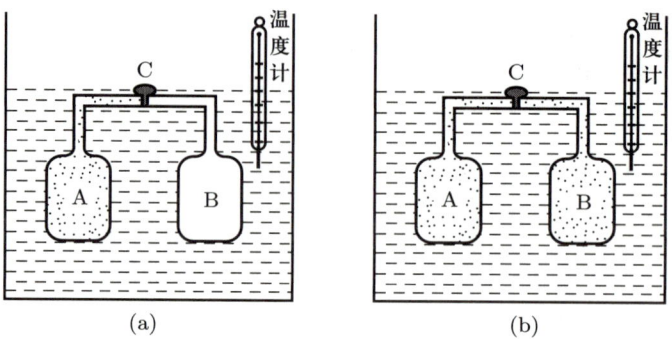

图 5.2 焦耳的理想气体自由膨胀实验的实验装置及过程示意图

实验表明 $\Delta V \neq 0$ 的情况下, $\Delta T = 0$, 那么一定有

$$\left(\frac{\partial U}{\partial V}\right)_T = 0,$$

即内能 U 与系统的体积 V 无关. 理想气体 (或者说实际气体在密度趋于零的极限情况下的近似) 的内能只是温度的函数而与体积无关的规律称为焦耳定律.

通向大气的气体等温膨胀实验的实验装置如图 5.3(a) 所示. 实验过程是, 将阀门打开, 瓶内的气体沿缠绕在储气瓶上的细管流向大气, 气体温度保持不变 (由加热器加热来保证), 由温度计监测. 记储气瓶的容积为 V_B, 阀门开启前储气瓶内的气体压强为 p, 储气瓶内气体的物质的量为 ν, 大气压强 (记为 p_0) 下气体的摩尔体积为 $V_{m,0}$, 由于从储气瓶内流出的气体进入大气, 而大气压强确定不变, 则该过程中气体对外界所做的功为

$$W' = p_0 \Delta V = p_0(\nu V_{m,0} - V_B).$$

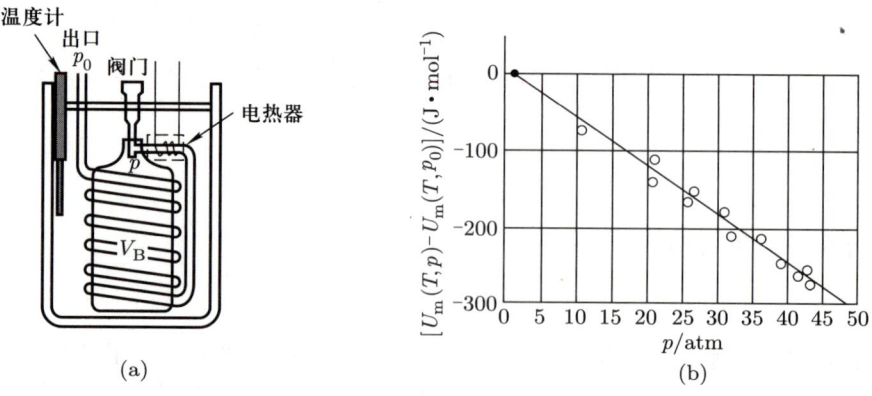

图 5.3 (a) 通向大气的气体等温膨胀实验的实验装置示意图和 (b) 对空气的测量结果

由此可知, 外界对气体所做的功为

$$W = -W' = -p_0 \Delta V = -p_0(\nu V_{\mathrm{m},0} - V_{\mathrm{B}}).$$

因为膨胀过程中气体的温度保持不变, 假设这些气体可以近似为理想气体, 由玻意耳定律可知,

$$pV_{\mathrm{B}} = p_0 \nu V_{\mathrm{m},0}.$$

那么在气体膨胀过程中, 外界对气体所做的功为

$$W = -(p - p_0)V_{\mathrm{B}}.$$

记整个气体膨胀过程中外界传递给系统的热量为 Q, 由热力学第一定律可知, 该过程中气体的内能改变量为

$$\Delta U = U(T, p_0) - U(T, p) = W + Q = -(p - p_0)V_{\mathrm{B}} + Q.$$

因为该气体等温膨胀过程中外界传递给系统的热量 Q 可以由消耗的电能确定, 则通过测量在不同初始压强 p 下保持相同温度 T 的过程中消耗的电能即可得到内能改变量与压强的函数关系 $\Delta U(p)$, 也就可以得到内能改变量与体积的函数关系 $\Delta U(V)$.

对于空气的测量结果如图 5.3(b) 所示. 很显然, 内能改变量 $\Delta U(T, p)$ 与压强 p 成线性关系. 由此可知, 该气体系统的内能与系统的压强和温度的函数关系可以表示为

$$U(T, p) = f(T)p + g(T) = g(T)\left[1 + \frac{f(T)}{g(T)}p\right],$$

其中, $f(T)$ 和 $g(T)$ 为与温度相关的函数. 具体数据表明, $\dfrac{f(T)}{g(T)} \sim 10^{-6}$. 这表明, 与 $g(T)$ 相比, $f(T)$ 可以忽略不计, 于是有

$$U(T, p) \approx g(T).$$

由此我们可以得到结论: 空气的内能近似仅与系统的温度有关, 与系统的压强无关, 也就是与系统的体积无关.

总之, 自由膨胀实验和气体等温膨胀实验都表明, 在压强趋于零的情况下, 气体的内能近似只依赖于气体的温度, 而与气体的体积或压强无关, 从而可以确定理想气体的内能只是温度的函数. 根据焓的定义我们知道, 理想气体的焓也只是温度的函数.

5.2.3 实际气体的节流膨胀效应

在绝热自由膨胀实验中, 由于仪器浸在水中, 系统温度的改变通过测量水温的变化来确定, 而水的热容远大于气体的热容, 因此该实验结果不可能很精确. 于是, 焦耳

5.2.3
授课视频

和汤姆孙 (Thomson) 于 1852 年进行了气体在固定压强差下通过多孔塞膨胀的实验以进一步研究气体的内能. 高压气体经过多孔塞流到低压一边的稳定流动过程称为节流膨胀过程, 该实验又常被称为节流膨胀实验.

一、实验装置、过程及结果

节流膨胀实验的实验装置如图 5.4(a) 所示, 其过程可简化表示为如图 5.4(b) 所示的形式, 多孔塞 (如棉絮等) 置于绝热气缸的中间, 两边各有一个面积分别为 S_1, S_2 的活塞, 活塞上分别作用有 $F_1 = p_1 S_1, F_2 = p_2 S_2$ 的恒定不变的外力 ($F_1 > F_2$). 实验开始时, 气体都在多孔塞的左边, 其状态可记为 $\{p_i, V_i, T_i\}$, 内能为 U_i. 在外力 F_1 的作用下, 气体缓慢流过多孔塞到达右边, 在外力 F_2 的作用下, 保证右边气体的压强始终是 p_2. 过程结束后, 所有气体都在多孔塞的右边, 其状态可记为 $\{p_f, V_f, T_f\}$, 内能为 U_f. 由过程的特征可知, 在该节流膨胀过程中, 外界对系统所做的总功为左右两部分气缸中的等压过程所做功之和, 即

$$W = W_{p,\text{左}} + W_{p,\text{右}} = p_i V_i - p_f V_f.$$

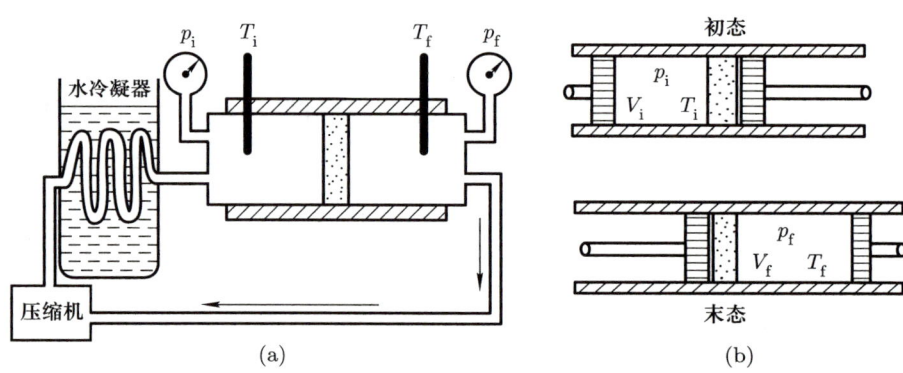

图 5.4 (a) 气体的节流膨胀实验的实验装置示意图和 (b) 过程简化说明示意图

因为该过程与外界之间绝热, 根据热力学第一定律则有

$$(\Delta U)_{\text{tp}} = U_f - U_i = Q + W = p_i V_i - p_f V_f, \tag{5.16}$$

也就是

$$U_f + p_f V_f = U_i + p_i V_i,$$

即

$$H_f = H_i. \tag{5.17}$$

这就是说，在节流膨胀过程前后，气体的焓不变. 所以节流膨胀过程是一个等焓过程.

实验表明，常温常压下，所有实际气体在节流膨胀过程后，温度都发生变化，并且其变化与气体的种类、初态的温度和压强，以及末态的压强有关. 这种在常温常压下气体通过多孔塞节流膨胀后温度发生变化的现象称为节流膨胀效应或焦耳 – 汤姆孙效应. 如果节流膨胀后温度降低，则称之为节流正效应或节流制冷效应；如果节流膨胀后温度升高，则称之为节流负效应. 对很多气体的一系列测量表明，大多数气体的节流膨胀效应都是正的 ($T_f < T_i$)，而氢气、氦气等气体的节流膨胀效应是负的 ($T_f > T_i$). 进一步分析表明，理想气体的温度在节流膨胀过程前后保持不变，即 $T_f = T_i = $ 常量. 将之代入理想气体状态方程则得 $p_i V_i - p_f V_f = 0$. 那么由 (5.16) 式可知，理想气体系统的内能在节流膨胀过程中保持不变. 这一压强、体积变化而温度不变的情况下内能不变的结果充分说明，理想气体的内能仅是温度的函数.

二、节流膨胀效应的正负及强弱的表征

节流膨胀效应的正负和强弱由焦耳 – 汤姆孙系数表征. 焦耳 – 汤姆孙系数定义为节流膨胀过程在 p-T 图上的等焓线的斜率，记为 μ，即有

$$\mu = \left(\frac{\partial T}{\partial p}\right)_H. \tag{5.18}$$

考虑节流膨胀过程的特征：节流膨胀过程后系统的压强降低，即 $\Delta p < 0$. 再考虑节流膨胀效应的符号定义：温度降低的为正效应，温度升高的为负效应. 由 (5.18) 式我们知道，$\mu > 0$ 对应节流正效应，$\mu < 0$ 对应节流负效应. 这可作为表征节流膨胀效应的符号的具体判据，并且很显然，焦耳 – 汤姆孙系数 μ 的绝对值越大，在相同的压强落差下，温度的变化量越大，节流膨胀效应越强，且 $\mu = 0$ 为节流正效应和节流负效应的分界.

由于 $\mu = 0$ 为节流正效应和节流负效应的分界，并且 $\mu = 0$ 对应的状态 $\{p, T\}$ 为 p-T 图上由 $T(p)$ 函数表征的等焓线上的极值点，那么，将所有这些极值点连接起来就形成一条区分节流正效应和节流负效应的分界线. 通常，人们称这条曲线为节流膨胀效应的转换曲线. 结合实验测量结果可知，表征大多数气体的节流膨胀效应的 p-T 图如图 5.5 所示.

三、焦耳 – 汤姆孙系数的确定和节流膨胀效应的微观解释

由焦耳 – 汤姆孙系数的定义我们知道，只要确定了一个系统的态函数——焓，由之得到焓相等条件下系统的温度与压强之间的关系，然后计算其导数即可确定该系统的焦耳 – 汤姆孙系数. 下面以范德瓦耳斯模型为例进行具体讨论.

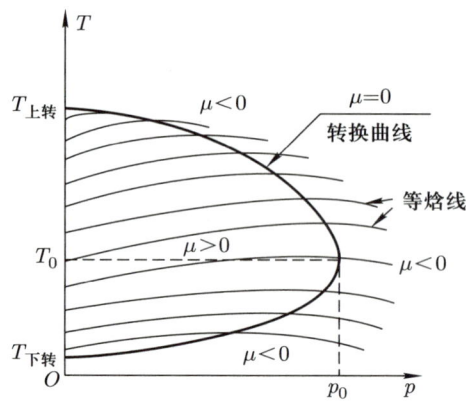

图 5.5 大多数气体的可能的节流膨胀效应区域示意图

对于 1 mol 范德瓦耳斯气体, 其状态方程为

$$\left(p + \frac{a}{V_m^2}\right)(V_m - b) = RT.$$

由此可知,

$$pV_m = RT + bp - \frac{a}{V_m} + \frac{ab}{V_m^2}.$$

因为范德瓦耳斯气体的摩尔内能 (可由 6.3 节和 6.7 节给出的一般关系确定) 为

$$U_m = C_{V,m}T - \frac{a}{V_m} + 常量,$$

则范德瓦耳斯气体的摩尔焓为

$$H_m = U_m + pV_m = (C_{V,m} + R)T - \frac{a}{V_m}\left(2 - \frac{b}{V_m}\right) + bp + 常量.$$

在系统的压强、摩尔体积、温度分别改变 $\Delta p, \Delta V_m, \Delta T$ 的情况下, 系统的摩尔焓的改变量为

$$\Delta H_m = (C_{V,m} + R)\Delta T + \frac{2a}{V_m^2}\left(1 - \frac{b}{V_m}\right)\Delta V_m + b\Delta p.$$

所以在等焓 ($\Delta H_m = 0$) 的情况下, 系统的温度改变量与体积改变量及压强改变量之间的关系为

$$\Delta T = -\frac{1}{C_{V,m} + R}\left[\frac{2a}{V_m^2}\left(1 - \frac{b}{V_m}\right)\Delta V_m + b\Delta p\right].$$

另一方面, 直接由范德瓦耳斯方程可知,

$$\Delta p = \frac{R}{V_m - b}\Delta T - \frac{RT}{(V_m - b)^2}\Delta V_m + \frac{2a}{V_m^3}\Delta V_m,$$

于是有
$$\Delta V_{\mathrm{m}} = \frac{\frac{R}{V_{\mathrm{m}}-b}\Delta T - \Delta p}{\frac{RT}{(V_{\mathrm{m}}-b)^2} - \frac{2a}{V_{\mathrm{m}}^3}}.$$

将之代入 ΔT 的表达式, 即得 ΔT 与 Δp 及状态参量等之间的关系, 进一步计算 $\lim\limits_{\Delta p \to 0}\left(\frac{\Delta T}{\Delta p}\right)_H$ 可得

$$\mu = \left(\frac{\partial T}{\partial p}\right)_H = \frac{2aV_{\mathrm{m}}(V_{\mathrm{m}}-b)^2 - bRTV_{\mathrm{m}}^3}{R^2TV_{\mathrm{m}}^3 + C_{V,\mathrm{m}}[RTV_{\mathrm{m}}^3 - 2a(V_{\mathrm{m}}-b)^2]}. \tag{5.19}$$

再考虑 Δp 的表达式, 由之可得范德瓦耳斯模型的体膨胀系数为

$$\alpha_{\mathrm{vdW}} = \frac{1}{V}\left(\frac{\partial V}{\partial T}\right)_p = \frac{RV_{\mathrm{m}}^2(V_{\mathrm{m}}-b)}{RTV_{\mathrm{m}}^3 - 2a(V_{\mathrm{m}}-b)^2}. \tag{5.20}$$

实验表明, 对于所有气体, 都有 $\alpha > 0$. 于是有 $\alpha_{\mathrm{vdW}} > 0$. 由于范德瓦耳斯模型中 $V_{\mathrm{m}} - b > 0$, 即 (5.20) 式中的分子恒大于 0, 则 (5.20) 式中的分母也大于 0. 进而考察焦耳 – 汤姆孙系数的表达式 (5.19) 可知, 其分母恒大于 0, 于是范德瓦耳斯模型下的焦耳 – 汤姆孙系数的符号完全由其表达式中的分子的符号决定. 那么, 如果 $2aV_{\mathrm{m}}(V_{\mathrm{m}}-b)^2 - bRTV_{\mathrm{m}}^3 > 0$, 则 $\mu > 0$; 如果 $2aV_{\mathrm{m}}(V_{\mathrm{m}}-b)^2 - bRTV_{\mathrm{m}}^3 = 0$, 则 $\mu = 0$; 如果 $2aV_{\mathrm{m}}(V_{\mathrm{m}}-b)^2 - bRTV_{\mathrm{m}}^3 < 0$, 则 $\mu < 0$. 这表明, 在范德瓦耳斯方程中的压强修正因子 a 起主要作用的情况下, 系统具有节流正效应; 在范德瓦耳斯方程中的体积修正因子 b 起主要作用的情况下, 系统具有节流负效应.

由范德瓦耳斯模型中的体积修正因子和压强修正因子的物理意义可知, 压强修正因子起主要作用即组成系统的粒子之间的吸引力发挥主要作用, 于是, 在系统压强减小, 从而密度减小、粒子之间的距离将增大的情况下, 组成系统的粒子的活动受到限制, 不能保持原来无规则运动的剧烈程度, 因此温度下降, 出现节流正效应. 同理, 体积修正因子起主要作用即组成系统的粒子之间的排斥力发挥主要作用, 于是, 在系统压强减小, 从而密度减小、粒子之间的距离将增大的情况下, 组成系统的粒子的活动受到激励, 从而其无规则运动的剧烈程度进一步加强, 因此温度上升, 出现节流负效应. 推而广之, 节流膨胀效应的正负由组成系统的粒子之间的吸引力和排斥力的相对强弱决定. 如果粒子之间的吸引力较强, 则系统具有节流正效应; 如果粒子之间的排斥力较强, 则系统具有节流负效应.

四、转换曲线及一些特殊状态的确定

如前所述, 系统的 p-T 图上区分系统可以具有节流正效应的区域和可以具有节流负效应的区域的分界线称为节流膨胀效应的转换曲线. 实验测量表明, 大多数气体的

转换曲线如图 5.5 中的曲线所示. 由图 5.5 可知, 只有在初始压强处于一定数值之下, 初始温度处于确定的既不太高也不太低的范围内的情况下, 系统才可能具有节流正效应. 也就是说, 对于一种气体, 存在最高上转换温度和最低下转换温度, 只有当系统的初始温度处于最低下转换温度与最高上转换温度之间的情况下, 系统才可能具有节流正效应. 并且, 还存在最大压强, 只有在系统的压强低于该最大压强时, 系统才可能具有节流正效应. 这里, 我们先讨论确定转换曲线及最低下转换温度、最高上转换温度、最大压强及其对应的温度的一般方法, 然后以范德瓦耳斯模型为例给出具体结果.

因为转换曲线为 p-T 图上满足关系 $\mu = \left(\dfrac{\partial T}{\partial p}\right)_H = 0$ 的曲线, 所以我们需要先根据前述方法确定系统的焦耳 – 汤姆孙系数 μ, 然后求解 $\mu = 0$ 的方程, 得到相应条件下的函数 $T(p)$ 或 $p(T)$, 即可确定系统的转换曲线. 进一步求解压强等于 0 的情况下, 转换曲线决定的关于温度 T 的方程, 即可确定最低下转换温度和最高上转换温度. 根据极值条件, 求解转换曲线上由极大值条件 $\dfrac{\partial p}{\partial T} = 0$ 和 $\dfrac{\partial^2 p}{\partial T^2} < 0$ 决定的方程组即可确定最大压强及其对应的温度.

下面以范德瓦耳斯模型为例进行具体讨论.

由 (5.19) 式可知, 对应 $\mu = \left(\dfrac{\partial T}{\partial p}\right)_H = 0$ 的曲线方程为

$$2aV_\mathrm{m}(V_\mathrm{m} - b)^2 - bRTV_\mathrm{m}^3 = 0,$$

由之可得

$$\frac{b}{V_\mathrm{m}} = 1 - \sqrt{\frac{bRT}{2a}}.$$

此即气体在范德瓦耳斯模型下满足焦耳 – 汤姆孙系数为 0 这一条件的曲线方程的表述形式. 但是, 尽管上式满足 $\mu = \left(\dfrac{\partial T}{\partial p}\right)_H = 0$ 的条件, 可由于它给出的是体积与温度之间的关系, 而非通常所说的压强与温度之间的关系, 因此我们需要对上式加以整理.

由范德瓦耳斯方程可知,

$$p = \frac{RT}{V_\mathrm{m} - b} - \frac{a}{V_\mathrm{m}^2} = \frac{RT}{V_\mathrm{m}\left(1 - \dfrac{b}{V_\mathrm{m}}\right)} - \frac{a}{V_\mathrm{m}^2} = \frac{RT}{b}\frac{\dfrac{b}{V_\mathrm{m}}}{1 - \dfrac{b}{V_\mathrm{m}}} - \frac{a}{b^2}\left(\frac{b}{V_\mathrm{m}}\right)^2.$$

将由 $\mu = \left(\dfrac{\partial T}{\partial p}\right)_H = 0$ 的条件决定的摩尔体积与温度的函数关系代入上式, 经过整理则得

$$p_{\mathrm{vdW},\mu=0} = \frac{a}{b^2}\left(1 - \sqrt{\frac{bRT}{2a}}\right)\left(3\sqrt{\frac{bRT}{2a}} - 1\right).$$

此即范德瓦耳斯气体的转换曲线方程.

对于上式，令 $p=0$，则可解得范德瓦耳斯气体的最高上转换温度、最低下转换温度分别为

$$T_{\text{up,max}} = \frac{2a}{bR}, \qquad T_{\text{low,min}} = \frac{2a}{9bR}.$$

直接计算转换曲线方程的一阶导数和二阶导数，则得

$$\frac{\mathrm{d}p_{\text{vdW},\mu=0}}{\mathrm{d}T} = \frac{R}{2b}\left(2\sqrt{\frac{2a}{bRT}} - 3\right),$$

$$\frac{\mathrm{d}^2 p_{\text{vdW},\mu=0}}{\mathrm{d}T^2} = -\frac{R^2}{4a}\left(\frac{2a}{bRT}\right)^{3/2}.$$

求解极大值条件决定的方程组，则得相应于最大压强的温度和最大压强分别为

$$T_{\text{max}-p} = \frac{8a}{9bR}, \qquad p_{\text{max}} = \frac{a}{3b^2}.$$

对于氮气，上述范德瓦耳斯模型的计算结果为：$T_{\text{up,max}}^{\text{vdW}} = 851.09\,\text{K}$，$T_{\text{low,min}}^{\text{vdW}} = 94.56\,\text{K}$，$T_{\text{max}-p}^{\text{vdW}} = 378.26\,\text{K}$，$p_{\text{max}}^{\text{vdW}} = 302\,\text{atm}$. 实验测量结果为：$T_{\text{up,max}}^{\text{expt}} = 618\,\text{K}$，$T_{\text{low,min}}^{\text{expt}} = 93\,\text{K}$，$T_{\text{max}-p}^{\text{expt}} = 318\,\text{K}$，$p_{\text{max}}^{\text{expt}} = 376\,\text{atm}$. 比较这些数据可知，范德瓦耳斯模型下的计算结果与实验测量结果符合得较好.

这表明，前述关于节流膨胀效应的微观机制是正确的，但是具体定量计算方面还需要加以改进. 另外，以 $p=0$ 为条件确定最高上转换温度和最低下转换温度只是极限模型情况，因为将 $p=0$ 和 $T_{\text{up,max}}$ 或 $T_{\text{low,min}}$ 代入原方程后得到的摩尔体积 V_m 是非物理的，这表明 $p=0$ 是不能实际实现的.

五、应用举例

由于大多数气体节流膨胀过程后温度都降低，因此在低温工程中常用节流膨胀效应使气体降温和液化. 常用的利用节流膨胀法使气体降温和液化的装置示意图如图 5.6 所示. 节流膨胀的气体沿双层嵌套管的内层导管通过节流阀，从而降低温度. 降低温度后的气体沿双层嵌套管的外层导管回到储气仓. 然后再进入内层导管，实现节流膨胀. 这样循环往复多次之后，即可将气体的温度降到很低，进一步即可将气体液化. 利用这种方法，林德 (Linde) 和汉普森 (Hampson) 于 1895 年实现了对空气的液化，其后又相继液化了其他气体.

由节流膨胀法液化气体的装置示意图可知，这种装置中，仅准备和预冷部分有活塞，实际的制冷阶段没有活塞，因此这种方法的一个明显优点就是可以避免润滑困难. 由范德瓦耳斯模型下的焦耳 – 汤姆孙系数的表达式可知，随着温度降低，其分子的数值增大，分母的数值减小，从而焦耳 – 汤姆孙系数增大. 实验表明，所有具有节流正效应的系统都有这一性质. 这就是说，在相同的压强落差 Δp 下，温度越低，引起的温度

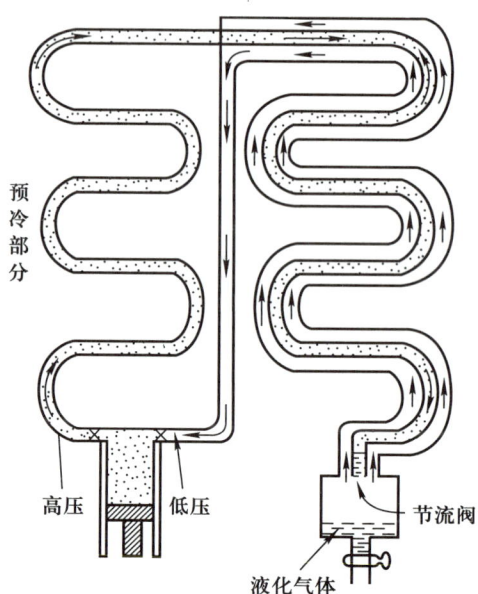

图 5.6 利用节流膨胀法使气体降温和液化的装置示意图

降低量 $|\Delta T|$ 越大. 因此冷却和液化气体的节流膨胀法还具有温度越低降温效率越高的优点. 因为只有在一定的温度下才具有节流正效应, 所以冷却和液化气体的节流膨胀法具有必须先将气体预冷到最高上转换温度之下才能使用的缺点. 正因为如此, 通常采用先由其他方法进行预冷, 然后再利用节流膨胀法对气体进行冷却和液化的方案.

5.3 热力学第一定律对理想气体的应用

理想气体是热力学中最简单、最重要的气体模型, 通过研究理想气体在准静态过程中的性质和能量转移的规律, 可以为实际应用提供信息资料和指导建议. 由于在过程进行中系统的状态沿一定的路径发生变化, 其状态参量之间的关系由过程方程表示, 并且在过程进行中伴随有做功、传热和内能改变等形式的能量转移, 因此过程方程和能量转移是过程性质的典型的重要标志. 因此在本节中, 我们对理想气体在等体、等压、等温、绝热和多方过程中的过程方程和能量转移予以具体讨论.

5.3.1 理想气体的等体过程

等体过程即体积保持不变的过程, 那么过程方程可以表达为

$$V = 常量. \tag{5.21}$$

根据理想气体状态方程 $pV = \nu RT$ 可以推出, 理想气体的等体过程方程还可以表示为

$$\frac{T}{p} = 常量 \tag{5.22a}$$

或

$$\frac{p_1}{p_2} = \frac{T_1}{T_2}, \tag{5.22b}$$

其中, p_1, T_1 和 p_2, T_2 分别为系统在等体过程中任意两状态的压强和温度. 由于 V 是常量, 因此理想气体由初态 $\mathrm{i}(\{T_\mathrm{i}, p_\mathrm{i}\})$ 到末态 $\mathrm{f}(\{T_\mathrm{f}, p_\mathrm{f}\})$ 的等体过程可以在 $p\text{-}V$ 图上表示为连接初态 i 和末态 f 的垂直于体积轴的直线段.

因为等体过程中系统的体积保持不变, 即 $\mathrm{d}V \equiv 0$, 所以在一个元过程中外界对系统所做的功

$$(\text{đ}W)_V = -p\,\mathrm{d}V \equiv 0.$$

因此在一个由初态 $\mathrm{i}(\{T_\mathrm{i}, p_\mathrm{i}\})$ 到末态 $\mathrm{f}(\{T_\mathrm{f}, p_\mathrm{f}\})$ 的等体过程中外界对系统所做的功为

$$W_V(\mathrm{i} \to \mathrm{f}) \equiv 0.$$

根据定容热容的定义

$$C_V = \lim_{\Delta T \to 0} \left(\frac{\Delta Q}{\Delta T}\right)_V,$$

在一个无穷小元等体过程中, 理想气体系统从外界吸收的热量为

$$(\text{đ}Q)_V = C_V\,\mathrm{d}T, \tag{5.23}$$

对于一个有限的由初态 $\mathrm{i}(\{T_\mathrm{i}, p_\mathrm{i}\})$ 到末态 $\mathrm{f}(\{T_\mathrm{f}, p_\mathrm{f}\})$ 的等体过程, 系统从外界吸收的热量则为

$$Q_V = \int_{T_\mathrm{i}}^{T_\mathrm{f}} C_V\,\mathrm{d}T. \tag{5.24a}$$

在温度变化 $\Delta T = T_\mathrm{f} - T_\mathrm{i}$ 不大的情况下, 因为 $C_V = 常量$, 所以

$$Q_V = C_V \Delta T. \tag{5.24b}$$

另一方面, 由 $C_V = \left(\dfrac{\partial U}{\partial T}\right)_V$ 可知, 在一个无穷小元等体过程中, 理想气体系统的内能的改变量为

$$(\mathrm{d}U)_V = C_V\,\mathrm{d}T. \tag{5.25}$$

对于一个有限的由初态 $\mathrm{i}(\{T_\mathrm{i}, p_\mathrm{i}\})$ 到末态 $\mathrm{f}(\{T_\mathrm{f}, p_\mathrm{f}\})$ 的等体过程, 系统的内能的改变量则为

$$(\Delta U)_V = \int_{T_\mathrm{i}}^{T_\mathrm{f}} C_V\,\mathrm{d}T. \tag{5.26a}$$

所以在温度变化 $\Delta T = T_f - T_i$ 不大的情况下，

$$(\Delta U)_V = C_V \Delta T. \tag{5.26b}$$

5.3.2 理想气体的等压过程

等压过程即压强保持不变的过程，那么过程方程可以表达为

$$p = 常量. \tag{5.27}$$

根据理想气体状态方程 $pV = \nu RT$ 可以推出，理想气体的等压过程方程还可以表示为

$$\frac{T}{V} = 常量 \tag{5.28a}$$

或

$$\frac{V_1}{V_2} = \frac{T_1}{T_2}, \tag{5.28b}$$

其中，V_1, T_1 和 V_2, T_2 分别为系统在等压过程中任意两状态的体积和温度. 由于 p 是常量，因此理想气体由初态 $i(\{T_i, V_i\})$ 到末态 $f(\{T_f, V_f\})$ 的等压过程可以在 $p\text{-}V$ 图上表示为连接初态 i 和末态 f 的垂直于压强轴的直线段.

因为等压过程中系统的压强保持不变，则由一个元过程中外界对系统所做的功为 $(\text{đ}W)_p = -p\,\mathrm{d}V$ 可知，在一个由初态 $i(\{T_i, V_i\})$ 到末态 $f(\{T_f, V_f\})$ 的等压过程中外界对系统所做的功为

$$W_p(\text{i} \to \text{f}) = -\int_{V_i}^{V_f} p\,\mathrm{d}V = -p(V_f - V_i).$$

将理想气体状态方程 $pV = \nu RT$ 代入上式则得，该过程中外界对系统所做的功为

$$W_p(\text{i} \to \text{f}) = -\nu R(T_f - T_i) = -\nu R \Delta T. \tag{5.29}$$

根据定压热容的定义

$$C_p = \lim_{\Delta T \to 0} \left(\frac{\Delta Q}{\Delta T}\right)_p,$$

在一个无穷小元等压过程中，理想气体系统从外界吸收的热量为

$$(\text{đ}Q)_p = C_p \mathrm{d}T, \tag{5.30}$$

对于一个有限的由初态 $i(\{T_i, V_i\})$ 到末态 $f(\{T_f, V_f\})$ 的等压过程，系统从外界吸收的热量则为

$$Q_p = \int_{T_i}^{T_f} C_p \mathrm{d}T. \tag{5.31a}$$

在温度变化 $\Delta T = T_\mathrm{f} - T_\mathrm{i}$ 不大的情况下,因为 $C_p = C_V + \nu R = $ 常量,所以

$$Q_p = C_p \Delta T. \tag{5.31b}$$

根据热力学第一定律,等压过程中系统的内能的改变量为

$$(\Delta U)_p = W_p + Q_p = -\nu R \Delta T + C_p \Delta T. \tag{5.32a}$$

将理想气体热容之间的关系 $C_p = C_V + \nu R$ 代入 (5.32a) 式则得

$$(\Delta U)_p = C_V \Delta T. \tag{5.32b}$$

5.3.3 理想气体的等温过程

等温过程即温度保持不变的过程,那么过程方程可以表达为

$$T = 常量. \tag{5.33}$$

5.3.3 授课视频

根据理想气体状态方程 $pV = \nu RT$ 可以推出,理想气体的等温过程方程还可以表示为

$$pV = 常量 \tag{5.34a}$$

或

$$\frac{p_1}{p_2} = \frac{V_2}{V_1}, \tag{5.34b}$$

其中,p_1, V_1 和 p_2, V_2 分别为系统在等温过程中任意两状态的压强和体积. 由于 $pV = $ 常量是一个双曲线方程,因此理想气体由初态 $\mathrm{i}(\{p_\mathrm{i}, V_\mathrm{i}\})$ 到末态 $\mathrm{f}(\{p_\mathrm{f}, V_\mathrm{f}\})$ 的等温过程可以在 p-V 图上表示为连接初态 i 和末态 f 的双曲线.

因为等温过程中系统的温度保持不变,则由定义可知,等温过程的热容

$$C_T = \infty.$$

由过程方程 $pV = $ 常量 $= \nu RT$ 可知,在等温过程中 $p = \dfrac{\nu RT}{V}$,则在一个由初态 $\mathrm{i}(\{p_\mathrm{i}, V_\mathrm{i}\})$ 到末态 $\mathrm{f}(\{p_\mathrm{f}, V_\mathrm{f}\})$ 的等温过程中外界对系统所做的功为

$$W_T(\mathrm{i} \to \mathrm{f}) = -\int_{V_\mathrm{i}}^{V_\mathrm{f}} p\,\mathrm{d}V = -\int_{V_\mathrm{i}}^{V_\mathrm{f}} \frac{\nu RT}{V} \mathrm{d}V,$$

计算得

$$W_T(\mathrm{i} \to \mathrm{f}) = -\nu RT \ln \frac{V_\mathrm{f}}{V_\mathrm{i}}. \tag{5.35}$$

显然,如果 $V_\mathrm{f} < V_\mathrm{i}$,则 $W_T(\mathrm{i} \to \mathrm{f}) > 0$;如果 $V_\mathrm{f} > V_\mathrm{i}$,则 $W_T(\mathrm{i} \to \mathrm{f}) < 0$. 这就是说,在等温压缩过程中,外界对系统做功;而在等温膨胀过程中,系统对外界做功.

根据理想气体系统的内能仅是温度的函数的性质和 $C_V = \left(\dfrac{\partial U}{\partial T}\right)_V$ 可知, 在一个等温过程中理想气体系统的内能的改变量为 $\Delta U = C_V \Delta T$. 由于在等温过程中 $\Delta T \equiv 0$, 所以 $(\Delta U)_T = U_f - U_i = 0$, 因此在等温过程中理想气体系统的内能保持不变.

根据热力学第一定律 $\mathrm{d}U = \mathrm{d}Q + \mathrm{d}W$ 可知, 理想气体在由初态 $\mathrm{i}(\{p_i, V_i\})$ 变化到末态 $\mathrm{f}(\{p_f, V_f\})$ 的等温过程中从外界吸收的热量为

$$Q_T(\mathrm{i} \to \mathrm{f}) = (\Delta U)_T(\mathrm{i} \to \mathrm{f}) - W_T(\mathrm{i} \to \mathrm{f}) = -W_T(\mathrm{i} \to \mathrm{f}),$$

于是有

$$Q_T(\mathrm{i} \to \mathrm{f}) = \nu RT \ln \frac{V_f}{V_i}. \tag{5.36}$$

由此可知, 如果 $V_f < V_i$, 则 $Q_T(\mathrm{i} \to \mathrm{f}) < 0$, 这就是说, 在等温压缩过程中, 外界对理想气体系统所做的功全部转化为热量并释放给外界; 如果 $V_f > V_i$, 则 $Q_T(\mathrm{i} \to \mathrm{f}) > 0$, 这就是说, 在等温膨胀过程中, 理想气体系统对外界所做的功全部来源于系统从外界吸收的热量.

5.3.4 理想气体的绝热过程

一、定义及典型特征

绝热过程就是与外界没有热量交换的过程, 或者说是不发生除机械功和电磁能以外的能量传递的过程. 常见情形中, 在良好绝热材料包围的系统内发生的准静态过程就是绝热过程. 因进行得较快而来不及与外界交换热量的准静态过程也是绝热过程.

由定义可知, 绝热过程的最直观、最典型的特征就是与外界交换的热量恒等于零, 即对于一个元过程,

$$(\mathrm{d}Q)_{\mathrm{ad}} \equiv 0,$$

对于一个有限过程,

$$Q_{\mathrm{ad}} \equiv 0.$$

那么, 由热容的定义 $C = \lim\limits_{\Delta T \to 0} \dfrac{\Delta Q}{\Delta T}$ 可知, 绝热过程中系统的热容

$$C_{\mathrm{ad}} \equiv 0.$$

二、过程方程

由于绝热过程的最典型特征是 $Q(\mathrm{i} \to \mathrm{f}) = 0$, 因此状态参量 p, V, T 都可以发生变化. 由于理想气体状态方程可以表示为 $pV = \nu RT$, 因此通过对状态方程两边取关

于状态参量的全微分可知, 在一个压强、体积、温度分别变化 $\mathrm{d}p, \mathrm{d}V, \mathrm{d}T$ 的无穷小元绝热过程中, 状态参量及其改变量满足

$$p\,\mathrm{d}V + V\,\mathrm{d}p = \nu R\,\mathrm{d}T. \tag{5.37}$$

由热力学第一定律可知, 在该元过程中,

$$C_V\,\mathrm{d}T = -p\,\mathrm{d}V. \tag{5.38}$$

将 (5.37) 式和 (5.38) 式联立消去 $\mathrm{d}T$, 并考虑理想气体热容之间的关系 $C_V + \nu R = C_p$, 可得

$$\gamma p\,\mathrm{d}V + V\,\mathrm{d}p = 0,$$

其中, $\gamma = \dfrac{C_p}{C_V}$ 为泊松比. 对于理想气体, 因为温度跨度不太大的情况下, $\gamma = $ 常量, 对上式积分则得

$$pV^\gamma = 常量. \tag{5.39a}$$

此即理想气体的绝热过程方程. 将该绝热过程方程与理想气体状态方程 $pV = \nu RT$ 联立可知, 绝热过程方程还可以表示为

$$TV^{\gamma-1} = 常量 \tag{5.39b}$$

或

$$\frac{p^{\gamma-1}}{T^\gamma} = 常量. \tag{5.39c}$$

比较绝热过程方程 (5.39a) 式和等温过程方程 (5.34a) 式, 并注意 $\gamma = \dfrac{C_p}{C_V} > 1$ 可知, 绝热过程可以在 p-V 图上表示为比等温线更陡的曲线 (如图 5.7 所示).

三、内能改变量与所做的功

根据理想气体的内能仅是温度的函数的性质可知, 在绝热过程中, 理想气体的内能的改变量可以表示为

$$(\Delta U)_{\mathrm{ad}}(\mathrm{i} \to \mathrm{f}) = U_\mathrm{f} - U_\mathrm{i} = \int_{T_\mathrm{i}}^{T_\mathrm{f}} C_V\,\mathrm{d}T = C_V(T_\mathrm{f} - T_\mathrm{i}). \tag{5.40}$$

根据绝热过程方程 (5.39a) 式可知, 经由初态 $\mathrm{i}(\{p_\mathrm{i}, V_\mathrm{i}, T_\mathrm{i}\})$ 到末态 $\mathrm{f}(\{p_\mathrm{f}, V_\mathrm{f}, T_\mathrm{f}\})$ 的绝热过程中, 外界对系统所做的功为

$$\begin{aligned} W_{\mathrm{ad}}(\mathrm{i} \to \mathrm{f}) &= -\int_{V_\mathrm{i}}^{V_\mathrm{f}} p\,\mathrm{d}V = -p_\mathrm{i}V_\mathrm{i}^\gamma \int_{V_\mathrm{i}}^{V_\mathrm{f}} V^{-\gamma}\,\mathrm{d}V \\ &= -p_\mathrm{i}V_\mathrm{i}^\gamma \frac{1}{-\gamma+1}(V_\mathrm{f}^{-\gamma+1} - V_\mathrm{i}^{-\gamma+1}) \\ &= \frac{1}{\gamma-1}(p_\mathrm{f}V_\mathrm{f} - p_\mathrm{i}V_\mathrm{i}). \end{aligned}$$

考虑理想气体状态方程 $pV = \nu RT$ 和热容之间的关系 $C_p - C_V = \nu R$, 以及泊松比的定义 $\gamma = \dfrac{C_p}{C_V}$, 绝热过程中外界对系统所做的功又可以表示为

$$W_{\text{ad}}(\text{i} \to \text{f}) = C_V(T_\text{f} - T_\text{i}). \tag{5.41}$$

四、绝热指数及其测定

由上述讨论可知, 泊松比 $\gamma = \dfrac{C_p}{C_V}$ 决定绝热过程的过程方程中 V 的幂指数, 从而决定绝热过程中由于力学相互作用而转移的能量. 也就是说, 泊松比 γ 是绝热过程的性质的一个重要标志. 所以泊松比 γ 又常被称为绝热指数.

理想气体的绝热指数 γ 可以通过先测定定压热容 C_p 和定容热容 C_V, 再由定义 $\gamma = \dfrac{C_p}{C_V}$ 确定; 也可以利用其他方法测定, 常见的方法有鲁赫哈兹测 γ 法、通过测量声速确定 γ 法等.

鲁赫哈兹测 γ 法的实验装置如图 5.8 所示. 气体置于体积为 V 的大瓶中, 一根横截面积为 S 的玻璃管竖直插入瓶塞, 一质量为 m 的光滑小球置于管内做气密接触, 形成一个小活塞. 根据力学平衡条件可知, 小球处在平衡位置时, 气体的体积为 V, 压强为 $p = p_0 + \dfrac{mg}{S}$, 其中, p_0 为大气压强. 给小球一个扰动使其偏离平衡位置时, 瓶内气体被压缩或膨胀, 从而压强增大或减小, 形成恢复力, 于是小球在管内上下振动. 因为气体导热性能很差, 振动又较快, 所以该过程可近似为绝热过程. 又因为小球振动时瓶内气体的压强涨落以声速传播, 其传遍整个大瓶所需时间较振动周期相对很短, 所以过程又是准静态的. 那么小球振动过程中, 瓶内气体所经过程的过程方程可以表示为

$$pV^\gamma = \text{常量}.$$

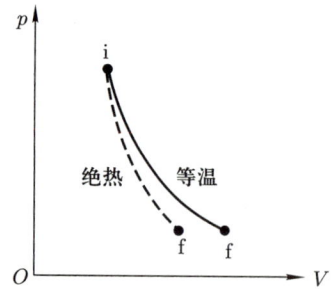
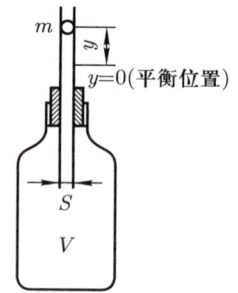

图 5.7 气体的等温过程和绝热过程曲线示意图　　图 5.8 鲁赫哈兹测 γ 法的实验装置示意图

将上式等号两边取全微分得

$$V^\gamma \mathrm{d}p + \gamma p V^{\gamma-1} \mathrm{d}V = 0,$$

即
$$dp = -\gamma \frac{p}{V} dV.$$

因为气体的体积改变量 dV 可以由小球在玻璃管内偏离平衡位置的微小位移 dx 表示为 $dV = Sdx$，则小球所受力为

$$dF = Sdp = -\gamma S \frac{p}{V} dV = -\gamma \frac{pS^2}{V} dx.$$

这说明小球所受力 F 确实是一个弹性恢复力，其弹性系数为

$$k = \frac{\gamma p S^2}{V} = \frac{\gamma \left(p_0 + \frac{mg}{S}\right) S^2}{V}.$$

那么小球做简谐振动，其圆频率为

$$\omega = \sqrt{\frac{k}{m}} = \sqrt{\frac{\gamma \left(p_0 + \frac{mg}{S}\right) S^2}{Vm}}.$$

所以

$$\gamma = \frac{mV\omega^2}{\left(p_0 + \frac{mg}{S}\right) S^2} = \frac{4\pi^2 mV}{\left(p_0 + \frac{mg}{S}\right) S^2 \tau^2}.$$

于是，只要测定了小球的振动周期 τ 或圆频率 ω，即可测出气体的绝热指数 γ。

五、应用举例

如本节开始所述，很多实际过程都可以近似为绝热过程，那么绝热过程具有广泛的应用。例如，空气中的声速的确定、大气的结构和性质的研究等。这里对之予以简单讨论。

1. 空气中的声速的确定

我们知道，声波是由于介质中每一局部的周期性压缩、膨胀而在空间内形成的疏密相间的纵波，如图 5.9 所示。那么，可以将之抽象为活塞运动 (声源振动) 引起其中气体密度变化形成的疏密波。设面积为 S 的活塞在压强差 Δp 作用下以速度 v_0 运动，由之引起的气体密度变化的传播速度 (即声速) 为 C_s。设受作用处气体的密度为 ρ、压

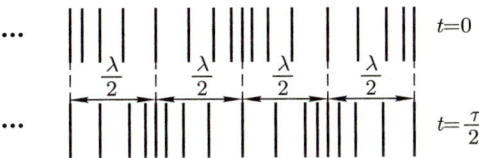

图 5.9 声波的纵波性质及传播示意图

强为 p, 则由力学规律可以直接证明, 声速 C_s 可以由压强 p 和密度 ρ 表示为

$$C_s = \sqrt{\frac{\partial p}{\partial \rho}}. \tag{5.42}$$

这就是说, 声速 C_s 依赖于压强 p 随密度变化的规律 $p(\rho)$. 较早的时候, 人们认为声波传播的过程是一个等温过程, 即有 $pV = $ 常量, 也就是 $p = $ 常量 $\cdot \rho$, 于是有

$$\frac{\partial p}{\partial \rho} = 常量 = \frac{p}{\rho}.$$

所以

$$C_s = \sqrt{\frac{p}{\rho}}.$$

将标准状况下的大气压强值和空气密度值代入上式, 可以算得 $C_s \approx 298.4\,\text{m/s}$. 这显然与实验结果相差很大.

按照现代的观点, 声波是疏密波, 其密区与疏区之间的距离为 $\frac{\lambda}{2}$, 其中, λ 为声波的波长. 疏区变密时, 因受到压缩而温度升高; 密区变疏时, 因膨胀而温度降低. 则声音的传播过程不可能是等温过程, 而是温度随周期变化的过程, 并且温度互换的周期为 $\tau_T = \frac{\tau}{2}$, 其中, τ 为声波的周期. 由于空气的导热性能很差, 则在温度变化的一个周期内, 从原来温度较高的密区向原来温度较低的疏区传播的热量比把疏区气体压缩为密区所做的功小得多, 因此密区膨胀和疏区被压缩都可认为是在绝热条件下进行的. 这就是说, 声音传播过程实际上可近似为绝热过程, 即有过程方程 $pV^\gamma = $ 常量, 也就是

$$p = 常量 \cdot \rho^\gamma,$$

所以

$$\frac{\partial p}{\partial \rho} = 常量 \cdot \gamma \rho^{\gamma-1} = \gamma \frac{p}{\rho}.$$

将之代入 (5.42) 式, 即有

$$C_s = \sqrt{\gamma \frac{p}{\rho}}.$$

考虑理想气体状态方程 $pV_m = RT$, 可将上式改写为

$$C_s = \sqrt{\gamma \frac{RT}{\mu}}, \tag{5.43}$$

其中, $\mu = \rho V_m$ 为气体的摩尔质量. 将空气的绝热指数 $\gamma = 1.4$、摩尔质量 $\mu = 0.029\,\text{kg/mol}$、温度 $T = 0\,°\text{C}$ 和 $R = 8.31\,\text{J/(mol·K)}$ 代入 (5.43) 式, 可求得温度为 $0\,°\text{C}$ 情况下干燥空气中的声速为 $C_s(0\,°\text{C}) \approx 331.0\,\text{m/s}$. 这显然与实验结果 $(331.5\,\text{m/s})$ 符合得很好.

顺便指出, 由 (5.43) 式可知,
$$\gamma = \frac{\mu C_s^2}{RT}.$$
由于声速可精确测定, 因此通过测量声速可以以很高的精度测得绝热指数.

2. 大气的结构和性质的研究

3.3 节讨论过大气的等温模型, 但事实上, 地球周围的大气, 特别是其下层, 有很强的对流, 所以等温大气模型是不实际的, 这就是说, 大气在垂直高度方向有温度梯度. 由于实际的对流气体上升缓慢, 因此大气状态的变化过程可视为准静态过程; 又因为干燥空气的导热性能很差, 所以其中发生的过程又可视为绝热过程. 那么干燥大气中沿垂直高度方向发生的过程可以用准静态绝热模型描述.

由准静态绝热过程方程 (5.39c) 式可知, $p^{\gamma-1} = 常量 \cdot T^\gamma$, 对其两边取全微分则得
$$(\gamma-1)p^{\gamma-2}\mathrm{d}p = 常量 \cdot \gamma T^{\gamma-1}\mathrm{d}T.$$
于是
$$\frac{\mathrm{d}p}{\mathrm{d}T} = \frac{\gamma}{\gamma-1} \cdot 常量 \cdot \frac{T^{\gamma-1}}{p^{\gamma-2}} = \frac{\gamma}{\gamma-1} \cdot \frac{p}{T},$$
$$\left(\frac{\mathrm{d}T}{\mathrm{d}p}\right)_{\mathrm{ad}} = \frac{\gamma-1}{\gamma}\frac{T}{p}. \tag{5.44}$$

因为 $\gamma > 1$, 所以 $\left(\frac{\mathrm{d}T}{\mathrm{d}p}\right)_{\mathrm{ad}} > 0$. 这表明, 压强减小, 温度将降低, 也就是说, 可以通过绝热膨胀来降低系统的温度. 并且, 在相同的压强落差下, 温度越低, 引起的温度降低量越小, 即降温效率越弱.

考虑大气的压强和温度都随高度变化, 则有
$$\frac{\mathrm{d}p}{\mathrm{d}z} = \frac{\mathrm{d}p}{\mathrm{d}T} \cdot \frac{\mathrm{d}T}{\mathrm{d}z} = \frac{\gamma}{\gamma-1}\frac{p}{T}\frac{\mathrm{d}T}{\mathrm{d}z}. \tag{5.45}$$

由力学平衡条件可知, 对于高度为 z 附近厚度为 $\mathrm{d}z$ 的大气薄层内的气体 (如图 3.11 所示),
$$\mathrm{d}p = -\rho g \mathrm{d}z.$$
因为
$$\rho = nm = \frac{p}{k_\mathrm{B} T} \cdot \frac{\overline{\mu}}{N_\mathrm{A}} = \frac{\overline{\mu} p}{RT},$$
其中, $\overline{\mu}$ 为空气的平均摩尔质量, R 为普适气体常量, 即有
$$\frac{\mathrm{d}p}{\mathrm{d}z} = -\frac{\overline{\mu} g}{RT} p, \tag{5.46}$$

将 (5.46) 式代入 (5.45) 式, 则得

$$\frac{dT}{dz} = -\frac{\gamma-1}{\gamma}\frac{\overline{\mu}g}{R}. \tag{5.47a}$$

将已知数据代入 (5.47a) 式, 则得干燥大气的垂直温度梯度为

$$\frac{dT}{dz} = -9.8\,\text{K}/\text{km}. \tag{5.47b}$$

这就是说, 对于干燥大气, 在垂直地面的高度方向, 每升高 1 km, 大气温度降低约 10 K. 该值常被称为大气温度的干绝热递减率 (dry adiabatic lapse rate), 简称 DALR.

事实上, 大气中通常含有水蒸气. 大气中水蒸气的分压强与同温度下饱和水蒸气的压强之比称为该大气的湿度. 对于湿度未饱和的空气, 其中水蒸气含量较少, 且不凝结成水, 故可以不考虑其影响. 但对于湿度饱和的空气, 由于温度、压强变化可以引起水蒸气凝结成水和水蒸发成水蒸气的双向相变, 而水的凝结热和汽化热很可观, 从而会严重影响大气的热学性质. 因此在气象学中通常考虑湿度饱和的空气的垂直温度梯度, 即饱和绝热递减率 (saturated adiabatic lapse rate), 简称 SALR.

假设大气可以近似为理想气体, 则对理想气体状态方程 $pV = \nu RT$ 两边取全微分可得

$$p\,dV + V\,dp = \nu R\,dT. \tag{5.48}$$

考虑水蒸气凝结成水时释放热量, 且这部分热量将释放到大气中, 记水的摩尔汽化热为 $\Lambda_{\text{vp,m}}$, 则由热力学第一定律 $dU = đQ + đW$ 可知, 对于水蒸气凝结成水的过程,

$$C_V dT = -p\,dV - \Lambda_{\text{vp,m}} d\nu_{\text{vp}},$$

其中, $d\nu_{\text{vp}}$ 为大气中水蒸气的物质的量的改变量. 记 c_{vp} 为大气中水蒸气的浓度, 即 $c_{\text{vp}} = \dfrac{\nu_{\text{vp}}}{\nu}$, 则上式即

$$-p\,dV = C_V dT + \nu \Lambda_{\text{vp,m}} dc_{\text{vp}}. \tag{5.49}$$

将 (5.48) 式和 (5.49) 式相加得

$$V\,dp = (C_V + \nu R)dT + \nu \Lambda_{\text{vp,m}} dc_{\text{vp}}.$$

考虑定容热容与定压热容之间的关系 $C_V + \nu R = C_p$ 和理想气体状态方程 $pV = \nu RT$, 则上式可以化为

$$\frac{\nu RT}{p} dp = C_p dT + \nu \Lambda_{\text{vp,m}} dc_{\text{vp}},$$

整理得

$$\frac{\mathrm{d}p}{\mathrm{d}T} = \frac{p}{RT}\left(C_{p,\mathrm{m}} + \varLambda_{\mathrm{vp,m}}\frac{\mathrm{d}c_{\mathrm{vp}}}{\mathrm{d}T}\right).$$

采用与讨论干燥大气时相同的方法, 考虑压强和温度都依赖于高度 z, 以及力学平衡条件 (见 (5.46) 式), 可得

$$\mathrm{SALR} = \left(\frac{\mathrm{d}T}{\mathrm{d}z}\right)_{\mathrm{Svp}} = -\frac{\overline{\mu}g}{C_{p,\mathrm{m}} + \varLambda_{\mathrm{vp,m}}\dfrac{\mathrm{d}c_{\mathrm{vp}}}{\mathrm{d}T}}. \tag{5.50}$$

因为大气中水蒸气的浓度随温度升高而增大, 即 $\dfrac{\mathrm{d}c_{\mathrm{vp}}}{\mathrm{d}T} > 0$, 那么比较 (5.50) 式和 (5.47a) 式可知, |SALR| < |DALR|, 即饱和绝热递减率小于干绝热递减率. 从原理上讲, 因为水汽化时吸收热量, 从而等量的饱和大气较干燥大气的内能大, 同样的外界影响下, 其相对改变量较小, 所以其温度随高度升高而降低的幅度较干燥大气的降低幅度减小.

绝热大气模型是与实际符合较好的大气模型, 由之确定的干绝热递减率和饱和绝热递减率也与实际测量结果符合得很好, 并且利用这些结果可以很好地讨论大气的稳定结构和焚风 (山区山坡一面下雨, 另一面山脚附近温度较下雨面山脚附近温度高而引起的干热风) 等自然现象, 因此在环境保护和气象研究等方面都具有重要作用.

5.3.5 理想气体的多方过程

5.3.5
授课视频

对于气体中实际进行的过程, 很难保证其是等体的、等压的、等温的或绝热的, 也就是说, 等体、等压、等温和绝热过程都是将实际过程近似而成的理想过程.

考察理想气体的等体、等压、等温、绝热过程的过程曲线 (如图 5.10 所示) 和过程方程 $V = 常量$、$p = 常量$、$pV = 常量$、$pV^\gamma = 常量$ 可知, 这四种过程的过程方程可以统一表示为

$$pV^n = 常量$$

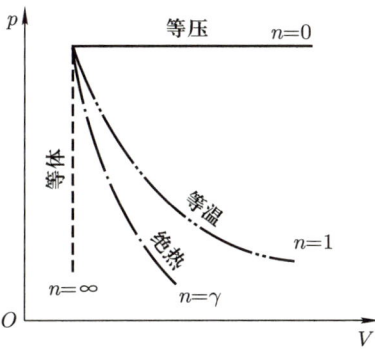

图 5.10 从同一初态出发的等体、等压、等温、绝热过程曲线示意图

的形式，其中，与 $V = C_1$ 对应，$n = \infty$; 与 $p = C_2$ 对应，$n = 0$; 与 $pV = C_3$ 对应，$n = 1$; 与 $pV^\gamma = C_4$ 对应，$n = \gamma$. C_i ($i = 1, 2, 3, 4$) 为不同的常量. 那么，可以说 $pV^n =$ 常量是很大一类过程中状态参量变化规律的概括. 将之推广，状态参量的变化满足 $pV^n =$ 常量，而 $n \neq 0, 1, \gamma, \infty$ 的过程也是一类常见过程，称之为多方过程. 那么多方过程的过程方程可以表示为

$$pV^n = \text{常量}, \tag{5.51a}$$

其中，n 称为多方指数. 再考虑理想气体状态方程 $pV = \nu RT$，该过程方程又可以写为

$$TV^{n-1} = \text{常量} \tag{5.51b}$$

或

$$\frac{p^{n-1}}{T^n} = \text{常量}. \tag{5.51c}$$

根据一个函数通常可以展开为幂级数的形式的原理，一个任意的过程可以表示为很多多方过程的叠加，所以多方过程是一类很重要的过程.

比较多方过程和绝热过程的过程方程可知，二者的差别仅在于多方指数和绝热指数的差别. 仿照关于绝热过程的讨论可知，对于一个由初态 i($\{p_i, V_i, T_i\}$) 到末态 f($\{p_f, V_f, T_f\}$) 的多方过程，外界对系统所做的功为

$$W_{\text{polt}}(\text{i} \to \text{f}) = \frac{1}{n-1}(p_f V_f - p_i V_i) = \frac{\nu R}{n-1}(T_f - T_i). \tag{5.52}$$

该过程中，系统内能的改变量为

$$(\Delta U)_{\text{polt}}(\text{i} \to \text{f}) = U_f - U_i = C_V(T_f - T_i). \tag{5.53}$$

记多方过程中系统的热容为 C_n，则该过程中外界传递给系统的热量为

$$Q_{\text{polt}}(\text{i} \to \text{f}) = C_n(T_f - T_i). \tag{5.54}$$

由热力学第一定律可知，在多方过程中，

$$C_V \mathrm{d}T = C_n \mathrm{d}T - p \, \mathrm{d}V.$$

将状态方程的全微分式

$$p \, \mathrm{d}V + V \mathrm{d}p = \nu R \mathrm{d}T$$

与过程方程的全微分式

$$np V^{n-1} \mathrm{d}V + V^n \mathrm{d}p = 0,$$

即
$$np\,dV + V\,dp = 0$$
联立, 则得
$$(1-n)p\,dV = \nu R\,dT,$$
即有
$$p\,dV = \frac{\nu R}{1-n}dT.$$
将之代入热力学第一定律在多方过程中的表述形式, 得
$$C_n = C_V + \frac{\nu R}{1-n}.$$
考虑理想气体热容之间的关系 $\nu R = C_p - C_V$ 及 $\dfrac{C_p}{C_V} = \gamma$, 可将上式化简为
$$C_n = \frac{\gamma - n}{1 - n}C_V. \tag{5.55}$$

由于多方指数 n 可以取任意实数值, 因此 C_n 既可以为正值也可以为负值. 多方过程的热容 C_n 与多方指数 n 的关系如图 5.11 所示. 显然, 当 $n < 1$ 或 $n > \gamma$ 时, $C_n > 0$; 当 $1 < n < \gamma$ 时, $C_n < 0$. 考察热容的物理意义可知, $C_n > 0$ 表明, 在一个多方过程中, 如果外界传递给系统热量 ($Q > 0$), 则系统的温度一定升高 ($\Delta T > 0$); 如果系统向外界释放热量 ($Q < 0$), 则系统的温度一定降低 ($\Delta T < 0$). 这与其他过程中热容的特征及我们的经验完全一致. $C_n < 0$ 表明, 在一个多方过程中, 如果外界传递给系统热量 ($Q > 0$), 系统的温度反而降低 ($\Delta T < 0$); 如果系统向外界释放热量 ($Q < 0$), 系统的温度却上升 ($\Delta T > 0$). 这似乎与我们的直观概念不一致. 事实上, 系统的温度是组成系统的微观粒子无规则运动剧烈程度的度量, 其变化由内能的变化决定. 对于处于一个稳定相的系统, 内能增加, 则温度升高; 内能减少, 则温度降低. 在多方过程中, 系统与外界之间能量转移的方式有做功 W、传热 Q 和内能改变 ΔU 三种, 由热力学

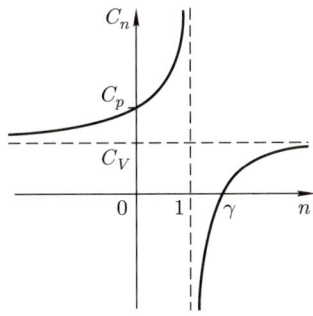

图 5.11 多方过程的热容 C_n 与多方指数 n 的关系示意图

第一定律可知,此三者之间满足 $\Delta U = Q + W$,即内能改变量不单纯由交换热量决定,因此上述看似与直观概念不一致的现象其实是合理的. 例如,如果 $Q < 0$,而 $W > 0$,且 $W > |Q|$,则 $\Delta U > 0$,从而 $\Delta T > 0$,这就是说,虽然在一个多方过程中,系统向外界释放热量,但如果外界对系统所做的功大于系统向外界释放的热量,则系统的内能增加,从而温度升高. 如果 $Q > 0$,而 $W < 0$,且 $|W| > Q$,则 $\Delta U < 0$,从而 $\Delta T < 0$,这就是说,虽然在一个多方过程中,系统从外界吸收热量,但如果系统对外界所做的功大于系统从外界吸收的热量 (多方指数 $1 < n < \gamma$),则系统的内能减少,从而温度降低.

例题 1 理想气体经历 $V = \dfrac{\ln \dfrac{p_0}{p}}{K}$ 的热力学过程,其中,p_0 和 K 是常量,且 $p < p_0$,$K > 0$. 试问当系统体积按此过程由 V_1 扩大一倍时,系统对外界做了多少功? 该过程中系统的热容是多大?

解 (1) 依题意,由过程方程 $V = \dfrac{\ln \dfrac{p_0}{p}}{K}$ 可知,系统的过程方程还可以表示为

$$p = p_0 \mathrm{e}^{-KV}.$$

那么系统由初态 (体积为 V_1) 到末态 (体积为 $2V_1$) 的过程中,系统对外界所做的功为

$$W'(V_1 \to 2V_1) = \int_{V_1}^{2V_1} p\, \mathrm{d}V = \int_{V_1}^{2V_1} p_0 \mathrm{e}^{-KV} \mathrm{d}V = \frac{p_0}{K}\left(\mathrm{e}^{-KV_1} - \mathrm{e}^{-2KV_1}\right),$$

即

$$W'(V_1 \to 2V_1) = \frac{p_0}{K}\mathrm{e}^{-KV_1}\left(1 - \mathrm{e}^{-KV_1}\right).$$

所以题设过程中系统对外界所做的功为 $\dfrac{p_0}{K}\mathrm{e}^{-KV_1}\left(1 - \mathrm{e}^{-KV_1}\right)$.

(2) 对过程方程 $p = p_0 \mathrm{e}^{-KV}$ 两边取全微分得

$$\mathrm{d}p = -Kp_0\mathrm{e}^{-KV}\mathrm{d}V = -Kp\,\mathrm{d}V,$$

即

$$\mathrm{d}V = -\frac{\mathrm{d}p}{Kp}.$$

那么,由热力学第一定律得

$$\mathrm{d}Q = \mathrm{d}U - \mathrm{d}W = C_V \mathrm{d}T + p\,\mathrm{d}V = C_V \mathrm{d}T - \frac{\mathrm{d}p}{K}.$$

所以该过程中系统的热容为

$$C = \frac{\mathrm{d}Q}{\mathrm{d}T} = C_V - \frac{1}{K}\frac{\mathrm{d}p}{\mathrm{d}T}.$$

另一方面，将过程方程和状态方程 ($pV = \nu RT$) 联立得

$$p \frac{\ln \dfrac{p_0}{p}}{K} = \nu RT.$$

对上式两边取全微分得

$$\frac{\ln \dfrac{p_0}{p}}{K} \mathrm{d}p + \frac{p}{K} \frac{-\dfrac{p_0}{p^2}\mathrm{d}p}{\dfrac{p_0}{p}} = \nu R \mathrm{d}T,$$

即

$$V\mathrm{d}p - \frac{1}{K}\mathrm{d}p = \nu R \mathrm{d}T.$$

于是有

$$\frac{\mathrm{d}p}{\mathrm{d}T} = \frac{\nu RK}{KV - 1}.$$

将之代入 C 的表达式则得

$$C = C_V - \frac{1}{K}\frac{\nu RK}{KV-1} = C_V - \frac{\nu R}{KV-1}.$$

所以该过程中系统的热容为 $C = C_V - \dfrac{\nu R}{KV-1}$.

例题 2 1 mol 单原子分子理想气体经历如图 5.12 所示的过程 IF (一直线段)，试讨论由 I 到 F 的过程中系统的吸放热情况.

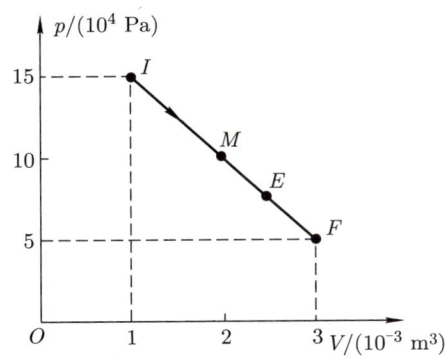

图 5.12 理想气体经历一过程方程为线性方程的过程曲线

解 依题意，由 I 到 F 的过程方程可以表示为

$$p = KV + C.$$

代入已知数据可解得 $K = -5 \times 10^7\,\mathrm{Pa/m^3}$, $C = 2 \times 10^5\,\mathrm{Pa}$. 考虑 1 mol 理想气体的状态方程则得

$$T = \frac{pV}{R} = \frac{K}{R}V^2 + \frac{C}{R}V.$$

因为 $K < 0$, 则系统的温度随体积变化的关系曲线为一开口向下的抛物线, 所以在状态 I 和 F 之间必然存在一状态 M, 其温度最高. 记其体积为 V_M, 则有

$$\left(\frac{\mathrm{d}T}{\mathrm{d}V}\right)_{V=V_M} = \frac{2K}{R}V_M + \frac{C}{R} = 0.$$

由此可解得

$$V_M = -\frac{C}{2K}.$$

相应地,

$$\left(\frac{\mathrm{d}^2 T}{\mathrm{d}V^2}\right)_{V=V_M} = \frac{2K}{R} < 0.$$

所以状态 M 的温度一定是整个过程中的最高温. 那么在 I 到 M 阶段, 温度一定逐渐升高, 即 $\mathrm{d}T > 0$. 又由过程曲线可知, 该过程为膨胀过程, 即 $\mathrm{d}V > 0$, 于是, 由热力学第一定律可知,

$$đQ = \mathrm{d}U - đW = C_V \mathrm{d}T + p\,\mathrm{d}V > 0.$$

由此可知, 在 I 到 M 阶段, 系统一定从外界吸收热量.

因为状态 M 的温度最高, 则 M 到 F 阶段, 温度一定逐渐降低, 即 $\mathrm{d}T < 0$. 由热力学第一定律可知,

$$đQ = \mathrm{d}U - đW = C_V \mathrm{d}T + p\,\mathrm{d}V,$$

其正负不能根据一般原理唯一确定, 而需要根据其中两项的绝对值的相对大小具体确定.

考虑过程性质的连续性可知, 在 M 到 F 之间必然存在状态 E, 使得在 M 到 E 阶段, 系统仍然从外界吸收热量; 而在 E 到 F 阶段, 系统向外界释放热量. 因此, 在状态 E, $đQ \equiv 0$. 考虑这个演化过程可知, 在状态 E, 系统的压强随体积的变化率应该与绝热过程在该状态的相应变化率相同, 即系统的过程方程的斜率等于绝热过程方程在该状态的斜率, 于是有

$$\left(\frac{(\mathrm{d}p)_\mathrm{L}}{\mathrm{d}V}\right)_{V=V_E} = \left(\frac{(\mathrm{d}p)_\mathrm{ad}}{\mathrm{d}V}\right)_{V=V_E}.$$

将上述过程方程和绝热过程方程代入上式, 计算则得

$$-\frac{\gamma p_E}{V_E} = K,$$

即有

$$-\gamma(KV_E + C) = KV_E.$$

解之得

$$V_E = -\frac{\gamma C}{(\gamma+1)K}.$$

代入具体数据 $K = -5 \times 10^7\,\text{Pa}/\text{m}^3$, $C = 2 \times 10^5\,\text{Pa}$, $\gamma = \dfrac{5}{3}$, 则得

$$V_E = 2.5 \times 10^{-3}\,\text{m}^3.$$

总之, 在题设的 I 到 F 的过程中, 存在状态 E, 使得系统在 I 到 E 阶段从外界吸收热量, 在 E 到 F 阶段向外界释放热量, 并由热力学第一定律得

$$Q_{I\to E} = \int_{T_I}^{T_E} C_V\,\mathrm{d}T + \int_{V_I}^{V_E} p\,\mathrm{d}V = C_V(T_E - T_I) + \frac{1}{2}K(V_E^2 - V_I^2) + C(V_E - V_I),$$

$$Q_{E\to F} = \int_{T_E}^{T_F} C_V\,\mathrm{d}T + \int_{V_E}^{V_F} p\,\mathrm{d}V = C_V(T_F - T_E) + \frac{1}{2}K(V_F^2 - V_E^2) + C(V_F - V_E),$$

代入具体数据则得 $Q_{I\to E} = 225\,\text{J}$, $Q_{E\to F} = -25\,\text{J}$.

至此, 我们讨论了理想气体在准静态过程中的性质及能量转移的方式、数量和关系, 为方便查阅, 将有关公式列于表 5.1 中.

表 5.1 理想气体在准静态过程中的主要公式

过程	过程方程	热容 C	外界做功 W	吸收热量 Q	内能改变 ΔU
等体	$V = $ 常量	C_V	0	$C_V(T_\text{f} - T_\text{i})$	$C_V(T_\text{f} - T_\text{i})$
等压	$p = $ 常量	C_p	$-p(V_\text{f} - V_\text{i})$	$C_p(T_\text{f} - T_\text{i})$	$C_V(T_\text{f} - T_\text{i})$
等温	$pV = $ 常量	∞	$-\nu RT\ln\dfrac{V_\text{f}}{V_\text{i}}$	$\nu RT\ln\dfrac{V_\text{f}}{V_\text{i}}$	0
绝热	$pV^\gamma = $ 常量	0	$\dfrac{1}{\gamma - 1}(p_\text{f}V_\text{f} - p_\text{i}V_\text{i})$	0	$C_V(T_\text{f} - T_\text{i})$
多方	$pV^n = $ 常量	$\dfrac{n-\gamma}{n-1}C_V$	$\dfrac{1}{n-1}(p_\text{f}V_\text{f} - p_\text{i}V_\text{i})$	$C_n(T_\text{f} - T_\text{i})$	$C_V(T_\text{f} - T_\text{i})$

5.4 循环过程和卡诺循环

5.4.1 循环过程的概念、性质和效率

一、循环过程的概念和性质

根据热力学第一定律, 在一个过程中, 系统内能的改变量 ΔU 与外界对系统所做的功 W 及外界传递给系统的热量 Q 之间满足 $\Delta U = W + Q$. 当 $\Delta U = 0$ 时, $W = -Q$, 也就是 $W' = Q$. 这表明, 在系统的内能不发生变化的情况下, 系统从外界吸收的热量可以全部用来对外界做功. 回忆前述各节的讨论我们知道, 发生等温过程的理想气体的内能保持不变, 由一个状态出发经过一系列状态后回到原初始状态的系统的内能保持不变. 由于理想气体只是一个理想化的模型, 因此由一个状态出发经过一系列状态后回到原初始状态的过程是可以实际实现的能够把从外界吸收的热量全部转化为有

5.4.1
授课视频

用功的过程. 一个系统由某个状态出发经过任意的一系列过程后回到原初始状态的过程称为循环过程. 循环过程是各种过程中很重要的一类.

根据循环过程的定义, 对于可压缩的两参量系统, 如果其循环过程是准静态的, 则其可在 p-V 图上表示为一条闭合曲线, 如图 5.13 中的 $ABCDA$ 闭合曲线. 由于在一个过程中, 系统可以对外界做功, 外界也可以对系统做功, 因此在一个循环过程中总的效果可以用一个代数量 W 表示. 另一方面, 循环过程具有方向. 为使循环过程的方向与系统对外界做功相联系, 人们规定由顺时针闭合曲线表示的循环过程为正循环, 如图 5.13 中沿 $ABCDA$ 方向进行的循环过程; 由逆时针闭合曲线表示的循环过程为逆循环. 按此规定, 在正循环过程中, $W < 0, W' > 0$, 系统对外界做功, 也就是说, 由之可以向外界提供动力能源; 在逆循环过程中, $Q < 0$, 系统向外界释放热量, 通常情况下, 由之可以使系统的温度降低. 通常, 人们把以 "火" 为动力, 将热能转化为机械能的机械称为热机, 例如, 蒸汽机、内燃机等; 而把通过外界做功使处于一定区域内的系统的温度降低的机械称为制冷机, 例如, 冰柜、冰箱、(夏天用的) 空调等. 上述讨论表明, 正循环就是热机的工作循环, 逆循环就是制冷机的工作循环. 由于一个循环过程中, 系统总在一些阶段对外界做功, 而在另一些阶段外界对系统做功, 如图 5.13 所示的正循环 $ABCDA$, 在 ABC 阶段, 系统对外界做功; 在 CDA 阶段, 外界对系统做功. 因此在一个正循环过程中, 系统对外界净做功 W' 的数值等于顺时针循环曲线所包围的面积. 同理可知, 在一个逆循环过程中, 外界对系统净做功 W 的数值等于逆时针循环曲线所包围的面积.

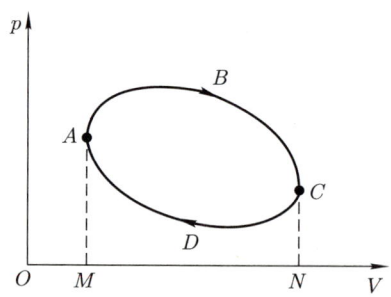

图 5.13　循环过程示意图

二、循环过程的效率

1. 正循环的效率 —— 热机的效率

正循环 (热机的工作循环) 的效果是把热能转化为机械能. 其工作原理可以概括为: 工作物质从高温热源吸收热量, 内能增加, 通过对外界做功使内能减小, 再通过向低温热源释放热量使内能进一步减小而回到原初始状态, 如图 5.14 所示. 也就是说,在这一工作过程中,热机不可能把从高温热源吸收的热量 Q_1 全部转化为有用功 W',而必须将部分热量 Q_2' 释放给低温热源. 在热机工作的一个循环过程中,工作物质从高温热源吸收的热量转化为机械功的百分比称为该热机的效率,记作 η,由能量守恒定律可知,

$$\eta = \frac{W'}{Q_1} = \frac{Q_1 - Q_2'}{Q_1}. \tag{5.56}$$

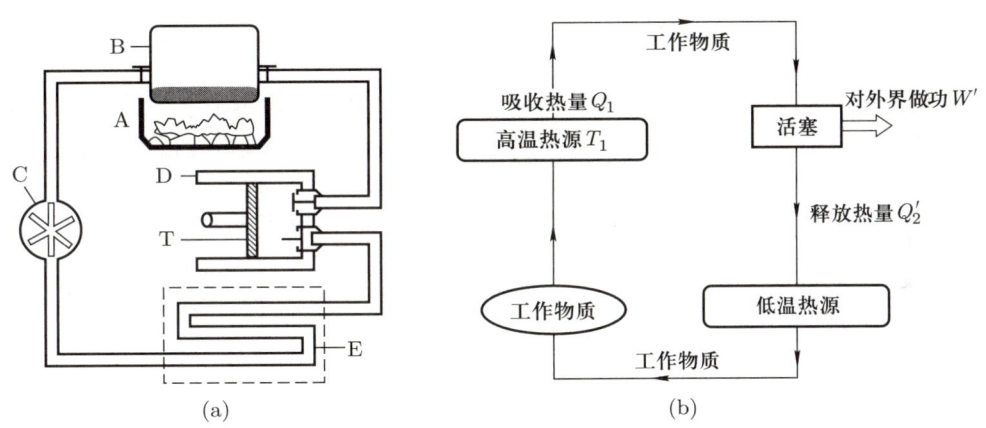

图 5.14 (a) 热机的工作过程示意图 (其中, A 为高温热源, B 为锅炉, C 为工作物质泵, D 为气缸壁, T 为活塞, E 为低温热源), (b) 热功转换示意图

2. 逆循环的效率 —— 制冷系数

逆循环热机 (制冷机) 的作用是通过外界做功 W 使工作物质从低温热源吸收热量 Q_2,从而使低温热源进一步降温. 那么人们通常关心的自然是当外界做功 W 时,制冷机在有效的待制冷区域内吸收的热量 Q_2 的大小,即制冷的效率. 在一个循环过程中,制冷机的工作物质从有效的待制冷区域内吸收的热量常被称为该制冷机的制冷量,而制冷机的效率常被称为制冷系数. 严格地,制冷系数定义为在一个逆循环过程中制冷机的工作物质在低温热源的有效的待制冷区域内吸收的热量 Q_2 与外界所做功 W 的比值,记作 ε,即有

$$\varepsilon = \frac{Q_2}{W} = \frac{Q_2}{Q_1' - Q_2}, \tag{5.57}$$

其中, $Q_1' = Q_2 + W$ 为工作物质在高温热源释放的热量. 具体地,制冷机的工作物质一般选为凝结温度 (或沸点) 较低的气体, 例如, 氨 (沸点 $-33.5\,°\mathrm{C}$)、二氧化碳 (沸点 $-79.5\,°\mathrm{C}$)、碳氟化合物中的氟利昂 ($\mathrm{CCl_2F_2}$, 代号 R12, 沸点 $-29.8\,°\mathrm{C}$, 出于环境保护的要求, 现被禁止使用)、超多元混合工质 (环保型) 等. 这些物质在室温常压下都是气体, 在室温高压 (如 10 atm) 下都是液体.

制冷机的工作过程可以以冰箱的工作原理为例说明如下. 如图 5.15 所示, 工作开始时, 一定量的工作物质 (如干燥的压强为 $p_1 = 1.5\,\text{atm}$、温度为 $T_1 = -10\,\degree\text{C}$ 的工作物质) 进入压缩机 E 中, 被绝热压缩成高温高压蒸气 (如 $p_2 = 9.1\,\text{atm}, T_2 = 46\,\degree\text{C}$), 再经管道进入冷凝器 B, 通过水冷或空气冷却散热变成低温高压液体 (如 $p_3 = 8.9\,\text{atm}$, $T_3 = 37.4\,\degree\text{C}$). 然后通过过滤器滤掉水分和杂质, 流入毛细节流阀 C, 使其经节流膨胀变为低温低压液体. 随后进入冰箱的冷却室附近的蒸发器 D. 液态工作物质在低温低压条件 (如 $p = 1.5\,\text{atm}, T = -20\,\degree\text{C}$) 下迅速汽化, 从而从蒸发器中吸收大量的热量, 使冷却室及其中的物体降温, 达到制冷的效果 (例如, 以氟利昂为工作物质的冰箱可达 $-10\,\degree\text{C}$ 以下). 这些工作物质通过从冷却室内的物体吸收热量使温度上升, 然后进入压缩机, 完成一个循环. 这样, 重复前述过程, 即可使冷却室维持在低温状态.

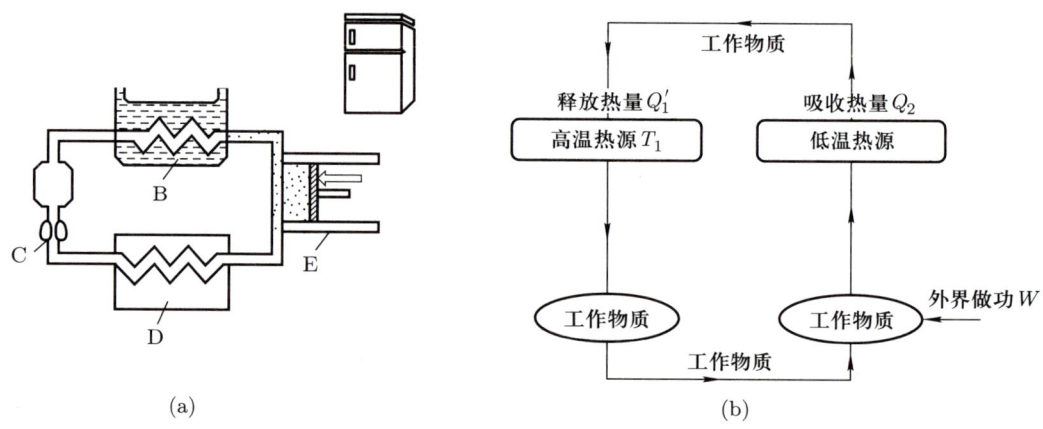

图 5.15 (a) 冰箱的工作过程示意图 (其中, E 为压缩机, B 为冷凝器, C 为毛细节流阀, D 为蒸发器), (b) 热功转换示意图

例题 3 一定量的理想气体做如图 5.16 所示的正循环过程, 其中, AB 和 CD 为等压过程, BC 和 DA 为绝热过程. 若 B 态和 C 态的温度分别为 T_2, T_3, 试求: (1) 该循环的效率 η; (2) 若系统按图示路线的逆方向做逆循环, 则其制冷系数 ε 为多大?

解 (1) 对于正循环过程 $ABCDA$, 由于循环由两个等压过程 AB, CD 和两个绝热过程 BC, DA 构成, 则该循环过程只在等压过程 AB 中吸收热量, 在等压过程 CD 中释放热量. 因此

$$Q_1 = C_p(T_2 - T_A),$$
$$Q_2 = C_p(T_D - T_3).$$

那么

$$\eta = \frac{Q_1 - Q_2'}{Q_1} = 1 - \frac{Q_2'}{Q_1} = 1 - \frac{T_3 - T_D}{T_2 - T_A}. \tag{a}$$

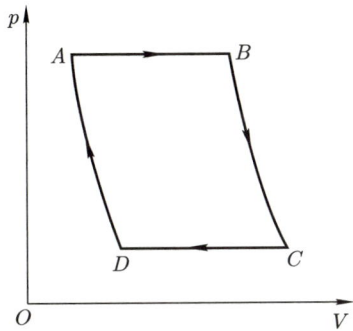

图 5.16 由两个等压过程和两个绝热过程形成的循环过程示意图

因为 BC 和 DA 为绝热过程，则由绝热过程方程

$$\frac{T^\gamma}{p^{\gamma-1}} = 常量,$$

可得

$$\frac{T_B^\gamma}{p_B^{\gamma-1}} = \frac{T_C^\gamma}{p_C^{\gamma-1}},$$

$$\frac{T_A^\gamma}{p_A^{\gamma-1}} = \frac{T_D^\gamma}{p_D^{\gamma-1}}.$$

将上述两式相除则有

$$\left(\frac{T_B}{T_A}\right)^\gamma \left(\frac{p_A}{p_B}\right)^{\gamma-1} = \left(\frac{T_C}{T_D}\right)^\gamma \left(\frac{p_D}{p_C}\right)^{\gamma-1}.$$

因为 AB 和 CD 为等压过程，即有 $p_B = p_A, p_D = p_C$，那么由上式可得

$$\frac{T_B}{T_A} = \frac{T_C}{T_D},$$

即

$$T_D = \frac{T_A}{T_B}T_C = \frac{T_A}{T_2}T_3. \tag{b}$$

将 (b) 式代入 (a) 式，则得该循环的效率为

$$\eta = 1 - \frac{T_3 - T_D}{T_2 - T_A} = 1 - \frac{T_3\left(1 - \dfrac{T_A}{T_2}\right)}{T_2\left(1 - \dfrac{T_A}{T_2}\right)} = 1 - \frac{T_3}{T_2}.$$

(2) 当系统做逆循环，即沿 $ADCBA$ 方向运行时，有

$$Q_2 = C_p(T_C - T_D), \qquad Q_1 = C_p(T_A - T_B).$$

所以该逆循环的制冷系数为

$$\varepsilon = \frac{Q_2}{Q_1' - Q_2} = \frac{T_C - T_D}{(T_B - T_A) - (T_C - T_D)}$$
$$= \frac{1}{\dfrac{T_B - T_A}{T_C - T_D} - 1} = \frac{1}{\dfrac{T_B\left(1 - \dfrac{T_A}{T_B}\right)}{T_C\left(1 - \dfrac{T_D}{T_C}\right)} - 1} = \frac{1}{\dfrac{T_B}{T_C} - 1}.$$

将已知数据 $T_B = T_2, T_C = T_3$ 代入上式, 则得该逆循环的制冷系数为

$$\varepsilon = \frac{T_3}{T_2 - T_3}.$$

5.4.2 理想气体的卡诺循环及其效率

5.4.2
授课视频

在热能转化为机械能的应用方面, 到十八世纪末, 瓦特 (Watt) 完善了蒸汽机, 使之成为真正的动力机械, 但效率很低 (仅 3% ~ 5%). 1824 年, 法国炮兵工程师卡诺 (Carnot) 首先认识到蒸汽机真正的动力来源是下面的 "火", 并从分析蒸汽机的工作过程出发, 提出一种理想热机, 以期利用较少的燃料得到较多的动力, 提高热机的效率和经济效益.

卡诺热机就是工作物质进行卡诺循环的热机. 卡诺循环则是由两个等温过程和两个绝热过程构成的循环, 如图 5.17 中的 $ABCDA$ 过程所示. 对于以理想气体为工作物质的准静态卡诺正循环, 根据循环中各过程的性质我们知道, 系统在 BC 和 DA 所示的绝热过程中与外界没有热量交换. 所以整个循环过程中, 系统从外界吸收的热量就是在等温过程 AB 中吸收的热量

$$Q_1 = \nu R T_1 \ln \frac{V_B}{V_A}, \tag{5.58}$$

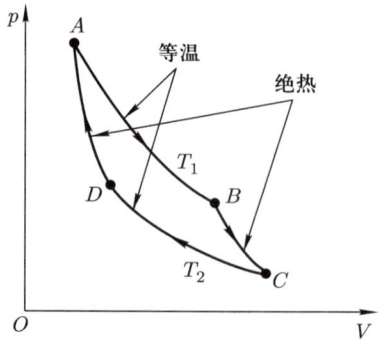

图 5.17 卡诺循环过程示意图

而系统向低温热源释放的热量就是在等温过程 CD 中释放的热量

$$Q_2' = \nu R T_2 \ln \frac{V_C}{V_D}. \tag{5.59}$$

那么整个循环过程的效率则为

$$\eta = \frac{W'}{Q_1} = \frac{Q_1 - Q_2'}{Q_1} = 1 - \frac{T_2 \ln \frac{V_C}{V_D}}{T_1 \ln \frac{V_B}{V_A}}. \tag{5.60}$$

因为 BC 和 DA 为绝热过程,则由绝热过程方程可得

$$\frac{V_C^{\gamma-1}}{V_B^{\gamma-1}} = \frac{T_B}{T_C} = \frac{T_1}{T_2},$$

$$\frac{V_D^{\gamma-1}}{V_A^{\gamma-1}} = \frac{T_A}{T_D} = \frac{T_1}{T_2},$$

于是有

$$\frac{V_C}{V_D} = \frac{V_B}{V_A}. \tag{5.61}$$

将 (5.61) 式代入 (5.60) 式则得,卡诺正循环的效率为

$$\eta = 1 - \frac{T_2}{T_1}. \tag{5.62}$$

由此可知,理想气体准静态卡诺正循环的效率只由高温热源的温度 T_1 和低温热源的温度 T_2 决定. T_1 愈高, T_2 愈低,循环的效率愈高,从而为提高热机效率指明了方向.

回顾上述讨论过程,由 (5.58) 式和 (5.59) 式分别可得

$$\ln \frac{V_B}{V_A} = \frac{Q_1}{\nu R T_1},$$

$$\ln \frac{V_C}{V_D} = \frac{Q_2'}{\nu R T_2}.$$

再考虑 (5.61) 式则得

$$\frac{Q_1}{T_1} = \frac{Q_2'}{T_2}. \tag{5.63}$$

这就是说,理想气体准静态卡诺正循环具有交换的热量与相应热源的温度的比值相等的重要性质.

对于理想气体准静态卡诺逆循环,同理可得

$$\frac{Q_1'}{T_1} = \frac{Q_2}{T_2}. \tag{5.64}$$

从而理想气体准静态卡诺逆循环的制冷系数为

$$\varepsilon = \frac{T_2}{T_1 - T_2}. \tag{5.65}$$

由上述讨论可知, 卡诺循环是仅与一个高温热源接触而吸收热量, 并仅与一个低温热源接触而释放热量的理想热机的工作循环, 因此是最简单的循环. 但是, 由于任意一个循环过程都可以近似为无穷多个无穷小的等温过程级联叠加而成, 那么, 通过在各等温线两端添加互不相交的绝热线, 即可将任意的循环过程近似为无穷多个卡诺循环过程级联叠加而成 (请读者作为练习题 (见思考题部分的 5.22 题和习题部分的 5.24 题), 补上具体的证明过程), 因此卡诺循环过程又是最基本的循环过程, 它为提高热机的循环效率提供了指导 (较系统的证明见第六章的讨论).

5.4.3 内燃机的理想循环

5.4.3
授课视频

由关于卡诺循环的讨论可知, 提高热机效率的重要途径是提高高温热源的温度和降低低温热源的温度. 对于实际的热机来说, 低温热源一般采用大气、江河或地下水源等自然环境, 因而其温度基本上为室温, 那么, 为提高热机效率就需要提高高温热源的温度. 在现代的蒸汽机中, 虽然又加上了过热器等装置, 但是从锅炉中得到的水蒸气的温度至多是 500 ~ 600 K. 这样, 蒸汽机不仅需要产生水蒸气的锅炉等笨重设备和传输工作物质的设备, 而且效率也不可能很高 (对这种实际情况的具体讨论见 7.5.3 小节), 因而除在大型火力发电机或核电站等处使用外, 目前在通常的动力装置中已不多见.

由于提高热机效率的实际途径是提高高温热源的温度, 那么, 如果工作物质直接在气缸内燃烧, 其温度可高达 1000 K 以上, 则其效率可大大提高. 这种使燃料在气缸内燃烧, 以燃烧的气体为工作物质推动活塞做功的机械称为内燃机. 例如, 目前常见的汽油发动机、柴油发动机、喷气发动机等已作为汽车、拖拉机、火箭等的动力装置.

关于目前常用的内燃机的工作原理, 我们可以将其理想的工作循环分为奥托循环和狄塞尔循环两类.

一、奥托循环

奥托循环由两个绝热过程和两个等体过程组成, 如图 5.18 (a) 所示. 因为在两个绝热过程中工作物质与外界之间不交换热量, 所以交换热量仅发生在两个等体过程中. 更具体地, 工作物质将从一个等体过程中吸收的热量的一部分转化为有用功, 另一部分在另一个等体过程中释放到外界 (低温热源). 因其对外界做功来自等体加热过程中吸收的热量, 所以常称奥托循环为等体加热循环. 假设工作物质可以近似成理想气体, 记与两个绝热过程都相联系的等体过程的体积分别为 V_1, V_2, $\dfrac{V_1}{V_2} = r$ 为过程的压缩比,

可以证明 (请读者通过习题部分的 5.32 题自己完成) 奥托循环的效率为

$$\eta_{\text{Auto}} = 1 - \frac{1}{r^{\gamma-1}}. \tag{5.66}$$

奥托循环的直接应用是四冲程火花点燃式内燃机, 如图 5.18 (b) 所示. 工作开始时, 一定量的雾状燃料和空气的混合气体经准备阶段达到状态 A (体积为 V_1、温度为 T_A), 完成第一冲程. 然后经绝热压缩至状态 B (体积为 V_2、温度为 T_B), 达到可燃点. 此刻, 火花塞放出电火花, 点燃气体, 经等体加热至状态 C (体积为 V_2、温度为 T_C), 完成第二冲程. 燃烧形成的高温气体经绝热膨胀至状态 D (体积为 V_1、温度为 T_D). 在此阶段气体膨胀推动活塞对外界做功, 完成第三冲程, 给出有用功. 然后经等体放热使气体恢复到状态 A, 完成第四冲程. 初始化的雾状燃料和空气的混合气体再进入气缸, 再进行上述四个冲程的工作. 这样持续进行, 我们即连续不断地得到有用功. 现在的汽油发动机大多采用这种循环.

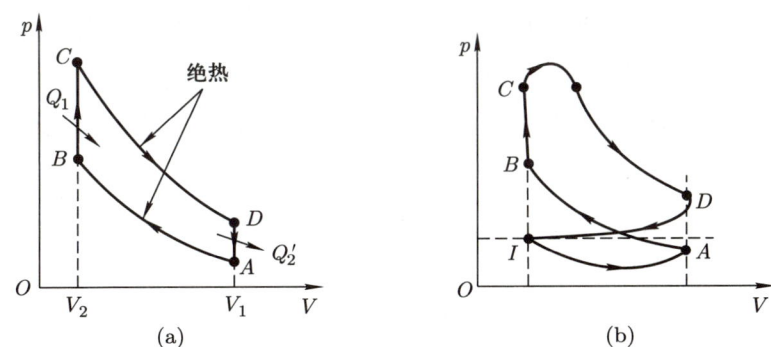

图 5.18 (a) 理想气体的奥托循环示意图, (b) 由奥托循环实现的四冲程火花点燃式内燃机的工作过程示意图

二、狄塞尔循环

狄塞尔循环由两个绝热过程、一个等体过程和一个等压过程组成, 如图 5.19 (a) 所示. 在两个绝热过程中工作物质与外界之间不交换热量, 在等压过程中工作物质吸收热量, 在等体过程中工作物质向外界 (低温热源) 释放热量. 因其对外界做功来自等压加热膨胀过程中吸收的热量, 所以常称狄塞尔循环为等压加热循环. 与奥托循环相同, 假设工作物质可以近似成理想气体, 记与第一个绝热过程联系的两状态的体积分别为 V_1, V_2, $\frac{V_1}{V_2} = r$ 为过程的压缩比; 等压膨胀后达到的状态的体积为 V_3, $\frac{V_3}{V_2} = \rho$ 为过程的等压膨胀比. 可以证明 (请读者通过习题部分的 5.33 题自己完成) 狄塞尔循环的效率为

$$\eta_{\text{Dies}} = 1 - \frac{1}{r^{\gamma-1}} \frac{\rho^\gamma - 1}{\gamma(\rho - 1)}. \tag{5.67}$$

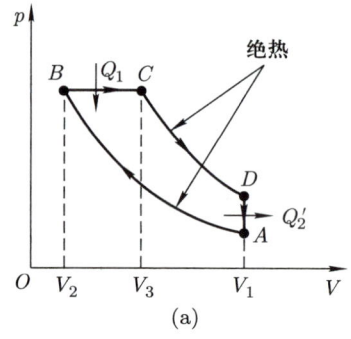 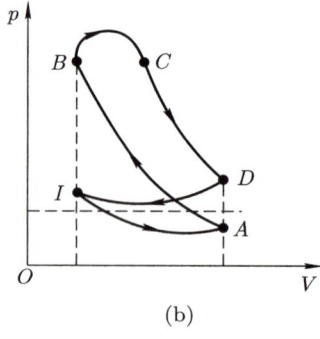

图 5.19　(a) 理想气体的狄塞尔循环示意图, (b) 由狄塞尔循环实现的四冲程压缩点火式内燃机的工作过程示意图

狄塞尔循环的直接应用是四冲程压缩点火式内燃机 (柴油发动机), 如图 5.19 (b) 所示. 工作开始时, 一定量的空气经准备阶段达到状态 A (体积为 V_1、温度为 T_A), 完成第一冲程. 然后经绝热压缩至状态 B (体积为 V_2、温度为 T_B), 完成第二冲程. 此刻, 将雾状燃料喷入气缸, 燃料与空气混合后燃烧, 经等压加热至状态 C (体积为 V_3、温度为 T_C), 完成第三冲程. 燃烧形成的高温气体经绝热膨胀至状态 D (体积为 V_1、温度为 T_D). 在此阶段气体膨胀推动活塞对外界做功. 然后经等体放热使气体恢复到状态 A, 完成第四冲程. 这样持续进行, 我们即连续不断地得到有用功. 现在的柴油发动机大多采用这种循环.

5.4.4　制冷设备与制热设备

一、制冷设备

由前面的讨论可知, 通过绝热膨胀和节流膨胀都可以使系统的温度降低, 从而实现制冷的效果. 并且在相同的压强落差下, 绝热膨胀过程的制冷效率随温度降低而降低, 节流膨胀过程的制冷效率却随温度降低而升高. 但节流膨胀降温必须在依赖于工作物质的确定温度之下才能够实现, 因此通常采用绝热膨胀过程与节流膨胀过程联合的方法来实现制冷.

另一类常用的制冷设备是以逆循环可以在外界做功驱动下将热量由低温热源传递到高温热源的原理制成的. 除基于卡诺逆循环的制冷机外, 常用的制冷机还有以斯特林逆循环为工作原理的制冷机 (常称之为逆向斯特林制冷机) 等. 斯特林逆循环是由两个等温过程与两个等体过程联合形成的循环过程, 如图 5.20 (a) 所示. 以理想气体的斯特林逆循环为例, 在外界做功驱动下, 理想气体在温度为 T_2 的低温热源吸收热

量 Q_2, 在温度为 T_1 的高温热源释放热量 Q_1', 并有

$$Q_1' = -Q_1 = W_{AB} = \int_{V_A}^{V_B} -p\mathrm{d}V = \int_{V_B}^{V_A} \frac{\nu R T_1}{V}\mathrm{d}V = \nu R T_1 \ln\frac{V_1}{V_2},$$

$$Q_2 = -W_{CD} = -\int_{V_C}^{V_D} -p\mathrm{d}V = \int_{V_C}^{V_D} \frac{\nu R T_2}{V}\mathrm{d}V = \nu R T_2 \ln\frac{V_1}{V_2}.$$

因为等体过程中外界对系统不做功、系统对外界也不做功, 所以在 DA 所示的等体升温过程中, 系统吸收的热量为

$$Q_4 = \Delta U_{DA} = \int_{T_2}^{T_1} C_V \mathrm{d}T = C_V(T_1 - T_2).$$

在 BC 所示的等体降温过程中, 系统释放的热量为

$$Q_3' = -\Delta U_{BC} = -\int_{T_1}^{T_2} C_V \mathrm{d}T = -C_V(T_2 - T_1) = C_V(T_1 - T_2).$$

显然, $Q_3' = Q_4$. 因此, 如果在等体过程 BC 中释放的热量通过回热器收集储存起来, 恰好可以在等体过程 DA 中再利用、传递给系统, 所以可以认为这两个等体过程中的能量交换与外界没有关系. 于是, 对于温度为 T_2 的待制冷区域, 该循环过程的制冷系数为

$$\varepsilon_{\text{RevS}} = \frac{Q_2}{W} = \frac{Q_2}{Q_1' - Q_2} = \frac{T_2}{T_1 - T_2}.$$

显然, 该制冷系数与以理想气体为工作物质的卡诺逆循环过程的制冷系数相同.

根据斯特林逆循环的原理制成的制冷机的工作过程如图 5.20 (b) 所示. 工作物质和机械装置的初始状态如其中的 (i) 所示. 工作开始时, 在保证压缩缸中的气体温度为 T_1 的情况下, 活塞 A 移动距离 a, 达到图中 (ii) 标记的状态. 在该过程中, 气体向外界释放热量 Q_1', 实现等温线 AB 所示的等温放热过程. 接着, 活塞 A 和活塞 B 同步移动距离 b, 实现等体线 BC 所示的等体放热过程, 达到图中 (iii) 标记的状态. 在该过程中, 气体释放热量 Q_3', 达到温度为 T_2 的状态, 释放的热量存入回热器 C 中. 然后活塞 B 移动距离 a, 达到图中 (iv) 标记的状态. 在该过程中, 气体从温度为 T_2 的低温热源吸收热量 Q_2, 即实现等温线 CD 所示的等温吸热过程. 再然后活塞 B 和活塞 A 都反向移动距离 $a+b$, 同时回热器 C 中存储的热量回传给气体 (即气体吸收热量 $Q_4 = Q_3'$), 气体温度回升到 T_1, 即工作物质和机械装置恢复到 (i) 标记的状态. 这样循环往复, 实现在温度为 T_2 的低温热源吸收热量、在温度为 T_1 的高温热源释放热量, 实现温度为 T_2 的低温区域得以制冷的效果. 显然, 这一制冷机结构简单, 易于操作. 荷兰的飞利浦实验室在 1954 年就制成逆向斯特林制冷机, 得到 77 K 的低温; 在 1970 年, 实现三级级联的逆向斯特林制冷机, 得到 7.8 K 的低温.

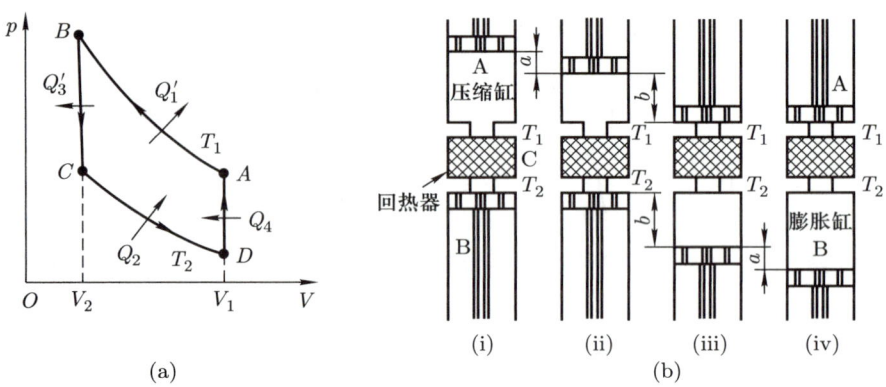

图 5.20 (a) 理想气体的斯特林逆循环示意图, (b) 由斯特林逆循环实现的制冷机的工作过程示意图

除了上述基于逆循环的制冷方法 (技术) 外, 还发展建立了吸附制冷、蒸发制冷、热声制冷、脉冲管制冷、绝热去磁制冷等方法 (技术). 对于超低温情况下的进一步制冷, 需要更加专门的技术和设备, 例如, 氦 (^{3}He-^{4}He) 稀释冷却法、核自旋冷却法、激光冷却法、旋转超固体冷却法等, 因为这些方法的理论原理比较深奥, 技术方法比较复杂, 超出本课程的范畴, 所以这里不再讨论.

二、制热设备

把热量从低温热源传输到高温热源, 使高温热源所处区域保持高温, 甚至继续升温的装置称为制热设备或热泵. 很显然, 只需要将前述讨论中我们关心的低温热源区域与高温热源区域互换, 上述制冷设备都可以用作制热设备, 例如, (冬天用的) 空调等. 因为在前面的讨论中, 有关工作原理都曾述及, 所以这里不再赘述.

思 考 题

5.1 试再讨论热学中的功和热量 (或者说热力学过程中的做功和传热) 的本质及其间的异同.

5.2 试讨论第一类永动机不可能造成的物理机制.

5.3 试回顾并分析讨论计算准静态过程联系的状态之间的内能的改变量与焓的改变量的方案.

5.4 试回顾焦耳利用理想气体的自由膨胀实验说明理想气体系统的内能仅由系统的温度决定的原理.

5.5 试确定极端相对论性理想气体系统的绝热指数 $\gamma = \dfrac{4}{3}$.

5.6 试回顾利用通向大气的气体等温膨胀实验说明理想气体系统的内能仅是系

统的温度的函数的原理, 并分析所举实例的实验结果的精度.

5.7 试回顾利用焦耳等的气体节流膨胀实验说明理想气体系统的内能仅是系统的温度的函数的原理.

5.8 试说明气体的节流膨胀过程的基本性质.

5.9 试回顾确定气体的焦耳 – 汤姆孙系数和转换曲线的方案和计算过程.

5.10 试说明多数气体具有节流正效应、少数气体具有节流负效应的物理机制.

5.11 由 (5.19) 式和理想气体状态方程与范德瓦耳斯方程之间的关系可知, 对于理想气体, 焦耳 – 汤姆孙系数 $\mu = \left(\frac{\partial T}{\partial p}\right)_H \equiv 0$, 试定性说明其物理机制.

5.12 试比较理想气体的等体过程、等压过程、等温过程、绝热过程和多方过程的过程方程和这些过程的基本特征.

5.13 试畅想测定气体的绝热指数的实验方法.

5.14 由 (5.43) 式可知, 当系统的温度无限升高时, 理想气体内的声速将趋于 ∞. 然而, 我们知道, 任何信息传递速度的上限都为真空中的光速 c, 并且对于极端相对论性理想气体, 人们常说其中的声速的上限是 $\frac{c}{3}$. 试分析这中间出现貌似不一致的原因.

5.15 接 5.14 题, 试分析通常的非相对论性理想气体中的声速是否也有类似的问题.

5.16 试比较大气的等温模型与绝热模型, 说明绝热模型是较现实的大气模型.

5.17 试比较大气的饱和绝热递减率和干绝热递减率, 并说明存在焚风和雪线等自然现象的物理机制.

5.18 在新疆地区, 在很多野外都可以看到开有多个窗子的细高的房子, 据说是风干葡萄用的, 试述其物理机制.

5.19 试分析讨论理想气体的摩尔热容随过程的多方指数变化的行为, 说明多方过程中的摩尔热容可能为负值的物理机制.

5.20 经过爬山或其他剧烈运动之后, 我们会觉得腿部酸痛, 试说明出现这一现象的物理机制.

5.21 试比较对应热机工作原理的循环过程和对应制冷机工作原理的循环过程的异同.

5.22 我们熟知传递的热量是一个过程量, 系统由一个状态到达另一个状态的不同过程中传递的热量一般不同. 然而, 对于可逆卡诺循环, 很多步元过程的 $\sum_i \frac{\Delta Q_i}{T_i}$ 却是一个不依赖于过程而仅依赖于这些很多步元过程联系的两状态的量.

5.23 试分析以奥托循环为工作原理和以狄塞尔循环为工作原理的四冲程发动机的工作过程, 比较它们的异同.

5.24 有人说,在夏天将置于室内的冰箱门打开即可使房间降温,试说明这一方案是否现实,以及你的依据.

5.25 我们知道理想气体系统经过自由绝热膨胀、可逆绝热膨胀和节流绝热膨胀后都降低温度,试分析比较这三类降温过程的降温效率.

5.26 试回顾、总结各种常规的制冷方法和技术,并对温区跨度较大的情况,提出采用不同方法高效地实现制冷的级联方案.

习 题

5.1 试在 $p\text{-}V$ 图上画出以下理想气体完成的准静态过程: (1) $p = kV$, (2) $p = kT$, (3) $V = kT$, 其中, k 为满足各自要求的常量. 并计算当系统体积由 V_1 变至 V_2 时, 上述三个过程中系统对外界所做的功.

5.2 0.02 kg 氦气的温度由 17 °C 上升到 27 °C, 若在升温过程中: (1) 体积保持不变, (2) 压强保持不变, (3) 不与外界交换热量. 试在将这些氦气近似为理想气体的情况下, 分别确定上述三个过程引起的气体内能的改变量、气体吸收的热量、外界对气体所做的功.

5.3 一气体系统的定压摩尔热容随温度变化的规律为 $C_p = a + bT - cT^2$, 其中, a, b, c 是常量. 当物质的量为 n 的气体经过一个等压过程使其温度从 T_1 变到 T_2 时, 气体从外界吸收的热量为多少?

5.4 在标准状况下, 1 mol 单原子分子理想气体先经过一个绝热过程, 再经过一个等温过程, 最后压强和体积均增至原来的两倍, 试确定整个过程中气体吸收的热量 Q_1. 若先经过一个等温过程, 再经过一个绝热过程而达到同样的状态, 结果是否相同? 若不同, 试确定第二个过程中气体吸收的热量 Q_2 是多少?

5.5 设 1 mol 固体的状态方程可以表示为 $V = V_0 + aT + bp$, 内能可以表示为 $U = cT - apT$, 其中, a, b, c 和 V_0 均是常量, 试确定:

(1) 该固体的摩尔焓的表达式.

(2) 该固体的定压摩尔热容 $C_{p,m}$ 和定容摩尔热容 $C_{V,m}$.

5.6 铅弹射击到木板上, 经与木板相撞而熔化. 已知撞击前铅弹的温度是 30 °C, 铅的熔点是 327 °C, 熔解热是 2.045×10^4 J/kg, 比热容是 130 J/(kg·K), 试确定此铅弹撞击木板前的最低速度.

5.7 1 g 氮气原来的温度和压强分别为 423 K, 5.066×10^5 Pa, 经准静态绝热膨胀过程后, 体积变为原来的两倍. 试确定在这一过程中气体对外界所做的功.

5.8 对一块密度为 1×10^4 kg/m³、质量为 0.1 kg 的金属, 在保持温度恒定的情况下加压, 使其压强由 0 逐渐增至 100 atm. 如果该过程中金属的等温压缩系数保持为常量 $6.72 \times 10^{-12}\,\mathrm{Pa}^{-1}$, 试确定该过程中外界对金属所做的功.

5.9 记理想气体状态方程为 $p = K\bar{\varepsilon}$, 其中, p 为系统的压强, $\bar{\varepsilon}$ 为平均动能密度, K 为常量, 试导出系统的绝热压缩系数.

5.10 在原子弹爆炸后 0.1 s 所出现的 "火球" 是半径约为 15 m、温度为 300000 K 的气体球, 试做一些粗略的假设, 估算出温度变为 3000 K 时, "火球" 的半径.

5.11 在宇宙大爆炸理论中, 起初局限于小区域的辐射能量以球对称的方式绝热膨胀, 在膨胀过程中逐渐冷却. 仅从热力学角度考虑, 试推导出温度 T 和辐射半径 R 之间的关系.

5.12 将两端开口的 U 形管内注入水银, 直到水银柱全长为 h.

(1) 若将管内一侧的水银柱压下, 然后使水银柱振荡, 试证明不计摩擦时, 振动周期 τ_1 为 $\tau_1 = 2\pi\sqrt{\dfrac{h}{2g}}$.

(2) 把管的左侧封闭起来, 使被封在管内的空气柱的高度为 l, 然后使水银柱振荡, 假设摩擦可忽略, 空气可近似为理想气体, 且可认为气体经历的过程是准静态绝热过程, 而气压计中水银柱的高度为 h_0, 试证明这种情况下的周期变为 $\tau_2 = 2\pi\sqrt{\dfrac{h}{2g + \gamma h_0 g/l}}$.

(3) 试证明绝热指数 $\gamma = \dfrac{2l}{h_0}\left[\left(\dfrac{\tau_1}{\tau_2}\right)^2 - 1\right]$.

5.13 试给出范德瓦耳斯气体在准静态绝热过程中的温度改变量 ΔT 与压强改变量 Δp 的比值 $\dfrac{\Delta T}{\Delta p}$ 的变化行为.

5.14 现有气体节流膨胀装置和绝热膨胀装置, 试通过具体计算和分析, 设计一个可以使范德瓦耳斯气体高效率降温的装置.

5.15 记大气的平均摩尔质量为 $\bar{\mu}$, 定压摩尔热容为 $C_{p,\mathrm{m}}$, 地面 $h = 0$ 处的压强、温度分别为 p_0, T_0, 试证明: 按绝热大气模型, 大气高度 h 与压强 p 的关系为 $h = \dfrac{C_{p,\mathrm{m}} T_0}{\bar{\mu} g}\left[1 - \left(\dfrac{p}{p_0}\right)^{\frac{\gamma-1}{\gamma}}\right]$.

5.16 观测表明, 距离地面不太远的大气的温度随高度升高而降低, 但存在称为对流层顶的 "边界", 在对流层顶以外, 不再具有上述规律.

(1) 试通过具体计算说明通过测量对流层顶以下一高度处的气温可以确定该处大气的稳定性.

(2) 某日某地区的大气含有饱和水蒸气, 地面处的气温为 27 °C, 5000 m 高空处的气温为 $-5\,°\mathrm{C}$. 假设大气可以近似为理想气体, 水的摩尔汽化热近似为常量 $4.3 \times 10^4\,\mathrm{J/mol}$, 饱和大气中水蒸气的摩尔浓度随温度的变化率近似为常量 $0.00021\,\mathrm{K}^{-1}$, 试通过计算说明该日该地区的大气是否稳定.

5.17 地球上有很多雪山, 常年积雪不化的最低海拔高度称为雪线高度. 假设常温下水蒸气的凝结热近似为常量 2.4×10^6 J/kg, 大气中水蒸气的摩尔浓度随温度的变化率近似为常量 3.1×10^{-4} K^{-1}, 海平面上大气的温度为 27 °C, 试确定雪线高度.

5.18 如题 5.18 图所示, 在一山峰的两侧建有气象观测站 M_1, M_4, 山顶建有观测站 M_3, 一侧山坡上建有观测站 M_2. 通常, 潮湿空气可以沿着山坡持续上升并流到另一侧. 某日, 观测站 M_1 测得其附近的大气压强为 100 kPa、气温为 20 °C, M_4 测得的大气压强也为 100 kPa, M_3 测得的大气压强为 70 kPa, M_2 测得的大气压强为 84.5 kPa, 并发现在其所处高度开始有云形成. 潮湿空气继续上升, 经过大约 25 min 后到达山顶, 并且在这段时间内潮湿空气中的水蒸气凝结成雨而落下. 记每平方米面积上空的潮湿空气的质量为 2000 kg, 每千克潮湿空气可凝结出 2.45 g 雨水, 水的汽化热为 2.5 MJ/kg, 并且空气可以近似为理想气体.

(1) 试确定云层底处的气温.

(2) 假设空气密度随高度增加而线性减小, 试确定云层底距离地面的高度.

(3) 试确定山顶的观测站 M_3 测得的气温.

(4) 假设在观测站 M_2 与 M_3 之间的降雨均匀, 并记每小时时间每平方米面积内降落 1 kg 雨水为 1 mm 的降雨量, 试确定这两个观测站之间的降雨量.

(5) 在 M_4 处进行观测, 测得的气温很可能为多少摄氏度? 与 M_1 处相比, 这里的空气有何特点?

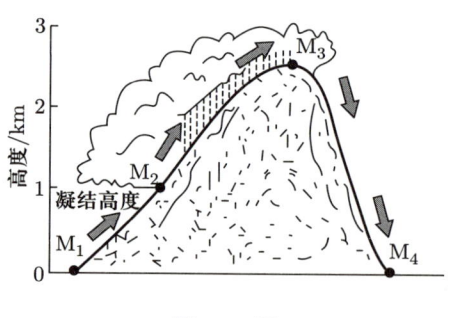

题 5.18 图

5.19 试证明: 在泊松比 γ 为常量的情况下, 如果理想气体在某一过程中的热容也是常量, 则这个过程一定是多方过程.

5.20 设有一定量的氧气, 其压强为 $p_1 = 1$ atm、体积为 $V_1 = 2.3$ L、温度为 $T_1 = 26$ °C. 经过一个多方过程, 达到压强为 $p_2 = 0.5$ atm、体积为 $V_2 = 4.1$ L 的状态, 试确定:

(1) 氧气的多方指数 n.

(2) 这一过程中氧气的内能的改变量 ΔU.

(3) 这一过程中氧气对外界所做的功 W'.

(4) 这一过程中氧气吸收的热量 Q.

5.21 试证明: 若理想气体按 $V = a_0/\sqrt{p}$ 的规律膨胀, 其中, a_0 为常量, 则气体在该过程中的热容 C 可以表示为 $C = C_V - \dfrac{a_0^2}{TV}$, 并说明气体的温度随体积增大而变化的行为.

5.22 引力理论表明, 引力塌缩时会辐射出热能. 假设一星体的密度为常量, 总质量为 M.

(1) 试确定其半径由 R_1 减小到 R_2 的过程中释放的热量.

(2) 假定该过程满足过程方程 $V = a_0/p^{5/6}$, 其中, a_0 为数值大于零的常量, 并且组成星体的物质可近似为单原子分子理想气体, 试确定该星体的比热容.

5.23 一圆筒内装有压强为 $2\,\mathrm{atm}$ 的氧气, 其容积为 $3\,\mathrm{L}$, 温度为 $300\,\mathrm{K}$. 使氧气依次经历下述过程: 等压下加热到 $500\,\mathrm{K}$, 等体下冷却到 $250\,\mathrm{K}$, 等压下冷却到 $150\,\mathrm{K}$, 等体下加热到 $300\,\mathrm{K}$.

(1) 试在 p-V 图上画出上述四个过程, 并给出每一个过程的终态的 p, V 值.

(2) 试确定这些氧气在一个循环中所做的净功.

(3) 试确定此循环的效率.

5.24 热机在工作循环中实际与多个热源接触并交换热量. 记热机从其中吸收热量的热源的最高温度为 $T_{\max}$, 热机向其中释放热量的热源的最低温度为 $T_{\min}$, 试证明该热机的效率不可能超过 $(T_{\max} - T_{\min})/T_{\max}$.

5.25 设有一卡诺热机, 它的低温热源的温度为 $280\,\mathrm{K}$, 效率为 40%, 现若使此热机的效率提高到 50%, 试确定:

(1) 如果低温热源的温度保持不变, 那么高温热源的温度必须提高多少?

(2) 如果高温热源的温度保持不变, 那么低温热源的温度必须降低多少?

5.26 一个平均输出功率为 $50\,\mathrm{MW}$ 的发电厂, 热机循环的高温热源的温度为 $T_1 = 1000\,\mathrm{K}$, 低温热源的温度为 $T_2 = 300\,\mathrm{K}$.

(1) 理论上, 该热机的最高效率为多少?

(2) 这个发电厂的热机的效率实际只能达到理论最大值的 70%, 为了产生 $50\,\mathrm{MW}$ 的输出功率, 每秒钟需要提供多少热量?

(3) 如果低温热源由一条河流来担当, 其流量为 $10\,\mathrm{m}^3/\mathrm{s}$, 假设水的比热容为 $4.2 \times 10^3\,\mathrm{J/(kg \cdot K)}$, 试确定由于发电厂释放的热量而引起的水的温度的升高量.

5.27 $1\,\mathrm{mol}$ 空气 (可视为理想气体) 进行如题 5.27 图所示的循环, 其中, CA 为绝热过程, 试确定:

(1) 该循环的循环功.

(2) 该循环的循环效率.

(3) 以循环中最高温度及最低温度为热源温度的可逆卡诺循环的效率.

5.28 设有一以理想气体为工作物质的热机的循环, 如题 5.28 图所示. 该循环由等压过程 CA、等体过程 AB 和绝热过程 BC 组成. 若已知 p_A, p_B, V_A, V_C 和绝热指数 γ, 试证明此热机的循环效率为 $\eta = 1 - \gamma \dfrac{(V_C/V_A) - 1}{(V_C/V_A)^\gamma - 1}$.

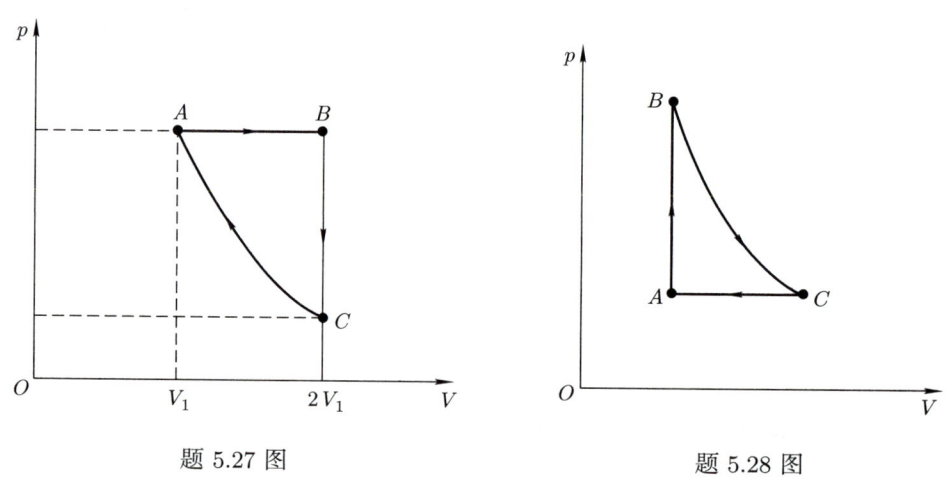

题 5.27 图   题 5.28 图

5.29 如题 5.29 图所示, 燃料电池是把化学能直接转化为电能的装置, 把氢气和氧气连续通入多孔 Ni 电极, Ni 电极浸在 KOH 电解液中. 在两极进行的化学反应为

$$\text{正极}: 2\text{H}_2 + 4\text{OH}^- \to 4\text{H}_2\text{O} + 4e^-;$$

$$\text{负极}: 2\text{H}_2\text{O} + 4e^- + \text{O}_2 \to 4\text{OH}^-.$$

水在 25 °C 情况下的标准生成焓为 $-285.84\,\text{kJ/mol}$, 在此状态下电池的电动势为 $1.229\,\text{V}$, 试求此燃料电池的效率.

5.30 一制冷机的工作物质进行如题 5.30 图所示的循环过程, 其中, AB, CD 分别是温度为 T_2, T_1 的等温过程, BC, DA 为等压过程. 设工作物质为理想气体, 试证明此制冷机的制冷系数为 $\varepsilon = \dfrac{T_1}{T_2 - T_1}$.

5.31 某理想卡诺制冷机工作在 0 °C 与 100 °C 的水之间, 试问要产生 1 kg 的冰, 需将多少 100 °C 的水汽化为水蒸气? 已知冰的熔解热为 $334\,\text{kJ/kg}$, 汽化热为 $2260\,\text{kJ/kg}$.

5.32 四冲程汽油发动机的工作循环 (奥托循环或等体加热循环) 如图 5.18 (a) 所示. 工作开始时, 一定量的雾状汽油和空气的混合气体由状态 V_1, T_A 经绝热压缩至状

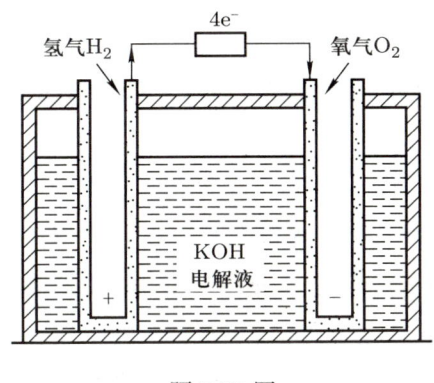

题 5.29 图

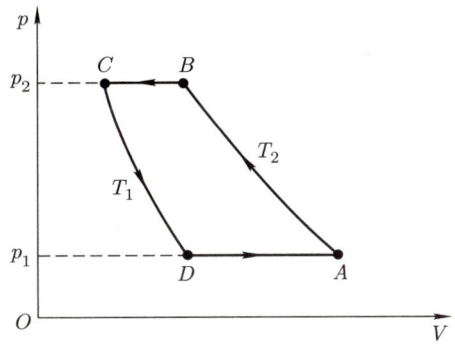

题 5.30 图

态 V_2, T_B, 达到可燃点. 此刻, 火花塞放出电火花, 点燃气体, 经等体加热至状态 V_2, T_C. 燃烧形成的高温气体经绝热膨胀至状态 V_1, T_D. 然后经等体放热使气体恢复到原初始状态 V_1, T_A. 若工作物质可近似为理想气体, 试确定该工作循环的效率.

5.33 四冲程柴油发动机的工作循环 (狄塞尔循环或等压加热循环) 如图 5.19 (a) 所示. 工作开始时, 一定量的空气由状态 V_1, T_A 经绝热压缩至状态 V_2, T_B. 此刻, 将雾状柴油喷入气缸, 雾状柴油与空气混合后燃烧, 经等压加热至状态 V_3, T_C. 然后经绝热膨胀至状态 V_1, T_D, 再经等体放热至状态 V_1, T_A. 若工作物质可近似为理想气体, 试确定该工作循环的效率.

5.34 对于光子气体, 其满足的斯特藩 – 玻尔兹曼定律中的常量为 σ, 光子数密度 n 与温度之间的函数关系 $n = n(T)$ 中的常量为 α.

(1) 记光子气体的初始平衡态的状态参量分别为 T_0, V_0, 试导出在准静态绝热过程中光子气体的温度 T 与体积 V 之间的函数关系, 以及在温度分别为 T_0, T (假设 $T < T_0$) 的恒温热源之间以光子气体为工作物质的卡诺热机的效率.

(2) 如果光子气体由初始状态 $\{T_0, V_0\}$ 出发, 经一个自由膨胀过程, 在极短的时间内形成一个体积为 $8V_0$ 的瞬时非平衡态, 又在绝热等体条件下, 经一段时间后达到一个体积为 $8V_0$ 的平衡态, 记瞬时非平衡态的光子数是初始状态的 γ_1 倍, 达到的平衡态的光子数是初始状态的 γ_2 倍, 试确定 γ_1 和 γ_2.

(3) 如果光子气体由初始状态 $\{T_0, V_0\}$ 出发, 经一个 $đQ = \beta dU$ 的准静态过程达到一个体积为 $8V_0$ 的平衡态, 试确定该过程中光子气体吸收的热量和达到的温度.

5.35 设服从克劳修斯方程 $p(V_m - b) = RT$ 的气体的摩尔内能为 $U_m = C_{V,m}T + U_0$, 其中, $C_{V,m}$ 和 U_0 都是常量.

(1) 试证明在准静态绝热过程中, 气体满足绝热方程 $p(V_m - b)^\gamma = $ 常量, 其中, $\gamma = \dfrac{C_{p,m}}{C_{V,m}}$.

(2) 试证明利用克劳修斯气体所做的卡诺循环的效率为 $\eta = 1 - \dfrac{T_2}{T_1}$.

5.36 某制冷机在冬天作热泵用, 以使某房间变暖. 在室外为 $-5\,°\mathrm{C}$ 的情况下, 使某房间内的温度保持为 $25\,°\mathrm{C}$.

(1) 若该房间向外界散热主要由面向室外的面积为 $5\,\mathrm{m}^2$、厚度为 $2\,\mathrm{mm}$ 的玻璃引起, 假设该玻璃的热导率为 $0.75\,\mathrm{W/(m\cdot K)}$, 电费收费标准为每度 0.5 元, 试计算该空调 1 天工作 12 小时的情况下至少需要花多少电费.

(2) 若将上述玻璃换为每层厚度仍为 $2\,\mathrm{mm}$, 但其中间有 $0.5\,\mathrm{mm}$ 的空气夹层的 "双层玻璃", 假设空气的热导率为 $0.025\,\mathrm{W/(m\cdot K)}$, 电费收费标准仍为每度 0.5 元, 试计算该空调 1 天仍然工作 12 小时的情况下可以节省的电费.

第六章 热力学第二定律和第三定律

热力学第一定律表明,自然界中发生的一切与热现象有关的过程都必须遵从能量守恒定律. 但是, 满足热力学第一定律的过程是否都一定能实现呢? 从逻辑关系上讲, 这一问题的解决推动了热力学第二定律的建立. 热力学第二定律和第一定律一起构成了热力学的主要理论基础. 本章介绍热力学第二定律的基本内容及与之相关的熵等态函数的概念和有关定律. 为准确确定熵的数值及低温过程的温度, 还提出了热力学第三定律. 本章也对之做一简单介绍.

6.1 可逆过程与不可逆过程

6.1.1 可逆过程与不可逆过程的概念

6.1.1
授课视频

人们常说 "落叶永离, 覆水难收", 这表明很多常见的自然现象都只能沿一个方向进行. 严格地讲, 在化学中, 例如, 酸碱中和反应, 只要把 NaOH 与 HCl 混合就可以生成 NaCl 和 H_2O, 而 NaCl + H_2O → NaOH + HCl 的过程却不能自发进行. 在力学中, 物体从高处落到松软地面是常见的自发过程, 但由于物体与松软地面之间的碰撞是非弹性的, 有一部分动能耗散掉, 因此物体不可能再弹起到原来的高度. 这些现象表明, 在严格的科学实验中, 很多过程也只能沿一个方向进行. 但是, 对于力学中质量分别为 m_A, m_B, 速度分别为 v_A, v_B 的两刚性小球 A, B 之间的弹性碰撞, 记碰撞后 A, B 两小球的速度分别为 v'_A, v'_B, 具体计算表明, 如果两小球起初分别以速度 $-v'_A, -v'_B$ 运动, 则碰撞后它们的速度一定分别是 $-v_A, -v_B$, 即两小球的弹性碰撞是可以沿两个相反方向进行的. 根据这一原理, 在电影制作过程中, 先拍下人从高处落下过程的一系列镜头, 然后将顺序全部倒过来放映, 就得到了人从低处高高飞起的电影特技场面. 这些现象表明, 在理论及实际生活中, 有些过程是可以自发地沿互为相反的方向进行的. 综合分析上述现象可知, 自然界中的所有现象按其过程进行的方向可以分为两类: 一类可以沿正方向 (规定一个方向为正) 进行的路线反向原路返回到原初始状态, 另一类不能沿正方向进行的路线反向原路返回, 也就是说, 自然界中的过程可以概括为可逆过程与不可逆过程两类.

为准确判断一个过程是可逆过程还是不可逆过程, 需要有严格的、科学的定义. 一个热力学系统由一个状态出发, 经过一个过程可以达到另一个状态, 如果存在另一个过程或某种方法,可以使系统和外界都恢复到原来的状态,则这样的过程称为可逆过程;反之,如果用任何方法都不可能使系统和外界都完全复原,则这样的过程称为不可逆过程. 因此,判断一个过程是不是可逆过程的关键在于通过一系列过程后,其对系统产生的影响和在外界留下的痕迹是否可以将原过程产生的影响和痕迹完全消除.

6.1.2 可逆过程与不可逆过程的举例及区分

由第五章的计算和讨论我们知道,对于图 6.1 所示的理想气体的无摩擦准静态等温过程 $i \to f$,记原过程的初态体积为 V_i、末态体积为 V_f,由于过程进行得足够缓慢,其中任何时刻系统的温度都为 T,都有处处均匀且确定的压强 $p = \nu RT/V$,并且系统内能的改变量为 $\Delta U = 0$,系统对外界做的功和从外界吸收的热量为 $W' = Q = \nu RT \ln \dfrac{V_f}{V_i}$. 在其反过程 $f \to i$ 中,温度也保持恒定,都有处处均匀且确定的压强 $p = \nu RT/V$,在整个过程中系统内能的改变量为 $\Delta U = 0$,外界对系统做的功和系统向外界释放的热量为 $W = -Q = \nu RT \ln \dfrac{V_f}{V_i}$. 综合考察 $i \to f$ 的原过程和 $f \to i$ 的反过程,我们知道,在 $i \to f$ 的原过程中,系统从外界 (热库) 吸收热量 Q,对外界做功 W',内能保持不变;在 $f \to i$ 的反过程中,系统向外界释放热量 Q,外界对系统做功 $W = W'$,内能也保持不变. 并且原过程中对系统的影响 (吸收热量, 体积膨胀对外界做功) 被反过程完全消除 (释放热量, 外界做功使系统体积缩小),使系统恢复到原来的状态. 同时,对外界而言,其在系统进行的原过程中释放热量 Q,在反过程中吸收热量 Q,也完全恢复到原来的状态而没有留下任何过程进行的痕迹. 因此无摩擦准静态等温过程是可逆过程. 采用完全相同的方法分析可知,其他的无摩擦准静态过程也都是可逆过程.

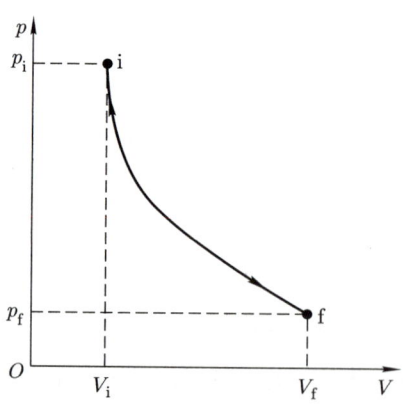

图 6.1 无摩擦准静态等温过程的 p-V 图

对于非准静态过程,由于在过程进行的每一时刻,系统不一定有确定的状态参量,在反过程中自然无法重现原过程经过的状态并消除原过程造成的影响,因此非准静态过程是不可逆过程. 对于有摩擦的准静态过程, 由于在原过程中, 系统需要克服摩擦阻力做功, 这些功转化为热量, 其中的一部分由系统吸收, 另一部分释放给外界, 而在其反过程中, 系统仍要克服摩擦阻力做功, 这些功也转化为热量, 其中的一部分由系统吸收, 另一部分仍释放给外界, 这就是说, 在正反两过程中都要克服摩擦阻力做功, 其对系统和外界造成的影响都无法恢复, 因此有摩擦的准静态过程是不可逆过程.

对于气体向真空的自由膨胀过程, 在 i → f 的自由膨胀过程中, 系统从外界吸收的热量 $Q = 0$, 外界对系统做的功 $W = 0$, 系统内能的改变量 $\Delta U = 0$, 但在 f → i 的过程中, 系统不可能自动收缩到原来的状态, 即一定有 $W \neq 0$, $Q \neq 0$, 更何况自由膨胀过程进行得很快, 不可能每一时刻都有确定的状态参量, 在压缩的过程中自然无法重复并同时消除原过程对系统及外界造成的影响. 所以气体向真空的自由膨胀过程是不可逆过程. 由于自由膨胀过程中存在压强不均匀性, 因此压强不均匀的过程是不可逆过程. 同理可知, 热传导过程、燃烧过程、扩散过程等都是不可逆过程. 也就是说, 存在热不平衡、化学不平衡、相不平衡等的过程都是不可逆过程.

综上所述, 区分可逆过程与不可逆过程的判据并不在于反过程能否发生, 而在于反过程能否消除原过程对系统和外界造成的影响, 使系统和外界都恢复到原来的状态. 上述具体讨论表明, 只有无耗散的准静态过程才是可逆过程, 非准静态过程、有耗散的过程、有相不平衡的过程等都是不可逆过程. 其他的, 例如, 爆炸过程、生命过程等也都是不可逆过程. 由此可见, 一切实际过程都是不可逆过程. 而可逆过程只是理想化的过程或实际过程的近似, 并且只是在不涉及过程进行方向的问题中, 才可以把实际过程当作可逆过程来处理, 而一旦涉及过程进行方向的问题, 则应严格区分可逆过程与不可逆过程.

6.2 热力学第二定律的两种语言表述

由 5.4 节的讨论可知, 工作在高温热源和低温热源之间的卡诺热机的效率 η 为 $\eta = 1 - \dfrac{Q_2'}{Q_1}$, 而卡诺逆循环制冷机的制冷系数 ε 为 $\varepsilon = \dfrac{Q_2}{Q_1' - Q_2}$. 很显然, 在 $Q_2' = 0$ 的情况下, $W' = Q_1$, $\eta = 100\%$, 即工作物质从单一热源吸收热量而对外界做功, 可获得 100% 的热机效率. 另一方面, 在 $Q_2 = Q_1'$ 的情况下, $W = 0$, $\varepsilon = \infty$, 即不需要外界做功, 热量可以自动由低温物体传递到高温物体的情况下, 可得到无穷大的制冷系数. 从热力学第一定律的层次上看, 这些都是可能的. 但它们是否能真正实现呢? 答案是否定的. 这些问题的解决使得人们建立了热力学第二定律. 从原始表述来看, 热力学第二定律有两种语言表述形式.

6.2.1 热力学第二定律的克劳修斯表述

事实告诉我们,制冷机的循环是从低温热源吸收热量向高温热源释放热量. 在该热量传输过程中一定有外界做功,如果没有外界做功,则这一传输是不可能实现的. 根据这些事实,克劳修斯 (Clausius) 于 1850 年指出,不可能使热量从低温物体自发地传递到高温物体而不产生任何其他影响. 该规律即热力学第二定律的克劳修斯表述. 很显然,该规律指明了自发进行的热量传输的方向. 对于制冷机的工作循环,表面上看,它是把热量从低温热源传递到了高温热源,但它是由于有外界做功这一"其他影响"而实现的.

6.2.2 热力学第二定律的开尔文表述

对于热功转换,热力学第一定律表明,功可以自发地无条件地全部转化为热,而对于热转化为功的问题,大量事实都说明,热转化为功是有条件的,并且转化效率是有限制的,前述的从单一热源吸收热量使之全部转化为功以得到 100% 的热功转换效率是不可能实现的. 于是,开尔文勋爵 (Lord Kelvin,原名汤姆孙) 于 1851 年指出,不可能从单一热源吸收热量使之完全转化为有用功而不产生任何其他影响. 这就是热力学第二定律的开尔文表述. 从单一热源吸收热量而使之全部转化为有用功的机械称为第二类永动机,所以热力学第二定律的开尔文表述又可以表示为: 第二类永动机是不可能造成的.

6.2.3 克劳修斯表述与开尔文表述的等价性

上述讨论表明,开尔文表述说明了自发的热功转换过程的不可逆性,克劳修斯表述揭示了自发的热量传递过程的不可逆性. 乍看起来,二者毫不相关,将之都作为热力学第二定律的表述似乎有些牵强,容易使人们对热力学第二定律的正确性产生怀疑. 因此需要证明开尔文表述与克劳修斯表述的等价性. 按照逻辑学原理,两种表述完全等价意味着,如果一种表述正确,则另一种表述也必然正确;如果一种表述错误,则另一种表述也必然错误. 由此可知,对于开尔文表述和克劳修斯表述,只要违背其中一种表述,则另一种表述也必然不正确. 下面我们利用逻辑学的反证法证明开尔文表述与克劳修斯表述的等价性.

假设克劳修斯表述不正确,即热量 Q 可以通过某种方式由温度为 T_2 的低温热源传递到温度为 T_1 的高温热源而不产生任何其他影响,如图 6.2 (a) 所示. 那么,可以设计一个卡诺热机工作于上述高温热源和低温热源之间,并在高温热源吸收热量 Q_1,在低温热源释放热量 Q,同时对外界做功 $W' = Q_1 - Q$,如图 6.2 (b) 所示. 图 6.2 (a) 与图

6.2 (b) 两部分联合工作的总效果是低温热源不发生变化, 高温热源释放热量 Q_1-Q, 卡诺热机对外界做功 $W'=Q_1-Q$, 也就是说, 可以图示为图 6.2 (c) 的情形, 即有卡诺热机从温度为 T_1 的高温热源吸收热量 Q_1-Q 使之完全转化为有用功而不产生任何其他影响. 这显然与开尔文表述相抵触. 由于上述卡诺热机是可以实现的, 因此该论证表明, 如果克劳修斯表述不正确, 则开尔文表述也一定不正确; 如果开尔文表述正确, 则克劳修斯表述不正确的假设一定不成立. 这样, 即由开尔文表述推出了克劳修斯表述.

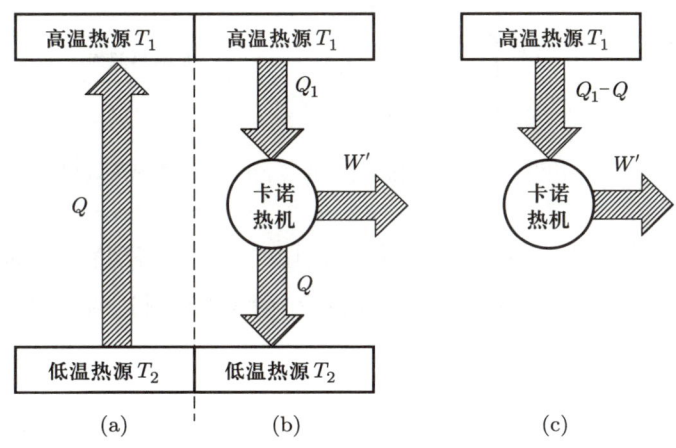

图 6.2 可以违背克劳修斯表述而运行的装置的工作过程及效果示意图

下面再证明由克劳修斯表述可以推导出开尔文表述. 与前述相同, 利用反证法就应该有: 如果开尔文表述不正确, 则克劳修斯表述也不正确. 为此, 假设开尔文表述不正确, 即可以从单一热源吸收热量 Q 使之完全转化为有用功 W' 而不产生任何其他影响, 如图 6.3 (a) 所示. 利用其输出的功 W' 驱动一制冷机工作, 使之在温度为 T_2 的低温热源吸收热量 Q_2, 在温度为 T_1 的高温热源释放热量 Q_1', 如图 6.3 (b) 所示. 显然, 由热力学第一定律可得 $Q_1'=Q_2+W'=Q_2+Q$. 那么, 图 6.3 (a) 与图 6.3 (b) 两部分联合工作的总效果就如图 6.3 (c) 所示, 即热量 $Q_2=Q_1'-Q$ 自动地由低温热源传递到高温热源而不产生任何其他影响. 这说明, 如果开尔文表述不正确, 则克劳修斯表述也一定不正确, 从而由克劳修斯表述推导出了开尔文表述.

综合上述两方面的论证可知, 由克劳修斯表述可以推导出开尔文表述, 由开尔文表述也可以推导出克劳修斯表述, 所以开尔文表述与克劳修斯表述完全等价. 这就是说, 由热功转换的不可逆性可以推导出热传导的不可逆性, 由热传导的不可逆性也可以推导出热功转换的不可逆性. 事实上, 所有不可逆过程都是有联系的, 从一种过程的不可逆性可以推导出另一种过程的不可逆性, 因此热力学第二定律还可以用语言表述为其他形式.

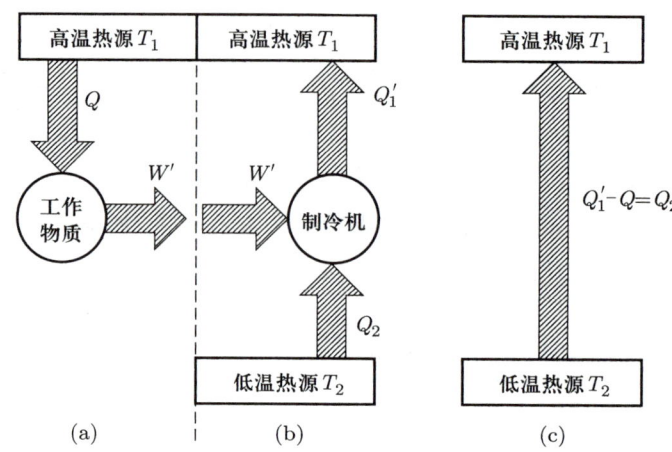

图 6.3　可以违背开尔文表述而运行的装置的工作过程及效果示意图

除了这些, 还有以绝热不可达原理作为公理的喀拉塞特瑞表述 (通常称为喀拉氏表述) 等等价表述. 关于喀拉氏表述的具体讨论, 请参见包科达的《热物理学基础》(高等教育出版社, 2002 年).

6.3　热力学第二定律的数学表述

利用热力学第二定律的语言表述可以讨论热力学过程进行的方向, 但是应用起来并不方便, 因此需要发展具有高度概括性的数学表述形式, 由之出发可以方便快捷地讨论各种热力学过程进行的方向.

6.3.1　卡诺定理

6.3.1
授课视频

第五章的讨论中提到, 十八世纪末, 瓦特完善了蒸汽机, 使之成为真正的动力机械之后, 人们主要关注提高热机的容量, 以得到较多的有用的机械能, 但效率很低. 直到 1824 年, 法国炮兵工程师卡诺才开始真正关心提高热机的效率和经济效益的问题, 并根据经验指出: (1) 在相同的高温热源和相同的低温热源之间工作的一切可逆热机的效率都相等, 与工作物质无关; (2) 在相同的高温热源和相同的低温热源之间工作的不可逆热机的效率 η' 都小于可逆热机的效率 η, 与工作物质无关. 这就是著名的卡诺定理. 原始地, 卡诺定理是在热质说的框架下得以证明的, 但是现在的研究表明, 热质说并不正确, 因此下面仅介绍在热力学第二定律的基础上关于卡诺定理的证明 (对于在热质说框架下的证明, 有兴趣的读者可以参阅赵凯华、罗蔚茵的《新概念物理教程·热学》(高等教育出版社, 2005 年第二版)).

先证明卡诺定理的第一条: 在相同的高温热源和相同的低温热源之间工作的一切

可逆热机的效率都相等, 与工作物质无关.

记两可逆热机分别为热机 A、热机 B, 在一个循环过程中, 它们的效率分别为 η_A, η_B, 它们的工作物质在温度为 T_1 的高温热源吸收的热量、在温度为 T_2 的低温热源释放的热量, 以及对外界做的功分别为 $Q_{A1}, Q_{B1}, Q'_{A2}, Q'_{B2}, W'_A, W'_B$, 如图 6.4 所示. 由热机效率的定义可知,

$$\eta_A = \frac{W'_A}{Q_{A1}}, \qquad \eta_B = \frac{W'_B}{Q_{B1}}.$$

由能量守恒定律可知,

$$Q_{A1} = W'_A + Q'_{A2}, \qquad Q_{B1} = W'_B + Q'_{B2}.$$

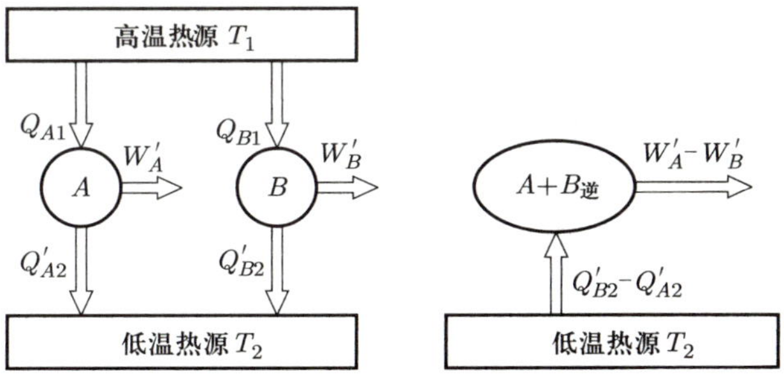

图 6.4 (a) 在相同的高温热源和相同的低温热源之间工作的两可逆热机 A, B 的热功转换示意图, (b) 热机 A 驱动热机 B 逆向运行的效果示意图

假设两热机在相同的高温热源吸收的热量相同, 即有 $Q_{A1} = Q_{B1}$, 则有

$$W'_A + Q'_{A2} = W'_B + Q'_{B2}.$$

于是我们得到

$$Q'_{B2} - Q'_{A2} = W'_A - W'_B.$$

如果这两个热机的效率不相等, 例如, $\eta_A > \eta_B$, 则由上述热机效率的定义式和 $Q_{A1} = Q_{B1}$ 的假设可知, $W'_A > W'_B$, 于是有

$$Q'_{B2} - Q'_{A2} = W'_A - W'_B > 0.$$

那么, 利用热机 A 输出的有用功驱动热机 B 逆向运行一个循环后, 热机 A 与逆向运行的热机 B 形成的制冷机组成的大系统使得温度为 T_1 的高温热源恢复到原来的状态, 并且大系统从温度为 T_2 的低温热源吸收热量 $Q'_{B2} - Q'_{A2}$, 这部分热量全部转化为有用功 $W'_A - W'_B$. 这表明, 存在一个大系统可以使得从单一热源吸收的热量全

部转化为有用功而不产生任何其他影响. 这显然与热力学第二定律相矛盾, 因此上述 $\eta_A > \eta_B$ 的假设不成立, 即不可能有 $\eta_A > \eta_B$. 同理可证, 也不可能有 $\eta_B > \eta_A$.

由于上述讨论仅仅是由一些定义和能量守恒定律出发而进行的, 根本没有涉及任何具体的工作物质, 因此所得结论一定与工作物质没有关系. 所以在相同的高温热源和相同的低温热源之间工作的一切可逆热机的效率都相等, 与工作物质无关.

下面证明卡诺定理的第二条: 在相同的高温热源和相同的低温热源之间工作的不可逆热机的效率都小于可逆热机的效率, 与工作物质无关.

取两个热机, 分别记之为热机 A、热机 B, 如图 6.4 所示, 其他标记与证明卡诺定理的第一条时完全相同. 假设热机 A 为不可逆热机, 热机 B 为可逆热机, 并且 $\eta_A > \eta_B$, 如果 $Q_{A1} = Q_{B1}$, 则由 $Q_{A1} = W'_A + Q'_{A2}$, $Q_{B1} = W'_B + Q'_{B2}$ 及热机效率的定义式得

$$Q'_{B2} - Q'_{A2} = W'_A - W'_B > 0.$$

那么, 利用热机 A 输出的有用功驱动热机 B 逆向运行一个循环后, 热机 A 与逆向运行的热机 B 形成的制冷机组成的大系统使得温度为 T_1 的高温热源恢复到原来的状态, 并且大系统从温度为 T_2 的低温热源吸收热量 $Q'_{B2} - Q'_{A2}$, 这部分热量全部转化为有用功 $W'_A - W'_B$. 这表明, 存在一个大系统可以使得从单一热源吸收的热量全部转化为有用功而不产生任何其他影响, 这显然与热力学第二定律相矛盾, 因此在不可逆热机 A 和可逆热机 B 在相同的高温热源吸收相同热量的情况下, $\eta_A > \eta_B$ 的假设不成立, 即不可能有 $\eta_A > \eta_B$.

另一方面, 如果 $W'_A = W'_B$, 则由 $Q_{A1} = W'_A + Q'_{A2}$, $Q_{B1} = W'_B + Q'_{B2}$ 得

$$Q_{A1} - Q'_{A2} = Q_{B1} - Q'_{B2},$$

即有

$$Q'_{B2} - Q'_{A2} = Q_{B1} - Q_{A1}.$$

由热机效率的定义式可知, 在 $\eta_A > \eta_B$, $W'_A = W'_B$ 的条件下, 必有 $Q_{B1} > Q_{A1}$, 于是有

$$Q'_{B2} - Q'_{A2} = Q_{B1} - Q_{A1} > 0.$$

那么, 利用热机 A 输出的有用功驱动热机 B 逆向运行一个循环后, 热机 A 与逆向运行的热机 B 形成的制冷机组成的大系统使得温度为 T_2 的低温热源释放热量 $Q'_{B2} - Q'_{A2}$, 温度为 T_1 的高温热源吸收热量 $Q_{B1} - Q_{A1} = Q'_{B2} - Q'_{A2}$, 外界却保持不变. 这表明, 存在一个大系统可以使得热量从低温热源传递到高温热源而不产生任何其他影响. 这显然与热力学第二定律的克劳修斯表述相矛盾, 因此工作在相同的高温

热源和相同的低温热源之间的不可逆热机 A 和可逆热机 B 在向外界做相同的功的情况下，不可能有 $\eta_A > \eta_B$.

综上所述，在相同的高温热源和相同的低温热源之间工作的不可逆热机的效率不可能大于可逆热机的效率，与工作物质无关.

再者，如果 $\eta_A = \eta_B$，在 $Q_{A1} = Q_{B1}$ 的情况下，必有 $W'_A = W'_B, Q'_{A2} = Q'_{B2}$，那么，在热机 A 驱动热机 B 逆向运行一个循环后，大系统和两热源都恢复到原来的状态. 在 $W'_A = W'_B$ 的情况下，必有 $Q_{A1} = Q_{B1}, Q'_{A2} = Q'_{B2}$，那么，在热机 A 驱动热机 B 逆向运行一个循环后，大系统和两热源也都恢复到原来的状态. 这些情况下的效果都与热机 A 可逆完全相同，这显然与热机 A 不可逆的假设相矛盾. 于是，也不可能有 $\eta_A = \eta_B$.

综合以上几种情况可知，在相同的高温热源和相同的低温热源之间工作的不可逆热机的效率都小于可逆热机的效率，与工作物质无关.

6.3.2 热力学第二定律的数学表述

记一系统的循环过程中，工作物质与 n 个热源接触，从一些热源吸收热量，在另一些热源释放热量，再记由工作物质吸收热量的任一热源 i 的温度为 T_i、吸收的热量为 Q_i ($Q_i > 0$)，对工作物质释放热量的任一热源 j 的温度为 T_j、释放的热量为 Q'_j ($Q'_j > 0$)，对于在热源 i 和热源 j 之间的工作物质所形成的热机，由卡诺定理可知，其效率不可能大于以理想气体为工作物质的卡诺热机的效率，即有 $\eta_{ij} \leqslant \eta_{C,ij}$. 由热机效率的定义和以理想气体为工作物质的卡诺热机的效率的表达式可知，

6.3.2
授课视频

$$1 - \frac{Q'_j}{Q_i} \leqslant 1 - \frac{T_j}{T_i},$$

于是有

$$\frac{Q'_j}{Q_i} \geqslant \frac{T_j}{T_i},$$

即有

$$\frac{Q'_j}{T_j} \geqslant \frac{Q_i}{T_i},$$

移项得

$$\frac{Q_i}{T_i} - \frac{Q'_j}{T_j} \leqslant 0.$$

因为 $Q_j = -Q'_j$，则上式即

$$\frac{Q_i}{T_i} + \frac{Q_j}{T_j} \leqslant 0.$$

这表明，系统在任意两热源交换的热量与各自温度的比值的代数和不可能大于零.

将上述 i, j 统一记为 k，则上式即

$$\sum_{k=1}^{n} \frac{Q_k}{T_k} \leqslant 0. \tag{6.1}$$

由卡诺定理可知，(6.1) 式中的等号适用于可逆过程，不等号适用于不可逆过程. 将上述各热源都细化，即有 $n \to \infty$, $Q_k \to đQ$，那么 (6.1) 式可化为

$$\oint \frac{đQ}{T} \leqslant 0. \tag{6.2}$$

这就是说，对于热力学系统经历的任意循环过程，吸收的热量与相应热源的温度 T 的比值沿循环回路的积分不可能大于零，其中等号适用于可逆循环过程，不等号适用于不可逆循环过程. 这一规律由克劳修斯于 1854 年提出，因此上述等式常称为克劳修斯等式 (Clausius equality)，而上述不等式常称为克劳修斯不等式 (Clausius inequality). 由于克劳修斯不等式是热力学第二定律的两种语言表述形式的直接结果，也就是说，克劳修斯不等式是热力学第二定律的等价表述形式，因此克劳修斯不等式是热力学第二定律的一种数学表述形式.

6.3.3 卡诺定理应用举例

6.3.3
授课视频

如上所述，卡诺定理是热力学第二定律的语言表述形式的必然结果，由之可以建立热力学第二定律的一个数学表述形式. 由此可知，卡诺定理是热学中的一个重要定理，并且应用广泛. 除上述基本理论方面的应用外，下面再举一个例子：根据卡诺定理确定等温条件下系统的内能随体积的变化率与状态方程之间的关系.

将系统的内能表示为温度 T 和体积 V 的函数，即有 $U = U(T, V)$，则

$$dU = \left(\frac{\partial U}{\partial T}\right)_V dT + \left(\frac{\partial U}{\partial V}\right)_T dV = C_V dT + \left(\frac{\partial U}{\partial V}\right)_T dV,$$

其中，$C_V = \lim\limits_{\Delta T \to 0} \left(\frac{\Delta Q}{\Delta T}\right)_V$ 为系统的定容热容，可以通过实验测定，也可以由理论确定. 而对于 $\left(\frac{\partial U}{\partial V}\right)_T$，第五章关于理想气体的讨论表明，理想气体的内能仅与系统的温度有关，与系统的体积无关，即该变化率恒为零. 理想气体是除碰撞的瞬间外粒子之间没有相互作用的简单模型，实际系统中的粒子之间都有相互作用，因此我们需要确定该变化率，以便由之确定系统的内能. 再者，系统的状态方程可以通过实验测定，那么，如果确定了这一变化率与状态方程之间的关系，我们就可以较容易地确定该变化率.

设系统经历一个可逆卡诺循环 $ABCDA$，该循环足够小，以至于由两条等温线和两条绝热线形成的曲边形可以近似为平行四边形，如图 6.5 所示，则该循环过程中系统对外界所做的功等于该平行四边形的面积，即有 $\Delta W' = A_{ABCDA}$.

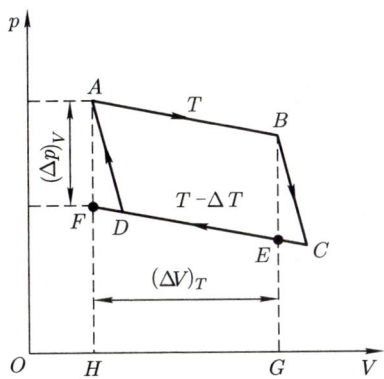

图 6.5 由两条等温线和两条绝热线形成的足够小的卡诺循环示意图

作分别对应于在其中吸收热量的等温过程的初态 A、末态 B 的体积的等体线, 其与体积轴的交点分别记为 H, G, 与由之释放热量的等温线及其延长线的交点分别记为 E, F, 再记两条等温线之间的压强差, 即状态 A 与状态 F 之间的压强差为 $(\Delta p)_V$, 上述两条等体线之间的体积差, 即状态 A 与状态 B 之间的体积差为 $(\Delta V)_T$, 由几何关系可知

$$\Delta W' = A_{ABCDA} = A_{ABEFA} = (\Delta p)_V (\Delta V)_T.$$

由热力学第一定律可知, 系统在由 A 到 B 的等温过程中从外界吸收的热量为

$$\Delta Q_1 = \Delta U_{A \to B} - W_{A \to B} = (\Delta U)_T + A_{ABGHA}.$$

记初始状态 A 的压强为 p, A 到 B 的等温过程引起的压强减小量为 $(\Delta p)_T$, 即状态 B 的压强为 $p - (\Delta p)_T$, 则有

$$A_{ABGHA} = \frac{1}{2}(BG + AH) \cdot GH = \left[p - \frac{1}{2}(\Delta p)_T\right] \cdot (\Delta V)_T.$$

因此

$$\Delta Q_1 = (\Delta U)_T + \left[p - \frac{1}{2}(\Delta p)_T\right] \cdot (\Delta V)_T.$$

根据热机效率的定义和卡诺定理可知,

$$\eta = \frac{\Delta W'}{\Delta Q_1} = \frac{\Delta T}{T},$$

于是有

$$\Delta W' = \Delta Q_1 \cdot \frac{\Delta T}{T},$$

即有

$$(\Delta p)_V (\Delta V)_T = \frac{\Delta T}{T}\left\{(\Delta U)_T + \left[p - \frac{1}{2}(\Delta p)_T\right] \cdot (\Delta V)_T\right\}.$$

将上式保留到相同的小量级次 (即略去三阶小量), 则得

$$(\Delta p)_V (\Delta V)_T = \frac{\Delta T}{T}[(\Delta U)_T + p \cdot (\Delta V)_T].$$

于是有

$$T\frac{(\Delta p)_V}{\Delta T} = p + \frac{(\Delta U)_T}{(\Delta V)_T}.$$

因为 ΔT 为两等温过程之间的温度差, 也就是状态 A 与状态 F 或状态 B 与状态 E 之间的温度差, 即 $\Delta T = (\Delta T)_V$, 则上式即

$$T\left(\frac{\Delta p}{\Delta T}\right)_V = p + \left(\frac{\Delta U}{\Delta V}\right)_T.$$

取卡诺循环趋于无穷小的极限, 则得

$$\left(\frac{\partial U}{\partial V}\right)_T = T\left(\frac{\partial p}{\partial T}\right)_V - p. \tag{6.3}$$

由此可知, 在等温条件下, 系统的内能随体积的变化率可以由系统的状态方程 $p = p(T, V)$ 及压强在等体条件下随温度的变化率决定, 因此通常简称该关系为内能与状态方程之间的关系.

采用相同的方法可以证明, 等温条件下, 系统的焓随压强的变化率可以由系统的状态方程 $V = V(T, p)$ 及体积在等压条件下随温度的变化率决定, 并可具体表述为

$$\left(\frac{\partial H}{\partial p}\right)_T = -T\left(\frac{\partial V}{\partial T}\right)_p + V. \tag{6.4}$$

该关系通常简称为焓与状态方程之间的关系.

6.4 熵与熵增加原理

6.4.1 熵的概念

对于由某一状态开始的循环过程, 可以认为是以该状态为初态 i, 以循环过程所经历的某一状态为末态 f, 以 i→f 的过程 L_1 和 f→i 的过程 L_2' 组合而成的, 如图 6.6 所示, 则 (6.2) 式可以改写为

$$\oint \frac{\dj Q}{T} = \int_{i,L_1}^{f} \frac{\dj Q}{T} + \int_{f,L_2'}^{i} \frac{\dj Q}{T} \leqslant 0.$$

如果上述两过程都可逆, 且有 $L_2' = -L_2$, 则由上式及克劳修斯不等式的适用条件可得

$$\int_{i,L_1}^{f} \frac{\dj Q}{T} - \int_{i,L_2}^{f} \frac{\dj Q}{T} = 0,$$

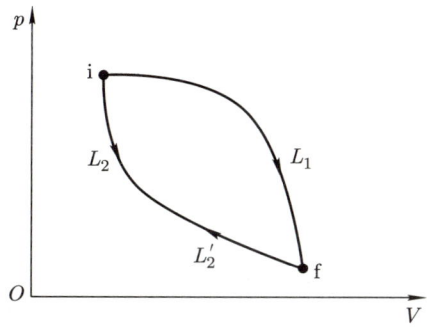

图 6.6 连接初态 i 和末态 f 的两条不同路径示意图

即有
$$\int_{i,L_1}^{f} \frac{\dbar Q}{T} = \int_{i,L_2}^{f} \frac{\dbar Q}{T}.$$

这表明吸收的热量与温度的比值 (简称热温比) 沿不同可逆路径的积分相等, 也就是说, 对于连接初态 i 和末态 f 的所有可逆过程, 热温比的积分与路径无关. 由数学原理知, 必然存在只与状态有关的函数 S, 使得

$$\int_{i,L_1}^{f} \frac{\dbar Q}{T} = \int_{i,L_2}^{f} \frac{\dbar Q}{T} = S_f - S_i = \Delta S.$$

这一相应于可逆过程中的热温比的积分的函数称为熵. 显然, 熵的单位是 J/K.

由上述讨论可知, 熵是仅由状态决定的函数, 与经历的具体过程无关, 即熵是态函数. 那么一个状态的熵的数值的确定依赖于参考点的选取. 但是一个可逆过程引起的系统的熵变却是可以唯一确定的, 具体地, 熵变可由可逆过程的热温比表示为

$$\Delta S = S_f - S_i = \int_{i,R}^{f} \frac{\dbar Q}{T}, \tag{6.5}$$

其中, R 表示可逆路径. 对于无穷小元过程, 则有

$$dS = \left(\frac{\dbar Q}{T}\right)_R. \tag{6.6}$$

由于这样的熵是由克劳修斯从宏观上引入的, 因此常称之为克劳修斯熵, 也有人称之为宏观熵. 在这里, 熵是从宏观上引入的, 虽然无法说明其微观意义, 但可以确定熵具有重要性质: 熵是系统的态函数. 顺便指出, 由于温度是强度量, 热量是广延量, 因此熵是广延量.

对于连接初态 i 和末态 f 的不可逆过程, 如图 6.6 中的 L_1 所示, 在末态 f 和初态 i 之间连接一个可逆过程, 如图 6.6 中的 L_2' 所示, 则不可逆过程 L_1 和可逆过程 L_2' 组成一个不可逆循环, 由克劳修斯不等式可知,

$$\int_{i,IR}^{f} \frac{\dbar Q}{T} + \int_{f,R}^{i} \frac{\dbar Q}{T} < 0,$$

其中，R 表示可逆路径，IR 表示不可逆路径. 也就是

$$\int_{i,IR}^{f} \frac{\text{đ}Q}{T} < \int_{i,R}^{f} \frac{\text{đ}Q}{T}.$$

将 (6.5) 式代入上式则得

$$\int_{i,IR}^{f} \frac{\text{đ}Q}{T} < S_f - S_i. \tag{6.7}$$

综合考虑 (6.5) 式和 (6.7) 式可知，对于任一由初态 i 到末态 f 的过程，其热温比的积分与两状态之间的熵变满足

$$\int_{i}^{f} \frac{\text{đ}Q}{T} \leqslant S_f - S_i, \tag{6.8}$$

其中等号适用于可逆过程，不等号适用于不可逆过程. 并且，对于无穷小元过程，有

$$\text{d}S \geqslant \frac{\text{đ}Q}{T}. \tag{6.9}$$

(6.8) 式和 (6.9) 式分别称为热力学第二定律的另一种数学表述的积分形式和微分形式.

6.4.2 熵变的计算

一、基本方法

1. 可逆过程联系的系统的两状态之间的熵变的计算方法

如前所述，熵变是通过可逆过程定义的，熵是态函数，那么一个可逆过程联系的系统的两状态之间的熵变可以通过热温比沿该可逆路径的积分直接计算，而不可逆过程联系的系统的不同状态之间的熵变不能由热温比沿其路径的积分直接计算，因此，确定可逆过程中的熵变是计算熵变的基础和关键.

由熵变的定义可知，从初态 i 经可逆路径到达末态 f 的过程中，系统的熵变为

$$\Delta S = S_f - S_i = \int_{i,R}^{f} \frac{\text{đ}Q}{T},$$

其中，R 表示系统状态演化的可逆路径. 根据熵是态函数的性质，对于 p-V-T 系统，由状态方程可知，其独立变量只有两个，因此系统的熵可以表示为系统的温度和体积的函数，也可以表示为系统的温度和压强的函数，即有 $S(T,V)$ 或 $S(T,p)$. 如果 đQ 可以表示为仅是温度 T 的函数，例如，đ$Q = C(T)\text{d}T$，则可直接积分求得熵变；如果 đQ 不仅是温度 T 的函数，则应代入热力学第一定律 đ$Q = \text{d}U - \text{đ}W = \text{d}U + p\text{d}V$ 和系统的内能与状态方程之间的关系，再进行计算.

对于以 T,V 为状态参量的系统 $(S = S(T,V))$，因为系统的内能 $U = U(T,V)$, $\mathrm{d}U = \left(\frac{\partial U}{\partial T}\right)_V \mathrm{d}T + \left(\frac{\partial U}{\partial V}\right)_T \mathrm{d}V = C_V \mathrm{d}T + \left(\frac{\partial U}{\partial V}\right)_T \mathrm{d}V$, 则

$$\mathrm{d}S = \frac{\mathrm{d}Q}{T} = \frac{\mathrm{d}U + p\mathrm{d}V}{T} = \frac{C_V}{T}\mathrm{d}T + \frac{1}{T}\left[\left(\frac{\partial U}{\partial V}\right)_T + p\right]\mathrm{d}V,$$

由系统的内能与状态方程之间的关系 (具体证明见 6.3 节和 6.7 节)

$$\left(\frac{\partial U}{\partial V}\right)_T = T\left(\frac{\partial p}{\partial T}\right)_V - p$$

(其中, $p = p(V,T)$ 为系统的状态方程) 可知,

$$\left(\frac{\partial U}{\partial V}\right)_T + p = T\left(\frac{\partial p}{\partial T}\right)_V.$$

于是有

$$\mathrm{d}S = \frac{C_V}{T}\mathrm{d}T + \left(\frac{\partial p}{\partial T}\right)_V \mathrm{d}V, \tag{6.10}$$

$$\Delta S = S_\mathrm{f} - S_\mathrm{i} = \int_{\mathrm{i,R}}^{\mathrm{f}} \frac{C_V}{T}\mathrm{d}T + \int_{\mathrm{i,R}}^{\mathrm{f}} \left(\frac{\partial p}{\partial T}\right)_V \mathrm{d}V, \tag{6.11}$$

其中, C_V 为系统的定容热容.

对于以 T,p 为状态参量的系统 $(S = S(T,p))$，因为系统的内能 $U = U(T,p)$, 系统的焓 $H = H(T,p) = U(T,p) + pV$, $\mathrm{d}U = \mathrm{d}H - \mathrm{d}(pV) = \mathrm{d}H - p\mathrm{d}V - V\mathrm{d}p = \left(\frac{\partial H}{\partial T}\right)_p \mathrm{d}T + \left(\frac{\partial H}{\partial p}\right)_T \mathrm{d}p - p\mathrm{d}V - V\mathrm{d}p = C_p\mathrm{d}T + \left(\frac{\partial H}{\partial p}\right)_T \mathrm{d}p - p\mathrm{d}V - V\mathrm{d}p$, 则

$$\mathrm{d}S = \frac{\mathrm{d}Q}{T} = \frac{\mathrm{d}U + p\mathrm{d}V}{T} = \frac{C_p}{T}\mathrm{d}T + \frac{1}{T}\left[\left(\frac{\partial H}{\partial p}\right)_T - V\right]\mathrm{d}p,$$

由系统的焓与状态方程之间的关系 (具体证明见 6.7 节)

$$\left(\frac{\partial H}{\partial p}\right)_T = -T\left(\frac{\partial V}{\partial T}\right)_p + V$$

(其中, $V = V(T,p)$ 为系统的状态方程) 可知,

$$\left(\frac{\partial H}{\partial p}\right)_T - V = -T\left(\frac{\partial V}{\partial T}\right)_p.$$

于是有

$$\mathrm{d}S = \frac{C_p}{T}\mathrm{d}T - \left(\frac{\partial V}{\partial T}\right)_p \mathrm{d}p, \tag{6.12}$$

$$\Delta S = S_\mathrm{f} - S_\mathrm{i} = \int_{\mathrm{i,R}}^{\mathrm{f}} \frac{C_p}{T}\mathrm{d}T - \int_{\mathrm{i,R}}^{\mathrm{f}} \left(\frac{\partial V}{\partial T}\right)_p \mathrm{d}p, \tag{6.13}$$

其中, C_p 为系统的定压热容.

2. 不可逆过程联系的系统的两状态之间的熵变的计算方法

由于系统的熵变是通过可逆过程定义的，因此不可逆过程联系的系统的不同状态之间的熵变不能由热温比沿其路径的积分直接计算. 但是，因为熵是态函数，任何两状态之间的熵变都仅与系统的状态有关，而与系统经过的具体过程无关，所以我们可以设计一个初态和末态与不可逆过程的初态和末态分别相同的可逆过程，通过计算该可逆过程的熵变，由熵是态函数的性质确定不可逆过程联系的两状态之间的熵变. 我们也可以先计算出熵的原函数形式 $S(T,V)$ 或 $S(T,p)$，然后将初态和末态的状态参量代入原函数，根据熵是态函数的性质，直接计算出两状态之间的熵的差值，确定不可逆过程联系的两状态之间的熵变. 再者，为了方便处理工程技术问题，人们已经对很多过程联系的两状态之间的熵变总结整理成了数据表或图 (常称之为温熵图)，因此我们可以通过直接查表或图确定一过程联系的两状态之间的熵变.

二、一些实际过程的熵变

下面简要讨论一些简单系统及常见过程联系的两状态之间的熵变.

1. 理想气体系统的熵及其在可逆过程中的变化

理想气体系统是典型的 p-V-T 系统，如果以 T,V 为状态参量，则其状态方程为 $p=\dfrac{\nu RT}{V}$，其中，ν 为系统的物质的量，那么

$$\left(\frac{\partial p}{\partial T}\right)_V = \frac{\nu R}{V}.$$

将之代入 (6.11) 式则得，单一组分的理想气体系统由初态 $\mathrm{i}(\{T_\mathrm{i},V_\mathrm{i}\})$ 到达末态 $\mathrm{f}(\{T_\mathrm{f},V_\mathrm{f}\})$ 的可逆过程中，熵变为

$$\Delta S_\mathrm{IG} = \int_{T_\mathrm{i}}^{T_\mathrm{f}} \frac{C_V}{T}\mathrm{d}T + \nu R \int_{V_\mathrm{i}}^{V_\mathrm{f}} \frac{1}{V}\mathrm{d}V.$$

于是有

$$\Delta S_\mathrm{IG} = \int_{T_\mathrm{i}}^{T_\mathrm{f}} \frac{C_V}{T}\mathrm{d}T + \nu R \ln \frac{V_\mathrm{f}}{V_\mathrm{i}}. \tag{6.14}$$

取 $\{T_0,V_0\}$ 状态为参考点，记其熵为 S_0，则 $\{T,V\}$ 状态的熵可以表示为

$$S_\mathrm{IG}(T,V) = \int_{T_0}^{T} \frac{C_V}{T}\mathrm{d}T + \nu R \ln \frac{V}{V_0} + S_0. \tag{6.15}$$

如果在一定的温区内，系统的定容热容 C_V 可近似为常量，则

$$S_\mathrm{IG}(T,V) = C_V \ln \frac{T}{T_0} + \nu R \ln \frac{V}{V_0} + S_0 = C_V \ln T + \nu R \ln V + S_0'. \tag{6.16}$$

如果以 T,p 为状态参量,则由理想气体状态方程可知,$V = \dfrac{\nu RT}{p}$,其中,ν 为系统的物质的量,那么

$$\left(\frac{\partial V}{\partial T}\right)_p = \frac{\nu R}{p}.$$

将之代入 (6.13) 式则得,单一组分的理想气体系统由初态 $\mathrm{i}(\{T_\mathrm{i}, p_\mathrm{i}\})$ 到达末态 $\mathrm{f}(\{T_\mathrm{f}, p_\mathrm{f}\})$ 的可逆过程中,熵变为

$$\Delta S_\mathrm{IG} = \int_{T_\mathrm{i}}^{T_\mathrm{f}} \frac{C_p}{T}\mathrm{d}T - \nu R \int_{p_\mathrm{i}}^{p_\mathrm{f}} \frac{1}{p}\mathrm{d}p.$$

于是有

$$\Delta S_\mathrm{IG} = \int_{T_\mathrm{i}}^{T_\mathrm{f}} \frac{C_p}{T}\mathrm{d}T - \nu R \ln \frac{p_\mathrm{f}}{p_\mathrm{i}}. \tag{6.17}$$

取 $\{T_0, p_0\}$ 状态为参考点,记其熵为 S_0,则 $\{T, p\}$ 状态的熵可以表示为

$$S_\mathrm{IG}(T, p) = \int_{T_0}^{T} \frac{C_p}{T}\mathrm{d}T - \nu R \ln \frac{p}{p_0} + S_0. \tag{6.18}$$

如果在一定的温区内,系统的定压热容 C_p 可近似为常量,则

$$S_\mathrm{IG}(T, p) = C_p \ln \frac{T}{T_0} - \nu R \ln \frac{p}{p_0} + S_0 = C_p \ln T - \nu R \ln p + S_0'. \tag{6.19}$$

很显然,对于可逆等温过程,有

$$(\Delta S)_T = \nu R \ln \frac{V_\mathrm{f}}{V_\mathrm{i}} = -\nu R \ln \frac{p_\mathrm{f}}{p_\mathrm{i}}.$$

这表明,在等温膨胀过程 ($V_\mathrm{f} > V_\mathrm{i}$, $p_\mathrm{f} < p_\mathrm{i}$) 中,$(\Delta S)_T > 0$;在等温压缩过程 ($V_\mathrm{f} < V_\mathrm{i}$, $p_\mathrm{f} > p_\mathrm{i}$) 中,$(\Delta S)_T < 0$.

对于可逆等体过程,有

$$(\Delta S)_V = C_V \ln \frac{T_\mathrm{f}}{T_\mathrm{i}}.$$

由此可知,在等体加热过程 ($T_\mathrm{f} > T_\mathrm{i}$, $p_\mathrm{f} > p_\mathrm{i}$) 中,$(\Delta S)_V > 0$;在等体降温过程 ($T_\mathrm{f} < T_\mathrm{i}$, $p_\mathrm{f} < p_\mathrm{i}$) 中,$(\Delta S)_V < 0$.

对于可逆等压过程,有

$$(\Delta S)_p = C_p \ln \frac{T_\mathrm{f}}{T_\mathrm{i}}.$$

这就是说,在等压膨胀过程 ($V_\mathrm{f} > V_\mathrm{i}$, $T_\mathrm{f} > T_\mathrm{i}$) 中,$(\Delta S)_p > 0$;在等压压缩过程 ($V_\mathrm{f} < V_\mathrm{i}$, $T_\mathrm{f} < T_\mathrm{i}$) 中,$(\Delta S)_p < 0$.

对于可逆绝热过程,因 $\mathrm{d}Q \equiv 0$,则由定义可知,

$$(\Delta S)_\mathrm{ad} \equiv 0.$$

即在绝热过程中, 理想气体系统的熵保持不变.

对于可逆多方过程, 有
$$(\Delta S)_n = C_V \ln \frac{T_\mathrm{f}}{T_\mathrm{i}} + \nu R \ln \frac{V_\mathrm{f}}{V_\mathrm{i}} = C_n \ln \frac{T_\mathrm{f}}{T_\mathrm{i}}.$$

在 $C_n > 0$ 的情况下, 如果 $T_\mathrm{f} > T_\mathrm{i}$, 则 $(\Delta S)_n > 0$; 如果 $T_\mathrm{f} < T_\mathrm{i}$, 则 $(\Delta S)_n < 0$. 在 $C_n < 0$ 的情况下, 如果 $T_\mathrm{f} > T_\mathrm{i}$, 则 $(\Delta S)_n < 0$; 如果 $T_\mathrm{f} < T_\mathrm{i}$, 则 $(\Delta S)_n > 0$.

2. 混合气体系统的熵及混合过程联系的两状态之间的熵变

设混合气体为理想气体, $c_j = \dfrac{\nu_j}{\nu}$ 为混合气体中第 j 种组分的摩尔浓度 (ν_j 为第 j 种组分气体的物质的量, ν 为混合气体的总物质的量), 其温度为 T、体积为 V、压强为 $p = \sum_j p_j$ ($p_j = c_j p$ 为第 j 种组分气体的压强). 再设混合前, 各组分气体的温度都为 T、压强都为 p、各自占有体积 $V_j = c_j V$; 混合后, 系统的温度、压强和总体积 $V = \sum_j V_j$ 保持不变.

先讨论混合前系统的熵. 以 T, V 为状态参量, 根据混合前各组分气体具有相同温度、相同压强和各自体积为 V_j 的特征, 记第 j 种组分气体的定容热容为 $C_{V,j}$, 则混合前系统的熵可以表示为
$$S_\mathrm{i}(T, V) = \sum_{j=1}^n \int_{T_0}^T \frac{C_{V,j}}{T} \mathrm{d}T + \sum_{j=1}^n \nu_j R \ln V_j + S_0 = \int_{T_0}^T \frac{C_V}{T} \mathrm{d}T + \nu R \sum_{j=1}^n c_j \ln V_j + S_0,$$

其中, $C_V = \sum_{j=1}^n C_{V,j}$ 为这 n 种组分气体作为一个整体的定容热容, S_0 为整体系统在参考点 (状态 $\{p_0, V_0, T_0\}$) 的熵.

以 T, p 为状态参量, 记第 j 种组分气体的定压热容为 $C_{p,j}$, 则
$$S_\mathrm{i}(T, p) = \sum_{j=1}^n \int_{T_0}^T \frac{C_{p,j}}{T} \mathrm{d}T - \sum_{j=1}^n \nu_j R \ln p + S_0 = \int_{T_0}^T \frac{C_p}{T} \mathrm{d}T - \nu R \ln p + S_0',$$

其中, $C_p = \sum_{j=1}^n C_{p,j}$ 为这 n 种组分气体作为一个整体的定压热容, S_0' 为整体系统在参考点 (状态 $\{p_0, V_0, T_0\}$) 的熵.

下面讨论混合后系统的熵. 根据混合气体各组分具有相同温度、相同体积和各自压强为 p_j 的特征, 我们有
$$S_\mathrm{f}(T, V) = \int_{T_0}^T \frac{C_V}{T} \mathrm{d}T + \nu R \ln V + S_0''$$

或
$$S_\mathrm{f}(T, p) = \int_{T_0}^T \frac{C_p}{T} \mathrm{d}T - \nu R \sum_{j=1}^n c_j \ln p_j + S_0'''.$$

再讨论混合过程联系的两状态之间的熵变. 利用上面得到的由 n 种组分气体组成的理想气体系统在混合前后的熵的表达式, 根据熵是态函数的性质, 可得

$$\Delta S_{\mathrm{m}}(T,V) = S_{\mathrm{f}}(T,V) - S_{\mathrm{i}}(T,V) = \nu R \ln V - \nu R \sum_{j=1}^{n} c_j \ln V_j + (S_0 - S_0'')$$

$$= \nu R \Big(\ln V - \sum_{j=1}^{n} c_j \ln V_j \Big) + (S_0 - S_0'').$$

考虑 $\sum_{j=1}^{n} c_j = 1$, 并适当选取参考点, 使得 $S_0 - S_0'' = 0$, 则有

$$\Delta S_{\mathrm{m}}(T,V) = \nu R \Big(\ln V \sum_{j=1}^{n} c_j - \sum_{j=1}^{n} c_j \ln V_j \Big)$$

$$= \nu R \sum_{j=1}^{n} c_j \big(\ln V - \ln V_j \big)$$

$$= -\nu R \sum_{j=1}^{n} c_j \ln \frac{V_j}{V}.$$

如果以 T, p 为状态参量, 则有

$$\Delta S_{\mathrm{m}}(T,p) = S_{\mathrm{f}}(T,p) - S_{\mathrm{i}}(T,p)$$

$$= -\nu R \sum_{j=1}^{n} c_j \ln p_j + \nu R \ln p$$

$$= -\nu R \sum_{j=1}^{n} c_j \big(\ln p_j - \ln p \big)$$

$$= -\nu R \sum_{j=1}^{n} c_j \ln \frac{p_j}{p}.$$

由混合气体中各组分的摩尔浓度的定义可知, $\frac{V_j}{V} = c_j$, $\frac{p_j}{p} = c_j$, 所以, 不论以 T,V 为状态参量, 还是以 T,p 为状态参量, 混合气体与混合前的 n 种组分气体之间的熵变都为

$$\Delta S_{\mathrm{m}}(T,V) = \Delta S_{\mathrm{m}}(T,p) = -\nu R \sum_{j=1}^{n} c_j \ln c_j. \tag{6.20}$$

因为摩尔浓度 $c_j < 1$, 则 $\ln c_j < 0$, 所以该混合气体的熵变 ΔS_{m} 总是大于 0.

例题 1 热容分别为常量 C_1, C_2, 温度分别为 T_1, T_2 的两物体通过热接触而达到共同的温度 T, 试求该过程中两物体构成的系统的熵变.

解 由于题设过程中仅两物体有热接触, 而与外界无关, 因此两物体构成的系统为孤立系统. 对于该两物体, 假设 $T_1 > T_2$, 则由能量守恒定律可得

$$C_1(T_1 - T) = C_2(T - T_2),$$

解之得
$$T = \frac{C_1 T_1 + C_2 T_2}{C_1 + C_2}.$$

通过热接触使两物体改变温度而最后达到同一个温度的过程为热传导过程, 是不可逆的, 但对于该两物体经过的任意一个温度由 T_i' ($i=1,2$) 改变 $\mathrm{d}T_i'$ 的元过程, 可以设计一个与所讨论物体 i 的状态、状态改变及热容等都分别相同的可逆过程, 则由熵是态函数的性质可知, 该元过程中物体 i 的熵变为

$$\mathrm{d}S_i = \frac{C_i \mathrm{d}T_i'}{T_i'}.$$

那么整个系统的熵变为

$$\mathrm{d}S = \mathrm{d}S_1 + \mathrm{d}S_2 = \frac{C_1 \mathrm{d}T_1'}{T_1'} + \frac{C_2 \mathrm{d}T_2'}{T_2'}.$$

对上式积分则得

$$\Delta S = \int_{T_1}^{T} \frac{C_1}{T_1'} \mathrm{d}T_1' + \int_{T_2}^{T} \frac{C_2}{T_2'} \mathrm{d}T_2' = C_1 \ln \frac{T}{T_1} + C_2 \ln \frac{T}{T_2}.$$

将 $T = \dfrac{C_1 T_1 + C_2 T_2}{C_1 + C_2}$ 代入上式则得

$$\Delta S = C_1 \ln \frac{C_1 T_1 + C_2 T_2}{(C_1 + C_2) T_1} + C_2 \ln \frac{C_1 T_1 + C_2 T_2}{(C_1 + C_2) T_2}.$$

所以该热传导过程中两物体构成的系统的熵变为

$$C_1 \ln \frac{C_1 T_1 + C_2 T_2}{(C_1 + C_2) T_1} + C_2 \ln \frac{C_1 T_1 + C_2 T_2}{(C_1 + C_2) T_2}.$$

考察计算过程我们知道, 因为热传导过程中能量守恒, 即 $C_2 \mathrm{d}T_2' = -C_1 \mathrm{d}T_1'$, 并且 $T_1' > T_2'$, 则 $\mathrm{d}T_1' < 0, \mathrm{d}T_2' > 0$, 于是有

$$\mathrm{d}S = \frac{C_1 \mathrm{d}T_1'}{T_1'} + \frac{C_2 \mathrm{d}T_2'}{T_2'} = C_2 \mathrm{d}T_2' \left(-\frac{1}{T_1'} + \frac{1}{T_2'} \right) = \frac{C_2 \mathrm{d}T_2'}{T_2'} \left(1 - \frac{T_2'}{T_1'} \right) > 0.$$

这就是说, 对于每一个元过程, 系统的熵变都大于 0, 所以整个过程的熵变大于 0.

例题 2 热容为常量、温度为 T_O 的物体与温度为 T_B 的热库在等压条件下接触, 经足够长时间后, 物体的温度会变得与热库的温度相同. 假设物体的定压热容为常量 C_p, 试确定该过程中物体和热库构成的系统的熵变.

解 由于题设过程中仅物体与热库之间有热接触, 而与外界无关, 因此物体与热库构成的系统为孤立系统, 且对于物体与热库构成的孤立系统, 题设过程为绝热过程.

在该过程中, 物体的熵变为

$$\Delta S_O = C_p \ln \frac{T_f}{T_i} - \nu R \ln \frac{p_f}{p_i} = C_p \ln \frac{T_B}{T_O},$$

热库的熵变为
$$\Delta S_{\mathrm{B}} = \int_{\mathrm{i}}^{\mathrm{f}} \frac{\mathrm{d}Q}{T} = \int_{\mathrm{i}}^{\mathrm{f}} \frac{C_p \mathrm{d}T}{T_{\mathrm{B}}} = \frac{Q}{T_{\mathrm{B}}} = \frac{1}{T_{\mathrm{B}}}\bigl[-C_p(T_{\mathrm{B}} - T_{\mathrm{O}})\bigr] = -C_p \frac{T_{\mathrm{B}} - T_{\mathrm{O}}}{T_{\mathrm{B}}},$$
则系统的熵变为
$$\Delta S_{\text{系统}} = \Delta S_{\mathrm{O}} + \Delta S_{\mathrm{B}} = C_p\Bigl(\ln\frac{T_{\mathrm{B}}}{T_{\mathrm{O}}} - \frac{T_{\mathrm{B}} - T_{\mathrm{O}}}{T_{\mathrm{B}}}\Bigr).$$

对于热库温度高于物体初始温度的情况, 记物体温度升高过程中经历的任意温度为 T, 则有
$$\mathrm{d}T > 0, \qquad \frac{1}{T} > \frac{1}{T_{\mathrm{B}}}.$$
于是有
$$\int_{T_{\mathrm{O}}}^{T_{\mathrm{B}}} \frac{\mathrm{d}T}{T} > \int_{T_{\mathrm{O}}}^{T_{\mathrm{B}}} \frac{\mathrm{d}T}{T_{\mathrm{B}}}.$$
对上式完成积分则得
$$\ln\frac{T_{\mathrm{B}}}{T_{\mathrm{O}}} > \frac{T_{\mathrm{B}} - T_{\mathrm{O}}}{T_{\mathrm{B}}}.$$

对于热库温度低于物体初始温度的情况, 记物体温度降低过程中经历的任意温度为 T, 则有
$$\mathrm{d}T < 0, \qquad \frac{1}{T} < \frac{1}{T_{\mathrm{B}}}.$$
于是有
$$\int_{T_{\mathrm{O}}}^{T_{\mathrm{B}}} \frac{\mathrm{d}T}{T} > \int_{T_{\mathrm{O}}}^{T_{\mathrm{B}}} \frac{\mathrm{d}T}{T_{\mathrm{B}}}.$$
对上式完成积分则得
$$\ln\frac{T_{\mathrm{B}}}{T_{\mathrm{O}}} > \frac{T_{\mathrm{B}} - T_{\mathrm{O}}}{T_{\mathrm{B}}}.$$

总之, 无论 $T_{\mathrm{B}} > T_{\mathrm{O}}$, 还是 $T_{\mathrm{B}} < T_{\mathrm{O}}$, 都有 $\ln\frac{T_{\mathrm{B}}}{T_{\mathrm{O}}} > \frac{T_{\mathrm{B}} - T_{\mathrm{O}}}{T_{\mathrm{B}}}$.

所以系统的熵变为 $\Delta S_{\text{系统}} = C_p\Bigl(\ln\frac{T_{\mathrm{B}}}{T_{\mathrm{O}}} - \frac{T_{\mathrm{B}} - T_{\mathrm{O}}}{T_{\mathrm{B}}}\Bigr) > 0$. 这就是说, 物体与热库在等压条件下接触而传热的情况下, 物体与热库构成的系统的熵一定增加.

例题 3 物质的量为 ν 的单一组分的理想气体由初态 i 自由膨胀到末态 f, 设该自由膨胀过程的膨胀比为 n $(n > 1)$, 试确定该过程联系的理想气体系统的熵变.

解 因为状态为 $\{p, V, T\}$ 的物质的量为 ν 的理想气体的熵可以表示为
$$S(T, V) = C_V \ln T + \nu R \ln V + S_0$$
或
$$S(T, p) = C_p \ln T - \nu R \ln p + S_0,$$

那么, 若以 T,V 为状态参量, 则由熵是态函数的性质可知, 状态 $\{p_f, V_f, T_f\}$ 与状态 $\{p_i, V_i, T_i\}$ 之间的熵变为

$$\Delta S = S(T_f, V_f) - S(T_i, V_i) = C_V \ln \frac{T_f}{T_i} + \nu R \ln \frac{V_f}{V_i}.$$

因为对于膨胀比为 n 的自由膨胀过程, 有 $T_f = T_i$, $V_f = nV_i$, 所以

$$\Delta S_{FE} = C_V \ln \frac{T_f}{T_i} + \nu R \ln \frac{V_f}{V_i} = C_V \ln 1 + \nu R \ln n = \nu R \ln n.$$

若以 T,p 为状态参量, 考虑到 $T_f = T_i$, $p_f = \dfrac{p_i}{n}$, 则有

$$\Delta S_{FE} = C_p \ln \frac{T_f}{T_i} - \nu R \ln \frac{p_f}{p_i} = C_p \ln 1 - \nu R \ln \frac{1}{n} = \nu R \ln n.$$

这表明, 不论以何种状态参量表示熵, 膨胀比为 n 的自由膨胀过程联系的两状态之间的熵变都是 $\Delta S_{FE} = \nu R \ln n$. 因为膨胀比 $n > 1$, 则 $\ln n > 0$, 所以自由膨胀过程联系的两状态之间的熵变恒大于 0.

6.4.3 熵增加原理

6.4.3
授课视频

考察 6.4.2 小节关于熵变计算实例的结果我们知道, 理想气体在等体、等压、等温及多方过程中的熵变都与过程进行的路径有关, 既可以大于 0, 也可以小于 0, 但在绝热过程中, 理想气体的熵变却恒为 0. 而对于其他孤立系统中的绝热过程, 例如, 热传导、气体混合 (也就是扩散过程)、自由膨胀过程等联系的状态, 其熵变 ΔS 总是大于 0.

一般地, 由热力学第二定律的数学表述形式 (见 (6.8) 式) 可知, 在沿任意路径 L 由初态 i 到末态 f 的过程中, 系统的熵变 $\Delta S = S_f - S_i$ 为

$$\Delta S \geqslant \int_{i,L}^{f} \frac{\dbar Q}{T}. \tag{6.21}$$

由于在任意过程中, $\dbar Q$ 既可能大于 0, 也可能小于 0, 因此 ΔS 既可能大于 0, 也可能小于 0. 另一方面, 上述任意过程自然包括绝热过程, 那么将上述关系应用于绝热过程, 则有

$$\Delta S_{绝热} \geqslant \int_{i}^{f} \left(\frac{\dbar Q}{T}\right)_{绝热},$$

其中等号适用于可逆过程, 不等号适用于不可逆过程. 因为在绝热过程中 $\dbar Q \equiv 0$, 则

$$\int_{i}^{f} \left(\frac{\dbar Q}{T}\right)_{绝热} \equiv 0.$$

于是, 对于任意的绝热过程, 都有

$$\Delta S_{绝热} \geqslant 0, \tag{6.22}$$

其中等号适用于可逆过程, 不等号适用于不可逆过程.

综合上述计算实例的结果和一般讨论可以得出结论: 当热力学系统从一个平衡态经绝热过程到达另一个平衡态时, 它的熵永不减少. 如果过程是可逆的, 则其熵不变; 如果过程是不可逆的, 则其熵增加. 这一结论称为熵增加原理. (6.22) 式就是熵增加原理的数学表述形式.

回顾熵增加原理的导出过程可知, 熵增加原理仅适用于绝热过程, 而不适用于其他过程. 由关于热力学系统的分类可知, 只有封闭的孤立系统才与外界无能量交换, 即其中发生的过程才为绝热过程, 因此熵增加原理只适用于孤立系统, 而不适用于开放系统.

由 (6.21) 式可知, $dS \geqslant \dfrac{đQ}{T}$, 即有

$$TdS \geqslant đQ. \tag{6.23a}$$

对于 p-V-T 系统, 将热力学第一定律代入 (6.23a) 式, 则得

$$TdS \geqslant dU - đW = dU + pdV. \tag{6.23b}$$

再考察上述熵增加原理的导出过程我们知道, (6.21) 式是克劳修斯不等式的一个等价表述形式, 因此克劳修斯不等式还可以表示为 (6.23a) 式或/和 (6.23b) 式的形式.

由于熵增加原理表明, 孤立系统中的不可逆绝热过程总是向着熵增加的方向进行, 可逆绝热过程总是向着保持熵不变的方向进行, 那么, 通过实际计算得到可能的绝热过程中的熵变 $\Delta S_{绝热}$, 就可以判定孤立系统中的绝热过程是否可逆. 如果通过实际计算得到一绝热过程中 $\Delta S_{绝热} = 0$, 则该绝热过程可逆; 如果通过实际计算得到一绝热过程中 $\Delta S_{绝热} > 0$, 则该绝热过程不可逆.

由上述讨论可知, 熵增加原理还可以作为孤立系统中绝热过程自发进行方向的判据: 只有使 $\Delta S > 0$ 的方向才是绝热过程能够自发进行的方向. 进而可知, 当 $\Delta S = 0$ 时, 绝热过程就不能再继续进行下去, 也就是系统达到热平衡态, 不再自发发生变化. 因此熵达到极大值 (相应地, $dS = 0$) 为孤立系统达到热平衡态的判据. 较严格地讲, 在内能和体积保持不变的条件下, 相对于一切可能的变动来讲, 平衡态的熵最大, 此时 $dS = 0$.

6.5 熵和热力学第二定律的统计意义

回顾前述讨论, 我们知道, 为了具体表征宏观热力学过程是否可逆, 人们在克劳修斯不等式的基础上引入了一个称为熵的态函数, 通常更具体地称之为克劳修斯熵或热

力学熵或宏观熵，记为 S_C. 根据熵是态函数的性质，热力学熵仅可在其改变量上严格确定，并且两状态 i, f 之间的熵变等于连接状态 i, f 的任意一个可逆过程中系统吸收的热量与相应状态的温度的比值的积分，即

$$\Delta S_C = S_{C,f} - S_{C,i} = \int_{i,R}^{f} \frac{\dbar Q}{T}.$$

由这一定义可知，熵还有一个基本性质 —— 熵增加原理，即在从一个平衡态到达另一个平衡态的绝热过程中，孤立系统的熵永不减少. 由此可知，熵是物理学中最基本、最重要的物理量之一. 然而，这仅是在宏观层次上的，其微观意义和统计解释并不清楚. 况且，在第四章中，为了解决虽然热力学系统的微观状态数 (常记为 Ω) 决定系统的性质，但它既不是强度量又不是广延量的问题，人们就曾引入熵的概念 (更具体地，称为玻尔兹曼熵或微观熵)，并定义为 $S_B = k_B \ln \Omega$. 两种定义形式貌似毫不相关，但都称为熵. 于是，探讨并揭示两种不同层次上定义的熵之间的关系就成为一个重要问题. 同时，这也暗示我们，通过宏观熵与微观熵的关系，我们可以揭示宏观熵和热力学第二定律的统计意义. 本节对这些问题予以讨论.

6.5.1
授课视频

6.5.1 宏观熵与微观熵之间的关系

一、论述与表述

在 6.4 节中，我们从宏观过程层面上引入了热力学系统的宏观熵 (克劳修斯熵) 的概念. 对于由无穷小元过程联系的两状态之间的宏观熵的改变，记该过程交换的热量为 $\dbar Q$，温度为 T，则宏观熵的改变量为

$$dS_C \geqslant \frac{\dbar Q}{T},$$

对于初态和末态分别为 i, f 的有限过程联系的两状态，其间的宏观熵的改变量为

$$\Delta S_C = S_{C,f} - S_{C,i} = \int_{i,R}^{f} \frac{\dbar Q}{T},$$

其中等号适用于可逆过程，不等号适用于不可逆过程.

在第四章中，为探讨直接反映热力学系统的微观状态数的物理量，我们定义了热力学系统的微观熵 (玻尔兹曼熵)，其表述为

$$S_B = k_B \ln \Omega.$$

对于由热量交换 $\dbar Q$ 而实现改变的两状态，其间的微观熵的改变量也为 (见 (4.5) 式)

$$dS_B = k_B d \ln \Omega = \frac{\dbar Q}{T},$$

其中, $k_{\rm B}$ 为玻尔兹曼常量. 对于可逆过程, 显然有

$$dS_{\rm B} = dS_{\rm C}. \tag{6.24}$$

从而在适当选定参考点的情况下, 热力学系统的宏观熵 (克劳修斯熵) 与微观熵 (玻尔兹曼熵) 完全等价, 即有

$$S_{\rm B} = S_{\rm C}. \tag{6.25}$$

二、实例检验

1. 自由膨胀过程

设系统的初态 i 和末态 f 对应的微观状态数分别为 $\Omega_{\rm i}$, $\Omega_{\rm f}$, 则由 $S_{\rm B} = k_{\rm B} \ln \Omega$ 可知, 在 i → f 的过程中,

$$\Delta S_{\rm B} = S_{\rm B,f} - S_{\rm B,i} = k_{\rm B} \ln \frac{\Omega_{\rm f}}{\Omega_{\rm i}}.$$

以膨胀比为 $\frac{V_{\rm f}}{V_{\rm i}} = 2$ 的自由膨胀过程为例进行具体讨论. 对于一个粒子, 膨胀后, 粒子出现在整个容器内的概率为一, 而在左右两边 (膨胀前分别为粒子所在区域和处于真空的区域) 的概率都为二分之一, 即有两个微观状态. 对于第二个粒子, 其单独存在的概率分布与前述粒子的概率分布完全一样, 也有两个微观状态. 那么, 当两个粒子同时存在时, 它们出现在整个容器内的概率为一, 而都在左边或都在右边的概率都为四分之一, 左右两边各有一个的概率为二分之一. 由此可知, 对于两个粒子的情况, 微观状态总数为 $\Omega = 4 = 2^2$, 具体状态如图 6.7 所示.

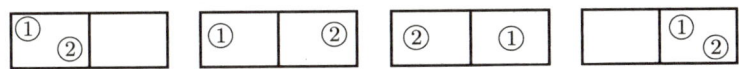

图 6.7 两个粒子经膨胀比为 2 的自由膨胀过程后在容器内分布的微观状态示意图

对于三个粒子的情况, 很显然, 第三个粒子单独存在的情况与前两个粒子完全相同. 而三个粒子整体的概率分布共有八种情况, 即有八个微观状态, 如图 6.8 所示. 那么三个粒子都在左边或都在右边的概率都为八分之一.

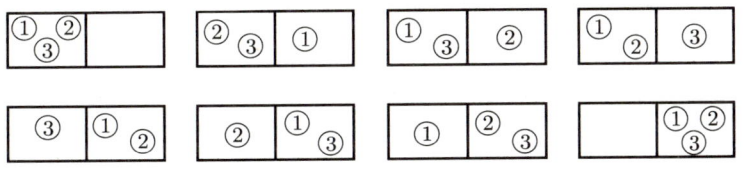

图 6.8 三个粒子经膨胀过程比为 2 的自由膨胀过程后在容器内分布的微观状态示意图

一般地, 物质的量为 ν 的系统中有 $N = \nu N_A$ 个粒子, 每个粒子处于左右两边的概率都为 $\frac{1}{2}$, 所有粒子都在左边或都在右边的概率都为 $\frac{1}{2^N}$, 可能的微观状态总数为 $\Omega_f = 2^N$. 而在自由膨胀前, 所有粒子都在左边或都在右边 (取决于原来气体在左边还是右边) 的概率为 1 或 0, 即自由膨胀前的微观状态数为 $\Omega_i = 1$. 所以

$$\Delta S_B = S_{B,f} - S_{B,i} = k_B \ln \frac{\Omega_f}{\Omega_i} = k_B \ln 2^N = k_B N \ln 2 = \nu R \ln 2.$$

宏观上, 将膨胀比 $\frac{V_f}{V_i} = 2$ 代入熵变公式, 则得克劳修斯熵的改变量为

$$\Delta S_C = \nu R \ln \frac{V_f}{V_i} = \nu R \ln 2.$$

比较可得, 对于自由膨胀过程, 有

$$\Delta S_C = \Delta S_B.$$

2. 扩散过程

组分 X 在等温等压条件下扩散进入组分 Y, 形成两组分均匀混合的系统 $X+Y$, 如图 6.9 所示. 记混合系统中, X 组分的摩尔浓度为 C_X、粒子数为 N_X, Y 组分的摩尔浓度为 C_Y、粒子数为 N_Y, 微观状态总数为 Ω_t, 总的物质的量为 ν. 相对于扩散后, 在扩散前, N_X 个粒子出现在 X 部分的概率为 $C_X^{N_X}$, N_Y 个粒子出现在 Y 部分的概率为 $C_Y^{N_Y}$, 那么, 相对于微观状态总数, 扩散前的微观状态数为

$$\Omega_i = P_i \Omega_t = C_X^{N_X} C_Y^{N_Y} \Omega_t.$$

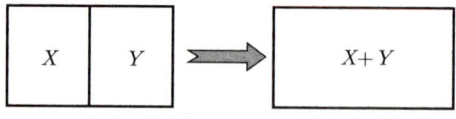

图 6.9 组分 X 在等温等压条件下扩散进入组分 Y, 形成两组分均匀混合的系统 $X+Y$ 的示意图

扩散后, 由于粒子总是出现在系统 $X+Y$ 中, 即 $P_f = 1$, 因此系统的微观状态数为

$$\Omega_f = P_f \Omega_t = \Omega_t,$$

则
$$\begin{aligned}
\Delta S_\text{B} &= k_\text{B} \ln \frac{\Omega_\text{f}}{\Omega_\text{i}} \\
&= k_\text{B} \ln \frac{\Omega_\text{t}}{C_X^{N_X} C_Y^{N_Y} \Omega_\text{t}} \\
&= -k_\text{B} \ln \left(C_X^{N_X} C_Y^{N_Y} \right) \\
&= -k_\text{B} (N_X \ln C_X + N_Y \ln C_Y) \\
&= -k_\text{B} N_\text{A} (\nu_X \ln C_X + \nu_Y \ln C_Y) \\
&= -R\nu \left(\frac{\nu_X}{\nu} \ln C_X + \frac{\nu_Y}{\nu} \ln C_Y \right) \\
&= -\nu R (C_X \ln C_X + C_Y \ln C_Y).
\end{aligned}$$

与以前计算得到的 ΔS_C 比较可知, 对于扩散过程, 也有

$$\Delta S_\text{C} = \Delta S_\text{B}.$$

采用类似的方法可以证明, 在所有的可逆热力学过程中, 克劳修斯熵的改变量与玻尔兹曼熵的改变量都完全相同, 也就是说克劳修斯熵与玻尔兹曼熵等价.

6.5.2 熵及热力学第二定律的统计意义

一、熵的统计意义

6.5.1 小节的讨论表明, 克劳修斯熵与玻尔兹曼熵完全等价. 对于微观状态数为 Ω 的热力学系统, 即有

$$S = S_\text{B} = k_\text{B} \ln \Omega.$$

▶ 6.5.2
授课视频

因为微观状态数 Ω 少说明无序程度低, 微观状态数 Ω 多说明无序程度高, 所以熵是宏观的热力学系统对应的微观状态数的多少, 即无序程度的度量, 也就是宏观状态出现概率大小的标志. 熵高说明系统包含的微观状态数多, 从而其宏观状态出现的概率大, 也就是混乱、分散, 即无序程度高; 熵低说明系统包含的微观状态数少, 从而其宏观状态出现的概率小, 也就是整齐、集中, 即无序程度低. 例如, 对于气体的自由膨胀过程, 膨胀前, 气体分子活动于较小的区间内, 微观状态数较少, 从而系统的熵较小; 膨胀后, 气体分子的活动范围增大, 微观状态数增多, 所以系统的熵较大. 6.4 节的计算表明的气体在绝热自由膨胀过程中熵增加正是这一规律的表现. 又如, 一种气体分解成两种气体使得系统的物质的量增多, 变得分散; 两种气体化合成一种气体使得系统的物质的量减少, 变得集中. 再如, 在使得熵增加的气体混合和扩散过程中, 混合 (扩散) 前, 气体分子分别处于相对集中的状态, 微观状态数较少; 混合 (扩散) 后, 气体分子变得分散, 微观状态数增加.

凡此种种, 都说明熵是热力学系统对应的微观状态数多少的度量, 也就是系统的无序程度的度量.

另一方面, 我们考察热功转换过程. 记一个循环过程中, 工作物质从高温热源吸收的热量为 Q_1, 对外界做的功为 W', 则该循环过程中热量转变为功的效率为

$$\eta = \frac{W'}{Q_1}.$$

对于以理想气体为工作物质的卡诺热机, $W' = \eta Q_1 = Q_1\left(1 - \frac{T_2}{T_1}\right)$ 为有用能, $Q_2' = Q_1 - W' = Q_1\frac{T_2}{T_1} = \frac{Q_1}{T_1}T_2 = \Delta S_1 T_2$ 为无用能, 也就是贬值掉的能量.

考虑热量传递过程, 记 $T_1 > T_2$, $Q_2 = -Q_1 > 0$, 其联系的系统的两状态之间的熵变为

$$\Delta S = \Delta S_1 + \Delta S_2 = \int \frac{\text{d} Q_1}{T_1'} + \int \frac{\text{d} Q_2}{T_2'} > 0.$$

对于前述的热量转变为功的过程, 如果工作物质不是直接从温度为 T_1 的高温热源吸收热量, 而是从经过一个热传递过程后达到的温度为 T_1' 的状态吸收热量, 则一个循环过程中, 对外界做的有用功为

$$W'' = Q_1\left(1 - \frac{T_2}{T_1'}\right) < W',$$

通过向低温热源释放热量而贬值掉的能量, 即无用能为

$$Q_2'' = Q_1\frac{T_2}{T_1'} > Q_2'.$$

由此可知, 熵增加意味着有用能减少、无用能 (即贬值掉的能量) 增多.

二、热力学第二定律的统计意义

热力学第二定律表明, 在孤立系统的绝热过程中, 总有

$$\Delta S \geqslant \int_{\text{i}}^{\text{f}} \frac{\text{d} Q}{T} = 0,$$

亦即

$$\text{d} S \geqslant \frac{\text{d} Q}{T} = 0.$$

根据热力学熵与玻尔兹曼熵的等价关系

$$S = k_{\text{B}} \ln \Omega$$

可知,

$$\text{d} S = k_{\text{B}} \ln \frac{\Omega_{\text{f}}}{\Omega_{\text{i}}}.$$

6.5 熵和热力学第二定律的统计意义

那么 $dS \geqslant 0$ 表明

$$\frac{\Omega_f}{\Omega_i} \geqslant 1,$$

即在孤立系中实际发生的、自发的、不可逆的过程中, 总有

$$\Omega_f \geqslant \Omega_i. \tag{6.26}$$

这就是说, 宏观状态的不可逆性与微观状态数的多少直接相关, 孤立系的自发过程总是从有序向无序过渡, 从出现概率较小的宏观状态向出现概率较大的宏观状态过渡, 这就是热力学第二定律的统计意义或微观本质.

考察一些具体实例, 我们知道, 前面已经讨论过的自由膨胀、气体混合和扩散等不可逆过程都是由对应微观状态数少的宏观状态向对应微观状态数多的宏观状态过渡的过程. 再如, 热功转换过程, 功是定向运动的效果, 是集中的、有序的, 而热是随机的无规则运动的表现, 是分散的、无序的, 功可以自发地完全转化为热而不引起其他影响正是热力学第二定律的微观本质的反映, 热不可能自发地完全转化为有用功而不引起其他影响也是热力学第二定律的微观本质的表现. 更细致地考察热转化为功这一由无序向有序过渡的过程可知, 一定有一部分能量 $(\Delta S_1 T_2)$ 释放给低温热源, 变为无用能, 即有能量贬值; 能够得到的有用功仅仅是系统从高温热源吸收的热量的一部分. 热力学第二定律表明这一结果是普适的, 从而说明, 在由无序向有序过渡的过程中一定有能量贬值.

再考察热传导过程, 从表面上看, 热量只能自发地由高温热源传递到低温热源, 由于温度变低, 因此是由无序程度高向无序程度低过渡的过程. 但事实上, 以温度为 T_1 的高温热源和温度为 T_2 的低温热源之间的热传导为例, 由于 $T_1 > T_2$, $Q_1 < 0$, $Q_2 = -Q_1 > 0$, 并且高温热源和低温热源的熵变分别为

$$\Delta S_1 = \frac{Q_1}{T_1} = -\frac{Q_2}{T_1} < 0,$$
$$\Delta S_2 = \frac{Q_2}{T_2} > 0,$$

则包含两热源及热传导介质的整体系统的熵变为

$$\Delta S = \Delta S_1 + \Delta S_2 = Q_2 \left(\frac{1}{T_2} - \frac{1}{T_1} \right) > 0.$$

这说明热传导过程是熵增加的过程, 即仍是由无序程度低向无序程度高过渡的过程. 据此, 在热力学第二定律的微观本质的层次上考察热力学第二定律的克劳修斯表述和开尔文表述可知, 由于它们的微观本质都是孤立系统中的自发过程只能沿着使系统的微观状态由有序向无序过渡的方向进行, 因此这两种表述是完全等价的.

需要指出的是从热力学第二定律和熵增加原理的微观本质出发讨论问题应该注意它们的适用范围. 我们知道, 熵增加原理仅适用于孤立系统, 而不适用于开放系统, 例如, 耗散结构系统就是开放系统的典型例证之一 (7.5 节将予以简述).

三、热力学第二定律遇到的诘难及其解决方式

1. 热寂说

克劳修斯在其晚年把熵增加原理应用于宇宙, 指出宇宙的熵将持续增加并趋于一个极大值, 进入热寂状态. 事实上, 宇宙在膨胀, 它根本就不是一个孤立系统, 因此上述推广的前提就不正确, 所以宇宙不会进入热寂状态. 再者, 热力学系统中都有涨落, 宇宙的某些局部可以偶然出现巨大的涨落, 这种涨落将导致有序结构出现 (具体讨论请参见非平衡态统计物理的教材或耗散结构理论的教材或专著, 简要讨论参见 7.5 节), 从而在宇宙中出现恒星、星系及星系团等, 保证宇宙中存在有序结构, 不进入热寂状态. 还有, 宇宙是自引力系统, 具有负热容, 从而宇宙的熵不会一直增加. 但是, 无论如何, 关于宇宙及其是否会进入热寂状态仍是目前物理学和宇宙学的一个重要研究课题.

2. 洛施密特 – 策梅洛诘难

从动力学原理上讲, 微观过程都是可逆的; 而热力学表明, 实际的宏观过程都是不可逆的. 这似乎表明, 热力学与动力学不兼容. 相应地, 洛施密特 (Loschmidt) 和策梅洛 (Zermelo) 分别于 1876 年和 1896 年对热力学第二定律提出诘难. 洛施密特诘难认为, 既然在一个过程中, 组成系统的分子各自都有确定的速度, 沿着该过程的进行方向, 系统的熵增加, 那么, 将组成系统的所有分子的速度都反向, 前述过程将沿原过程的反方向进行, 在该反向过程中, 系统的熵减小. 事实上, 任何过程中都有随机涨落, 这种随机涨落使得过程无法完全反向进行, 因此系统的熵不会减小. 从另一个角度讲, 即使过程完全严格反向, 那么这一过程为可逆过程, 系统的熵应该保持不变, 而不会减小. 从微观层面上的动力学 (量子力学) 角度讲, 如果系统的熵减小, 则组成系统的粒子的动量和位置的不确定度增大, 从而过程不具有严格确定的进行方向. 因此洛施密特诘难实际不成立. 策梅洛诘难是基于著名的庞加莱 (Poincaré, 法国数学家) 的初态复现定理而提出的. 初态复现定理认为, 孤立的、有限的保守动力学系统都可以在有限的时间内回复到任意接近初始组态的组态. 于是策梅洛认为, 热力学系统的过程也应该能够在有限的时间内回复到无限接近初始状态的状态, 但热力学第二定律表明这是不可能的, 从而热力学与动力学不兼容. 事实上, 热力学系统是自由度巨大的系统, 庞加莱复现时间很长 (远长于现在认识的宇宙的年龄), 从而对宏观热力学系统没有现实意义, 也就不存在热力学与动力学不兼容的问题.

3. 麦克斯韦妖

1871 年,麦克斯韦提出,存在可以不做功而区分出分子运动速率大小的小精灵,从而使温度均匀的系统变为温度不均匀的系统 (这一小精灵常被称为麦克斯韦妖 (Maxwell's demon)),这一过程使得系统的熵减小. 1929 年,西拉德 (Szilard) 指出,整个系统的熵不仅包含组成系统的无规则运动的分子的熵,还包含小精灵在区分分子运动速率时输入的标定信息的熵,因此系统的熵不会减小,从而解决了麦克斯韦妖的诘难.

4. 吉布斯佯谬

前面的讨论表明,由不同种类的分子组成的气体混合时,整个系统的熵增加. 据此,吉布斯 (Gibbs) 提出,将两种气体分子换为宏观的黑白两种颜色的小球,将它们混合时系统的熵一定增加;对黑球进行多次漂白,以至于其与白球无法分辨时再将它们混合,则系统的熵保持不变. 但是,对于宏观的黑白两种颜色的小球,无法使它们做到完全不能分辨,这样就一定存在大于零的混合熵,那么将同种气体置于容器两边令其扩散、均匀混合后,系统的熵是否发生变化就无法确定. 这就是著名的吉布斯佯谬. 事实上,全同性是由量子性决定的,不可能使一种分子连续变化为另一种分子,因此将不同种类的气体混合时系统的熵一定增加,在状态相同的条件下将同种气体混合时系统的熵一定保持不变,不存在所谓的熵变无法确定的问题,即不存在吉布斯佯谬. 换一个角度来理解,使两种不同种类的分子中的一种连续变化为另一种的过程中,一定输入了信息,这些信息的输入使得组成系统的分子之间的差异减小,系统的熵减小,从而不同种类的气体混合时系统的熵增加,同种气体混合时系统的熵保持不变,因此不存在吉布斯佯谬.

6.6 自由能、自由焓、化学势及热力学基本方程*

作为处于平衡态的热力学系统的态函数,第四章曾讨论过自由能、自由焓和化学势的概念,但其宏观层面上的物理意义却尚不清楚. 另一方面,根据热力学第二定律,人们可以确定热机对外界做功与从高温热源吸收热量的比值的极限,但不能直接确定一个系统可以对外界做功的最大本领. 本节对这些问题予以讨论.

6.6.1 自由能

一、概念回顾

在第四章中,通过对内能 U 和熵 S 做线性组合,人们定义了热力学系统的态函数 —— 自由能

$$F = U - TS,$$

但我们既没有讨论其唯一性, 也没有阐明其在宏观层面上的物理意义. 为了解决这一问题, 我们从宏观层面上重新讨论自由能的概念.

由熵增加原理可知, 一个热力学系统的熵变 $\mathrm{d}S$ 和温度 T 之积与其从外界吸收的热量 $\text{đ}Q$ 之间满足 $T\mathrm{d}S \geqslant \text{đ}Q$. 再考虑热力学第一定律可知, 在一个元过程中, 系统的熵变和温度之积满足

$$T\mathrm{d}S \geqslant \mathrm{d}U - \text{đ}W = \mathrm{d}U + \text{đ}W',$$

即系统能够对外界做的功为

$$\text{đ}W' \leqslant T\mathrm{d}S - \mathrm{d}U. \tag{6.27}$$

在等温条件下 $\mathrm{d}T \equiv 0$, $T\mathrm{d}S = T\mathrm{d}S + S\mathrm{d}T = \mathrm{d}(TS)$, 从而

$$\text{đ}W' \leqslant \mathrm{d}(TS) - \mathrm{d}U = -\mathrm{d}(U - TS). \tag{6.28}$$

定义

$$F = U - TS, \tag{6.29}$$

并称之为自由能, 则方便讨论热力学系统在等温条件下对外界做功的问题. 显然, 这样引入的 F 与我们在第四章中通过对态函数 U, S 做线性组合而定义的热力学系统的态函数 —— 自由能的形式完全相同.

将自由能的定义 (6.29) 式代入 (6.28) 式, 则得一个元等温过程中,

$$\text{đ}W' \leqslant -\mathrm{d}F. \tag{6.30a}$$

对于由初态 i 到末态 f 的有限的等温过程, 则有

$$W' \leqslant -(F_\mathrm{f} - F_\mathrm{i}) = F_\mathrm{i} - F_\mathrm{f}. \tag{6.30b}$$

这就是说, 在等温过程中, 系统对外界做的功 W' 有一个极限, 该极限为过程中系统的自由能的减小量. 这样就确定了在一个过程中系统可以对外界做功的最大本领, 因此该规律称为最大功原理.

再者, 由自由能的定义 (6.29) 式可知,

$$U = F + TS.$$

由此前讨论可知, 内能是组成系统的微观粒子的无规则运动动能和粒子之间的相互作用势能之和, 是系统所具有的总能量. 而上述讨论表明, 自由能 F 为系统能够对外界

做功的极限,也就是系统中可以实际利用的能量的最大值. 这说明,系统的内能包含两部分,一部分是可以对外界做功的自由能,另一部分 (TS) 是不能向外界输出的能量,即 TS 为限制在系统内部的不能被利用的能量,也就是束缚能. 从应用角度讲,TS 为贬值的能量,即无用能. 由此可知,熵增加使得系统内能中的束缚能增大,而可以对外界做功的自由能相对减小,也就是说,熵增加加剧能量贬值. 从这样的能量关系来看,前述的自由能的定义 $F = U - TS$ 是唯一的.

二、简单应用

1. 热力学第二定律的自由能表述形式

由定义 $F = U - TS$ 可知,

$$dF = dU - TdS - SdT.$$

因为

$$TdS \geqslant đQ = dU + pdV,$$

所以

$$dF \leqslant -SdT - pdV, \tag{6.31}$$

其中等号适用于可逆过程,不等号适用于不可逆过程. 因为 (6.31) 式是根据热力学第二定律的表述形式和自由能的定义导出的,所以 (6.31) 式常被称为热力学第二定律的自由能表述形式.

2. 等温等体过程进行方向的判据

由热力学第二定律的自由能表述形式

$$dF \leqslant -SdT - pdV$$

可知,在系统的温度和体积都固定的条件下,

$$dF \leqslant 0.$$

这表明,等温等体过程总是沿着自由能不增大的方向进行. 该规律称为自由能减小原理. 那么,通过计算一个等温等体过程中自由能的改变量即可确定该等温等体过程进行的方向.

3. 等温等体条件下热平衡的判据

由自由能减小原理可知,当孤立系统达到热平衡时,$dF = 0$. 于是有热平衡态的自由能判据: 在等温等体条件下,对于一切可能的状态来说,平衡态的自由能最小. 由此可知,通过计算系统的自由能,利用极值条件,确定下使自由能取得极小值的状态,该状态即为系统的热平衡态.

6.6.2 自由焓

一、概念回顾及宏观意义

在第四章中,通过对态函数 H, S 做线性组合,人们定义了热力学系统的态函数 —— 自由焓

$$G = H - TS,$$

但我们尚未阐明该态函数在宏观层面上的物理意义. 为了解决这一问题,我们从宏观层面上重新讨论自由焓的概念.

一个热力学系统可以对外界做的功有多种多样的方式,即不仅有体积功,还有非体积功,记非体积功为 $đW''$,则有

$$đW' = p\,dV + đW''.$$

将之代入最大功原理,则有

$$p\,dV + đW'' \leqslant -dF,$$

亦即

$$đW'' \leqslant -dF - p\,dV.$$

如果是既等温又等压的过程,即 $dT = 0, dp = 0$,则 $p\,dV = d(pV) - V\,dp = d(pV)$,于是上式可化为

$$đW'' \leqslant -dF - d(pV) = -d(F + pV).$$

由此可知,定义

$$G = F + pV, \tag{6.32}$$

人们可以将热力学系统能够对外界做的非体积功简洁地表述为 $đW'' \leqslant -dG$. 再考虑 $F = U - TS$,则有

$$G = U + pV - TS.$$

因为 $U + pV = H$ 为系统的焓,则上式可以改写为

$$G = H - TS. \tag{6.33}$$

显然,该定义式与我们在第四章中的定义式完全相同.

由上述引入自由焓的概念的过程可知,

$$\mathrm{d}W'' \leqslant -\mathrm{d}G. \tag{6.34a}$$

对于由初态 i 到末态 f 的有限的等温等压过程, 有

$$W'' \leqslant -(G_f - G_i) = G_i - G_f. \tag{6.34b}$$

这就是说, 在等温等压过程中, 系统对外界做的非体积功 W'' 有一个极限, 该极限为过程中系统的自由焓的减小量. 这还表明, 自由焓 (吉布斯函数) 就是在等温等压过程中热力学系统可以用来对外界做非体积功的那一部分焓.

二、简单应用

1. 热力学第二定律的吉布斯函数表述形式

由定义 $G = H - TS = F + pV$ 可知,

$$\mathrm{d}G = \mathrm{d}F + p\mathrm{d}V + V\mathrm{d}p.$$

由热力学第二定律的自由能表述形式可知, $\mathrm{d}F \leqslant -S\mathrm{d}T - p\mathrm{d}V$, 将之代入上式则得

$$\mathrm{d}G \leqslant -S\mathrm{d}T - p\mathrm{d}V + p\mathrm{d}V + V\mathrm{d}p.$$

于是有

$$\mathrm{d}G \leqslant -S\mathrm{d}T + V\mathrm{d}p. \tag{6.35}$$

此即热力学第二定律的吉布斯函数表述形式, 其中等号适用于可逆过程, 不等号适用于不可逆过程.

2. 等温等压过程进行方向的判据

由 $\mathrm{d}G \leqslant -S\mathrm{d}T + V\mathrm{d}p$ 可知, 在等温等压过程中,

$$\mathrm{d}G \leqslant 0.$$

所以自发的等温等压过程只能沿着吉布斯函数 (自由焓) 减小的方向进行. 这说明, 在除体积功外没有其他形式的功的情况下, 热力学系统的吉布斯函数永不增大. 于是有: 在等温等压条件下, 系统中的不可逆过程总是沿着吉布斯函数减小的方向进行. 该规律称为自由焓减小原理.

3. 等温等压条件下热平衡的判据

由自由焓减小原理可知, 当 $\mathrm{d}G = 0$ 时, 系统的自由焓减小到不能再减小的值, 即达到极小值. 相应地, 系统的状态不能再自发地发生变化, 也就是达到热平衡态. 于是

有热平衡态的自由焓判据：在等温等压条件下，对于一切可能的状态来说，平衡态的自由焓最小. 由此可知，通过计算系统的自由焓，利用极值条件，确定下使自由焓取得极小值的状态，该状态即为系统的热平衡态.

6.6.3 热力学系统的态函数及其间的一些关系

一、热力学系统的态函数及热力学基本方程

回顾前述讨论我们知道，热力学系统有五个态函数，它们是内能、焓、熵、自由能和自由焓. 为讨论问题方便，通常将内能表示为系统的温度和体积的函数，将焓表示为系统的温度和压强的函数，而熵既可以表示为系统的温度和体积的函数，也可以表示为系统的温度和压强的函数. 总之，我们有下述态函数：

$$\begin{aligned}
\text{内能：} \quad & U = U(T,V), \\
\text{焓：} \quad & H = H(T,p), \\
\text{熵：} \quad & S = S(T,V) \quad \text{或} \quad S = S(T,p), \\
\text{自由能：} \quad & F = U - TS, \\
\text{自由焓：} \quad & G = H - TS.
\end{aligned}$$

将热力学第二定律 $dS \geqslant \dfrac{đQ}{T}$ 与热力学第一定律 $dU = đQ + đW$ 联立，并考虑到对于 p-V-T 系统，有 $đW = -p\,dV$，我们有下述热力学基本方程：

$$dU \leqslant T\,dS - p\,dV,$$

$$dH \leqslant T\,dS + V\,dp,$$

$$dF \leqslant -S\,dT - p\,dV,$$

$$dG \leqslant -S\,dT + V\,dp,$$

其中等号适用于可逆过程，不等号适用于不可逆过程.

由于上述热力学基本方程是热力学第一定律和第二定律直接应用于 p-V-T 系统的结果，因此它们是孤立的热力学系统的不同形式的能量之间必须满足的基本关系，由之可以讨论处于平衡态的孤立系统的热力学性质及基本规律. 并且，对于其他热力学系统，根据其中做功的具体形式，可以得到相应的热力学基本方程.

二、态函数的偏导数与状态参量及其他态函数之间的关系

上述讨论表明，一个热力学系统有五个态函数：内能 U、焓 H、熵 S、自由能 F、自由焓 G，还有三个典型的状态参量：压强 p、体积 V 和温度 T. 这些量之间有四个关系，即上述四个热力学基本方程. 考察态函数的定义和热力学基本方程可知，熵具有与状态参量 p, V, T 同等重要的地位，所以常称之为最基本的热力学量. 由于态函数可以表示为状态参量的函数, 在此基础上可以建立一系列微分关系式, 下面简要讨论态函数在一个物理量固定的情况下随另一个物理量变化的行为 (即态函数的偏导数, 以及态函数和状态参量的偏导数之间的关系).

1. 态函数的偏导数

下面逐一讨论内能、焓、自由能、自由焓关于状态参量及熵的偏导数, 以及熵关于温度的偏导数.

(1) 内能的偏导数.

将态函数 $U = U(T, V)$ 与 $S = S(T, V)$ 联立, 消去温度 T, 则得

$$U = U(S, V).$$

对之取全微分, 则有

$$dU = \left(\frac{\partial U}{\partial S}\right)_V dS + \left(\frac{\partial U}{\partial V}\right)_S dV.$$

对于可逆过程, 由内能表示的热力学基本方程可知, $dU = TdS - pdV$. 比较则得

$$\left(\frac{\partial U}{\partial S}\right)_V = T, \qquad \left(\frac{\partial U}{\partial V}\right)_S = -p. \tag{6.36}$$

(2) 焓的偏导数.

将态函数 $H = H(T, p)$ 与 $S = S(T, p)$ 联立, 消去温度 T, 则得

$$H = H(S, p).$$

对之取全微分, 则有

$$dH = \left(\frac{\partial H}{\partial S}\right)_p dS + \left(\frac{\partial H}{\partial p}\right)_S dp.$$

对于可逆过程, 由焓表示的热力学基本方程可知, $dH = TdS + Vdp$. 比较则得

$$\left(\frac{\partial H}{\partial S}\right)_p = T, \qquad \left(\frac{\partial H}{\partial p}\right)_S = V. \tag{6.37}$$

(3) 熵关于温度的偏导数.

由定容热容的定义, 并考虑熵是温度的函数, 也就是温度是熵的函数, 可知,

$$C_V = \left(\frac{\partial U}{\partial T}\right)_V = \left(\frac{\partial U}{\partial S}\right)_V \left(\frac{\partial S}{\partial T}\right)_V.$$

又由上述内能关于熵的偏导数可知, $\left(\frac{\partial U}{\partial S}\right)_V = T$, 将之代入上式, 则得

$$\left(\frac{\partial S}{\partial T}\right)_V = \frac{C_V}{T}. \tag{6.38}$$

由定压热容的定义, 并考虑熵是温度的函数, 也就是温度是熵的函数, 可知,

$$C_p = \left(\frac{\partial H}{\partial T}\right)_p = \left(\frac{\partial H}{\partial S}\right)_p \left(\frac{\partial S}{\partial T}\right)_p.$$

又由上述焓关于熵的偏导数可知, $\left(\frac{\partial H}{\partial S}\right)_p = T$, 将之代入上式, 则得

$$\left(\frac{\partial S}{\partial T}\right)_p = \frac{C_p}{T}. \tag{6.39}$$

(4) 自由能的偏导数.

将态函数 $F = U - TS$ 与 $U = U(T,V), S = S(T,V)$ 联立, 可知,

$$F = F(T, V).$$

对之取全微分, 则有

$$\mathrm{d}F = \left(\frac{\partial F}{\partial T}\right)_V \mathrm{d}T + \left(\frac{\partial F}{\partial V}\right)_T \mathrm{d}V.$$

对于可逆过程, 由自由能表示的热力学基本方程可知, $\mathrm{d}F = -S\mathrm{d}T - p\,\mathrm{d}V$. 比较则得

$$\left(\frac{\partial F}{\partial T}\right)_V = -S, \qquad \left(\frac{\partial F}{\partial V}\right)_T = -p. \tag{6.40}$$

(5) 自由焓的偏导数.

将态函数 $G = H - TS$ 与 $H = H(T,p), S = S(T,p)$ 联立, 可知,

$$G = G(T, p).$$

对之取全微分, 则有

$$\mathrm{d}G = \left(\frac{\partial G}{\partial T}\right)_p \mathrm{d}T + \left(\frac{\partial G}{\partial p}\right)_T \mathrm{d}p.$$

对于可逆过程, 由自由焓表示的热力学基本方程可知, $\mathrm{d}G = -S\mathrm{d}T + V\mathrm{d}p$. 比较则得

$$\left(\frac{\partial G}{\partial T}\right)_p = -S, \qquad \left(\frac{\partial G}{\partial p}\right)_T = V. \tag{6.41}$$

2. 态函数和状态参量的偏导数之间的关系

数学分析表明: 对于二元函数 $f(x,y)$, 其全微分为

$$\mathrm{d}f = \left(\frac{\partial f}{\partial x}\right)_y \mathrm{d}x + \left(\frac{\partial f}{\partial y}\right)_x \mathrm{d}y.$$

记

$$\left(\frac{\partial f}{\partial x}\right)_y = M(x,y), \qquad \left(\frac{\partial f}{\partial y}\right)_x = N(x,y),$$

则有

$$\left(\frac{\partial M}{\partial y}\right)_x = \left(\frac{\partial N}{\partial x}\right)_y, \tag{6.42}$$

即解析函数的混合偏导数与求导顺序无关.

由内能 $U = U(S, V)$ 的全微分

$$dU = \left(\frac{\partial U}{\partial S}\right)_V dS + \left(\frac{\partial U}{\partial V}\right)_S dV$$

可知,

$$\left(\frac{\partial}{\partial V}\left(\frac{\partial U}{\partial S}\right)_V\right)_S = \left(\frac{\partial}{\partial S}\left(\frac{\partial U}{\partial V}\right)_S\right)_V.$$

将前面得到的内能的偏导数 $\left(\frac{\partial U}{\partial S}\right)_V = T, \left(\frac{\partial U}{\partial V}\right)_S = -p$ 代入上式, 则得

$$\left(\frac{\partial T}{\partial V}\right)_S = -\left(\frac{\partial p}{\partial S}\right)_V. \tag{6.43}$$

由焓 $H = H(S, p)$ 的全微分

$$dH = \left(\frac{\partial H}{\partial S}\right)_p dS + \left(\frac{\partial H}{\partial p}\right)_S dp$$

可知,

$$\left(\frac{\partial}{\partial p}\left(\frac{\partial H}{\partial S}\right)_p\right)_S = \left(\frac{\partial}{\partial S}\left(\frac{\partial H}{\partial p}\right)_S\right)_p.$$

将前面得到的焓的偏导数 $\left(\frac{\partial H}{\partial S}\right)_p = T, \left(\frac{\partial H}{\partial p}\right)_S = V$ 代入上式, 则得

$$\left(\frac{\partial T}{\partial p}\right)_S = \left(\frac{\partial V}{\partial S}\right)_p. \tag{6.44}$$

由自由能 $F = F(T, V)$ 的全微分

$$dF = \left(\frac{\partial F}{\partial T}\right)_V dT + \left(\frac{\partial F}{\partial V}\right)_T dV$$

可知,

$$\left(\frac{\partial}{\partial V}\left(\frac{\partial F}{\partial T}\right)_V\right)_T = \left(\frac{\partial}{\partial T}\left(\frac{\partial F}{\partial V}\right)_T\right)_V.$$

将前面得到的自由能的偏导数 $\left(\frac{\partial F}{\partial T}\right)_V = -S, \left(\frac{\partial F}{\partial V}\right)_T = -p$ 代入上式, 则得

$$\left(\frac{\partial S}{\partial V}\right)_T = \left(\frac{\partial p}{\partial T}\right)_V. \tag{6.45}$$

由自由焓 $G = G(T, p)$ 的全微分

$$dG = \left(\frac{\partial G}{\partial T}\right)_p dT + \left(\frac{\partial G}{\partial p}\right)_T dp$$

可知,
$$\left(\frac{\partial}{\partial p}\left(\frac{\partial G}{\partial T}\right)_p\right)_T = \left(\frac{\partial}{\partial T}\left(\frac{\partial G}{\partial p}\right)_T\right)_p.$$

将前面得到的自由焓的偏导数 $\left(\frac{\partial G}{\partial T}\right)_p = -S$, $\left(\frac{\partial G}{\partial p}\right)_T = V$ 代入上式, 则得

$$\left(\frac{\partial S}{\partial p}\right)_T = -\left(\frac{\partial V}{\partial T}\right)_p. \tag{6.46}$$

总之, 孤立的 p-V-T 系统的态函数和状态参量的偏导数之间满足

$$\left(\frac{\partial T}{\partial V}\right)_S = -\left(\frac{\partial p}{\partial S}\right)_V,$$
$$\left(\frac{\partial T}{\partial p}\right)_S = \left(\frac{\partial V}{\partial S}\right)_p,$$
$$\left(\frac{\partial S}{\partial V}\right)_T = \left(\frac{\partial p}{\partial T}\right)_V,$$
$$\left(\frac{\partial S}{\partial p}\right)_T = -\left(\frac{\partial V}{\partial T}\right)_p.$$

这些关系称为麦克斯韦关系.

由 2.3 节的讨论可知, 偏导数 $\left(\frac{\partial V}{\partial T}\right)_p$ 与等压膨胀系数 (体膨胀系数) α 之间满足 $\left(\frac{\partial V}{\partial T}\right)_p = \alpha V$, 偏导数 $\left(\frac{\partial p}{\partial T}\right)_V$ 与等体压强系数 β 之间满足 $\left(\frac{\partial p}{\partial T}\right)_V = \beta p$. 同理可知, 偏导数 $\left(\frac{\partial V}{\partial T}\right)_S$ 和 $\left(\frac{\partial p}{\partial T}\right)_S$ 可以分别由绝热膨胀系数 α_S、绝热压强系数 β_S 表示为 $\left(\frac{\partial V}{\partial T}\right)_S = \alpha_S V$, $\left(\frac{\partial p}{\partial T}\right)_S = \beta_S p$. 由于 $\alpha, \alpha_S, \beta, \beta_S$ 等可以由实验测定, 因此我们可以得到不同条件下熵关于其他状态参量的偏导数 (变化率), 进而可得熵与状态参量之间的函数关系.

6.6.4 化学势

一、化学势的概念

6.6.4
授课视频

回顾第四章中的讨论, 我们知道, 为了使拉格朗日乘子在形式上表述对称, 引入了化学势的概念. 事实上, 化学势的概念还可以从宏观层次上引入. 根据自由焓表示的热力学基本方程 $\mathrm{d}G \leqslant -S\mathrm{d}T + V\mathrm{d}p$, 我们知道, 当一个系统的状态发生变化时, 系统的自由焓的变化 $\mathrm{d}G$ 依赖于系统的强度量 T 和 p 的变化 $\mathrm{d}T, \mathrm{d}p$, 但由于自由焓是等温等压过程中热力学系统可以对外界做功的那一部分焓, 也就是能量的一种形式, 是广延量, 因此, 当组成系统的粒子数 N 发生变化时, 系统的自由焓的变化 $\mathrm{d}G$ 还应依赖于 $\mathrm{d}N$. 于是, 对于开放系统, 应有热力学基本方程

$$\mathrm{d}G \leqslant -S\mathrm{d}T + V\mathrm{d}p + \mu\,\mathrm{d}N. \tag{6.47}$$

显然, (6.47) 式中的系数 μ 可以由系统的自由焓 (或吉布斯函数) 表示为

$$\mu = \left(\frac{\partial G}{\partial N}\right)_{T,p}. \tag{6.48}$$

通常称之为系统的化学势.

综合这里的讨论和第四章的讨论, 我们知道, 化学势不仅是温度和压强不变的情况下系统的自由焓随粒子数的变化率, 还是每个粒子的平均化学势, 也就是在温度和压强保持不变的情况下, 系统增加一个粒子需要的能量.

二、开放系统的热力学基本方程

由 $G = H - TS = U + pV - TS$ 可知,

$$U = G + TS - pV,$$

则

$$dU = dG + TdS + SdT - pdV - Vdp.$$

将开放系统中 dG 的表达式代入上式, 则得

$$dU = TdS - pdV + \mu dN, \tag{6.49}$$

亦即有

$$TdS = dU + pdV - \mu dN. \tag{6.50}$$

此即开放系统的热力学基本方程.

6.7 热力学第二定律的应用举例

热力学第二定律和第一定律一起, 构成了热力学的主要理论基础, 并在科学发展、技术革命和生产生活中广泛应用, 发挥重要作用, 这里仅简要介绍其在温标建立、热机技术发展和均匀物质的热力学性质的研究方面的应用.

6.7.1 热力学温标的建立

一、热力学温标的建立

卡诺定理指出: 在相同的高温热源和相同的低温热源之间工作的一切可逆热机的效率都相等, 与工作物质无关. 那么热机的效率仅仅是温度的普适函数. 设有温度分别为 Θ_1, Θ_2 的两恒温热源, 可逆卡诺热机的工作物质在 Θ_1 处吸收的热量为 Q_1, 在 Θ_2

处释放的热量为 Q_2', 由热机效率 $\eta = 1 - \dfrac{Q_2'}{Q_1}$ 与工作物质无关可知,

$$\frac{Q_2'}{Q_1} = 1 - \eta = f(\Theta_1, \Theta_2),$$

其中, $f(\Theta_1, \Theta_2)$ 是两温度 Θ_1, Θ_2 的普适函数.

该普适函数能否表示成如 $\dfrac{\Theta_2}{\Theta_1}$ 的形式, 即与理想气体的形式一致呢? 若可能, 因为对于理想气体, 有

$$\frac{T_2}{T_1} \cdot \frac{T_1}{T_3} = \frac{T_2}{T_3},$$

则对于函数 f, 应有

$$f(\Theta_1, \Theta_2) f(\Theta_3, \Theta_1) = f(\Theta_3, \Theta_2).$$

假设在温度分别为 Θ_1, Θ_2 的两热源外有另一温度为 Θ_3 的热源, 如图 6.10 所示, 在 Θ_3 和 Θ_2 之间置一可逆卡诺热机, 在一个循环中, 它从 Θ_3 处吸收热量 Q_3, 在 Θ_2 处释放热量 Q_2', 则

$$\frac{Q_2'}{Q_3} = f(\Theta_3, \Theta_2).$$

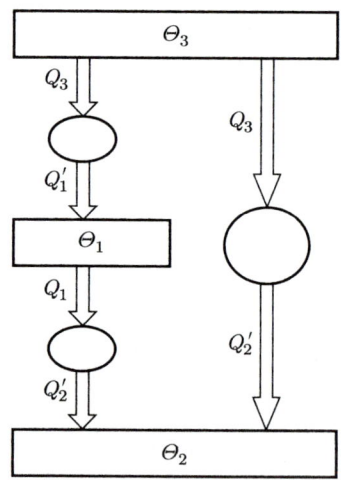

图 6.10 任意两热源之间都有一个热机工作的温度不同的三热源系统示意图

另置一可逆卡诺热机工作于 Θ_3 和 Θ_1 之间, 在一个循环中, 它从 Θ_3 处吸收热量 Q_3, 在 Θ_1 处释放热量 Q_1', 则

$$\frac{Q_1'}{Q_3} = f(\Theta_3, \Theta_1).$$

通过适当控制可以使 $Q_1' = Q_1$, 于是有

$$\frac{Q_2'}{Q_1} \cdot \frac{Q_1'}{Q_3} = \frac{Q_2'}{Q_3},$$

也就是
$$f(\Theta_1,\Theta_2)f(\Theta_3,\Theta_1)=f(\Theta_3,\Theta_2),$$
由此可知,
$$f(\Theta_1,\Theta_2)=\frac{f(\Theta_3,\Theta_2)}{f(\Theta_3,\Theta_1)}.$$
因为 $f(\Theta_1,\Theta_2)$ 与 Θ_3 无关, 则 $\dfrac{f(\Theta_3,\Theta_2)}{f(\Theta_3,\Theta_1)}$ 与 Θ_3 无关. 那么 f 必然可以因子化, 于是
$$f(\Theta_1,\Theta_2)=\frac{\Psi(\Theta_2)}{\Psi(\Theta_1)},$$
其中, Ψ 为另一普适函数. 选取不同形式的 $\Psi(\Theta)$ 即可定义不同的温标, 选取 $\Psi(\Theta)=\Theta$, 则有 $\dfrac{Q_2'}{Q_1}=f(\Theta_1,\Theta_2)=\dfrac{\Theta_2}{\Theta_1}$. 这样, 从卡诺定理出发, 就建立了不依赖于具体测温物质的温标. 由于卡诺定理是热力学第二定律的必然结果, 因此这样建立的温标的理论基础是热力学第二定律. 这种以热力学第二定律为基础的不依赖于具体测温物质的普适温标称为热力学温标或绝对温标.

再仔细考察上述建立热力学温标的过程, 我们知道, 它仅定义了两温度的比值, 所以需要再规定固定标准点. 关于固定标准点的选取, 1954 年国际计量大会规定: 水的三相点的热力学温度为 273.16 K.

相应地, 热力学温度的单位为开尔文, 简记为 K. 显然, 1 K = 水的三相点的热力学温度的 $\dfrac{1}{273.16}$.

二、热力学温标与理想气体温标的关系

上述讨论表明,
$$\eta_{\text{RC}}=1-\frac{Q_2'}{Q_1}=1-\frac{\Theta_2}{\Theta_1}.$$
热力学第一定律的讨论表明, 在理想气体温标下,
$$\eta_{\text{RC}}=1-\frac{Q_2'}{Q_1}=1-\frac{T_2}{T_1}.$$
那么
$$\frac{\Theta_2}{\Theta_1}=\frac{T_2}{T_1}. \tag{6.51}$$
由于两温标的固定标准点相同, 所以 $\Theta=T$, 因此, 在理想气体温标能够确定的范围内, 热力学温标与理想气体温标测定的温度值相等, 从而理想气体温标在其适用范围内是热力学温标的具体实现形式.

三、热力学温标与国际实用温标的关系

国际实用温标是人为约定的尽可能与热力学温标接近的协议性温标,所以国际实用温标是热力学温标的近似的实际表现形式.

6.7.2 卡诺定理的另一种证明

前已述及,卡诺定理是在总结经验的基础上提出来的,其原始证明是在热质说的框架下给出的. 作为热力学第二定律,或者说熵增加原理的应用实例,这里再次说明卡诺定理的正确性.

对于工作在温度为 T_1 的高温热源和温度为 T_2 的低温热源之间的热机,完整的系统包括高温热源、低温热源和工作物质三部分. 经过任意一个循环过程,工作物质从高温热源 (温度为 T_1) 吸收热量 Q_1,在低温热源 (温度为 T_2) 释放热量 Q_2',并恢复到原来的状态. 对于两热源,高温热源在温度保持为 T_1 的情况下释放热量 Q_1,低温热源在温度保持为 T_2 的情况下吸收热量 $Q_2 = Q_2'$. 那么,在一个循环过程中,高温热源、低温热源和工作物质的熵变分别为

$$\Delta S_{高} = -\frac{Q_1}{T_1},$$
$$\Delta S_{低} = \frac{Q_2}{T_2},$$
$$\Delta S_{工} = 0.$$

由于高温热源、低温热源和工作物质三部分组成的复合系统为一个孤立系统,因此由熵增加原理可知,整个复合系统的熵变应该不小于零,于是有

$$\Delta S = \Delta S_{高} + \Delta S_{低} + \Delta S_{工} = -\frac{Q_1}{T_1} + \frac{Q_2}{T_2} \geqslant 0.$$

那么

$$\frac{Q_2}{T_2} \geqslant \frac{Q_1}{T_1}, \tag{6.52}$$

其中等号适用于可逆过程,不等号适用于不可逆过程.

由热力学第一定律可知,在一个热力学过程中,系统内能的改变量等于系统从外界净吸收的热量和外界对系统做的功之和,即 $\Delta U = \Delta Q + W$. 对于在热机中经过一个循环的工作物质,则有 $\Delta U = Q_1 - Q_2 + W = 0$,所以在一个循环过程中,热机对外界做的功为

$$W' = -W = Q_1 - Q_2,$$

即有

$$Q_2 = Q_1 - W'.$$

于是有
$$\frac{Q_1 - W'}{T_2} \geqslant \frac{Q_1}{T_1}.$$

解之得
$$W' \leqslant \frac{T_1 - T_2}{T_1} Q_1.$$

所以热机的效率为
$$\eta = \frac{W'}{Q_1} \leqslant \frac{T_1 - T_2}{T_1}. \tag{6.53}$$

由于 (6.52) 式中的等号适用于可逆过程, 不等号适用于不可逆过程, 因此 (6.53) 式中的等号适用于可逆过程, 不等号适用于不可逆过程.

由于热力学第二定律适用于所有孤立的热力学系统, 因此以热力学第二定律为基础的 (6.53) 式也适用于所有的热力学系统. 于是有: 在相同的高温热源和相同的低温热源之间工作的一切可逆热机的效率都相等, 并且仅由两热源的温度决定, 与工作物质无关; 在相同的高温热源和相同的低温热源之间工作的不可逆热机的效率都小于可逆热机的效率, 与工作物质无关. 此即著名的卡诺定理. 由此表述可知, 卡诺定理说明了工作于两热源之间的热机的效率的限度和提高热机效率的方向, 推动了热机技术的发展. 但卡诺定理最早却是在热质说的框架下被证明的.

考察上述推导过程, 我们知道, 卡诺定理是热力学第二定律的必然结果. 这说明卡诺定理不仅实际应用价值重大, 还具有坚实的热力学基础. 由此还可以知道, 热力学第二定律不仅解决了热力学过程中自发过程进行方向的问题, 还解决了热机效率的最大限度及提高热机效率应采取的措施的问题.

例题 4 有两个完全相同的物体, 初始温度分别为 T_1, T_2. 有一热机工作于这两个物体之间, 使两者的温度都变为 T'. 假设过程是等压的, 且定压热容 C_p 为常量, 试证明该热机在一个循环过程中对外界做的功为 $W' = C_p(T_1 + T_2 - 2T') \leqslant C_p(\sqrt{T_1} - \sqrt{T_2})^2$.

证明 假设在上述温度变化过程中任一时刻两物体的温度分别为 T_1', T_2', 且 $T_1' > T_2'$, 经一微小过程, 热机从温度较高的物体吸收热量 $\dj Q_1$, 对外界做功 $\dj W'$, 则由卡诺定理可知, 该热机的效率为
$$\eta = \frac{\dj W'}{\dj Q_1} \leqslant 1 - \frac{T_2'}{T_1'}.$$

于是有
$$\dj W' \leqslant \left(1 - \frac{T_2'}{T_1'}\right) \dj Q_1. \tag{a}$$

由于在热机工作过程中, 两物体经历的过程都是等压过程, 因此热机从温度较高的物体吸收的热量为
$$\dj Q_1 = -C_p \mathrm{d} T_1',$$

而向温度较低的物体释放的热量为

$$đQ_2 = C_p dT'_2.$$

那么, 由能量守恒定律可得

$$đW' = đQ_1 - đQ_2 = -C_p dT'_1 - C_p dT'_2. \tag{b}$$

对 (b) 式等号两边积分则得, 题设过程中热机对外界做的功为

$$W' = -C_p(T' - T_1) - C_p(T' - T_2) = C_p(T_1 + T_2 - 2T'). \tag{c}$$

再者, 将 (b) 式代入 (a) 式, 则有

$$-C_p dT'_1 - C_p dT'_2 \leqslant \left(1 - \frac{T'_2}{T'_1}\right)(-C_p dT'_1),$$

也就是

$$\frac{dT'_1}{T'_1} + \frac{dT'_2}{T'_2} \geqslant 0.$$

对上式积分则得

$$\ln \frac{T'}{T_1} + \ln \frac{T'}{T_2} \geqslant 0,$$

即

$$\ln \frac{T'^2}{T_1 T_2} \geqslant 0.$$

于是有

$$T' \geqslant \sqrt{T_1 T_2}.$$

将之代入 (c) 式即得, 该热机在一个循环过程中对外界做的功为 $W' = C_p(T_1 + T_2 - 2T') \leqslant C_p(T_1 + T_2 - 2\sqrt{T_1 T_2}) = C_p(\sqrt{T_1} - \sqrt{T_2})^2.$

例题 5 有三个热容都为 C(可近似为常量) 的相同物体, 其温度分别为 $T_A = T_B = 300\,\text{K}, T_C = 100\,\text{K}$. 外界既不做功, 也不传热, 利用热机将这三个物体作为热源, 使其中的某一个温度升高, 试问它能达到的最高温度为多少? 此时其他两个物体的温度各为多少?

解 设温度改变后, 三个物体的温度分别为 T'_A, T'_B, T'_C, 因为外界既不做功, 也不传热, 所以, 对于三个物体组成的系统, 必有 $\Delta U = 0$, 即

$$C(T'_A - T_A) + C(T'_B - T_B) + C(T'_C - T_C) = 0,$$

于是有

$$T'_A + T'_B + T'_C = T_A + T_B + T_C. \tag{a}$$

又, 对于三个物体组成的孤立系统, 该过程可逆, 则

$$\Delta S = \int_{T_A}^{T'_A} \frac{C\mathrm{d}T}{T} + \int_{T_B}^{T'_B} \frac{C\mathrm{d}T}{T} + \int_{T_C}^{T'_C} \frac{C\mathrm{d}T}{T} = 0,$$

即有

$$\ln \frac{T'_A}{T_A} + \ln \frac{T'_B}{T_B} + \ln \frac{T'_C}{T_C} = 0,$$

于是有

$$T'_A T'_B T'_C = T_A T_B T_C. \tag{b}$$

依题意, 工作方式可能是 A 或 B 与 C 之间有一热机, 其输出功驱动 B 与 A 之间的制冷机将热量再传输给 B 或 A. 设 A 物体最后达到的温度最高, 则由热力学第二定律可知, B, C 两物体应有 $T'_B = T'_C$, 即有

$$T'_B = T'_C < T'_A. \tag{c}$$

解 (a) 式、(b) 式和 (c) 式组成的方程组, 得

$$T'_A = 400\,\mathrm{K}, \quad T'_B = T'_C = 150\,\mathrm{K},$$
$$T'_A = 100\,\mathrm{K}, \quad T'_B = T'_C = 300\,\mathrm{K},$$
$$T'_A = 900\,\mathrm{K}, \quad T'_B = T'_C = -100\,\mathrm{K}.$$

显然, 第二组和第三组解不合理. 所以温度最高的物体为 $400\,\mathrm{K}$, 其余两个为 $150\,\mathrm{K}$.

6.7.3 在均匀物质的热力学性质的讨论中的应用举例

一、内能与状态方程之间的关系

在 6.3 节我们曾讨论过利用卡诺定理推导内能与状态方程之间的关系. 在取多种近似和引入辅助线的情况下, 我们得到了等温条件下内能随体积的变化率. 在这里, 我们利用热力学关系重新推导等温条件下内能随体积的变化率.

对态函数 $S = S(T, V)$ 取全微分得

$$\mathrm{d}S = \left(\frac{\partial S}{\partial T}\right)_V \mathrm{d}T + \left(\frac{\partial S}{\partial V}\right)_T \mathrm{d}V,$$

于是有

$$T\mathrm{d}S = T\left(\frac{\partial S}{\partial T}\right)_V \mathrm{d}T + T\left(\frac{\partial S}{\partial V}\right)_T \mathrm{d}V,$$

即有

$$T\mathrm{d}S = C_V \mathrm{d}T + T\left(\frac{\partial S}{\partial V}\right)_T \mathrm{d}V.$$

将之与热力学基本方程 $T\mathrm{d}S = \mathrm{d}U + p\mathrm{d}V$ 联立，则得

$$\mathrm{d}U = C_V\mathrm{d}T + \left[T\left(\frac{\partial S}{\partial V}\right)_T - p\right]\mathrm{d}V.$$

另一方面，对态函数 $U = U(T, V)$ 取全微分得

$$\mathrm{d}U = \left(\frac{\partial U}{\partial T}\right)_V\mathrm{d}T + \left(\frac{\partial U}{\partial V}\right)_T\mathrm{d}V = C_V\mathrm{d}T + \left(\frac{\partial U}{\partial V}\right)_T\mathrm{d}V.$$

比较上述两式，则得

$$\left(\frac{\partial U}{\partial V}\right)_T = T\left(\frac{\partial S}{\partial V}\right)_T - p.$$

将麦克斯韦关系 $\left(\frac{\partial S}{\partial V}\right)_T = \left(\frac{\partial p}{\partial T}\right)_V$ 代入上式，即得

$$\left(\frac{\partial U}{\partial V}\right)_T = T\left(\frac{\partial p}{\partial T}\right)_V - p.$$

显然，这一推导过程严格、准确．

二、焓与状态方程之间的关系

对态函数 $S = S(T, p)$ 取全微分得

$$\mathrm{d}S = \left(\frac{\partial S}{\partial T}\right)_p\mathrm{d}T + \left(\frac{\partial S}{\partial p}\right)_T\mathrm{d}p,$$

于是有

$$T\mathrm{d}S = T\left(\frac{\partial S}{\partial T}\right)_p\mathrm{d}T + T\left(\frac{\partial S}{\partial p}\right)_T\mathrm{d}p.$$

将麦克斯韦关系 $\left(\frac{\partial S}{\partial p}\right)_T = -\left(\frac{\partial V}{\partial T}\right)_p$ 代入上式，即得

$$T\mathrm{d}S = C_p\mathrm{d}T - T\left(\frac{\partial V}{\partial T}\right)_p\mathrm{d}p.$$

将之与热力学基本方程 $T\mathrm{d}S = \mathrm{d}H - V\mathrm{d}p$ 联立，则得

$$\mathrm{d}H = C_p\mathrm{d}T + \left[V - T\left(\frac{\partial V}{\partial T}\right)_p\right]\mathrm{d}p.$$

另一方面，对态函数 $H = H(T, p)$ 取全微分得

$$\mathrm{d}H = \left(\frac{\partial H}{\partial T}\right)_p\mathrm{d}T + \left(\frac{\partial H}{\partial p}\right)_T\mathrm{d}p = C_p\mathrm{d}T + \left(\frac{\partial H}{\partial p}\right)_T\mathrm{d}p.$$

比较上述两式，则得

$$\left(\frac{\partial H}{\partial p}\right)_T = -T\left(\frac{\partial V}{\partial T}\right)_p + V.$$

三、实例：范德瓦耳斯气体的内能和焓

由范德瓦耳斯模型下气体的状态方程 $\left(p + \nu^2 \dfrac{a}{V^2}\right)(V - \nu b) = \nu RT$ 可知，

$$p = \frac{\nu RT}{V - \nu b} - \frac{\nu^2 a}{V^2},$$

那么

$$\left(\frac{\partial p}{\partial T}\right)_V = \frac{\nu R}{V - \nu b},$$

于是有

$$\left(\frac{\partial U}{\partial V}\right)_T = T\left(\frac{\partial p}{\partial T}\right)_V - p = T\frac{\nu R}{V - \nu b} - \left(\frac{\nu RT}{V - \nu b} - \frac{\nu^2 a}{V^2}\right) = \frac{\nu^2 a}{V^2},$$

所以

$$U = \int \left(\frac{\partial U}{\partial T}\right)_V dT + \int \left(\frac{\partial U}{\partial V}\right)_T dV = \int_{T_0}^{T} C_V dT + \int_{V_0}^{V} \frac{\nu^2 a}{V^2} dV$$

$$= \int_{T_0}^{T} C_V dT - \frac{\nu^2 a}{V} + U_0,$$

$$H = U + pV = \int_{T_0}^{T} C_V dT + \frac{\nu RTV}{V - \nu b} - \frac{2\nu^2 a}{V} + H_0.$$

6.7.4 化学反应热力学

6.7.4
授课视频

化学反应是物质在表观上改变成分和性质的过程，其机制是不同原子中的电子的再组合，通常伴随着传热和做功。将普适的热力学定律应用于分析化学反应的物质变化和能量转化的规律即称为化学反应热力学。例如，化学反应热力学能够判定化学反应是否能够进行，确定化学反应在不同条件下的进行方向，计算化学反应释放或吸收的热量，等等。概括而言，化学反应热力学在物质的宏观性质与其组分单元（分子和原子）的性质之间架起了一座桥梁。在 1865 年，克劳修斯最先提出应用热力学定律分析化学反应。在 1873—1876 年间，基于克劳修斯的工作，吉布斯应用热力学第一定律和第二定律发展了化学反应热力学。在二十世纪初，化学反应热力学得到系统的发展。

通常，决定化学反应性质的状态参量为温度 T、压强 p、各组分粒子数 $\{N_i\}$（或者物质的量），其态函数可以相应地表示为

$$G = G(T, p, \{N_i\}).$$

上式称为吉布斯函数（即自由焓），是化学反应热力学的核心特征量。由于吉布斯函数具有广延性，因此它可以分离变量：

$$G = \sum_i \mu_i(T, p) N_i,$$

其中，μ_i 为化学势，其为温度 T 和压强 p 的函数，其意义即单粒子的吉布斯函数. 吉布斯函数可以通过勒让德变换与内能函数 $U(S,V,N)$ 联系起来：

$$G = U - TS + pV.$$

利用热力学第一定律和第二定律，我们可以得到化学反应引起的吉布斯函数的变化满足

$$\delta G \leqslant -S\delta T + V\delta p + \sum_i \mu_i \delta N_i.$$

上式称为吉布斯判据. 它表明，在等温等压条件下，确定的物质的量的化学反应总是朝着吉布斯函数减小的方向进行，并最终在吉布斯函数取极小值的情况下停止（达到热平衡态）. 一般地，我们将化学反应方程表示为 $\sum_i \nu_i A_i = 0$，其中，A_i 表示反应物或生成物的物质的量，ν_i 为反应系数（约定生成物的系数为正，反应物的系数为负）. 由此可知，反应物或生成物的组分粒子数变化满足比例关系：$\delta N_i = \nu_i \epsilon$，其中，$\epsilon$ 称为反应量. 于是吉布斯判据可以改写为

$$\epsilon \overline{\mu} \leqslant 0,$$

其中，$\overline{\mu} = \sum_i \nu_i \mu_i$ 为反应系数加权的化学势，其为温度 T 和压强 p 的函数. 通过控制温度 T 和压强 p，我们可以改变反应系数加权的化学势 $\overline{\mu}$，从而控制化学反应的进行方向：当 $\overline{\mu} < 0$ 时，反应量 $\epsilon > 0$，反应正向进行；当 $\overline{\mu} > 0$ 时，反应量 $\epsilon < 0$，反应反向进行. 由此可知，化学势控制化学反应的进行方向，这也正是单粒子的吉布斯函数被称为化学势的原因.

关于化学反应的传热和做功，我们也可以运用热力学定律进行分析. 由热力学第一定律可知，化学反应的内能改变量必然等于系统向外界释放的热量和对外界所做功之和：

$$\Delta U = -Q - W,$$

其中，负号表示整个系统损失能量（与前述讨论中的符号约定一致）；$W = p\Delta V + \mathcal{W}$，这里，$p\Delta V$ 表示系统膨胀，从而对外界做功（称为环境功），$\mathcal{W}$ 表示其他形式的功（称为有用功，亦即前述的非体积功）. 在等温等压条件下，化学反应的吉布斯函数的改变量为 $\Delta G = -Q - \mathcal{W} - T\Delta S$. 由热力学第二定律可知，$T\Delta S \geqslant -Q$，于是可以得到有用功满足的不等式：

$$\mathcal{W} \leqslant -\Delta G.$$

也就是说,吉布斯函数的改变量决定了化学反应输出有用功的上限 (即前述的 (6.34a) 式和 (6.34b) 式). 对于 $W = -\Delta G$ 的极端情况, 化学反应释放的热量完全来自熵的改变量, 即 $Q = -T\Delta S$, 例如, 化学电池就是这种情况. 对于另一种极端情况, 即 $W = 0$, 化学反应释放的热量完全来自系统自由焓的改变量, 即 $Q = -\Delta H$, 例如, 燃烧就是这种情况.

综上所述, 化学反应热力学利用热力学定律分析化学反应的性质, 包括物质变化和能量转化的性质, 它既可以被视为热力学理论的一个应用实例, 又可以被视为热力学理论的一个重要实验支撑. 另外, 化学反应热力学还可以推广到广义的化学反应中, 例如, 粒子衰变和原子核反应, 等等.

6.8 热力学第三定律

6.8.1 规定熵的标准参考点的必要性

根据熵是态函数的性质, 化学反应中的熵变为其生成物和反应物的标准熵的差值, 即有

$$\Delta S_{\text{反应}} = S_{\text{生成物}} - S_{\text{反应物}}. \tag{6.54}$$

但是, 对于化学反应, 可以直接测量的是其反应热和反应温度, 而其熵变却不能直接测量. 并且, 由于化学反应一般是单向进行的, 即为不可逆过程, 那么

$$\frac{Q_{\text{反应}}}{T_{\text{反应}}} \neq \Delta S_{\text{反应}}. \tag{6.55}$$

这表明, 对于沿一个方向进行的化学反应, 其引起的熵变没有客观的可直接测量的标准. 因此人们必须选择一个标准参考点, 使得各种物质的熵差在所选的参考点下的数值的确为零, 才能保证相对于它确定的熵能真正反映物质的性质, 所以, 对于熵 (尤其是化学反应中的物质的熵), 不能任意规定参考点, 而必须规定一个标准参考点.

6.8.2 选取熵的标准参考点的可能性

二十世纪初, 化学家在对低温下的化学反应的研究中发现, 在 $T \to 0$ 情况下的化学反应中, 反应热与化学亲和势相等 (该规律常被称为汤姆森 – 贝特洛规则 (Thomsen-Berthelot rule)). 因为反应热 $Q = -\Delta H$, 化学亲和势 $A = -\Delta G$, 所以有: 在绝对零度情况下的化学反应中, 自由焓的改变量 ΔG 和焓的改变量 ΔH 有相同的数值. 能斯特 (Nernst) 进一步假设它们随温度 T 的变化曲线在 $T = 0$ 处相切, 其公切线与温度轴平行, 如图 6.11 所示 (实际情况仅要求 ΔG 曲线在 ΔH 曲线之上, 二者的凹凸性不一定相反).

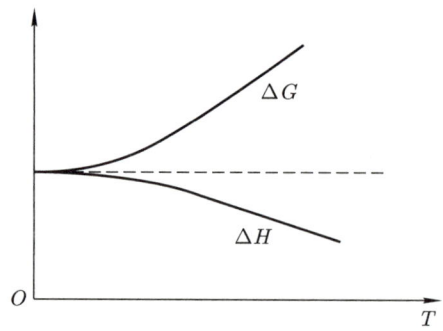

图 6.11 低温下的化学反应过程中焓的改变量和自由焓的改变量随温度的变化行为示意图

由自由焓的定义 $G = H - TS$ 可知, 自由焓的改变量与焓及其他物理量的改变量之间的关系为

$$\Delta G = \Delta H - T\Delta S - S\Delta T.$$

在等温过程中, 则有

$$\Delta G = \Delta H - T\Delta S.$$

由实验测得的 $T \to 0$ 的情况下 $\Delta G = \Delta H$ 可知, ΔS 应为有限值. 据此, 能斯特于 1906 年指出: 任何凝聚物质系统在绝对零度附近进行的任何热力学过程中的熵都保持不变, 即有

$$\lim_{T \to 0} (\Delta S)_T = 0. \tag{6.56}$$

此即著名的能斯特定理 (Nernst's theorem).

能斯特定理表明, 在绝对零度的条件下, 任何凝聚物质系统的熵差都为零. 这就是说, 确实存在使任何物质的熵都相同的状态. 由此可知, 对于熵, 存在标准参考点.

6.8.3 标准参考点的选取及普朗克绝对熵

任何凝聚物质系统在绝对零度附近进行的任何热力学过程中的熵都保持不变, 即熵为一个常量:

$$\lim_{T \to 0} S(T) = 常量.$$

普朗克于 1911 年假设该常量为零, 即有

$$\lim_{T \to 0} S(T) = 0.$$

这样, 人们可以选取绝对零度为熵的标准参考点状态, 并把其标准参考点的数值取作零. 据此确定的热力学系统的熵常称为普朗克熵或普朗克绝对熵.

6.8.4 热力学第三定律

由熵增加原理可知, 对于孤立系统中发生的实际过程, 总有

$$\Delta S \geqslant 0,$$

从而 $S=0$ 是不可能实际实现的. 进而推知, 不可能有 $T=0$. 于是能斯特提出: 不可能通过施行有限的过程把一个物体的温度冷却到绝对零度. 该规律称为热力学第三定律.

显然, 上述关于热力学第三定律的导出过程中有一系列假定, 因此是不严格的, 甚至可以说是不正确的, 所以上述讨论实际上仅仅是一种理解方式. 热力学第三定律的严格证明远超出本课程的范畴, 因此这里不予讨论. 对于相关的简单讨论, 有兴趣的读者请参阅林宗涵的《热力学与统计物理学》(北京大学出版社, 2018 年第二版)、苏汝铿的《统计物理学》(高等教育出版社, 2004 年第二版).

还需要说明的是, 虽然热力学第三定律表明不可能通过有限的过程使一个物体达到绝对零度, 但这并不排除通过一切手段使一个物体无限接近绝对零度的可能性. 目前, 利用氦 (^{3}He-^{4}He) 稀释冷却法即可获得 10^{-3} K 的低温, 利用核自旋冷却法可以得到 10^{-8} K 左右的低温, 利用激光冷却法已经得到 10^{-9} K 的低温. 有关具体的低温技术及其原理这里不再讨论.

6.8.5 负温度*

前述的热力学第三定律表明, 绝对零度是实际物理系统的最低温度的极限, 不可能有负温度. 然而, 一些特殊的系统可以达到所谓的负热力学温度, 即其温度可以表示为开尔文温标上的负值, 简称负温度. 事实上, 负温度系统比任何正温度系统都要热, 如果其与正温度系统接触, 则热量将流向正温度系统. 例如, 昂萨格 (Onsager) 于 1949 年首次预言二维涡旋系统存在负温度, 因为涡旋的位置与动量不独立, 涡旋的相空间有界, 所以随着系统能量的增加, 熵变将到达一个峰值然后逐渐减小, 从而使系统具有负温度. 也就是说, 负温度意味着熵与能量反相关, 即

$$T = -\frac{\partial E}{\partial S}.$$

考虑熵的微观意义, 我们知道, 负温度系统的能量越高反而越有序, 例如, 二维涡旋系统的有序就与涡旋的大尺度 "集团" 的形成有关. 这种有序性显然有别于通常系统的能量增加导致无序增大的常识.

负温度系统的一个简单的理论模型是所谓的无相互作用二能级系统. 直观地, 这是能级或相空间有界的最简单的情况. 在绝对零度下, 系统的粒子全部处于低能态, 即

系统高度有序，此时熵为零，能量最低。随着系统能量的增加，一部分粒子向高能态跃迁，从而熵开始增加。在此过程中，熵与能量正相关，系统具有正温度。若系统的能量继续增加，则高能态上的粒子数增多，低能态上的粒子数减少，且二者最终相等，即粒子均匀分布于两个能态上，熵达到最大值。若系统的能量进一步增加，则高能态上的粒子数将多于低能态上的粒子数，从而熵逐渐减小并与能量反相关，系统具有负温度。最终，当系统的能量到达最大值时，粒子全部处于高能态，熵为零，系统再次变得高度有序。在上述过程中，系统的温度先从 0^+ 增大到 $+\infty$，再从 $+\infty$ 跳变到 $-\infty$，最后从 $-\infty$ 增大到 0^-，概括而言，即

$$T \in (0^+, +\infty) \cup (-\infty, 0^-).$$

在实验上，无相互作用二能级系统可以通过外部磁场中的核自旋系统来近似实现，这类似于核磁共振实验。在核自旋系统中，二能级由向上和向下的自旋实现：在没有磁场的情况下，核自旋态是简并的，这意味着它们对应于相同的能量；当施加外部磁场时，能级发生劈裂，平行于磁场方向的自旋态的能量不同于反平行于磁场方向的自旋态的能量（能量由 $-\boldsymbol{\mu}_s \cdot \boldsymbol{B}$ 决定，其中，$\boldsymbol{\mu}_s$ 为相应于自旋的磁矩）。在没有磁场的情况下，当一半原子处于自旋向上状态，一半原子处于自旋向下状态时，自旋系统具有最大熵。当施加外部磁场时，更多的原子将处于较低能量状态（不失一般性地假设自旋向下状态是较低能量状态），以最小化系统的能量。接下来，人们可以采用射频技术使原子从自旋向下翻转到自旋向上，从而增加系统的能量。在系统的能量增加之初，由于超过一半的原子处于自旋向下状态，因此熵随着能量增加而增加，系统具有正温度。当超过一半的原子处于自旋向上状态时，熵随着能量增加而降低，从而系统具有负温度。由于负温度系统比正温度系统具有更高的能量，因此前者实际上比后者更热，例如，负温度的核自旋系统会向正温度的电子自旋系统传热（通过相互作用交换能量），从而其仅仅能够维持有限的寿命。

综上所述，出现负温度的根本原因是微观粒子的能级或相空间有界。因此所有能够实现这样的微观特征的系统都可以实现负温度，例如，具有粒子数反转的激光系统、束缚于光晶格中的原子系统等。

思 考 题

6.1 试比较可逆过程与不可逆过程的概念，并说明区分可逆过程与不可逆过程的要点和步骤。

6.2 我们讨论了热力学第二定律的开尔文表述和克劳修斯表述，事实上，还有其

他多种语言表述. 试说明为什么热力学第二定律可以有多种语言表述.

6.3 热力学第二定律的其他语言表述之一是普朗克表述: 不可能制造一种机器, 在一个循环动作中, 它可以把一个重物升高, 并同时使一个热库冷却. 试证明普朗克表述与开尔文表述的等价性.

6.4 试分析下述过程是否可逆, 并说明原因.

(1) 在恒温下加热使水蒸发.

(2) 通过做功使恒温下的水蒸发.

(3) 通过活塞在气缸内无摩擦地缓慢移动而使气缸内的气体压缩.

(4) 两种温度不同的液体在一个与外界绝热的容器内混合.

(5) 肥皂泡突然破裂.

(6) 处于真空中的拉伸的弹簧突然撤去外力.

(7) 处于空气中的拉伸的弹簧突然撤去外力.

(8) 把置于空气中的一个杯子中的水倒入置于空气中的另一个杯子中.

(9) 木柴燃烧.

(10) 植物的光合作用.

(11) 腌菜使菜变咸.

(12) 食盐在水中溶解.

(13) 岩石风化.

(14) 电流通过置于空气中的电阻而发热.

6.5 有人想用海洋不同深度处海水温度的不同来制造一种机器, 用于把海水的内能变为有用的机械功, 这是否违反热力学第二定律?

6.6 欲使一密闭绝热的房间冷却, 是否可以将其中的冰箱的门打开, 由冰箱运转来实现?

6.7 西风吹过南北纵贯山脉, 空气就会由山脉西边的谷底越过山脉, 流到山脉东边, 再向下流到与在西边时同样的高度. 由于高度越高, 大气压强越低, 空气上升的时候就会膨胀, 但是并没有与周围的大气互换热量. 试定性说明:

(1) 空气越过山脉流到另一边后, 温度变化的行为.

(2) 这样的过程是否可逆, 这些空气的熵如何改变.

6.8 同 6.7 题, 如果空气中含有大量的水蒸气, 空气从西边流到山顶的时候就开始凝结成雨. 试定性说明:

(1) 空气越过山脉, 从西边谷底到东边谷底的温度和熵的变化行为.

(2) 这样的过程是否可逆.

6.9 试回顾卡诺定理的证明过程.

6.10 试回顾克劳修斯不等式的证明过程.

6.11 试利用卡诺定理证明系统的熵与其状态方程之间的关系 (见 (6.4)式).

6.12 试分析讨论熵的概念的建立过程, 以及熵是系统的态函数的基本性质.

6.13 试给出分别确定由可逆过程联系的两状态之间的熵变和由不可逆过程联系的两相同状态之间的熵变的方案.

6.14 试通过具体分析说明热传导过程是熵增加过程.

6.15 将熵增加原理应用于宇宙会得到热寂说, 试说明为什么热寂说实际上并不成立.

6.16 试证明宏观熵与微观熵之间的关系, 并说明熵和热力学第二定律的统计意义.

6.17 试通过回顾关于气体混合和扩散联系的系统的熵变的计算方案和所得结果, 说明熵和热力学第二定律的统计意义.

6.18 试结合习题部分的 6.17 题和 6.18 题的计算结果, 讨论洛施密特 – 策梅洛劫难实际上并不成立.

6.19 试比较最大功原理和自由能极小原理.

6.20 试比较系统能够对外界做的非体积功的最大值和自由焓极小原理.

6.21 试分析讨论自由能极小原理和自由焓极小原理的适用范围.

6.22 试讨论自发的等温等体过程和等温等压过程进行方向的判据.

6.23 试比较利用麦克斯韦关系等热力学量之间的关系确定热力学系统的熵与状态方程之间的关系的过程与 6.11 题的解决过程, 说明麦克斯韦关系等的重要作用.

6.24 试回顾热力学温标的建立过程和其中的核心要点.

6.25 试回顾热力学第三定律的建立过程, 说明建立热力学温标的必要性.

6.26 试回顾化学反应热力学的核心内容, 说明热力学三大定律的重要性.

6.27 试分析讨论普朗克熵与玻尔兹曼熵的相容性.

6.28 试分析讨论负温度的概念及其与热力学第三定律的相容性.

习 题

6.1 试分别利用热力学第一定律和第二定律证明绝热线与等温线不能相交于两点.

6.2 试利用热力学第二定律证明两条绝热线不能相交.

6.3 根据德拜定律, 金刚石的定容摩尔热容随温度变化的行为是

$$C_{V,m} = 3R\frac{4\pi^4}{5}\left(\frac{T}{\Theta}\right)^3,$$

其中, Θ 为一确定温度. 现有 1.2 g 金刚石保持体积一定, 温度由 10 K 加热到 350 K, 假设形成金刚石的碳的原子量是 12, $\Theta = 2230$ K. 试以 R 为单位, 确定这些金刚石的熵变.

6.4 在一绝热容器内, 温度为 T_1、质量为 m 的液体与温度为 T_2、质量也为 m 的同类液体等压混合, 达到平衡态. 假设液体的定压比热容 c_p 为常量, 试确定系统从初态到末态的熵变.

6.5 在 24 °C 时, 水蒸气的饱和蒸气压为 0.029824 bar. 试确定在此条件下, 每千克水蒸气凝结为水时的熵变 (这种情况下, 每千克水蒸气凝结为水时释放热量 2444 kJ).

6.6 10 g 温度为 20 °C 的水于定压下变成 −10 °C 的冰. 假定每克液态水的比热容保持为 4.2 J/(g·K), 而且冰的比热容为此值的一半, 又以 335 J/g 为 0 °C 的冰的熔解热. 试确定系统的总熵变.

6.7 把 36 g 温度为 20 °C 的水在一定的大气压强下变成 250 °C 的水蒸气. 假定每克液态水的比热容保持为 4.2 J/(g·K), 而且 100 °C 的水蒸气的潜热为 2260 J/g. 如果水蒸气的定压摩尔热容 $C_{p,m}$ 与温度之间满足 $C_{p,m}/R = a + bT + cT^2$, 其中, $a = 3.634$, $b = 1.195 \times 10^{-3}$ K^{-1}, $c = 0.135 \times 10^{-6}$ K^{-2}, 试确定系统的总熵变.

6.8 10 A 的电流在质量为 10 g、电阻值为 25 Ω 的电阻器上维持了 1 s.

(1) 如果电阻器的温度保持为 27 °C, 则该电阻器的熵变为多少? 电阻器与周围大气的总熵变呢?

(2) 若电阻器与外界绝热, 并且其定容比热容为 0.84 J/(g·K), 开始通电时电阻器的温度为 27 °C, 则上述两熵变分别增加多少?

6.9 一温度为 400 K 的热源在与另一温度为 300 K 的热源短时间接触中传递给它 1 cal 的热量, 试确定两热源构成的系统的熵变.

6.10 一根质量为 M、定压比热容为 c_p 的均匀细杆, 初始时, 其一端的温度为 T_1, 另一端的温度为 T_2. 经过一段时间后, 杆上温度处处均匀, 都为 $(T_1 + T_2)/2$. 试确定细杆在这两个状态之间的熵变.

6.11 冬季房间热量的流失率为 2.5×10^4 kcal/h, 室温为 21 °C, 外界气温为 −5 °C, 试确定此过程的熵的增加率.

6.12 试导出理想气体系统的摩尔熵随系统的温度及体积变化的行为, 以及理想气体系统的黏度随温度变化的行为, 并给出黏度与摩尔熵的比值的表达式, 画出该比值随温度变化行为的曲线.

6.13 设有 1 mol 理想气体从平衡态 1 变到平衡态 3, 试利用如题 6.13 图所示的可逆过程计算其熵变, 并与直接用理想气体熵公式所得的结果进行比较.

6.14 如题 6.14 图所示, 1 mol 理想气体氢 ($\gamma = 1.4$) 在状态 A 的参量为 $V_A = 20\,\mathrm{L}$, $T_A = 300\,\mathrm{K}$, 在状态 C 的参量为 $V_C = 40\,\mathrm{L}$, $T_C = 300\,\mathrm{K}$. 图上 AC 为等温线, AD 为绝热线, AB 和 DC 为等压线, BC 为等体线. 试分别由下述三条路径计算 $S_C - S_A$:

(1) $A \to B \to C$.

(2) $A \xrightarrow{\text{绝热}} C$.

(3) $A \to D \to C$.

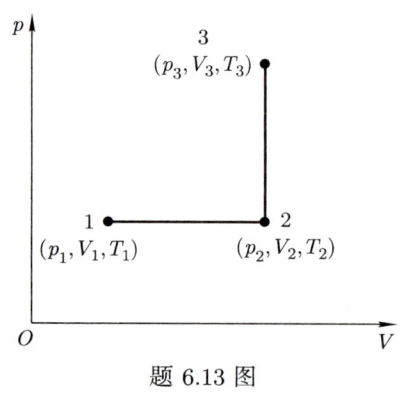
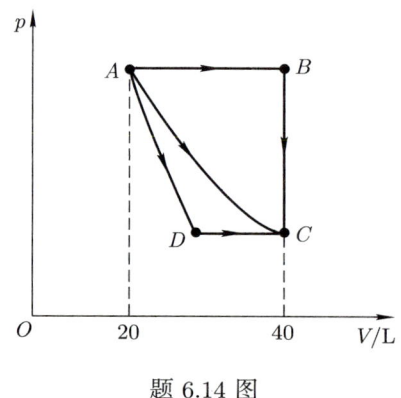

题 6.13 图　　　　　　　　题 6.14 图

6.15 假设汽车以 120 km/h 的速率在水平道路上行驶时, 克服空气阻力和内外各种摩擦消耗的功率为 25 kW, 并且环境温度为 20 °C, 试确定熵的产生率.

6.16 质量为 2100 kg 的汽车以 120 km/h 的速率行驶时突然刹车, 汽车停止行驶时闸瓦处的温度为 60 °C, 环境温度为 20 °C. 试确定:

(1) 在闸瓦处机械能耗散为热能时产生的熵.

(2) 在闸瓦处的热量散布到空气中时产生的附加熵.

6.17 由 N 个微观粒子组成的气体处于容积为 V_t 的容器内, 每个粒子都可能处于容器内的任何一处. 记容器内的一部分的体积为 $V_\mathrm{p}(V_\mathrm{p} < V_\mathrm{t})$.

(1) 试证明: N 个粒子都处于 V_p 体积内的概率为 $P_{\mathrm{lp}} = \left(\dfrac{V_\mathrm{p}}{V_\mathrm{t}}\right)^N$.

(2) 试证明: 在等温情况下, 由 N 个粒子组成的气体系统的体积由 V_p 膨胀到 V_t 后, 气体系统的熵的增量为 $\Delta S_\mathrm{E} = -k_\mathrm{B} \ln P_\mathrm{lp}$, 其中, $P_{\mathrm{lp}} = \left(\dfrac{V_\mathrm{p}}{V_\mathrm{t}}\right)^N$, k_B 为玻尔兹曼常量.

6.18 一容器内储有由 1000 个微观粒子组成的气体, 这些粒子总有机会都处于容器的左半部分, 而容器的右半部分完全是空的. 试计算, 在宇宙寿命的约 150 亿年内进行观测, 观测到上述情况的时间为多少秒? 并从所得数据出发, 讨论自由膨胀过程是不可逆过程.

6.19 一热机在温度为 T_1 的物体和温度为 T_2 的热源之间循环工作, 直到物体的温度下降到 T_2 为止. 在该过程中, 热机从物体中吸收热量 ΔQ_1, 对外界做功 W', 物体的熵的增量为 $\Delta S = S_2 - S_1$. 试由熵增加原理证明: $W' \leqslant \Delta Q_1 + T_2(S_2 - S_1)$.

6.20 一热机工作于两个温度分别为 T_1, T_2 的物体之间, 若工作过程中的压强保持不变, 两个物体的热容分别为 $C_{p,1}, C_{p,2}$, 试确定该热机可做的最大功.

6.21 一物体的温度和热源的温度相同, 都为 T_1. 现有一制冷机在此物体和热源之间工作, 将物体的温度从 T_1 降到 T_2, 整个过程中制冷机从物体中吸收热量 Q, 熵的减小量为 $S_1 - S_2$, 试证明: 该过程中外界做的功至少为 $W_{\min} = T_1(S_1 - S_2) - Q$.

6.22 两个相同的物体的定压热容 C_p 为常量, 温度都为 T_i, 现使一制冷机在这两个物体之间工作 (保持压强不变), 把一个物体的温度降成 T_f. 试证明: 该过程所需的最小功为 $W_{\min} = C_p\left(\dfrac{T_i^2}{T_f} + T_f - 2T_i\right)$.

6.23 实用中也常以温度 T 和熵 S 作为描述均匀系统的独立状态参量, 这样的以熵 S 为横坐标、温度 T 为纵坐标的图称为温熵图. 试在温熵图上表示出卡诺循环过程, 并用此图计算卡诺循环的效率.

6.24 试导出范德瓦耳斯模型下, 物质的量为 ν 的物质的熵、自由能和自由焓的表达式 $S(T,V), F(T,V), G(T,V)$, 画出对应于一确定温度的 $S(V), F(V)$ 和 $G(V)$ 曲线, 并与理想气体模型下的结果进行比较, 说明其间的异同.

6.25 试证明: 范德瓦耳斯气体的定容热容只是温度的函数, 与系统的体积无关.

6.26 实验测量表明, 一弹簧的恢复力 F_R 与其伸长量 x 成正比, 即有 $F_R = -Kx$, 其中的劲度系数 K 是温度的函数. 试证明: 如果弹簧本身的热膨胀可以忽略, 则该弹簧的自由能、熵、内能可以分别表示为

$$F(T,x) = F(T,0) + \frac{1}{2}Kx^2,$$
$$S(T,x) = S(T,0) - \frac{1}{2}x^2\frac{\mathrm{d}K}{\mathrm{d}T},$$
$$U(T,x) = U(T,0) + \frac{1}{2}\left(K - T\frac{\mathrm{d}K}{\mathrm{d}T}\right)x^2.$$

6.27 实验测量表明, 一状态参量为压强 p、体积 V 和温度 T 的物质的状态方程可以表示为 $p = \dfrac{A}{V}T^3$, 其中, A 为一常量. 试证明: 该物质的内能可以表示为 $U = BT^n \ln \dfrac{V}{V_0} + f(T)$, 其中, $f(T)$ 为仅依赖于温度的函数, V_0 为常量, 并请确定 B 和 n.

第七章 近平衡态中的输运过程

平衡态是宏观上出现概率最大的状态. 在均匀且恒定的外界条件下, 如果系统偏离平衡态较小, 则系统内部微观粒子的运动和相互作用使得系统向平衡态演化. 这种现象称为弛豫现象 (relaxation phenomenon), 相应的过程称为弛豫过程 (relaxation process). 比较平衡态和非平衡态的概念并考察平衡条件, 我们知道, 在近平衡态中一定存在动量传递、能量传递或物质传递, 甚至可能同时存在这三种传递. 在孤立系统中, 由于动量、能量、质量的传递, 系统内各部分之间的宏观相对运动、温度差异、密度差异将会逐渐消失, 系统将从非平衡态过渡到平衡态. 这些使热力学系统由非平衡态向平衡态过渡的过程称为输运过程 (transport process), 相应的现象称为输运现象. 输运现象普遍存在于自然界中, 例如, 热传导现象、黏滞现象、扩散现象、化学反应、核裂变、核聚变、生物体中养料的吸收和传递等均系输运过程. 本课程对近平衡态中的输运过程做一简要介绍, 采用的研究方法仍然是热力学系统的初级微观理论 (人们常简称之为分子动理论) 方法. 作为分子动理论的应用, 我们对经典的布朗运动理论予以简要讨论. 由于非平衡态和非平衡现象普遍存在, 本章也简单介绍一些常见的非平衡现象及其特征和规律.

7.1 近平衡态中的输运过程及其宏观规律

7.1.1 黏滞现象及其宏观规律

流体没有固定形状, 可以流动. 粗略地, 可以把流动分为层流和湍流. 层流比较简单, 湍流非常复杂. 因此, 这里仅讨论层流情况下的黏滞现象. 流体做层流时, 通过任一平行于流速方向的截面, 相邻两部分流体之间具有相互拖曳作用, 从而使流速较小的那部分流体加速、流速较大的那部分流体减速, 最终形成稳定的分层流动的现象称为黏滞现象. 各层之间互相阻滞相对 "滑动" 的作用力与反作用力称为黏滞力, 也称为内摩擦力. 对于长直管道中的稳恒层流, 取其中一段, 如图 7.1 所示, 并建立 xOz 坐标系, 使 x 方向沿流速方向, z 方向指向流体内部, 则该稳恒层流的速度分布可以表示为 $u = u(z)$.

对于稳恒层流中的任一平行于流速方向的截面元 $\mathrm{d}S$, 其上侧受到方向与流速方向相反的黏滞力 $\mathrm{d}\boldsymbol{f}$, 下侧受到方向与流速方向相同的由黏滞力引起的拖曳力 $\mathrm{d}\boldsymbol{f}'$, 由

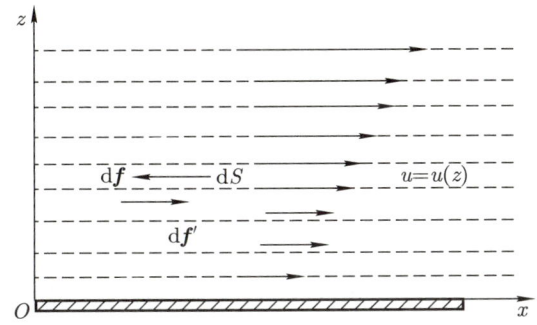

图 7.1 稳恒层流的速度分布示意图及任一层的受力分析

牛顿第三定律可知, 它们之间满足

$$\mathrm{d}\boldsymbol{f} + \mathrm{d}\boldsymbol{f}' = \boldsymbol{0}.$$

实验表明, 稳恒层流中, 任一面积为 $\mathrm{d}S$ 的截面元所受的黏滞力正比于流速梯度和层流面积, 即

$$f = -\eta \frac{\mathrm{d}u}{\mathrm{d}z} \mathrm{d}S, \tag{7.1}$$

其中, 比例系数 η 称为流体的黏度或黏性系数, 单位为牛·秒/米²(N·s/m²), 负号 "−" 表示黏滞力方向与流速方向相反. 更严格地讲, 它表示黏滞现象总是沿着由大到小的方向传递速度, 从而阻滞相对滑动. 该规律称为牛顿黏滞定律 (Newton's law of viscosity).

由上述讨论可知, 传递的速度或动量沿着垂直于流体层的切向. 相应地, 单位时间内传递的动量称为动量流, 于是有动量流密度

$$\boldsymbol{J}_P = \frac{\mathrm{d}\boldsymbol{P}}{\mathrm{d}t \cdot \mathrm{d}S}.$$

由牛顿第二定律可知, $\boldsymbol{F} = \dfrac{\mathrm{d}\boldsymbol{P}}{\mathrm{d}t}$, 将之与牛顿黏滞定律联立, 则得

$$\boldsymbol{J}_P = -\eta \frac{\mathrm{d}\boldsymbol{u}}{\mathrm{d}z}, \tag{7.2}$$

其中, 负号 "−" 表示动量 (或速度) 总是沿着由大到小的方向传递. 因为传递的速度和动量, 以及黏滞力都沿着垂直于流体层的切向, 所以有时将相应的黏度更严格地表述为剪切黏度 (shear viscosity).

由该定律可知, 黏度是描述流体黏滞性质的重要物理量. 实验表明, 流体的黏度与温度有关, 当温度升高时, 气体的黏度增大, 而液体的黏度减小. 除与温度等状态参量有关外, 黏度还可能与速度或速度梯度有关. 黏度与速度梯度 (或速度) 无关的流体称

为牛顿流体, 目前已有很多研究. 黏度与速度梯度 (或速度) 有关 (即黏滞力与速度梯度不成线性关系, 或者对形变具有弹性恢复作用等) 的流体, 以及黏度随时间变化或与此前过程有关的流体称为非牛顿流体, 尽管对之也已有研究, 但相关研究仍处于方兴未艾的阶段, 并逐渐应用于实际的技术开发和产品制造, 例如, 制造防弹衣.

7.1.2 热量传输现象及其宏观规律

由于物体各层温度不均匀而使热量从高温区传向低温区的现象称为热传导. 事实上, 除了以热传导方式传输热量外, 常见的热量传输方式还有辐射传热和对流传热. 下面先对热传导进行讨论.

一、热传导现象及其宏观规律

如图 7.2 所示, 设温度相同的平面平行于 xOy 平面, 温度梯度沿 z 方向. 定义热通量 (heat flux) 或热流 (heat current) 为单位时间内传输的热量. 实验表明, 热传导中的热流 Φ 正比于温度梯度 $\dfrac{\mathrm{d}T}{\mathrm{d}z}$ 和传热面的面积 ΔS, 即

$$\Phi = \frac{\Delta Q}{\Delta t} = -\kappa \frac{\mathrm{d}T}{\mathrm{d}z}\Delta S, \tag{7.3}$$

其中, 比例系数 κ 称为热导率或导热系数, 单位为瓦/(米·开)(W/(m·K)), 负号 "$-$" 表示热流总是由温度高的层向温度低的层传递.

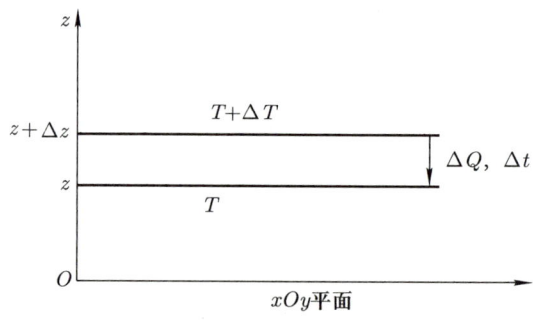

图 7.2 热传导规律示意图

该规律由法国科学家傅里叶 (Fourier) 于 1815 年提出, 所以常称之为傅里叶热传导定律.

定义单位时间内在单位面积上流过的热量为热流密度, 记为 ϕ, 则有

$$\phi = -\kappa \frac{\mathrm{d}T}{\mathrm{d}z}. \tag{7.4}$$

将 (7.4) 式与电磁学中的欧姆定律 $I = \sigma E$ 做对比分析可知, 这里的热流密度与欧姆定律中的电流强度相对应, 这里的温度梯度与欧姆定律中的电场强度 (电压或电势

梯度) 相对应, 这里的热导率与欧姆定律中的电导率相对应, 于是, (7.4) 式亦被称为热欧姆定律. 进而, 热传导也有与电路相同的串联、并联等问题.

例题 1 一半径为 b 的长圆柱形容器内, 沿其轴线有一根半径为 a、单位长度电阻为 R 的金属导线. 圆筒维持在恒温下, 里面充有被测气体, 当导线内有一小电流 I 通过时, 测出导线与器壁之间的温度差为 ΔT. 假定此时已达到稳态传热, 试问待测气体的热导率为多少?

解 设待测气体的热导率为 κ, 由傅里叶热传导定律可知, 该系统中沿圆筒径向的热流密度为

$$\phi = -\kappa \frac{\mathrm{d}T}{\mathrm{d}r}.$$

设圆筒的长度为 L, 则半径为 r 处的圆柱面的面积为 $S = 2\pi rL$. 那么, 由傅里叶热传导定律可知, 通过该圆柱面的热流为

$$\Phi = -\kappa \frac{\mathrm{d}T}{\mathrm{d}r} 2\pi rL.$$

于是

$$\mathrm{d}T = -\frac{\Phi}{2\pi \kappa L} \frac{\mathrm{d}r}{r}.$$

因为已达到稳态传热, 即 Φ 为常量, 那么对上式积分则得

$$T_b - T_a = -\frac{\Phi}{2\pi \kappa L} \ln \frac{b}{a}.$$

将 $\Phi = I^2RL$、温度差 $T_b - T_a = -\Delta T$ 代入上式则得

$$\kappa = \frac{I^2RL}{2\pi L\Delta T} \ln \frac{b}{a} = \frac{I^2R}{2\pi \Delta T} \ln \frac{b}{a}.$$

所以, 待测气体的热导率为 $\dfrac{I^2R \ln \dfrac{b}{a}}{2\pi \Delta T}$.

二、辐射传热现象及其宏观规律

人们熟知, 任何物体都有热辐射, 其总辐射本领正比于该物体的温度的四次方 (该规律常被称为斯特藩 – 玻尔兹曼定律, 最早由总结实验测量数据得到), 而且物体对其他物体辐射来的能量都有吸收、散射 (反射) 和透射等方式的响应. 显然, 当两物体的温度有差异, 尤其是温度差异较大时, 它们各自辐射的能量与吸收的能量之间也有差异, 从而使得热量由高温物体传递到低温物体. 以这一方式实现的热量传输称为辐射传热. 温室效应即是辐射传热的一个典型实例, 各种温室大棚即是其应用的典型代表. 下面对热辐射予以具体讨论.

对于物体以电磁波的形式向外界发射能量, 人们称之为辐射. 处在热平衡态的物体在一定温度下进行的辐射称为热辐射. 温度为 T 的物体在单位时间内从单位面积

上辐射的波长在 λ 到 $\lambda+\mathrm{d}\lambda$ 范围内的能量 $\mathrm{d}E$ 与波长间隔 $\mathrm{d}\lambda$ 之比称为物体在温度为 T、波长为 λ 的情况下的辐射本领, 常记为 r. 上述定义可以解析地简记为

$$r(T,\lambda) = \frac{\mathrm{d}E(T,\lambda)}{\mathrm{d}\lambda}. \tag{7.5}$$

单位时间内从单位面积上辐射的各种波长的总能量称为该物体的总辐射本领, 即有

$$E(T) = \int_{\lambda=0}^{\lambda\to\infty} \mathrm{d}E(T,\lambda) = \int_0^\infty r(T,\lambda)\mathrm{d}\lambda. \tag{7.6}$$

物体都有热辐射, 并且对其他物体的辐射 (辐射来的能量) 会以反射 (散射)、吸收、透射等方式进行响应. 为描述物体的性质, 除辐射本领外, 人们还引入了吸收本领 (系数)、反射本领 (系数) 和透射本领 (系数) 等概念. 在一定温度下, 物体从其他物体辐射来的能量中吸收的能量 $\mathrm{d}E^\mathrm{a}(T,\lambda)$ 与其他物体辐射来的能量 $\mathrm{d}E^\mathrm{in}(T,\lambda)$ 的比值称为该物体的吸收本领, 常记为 a, 即有

$$a(T,\lambda) = \frac{\mathrm{d}E^\mathrm{a}(T,\lambda)}{\mathrm{d}E^\mathrm{in}(T,\lambda)}. \tag{7.7}$$

同理, 反射本领和透射本领分别定义为

$$\rho(T,\lambda) = \frac{\mathrm{d}E^\mathrm{re}(T,\lambda)}{\mathrm{d}E^\mathrm{in}(T,\lambda)}, \tag{7.8}$$

$$t(T,\lambda) = \frac{\mathrm{d}E^\mathrm{tr}(T,\lambda)}{\mathrm{d}E^\mathrm{in}(T,\lambda)}. \tag{7.9}$$

显然, 根据能量守恒定律, 有

$$a(T,\lambda) + \rho(T,\lambda) + t(T,\lambda) = 1. \tag{7.10}$$

我们通常称 $t(T,\lambda) \equiv 0$ 的物体为不透明物体, 并称 $a(T,\lambda) = 1$ 且 $\rho(T,\lambda) = 0$ 的物体为黑体. 较严格地, 在任何温度下都能把辐射在其上的任意波长的能量全部吸收, 即 $a(T,\lambda) \equiv 1$ 的物体称为绝对黑体, 通常简称黑体. 与之相对, 人们称可以把任意频率的入射光都完全地、均匀地反射到所有方向上的物体为白体, 并称性质介于黑体与白体之间的物体为灰体.

根据平衡态的定义可以证明, 包含辐射本领和吸收本领分别为 $r_1, r_2, r_3, \cdots, a_1, a_2, a_3, \cdots$ 的一系列物体 $O_1, O_2, O_3, \cdots$ 的系统, 各辐射体的辐射本领与吸收本领的比值仅与系统的温度和辐射的波长有关, 与具体的物体无关, 即有

$$\frac{r_1(T,\lambda)}{a_1(T,\lambda)} = \frac{r_2(T,\lambda)}{a_2(T,\lambda)} = \frac{r_3(T,\lambda)}{a_3(T,\lambda)} = \cdots = f(T,\lambda).$$

该规律称为基尔霍夫辐射定律. 那么吸收本领大的物体的辐射本领也大. 由此可知, 黑体是辐射本领最大的物体, 即一般物体 (常称为灰体) 的辐射本领都小于黑体的辐射本领, 即有 $r(T,\lambda) \leqslant r_\mathrm{B}(T,\lambda)$. 因此, 研究物体的辐射本领时, 人们通常由研究黑体的辐射本领入手.

根据热辐射的定义, 温度为 T 情况下波长为 λ 的热辐射就是从物体中发射出的波长为 λ 的电磁波. 对于一个波长为 λ 的电磁波, 其频率为 $\nu = \dfrac{c}{\lambda}$, 角频率为 $\omega = 2\pi\nu = \dfrac{2\pi c}{\lambda} = 2\pi ck$, 其中, c 为电磁波传播的速度 (即光速), $k = \dfrac{1}{\lambda}$ 称为波数. 假设辐射体是边长为 L 的立方体, 记电磁波的角频率密度为 $D(\omega)$, 则在物体内形成电磁波的振动数为各方向振动数的乘积, 即有

$$D(\omega)\mathrm{d}\omega = \mathrm{d}n_x\,\mathrm{d}n_y\,\mathrm{d}n_z = \mathrm{d}\left(\frac{L}{\lambda_x}\right)\mathrm{d}\left(\frac{L}{\lambda_y}\right)\mathrm{d}\left(\frac{L}{\lambda_z}\right) = V\mathrm{d}k_x\,\mathrm{d}k_y\,\mathrm{d}k_z.$$

严格来说, 因为固定边界内的振动形成的波为驻波, 所以上述计算应以 $\dfrac{\lambda}{2}$ 为分母计算出半个振动的数目, 再转化为振动的数目. 由上式中的 k_x, k_y, k_z 的意义可知, 它们的取值范围仅在三维直角坐标系的第一卦限, 在下面转换到球坐标系时出现系数 $1/8$, 与由考虑 $\lambda/2$ 而引入的系数 8 相消, 从而结果相同. 考虑以后将要讨论的电磁波具有粒子性, 每一个粒子对应具有确定波长的波, 因此这里以波长为单位计算振动的数目. 假设振动各向同性, 将上式转换到球坐标系, 并考虑电磁波有两个偏振方向, 则有

$$D(\omega)\mathrm{d}\omega = V\cdot 2\cdot 4\pi k^2\mathrm{d}k = 8\pi V\frac{\omega^2\mathrm{d}\omega}{(2\pi c)^3} = \frac{8\pi V}{c^3}\nu^2\mathrm{d}\nu.$$

将上式转换到波长 λ 空间, 则有

$$D(\lambda)\mathrm{d}\lambda = \frac{8\pi V}{\lambda^4}\mathrm{d}\lambda.$$

于是, 我们有电磁波的态密度

$$D(\nu) = \frac{8\pi}{c^3}\nu^2, \tag{7.11a}$$

$$D(\lambda) = \frac{8\pi}{\lambda^4}. \tag{7.11b}$$

由 3.2 节的讨论可知, 单位时间内从物体上的单位面积辐射出去的电磁波的数目为电磁波的泻流数率 $\varGamma = \dfrac{1}{4}n\overline{v} = \dfrac{1}{4}cD$. 再考虑能量均分定理可知, 每一个振动的平均能量与系统的温度之间满足 $\overline{\varepsilon} = k_\mathrm{B}T$, 则得黑体辐射本领为

$$r_\mathrm{B}(T,\lambda) = \frac{2\pi c}{\lambda^4}k_\mathrm{B}T. \tag{7.12}$$

该表达式即著名的黑体辐射本领的瑞利 – 金斯公式.

如果不利用能量均分定理的结果, 而考虑一个振动的能量与其波长 λ 之间满足 $\varepsilon \propto \dfrac{1}{\lambda}$, 系统的振动动能的分布满足玻尔兹曼分布 $n(\varepsilon) = F(\varepsilon)\mathrm{e}^{-\frac{\varepsilon}{k_\mathrm{B}T}}$, 即有 $\overline{\varepsilon} = F(\varepsilon)\varepsilon\mathrm{e}^{-\frac{\varepsilon}{k_\mathrm{B}T}} \propto F\left(\dfrac{1}{\lambda}\right)\dfrac{1}{\lambda}\mathrm{e}^{-\frac{c_2}{\lambda T}}$, 由此可计算出黑体辐射本领, 并与斯特藩 – 玻尔兹曼公式比较, 则得黑体辐射本领的维恩公式

$$r_{\mathrm{B}}(T,\lambda) = \frac{c_1}{\lambda^5} \mathrm{e}^{-\frac{c_2}{\lambda T}}, \tag{7.13}$$

其中, c_1, c_2 为普适常量 (常分别称之为第一、第二辐射常量).

利用瑞利 – 金斯公式和维恩公式对黑体辐射本领的理论计算结果与实验测量结果的比较如图 7.3 所示. 显然, 维恩公式不能描述长波区的行为, 瑞利 – 金斯公式不仅不能定量描述短波区的行为, 甚至还出现发散. 也就是说, 定性上都不正确了. 此即著名的关于黑体辐射的紫外灾难. 这说明, 对于黑体辐射, 经典物理遇到了本质上的困难.

为解决这一本质困难, 普朗克 (Planck) 假设引起辐射的谐振子的能量只能取某些特殊的分立数值, 这些分立数值是某一最小能量单元 ε_0 的整数倍, 即 $E = E_n = n\varepsilon_0$, 其中, 频率为 ν 的谐振子的能量单元为 $\varepsilon_0 = h\nu$, $h = 6.626 \times 10^{-34}$ J·s 为普朗克常量. 在此假设下, 利用玻尔兹曼分布律直接计算各个振动的能量的平均值可得, $\overline{\varepsilon} = \varepsilon n_\varepsilon = \frac{h\nu}{\mathrm{e}^{\frac{h\nu}{k_\mathrm{B}T}}-1}$, 以此替换前述的 $\overline{\varepsilon} = k_\mathrm{B}T$, 并考虑波长与频率之间的关系 $\nu = \frac{c}{\lambda}$, 则得①

$$r_{\mathrm{B}}(T,\lambda) = \frac{2\pi hc^2}{\lambda^5}\frac{1}{\mathrm{e}^{\frac{hc}{\lambda k_\mathrm{B}T}}-1}. \tag{7.14}$$

---

①普朗克得到其黑体辐射本领公式的原始方法是对瑞利 – 金斯公式和维恩公式进行内插拟合, 其过程大致如下. 由热力学第一定律和第二定律 (见第六章) 可知, 系统的内能与其状态参量及熵之间满足 $\mathrm{d}U = T\mathrm{d}S - p\mathrm{d}V$, 于是有

$$\frac{\partial S}{\partial U} = \frac{1}{T}, \quad \frac{\partial^2 S}{\partial U^2} = \frac{\partial}{\partial U}\left(\frac{1}{T}\right) = -\frac{1}{T^2}\frac{1}{\frac{\partial U}{\partial T}}.$$

由黑体辐射本领的定义可知, 黑体的内能正比于其辐射本领, 即有 $U_\mathrm{B}(\lambda,T) \propto r_\mathrm{B}(\lambda,T)$, 因此, 对于长波极限情况, 由黑体辐射本领的瑞利 – 金斯公式可得

$$\left.\frac{\partial S}{\partial U}\right|_\mathrm{R} = \frac{1}{T} = \frac{2\pi c}{\lambda^4} \propto \frac{U}{T},$$

从而

$$\left.\frac{\partial^2 S}{\partial U^2}\right|_\mathrm{R} = -\frac{1}{T^2\frac{2\pi c}{\lambda^4}} \propto \frac{1}{U^2}.$$

对于短波极限情况, 由黑体辐射本领的维恩公式可得

$$\left.\frac{\partial S}{\partial U}\right|_\mathrm{W} \propto \mathrm{e}^{-\frac{c_2}{\lambda T}}\frac{2\pi c}{\lambda T^2}, \quad \left.\frac{\partial^2 S}{\partial U^2}\right|_\mathrm{W} = -\frac{1}{T^2\frac{\partial U}{\partial T}} \propto \frac{1}{\mathrm{e}^{-\frac{c_2}{\lambda T}}} \propto \frac{1}{U}.$$

由物理量函数的连续性可知, 黑体的熵关于内能的二阶偏导数的函数表达式应包含上述两种极限情况, 因此该二阶偏导数可以一般地表述为 $\frac{\partial^2 S}{\partial U^2} = \frac{1}{U(\alpha + \beta U)}$. 显然, $\alpha = 0$ 对应瑞利 – 金斯公式的情况, $\beta = 0$ 对应维恩公式的情况. 显然, 通过假设一个含参数的 $U(\lambda, T)$ 的表达式, 拟合原始的 $\left.\frac{\partial^2 S}{\partial U^2}\right|_\mathrm{R}$ 和 $\left.\frac{\partial^2 S}{\partial U^2}\right|_\mathrm{W}$ 既可以得到上述两种极限情况, 又可以确定下来参数, 再考虑 $U_\mathrm{B}(\lambda,T) \propto r_\mathrm{B}(\lambda,T)$ 即可得到黑体辐射本领的普朗克公式. 为说明该辐射本领公式的物理本质, 普朗克提出了辐射能量的不连续假说.

此即著名的黑体辐射本领的普朗克公式. 具体计算表明, 普朗克公式给出的计算结果与实验测量结果完全一致.

很显然, 在短波极限情况下, $k_\mathrm{B}T \ll \dfrac{hc}{\lambda}$, $\mathrm{e}^{\frac{hc}{\lambda k_\mathrm{B} T}} \gg 1$, 于是

$$r_\mathrm{B}(T, \lambda) = \frac{2\pi hc^2}{\lambda^5} \frac{1}{\mathrm{e}^{\frac{hc}{\lambda k_\mathrm{B} T}} - 1} \approx \frac{2\pi hc^2}{\lambda^5} \mathrm{e}^{-\frac{hc}{\lambda k_\mathrm{B} T}}.$$

此即前述的维恩公式, 并有 $c_1 = 2\pi hc^2$, $c_2 = \dfrac{hc}{k_\mathrm{B}}$. 在长波极限情况下, $k_\mathrm{B}T \gg \dfrac{hc}{\lambda}$, $\mathrm{e}^{\frac{hc}{\lambda k_\mathrm{B} T}} - 1 \approx \dfrac{hc}{\lambda k_\mathrm{B} T}$, 于是

$$r_\mathrm{B}(T, \lambda) = \frac{2\pi hc^2}{\lambda^5} \frac{1}{\mathrm{e}^{\frac{hc}{\lambda k_\mathrm{B} T}} - 1} \approx \frac{2\pi hc^2}{\lambda^5} \frac{1}{\frac{hc}{\lambda k_\mathrm{B} T}} = \frac{2\pi c}{\lambda^4} k_\mathrm{B} T.$$

此即前述的瑞利 – 金斯公式.

这些分析表明, 瑞利 – 金斯公式和维恩公式分别是普朗克公式在长波、短波极限情况下的近似. 那么经典物理下的瑞利 – 金斯公式可以很好地描述黑体辐射本领在长波区的行为, 维恩公式可以很好地描述黑体辐射本领在短波区的行为的事实可以作为普朗克公式的正确性的例证.

进一步, 将普朗克公式 (见 (7.14) 式) 代入 (7.6) 式, 完成积分, 则得

$$E = \sigma T^4, \tag{7.15}$$

其中, $\sigma = \dfrac{2\pi^5 k_\mathrm{B}^4}{15 h^3 c^2} = 5.639 \times 10^{-8}\,\mathrm{W/(m^2 \cdot K^4)}$. 此即著名的斯特藩 – 玻尔兹曼定律, 并且这样确定的常量 σ 与实验测量值 σ_emp 符合得很好.

另一方面, 将普朗克公式代入 $\dfrac{\mathrm{d} r_\mathrm{B}(T, \lambda)}{\mathrm{d}\lambda} = 0$, 并求解相应的方程, 在保证二阶导数 $\dfrac{\mathrm{d}^2 r_\mathrm{B}(T, \lambda)}{\mathrm{d}\lambda^2} < 0$ (即使得黑体辐射本领 $r_\mathrm{B}(T, \lambda)$ 取得极大值) 的情况下, 得到

$$\lambda_\mathrm{m} T = b, \tag{7.16}$$

其中, λ_m 为对应黑体辐射本领取得极大值的辐射波长, $b = \dfrac{hc}{4.965 k_\mathrm{B}}$ 为与实验测量结果 ($2.898 \times 10^{-3}\,\mathrm{m \cdot K}$) 符合得很好的常量. 这一结果表明, 对应黑体辐射本领取得极大值的辐射波长 λ_m 随温度 T 升高而减小, 二者的乘积 $\lambda_\mathrm{m} T$ 保持为常量, 其定性示意如图 7.4 所示. 此乃著名的维恩位移定律.

再考虑由泻流数率联系的辐射的机制, 我们知道辐射体内的平均能量密度与总辐射本领之间满足

$$\bar{u} = 4\frac{E}{c}.$$

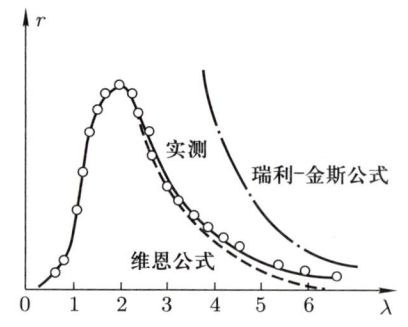
图 7.3 利用瑞利 – 金斯公式和维恩公式计算出的黑体辐射本领与实验测量结果的比较 (横坐标以对应辐射本领取得极大值的波长的一半为单位)

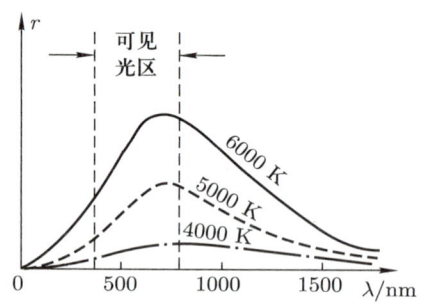
图 7.4 黑体辐射本领的维恩位移定律示意图 (显然, 随着温度升高, 相应 r 的极大值向右移, 即对应 r 取得极大值的波长减小)

将之代入 2.2 节导出的极端相对论性理想气体的状态方程 $p = \frac{1}{3}\bar{u}$, 则得理想光子气体的状态方程为

$$p = \frac{1}{3}aT^4, \tag{7.17}$$

其中, $a = \frac{4}{c}\sigma = \frac{8\pi^5 k_B^4}{15 h^3 c^3}$.

注意, 这里得到的理想光子气体的状态方程是系统的压强正比于系统的温度的四次方, 这是辐射系统的平均能量密度正比于温度的四次方的必然结果, 但这与第一章得到的经典理想气体系统的压强与温度之间的关系 ($p \propto T$) 完全不同, 经典理想气体系统的平均能量密度正比于温度. 之所以如此, 是因为光子气体系统的粒子数不守恒 (静止质量为零, 可以随时产生、随时湮灭), 而通常的经典理想气体系统的粒子数守恒.

然而, 将黑体辐射本领的普朗克公式除以光子能量 $h\nu$, 可以得到光子数按频率的分布律, 再对频率积分则得黑体的光子数:

$$N = VT^3 \frac{16\pi k_B^3 \zeta(3)}{c^3 h^3},$$

其中, $\zeta(3)$ 为 ζ 函数的宗量取值为 3 的情况下的数值. 将之代入相对论性理想气体系统的压强与平均能量密度之间的关系 $p = \frac{1}{3}\bar{u} = \frac{1}{3}\frac{U}{V}$, 并考虑上式, 则得

$$p = \frac{\zeta(4)}{\zeta(3)}\frac{N}{V}k_B T \approx 0.9 n k_B T,$$

其中, $\zeta(4)$ 为 ζ 函数的宗量取值为 4 的情况下的数值. 这与通常的理想气体的状态方程看起来很像.

综上所述, 光子气体表现出独特的热力学性质, 意味着光子既非经典的波 (相应的辐射本领满足瑞利 – 金斯公式), 也非经典的粒子 (相应的辐射本领满足维恩公式), 而

是同时具有波和粒子的属性, 称为波粒二象性: 低频光子类似于波, 高频光子类似于粒子. 从电磁波再到物质波的概念升华, 即微观粒子也具有波粒二象性, 正是量子力学的核心概念之一. 因为这些内容远超出通常的 "热学" 课程的范畴, 所以这里不予具体讨论, 有兴趣现在就深入探讨的读者可参阅刘玉鑫的《原子物理学》(高等教育出版社, 2021 年).

三、对流传热现象及其宏观规律

通过总结经验, 我们知道, 当高温系统中的物质传到低温系统时, 其携带的能量 (热量) 会释放给低温系统, 从而实现传热. 这种方式实现的传热称为对流传热. 例如, 我们常说的俗话 "烟暖房" 即是对流传热的典型表现.

记高温物质、低温物质的温度分别为 T_1, T_2, 对流传热通道的面积为 S, 经验表明, 单位时间内通过对流传递的热量正比于高温物质与低温物质之间的温度差和面积 S, 即有

$$\frac{\Delta Q}{\Delta t} = h(T_1 - T_2)S,$$

其中, 比例系数 h 称为对流系数或传热系数. 该规律常被称为牛顿冷却定律. 对流传热是常见的传热方式, 例如, 自然现象中的大气环流、海洋环流、地幔环流等各种环流引起的传热. 我们常用的热管传热则是这一传热方式的典型应用实例.

7.1.3 扩散现象及其宏观规律

当系统中粒子数密度不均匀时, 由于热运动而使粒子从浓度高的地方迁移到浓度低的地方的现象称为扩散现象. 由于粒子数分布不均匀会造成压强差 (尤其在气体中), 因此扩散常伴随有因压强不均匀而引起的宏观运动, 若流体中存在温度差, 则还伴随有热传导和热对流, 这样的扩散过程很复杂. 为简单起见, 我们仅讨论温度处处相同, 并且不存在由压强差引起的粒子定向流动的纯扩散. 例如, 由活动隔板分开的温度 T 和压强 p 都分别相同的两种气体, 当抽掉隔板并经过足够长时间后, 两种气体的分子通过扩散会均匀地混合在一起, 形成温度仍为 T、压强仍为 p 的混合气体. 这种扩散称为互扩散. 由于不同物质分子的大小、质量、形状、相互作用不同, 它们的扩散速率也可能不同, 从而互扩散仍比较复杂. 如果发生互扩散的两种物质分子的差异足够小 (例如, CO 和 N_2), 则它们的扩散速率趋于相同, 这样的互扩散称为自扩散. 下面我们讨论的扩散, 如无特殊说明, 都指自扩散.

如果取 xOy 平面平行于粒子数密度相同的平面, z 方向沿粒子数密度不同的方向, 如图 7.5 所示, 由于存在粒子数密度梯度, 则一定有粒子通过 $z = z_0$ 的等密度面 S, 由粒子数密度大的一侧向粒子数密度小的一侧运动, 形成扩散. 扩散的快慢或强度, 即扩

7.1.3
授课视频

散速率, 由质量通量或质量流 J 描述. 细致地讲, 可以定义粒子流密度 J_n 为单位时间内在单位面积上扩散的粒子数密度, 即

$$J_n = \frac{\Delta n}{\Delta t}.$$

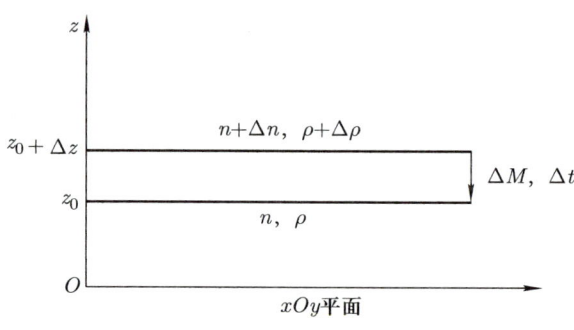

图 7.5 扩散现象示意图

1855 年, 法国生理学家菲克 (Fick) 提出, 在扩散过程中, 粒子流密度 J_n 与粒子数密度梯度 $\dfrac{\mathrm{d}n}{\mathrm{d}z}$ 成正比, 即

$$J_n = -D\frac{\mathrm{d}n}{\mathrm{d}z}, \tag{7.18}$$

其中, 比例系数 D 称为扩散系数 (coefficient of diffusion), 单位为米²/秒 (m²/s), 负号 "−" 表示粒子总是向粒子数密度减小的方向扩散. 该规律称为菲克扩散定律 (Fick law of diffusion). 如果在与扩散方向垂直的截面上 J_n 处处相同, 则菲克扩散定律又可以由质量通量表示为

$$J = \frac{\Delta M}{\Delta t} = -D\frac{\mathrm{d}\rho}{\mathrm{d}z}S, \tag{7.19}$$

其中, S 为发生扩散的截面的面积, $\rho = nm$ 为物质的密度.

每一个生命体系都具有许多组织, 组织由细胞组成, 细胞之间及细胞与外界之间由细胞壁和细胞膜分开, 这些边界上都存在物质交换, 例如, 肺泡中的氧气进入毛细血管内, 毛细血管内的二氧化碳进入肺泡中等, 这种物质交换大多是通过扩散实现的, 从而可以由菲克扩散定律描述. 因此菲克扩散定律不仅在物理学中, 而且在化学、生命科学等方面都具有重要应用. 并且菲克扩散定律既适用于自扩散, 也适用于互扩散.

例题 2 两个体积都为 V 的容器用长为 L、横截面积 A 很小 (从而 $LA \ll V$) 的水平管道连通. 开始时, 左边容器内盛有分压强为 p_0 的 CO 和分压强为 $p - p_0$ 的 N_2 组成的混合气体, 右边容器内盛有压强为 p 的纯 N_2 气体, 如图 7.6 所示. 设 CO 向右

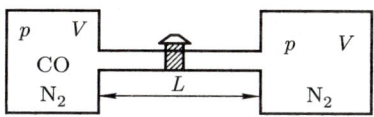

图 7.6 两种组分气体沿一个管道扩散的装置示意图

边容器内扩散及 N_2 向左边容器内扩散的扩散系数都为 D, 试求出左边容器内 CO 的分压强随时间变化的函数关系.

解 设左右两容器内 CO 的分子数密度分别为 n_l, n_r, 则两容器之间 CO 的分子数密度梯度为 $\frac{n_l - n_r}{L}$, 那么, 由菲克扩散定律可得, 从左边容器流向右边容器的 CO 的分子流通量为

$$\frac{dN_l}{dt} = -D\frac{n_l - n_r}{L}A.$$

因 $n_l = \frac{N_l}{V}$, 则由上式可得

$$\frac{dn_l}{dt} = -D\frac{n_l - n_r}{LV}A. \tag{a}$$

因为分子数守恒, 则 $n_l + n_r = n_0$, 所以

$$n_l - n_r = 2n_l - n_0, \tag{b}$$

其中, n_0 为原来左边容器内 CO 的分子数密度. 将 (b) 式代入 (a) 式, 则得

$$\frac{dn_l}{dt} = -D\frac{2n_l - n_0}{LV}A.$$

考虑 $t = 0$ 时 $n_l = n_0$ 的初始条件, 解该微分方程得

$$n_l(t) = \frac{n_0}{2}\left(1 + e^{-\frac{2DA}{LV}t}\right).$$

将之代入理想气体压强公式 $p = nk_BT$, 则得

$$p_l(t) = \frac{p_0}{2}\left(1 + e^{-\frac{2DA}{LV}t}\right).$$

所以左边容器内 CO 的分压强随时间变化的函数关系为

$$p_{CO}(t) = \frac{p_0}{2}\left(1 + e^{-\frac{2DA}{LV}t}\right).$$

显然, 由于 $t \to \infty$ 时, $e^{-\frac{2DA}{LV}t} \to 0$, 因此 CO 在左右两容器内等量均匀分布, 压强都是 $\frac{p_0}{2}$.

7.2 气体中输运现象的微观解释

7.2.1 输运过程中的流

回顾前述输运现象我们知道,黏滞现象是由于流速分布不均匀引起动量传递,形成动量流所致;热传导现象是由于温度分布不均匀引起热量传递,形成热量流所致;扩散现象是由于密度分布不均匀引起质量传递,形成质量流所致. 概括起来就是,输运现象都是由于某宏观物理量分布不均匀引起相应物理量 Q 传递,并形成相应的流 J 而引起的. 因此关于输运现象的系统严格的研究应该由微观状态分布的动力学演化出发来进行,并发展建立了玻尔兹曼方程 (亦称玻尔兹曼 – 雨凌 – 乌伦贝克方程或弗拉索夫 – 雨凌 – 乌伦贝克方程)、福克尔 – 普朗克方程、主方程等描述方法,并有分子动力学模拟计算方法. 由于这些理论方法都比较深奥,超出本课程的范畴,因此这里不予具体介绍,而仅对简单的分子动理论层次上的描述予以介绍. 直观上,由于物理量都由组成系统的微观粒子携带并在碰撞过程中传递,因此我们从对微观粒子的热运动和碰撞的分析和讨论出发确定输运过程中的流,进而讨论输运现象.

以 xOy 平面平行于等物理量面,z 方向存在物理量梯度建立坐标系,如图 7.7 所示. 在图上取 $z = z_0$ 的平面把系统分为上下两部分,下部分记为 A,上部分记为 B,在 $z = z_0$ 的平面上取小面元 ΔS,设粒子热运动的平均速率为 $\bar{v}$,则 Δt 时间内穿过面元 ΔS 的粒子数 $N_{泻}$ 是处于以 ΔS 为底,以 $\bar{v}\Delta t$ 为高的柱体中,并可以通过 ΔS 泻流出的粒子数,记可泻流出的粒子数密度为 $n_{泻}$,则

$$N_{泻} = n_{泻} \Delta S \bar{v} \Delta t.$$

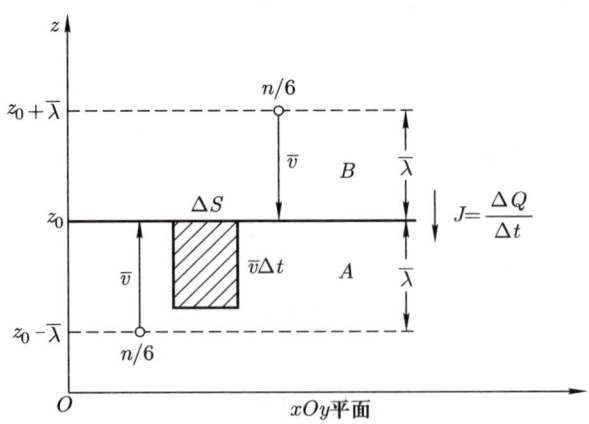

图 7.7 输运过程中的流的示意图

因为粒子的热运动是各向同性的,即可近似分为方向沿前、后、左、右、上、下六

组. 假设粒子数密度为 n, 则可泻流出的粒子数密度可近似表示为 $n_{泻} = \frac{1}{6}n$, 那么, 在 Δt 时间内, 经过 ΔS 由 A 部分到 B 部分的粒子数和由 B 部分到 A 部分的粒子数都可以表示为

$$N_{泻} = \frac{1}{6}n\Delta S \overline{v} \Delta t.$$

由于物理量 Q 沿 z 方向有分布 $Q(z)$, 设每个粒子携带的相应物理量为 q, 则在 Δt 时间内由热运动引起的通过 $z = z_0$ 处的面元 ΔS 沿 z 方向由 A 部分到 B 部分传递的物理量为

$$\Delta Q_{A \to B} = \left(\frac{1}{6} n \, \Delta S \, \overline{v} \Delta t q\right)_A - \left(\frac{1}{6} n \, \Delta S \, \overline{v} \Delta t q\right)_B. \tag{7.20}$$

相应的流则为

$$J_{A \to B} = \frac{\Delta Q_{A \to B}}{\Delta t} \approx \frac{\overline{v}}{6}[(nq)_A - (nq)_B]\Delta S. \tag{7.21}$$

假设粒子经过一次碰撞就完全被同化, 即由 A 部分经 ΔS 进入 B 部分的粒子与原 B 部分的粒子碰撞一次就变得与原 B 部分的粒子的状态相同, 由 B 部分经 ΔS 进入 A 部分的粒子与原 A 部分的粒子碰撞一次就变得与原 A 部分的粒子的状态相同, 那么, 根据平均自由程 $\overline{\lambda}$ 的意义, 我们可以认为这样的碰撞分别发生在来自 $z = z_0 + \overline{\lambda}$, $z = z_0 - \overline{\lambda}$ 平面处的粒子与来自 $z = z_0 - 0^-$, $z = z_0 + 0^+$ 平面处的粒子之间, 于是, 对于穿过面元 ΔS 的粒子携带的物理量, 可以认为分别是 $z = z_0$ 平面上下与之相距 $\overline{\lambda}$ 处的粒子所携带的物理量, 因此近似有

$$J_{A \to B} = \frac{\overline{v}}{6}[(nq)_{z_0 - \overline{\lambda}} - (nq)_{z_0 + \overline{\lambda}}]\Delta S.$$

通过直接计算可知,

$$(nq)_{z_0 - \overline{\lambda}} - (nq)_{z_0 + \overline{\lambda}} = \int_{z_0 + \overline{\lambda}}^{z_0 - \overline{\lambda}} \frac{\mathrm{d}(nq)}{\mathrm{d}z} \mathrm{d}z.$$

假定粒子携带的物理量在 z_0 附近距离为 $2\overline{\lambda}$ 的范围内变化缓慢, 即物理量 q 的密度梯度可近似为常量, 则

$$(nq)_{z_0 - \overline{\lambda}} - (nq)_{z_0 + \overline{\lambda}} = \int_{z_0 + \overline{\lambda}}^{z_0 - \overline{\lambda}} \left[\frac{\mathrm{d}(nq)}{\mathrm{d}z}\right]_{z=z_0} \mathrm{d}z = -\left[\frac{\mathrm{d}(nq)}{\mathrm{d}z}\right]_{z=z_0} 2\overline{\lambda}.$$

所以输运过程中形成的物理量 Q 的流近似为

$$J_{A \to B} = -\frac{1}{3}\left[\frac{\mathrm{d}(nq)}{\mathrm{d}z}\right]_{z=z_0} \overline{v} \, \overline{\lambda} \Delta S. \tag{7.22}$$

当然, 也可以采用其他近似得到相同的结果. 例如, 考虑泻流时, 不仅速度正对面

元的粒子可以通过面元, 速度斜对面元的粒子也可以通过面元, 则 $n_{泻} = \frac{1}{4}n$, 穿过面元 ΔS 的粒子携带的物理量分别是 $z = z_0$ 平面上下与之相距 $\frac{2}{3}\bar{\lambda}$ 处的粒子所具有的物理量, 即可以得到完全相同的结果. 由此可知, 在本课程的层次上, (7.22) 式中系数的值很强地依赖于所采用的模型, 但利用统计物理方法可以证明其数值确实为 $\frac{1}{3}$.

7.2.2 黏滞、热传导和扩散现象的微观解释及相应系数的确定

一、黏滞现象的微观解释及黏度的确定

在黏滞现象中传递的物理量是动量 P, 形成的流是动量流 J_P, 从而产生黏滞力 $f_V = \frac{\Delta P}{\Delta t} = J_P$. 设粒子的质量为 m, 运动速度为 u, 则每个粒子携带的动量为 $q = P = mu$, 那么, 由 (7.22) 式可得

$$f_V = J_P = -\frac{1}{3}\left[\frac{\mathrm{d}(nmu)}{\mathrm{d}z}\right]_{z=z_0} \bar{v}\bar{\lambda}\Delta S.$$

因为 $nm = \rho$ 为物质的密度, 所以

$$f_V = -\frac{1}{3}\rho\bar{v}\bar{\lambda}\left(\frac{\mathrm{d}u}{\mathrm{d}z}\right)_{z=z_0}\Delta S. \tag{7.23}$$

记 $\frac{1}{3}\rho\bar{v}\bar{\lambda} = \eta$, 则有 (7.1) 式所示的牛顿黏滞定律

$$f_V = -\eta\left(\frac{\mathrm{d}u}{\mathrm{d}z}\right)_{z=z_0}\Delta S.$$

由此可知, 流体的 (剪切) 黏度为

$$\eta = \frac{1}{3}\rho\bar{v}\bar{\lambda}. \tag{7.24}$$

把物质的密度 $\rho = nm$ 和粒子的平均自由程 $\bar{\lambda} = \frac{1}{\sqrt{2}n\sigma}$ 代入 (7.24) 式, 则得

$$\eta = \frac{m\bar{v}}{3\sqrt{2}\sigma}.$$

因为同类粒子的碰撞截面 $\sigma = \pi d^2$ 完全由系统的内禀性质 (由相互作用决定的有效直径 d) 决定, 平均速率 $\bar{v}$ 完全由粒子的内禀性质 (质量 m) 和系统的温度 T 决定, 所以气体的黏度与系统的粒子数密度无关.

在理想气体模型近似下, 粒子的平均速率 $\bar{v} = \sqrt{\frac{8k_\mathrm{B}T}{\pi m}}$, 那么

$$\eta = \frac{2}{3\sigma}\sqrt{\frac{mk_\mathrm{B}T}{\pi}}.$$

由此可知, (理想) 气体的黏度与系统的温度的平方根成正比. 这表明, 随着温度升高, 气体的黏度增大.

二、热传导现象的微观解释及热导率的确定

在热传导现象中传递的物理量是热量 Q,形成的流是热流 (即能量流) $J = \Phi$,每个粒子携带的相应物理量为能量 ε. 记气体的定容比热容为 $c_V = \dfrac{C_V}{M}$,其中,C_V 为气体的定容热容,M 为气体的质量. 记组成气体的粒子的质量为 m,则每个粒子携带的能量平均为 $\varepsilon = mc_V T$. 将之代入 (7.22) 式,则得

$$\Phi = \frac{\Delta Q}{\Delta t} = -\frac{1}{3}\left[\frac{\mathrm{d}(nmc_V T)}{\mathrm{d}z}\right]_{z=z_0} \overline{v}\overline{\lambda}\Delta S = -\frac{1}{3}\rho\overline{v}\overline{\lambda}c_V\left(\frac{\mathrm{d}T}{\mathrm{d}z}\right)_{z=z_0}\Delta S.$$

记 $\dfrac{1}{3}\rho\overline{v}\overline{\lambda}c_V = \kappa$,则有

$$\Phi = -\kappa\left(\frac{\mathrm{d}T}{\mathrm{d}z}\right)_{z=z_0}\Delta S.$$

此即 (7.3) 式所示的傅里叶热传导定律,并且气体的热导率为

$$\kappa = \frac{1}{3}\rho\overline{v}\overline{\lambda}c_V. \tag{7.25}$$

把物质的密度 $\rho = nm$ 和粒子的平均自由程 $\overline{\lambda} = \dfrac{1}{\sqrt{2}n\sigma}$ 代入 (7.25) 式,则得

$$\kappa = \frac{m\overline{v}c_V}{3\sqrt{2}\sigma}.$$

因为同类粒子的碰撞截面 $\sigma = \pi d^2$ 完全由系统的内禀性质决定,平均速率 $\overline{v}$ 完全由粒子的内禀性质和系统的温度决定,所以气体的热导率与系统的粒子数密度无关.

在理想气体模型近似下,粒子的平均速率 $\overline{v} = \sqrt{\dfrac{8k_{\mathrm{B}}T}{\pi m}}$,那么

$$\kappa = \frac{2c_V}{3\sigma}\sqrt{\frac{mk_{\mathrm{B}}T}{\pi}}.$$

由此可知,(理想) 气体的热导率与系统的温度的平方根成正比. 这表明,气体的热导率随温度升高而增大.

三、扩散现象的微观解释及扩散系数的确定

在扩散现象中传递的物理量是质量 M,形成的流是质量流 J_M. 对于自扩散,粒子携带的物理量 $q = m$,所以

$$J_M = \frac{\Delta M}{\Delta t} = -\frac{1}{3}\left[\frac{\mathrm{d}(nm)}{\mathrm{d}z}\right]_{z=z_0}\overline{v}\overline{\lambda}\Delta S = -\frac{1}{3}\overline{v}\overline{\lambda}\left(\frac{\mathrm{d}\rho}{\mathrm{d}z}\right)_{z=z_0}\Delta S.$$

记 $\dfrac{1}{3}\overline{v}\overline{\lambda} = D$,则上式就是 (7.19) 式所示的菲克扩散定律

$$J = -D\left(\frac{\mathrm{d}\rho}{\mathrm{d}z}\right)_{z=z_0}\Delta S.$$

由此可知, 气体的扩散系数为

$$D = \frac{1}{3}\overline{v}\overline{\lambda}. \tag{7.26}$$

把粒子的平均自由程 $\overline{\lambda} = \dfrac{1}{\sqrt{2}n\sigma}$ 代入 (7.26) 式, 则得

$$D = \frac{\overline{v}}{3\sqrt{2}\sigma n}.$$

由此可知, 气体的扩散系数与系统的粒子数密度成反比.

在理想气体模型近似下, 气体的粒子数密度与系统的状态参量 (压强及温度) 之间的关系为 $n = \dfrac{p}{k_\mathrm{B}T}$, 粒子的平均速率为 $\overline{v} = \sqrt{\dfrac{8k_\mathrm{B}T}{\pi m}}$, 那么

$$D = \frac{2}{3\sigma p}\sqrt{\frac{k_\mathrm{B}^3}{\pi m}}\,T^{3/2}.$$

所以, 在压强确定的情况下, (理想) 气体的扩散系数与系统的温度的 $\dfrac{3}{2}$ 次方成正比; 在温度确定的情况下, (理想) 气体的扩散系数与系统的压强成反比.

四、输运现象的初级微观理论的适用性

回顾上述推导和讨论过程可知, 我们采用了对系统分层的方案, 为使分层方案合理, 要求系统的线度 L 远大于系统中粒子的平均自由程 $\overline{\lambda}$. 在上述讨论中, 我们认为气体是通常的正常气体, 没有考虑组成气体的粒子的大小, 这实际上是要求粒子的平均自由程 $\overline{\lambda}$ 远大于粒子的有效直径 d. 因此上述利用初级微观理论 (分子动理论) 对气体中的输运现象的讨论及所得结果成立的条件是组成气体的粒子的有效直径 d、平均自由程 $\overline{\lambda}$ 及系统 (容器) 的线度 L 之间满足 $d \ll \overline{\lambda} \ll L$.

再考察上述理论结果的正确性. 由 (7.24) 式、(7.25) 式和 (7.26) 式可知, 气体的黏度、热导率和扩散系数三者并不互相独立, 而是满足

$$\left(\frac{\rho D}{\eta}\right)_\mathrm{theo} = 1, \qquad \left(\frac{\kappa}{c_V \eta}\right)_\mathrm{theo} = 1.$$

实验测量结果表明, 对于大多数经典气体,

$$\left(\frac{\rho D}{\eta}\right)_\mathrm{expt} \in [1.3, 1.5], \qquad \left(\frac{\kappa}{c_V \eta}\right)_\mathrm{expt} \in [1.5, 2.5].$$

再者, 上述理论结果表明, 在压强确定的情况下,

$$\eta_\mathrm{theo} \propto T^{0.5}, \quad \kappa_\mathrm{theo} \propto T^{0.5}, \quad D_\mathrm{theo} \propto T^{1.5}.$$

而实验测量结果表明, 气体的黏度、热导率和扩散系数确实都随温度升高而增大, 但对于大多数经典气体,

$$\eta_{\text{expt}} \propto T^{0.7}, \quad \kappa_{\text{expt}} \propto T^{0.7}, \quad D_{\text{expt}} \propto T^{1.75\sim2.0}.$$

比较这些理论结果与实验测量结果, 我们知道, 理论与实验定性一致, 定量上存在不太大但不可忽略的偏离. 这表明, 这里采用的物理模型框架和方法正确, 但具体的模型与实际情况仅近似符合. 仔细考察上述模型可知, 除了前述的适用条件之外, 在考虑不同层之间的粒子碰撞时没有考虑能量损失, 这就是说我们实际采用了理想气体模型 (刚球势模型). 那么, 通过考虑粒子之间的相互作用而对刚球势模型进行修正和改进, 可以得到与实验符合的结果. 具体深入的计算 (因其超出本课程的范畴, 这里略去具体介绍) 表明, 这一改进方案是正确的. 这表明, 气体中的输运现象的本质确实是: 当某宏观物理量分布不均匀时, 组成气体的粒子的热运动引起相邻部分之间交换粒子的同时交换了相应的物理量, 从而形成相应的流.

例题 3 实验测得氮分子的有效直径约为 3.7×10^{-10} m, 试估计标准状况下氮气的黏度、热导率和扩散系数.

解 因为氮分子的质量为

$$m = \frac{\mu}{N_A} = \frac{0.028}{N_A} \text{ kg},$$

所以标准状况下氮气的密度 ρ 和氮分子的平均速率分别为

$$\rho = \frac{\mu}{V_m} = \frac{0.028}{0.0224} \text{ kg/m}^3 = 1.25 \text{ kg/m}^3,$$

$$\overline{v} = \sqrt{\frac{8k_BT}{\pi m}} = \sqrt{\frac{8RT}{\pi \mu}} = \sqrt{\frac{8 \times 8.31 \times 273}{3.14 \times 0.028}} \text{ m/s} \approx 454 \text{ m/s}.$$

记氮分子的有效直径为 d, 则氮分子的平均自由程为

$$\overline{\lambda} = \frac{1}{\sqrt{2}n\sigma} = \frac{k_BT_0}{\sqrt{2}p_0\pi d^2}$$

$$= \frac{(1.38 \times 10^{-23}) \times 273}{\sqrt{2} \times (1.01325 \times 10^5) \times 3.14 \times (3.7 \times 10^{-10})^2} \text{ m}$$

$$\approx 6.12 \times 10^{-8} \text{ m},$$

那么

$$\eta = \frac{1}{3}\rho\overline{v}\overline{\lambda} \approx \frac{1}{3} \times 1.25 \times 454 \times (6.12 \times 10^{-8}) \text{ N·s/m}^2 \approx 1.16 \times 10^{-5} \text{ N·s/m}^2,$$

$$\kappa = \frac{1}{3}\rho\bar{v}\bar{\lambda}c_V = \eta\frac{C_{V,\mathrm{m}}}{\mu} = \eta\frac{\frac{5}{2}R}{\mu} \approx 1.16 \times 10^{-5} \times \frac{2.5 \times 8.31}{0.028}\,\mathrm{J/(m\cdot s\cdot K)}$$
$$\approx 8.61 \times 10^{-3}\,\mathrm{J/(m\cdot s\cdot K)},$$
$$D = \frac{1}{3}\bar{v}\bar{\lambda} \approx \frac{1}{3} \times 454 \times (6.12 \times 10^{-8})\,\mathrm{m^2/s} \approx 9.26 \times 10^{-6}\,\mathrm{m^2/s}.$$

总之, 标准状况下氮气的黏度、热导率和扩散系数分别约是 $1.16 \times 10^{-5}\,\mathrm{N\cdot s/m^2}$, $8.61 \times 10^{-3}\,\mathrm{J/(m\cdot s\cdot K)}$, $9.26 \times 10^{-6}\,\mathrm{m^2/s}$.

7.3 稀薄气体中的输运现象

在上述讨论中, 我们认为气体是通常的正常气体, 即要求组成气体的粒子的平均自由程 $\bar{\lambda}$ 远大于粒子的有效直径 d, 而气体所处容器的线度 L 远大于粒子的平均自由程 (以保证上述分层方案正确), 所以上述初级微观理论及其结果仅适用于粒子的平均自由程 $\bar{\lambda}$ 远小于容器的线度 L 的气体系统. 对于稀薄气体, 其中的粒子数密度 n 很小, 从而粒子的平均自由程 $\bar{\lambda}$ 很大, 以至于上述条件不能满足. 这种情况下的气体中的输运现象应该专门讨论.

因为系统中粒子的碰撞既包括粒子与粒子之间 (简记为 p-p) 的碰撞, 又包括粒子与器壁之间 (简记为 p-w) 的碰撞, 即粒子的总碰撞频率为

$$\bar{Z}_\mathrm{t} = \bar{Z}_\mathrm{p\text{-}p} + \bar{Z}_\mathrm{p\text{-}w},$$

考虑平均自由程与碰撞频率之间的关系 $\bar{\lambda} = \dfrac{\bar{v}}{\bar{Z}}$, 由上式可得

$$\frac{1}{\bar{\lambda}_\mathrm{t}} = \frac{1}{\bar{\lambda}_\mathrm{p\text{-}p}} + \frac{1}{\bar{\lambda}_\mathrm{p\text{-}w}}.$$

因为 $\bar{\lambda}_\mathrm{p\text{-}w} \approx L$, 通常情况下, $\bar{Z} = \sqrt{2}n\sigma\bar{v} \sim 10^{7\sim10}\,\mathrm{s^{-1}}$, $\bar{\lambda} = \dfrac{\bar{v}}{\bar{Z}} \sim 10^{-8\sim-5}\,\mathrm{m}$, 而对于稀薄气体, 例如, (超) 高真空 (压强 $p \sim 10^{-14\sim-6}\,\mathrm{Pa}$) 情况下, $\bar{\lambda} = \dfrac{\bar{v}}{\bar{Z}} \sim 10^{1\sim9}\,\mathrm{m}$, 即对于稀薄气体, $\bar{\lambda}_\mathrm{p\text{-}p}$ 很大, 则由上式可知,

$$\frac{1}{\bar{\lambda}_\mathrm{t}} = \frac{1}{\bar{\lambda}_\mathrm{p\text{-}p}} + \frac{1}{L} \approx \frac{1}{L},$$

于是有

$$\bar{\lambda}_\mathrm{t} \approx L.$$

这说明, 稀薄气体中粒子的平均自由程实际上等于气体所处容器的线度, 即有 $\bar{\lambda} = L$.

对于黏滞现象, 因为在稀薄气体情况下, 气体内粒子的平均自由程 $\bar{\lambda} = L$, 通过内部任意面元的粒子实际是通过该面元泻流的粒子, 即单位时间内传递动量的粒子数密度为 $n_{泻} = \frac{1}{4}n\bar{v}$; 考虑稀薄气体, 正对面元的气体分子通过面元的概率远大于其他分子, 则 $n_{泻} = \frac{1}{6}n\bar{v}$. 无论如何, 我们有黏度 $\eta \propto n$. 再考虑气体的压强公式 $p = nk_BT$, 则有 $\eta \propto p$, 即稀薄气体的黏度正比于系统的压强.

对于热传导现象, 因为热流密度

$$\phi = 碰壁粒子数密度\, n_{泻} \times 一个粒子携带的能量\, \varepsilon,$$

记两层的温度分别为 T_1, T_2, 则一个粒子在其间传递的能量为

$$\varepsilon = \frac{1}{2}(t + r + 2s)k_B(T_1 - T_2) = \frac{C_{V,m}}{N_A}(T_1 - T_2),$$

则

$$\phi = n_{泻}\varepsilon = \frac{1}{4}n\bar{v}\frac{C_{V,m}}{N_A}(T_1 - T_2).$$

仿照傅里叶热传导定律, 记

$$\phi = -\kappa' \frac{T_1 - T_2}{L},$$

则有

$$\kappa' = \frac{1}{4}n\bar{v}L\frac{C_{V,m}}{N_A} = \frac{1}{4}\rho\bar{v}L\frac{C_{V,m}}{\mu} \propto \rho L. \tag{7.27}$$

这表明, 密度确定的稀薄气体的热导率正比于系统的线度. 因此, 对于稀薄气体系统, 人们通常采用减小密度 (提高真空度) 和减小线度的方式来降低热导率, 例如, 我们常用的杜瓦瓶, 使其器壁有很薄的 "真空层" 即是为了降低热导率.

再者, 因为 $\bar{v} = \sqrt{\frac{8k_BT}{\pi m}} = \sqrt{\frac{8RT}{\pi \mu}}$, 则

$$\kappa' = \frac{1}{4}n\sqrt{\frac{8RT}{\pi\mu}}L\frac{C_{V,m}}{N_A} \propto nL\sqrt{T}.$$

这表明, 密度确定、系统线度确定的稀薄气体的热导率正比于系统温度的 $\frac{1}{2}$ 次方. 因此, 为表征杜瓦瓶的保温效果, 通常在温度尽量高的情况下进行测量.

另外, 考虑 $n = \frac{p}{k_BT}$, 则

$$\kappa' = \frac{1}{4}n\bar{v}L\frac{C_{V,m}}{N_A} = \frac{1}{4}\frac{p}{k_BT}\sqrt{\frac{8k_BT}{\pi m}}L\frac{C_{V,m}}{N_A} = \sqrt{\frac{1}{2\pi m k_B T}}Lp\frac{C_{V,m}}{N_A} \propto pT^{-1/2}.$$

由此可知, 压强确定情况下, 稀薄气体的热导率反比于系统温度的 $\frac{1}{2}$ 次方. 我们熟悉的杜瓦瓶中的水的温度在很热时变化较慢, 在较凉时变化很快正是这一规律的体现.

对于扩散现象, 7.2 节的讨论表明, 虽然对于一类粒子而言有定向流动, 但对于整体而言仍仅有无规则运动, 形成的 "流动" 为 "黏滞流动". 而对于稀薄气体, 在其中存在压强差 $\Delta p = p_1 - p_2 > 0$ 的情况下, 有净粒子流密度

$$J_n = \Gamma_{1\to 2} - \Gamma_{2\to 1} = \sqrt{\frac{\mu}{2\pi RT}}(p_1 - p_2).$$

即在稀薄气体中, 粒子数密度分布不均匀会引起纯定向流动, 并在整体上表现出来.

7.4 布朗运动及其引起的扩散

7.4.1 布朗运动的理论描述

7.4.1
授课视频

我们知道, 布朗运动由英国植物学家布朗于 1827 年发现. 关于布朗运动的本质, 直到 1877 年, 才由法国科学家德尔索指出, 这种运动是布朗粒子在荷载它的介质的分子的无规则撞击下的无规则运动, 也就是在无规策动力 $\boldsymbol{F}(t)$ 作用下的运动. 但关于这一本质的揭示, 直到 1905 年爱因斯坦给出定量理论描述, 其后斯莫卢霍夫斯基和朗之万也分别给出定量理论描述, 1908 年佩兰给出精确的实验检验, 才真正实现. 本小节介绍布朗运动的理论描述方案及结果.

力学原理表明, 物体在具有黏性的介质中运动时, 受到黏性阻力的作用, 该黏性阻力可近似由斯托克斯定律 (Stokes law) 表示为

$$\boldsymbol{f}_{\mathrm{V}} = -6\pi a\eta \boldsymbol{v},$$

其中, $\boldsymbol{v}$ 为物体运动的速度, a 为物体的半径, η 为介质的黏度. 那么, 在同时考虑无规策动力 $\boldsymbol{F}(t)$ 和黏性阻力 $\boldsymbol{f}_{\mathrm{V}}$ 的情况下, 由牛顿第二定律可知, 质量为 m 的布朗粒子在三维空间内的运动方程可以表示为

$$m\frac{\mathrm{d}^2 \boldsymbol{r}}{\mathrm{d} t^2} = -6\pi a\eta \frac{\mathrm{d}\boldsymbol{r}}{\mathrm{d}t} + \boldsymbol{F}(t). \tag{7.28}$$

若布朗粒子还受其他力 $\boldsymbol{f}_{\mathrm{other}}$ 的作用, 则还应加上相应的力 $\boldsymbol{f}_{\mathrm{other}}$. 此即著名的朗之万方程 (Langevin equation).

在直角坐标系中, 记任何一个一维运动方向的坐标为 s $(s = x, y, z)$, 则有

$$m\frac{\mathrm{d}^2 s}{\mathrm{d} t^2} = -6\pi a\eta \frac{\mathrm{d}s}{\mathrm{d}t} + F_s(t).$$

将上述方程两边同乘以 s, 则得

$$ms\frac{d^2s}{dt^2} = -6\pi a\eta s\frac{ds}{dt} + sF_s(t).$$

考虑数学关系式

$$s\frac{ds}{dt} = \frac{1}{2}\frac{ds^2}{dt}$$

和

$$\frac{d^2s^2}{dt^2} = \frac{d}{dt}\left(\frac{ds^2}{dt}\right) = 2\frac{d}{dt}\left(s\frac{ds}{dt}\right) = 2\left(\frac{ds}{dt}\right)^2 + 2s\frac{d^2s}{dt^2},$$

则得

$$\frac{1}{2}m\frac{d^2s^2}{dt^2} - m\left(\frac{ds}{dt}\right)^2 = -3\pi a\eta\frac{ds^2}{dt} + sF_s(t).$$

因为 $F_s(t)$ 是未知的, 所以上述方程仍不可解. 为解决这一问题, 我们对上式取平均, 则得

$$\frac{1}{2}m\frac{d^2\overline{s^2}}{dt^2} - m\overline{\left(\frac{ds}{dt}\right)^2} = -3\pi a\eta\frac{d\overline{s^2}}{dt} + \overline{sF_s(t)}.$$

因为 s 和 F_s 都无规则, 所以有

$$\overline{sF_s} = \overline{s}\cdot\overline{F_s} = 0.$$

又因为 $\frac{1}{2}m\left(\frac{ds}{dt}\right)^2$ 为粒子在 s 方向上的动能, 考虑能量均分定理, 则有

$$m\overline{\left(\frac{ds}{dt}\right)^2} = k_BT.$$

于是, 取平均的 s 方向上的朗之万方程化为

$$\frac{1}{2}m\frac{d^2\overline{s^2}}{dt^2} - k_BT = -3\pi a\eta\frac{d\overline{s^2}}{dt}.$$

这是一个典型的关于 $\overline{s^2}$ 的常系数二阶微分方程. 考虑 $(\overline{s^2})_{t=0}=0$ 和 $\left(\frac{d\overline{s^2}}{dt}\right)_{t=0}=0$ 的初始条件, 求解该方程, 则得

$$\overline{s^2} = \frac{k_BT}{3\pi a\eta}t + \frac{mk_BT}{18\pi^2a^2\eta^2}\left(e^{-\frac{6\pi a\eta}{m}t} - 1\right). \tag{7.29}$$

因为 $m=\frac{4}{3}\pi a^3\rho$, 对于常见的布朗粒子, $a\sim 10^{-6}$ m, $\rho\sim 10^3$ kg/m³, 则 $m\sim 10^{-15}$ kg, 而通常流体的黏度 $\eta\sim 10^{-3}$ kg/(m·s), 于是 $\frac{6\pi a\eta}{m}\sim 10^7$, 那么只要时间 $t>10^{-7}$ s, 包含指数衰减的项就急剧衰减而趋于 0, 并且常量项小于正比于时间的项, 所以有

$$\overline{s^2} \approx \frac{k_BT}{3\pi a\eta}t.$$

记

$$D = \frac{k_B T}{6\pi a \eta},\tag{7.30}$$

并称之为爱因斯坦扩散系数, 则近似有

$$\overline{s^2} = 2D\,t.\tag{7.31}$$

由 (7.31) 式可知, 在布朗运动中, 布朗粒子的运动虽然是无规则的, 但经过一段时间后, 布朗粒子可以远离其初始位置, 并且相对于其初始位置的位移的平方的平均值正比于所经历的时间.

7.4.2 布朗粒子的扩散举例

7.4.2
授课视频

由布朗运动引起的扩散很常见. 1.1 节中介绍的悬浮于水中的藤黄粉末的运动就是一个典型的例子. 由图 1.1 可知, 经过一段时间后, 藤黄粉末相对于其初始位置的位移显然不等于 0, 并且测量结果表明, 实际情况与 (7.31) 式预言的结果符合得很好, 从而确认了物质由分子 (原子) 组成, 且分子 (原子) 处于不停顿的无规则运动状态的学说. 基于这一贡献, 法国物理学家佩兰获得了 1926 年的诺贝尔物理学奖. 又如, 在一容器内的水中滴入墨水, 经过一段时间后, 墨水会散布于整个容器内的水中, 在这一扩散过程中起主要作用的就是在水分子的碰撞下墨水微粒所做的布朗运动. 再如, 吸入肺泡内的氧分子的运动等也是布朗运动引起的扩散现象. 我们知道, 空气是混合气体, 氧气在其中约占 21%. 人通过呼吸把空气吸入肺泡内之后, 由于氧分子占分子总数的比例较低, 因此其在肺泡内的扩散也主要是由它们在氮分子等的碰撞下做布朗运动而形成的. 当氧分子扩散到肺泡壁上时, 就由其上的毛细血管吸收, 为人体各组织器官提供氧气. 二氧化碳也是通过扩散从毛细血管进入肺泡, 然后在呼气时被排出体外. 肺泡的 "半径" 大约为 10^{-4} m, 氧气在空气中的扩散系数 $D = 1.78 \times 10^{-5}$ m^2/s, 那么由 (7.31) 式可知, 氧分子由肺泡中心扩散到肺泡壁所需时间约为 2.8×10^{-4} s. 显然, 该扩散时间远小于人呼吸的周期. 再进一步考虑氧分子通过毛细血管壁的时间等, 仍然有氧分子通过扩散等进入血管的时间远小于人呼吸的周期, 从而可以保证一次呼吸吸入的氧分子大部分都可以进入血管. 这也表明, 在特殊情况下, 人需要加快呼吸或放缓呼吸.

生命科学研究表明, 动物的生命过程中所需的能量主要是由食物中汲取的葡萄糖转化为乳酸的糖酵解过程提供的, 例如, 人体中各种组织 (如脑、骨骼肌、心肌等) 活动所需要的能量都是由糖酵解过程中产生的一种称为三磷酸腺苷 (常缩写为 ATP) 的高能化合物提供的. 其基本过程可简略地表示为: 糖酵解产生 ATP, ATP 水解释放出其蕴藏的能量, 这些能量通过称为分子马达 (molecular motor) (亦称为分子机器 (molecular machine)) 的具有特异性质的蛋白质的运动传递、转化为机械功,提供给各组织器官或释放到体外. 目前的研究结果表明, 分子马达的运动就是布朗运动引起扩散的结果. 我们知道, 人体由很多不同的大分子组成, 分子马达的运动自然是布朗运动. 由于分子之间相互作用的吸引部分和排斥部分的不对称 (参见1.1 节), 分子马达所做的布朗运动是在不对称的周期场 (如图 7.8 所示) 中的运动. 这种局域的不对称相互作用使得分子马达向不同方向扩散的流不同, 从而形成定向流, 实现能量的定向传输.

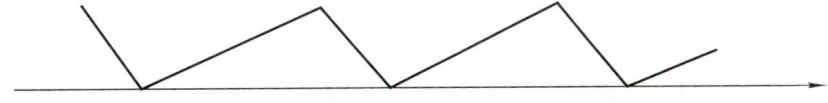

图 7.8 作用于分子马达的不对称的周期场的简单近似示意图

布朗运动普遍存在, 并且是一些输运过程的重要起因, 除上述例子外, 原子核的裂变、聚变和其他反应过程中, 由核子的布朗运动引起的输运过程也起着重要作用; 社会活动、经济活动等的发生和发展也可以由布朗运动来描述. 在基础研究中, 统计规律与混沌 (chaos) 运动的关系的研究也涉及输运现象, 宇宙起源及演化 (尤其是恒星、星系及星系团的形成等) 都与输运过程有关. 在核能利用、生物技术等蓬勃发展, 基础研究也日新月异的今天, 布朗运动的作用更加重要, 其应用也更加广泛.

顺便提及, (7.31) 式仅适用于最简单的正常扩散. 后来 (尤其是近些年来) 的研究表明, 扩散现象中还存在反常扩散. 关于反常扩散的概念和理论描述, 远超出本课程的范畴, 有兴趣的读者请参阅有关专著, 例如, 包景东的《反常统计动力学导论》(科学出版社, 2012 年).

7.5 非平衡过程中的一些常见现象和基本规律简介

对于孤立系统, 当其状态偏离平衡态时, 由于组成系统的微观粒子的无规则运动和相互碰撞, 使得系统内部出现输运现象. 在相当多的情况下, 输运过程的流与系统中相应物理量的梯度成线性关系, 从而使系统状态的变化沿着使系统微观状态数增多的方向进行. 因此经过相当长时间后, 系统会达到平衡态. 然而, 当系统状态偏离线性区, 或者受到外界影响的情况下, 系统不再有确定的、普适的演化发展规律, 从而出现远离平衡态的具有自相似、自组织等特征的耗散结构. 由于远离平衡态的体系随时间的发展演化依赖于动力学的细致行为, 因此该方面的研究已经发展成为一个独立的物理学前沿分支学 —— 非平衡统计力学 (nonequilibrium statistical mechanics), 并在化学反应动力学、大气科学、生命科学、宇宙物理学等领域的研究中发挥重要作用. 由于该方面的深入讨论涉及较深奥的理论, 处理起来比较麻烦, 这里仅介绍一些常见现象和基本规律.

7.5.1 分岔、分形与自相似结构

在近平衡态情况下,热力学系统中某组分 i 的浓度 ρ_i 由系统的控制参量 ξ 唯一确定,其变化可以由图 7.9 中的曲线段 a 所示. 在系统达到平衡态之前,系统的状态有确定的演化方向. 达到平衡态后,系统便处于空间均匀且不随时间变化的状态. 但当控制参量 ξ 达到某确定的临界值 ξ_c 以后,组分浓度 ρ_i 随 ξ 的变化并不一定沿 a 的延长线 b 演化,即 b 部分对应的系统状态是不稳定的,从而很小的扰动就可能使系统跳跃到另外的由 c 或 c' 所示的曲线上,按其标记的组分浓度演化规律而发展演化,并且曲线 c 或 c' 所示的状态都和曲线段 a 所示的状态类似,具有某种稳定的时空有序结构. 这就是说,在系统状态随控制参量 ξ 的变化过程中,当 ξ 偏离平衡态的控制参量 ξ_0 足够大而达到某临界值 ξ_c 时,系统状态的演化出现"岔路口"之后,系统沿不同的分支 c 或 c' 演化. 这种系统随控制参量演化出现不同演化路径的现象称为分岔或分支现象,$\lambda = \xi_c$ 的点称为分岔点或分支点. 在分岔点之前,系统的状态具有确定的空间分布规律,如果不受外界影响,系统将趋于具有空间均匀性和时间不变性的平衡态,即具有高度的时空对称性. 相应的曲线段 a 称为热力学分支. 当 $\xi \geqslant \xi_c$ 时,a 的延长线 b 所示的状态不稳定,故称之为热力学分支的不稳定部分. 由于 b 所示的状态不稳定,在很小的扰动下系统就分解到具有不同的时空有序结构的分支 c 或 c',从而破坏系统原来的对称性,这种现象称为对称性破缺 (symmetry breaking),形成的分支 c, c' 称为耗散结构分支.

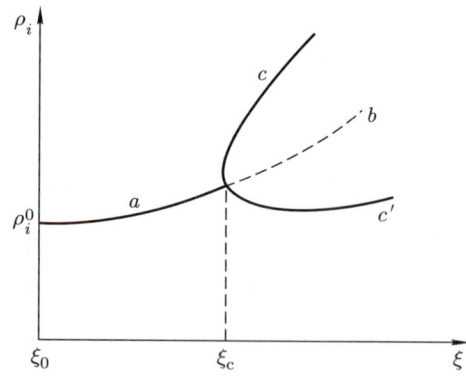

图 7.9 热力学系统中的组分浓度随控制参量的演化及分岔现象示意图

分岔现象在自然界中普遍存在,例如,浮云不呈球形、山峰不是锥体、闪电从不沿直线行进、树皮并不光滑、海岸线不是圆圈或直线等,都是分岔现象的表现. 仔细考察这些现象可知,它们的表现都与所取的空间尺度有关. 例如,海岸线的长度与采用

的比例尺有关，在小比例尺的地图上，海岸线上许多小的曲折被拉直，总长度就显得较短，随着比例尺的放大，一批批越来越多的海湾、半岛都显露出来，从而使得海岸线愈来愈长. 仔细考察这些观测结果可以发现，它们的局部都与整体相似，这种现象称为自相似. 数学上，把这种现象称为分形 (fractal). 分形是由于大尺度范围内大规模出现分岔现象所致，它在尺度或标度变换下具有自相似性.

虽然分形的概念被明确提出来还不太久 (由芒德布罗 (Mandelbrot) 于 1973 年提出)，但在数学上，人们早已构造了具有分形结构的科赫曲线 (Koch curve)、谢尔平斯基镂垫 (Sierpinski gasket) 等模型. 先以单位长度线段中央的 1/3 为边作等边三角形，并将该 1/3 线段去掉，代之以等边三角形的其余 2 边，形成 4 段长度都为 1/3 的曲线，如图 7.10 (a) 所示，然后去掉该 4 条线段中央的 1/3，代之以相应等边三角形的其余 2 边，如图 7.10 (b) 所示，如此无穷多次继续操作下去形成的曲线就是科赫曲线. 系统的理论研究表明，具有分形结构系统的一个重要特征是具有非整数维数，并称该维数为分形维数，例如，科赫曲线的维数为 1.26, 海岸线的维数大于 1 小于 2.

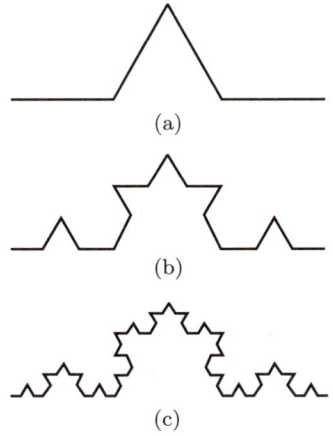

图 7.10 科赫曲线示意图

分岔与分形已在科学和技术领域得到广泛应用，并影响数学、物理学、化学、生命科学、地学等学科的发展. 作为入门，有兴趣的读者可参阅 Falconer K J 的 *Fractal Geometry: Mathematical Foundations and Applications* (John Wiley and Sons, 1989 年，有中译本).

7.5.2 耗散结构与自组织现象

由 7.5.1 小节的讨论我们知道，当系统的控制参量 ξ 远离其平衡态的数值 ξ_0 而大于某临界值 ξ_c 时，系统的状态会发生对称性破缺，系统的演化会出现分岔现象，形成不同的稳定结构. 控制参量 ξ 大于临界值 ξ_c 只有在系统远离平衡态并受到外界影响，

7.5.2
授课视频

即系统为开放系统的情况下才能实现. 形成的状态虽然稳定, 但与平衡态差别很大, 至少不再具有空间分布均匀性, 如图 7.9 所示, 并且所经历的过程不能反向进行而使系统和外界都恢复到原来的状态. 这种开放和远离平衡态的条件下, 在与外界进行物质和能量交换的过程中, 通过能量耗散和内部非线性动力学机制而形成并维持的宏观时空有序结构称为耗散结构 (由普里高津 (Prigogine) 于 1969 年提出).

再回顾上述耗散结构形成的过程, 我们知道, 当系统的控制参量 ξ 大于临界值 ξ_c 时, 对应于一个控制参量, 系统的状态由于分岔现象至少有两个不同的有序结构, 对于有多个分岔的高级分岔系统有更多的状态. 这种一个系统内部自发地使其中大量分子或单元按一定的规律运动而形成有序结构的现象称为自组织现象. 由此可知, 耗散结构的基本特征是具有自组织现象. 自组织现象和耗散结构普遍存在, 以下仅举两个典型实例.

一、DNA 双螺旋结构

任何宏观物质都由原子和分子组成. 但当大量原子组成大分子, 再进一步形成细胞时, 系统却发生了质的变化, 由无生命的原子形成有活性、有生命的生物体. 对这一变化过程的认识, 目前仍是物理学致力探讨的重大课题之一 (最近的实验已再现出地球上生命出现之前的高温条件下由无机物转化为 DNA 的组分 (尤其是嘌呤) 的过程). 从热力学系统的状态来看, 自然界中的生物都是由大量细胞按严格的规律组成的高度有序的组织, 例如, 人的大脑是由 10^{10} 量级数目的神经细胞组成的极其精密、有序的组织. 每一个细胞都具有奇特的有序结构, 它至少包含一个 DNA 分子或核糖核酸 (RNA) 分子. 一个 DNA 分子是由 $10^8 \sim 10^{10}$ 个原子组成的分别称为腺嘌呤 (简记为 A)、胸腺嘧啶 (简记为 T)、鸟嘌呤 (简记为 G) 和胞嘧啶 (简记为 C) 的四种核苷酸碱基组成的双螺旋长链, 如图 7.11 所示. 这一高度有序的结构中不同成分 A, T, G, C 连接方式的少许差异, 就造成具有不同结构和功能的细胞, 从而导致自然界中具有各种各样的生物. 这些不同的核苷酸碱基的形成, 以及进一步的不同 DNA 分子的形成, 都是由大量原子组成的热力学系统中的自组织过程引起的. 由此可见, 自组织现象在生命过程中具有至关重要的作用.

二、图灵斑图与化学振荡及螺旋波

许多树叶、花朵和各种动物的毛皮等都具有漂亮的规则图案, 而从原子、分子的层次上来讲, 组成它们的原子、分子原来都在空间均匀分布, 为什么通过胚胎的发育、生长会形成不同的形状、结构和图案呢? 英国数学家图灵 (Turing) 提出一个动力学模型来描述这种形态发生过程. 图灵认为, 形态发生过程实际上包括化学反应和扩散两个过程. 虽然单一的扩散现象会抹平空间分布的不均匀, 但在有化学反应进行的多种

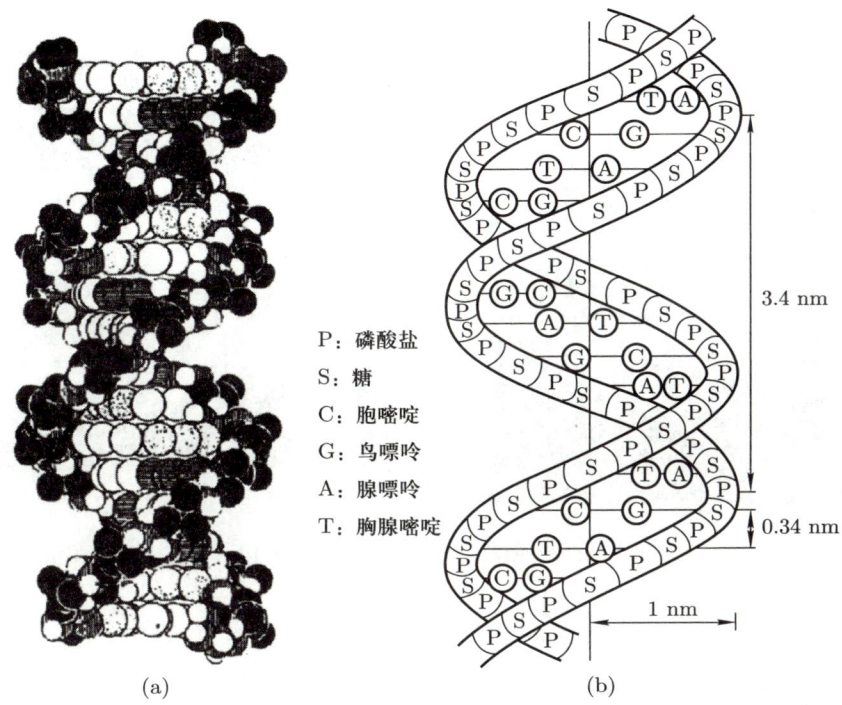

图 7.11 DNA 分子的双螺旋结构示意图

组分耦合扩散的系统中, 由于不同组分的扩散系数不同, 以及不同反应物和生成物的浓度不同, 使得均匀相发生自发破缺, 从而形成不均匀的空间形态, 这样的不均匀形态可以是动态的化学波, 也可以是静态的图案. 这样形成的空间形态或图案称为图灵斑图 (Turing pattern).

二十世纪六七十年代, 人们发现了化学振荡, 以及化学斑图和化学螺旋波两种化学波, 如图 7.12 所示. 二十世纪九十年代初, 我国学者欧阳颀教授与合作者在凝胶反应器中得到了静态斑图, 并且说明当化学浓度、温度等控制参量达到临界值时, 斑图在均匀背景上自发地突然出现, 图 7.13 为其示例. 这些结果揭示了自然界中形态发生的基本规律. 进一步的研究表明, 螺旋波的探测与控制具有广泛的应用, 例如, 目前心脏病的诊断与治疗的重要方法之一就是基于螺旋波的探测与控制.

上述表现表明, 自组织现象和耗散结构是非平衡热力学系统的重要特征和表现. 另一方面, 天空中的云有时呈整齐的鱼鳞状排列, 有时呈带状间隔排列, 有时又呈纤缕或头发似的纹理, 而其余时间却是孤立成簇、成堆; 在高空中的水蒸气结合会形成有规则的六角形形状的雪花; 沙漠中的细沙形成此起彼伏、远近高低各不同的沙丘. 这些常见现象都表明自组织现象和耗散结构在自然界中普遍存在. 综合起来, 耗散结构的特征可以概括为: 只有在外界不断提供能量或物质的系统中才可能出现并维持耗散

图 7.12 化学螺旋波的观测结果示例

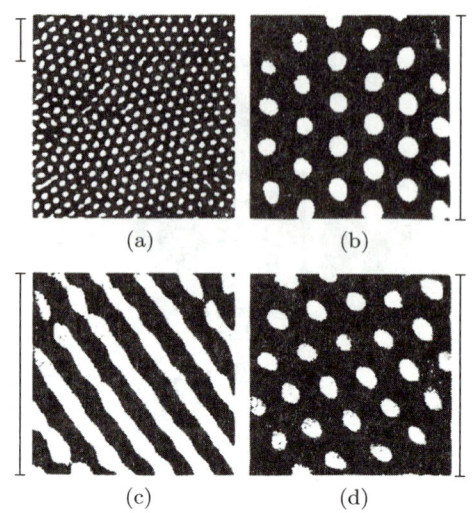

图 7.13 静态图灵斑图示例

结构, 即耗散结构只可能出现在开放系统中; 只有当控制参量达到或大于确定的临界值时, 才能出现耗散结构, 即耗散结构只有在远离平衡态的情况下才会出现; 耗散结构出现时, 时空结构向对称性降低的方向变化, 即耗散结构及自组织现象出现时, 一定有对称性自发破缺; 耗散结构是稳定的, 不因任何小的扰动而被破坏. 耗散结构与自组织现象不仅深化了人们对热力学系统 (尤其是非平衡热力学系统) 的性质及规律的认识, 还打开了从物理学通向生命科学的窗口. 这方面的研究虽然已经取得硕果, 但仍有待深入.

7.5.3 非平衡演化过程的一些基本规律*

我们知道, 对于分别以 α, β 标记的组成系统的微观状态, 记处于这些微观状态的平均粒子数分别为 n_α, n_β. 由于组成系统的微观粒子的无规则运动, 使得它们之间不断发生碰撞, 记碰撞过程中 α 态转变为 (跃迁到) β 态的概率为 $n'_{\alpha \to \beta}$, β 态跃迁到 α 态的概率为 $n'_{\beta \to \alpha}$. 对于热平衡态, 则有

$$n_\alpha n'_{\alpha \to \beta} = n_\beta n'_{\beta \to \alpha}.$$

该规律常被称为细致平衡原理 (principle of detailed balance). 它表明热平衡系统中的任何一个碰撞的正过程都一定有相应的逆过程与之平衡, 从而使得碰撞前后 α 态与 β 态的平均粒子数在统计平均的意义下保持不变, 亦即宏观状态长时期保持不变. 并且, 进一步, 定义 H 函数:

$$H = \sum_\alpha g_\alpha (n_\alpha \ln n_\alpha - n_\alpha),$$

其中, g_α 为 α 态的简并度 (即单粒子能量都为 E_α 的微观状态的数目), 对于满足细致平衡原理的过程, 则有

$$\frac{\mathrm{d}H}{\mathrm{d}t} \leqslant 0.$$

该规律即著名的 (玻尔兹曼的) H 定理. 该定理表明, 在任何过程中, H 函数总不增大; 在满足细致平衡原理的情况下, H 达到极小值, 并且不再变化, 从而有微观状态的玻尔兹曼分布律.

尽管在很久之前就发现的这些原理揭示了热平衡系统中的基本性质和热力学系统演化行为的基本特征, 但揭示非平衡演化过程中热力学系统的特征量的具体表现行为的进程却相当缓慢, 并且极其困难. 这里对目前认识的非平衡演化过程中热力学量的演化行为的一些表现予以简单介绍.

一、涨落定理

深入研究表明, 一个热力学系统在任意时刻都有一定概率处于任何可能的微观状态. 由此可知, 在一段时间内, 处于非平衡态的热力学系统的熵有一定的概率增加或减少, 即系统的熵产生实际上可正可负. 如果记 $\overline{\Omega}_t$ 为系统在一段时间 t 内的平均熵产生率, 则 $\overline{\Omega}_t$ 可以取正值 A 或负值 $-A$, 并且两种情况满足确定的概率关系, 具体有

$$\frac{P\left(\overline{\Omega}_t = A\right)}{P\left(\overline{\Omega}_t = -A\right)} = \mathrm{e}^{At/k_\mathrm{B}}. \tag{7.32}$$

该关系 (或者说该规律) 称为涨落定理.

(7.32) 式表明, 对宏观系统 ($A \gg 0$) 做长时间统计 ($t \gg 0$), 熵增加的概率远远大于熵减少的概率 (因为指数 $\mathrm{e}^{At/k_\mathrm{B}} \gg 0$), 即系统 "几乎" 只能向着熵增加的方向演化. 由此可见, 涨落定理是对热力学第二定律的推广, 或者说涨落定理将熵增加表达为更加精确的概率形式. 我们可以想象, 对小尺寸系统做短时间统计, 熵减少与熵增加的概率将变得可比拟, 从而系统有可能表现出违背热力学第二定律的行为. 简而言之, 热力学第二定律适用于具有很多微观状态的 "宏观" 系统, 而涨落定理同时适用于宏观系统和微观系统. 涨落定理首先由埃文斯 (Evans)、科恩 (Cohen) 和莫里斯 (Morriss) 于 1993 年提出, 并进行了计算机模拟检验. 1994 年, 埃文斯和瑟尔斯 (Searles) 率先给出了一个理论推导. 随后, 各种理论和数值工作都证明了涨落定理的正确性. 在 2002 年之后, 涨落定理更是得到了各种实验的验证, 例如, 基于微观粒子或生物分子的实验.

对于一个处于恒温热源中的有限尺寸的经典系统, 例如, 分子机器等, 如果其受到时间依赖的驱动力并具有微观可逆的动力学性质, 记 s 为被驱动系统在一段时间内的

熵产生，$P_{F/R}$ 分别为系统被正向和反向驱动的熵产生的概率分布，则

$$\frac{P_F(s)}{P_R(-s)} = e^{s/k_B},$$

上式可以视为涨落定理的一个稍微广义的版本，由克鲁克斯 (Crooks) 于 1999 年提出，因此常称为克鲁克斯涨落定理. 记 A 和 B 为系统的两个平衡态，驱动使得系统在这两个态之间演化，再记 W 为驱动对系统所做的功，ΔF 为系统在上述两个态的自由能之差，T 为系统的温度，由自由能的定义和热力学基本方程可知，克鲁克斯涨落定理可以改写为

$$\frac{P_F(W)}{P_R(-W)} = \exp\left(\frac{W - \Delta F}{k_B T}\right).$$

再将此式改写，即有克鲁克斯关系，具体讨论见下. 上式表明，如果驱动过程进行得无穷慢，即为准静态过程，则正向和反向驱动的熵产生的概率分布相等，也即 $P_F(W) = P_R(-W)$，从而等温过程中驱动对系统所做的功就等于上述两个态的自由能之差，即 $W = \Delta F$.

如果驱动具有时间对称性和周期性，那么系统将处于非平衡"稳态". 于是，在长时间统计下，熵产生可以近似为系统吸收的热量，即 $s \approx Q/T$，将其代入克鲁克斯涨落定理，则得到

$$\lim_{t \to \infty} \frac{P_F(Q)}{P_R(-Q)} = e^{\frac{Q}{k_B T}}. \tag{7.33}$$

(7.33) 式称为加拉沃蒂 – 科恩涨落定理.

总之，对于小系统而言，非平衡涨落通常不可忽略，其中的规律由涨落定理描述. 近年来，关于涨落定理的深入研究在理论和实验方面都取得了长足发展，涨落定理已经成为非平衡热力学和非平衡统计物理学的重要内容.

二、雅尔津斯基等式

对于一个处于平衡态的热力学系统，亥姆霍兹自由能 $F = U - TS$ 是它的一个态函数，其中，U 是内能，S 是熵，它们都是温度 T 和体积 V 的函数. 当温度 T 给定时，U, S, F 都是系统的某一个状态参量的函数. 例如，对于封闭在活塞中的经典理想气体，U, S, F 都可以表述为体积 V 的函数，即有 $U(V), S(V), F(V)$. 将第六章中讨论过的最大功原理 (吉布斯于1876年提出) 重新表述为：在系统的体积由 V_i 变到 V_f 的过程中，外界对系统所做的功 W 与系统的亥姆霍兹自由能的增量 $\Delta F = F_f - F_i$ 之间满足 $W \geqslant \Delta F$，其中等号仅对准静态可逆过程成立. 这表明，为使系统的自由能在一个过程中增加 ΔF，外界对系统所做的功至少应为 $W_{\min} = \Delta F$，也就是说，在一个过程

中系统能够对外界做的功最大只能是系统自由能的减小量 (这是最大功原理的原始表述, 亦常将之作为热力学第二定律的表述之一). 回顾原始分析过程可知, 最大功原理成立的条件是系统的初态是温度为 T 的热平衡态, 且在外界对系统做功的过程中细致平衡原理始终成立.

我们知道构成宏观热力学系统的粒子数足够多, 即 $N \gg 1$, 因此热力学量的分布函数的均方差相对于其平均值通常可忽略不计. 在此情况下, 通常不必区分热力学量的平均值与一次实验中的测量值. 但是, 对于微观热力学系统, 上述前提条件直观上通常不成立. 此时热力学量的分布函数的均方差相对于其平均值不可忽略 (例如功). 因此必须区分热力学量的平均值与一次实验中的测量值. 从而上述最大功原理需要重新表述为 $\overline{W} \geqslant \Delta F$, 其中, $\overline{W}$ 为外界对系统所做功的平均值.

经研究, 美国物理学家雅尔津斯基 (Jarzynski) 于 1997 年将上述最大功原理进行了推广 (Jarzynski C. Phys. Rev. Lett., 1997, 78: 2690). 考虑系统与温度为 T 的恒温热源接触的情况, 则在系统的哈密顿量所含参数发生变化时, 外界即对系统做功. 无论是无穷慢地改变参数而使系统经历一个准静态过程, 还是较慢地改变参数而使系统经历一个近平衡过程, 抑或是很快地改变参数而使系统经历一个远离平衡的过程, 作为具有涨落的量 $\overline{W}$ 与系统的自由能的改变量的平均值 $\overline{\Delta F}$ 之间始终满足

$$\mathrm{e}^{-\overline{W}/(k_\mathrm{B} T)} \equiv \mathrm{e}^{-\overline{\Delta F}/(k_\mathrm{B} T)},$$

其中, k_B 为玻尔兹曼常量, $\overline{W}, \overline{\Delta F}$ 分别为前述的外界对系统所做功的平均值、系统的自由能的改变量的平均值. 该关系常被称为雅尔津斯基等式. 利用数学上的詹森不等式可以从雅尔津斯基等式导出最大功原理.

在理论上, 雅尔津斯基等式可以由多种方法予以证明 (Jarzynski C. Ann. Rev. Cond. Mat. Phys., 2011, 2: 329), 并且其普适性 (对任意系统、任意温度、任意速度) 可以通过多种数值模拟计算和实验予以验证 (Jarzynski C. Ann. Rev. Cond. Mat. Phys., 2011, 2: 329). 作为最早被发现且至今仅有的几个描述任意远离平衡过程的热力学等式之一, 它为研究远离平衡过程的热力学打开了一扇窗.

三、克鲁克斯关系

在第六章中, 我们讨论过等温等体系统准静态演化的自由能减小判据, 即任何等温等体的热力学系统的准静态演化过程只能沿着自由能不增大的方向进行. 我们知道, 自由能是刻画热平衡态的特性函数, 亦即系统的态函数, 例如, 它是温度的函数. 因此只要能准确测量系统的自由能, 就可以反过来确定系统的温度. 也正因为自由能是热力学系统的态函数, 为确定系统进行过程中任何一个状态的温度, 我们需要找到一个

能够将非平衡态与平衡态联系起来的办法, 例如, 在非平衡态的不可逆功与平衡态的自由能之间建立联系, 从而通过测量功来确定自由能.

对于一个绝热系统, 由能量守恒定律可知, 对于使组成系统的微观粒子从能级 E_n 跃迁到 E_m 的过程, 外界对系统所做的功即为 $W = E_m - E_n$. 如果与微观粒子跃迁的初态和末态相应的系统状态都是热平衡态, 并且跃迁过程发生的概率分布函数为 $R(W)$, 则利用细致平衡原理可得

$$e^{-\Delta F/(k_B T)} R'(-W) = e^{-W/(k_B T)} R(W),$$

其中, ΔF 是末态与初态的自由能之差, $R'(-W)$ 为反向做功的概率分布函数. 该关系常被称为克鲁克斯关系 (Crooks C E. Phys. Rev. E, 1999, 60: 2721). 由于该关系中所述的外界对系统所做的功会发生涨落, 并且功是与路径相关的过程量, 因此如果对所有可能的做功路径取平均, 则可得到前述的雅尔津斯基等式.

四、非平衡热机

由第五和第六章的讨论可知, 热机是一种能够将热能转化为机械能的系统. 一般地, 热机包括高温热源、低温热源、工作物质三个部分, 其中工作物质在两个热源之间循环改变状态 (在高温热源吸收热量、在低温热源释放热量, 再回到高温热源), 从而在循环过程中输出机械能. 事实上, 热机的发明直接导致了第一次工业革命, 并极大地推动了人类文明的发展进程. 从十八世纪至今, 热机的理论和应用研究一直都是物理学家关心的重要问题.

具体地, 热机的研究主要集中在两个方面: 一方面是提高热机效率 (从高温热源吸收的热量转化为向外界输出的机械能的比例) 的方案, 另一方面是提高热机功率 (单位时间内机械能的输出量) 的方案. 换句话说, 功率和效率是衡量热机性能的两个主要参数. 当然, 现实热机的循环过程是一个有限时间的不可逆过程, 其理论依据为有限时间热力学. 这就是说, 现实的热机是非平衡热机.

在第五章我们采用理想热机讨论过热机的效率, 所谓的理想热机, 即循环进行得无限缓慢, 以致工作物质在任何时候都处于平衡态, 也就是工作物质进行准静态循环形成的热机. 其典型代表是工作物质进行卡诺循环的卡诺热机. 对于卡诺循环, 记工作物质在温度为 T_h 的高温热源吸收的热量为 Q_h, 在温度为 T_l 的低温热源释放的热量为 Q_l, 由于可逆循环过程的熵变为零, 因此有

$$\frac{Q_h}{T_h} - \frac{Q_l}{T_l} = 0,$$

进而得到卡诺热机的效率

$$\eta = \frac{W}{Q_h} = \frac{Q_h - Q_l}{Q_h} = 1 - \frac{T_l}{T_h}.$$

由于卡诺热机没有熵增加和任何能量耗散, 因此上式就是热机效率的最大值, 也称为卡诺极限. 然而, 卡诺热机的循环时间无穷长, 其功率实际上为零, 即

$$P = \frac{W}{t} \to 0, \quad t \to \infty.$$

为了分析现实热机的功率, 人们在卡诺热机的基础上引入有限时间的不可逆过程, 即考虑热源与热机之间有热传导过程的现实. 于是, 人们假设: 热机的内部过程仍然可以近似为等效的卡诺循环, 即工作物质在高温状态 (温度为 T_h') 和低温状态 (温度为 T_l') 之间进行准静态可逆循环; 工作物质的高温状态和低温状态通过导热物质 (通常为导热流体) 分别与外部的高温热源 (温度为 T_h) 和低温热源 (温度为 T_l) 进行有限时间的不可逆的热传导. 在这样的情况下, 热机与热源之间的热传导过程是不可逆过程, 但是热机内部仍然是可逆过程, 故称其为内可逆热机. 由傅里叶热传导定律 (具体讨论见 7.1 节) 可知, 记工作在高温热源与工作物质的高温状态之间的导热物质和工作在低温热源与工作物质的低温状态之间的导热物质的热导率分别为 κ_h, κ_l, 则热机的工作物质吸收热量的速率、释放热量的速率分别为

$$\dot{Q}_h = \kappa_h(T_h - T_h'), \quad \dot{Q}_l = \kappa_l(T_l' - T_l),$$

其中, 各个温度之间满足 $T_h \geq T_h' \geq T_l' \geq T_l$. 由此可知, 热机的功率和效率可以由 $\dot{Q}_h$ 和 $\dot{Q}_l$ 决定, 即

$$P = \dot{W} = \dot{Q}_h - \dot{Q}_l, \quad \eta = \frac{\dot{W}}{\dot{Q}_h} \leq 1 - \frac{T_l'}{T_h'}, \tag{7.34}$$

其中, 效率的不等式为等效的卡诺极限的结果.

关于这样的热机的最大输出功率和最高效率, 是典型的带约束的优化问题, 其中, 等效的温度 T_h' 和 T_l' 为优化参数, 效率 η 为约束条件, 功率 P 为目标函数. 于是应有

$$\frac{\partial P}{\partial T_h'} = 0, \quad \frac{\partial \eta}{\partial T_h'} = 0; \quad \frac{\partial P}{\partial T_l'} = 0, \quad \frac{\partial \eta}{\partial T_l'} = 0.$$

然而, 由于 η 是由 P 定义的, 因此上述方程一定不独立. 为解决这一问题, 我们引入拉格朗日乘子 λ 和 ξ, 于是有

$$\frac{\partial P}{\partial T_h'} + \lambda \frac{\partial \eta}{\partial T_h'} = 0, \quad \frac{\partial P}{\partial T_l'} + \xi \frac{\partial \eta}{\partial T_l'} = 0.$$

将这些方程的解代入 η 的定义式, 并考虑卡诺极限和 $T_{l,\min}' = 0, T_{l,\min} = 0, T_l' > 0$, 可得最优化的 T_h' 和 T_l' 分别为

$$T_{h,\max}' = \frac{\kappa_h\sqrt{T_h} + \kappa_l\sqrt{T_l}}{\kappa_h + \kappa_l}\sqrt{T_h},$$

$$T'_{l,\min} = \frac{\kappa_h\sqrt{T_h} + \kappa_l\sqrt{T_l}}{\kappa_h + \kappa_l}\sqrt{T_l}.$$

相应地，最优化的功率和效率分别为

$$P^* = \frac{\kappa_h\kappa_l}{\kappa_h + \kappa_l}\left(\sqrt{T_h} - \sqrt{T_l}\right)^2, \quad \eta^* = 1 - \sqrt{\frac{T_l}{T_h}}. \tag{7.35}$$

由此可见，有热传导的热机的最大输出功率对应的效率小于卡诺极限. 在实际情况下，考虑到热接触的条件差异，低温热源处的热传导通常比高温热源处的热传导快得多，即 $\kappa_l \gg \kappa_h$，于是低温状态的温度近似为低温热源的温度，即有 $T'_l \approx T_l$，进而近似有

$$T'_h = \sqrt{T_h T_l}, \quad P^* = \kappa_h\left(\sqrt{T_h} - \sqrt{T_l}\right)^2.$$

例如，几种典型发电厂的实际效率与理论预言结果的比较如表 7.1 所示 (取自 Curzon F L, Ahlborn B. Am. J. Phys., 1975, 43: 22).

表 7.1 几种典型发电厂的实际效率与理论预言结果的比较

类型	$T_l/°C$	$T_h/°C$	η^*	卡诺极限	实际效率
火力	25	565	0.40	0.64	0.36
核电	25	300	0.28	0.48	0.30
地热	80	250	0.18	0.33	0.16

由此可见，相比于卡诺极限，内可逆热机近似下的最优化的结果与实际情况更接近.

还需要说明，现实热机的工作物质在高温状态吸收热量、在低温状态释放热量，以及热传导的过程都是非平衡演化过程，因此上述现实热机通常称为非平衡热机. 上述对非平衡热机的分析只考虑了效率和功率的极限情况. 事实上，热机的效率和功率之间存在复杂的约束关系，并且二者不可能同时取得极大值. 在具体问题中，分析热机循环的不可逆熵产生是得到功率和效率之间的约束关系的关键，从而也是寻求二者最优权衡的关键，有关具体讨论的理论化程度较高，这里从略.

五、软物质

软物质是指容易受到热应力和热涨落的影响从而表现出各种形态和结构变化的系统，也称为软凝聚态系统. 各种软物质的共性是主导其物理行为的能量尺度为室温 $k_B T$ 量级，量子效应一般不重要，而与 "序" 相关的熵则是其最重要的物理量. 因而软物质实际上是一类经典系统. 通常，软物质包括液晶、聚合物、液滴、颗粒物质、泡沫、胶体、凝胶、生物材料，等等. 法国物理学家皮埃尔 – 吉勒·德热纳 (Pierre-Gilles de

Gennes) 被认为是软物质物理之父, 其因在软物质物理方面的工作获得 1991 年的诺贝尔物理学奖.

事实上, 人们最早研究的软物质可以追溯到布朗粒子 (决定布朗粒子行为的正是热涨落能量 $k_B T$). 随后, 化学领域的高分子聚合物、生物领域的大分子甚至细胞等研究大大丰富了软物质的研究领域. 通常, 软物质表现出自组织行为, 从而呈现出介观物理结构, 并且正是这些介观物理结构的性质和相互作用在很大程度上决定了软物质的整体行为. 换句话说, 软物质的魅力 (也是难点) 在于: 其特征尺度远大于微观尺度, 同时又远小于宏观尺度, 因此表现出有别于微观物理和宏观物理的独特性质. 近年来, 在理论和应用两方面关于软物质的研究都取得了巨大发展, 从而使得软物质物理成为凝聚态物理的一个热门分支.

液滴是一种典型的软物质, 其液面与固体表面通常会形成特定角度, 称为接触角. 当液滴与固体接触时, 二者的接触角会在一定范围内遵循特定的动力学演化规律, 并最终形成唯一的平衡接触角. 关于接触角、表面自由能 (表面能) 等的具体讨论, 见 8.4 节和 8.5 节. 一般地, 平衡接触角由液态、气态、固态三者 (严格地, 这三种状态应该为三种相, 有关相的具体讨论见第九章) 的热平衡条件决定. 当两相接触时, 二者之间会产生所谓的表面能. 记固 – 气、固 – 液、液 – 气之间的表面能分别为 E_{SG}, E_{SL}, E_{LG}, 则平衡接触角 θ_C 满足

$$E_{SG} - E_{SL} - E_{LG} \cos \theta_C = 0. \tag{7.36}$$

该方程常称为杨方程, 由托马斯·杨 (Thomas Young) 于 1805 年提出. 显然, 杨方程的解的存在性依赖于三种表面能之间的相对关系. 为此, 我们可以引入所谓的扩展参数 (spreading parameter), 记为 S:

$$S = E_{SG} - (E_{SL} + E_{LG}). \tag{7.37}$$

将 (7.36) 式代入 (7.37) 式, 则得

$$S = E_{LG}(\cos \theta_C - 1). \tag{7.38}$$

由此可见, 当且仅当 $S \leqslant 0$ 时, 平衡接触角 θ_C 才有解: $\theta_C = 0$ 表示完全润湿; $0 < \theta_C < \pi/2$ 表示高度润湿; $\pi/2 < \theta_C < \pi$ 表示轻度润湿; $\theta_C = \pi$ 表示完全不润湿. 换句话说, 当 $S > 0$ 时, 系统无法达到热平衡态. 当然, 杨方程是一种粗略近似, 后人对其进行了修正, 例如, 吉布斯就提出了体积修正. 事实上, 随着实验手段的进步, 人们还发现微米甚至纳米尺度的液滴表现出更加丰富的表面几何性质, 并由此发展出了丰富的理论模型. 另外, 如果考虑液滴的蒸发效应, 那么液滴的接触角和几何性质将表现出复杂的动力学演化行为.

思 考 题

7.1 试述黏滞现象的表现, 以及关于剪切黏滞的经验规律.

7.2 试分析讨论剪切黏度 η 的物理意义.

7.3 试说明通常的流体除了具有剪切黏滞之外, 还有体黏滞, 并且体黏滞涉及不同方向上的关联, 因此很复杂.

7.4 试通过查阅研读文献给出一些非牛顿流体的实例及它们的基本特征.

7.5 试述热传导现象的基本特征和经验规律, 给出作为电流与电压之间基本关系的电阻定律对应的热阻定律的表达形式, 并确定系统的热阻.

7.6 试说明热量传输的方式除了热传导之外, 还有热辐射和对流传热等, 以及以这三种方式中的某一种为主要传热方式的具体情况.

7.7 试述热导率的物理意义.

7.8 试述扩散现象的表现及其复杂性.

7.9 试述表述自扩散规律的菲克扩散定律的具体表述形式, 以及扩散系数 D 的物理意义.

7.10 试回顾由分层交换传递物理量的方案导出关于黏滞现象的牛顿黏滞定律、关于热传导现象的傅里叶热传导定律和关于扩散现象的菲克扩散定律的过程.

7.11 试述由分层交换传递物理量的方案导出的近平衡的流体系统的剪切黏度、热导率和扩散系数的表达形式, 以及它们之间的关系.

7.12 接 7.11 题, 试讨论近平衡的流体系统的剪切黏度、热导率和扩散系数随系统的温度和密度变化的行为.

7.13 试分析讨论稀薄气体中的扩散的特殊性.

7.14 试分析讨论布朗运动的基本特征和对定量描述其性质的朗之万方程进行求解的方案及其中的核心要点.

7.15 试分析讨论对类比于布朗运动的无规策动力作用下的无规则运动进行研究的核心要点及注意事项.

7.16 试述分岔现象的基本特征和对其进行研究的复杂性.

7.17 试分析讨论雅尔津斯基等式和克鲁克斯关系的重要意义和作用.

习 题

7.1 利用如题 7.1 图所示的旋转黏度计可以测定流体的黏度. 已知由扭丝下悬吊的两同轴圆筒的内圆筒的外半径和外圆筒的内半径分别为 $R, R+\delta\,(\delta \ll R)$, 长度都

为 L, 待测流体装于两圆筒之间. 使外圆筒以恒定角速度 ω 转动时, 内圆筒会先随之转动, 待转过一定角度 θ 后会 "静止" 下来. 若该转角 θ 显示的扭力矩为 M, 试证明: 待测流体的黏度为 $\eta = \dfrac{M\delta}{2\pi R^2(R+\delta)L\omega}$.

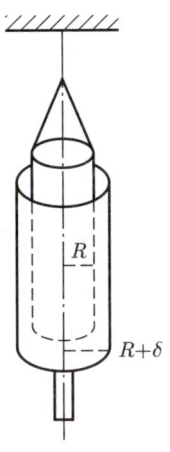

题 7.1 图

7.2 一细金属丝将一质量为 m、半径为 R 的均质圆盘沿中心轴铅垂挂起, 并使圆盘能绕轴转动. 在其下置一大的与盘面平行的水平板, 圆盘与水平板之间的距离为 d, 并充满黏度为 η 的液体. 初始时, 圆盘以角速度 ω_0 旋转. 假设圆盘与水平板之间的任一竖直线上的速度梯度都相等, 试问在 t 时刻圆盘的旋转角速度是多少?

7.3 地球表面被晒热的地方可以形成竖直向上的稳定气流, 其速度为 $0.5\,\mathrm{m/s}$. 在气流中有一球形尘埃以恒定速度 $0.1\,\mathrm{m/s}$ 向上运动. 如果尘埃的密度为 $5\times 10^3\,\mathrm{kg/m^3}$, 空气的密度为 $1.3\,\mathrm{kg/m^3}$, 空气的黏度为 $1.6\times 10^{-5}\,\mathrm{Pa\cdot s}$, 试确定尘埃的半径.

7.4 半径 $r=0.1\,\mathrm{m}$ 的铀球, 在原子核裂变过程中以 $5.5\times 10^3\,\mathrm{W/m^3}$ 的热产生率均匀且恒定不变地释放热量. 已知铀的热导率为 $46\,\mathrm{W/(m\cdot K)}$, 试确定达到稳态时, 铀球的中心与外表面之间的温度差.

7.5 厚度都可忽略的两个长圆筒共轴套在一起, 两圆筒的长度都为 L, 内圆筒和外圆筒的半径分别为 R_1, R_2, 并且两圆筒分别保持在恒定的温度 T_1, T_2 $(T_1 > T_2)$. 设两圆筒之间空气的热导率 κ 对温度的依赖可忽略, 试证明: 每秒钟时间内由内圆筒通过空气传到外圆筒的热量为 $Q = \dfrac{2\pi\kappa L}{\ln(R_2/R_1)}(T_1-T_2)$.

7.6 对于厚度为 d、面积为 S 的平板, 如果其两表面的温度分别为 T_1, T_2, 形成该平板的物质的热导率与摄氏温标下的温度 t 之间的关系为 $\kappa = \kappa_0(1+\gamma t)$, 其中, κ_0 和 γ 为常量.

(1) 试在忽略侧面热流的情况下, 给出该平板的两表面之间的热流.

(2) 如果两表面的温度分别为 $T_1 = 0\,°\mathrm{C}$, $T_2 = 100\,°\mathrm{C}$, $\gamma = 0.02\,°\mathrm{C}^{-1}$, 试确定该平板正中间截面上的温度.

7.7 现有尺寸相同、热导率相差一倍的两根金属棒, 其侧面可以认为是绝热的, 采用将它们串联和并联两种方式在温度分别恒定的高温处和低温处传热. 试问这两种方式下的传热效率相差多少倍?

7.8 一人的体表温度大约为 $35.5\,°\mathrm{C}$, 正常衣物的热导率大约为 $8\,\mathrm{mW/(m \cdot K)}$, 试确定当其在气温为 $-13\,°\mathrm{C}$ 的室外时, 需要穿多厚的衣服才能感觉舒适?

7.9 在地面上方设置长 $50\,\mathrm{m}$、宽 $20\,\mathrm{m}$ 的透明塑料薄膜形成温室大棚. 设太阳表面的温度为 $5500\,°\mathrm{C}$, 太阳的半径为 $7.0 \times 10^8\,\mathrm{m}$, 太阳与地球的距离为 $1.5 \times 10^{11}\,\mathrm{m}$, 并且太阳和地球都可以近似为绝对黑体, 塑料薄膜的反射系数为 0.6, 单从辐射角度讲, 塑料薄膜也可以近似为绝对黑体, 大气对太阳能的吸收等的耗散率为 0.4, 试问大棚内可能达到的最高温度为多少摄氏度? 并将所得结果与没有薄膜时的结果进行比较.

7.10 设有一半径为 R 的水滴悬浮在空气中, 其体积由于蒸发而逐渐减小, 蒸发出的水蒸气扩散到周围空气中. 设其邻近处水蒸气的密度为 ρ, 远处水蒸气的密度为 ρ_∞, 水蒸气在空气中的扩散系数为 D, 水的密度为 ρ_w, 试证明:

(1) 水滴的蒸发速率为 $W = 4\pi D(\rho - \rho_\infty) R$.

(2) 水滴全部蒸发完需要的时间为 $t = \dfrac{\rho_\mathrm{w} R^2}{2D(\rho - \rho_\infty)}$.

7.11 一长为 $2\,\mathrm{m}$、横截面积为 $1 \times 10^{-4}\,\mathrm{m}^2$ 的管子里贮有标准状况下的 CO_2 气体, 其中一半 CO_2 分子中的 C 原子是放射性同位素 $^{14}\mathrm{C}$. 开始时, 具有放射性的分子密集在管子左端, 其分子数密度沿着管子均匀地减少, 到右端减为 0. 假设 CO_2 的黏度为 $1.4 \times 10^{-5}\,\mathrm{N \cdot s/m^2}$, 试确定:

(1) 开始时, 放射性分子的密度梯度.

(2) 开始时, 每秒钟时间内有多少个放射性分子通过管子中点的截面从左侧移往右侧? 从右侧移往左侧的呢?

(3) 开始时, 每秒钟时间内通过管子中点的截面扩散的放射性分子的质量.

7.12 在标准状况下, 氦气的黏度为 $1.89 \times 10^{-5}\,\mathrm{Pa \cdot s}$, 试确定:

(1) 在此状态下, 氦原子的平均自由程 $\bar{\lambda}$.

(2) 氦原子的半径.

7.13 氧气在标准状况下的扩散系数为 $1.9 \times 10^{-5}\,\mathrm{m^2/s}$, 试确定氧分子的平均自由程.

7.14 一定量的气体先经过等体过程, 使其温度升高一倍, 再经过等温过程, 使其体积膨胀为原来的两倍. 试确定末态中气体分子的平均自由程 $\bar{\lambda}$、黏度 η、热导率 κ、

扩散系数 D 各为原来的多少倍?

7.15 卫星飞行在极稀薄的大气中, 这时大气的平均自由程比卫星的线度大得多. 记大气中粒子的数密度为 n, 大气分子的质量为 m, 卫星的飞行速率为 v, 试确定气体作用在与卫星运动方向垂直的单位面积上的阻力.

7.16 在稀薄气体中平行放置两片薄板 A, B, 这两片薄板分别以速率 v_A, v_B 沿平行于板面的方向运动. 记气体的密度为 ρ, 气体分子的平均速率为 $\overline{v}$, 试证明: 作用在板上单位面积的黏滞力为 $F = \dfrac{1}{6}\rho\overline{v}(v_A - v_B)$.

7.17 在稀薄气体中平行放置两片温度分别为 T_A, T_B 的薄板 A, B. 记气体的密度为 ρ, 气体分子的平均速率为 $\overline{v}$, 气体的定容比热容为 c_V, 试证明: 因为两板之间有温度差, 所以在单位时间内通过单位面积传递的热量为 $Q = \dfrac{1}{6}\rho\overline{v}c_V(T_A - T_B)$.

7.18 在 $18\,°\mathrm{C}$ 的温度下, 观察半径为 $4\times10^{-7}\,\mathrm{m}$ 的粒子在黏度为 $2.78\times10^{-3}\,\mathrm{Pa\cdot s}$ 的液体中的布朗运动. 测得粒子在时间间隔 $10\,\mathrm{s}$ 内的位移平方的平均值为 $\overline{x^2} = 3.3\times 10^{-12}\,\mathrm{m}^2$. 试确定玻尔兹曼常量 k_B.

第八章 液体和固体的基本性质

在第五和第六章中,我们讨论了热力学系统的动力学规律. 我们知道,热力学系统的常见状态是固态、液态和气态,在前面章节的讨论中,我们大多以气体 (处于气态的热力学系统) 为实例进行有关应用的讨论,也就是说我们已经讨论了一些热力学基本规律在气体中的应用. 而对于液态和固态 (统称为凝聚态) 系统,由于它们都比较复杂,并且有专门讨论固态系统性质的课程,因此我们在这里仅对液态系统 (液体) 的一些基本性质予以简要讨论. 对于固体的性质,在讨论液体性质时予以相应的简单讨论.

8.1 液体和固体的概念与研究方法概述

8.1.1 液体和固体的概念与分类

一、液体和固体及其表观特征

8.1.1
授课视频

考察常见物质的表观特征,我们可以粗略地将之分为以下几类. 一类没有流动性,不易被压缩,具有一定的体积和确定的形状,并具有弹性. 另一类具有流动性,容易被压缩,本身没有确定的体积和形状,没有明显的附着性,没有弹性. 还有一类具有流动性,但不易被压缩,有确定的体积,但没有一定的形状,有明显的附着性,但没有弹性.

人们把具有上述第一类特征的系统称为固体,把具有上述第二类特征的系统称为气体,把具有上述第三类特征的系统称为液体. 较严格地讲,具有一定体积,没有弹性 (没有切变模量),没有一定形状的可流动系统称为液体.

二、液体和固体的分类

关于物质的分类,我们通常根据其表观特征及其构建单元 (组分粒子) 的特征来进行. 对于液体和固体,我们也根据这些特征对之进行分类.

我们已经熟知,宏观物质由分子组成,分子之间有相互作用,物质所呈形态由其构建单元之间的相互吸引势能 V 相对于其构建单元的无规则运动动能 E_k 的大小决定: 如果 $|V| \gg E_k$,以至于分子的总能量 $E = E_k + V \ll 0$,则物质呈现为固态; 如果 $|V| \approx E_k$,以至于 $E = E_k + V \approx 0$,则物质呈现为液态; 如果 $|V| < E_k$,以至于 $E = E_k + V > 0$,则物质呈现为气态.

我们还知道,组成宏观物质的分子或原子的数目都很巨大,至少达每立方米包含阿伏伽德罗常量量级的原子数. 物质中组分原子的排列方式称为其结构. 于是,根

据固体中组分原子 (离子) 的结构, 人们将之分为晶体、非晶体和准晶体. 所谓非晶体, 即其中组分原子 (离子) 分布 (排列) 不规则的固体. 晶体则是其中组分原子 (离子) 周期性地规则分布的固体, 其中每一个周期内的排列 (常简称元胞) 对应数学上的 230 种空间群中的某一种. 由于其数学化程度较高, 这里不予具体讨论, 有兴趣深入探讨的读者可参阅有关固体物理的教材 (如黄昆先生原著、韩汝琦先生改编的《固体物理学》(高等教育出版社, 1988 年)), 或者群论教材 (如韩其智和孙洪洲先生的《群论》(北京大学出版社, 1987 年)). 组分原子 (离子) 的分布介于晶体所具有的规则周期情况与非晶体所具有的不规则分布情况之间的固体称为准晶体, 具体地, 组分原子 (离子) 分布具有空间群不具有的五重转动平移不变性的固体称为准晶体 (1984 年才发现).

前已述及, 液态物质为其组分分子 (原子) 及原本属于原子的电子的无规则运动动能近似等于这些组分分子 (原子) 之间的相互吸引势能情况下所呈现的状态. 通常情况下, 分子和原子都是电中性粒子, 但它们可能是正电荷部分的中心及分布与负电荷部分的中心及分布重合, 分子没有极化, 不表现出电偶极矩; 也可能是正电荷部分的中心及分布与负电荷部分的中心及分布不重合, 分子具有较大的电偶极矩, 即有极化. 我们把由不表现出电偶极矩的分子形成的液体称为范德瓦耳斯液体, 例如, 由惰性元素 (氦除外) 形成的液体、液氢等; 由具有较大的电偶极矩的分子形成的液体称为极性液体, 例如, 氯化氢液体、溴化氢液体等.

上述分类实际上是仅考虑液体的构建单元 (分子) 的特征, 也就是构建单元相对独立, 或者说其间的吸引作用较弱. 事实上, 另一类液体的构建单元 (分子) 之间具有很强的吸引作用, 从而结构较稳固, 黏滞性很大. 这类液体称为缔合性液体, 例如, 水、甘油等.

上述三种液体的构建单元 (分子) 都是整体呈电中性的分子. 还有一类液体, 其构建单元 (分子) 不以整体方式存在, 而是其带正电荷的部分 (离子, 甚至原子核) 与带负电荷的电子分离, 即存在自由电子, 从而具有较好的传热和导电性能. 这类液体称为金属液体, 例如, 宏观上的由金属熔解形成的液体, 微观上具有很强关联的等离子体等.

再者, 在极低温等极端条件下的一些宏观液体, 或者极高温或/和极高密度情况下的微观系统, 其黏滞性消失, 具有奇异的力热效应和第二声 (温度波) 等超流态性质 (量子现象), 这类液体称为量子液体, 例如, 处于 2.4 K 温度以下的液氦 (^{4}He II) 等.

此外, 还有一类物体, 在一定温度区间内具有流动性, 具有各向异性的光学性质, 这种介于固态与液态之间的过渡状态称为液晶.

8.1.2 液体和固体的微观结构及相应的研究方法

一、液体和固体分子的排列方式

1. 排列方式概述

我们已经熟知,物质的状态由其构建单元 (组分粒子) 的无规则运动动能与构建单元之间相互作用势阱 (势能函数的直观表述) 的深度之间的相对大小决定. 如果粒子的无规则运动动能小于 (甚至远小于) 粒子之间的相互作用势阱深度,则所有粒子都被束缚在势阱宽度所示的区间内运动,从而形成具有稳定结构的状态,乃至规则的晶体结构 (具有空间平移不变性),即形成固态. 如果粒子的无规则运动动能远大于粒子之间的相互作用势阱深度,则相互作用对粒子运动状态的影响很小,从而所有粒子将尽可能均匀地充满其能占据的空间,物质则呈现为气态. 如果粒子的无规则运动动能与粒子之间的相互作用势阱深度相当,则构建单元中的一个粒子可以不完全受制于其他粒子的束缚,但也不能偏离太远,总的效果是形成介于固态和气态之间的液态. 那么形成液体的粒子 (对于宏观液体来讲,即分子) 的排列方式是,在一个粒子附近的短程范围内,粒子具有类似固体中的规则排列;但在相距较远的情况下,粒子较随机地排列,不再规则有序. 概括说来,形成液体的粒子的排列方式是短程有序、长程无序. 人们通常把液体中的具有局部规则 "结晶结构" 的单元称为类晶区. 如图 8.1 所示,在液体的一个构建单元附近一个粒子尺度范围内,这些粒子规则排列;在液体的一个构建单元附近两个粒子尺度范围内,粒子较规则排列;在距离一个构建单元较远的情况下,粒子的排列不再规则有序. 但是,对于固体,在其一个构建单元周围很远的范围内,粒子的排列都规则有序. 另一方面,对于固体,在其任意一个构建单元周围的规则排列都相同,即具有明显的空间平移不变性;但对于液体,其不同构建单元周围的规则排列不完全相同,即不具有空间平移不变性,因此液体中仅有类晶区,没有晶体结构.

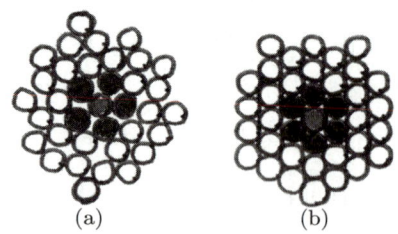

图 8.1 (a) 形成液体的粒子的排列方式及其类晶区截面示意图,(b) 固体中的晶体结构截面示意图

2. 排列方式的描述方案及其实验观测

为具体定量描述液体和固体的构建单元的排列方式,人们采用与第三章中所述的分布函数相同的方案,引入径向分布函数. 任选一个粒子,以它的质心为中心,画出不

同半径的一系列同心球面, 使得每两个相邻球面所决定的球壳体积相同, 并且球壳的厚度足够小, 这样画出的每个球壳中的平均粒子数分布称为径向分布函数.

实验上, 为测量径向分布函数, 人们利用 X 射线衍射、中子衍射、电子衍射、俄歇电子谱等方法. 图 8.2 为利用 X 射线衍射方法测量到的液体汞及固体汞的径向分布函数的结果. 很显然, 在形成固体汞的一个分子周围, 径向分布函数呈直方台阶状, 台阶高度随间距加大而规则地降低, 这说明固体汞的分子排列很规则. 但是液体汞的径向分布函数呈连续函数状, 并且, 具体地讲, 在相距较近的情况下, 分布函数出现一个很大的极大值; 在相距较远的情况下, 分布函数仅在气体的分子数密度附近有不规则涨落. 这说明, 液体汞的分子排列呈短程范围内规则有序、长程范围内不规则的方式. 对于其他液体的测量结果表明, 它们的径向分布函数具有与液体汞的径向分布函数相同的特征. 因此液体分子的分布方式是短程有序、长程无序.

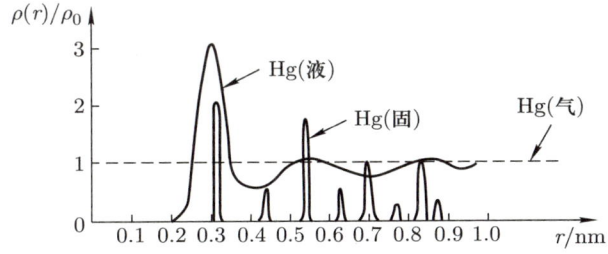

图 8.2 利用 X 射线衍射方法测量液体汞及固体汞的径向分布函数的结果 (以相同温度等条件下的气体汞的分子数密度为单位)

顺便说明, 上述利用粒子 (或光, 亦即电磁波, 其本质也有粒子的一面) 的衍射 (或散射) 研究物质结构的方法称为结构重建法. 其基本方法是逆散射理论与图像分析处理相结合. 较具体地讲, 人们将粒子 (或电磁波) 照射到物体上, 测量出射粒子 (或电磁波) 的分布 (衍射图案等), 得到微分散射截面, 结合理论模型计算, 得到入射粒子与物质的相互作用的行为. 由于相互作用与物质的结构密切相关, 因此再结合图像分析处理技术即可得到待测物质的结构. 这种方法现在正广泛应用, 并有待深入研究.

3. 分布方式随温度变化的行为

前已述及, 物质的形态及其构建单元的排列方式由其构建单元 (组分粒子) 的无规则运动动能与组分粒子之间的相互作用势阱深度的相对大小决定. 由于粒子的无规则运动动能与系统的温度密切相关, 并且温度越高, 无规则运动动能越大, 因此物质的形态及其组分粒子的排列方式与温度密切相关. 对于固体, 其中粒子的无规则运动动能小于粒子之间的相互作用势阱深度, 因此温度会影响其分布方式, 但如果温度不太高的话, 这种影响不明显, 主要表现在晶格振动频率等方面. 对于液体, 其中粒子的无规

则运动动能与粒子之间的相互作用势阱深度相当, 在系统温度降低的情况下, 粒子所受的束缚加强, 从而径向分布函数倾向于向接近固体的径向分布函数演化. 在系统温度升高的情况下, 粒子的无规则运动动能增大, 粒子所受的束缚减弱, 从而径向分布函数倾向于向接近气体的径向分布函数演化. 具体地讲, 对于径向分布函数 $\rho(r)$, 随着温度升高, $|[\rho(r) - \rho_0]/\rho_0|$ 变小. 实验测得的液氩的径向分布函数随温度变化的行为 (如图 8.3 所示) 充分说明存在这一规律.

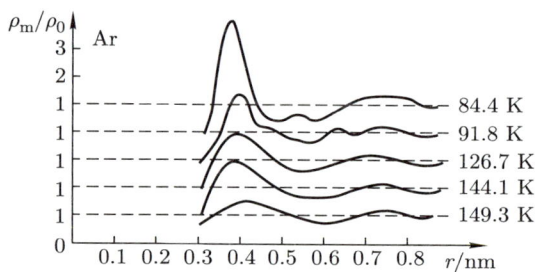

图 8.3 实验测得的几个不同温度情况下液氩的径向分布函数的结果 (以相同温度等条件下的气体汞的分子数密度为单位), 其中, $\rho_m = \rho(r) - \rho_0$

二、液体和固体的组分粒子的热运动特征

由于通常的固体的组分单元有离子形成的晶格和电子两部分, 并且可能还有缺陷, 因此更复杂. 关于与原子实相应的离子形成的晶格, 由于它们通常相对稳定, 并具有平移不变性, 因此其运动可近似为振动 (可能有多种模式). 关于电子, 通常将其近似为近独立粒子, 从而其有类似气体的热运动的特征, 并且常进一步将其近似为自由粒子. 关于热缺陷, 其为由原子热运动引起的缺陷或空位, 其中的空位称为肖特基缺陷 (Schottky defect). 记形成热缺陷需要的能量为 E_u, 则热缺陷数可由玻尔兹曼分布律表述为

$$n_D = N e^{-E_u/(k_B T)},$$

热缺陷移动的平均时间间隔 (亦即弛豫时间) 则为

$$\tau = \tau_0 e^{E_u/(k_B T)},$$

其中, τ_0 为平均振动周期.

由液体的组分粒子的排列方式是短程有序、长程无序, 以及液体的组分粒子的无规则运动动能与组分粒子之间的相互作用势阱深度相当可知, 液体的组分粒子的热运动模式是在其平衡位置附近振动.

由于形成物质的分子之间的相互作用都具有中长程区吸引、短程区排斥的特征, 并且液体分子的排列具有仅在短程区内有序的特征, 也就是 "处于" 不同 "位置" 分子的周围环境不完全相同, 而粒子的运动由其所受的相互作用和允许的活动范围决定, 因此液体分子的热运动具有同一单元中液体分子的振动模式基本一致、不同单元中液体分子的振动模式各不相同的特征.

由于液体的组分粒子的排列不很规则, 液体的组分粒子之间的相互作用势阱深度各不相同 (如图 8.4 所示), 那么液体的组分粒子所受的束缚也就可能相去甚远, 于是液体的每个组分粒子的振动中心游移不定, 相应的振动时间也不确定. 由此可知, 液体组分粒子的热运动还具有振动中心和相应振动时间不确定的特点, 形象地讲, 液体的组分粒子的热运动还具有 "牧民的游牧生活" 的特点.

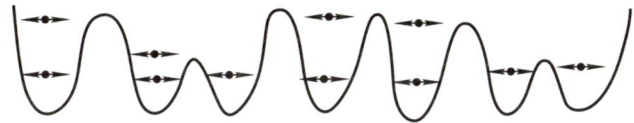

图 8.4　液体的组分粒子之间的相互作用势阱深度的分布及热运动动能的分布示意图

为具体描述液体的组分粒子的振动中心游移不定, 相应的振动时间也不确定的特点, 人们引入平均驻留时间 $\bar{\tau}$. 所谓的平均驻留时间就是液体的组分粒子在各个平衡位置附近振动时间的平均值. 在第三章, 我们讨论过组成系统的粒子的平均自由飞行时间, 显然, 平均自由飞行时间越长, 平均驻留时间就越短, 那么, 记液体的组分粒子的相互作用势阱深度的平均值为 E_a (常称为液体分子的激活能), 则液体的组分粒子的平均驻留时间与相互作用势阱深度及系统温度 T 之间的关系可以表示为

$$\bar{\tau} = \bar{\tau}_0 e^{E_a/(k_B T)}, \tag{8.1}$$

其中, k_B 为玻尔兹曼常量, $\bar{\tau}_0$ 为无限高温度情况下液体的组分粒子的平均驻留时间.

测量表明, 对于一般液体, 一个分子在一个单元平均振动 $10^2 \sim 10^3$ 次, 平均驻留时间大多为 $10^{-11} \sim 10^{-10}$ s. 因此, 尽管液体和固体都具有不易压缩的性质, 但大多数液体的压缩系数比固体的压缩系数大, 并且大多数液体具有不同于固体的力学性质. 然而, 如果外界作用的特征时间小于液体分子的平均驻留时间 ($t < \bar{\tau}$), 则外界作用完成之后, 液体分子的振动中心尚未改变位置, 即液体分子的排列类似于具有固体中的晶格结构, 于是, 在这种情况下, 液体具有类似于固体的弹性形变、塑性断裂等力学性质.

三、关于液体和固体的研究方法概述

由于固体的组分粒子具有长程有序 (离子一般形成具有稳定结构的晶格, 电子可近似为独立粒子系统) 的特点, 液体的组分粒子的排列具有短程有序、长程无序, 以及组分粒子的热运动具有振动中心不确定、在各振动中心的振动时间和振动模式也不确

定的特点, 并且液体和固体的组分粒子都是典型的多体系统, 因此关于它们的研究方法都很复杂. 由于径向分布函数可以揭示液体和固体的构建单元的空间分布, 并且可以在实验上进行测量, 因此人们采用径向分布函数法对它们进行研究. 后来, 人们又采用密度泛函理论来进行研究. 这种方法是基本的理论方法, 但相当复杂. 考虑固体一般具有稳定的晶格结构和电子可近似为独立粒子系统的特点, 人们常采用晶格动力学和电子气模型对固体进行研究. 考虑上述分子排列具有长程无序、振动中心和相应振动时间不确定等类似于气体的特点, 人们常采用将液体视为无序系统, 即将液体近似为 "稠密" 气体的模型方法进行研究, 例如, 利用范德瓦耳斯模型描述液体的方法. 另一方面, 考虑液体分子排列具有短程有序的特点, 人们也采用将液体视为高温下的无序固体的模型方法对液体进行研究.

8.2 液体和固体的彻体性质

8.2.1 液体和固体的热容

8.2.1
授课视频

热容是系统的温度对外界输入热量的响应强度的度量, 因此是描述热力学系统的性质的重要物理量. 通常, 这种响应与系统经历过程的特征或外部条件密切相关, 因此常用的热容有定压热容和定容热容之分.

一、定压热容

前已说明, 固体的离子通常形成稳定的晶格, 因此, 对于外界输入热量, 其响应是在三个维度方向都引起振动 (如图 3.14 所示). 经验上, 人们发现, 常温下的单原子分子形成的固体的定压摩尔热容为

$$C_{p,m}^{S} \approx 3R. \tag{8.2}$$

这一规律称为杜隆 – 珀蒂定律, 其与实验测量结果的比较如表 3.3 所示. 采用近独立粒子系统的能量均分定理, 可以很好地解释这一经验规律. 并且, 对于双原子分子形成的固体和三原子分子形成的固体, 分别有

$$C_{\text{DA},m}^{S} \approx 6R, \qquad C_{\text{TA},m}^{S} \approx 9R.$$

这些规律常被称为考普 – 诺伊曼定律.

实验表明, 液体的定压热容与固体的定压热容相近, 即有

$$C_{p}^{L} \approx C_{p}^{S}.$$

由杜隆 – 珀蒂定律可知, 多数固体的定压摩尔热容为 $C_{p,m}^{\text{S}} \approx 3R$, 于是多数液体的定压摩尔热容为

$$C_{p,m}^{\text{L}} \approx 3R. \tag{8.3}$$

一些常见固体在室温下的定压摩尔热容及在高温下的相应液体的定压摩尔热容如表 8.1 所示. 很显然, 这些液体的定压摩尔热容与相应固体的定压摩尔热容近似相等, 并都近似为 $3R$.

然而, 事实上, 液体和固体的热容都不是常量. 一般情况下, 多数液体和固体的定压摩尔热容随温度升高而增大, 如表 8.2 所示. 但部分液体有反常, 例如, 液态铅的定压比热容随温度升高而减小 (如图 8.5 所示). 更有甚者, 定压摩尔热容随温度升高并不单调变化, 例如, 水的定压摩尔热容随温度的变化行为是在低温下随温度升高而减小, 在高温下随温度升高而增大, 在大约 312 K 时, 定压摩尔热容最小 (如表 8.3 所示).

表 8.1 一些常见固体在室温下的定压摩尔热容及在高温下的相应液体的定压摩尔热容 (单位为 $J/(K \cdot mol)$)

物质	Li	Al	Fe	Cu	Zn	Ag	Sb	Au	Hg	Pb
固体	24.8	24.2	24.5	25.1	25.2	24.9	25.2	25.4	28.1	26.4
液体	30.3	~28	~45	~23	~32.5	~24	26.2	~31	~28	28

表 8.2 液态乙醚和液态正丁烷在一些温度 (单位为 K) 下的定压摩尔热容 (单位为 $J/(K \cdot mol)$) (取自美国国家标准局关于 4 K 到 1200 K 温度区间内热容标准的报告 (Ginnings D C, Furukawa G T. JACS, 1953, 75: 522))

温度	200	210	220	230	240	250	260	270	280	290	300
乙醚	143.1	149.9	156.9	164.0	171.3	178.8	186.5	194.2	202.0	209.9	218.1
正丁烷	201.3	201.9	202.7	204.4	206.5	208.9	211.7	214.8	218.2	221.8	225.4

表 8.3 水在一些温度 (单位为 °C) 和 1 atm 情况下的定压摩尔热容 (单位为 $J/(K \cdot mol)$) (出处同表 8.2)

温度	0	5	10	15	20	25	30	35	40	45	50
$C_{p,m}$	75.98	75.71	75.52	75.41	75.34	75.30	75.28	75.27	75.28	75.30	75.32
温度	55	60	65	70	75	80	85	90	95	100	
$C_{p,m}$	75.35	75.38	75.43	75.48	75.54	75.60	75.68	75.76	75.85	75.95	

对于固体的热容, 由表 8.1 可知, 常温下多数单原子分子固体的热容与杜隆 – 珀蒂定律符合得很好, 但一些表观上很坚硬的固体的热容明显与杜隆 – 珀蒂定律的结果

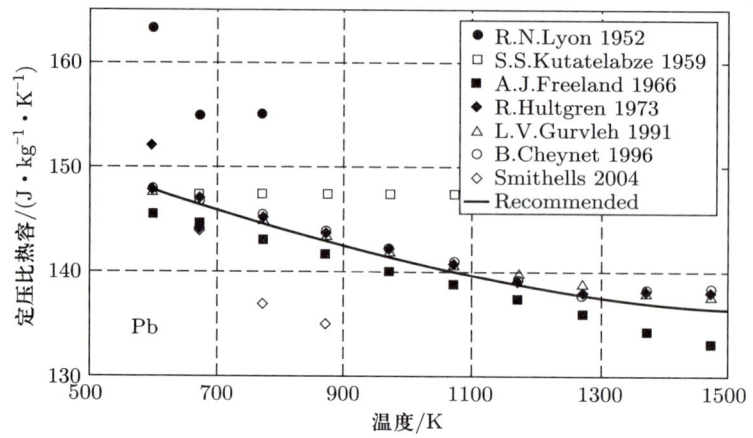

图 8.5 液态铅的定压比热容随温度变化行为的测量结果 (各种圆点、方块等符号) 及拟合结果 ($c_p = 162.9 - 3.022T \times 10^{-2} + 8.341T^2 \times 10^{-6}$) (图片取自 Sobolev V. J. Nucl. Mat., 2007, 362: 235)

不一致. 这当然可以通过考虑振动频率与固体的应变模量 (简单来讲, 即劲度系数) 相关, 从而坚硬固体的一些振动自由度实际不激发来解释. 并且在考察较大温度区间内的情况时, 人们发现, 固体的热容不仅在定量上偏离杜隆 – 珀蒂定律和考普 – 诺伊曼定律所述的数值, 而且多数固体的热容实际并不为常量, 而是温度相关的. 然而, 在经典物理中不存在一些自由度发挥作用, 另一些自由度不发挥作用的概念, 并且无法给出热容依赖于温度的结果. 为解决这些问题, 人们已经发展建立了考虑量子效应的理论. 最早建立的仅考虑单模振动效应的爱因斯坦理论可以描述中低温区中多数固体的热容随温度降低而减小的行为, 但对于很低温度的情况, 爱因斯坦理论具有较实际情况更快趋于零的问题. 随后建立的考虑多模振动效应的德拜理论解决了爱因斯坦理论存在的问题. 由于这些理论都比较专门, 这里不予介绍, 有兴趣深入探讨的读者可参阅有关固体物理的教材 (例如, 黄昆先生原著、韩汝琦先生改编的《固体物理学》(高等教育出版社, 1988 年)).

二、定容热容

根据第六章所述的热力学基本关系可以证明, 任意一个系统的定容热容 C_V 与定压热容 C_p 之间满足

$$C_p - C_V = T\left(\frac{\partial p}{\partial T}\right)_{V,N}\left(\frac{\partial V}{\partial T}\right)_{p,N} = T(p\beta)(V\alpha) = VT\frac{\alpha^2}{\kappa_T}, \tag{8.4}$$

其中, α 为系统的体膨胀系数, κ_T 为系统的等温压缩系数. 因为固体的体膨胀系数很小, 所以定容热容与定压热容之间的差别很小, 即有 $C_V^S \approx C_p^S$. 对于理想气体, 由于

$\alpha = \frac{1}{T}$, $\kappa_T = \frac{1}{p}$, $pV = \nu RT$, 因此 $C_p^{\text{IG}} - C_V^{\text{IG}} = \nu R$ (即有 $C_V^{\text{IG}} = C_p^{\text{IG}} - \nu R$). 对于实际气体和固体, $C_p^{\text{RG}} - C_V^{\text{RG}} \approx$ 常量. 但是, 对于液体, 因为其体膨胀系数和等温压缩系数都不仅仅是一个状态参量的函数, 并且函数关系复杂, 所以, 不仅 $C_V^{\text{L}} \neq C_p^{\text{L}}$, 并且 $C_p^{\text{L}} - C_V^{\text{L}} \neq$ 常量.

8.2.2 液体和固体的压缩性质和热膨胀性质

一、液体和固体的压缩性质

液体和固体的压缩性质指在温度确定情况下, 它们的体积随压强变化的行为, 通常由其等温压缩系数或绝热压缩系数描述. 等温压缩系数、绝热压缩系数分别为

$$\kappa_T = -\frac{1}{V}\left(\frac{\partial V}{\partial p}\right)_T,$$
$$\kappa_S = -\frac{1}{V}\left(\frac{\partial V}{\partial p}\right)_S.$$

实验测量表明, 固体的等温压缩系数 $\kappa_T^{\text{S}} \sim 10^{-6}\,\text{atm}^{-1}$, 液体的等温压缩系数仅比固体的稍大, $\kappa_T^{\text{L}} \sim 10^{-5}\,\text{atm}^{-1}$, 这就是说, 液体和固体都很难被压缩.

对于液体, 由组成液体的粒子的无规则运动动能与粒子之间的相互作用势能近似相等的基本特征可知, 粒子之间的距离稍有减小就会引起粒子之间的排斥力急剧增大, 这一急剧增大的排斥力使得液体的可压缩性很小. 近似地, 以范德瓦耳斯模型为例,

$$\kappa_T = \frac{1}{\left(p + \frac{a}{V_\text{m}^2}\right)\frac{V_\text{m}}{V_\text{m} - b} - \frac{2a}{V_\text{m}^2}} = \frac{1}{\left(p + \frac{a}{V_\text{m}^2}\right)\frac{1}{1 - \frac{b}{V_\text{m}}} - \frac{2a}{V_\text{m}^2}},$$

由于液体的摩尔体积远小于相同压强下气体的摩尔体积, 从而 $1 - \frac{b}{V_\text{m}}$ 会很小, 其倒数很大, 因此液体的压缩系数很小, 也就是很难被压缩.

固体的组分粒子的稳定的晶格结构和其间很强的排斥作用也是固体的等温压缩系数很小的机制.

与气体一样, 液体和固体除了等温情况下具有很不容易被压缩的性质外, 在绝热情况下, 它们也都不容易被压缩.

二、液体和固体的热膨胀性质

与一般情况相同, 液体和固体的热膨胀性质指在压强确定情况下, 它们的体积随温度变化的行为. 通常, 液体和固体的热膨胀性质由其体膨胀系数描述, 体膨胀系数定义为

$$\alpha = \frac{1}{V}\left(\frac{\partial V}{\partial T}\right)_p.$$

实验测量表明,稳定液体和固体的体膨胀系数都大于零,并且液体的体膨胀系数一般比固体的大 (仅个别较小, 例如, 室温下, $\alpha^{\mathrm{H_2O}} = 1.8 \times 10^{-4}\ \mathrm{K^{-1}}$, $\alpha^{\mathrm{Cu}} = 5 \times 10^{-3}\ \mathrm{K^{-1}}$). 那么, 对于有限的温度增量 ΔT, 液体的体积改变量 $\Delta V = \alpha V \Delta T > 0$, 这表明, 通常情况下的液体和固体都具有热胀冷缩的性质. 如图 8.6 所示, 在相同压强下, 随着温度升高, 液体和固体的摩尔体积都增大.

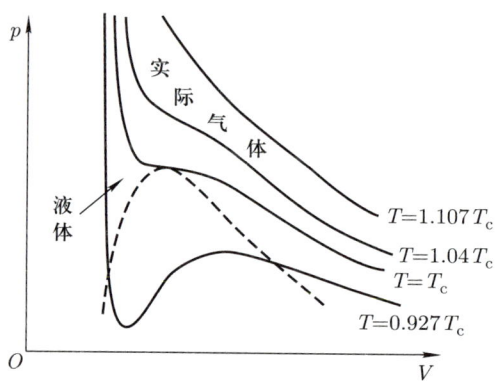

图 8.6　在临界温度附近几个温度情况下的 p-V 关系示意图

从物理机制上讲, 现在已经发现的物质的组分粒子之间的相互作用一般都具有吸引力和排斥力不对称的特征, 即粒子相互远离时其间的吸引力远小于相互靠近时其间的排斥力. 因此, 当系统温度升高时, 组成液体的粒子的无规则运动动能增大, 粒子之间的吸引力减小, 从而其间的距离增大, 于是宏观物质的体积一般都增大, 从而固体和大多数液体都具有随温度升高体积增大的性质.

但是, 实验还发现, 一些液体具有反常膨胀现象, 即随着温度升高, 液体的体积不仅不增大, 反而还减小, 例如, 在温度处于 $0\,°\mathrm{C}$ 到 $4\,°\mathrm{C}$ 之间的情况下, 压强为 1 atm 的水的体积即随温度升高而减小 (即当 $T \in (0\,°\mathrm{C},\ 4\,°\mathrm{C})$ 时, $\alpha^{\mathrm{H_2O}} < 0$). 水的这一反常现象正是冬天的江河湖海的结冰先发生在上表面的物理机制. 一般来讲, 液体的反常膨胀现象的物理机制比较复杂, 这里不再赘述, 有兴趣的读者请参阅有关专著.

我们知道, 如果通常物质的状态以温度 T 和压强 p 为状态参量描述, 则其状态方程可以表述为 $V = V(T, p)$, 对之取全微分则有

$$\mathrm{d}V = \left(\frac{\partial V}{\partial T}\right)_p \mathrm{d}T + \left(\frac{\partial V}{\partial p}\right)_T \mathrm{d}p.$$

由前述体膨胀系数 α 和等温压缩系数 κ_T 的定义可知, 上式可以改写为

$$\mathrm{d}V = \alpha V \mathrm{d}T - \kappa_T V \mathrm{d}p,$$

即有
$$\frac{dV}{V} = \alpha dT - \kappa_T dp.$$

显然，将前述的液体和固体的体膨胀系数 α 随温度变化的行为和等温压缩系数 κ_T 随压强变化的行为代入上式，完成积分，即可得到液体和固体的状态方程 $V = V(T, p)$ 的具体形式. 在 α 和 κ_T 都为很小的常量的粗略近似下，液体和固体的状态方程可以表述为 (具体计算见 2.3.1 小节)

$$V \approx V_0[1 + \alpha(T - T_0) - \kappa_T(p - p_0)],$$

其中，V_0, T_0, p_0 为确定的参考状态的状态参量.

8.3 液体和固体的输运性质

由第七章的讨论可知，热力学系统内的输运包括动量输运、热量输运、粒子 (质量) 输运等，相应地，系统表现出黏滞性质、导热性质、导电性质和扩散性质等，本节对液体和固体的这些性质予以简单讨论.

8.3.1 黏滞性质

我们知道，黏滞现象是系统中定向速度不同的两层物质之间阻止相对运动的现象. 推广摩擦为阻止宏观可见的两层物质之间相对运动的因素的概念，人们称阻止固体中两层物质之间相对运动的现象为内摩擦. 内摩擦是固体物理及固体材料研究领域的重要内容，很专门，因此这里不予具体讨论. 对于液体，阻止相对运动表明传递了动量 (或者说传递了速度)，对于简单的仅有层流的情况，实验观测表明，黏滞力正比于速度的改变率，即有牛顿黏滞定律：

$$f_V = -\eta \frac{du}{dz}, \tag{8.5}$$

8.3.1 授课视频

其中，f_V 为黏滞力，$\frac{du}{dz}$ 为速度梯度，η 为剪切黏度 (也常称为剪切黏滞系数).

对于气体，测量表明，随着温度升高，系统的剪切黏度增大，且可近似表示为 $T^{0.7}$ 的形式 (采用最简单的理想气体近似，可以得到 (我们在第七章中讨论过)$T^{0.5}$ 的形式). 对于液体，实验测量表明，温度越低，系统的剪切黏度越大，并可定量表示为

$$\eta = \eta_0 e^{E_a/(k_B T)}, \tag{8.6}$$

其中，E_a 为液体分子的激活能 (即液体分子的相互作用势阱深度的平均值)，k_B 为玻尔兹曼常量，T 为系统的温度，η_0 为无限高温度情况下液体的黏度，该表达式常被称为费朗克尔 – 安德逊公式.

很显然, 液体的流动性的物理根源是液体分子的平均驻留时间不为无限长, 而系统的黏滞性起因于两层粒子之间可以交换动量, 即粒子之间的相互吸引作用, 那么液体的组分粒子的平均驻留时间越长, 液体的流动性越低、剪切黏度越大, 因此液体的剪切黏度与液体的组分粒子的平均驻留时间之间的关系可以简单地表述为线性关系, 于是由 (8.1) 式可知, 液体的剪切黏度与系统的温度之间的关系可以表示为 (8.6) 式所示的费朗克尔 – 安德逊公式的形式.

对于流体, 人们常按其黏滞情况对之进行分类. 一般地, 人们称剪切黏度为零的流体为理想流体. 对于非理想流体, 人们称黏滞力满足 (8.5) 式所示的牛顿黏滞定律, 且剪切黏度为常量的流体为牛顿流体; 并称剪切黏度不为常量而与速度等因素相关的流体为非牛顿流体.

前述讨论局限于流线相互平行的层流. 事实上, 很多情况下, 流体流动时的流线并不相互平行, 而是有聚拢或疏散, 甚至交叉现象, 这种情况的流动称为湍流. 这表明, 流体在流动中有形变, 也就是密度分布不均匀. 为描述这种与密度分布不均匀 (或者说摩尔体积分布不均匀) 相应的黏滞现象, 人们引入体黏滞和体黏度 (体黏滞系数 (bulk viscosity)) 等概念.

我们知道, 形变是所受作用力非各向同性的表现. 为描述这种非各向同性, 人们引入应力张量的概念. 应力张量 $P_{\alpha\beta}$ 定义为正方体外侧的流体施加于正方体的 S_β 面上单位面积区间内的力在 α 方向上的分量的负值. 据此定义, 牛顿第二定律可以具体表述为

$$f_\alpha = -\partial_\beta P_{\alpha\beta} = \rho \frac{\mathrm{D} u_\alpha}{\mathrm{D} t},$$

其中, ρ 为液体的平均密度, $\frac{\mathrm{D}}{\mathrm{D} t}$ 为关于时间的全导数, u_α 为速度 $\boldsymbol{u}$ 在 α 方向上的分量. 将关于时间的全导数的定义代入上式, 则得

$$f_\alpha = \rho\Big(\frac{\partial}{\partial t} + \boldsymbol{u}\cdot\nabla\Big)u_\alpha. \tag{8.7}$$

于是, 对于整体沿 x 方向运动, 沿 z 方向有速度梯度的情况, 牛顿黏滞定律可以改写为

$$P_{xz} = -\eta \frac{\mathrm{d} u_x}{\mathrm{d} z}.$$

如果流体不易扭曲, 其压强为 p, 则有

$$-\nabla p = \rho\frac{\mathrm{d}\boldsymbol{u}}{\mathrm{d} t}, \qquad p = P_{\alpha\beta}\delta_{\alpha\beta}.$$

对于既有应力又有压强的情况, 定义无迹对称张量

$$\Delta_{\alpha\beta} = \frac{1}{2}(\partial_\alpha u_\beta + \partial_\beta u_\alpha) - \frac{1}{3}\delta_{\alpha\beta}(\partial_\gamma u_\gamma),$$

则
$$P_{\alpha\beta} - \delta_{\alpha\beta}p = -\zeta\delta_{\alpha\beta}(\partial_\gamma u_\gamma) - 2\eta\Delta_{\alpha\beta}, \tag{8.8}$$

其中, η 即前述的剪切黏度, ζ 为体黏度 (体黏滞系数).

将这些关系代入牛顿第二定律, 则有

$$\frac{\partial \boldsymbol{u}}{\partial t} + \boldsymbol{u}\cdot\nabla\boldsymbol{u} + \frac{1}{\rho}\nabla p = \frac{\eta}{\rho}\nabla^2\boldsymbol{u} + \frac{1}{\rho}\left(\frac{\eta}{3}+\zeta\right)\nabla(\nabla\cdot\boldsymbol{u}). \tag{8.9}$$

此即著名的纳维 – 斯托克斯方程 (Navier-Stokes equation), 由之可以完整地描述流体运动的行为. 显然, 如果没有黏滞, 则纳维 – 斯托克斯方程退化为欧拉方程 (Euler equation)

$$\frac{\partial \boldsymbol{u}}{\partial t} + \boldsymbol{u}\cdot\nabla\boldsymbol{u} + \frac{1}{\rho}\nabla p = 0,$$

由之可以描述理想流体运动的行为. 由于这些都比较专门, 并且复杂, 这里不再予以更深入的讨论, 有兴趣的读者可参阅有关非平衡统计物理的教材或专著.

8.3.2 扩散性质

在温度和压强保持不变的情况下, 由于组分粒子的无规则运动引起的系统内部的粒子 (或质量) 传递现象称为扩散现象. 由于固体的组分粒子以长程有序的规则方式排列, 液体的组分粒子以短程有序、长程无序的方式排列, 而液体和固体的组分粒子之间的相互作用具有短程排斥、中长程吸引的性质, 那么, 当液体和固体的组分粒子运动时一定受到其拟运动方向上粒子的排斥力和其拟远离方向上粒子的吸引力的作用, 以组分粒子 O 为例, 如图 8.7 所示, 如果组分粒子 O 拟向 x 方向运动, 则它需要克服液体的组分粒子 r, s, t, u 的吸引力, 并克服组分粒子 p, q 的排斥力 (即推开 p, q) 后, 才能穿出单元边界. 之后, 组分粒子 p, q 之间的 "缝隙" 闭合, 组分粒子 O 在新的位置上与其他组分粒子组成新的单元. 由此可知, 液体和固体的组分粒子的运动具有跳跃式的特征, 因此液体和固体中的扩散具有跳跃式的特征. 显然, 液体和固体的这种扩散方式与气体的扩散方式 (组分粒子以 "长程奔袭" 的方式运动) 不同, 它们仅以填隙离子的方式运动.

8.3.2 授课视频

由上述关于液体和固体的组分粒子的扩散方式的讨论可知, 菲克扩散定律不适用于液体和固体中的扩散, 液体和固体中的扩散可以由描述无规则运动的爱因斯坦扩散定律描述, 即时间 t 内扩散的距离的平方的平均值与时间 t 成正比:

$$\overline{s^2} = 2Dt. \tag{8.10}$$

相应地, 其重要的特征量为扩散系数 D. 显然, 扩散系数正比于组分粒子的平均自由飞

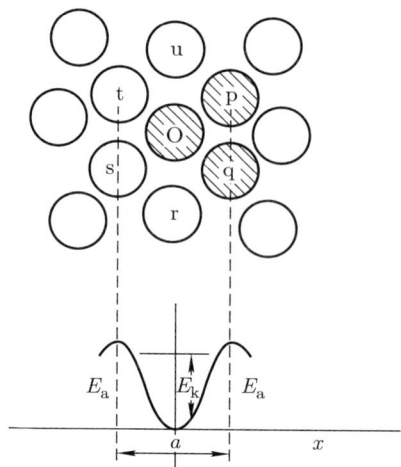

图 8.7　液体和固体分子周围邻近分子分布及动能与相互作用势能的关系示意图

行时间, 即反比于液体的组分粒子的平均驻留时间 ($D \propto \frac{1}{\tau}$), 因此液体的扩散系数与其温度相关, 其间的关系可以表示为

$$D = D_0 \mathrm{e}^{-E_\mathrm{a}/(k_\mathrm{B} T)}, \tag{8.11}$$

其中, E_a 为液体的组分粒子的激活能, k_B 为玻尔兹曼常量, T 为系统的温度, D_0 为无限高温度情况下液体的扩散系数.

稍微具体地讲, 与扩散的基本规律 —— 菲克扩散定律相联系. 由菲克扩散定律可知, 扩散的粒子流密度为

$$J = -D \frac{\mathrm{d}n}{\mathrm{d}z},$$

其中, D 为扩散系数, 单位为 $\mathrm{m^2/s}$; $\frac{\mathrm{d}n}{\mathrm{d}z}$ 为扩散方向上的粒子数密度梯度. 按照第七章所述的无规则运动的粒子通过碰撞而传递物理量, 实现输运的机制, 扩散系数 D 可以由扩散粒子的平均速率 $\overline{v}$ 和平均自由程 $\overline{\lambda}$ 表述为 (见 (7.26) 式)

$$D = \frac{1}{3} \overline{v} \overline{\lambda}.$$

对于液体和固体中的扩散, 记所填空隙之间的距离为 δ (对于固体, 即近似为晶格间距), 平均驻留时间为 $\overline{\tau}$, 则

$$D = \frac{1}{3} \overline{v} \overline{\lambda} \approx \frac{1}{3} \frac{\delta}{\tau} \delta = \frac{1}{3} \frac{\delta^2}{\tau}.$$

将前述的平均驻留时间 $\overline{\tau}$ 与温度 T 的关系代入上式, 即得扩散系数与温度的关系为

$$D = D_0 \mathrm{e}^{-\frac{E_\mathrm{a}}{k_\mathrm{B} T}},$$

其中, $D_0 = \frac{1}{3}\frac{\delta^2}{\tau_0}$ (若考虑所填空隙之间的距离 δ 为晶格间距 d 的 $\frac{3}{4}$, 则其前的系数为 $\frac{1}{4}$), $E_a = N_A \varepsilon$ 为粒子的摩尔激活能, k_B 为玻尔兹曼常量. 总之, 液体和固体中的扩散随温度升高而增强, 并且扩散系数 D 不仅与液体和固体的激活能有关, 还与液体和固体中的空隙之间的距离 (粗略来讲, 即 "晶格" 间距) 有关.

8.3.3 导热性质和导电性质

一、液体的导热性质和导电性质

因为液体的组分粒子的热运动方式主要是围绕其振动中心的振动, 而振动中心的跳跃性运动并不频繁, 所以液体中能量的传输方式主要是通过定域粒子之间的碰撞而实现的, 由不同区域内粒子之间的碰撞而传递能量的方式占次要地位. 因此多数液体的导热性能和导电性能都很差, 即热导率和电导率都很小. 而对于金属液体, 由于其中有大量近自由电子 (通常可以做自由电子气近似), 因此金属液体的导热性能很好. 例如, 一些液体的热导率如表 8.4 所示.

表 8.4 一些液体在其特征温度下的热导率

液体	水	氢	氧	汞	铅	金	铜	银
温度	20 ℃	16 K	80 K	0 ℃	350 ℃	室温	室温	室温
$\kappa/(\mathrm{J/(s \cdot m \cdot K)})$	0.597	0.109	0.163	25.31	16.0	317	397	542

二、固体的导热性质和导电性质**

对于固体, 由于其组分粒子除具有晶格外, 还具有电子和缺陷, 而电子可以近似为自由粒子, 因此, 粗略来讲, 多数金属具有较强的导热性能和导电性能, 而非金属的导热性能和导电性能较差, 但不同材料差别很大. 例如, 一些非金属材料在几个不同温度下的热导率如表 8.5 所示 (取自黄昆先生原著、韩汝琦先生改编的《固体物理学》(高等教育出版社, 1988 年)).

表 8.5 一些固态非金属在几个不同温度下的热导率 (单位为 $\mathrm{J/(s \cdot m \cdot K)}$)

固体	硅	锗	石英 (SiO_2)	氟化钙	氯化钠	氟化锂
273 K	150	70	14	11	6.4	10
77 K	1500	300	66	39	29	150
20 K	4200	1300	760	85	45	8000

严格地讲, 固体的导电性能更复杂, 与其周期结构及由之决定的能带结构 (量子效

应) 相关. 因为这些比较专门, 并且深奥, 所以这里不予具体讨论, 有兴趣深入探讨的读者请参阅有关固体物理的教材或专著. 下面仅对导热性能与导电性能的一般关系予以简要讨论.

关于固体的导热性能, 可以认为起主要作用的是自由电子和缺陷, 从而遵循傅里叶热传导定律, 于是传导的热流密度为

$$h = -\kappa \frac{dT}{dz},$$

其中, 负号 "−" 表示热流方向与温度梯度方向相反, κ 为热导率 (热导系数), 其单位为 $J/(s \cdot m \cdot K)$, 不同固体的热导率差别很大, 如表 8.5 所示. 由于金属热传导的载流子主要是自由电子, 因此可以由无规则运动的粒子通过碰撞而传递物理量, 实现输运的机制来描述, 于是热导率可以由材料的密度 ρ、定容热容 C_V、载流子的平均速率 $\bar{v}$ 和平均自由程 $\bar{\lambda}$ 表述为

$$\kappa = -\frac{1}{3}\rho C_V \bar{v} \bar{\lambda}.$$

很显然, 其中的 ρC_V 为单位体积的热容, 亦即热容密度.

按照标准的热学方法, 载流子系统的内能密度为

$$u = \int_0^\infty f(\varepsilon)\varepsilon d\varepsilon,$$

其中, $f(\varepsilon)$ 为载流子的能量分布律. 对于载流子主要为自由电子的金属, 将费米分布律 $f(\varepsilon) = \left[\exp\left(\frac{\varepsilon - \varepsilon_F}{k_B T}\right) + 1\right]^{-1}$ (其中, ε_F 为系统的费米能, T 为系统的温度) 代入上式, 完成积分, 即得系统的内能密度表达式. 再按定义 $C_V = \left(\frac{\partial u}{\partial T}\right)_V$ 即可直接算得费米子型载流子数密度为 n 的系统的热容密度为

$$\rho C_V = \frac{\pi^2 n k_B^2}{2\varepsilon_F} T.$$

记载流子的平均自由飞行时间为 $\bar{\tau}$, 则其平均自由程为 $\bar{v}\bar{\tau}$, 于是

$$\bar{v}\bar{\lambda} = \bar{v}^2 \bar{\tau}.$$

再考虑系统中组分粒子的运动特征可知, 由 $\bar{v}$ 决定的平均动能 $\frac{1}{2}m\bar{v}^2$ (其中, m 为载流子的质量) 近似等于系统的费米能. 从而温度为 T 情况下的金属导体的热导率可以表述为

$$\kappa_{MC} = \frac{\pi^2 n k_B^2 \bar{\tau}}{3m} T. \tag{8.12}$$

由 (8.12) 式所示的热导率与温度 T 的显式关系和 $\bar{\tau}$ 相当于平均自由飞行时间的物理意义可知, 随着温度降低, 导体的热导率增大 (热阻率减小).

关于金属的导电性能, 也可以认为是荷电粒子输运所致, 于是, 与前述的黏滞情况类似, 电导率实际为两两方向相关的张量, 欧姆定律应一般地表述为

$$j_\alpha = \sum_\beta \sigma_{\alpha\beta} E_\beta, \tag{8.13}$$

其中, j_α 为 α 方向上的电流强度, $\sigma_{\alpha\beta}$ 为电导率张量, E_β 为电场强度在 β 方向上的投影.

在热学中, 认为各种速度的载流子都对电流强度有贡献. 对于自由电子型载流子, 简单的 $\boldsymbol{j} = -e\boldsymbol{v}$ 应推广到包含各种漂移速度 $\boldsymbol{v}_\mathrm{d}$ 的贡献. 在经典物理层面上即有

$$\boldsymbol{j} = -e \int f(\boldsymbol{v}_\mathrm{d}) \boldsymbol{v}_\mathrm{d} \cdot \mathrm{d}\boldsymbol{v}_\mathrm{d},$$

其中, $f(\boldsymbol{v}_\mathrm{d})$ 为速度空间内状态的分布律.

考虑电子状态的演化, 记 t 时刻电子的平均动量为 $\boldsymbol{p}(t)$, 电子的平均自由飞行时间为 $\bar{\tau}$, 经过 $\mathrm{d}t$ 时间后, 电子尚未被碰撞的概率则为 $1 - \dfrac{\mathrm{d}t}{\bar{\tau}}$, 这部分电子对平均动量的贡献则为原动量与外力 $\boldsymbol{F}(t)$ 作用引起的动量改变之和, 即有

$$\boldsymbol{p}(t + \mathrm{d}t) = \left(1 - \frac{\mathrm{d}t}{\bar{\tau}}\right)\boldsymbol{p}(t) + \left(1 - \frac{\mathrm{d}t}{\bar{\tau}}\right)\boldsymbol{F}(t)\mathrm{d}t.$$

于是, 在一级近似 (即忽略 $\mathrm{d}t$ 的二次方项) 下, 系统动量的改变量为

$$\boldsymbol{p}(t + \mathrm{d}t) - \boldsymbol{p}(t) = -\frac{\mathrm{d}t}{\bar{\tau}}\boldsymbol{p}(t) + \boldsymbol{F}(t)\mathrm{d}t,$$

亦即有

$$\frac{\mathrm{d}}{\mathrm{d}t}\boldsymbol{p}(t) = -\frac{\boldsymbol{p}(t)}{\bar{\tau}} + \boldsymbol{F}(t).$$

记电子的速度为 $\boldsymbol{v}$, 有效质量为常量 m^*, 则上式可以改写为

$$m^* \frac{\mathrm{d}\boldsymbol{v}(t)}{\mathrm{d}t} = \boldsymbol{F}(t) - m^* \frac{\boldsymbol{v}(t)}{\bar{\tau}}.$$

对于稳恒电场的稳态, $\dfrac{\mathrm{d}\boldsymbol{v}_\mathrm{d}(t)}{\mathrm{d}t} = \boldsymbol{0}$, 外力为电场力 $-e\boldsymbol{E}$, 则有

$$-e\boldsymbol{E} - m^* \frac{\boldsymbol{v}_\mathrm{d}(t)}{\bar{\tau}} = \boldsymbol{0},$$

于是有

$$\boldsymbol{v}_\mathrm{d}(t) = -\frac{e\bar{\tau}\boldsymbol{E}}{m^*}.$$

将之代入前述的 $\boldsymbol{j}$ 的一般表达式, 则有

$$j = -\frac{e^2\overline{\tau}}{m^*}\int f(\boldsymbol{v})\boldsymbol{E}\cdot\mathrm{d}\boldsymbol{v}.$$

将之与一般形式的欧姆定律的表达式进行比较,并注意速度为矢量,速度的分布律实际应为三阶张量,则电导率张量可以表述为

$$\sigma_{\alpha\beta} = -\frac{e^2\overline{\tau}}{m^*}\int f(\boldsymbol{v})\mathrm{d}\boldsymbol{v}.$$

对于各向同性的情况,再注意 $\int f(\boldsymbol{v})\mathrm{d}\boldsymbol{v} = n_0$ 为载流子 (电子) 的数密度,则载流子为电子的各向同性金属导体的电导率可以表述为

$$\sigma_{\mathrm{MC}} = -\frac{n_0 e^2\overline{\tau}}{m^*}. \tag{8.14}$$

由平均自由飞行时间 $\overline{\tau}$ 的物理意义可知,随着温度降低,电子的平均自由飞行时间增长,从而导体的电导率增大 (电阻率减小).

计算 (8.12) 式与 (8.14) 式的比值,得

$$\frac{\kappa_{\mathrm{MC}}}{\sigma_{\mathrm{MC}}} = -\frac{\pi^2}{3}\left(\frac{k_{\mathrm{B}}}{e}\right)^2 T = LT, \tag{8.15}$$

其中,L 常被称为洛伦兹常量,具体即有

$$L = -\frac{\pi^2}{3}\left(\frac{k_{\mathrm{B}}}{e}\right)^2 \approx -2.45\times 10^{-8}\,\mathrm{J}^2\cdot\mathrm{C}^{-2}\cdot\mathrm{K}^{-2} = -2.45\times 10^{-8}\,\mathrm{W}\cdot\Omega\cdot\mathrm{K}^{-2}.$$

金属的热导率与电导率的比值随金属温度上升而线性减小的这一规律常被称为维德曼 – 弗兰兹定律 (Wiedemann–Franz law).

总之,在经典热学框架下,液体和固体的与热相关的彻体性质可以得到定性描述. 然而,液体和固体的组分单元都是微观粒子,荷载相应层次上动力学规律的是量子力学而非牛顿力学 (包括哈密顿力学),尽管前面讨论中实际已经用到一些量子力学的概念,但一定存在一些本质的困难,例如,前面已经述及的低温情况下固体的热容等. 为全面定量地描述液体和固体的彻体性质,发展考虑量子力学本质的热学势在必行. 由于这些远超出本课程的范畴,因此不予具体讨论.

8.4 液体表面的性质

表面,顾名思义,即一个系统与另一个系统 (或一种物质与另一种物质) 之间的过渡区域. 显然,表面的形貌、结构、性质等对系统 (或物质) 本身具有重要的影响,甚至决定系统 (或物质) 的性质. 因此,对表面的研究已经发展成为物理学的重要分支学科 —— 表面物理学. 尤其是固体,无论是对固体表面性质本身的影响,还是通过表面

对固体性质进行改造, 都发展迅速, 涉及的内容广泛且深刻, 因此这里不予具体讨论. 但作为对概况的了解, 这里以液体表面的与热现象相关的性质为例, 对之在经典物理范畴下予以简要讨论.

液体表面, 即组分粒子具有短程有序、长程无序的排列方式的物质 (或系统) 与组分粒子呈其他排列方式或排列方式类似但组分粒子不同的其他物质 (或系统) 之间的过渡区域. 液体表面广泛存在、随处可见, 例如, 我们看到的水面为江河湖海或容器内的水与其上的空气及蒸发到空中的水蒸气的过渡区域; 沸腾的水中的气泡与水之间的表面为水与其中的水蒸气之间的过渡区域; 细胞的表面为不同性质、不同功能的液态物质之间的过渡区域; 等等. 以细胞为例, 其表面直接影响细胞的性质及其分裂和融合等行为, 因此, 关于液体表面的研究对于生命过程的研究至关重要. 并且, 通过对液体表面的性质及其形成过程的研究可以为新物质的生成及演化, 甚至早期宇宙物质的强子化过程 (由不可见的夸克和胶子演化成可见的质子、中子、介子等强子, 因此有人称之为可见物质的产生过程)、夸克禁闭的机制等重大基本问题提供参考. 总之, 关于液体表面性质的研究非常重要, 本节对宏观液体系统的表面性质予以简单介绍.

8.4.1 表面与表面张力

一、表面

液体与自己的蒸气或另一种物质相接触的交界面 (或之间的分界面) 称为液体的表面. 显然, 液体的表面广泛存在、随处可见.

由平衡态的定义可知, 在液体内部, 其组分粒子均匀分布, 即粒子数密度保持为常量. 那么, 由表面的定义可知, 液体表面的厚度为由其组分粒子数密度开始减小到变为零之间的过渡区域. 这表明, 液体表面的厚度很薄, 一般不到一个组分粒子层的线度.

二、表面张力

我们经常看到各种各样的液滴, 例如, 雨滴、荷叶上的水珠等, 我们还看到水面上可以放硬币、钢针等小物体. 液滴内的液体不散开说明表面对其有束缚作用, 硬币和钢针等小物体能够 "悬浮" 在水面说明水面对这些物体有支撑力 (与物体所受的重力平衡, 从而物体能够稳定在水面上). 再看一个实验, 在一个小框上系一根细线, 将小框直立起来, 则细线呈悬链线的形状 (下凸上凹), 如图 8.8 (a) 所示. 这是细线受重力作用的必然结果或表现. 将系有细线的小框置入肥皂液中, 然后将附有肥皂膜的小框再直立起来, 我们可以看到, 细线不再呈悬链线的形状, 而是呈不完全伸展开的不规则形状, 如图 8.8 (b) 所示. 这说明肥皂液面对细线有作用力, 这一作用力与细线所受重力平衡, 从而细线不再呈悬链线的形状. 如果很小心地将细线下的液面捅破, 使得细

8.4.1
授课视频

线下侧无液面、上侧有液面，我们可以看到，细线不呈下凸上凹的形状，而呈上凸下凹的形状，如图 8.8 (c) 所示. 这进一步说明液面对细线有作用力，并且细线上各处所受的这一作用力的方向沿着与细线垂直的方向. 更进一步，在使小框面内形成液面时，我们将细线做成一个圆形，然后小心地将细线做成的圆的内部捅破，则液面可以呈如图 8.8 (d) 所示的环形. 这更清楚地说明液面对细线有作用力，并且细线上各处所受的这一作用力的方向总是沿着与细线垂直的方向.

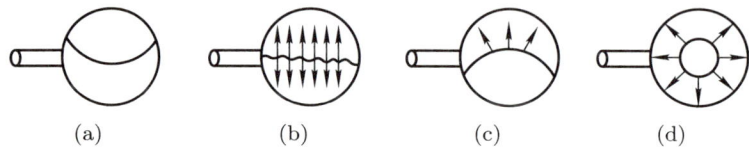

图 8.8　两端系在小框上的细线在有无液面的情况下呈不同形状的示意图及环形液面的示意图

由上述实例可知，如果想象在液体表面上画一条线，则该线两侧的液面之间存在着相互牵扯的作用. 这一位于液面内的处处与此线垂直的拉力称为表面张力.

再考察一个实验，取一由金属细线形成的小框，通电后，搭在小框上的金属细线可以悬在直立于磁场中的金属框面内，如图 8.9 (a) 所示. 这表明金属细线所受的重力与金属细线上的电流所受的磁场力大小相等、方向相反. 将搭有金属细线的小框置于肥皂液中，使小框的边线与金属细线之间形成肥皂液面，将之直立起来，金属细线也可以悬在金属框面内，如图 8.9 (b) 所示. 这说明肥皂液面在垂直于金属细线方向的表面张力与细线所受的重力大小相等、方向相反. 将上述搭有金属细线的小框回放入肥皂液中，使小框的边线与金属细线之间形成一个面积明显变大的肥皂液面，再将之直立起来，我们会看到，金属细线仍然可以悬在金属框面内，如图 8.9 (c) 所示. 这说明肥皂液面在垂直于金属细线方向的表面张力与细线所受的重力仍然大小相等、方向相反，即没有发生变化. 考察后一实验与前一实验之间的异同，我们知道，液面的面积发生了变化，金属细线的长度没有发生变化，液面施于金属细线上的力没有发生变化，这表明表面张力具有仅与所考察的受力的线的长度有关、与表面积的大小无关的性质.

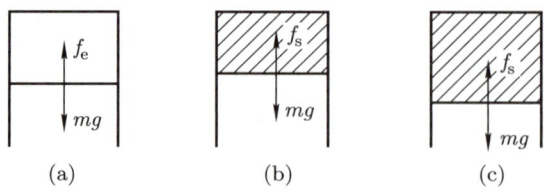

图 8.9　液体的表面张力与表面积无关的实例演示示意图

为什么液体具有表面张力，并且表面张力具有与表面积的大小无关的性质呢？为回答这两个问题,我们考察液体的组分粒子之间的相互作用的特征和表面的特征.

由第一章的讨论可知,在相距不远的情况下,微观粒子之间都有相互作用(简称之为"分子力"),并且这些相互作用(除电磁作用和万有引力之外的作用力)具有短程排斥、中长程吸引的特征,使得粒子之间具有相互作用的空间间距称为"分子力"的力程或"分子力"的有效半径. 那么,很自然地,液体的组分粒子之间的吸引作用也具有有效力程(或有效半径). 记液体的组分粒子之间的吸引力的有效半径为 R,由于"分子力"为短程作用力,一个组分粒子只受以它为中心、以 R 为半径的球内的其他组分粒子的作用,这一球体称为"分子"作用球.

由于液体的组分粒子的排列具有短程有序、长程无序的特征,而液体的组分粒子的热运动具有主要围绕其振动中心的振动,而振动中心的跳跃性运动并不频繁的特征,即液体的组分粒子具有整体随机分布、局部相对稳定的特征,因此在液体内部,每一个组分粒子的"分子"作用球都很完整,如图 8.10 (a) 所示,于是每一个组分粒子所受的合力都为零. 在表面区域,由于液体的组分粒子的数密度由内向外急剧减小,这种组分粒子分布不均匀,使得表面层内的粒子的"分子"作用球不完整,具体表现是在外侧少了球冠部分,因而其中的粒子 O 所受的合力不为零,这一有限的合力 f_s 的方向垂直于表面指向液体内部,如图 8.10 (b) 所示. 由于表面层可以是与我们在直观的表面上所画的任意一条线近邻的区域,因此在直观的表面上的任意一条线都受到与之垂直的分别指向其两侧的力的作用,这一力即前面定义的表面张力,所以液体表面上一定存在表面张力.

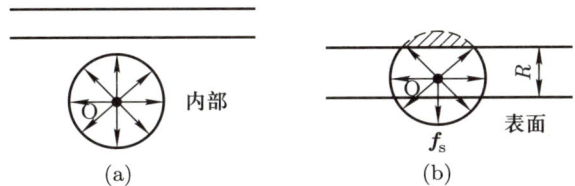

图 8.10 液体的表面张力的物理机制示意图

在相同的温度、压强等条件下,液体的内部和表面层内的组分粒子的空间分布保持不变,在这种情况下改变液体的表面积时,液体的内部和表面层内的组分粒子之间的空间分布和相互间距都保持不变,从而其中任意一个组分粒子所受其他组分粒子的合力都保持不变,即 f_s 确定,所以液体的表面张力具有与表面积的大小无关的性质.

8.4.2 表面张力系数

一、表面张力系数的概念

前述讨论表明,表面张力的大小与表面积的大小无关,与所考虑的线的长度有关.

较具体地, 由于表面层 (厚度约为 "分子" 作用球的半径) 内的粒子分布在平行于表面的方向保持为常量, 因此液面上长为 Δl 的线的两侧液面以大小相同的拉力 $\boldsymbol{f}_s$ 相互作用, 且 $\boldsymbol{f}_s$ 的方向恒与所考虑的线 Δl 垂直, 这一相互拉力即为表面张力. 实验表明, 表面张力的大小与所考虑的线的长度 Δl 成正比, 即有

$$f_s = \sigma \Delta l, \tag{8.16}$$

其中, 比例系数 σ 称为液体的表面张力系数.

显然, 表面张力系数表示单位长度的直线段两侧的液面的相互拉力的大小, 其量纲为 $[\sigma] = \mathrm{N \cdot m^{-1}}$.

由前述讨论可知, 表面张力起源于液体的表面层内的某个粒子所受其他粒子的合力, 那么, 为形成表面, 一定需要外力克服表面张力 (上述合力) 做功. 对于外力作用使表面积扩大的过程, 记表面积扩大由长为 l 的边移动 $\mathrm{d}x$ 所致, 如图 8.11 所示, 则外力做功为

$$đW = f \cdot \mathrm{d}x = \sigma \Delta l \cdot \mathrm{d}x.$$

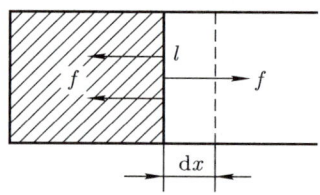

图 8.11 液体表面积改变及外力做功示意图

对于如图 8.11 所示的孤立表面, 受到表面张力作用的线实际包括两部分: 一部分是面对我们的长度为 l 的线, 另一部分是背对我们的长度也为 l 的线, 于是 $\Delta l = 2l$. 相应地, 上述过程中改变的表面积也包括两部分: 一部分是面对我们的长度为 l、宽度为 $\mathrm{d}x$ 的区域, 另一部分是背对我们的长度为 l、宽度为 $\mathrm{d}x$ 的区域, 即液体的表面积的增量实际为

$$\mathrm{d}A_s = l \cdot \mathrm{d}x + l \cdot \mathrm{d}x = 2l \cdot \mathrm{d}x = \Delta l \cdot \mathrm{d}x.$$

那么, 在该液体的表面积改变过程中外力所做的功为

$$đW = \sigma \Delta l \cdot \mathrm{d}x = \sigma \mathrm{d}A_s.$$

由此可知,

$$\sigma = \frac{đW}{\mathrm{d}A_s}. \tag{8.17}$$

这表明, 液体的表面张力系数表示液面增大单位表面积外界需要做的功.

二、表面张力系数的确定

前已提及, 为形成表面, 一定需要外力克服表面张力 (上述合力) 做功. 根据能量守恒定律可知, 外力需要做的功的数值等于表面层内外的液体的组分粒子的势能的差值, 较理论化地讲, 外力所做的功等于系统自由能的改变量. 下面我们介绍两种根据这一基本原理确定液体的表面张力系数的方法.

1. 唯象理论方法

记液体的任意两个相邻的组分粒子之间的相互作用势能为 ε, 液体内部的一个组分粒子有 n 个相邻的组分粒子 (即有 n 条相互作用键), 则其势能为 $\frac{\varepsilon}{2} \cdot n$. 设液体表面层内的组分粒子数密度占内部的组分粒子数密度的百分比 (可简称相对粒子数密度) 为 ζ, 则表面层内的组分粒子的势能为 $\frac{\varepsilon}{2} \cdot (\zeta n)$. 那么表面层内外分子的势能差为

$$\Delta U_{\mathrm{p}} = (1 - \zeta) \frac{|\varepsilon|}{2} \cdot n.$$

记表面积为 $\mathrm{d}A_{\mathrm{s}}$ 的表面层内有 N_{s} 个组分粒子, 由能量守恒定律可知, 在形成该表面的过程中, 外力所做的功等于所有这些组分粒子的势能的改变量, 即有

$$đW = N_{\mathrm{s}} \Delta U_{\mathrm{p}} = (1 - \zeta) \frac{|\varepsilon|}{2} \cdot n \cdot N_{\mathrm{s}}.$$

将之代入 (8.17) 式, 则得

$$\sigma = (1 - \zeta) \frac{|\varepsilon|}{2} \cdot n \cdot \frac{N_{\mathrm{s}}}{\mathrm{d}A_{\mathrm{s}}}.$$

记每个组分粒子所占空间线度平均为 d, 即有 $d^2 = \frac{\mathrm{d}A_{\mathrm{s}}}{N_{\mathrm{s}}}$, 则上式可简写为

$$\sigma = (1 - \zeta) \frac{|\varepsilon|}{2} n \frac{1}{d^2}.$$

考察液体的汽化过程我们知道, 每个汽化出来的粒子都需要克服其他所有粒子的作用, 这一部分能量通常被称为汽化热, 并且由能量守恒定律可知, 液体的摩尔汽化热可以由其组分粒子之间的相互作用势能及每个粒子与邻近粒子之间的键数 n 表示为

$$L_{\mathrm{m}} = N_{\mathrm{A}} \cdot \frac{|\varepsilon|}{2} n,$$

其中, N_{A} 为阿伏伽德罗常量. 那么 σ 可以进一步改写为

$$\sigma = (1 - \zeta) \frac{L_{\mathrm{m}}}{N_{\mathrm{A}} d^2}.$$

另一方面, 对于每个组分粒子所占空间线度平均为 d 的液体, 其摩尔体积为 $V_{\mathrm{m}} = N_{\mathrm{A}} d^3$. 宏观上, 液体的摩尔体积可以由其摩尔质量 μ 和密度 ρ 表示为 $V_{\mathrm{m}} = \frac{\mu}{\rho}$. 于是有

$$d^3 N_A = \frac{\mu}{\rho},$$

由此可得

$$d^2 = \left(\frac{\mu}{\rho N_A}\right)^{2/3}.$$

所以液体的表面张力系数可以由液体的宏观测量量及一些常量表示为

$$\sigma = (1-\zeta)\frac{L_m}{N_A}\left(\frac{\rho N_A}{\mu}\right)^{2/3}. \tag{8.18}$$

对于大多数液体, 实验测量得到的表面张力系数与 (8.18) 式中的参量取为 $\zeta \approx 0.7$ 情况下的计算结果符合得很好. 例如, 对于液氩, 实验测得其表面张力系数为 $\sigma(\mathrm{Ar})_{\mathrm{expt}} = 0.014\,\mathrm{J \cdot m^{-2}}$, 理论计算得到 $\sigma(\mathrm{Ar})_{\mathrm{theo}} = 0.013\,\mathrm{J \cdot m^{-2}}$; 对于液氖, $\sigma(\mathrm{Ne})_{\mathrm{expt}} = 0.004\,\mathrm{J \cdot m^{-2}}$, $\sigma(\mathrm{Ne})_{\mathrm{theo}} = 0.0055\,\mathrm{J \cdot m^{-2}}$.

2. 基本理论方法**

对于有限分界面, 将系统的自由能 F 表述为径向 $\boldsymbol{r}$ 的函数, 表面系统中的粒子数密度分布当然是径向的函数, 记之为 $n(\boldsymbol{r})$, 假设

$$F(\boldsymbol{r}) = \mu n + \frac{1}{2}C(\nabla n)^2 + \cdots,$$

其中, μ 为系统的化学势, C 由初步形成表面时 (第九章将说明, 此即相变临界状态) 系统的能量密度 E_A、表面的厚度 a 和表面中的粒子数密度 n 表述为

$$C = \frac{a^2}{n^2} E_A.$$

记温度为 T 情况下系统的自由能作为粒子数密度的函数 $F_T(n)$ 相对于两相平衡时的自由能 (以麦克斯韦构建法确定) $F_M(n)$ 的改变量为

$$\Delta F_T(n) = F_T(n) - F_M(n),$$

其中,

$$F_M(n) = F_T(n_L) + \frac{F_T(n_H) - F_T(n_L)}{n_H - n_L}(n - n_L),$$

n_L, n_H 分别为低密度相、高密度相的粒子数密度. 由稳定状态的自由能极小条件可知, 对于球形表面, 有关于自由能的运动方程为

$$\Delta F_T(n) + \frac{1}{2}C\left(\frac{\partial n}{\partial r}\right)^2 = 0.$$

由表面张力系数为增大单位表面积外界需要做的功的物理意义可知, 表面张力系数可以表述为

$$\sigma(T) = \int \Delta F_T \mathrm{d}x = -\frac{1}{2}\int C\left(\frac{\partial n}{\partial r}\right)^2 \mathrm{d}r.$$

直观地讲, 对于球形表面, 我们有

$$\left(\frac{\partial n}{\partial r}\right)^2 \mathrm{d}r = \left(\frac{\mathrm{d}n}{\mathrm{d}r}\right)\mathrm{d}n.$$

并且, 由前述运动方程易知,

$$\frac{\mathrm{d}n}{\mathrm{d}r} = -\left[\frac{2}{C}\Delta F_T(n)\right]^{1/2}.$$

将上述两式联立, 代入前述的由定义得到的表面张力系数的积分表达式, 则得

$$\sigma = \int_{n_\mathrm{L}}^{n_\mathrm{H}} \sqrt{\frac{C}{2}\Delta F_T(n)}\,\mathrm{d}n. \tag{8.19}$$

由此可知, 通过计算组分粒子数密度分布及自由能关于组分粒子数密度的函数即可确定表面张力系数.

三、影响表面张力系数的因素

实验表明, 液体的表面张力与表面积的大小无关, 仅与状态参量 (温度等) 及其本身的内禀性质有关. 那么液体的表面张力系数与表面积的大小无关, 与温度等条件及液体本身的内禀性质有关, 下面对这些关系予以讨论.

1. 表面张力系数与温度有关

由第三章的讨论可知, 在平衡态下, 微观粒子的状态按能量的分布遵循费米 – 狄拉克分布律或玻色 – 爱因斯坦分布律, 并且可以近似表述为玻尔兹曼分布律. 概括地说, 随着温度升高, 处于较高能量状态的粒子将增多. 由前述讨论可知, 液体表面层内组分粒子的势能大于液体内部组分粒子的势能, 相应地, 表面层内的粒子数密度低于内部的粒子数密度. 在温度升高的情况下, 液体的组分粒子的无规则运动动能增大, 较多的组分粒子可以进入表面层, 从而表面层内粒子之间的距离变小, 导致粒子之间的吸引作用减弱, 每一个组分粒子所受的指向液体内部的合力减小, 于是单位长度上的表面张力减小. 所以液体的表面张力系数随着温度升高而减小. 直接从 (8.18) 式看, 随着温度升高, 液体组分粒子之间的吸引作用减弱, 从而液体的摩尔汽化热减小, 因此液体的表面张力系数减小. 总之, 对于液体的表面张力系数, 总有

$$\frac{\partial \sigma}{\partial T} < 0. \tag{8.20}$$

例如, 实验测量表明, 纯水的表面张力系数与温度之间的关系为

$$\sigma_\mathrm{w} = \sigma_{0,\mathrm{w}}\left(1 - \frac{t}{t'}\right)^n, \tag{8.21}$$

其中, t 为以摄氏温标表示的纯水的温度, t' 为比纯水的临界温度 t_c 低几度的摄氏温度, $\sigma_{0,\mathrm{w}}$ 为纯水在 $t = 0\,°\mathrm{C}$ 情况下的表面张力系数, n 为 1 ~ 2 之间的常量. 显然, 随

着温度升高，纯水的表面张力系数单调减小. 特殊地，当温度接近其临界温度时，即当 $t \in (t', t_c)$ 时，$\sigma_w = 0$.

2. 表面张力系数与液体的密度等内禀性质有关

由前面导出的确定液体的表面张力系数的 (8.18) 式可以直接得知，液体的表面张力系数与液体的密度、摩尔质量、摩尔汽化热等内禀性质有关，具体地，液体的表面张力系数正比于其摩尔汽化热，正比于其密度的 2/3 次方，反比于其摩尔质量的 2/3 次方.

3. 表面张力系数与液面外相邻物质的性质有关

上述讨论表明，液体的表面张力系数依赖于液体的摩尔汽化热和表面层内的相对粒子数密度. 由于液体的摩尔汽化热和表面层内的相对粒子数密度都依赖于与其相邻物质的性质，因此液体的表面张力系数依赖于其外侧相邻物质的性质.

例如，水等常见液体在其外侧具有不同相邻物质情况下的表面张力系数如表 8.6 所示.

表 8.6　常见液体水和汞在其外侧具有不同相邻物质情况下的表面张力系数

液体 – 相邻物质	水 – 空气			水 – 苯	汞 – 真空	汞 – 水
温度/°C	10	30	50	20	0	20
表面张力系数 /(10^{-3}N/m)	74.22	71.18	67.91	33.6	480	472

4. 表面张力系数与液体中的杂质有关

前述讨论表明，液体的表面张力系数依赖于液体的摩尔汽化热和表面层内的相对粒子数密度，而液体的摩尔汽化热和表面层内的相对粒子数密度等物理量都依赖于液体中杂质的种类及含量，因此液体的表面张力系数与液体中的杂质有关.

实验测量表明，不同种类的杂质对液体表面张力系数的影响行为不同，有的使表面张力系数增大，有的使表面张力系数减小. 使表面张力系数减小的物质称为表面活性物质，例如，醇、酸、醛、酮等有机物质都是表面活性物质. 在冶金工业中，常加入表面活性物质，以使液态金属结晶加速，并使固态金属的表面光滑. 在石油开采中，常采用在地下注入热水和表面活性物质，以使石油较易流动，提高油井产量.

8.4.3　表面能与表面内能

一、表面能

1. 表面能

液体的组分粒子之间的相互作用力是保守力，外力克服表面层内粒子所受的合力所做的功等于表面层内粒子势能的增量，这样增加的液体表面层内的粒子势能称为液体的表面能.

在克服表面层内粒子所受合力的过程中, 外力所做的功与所改变的表面积之间的关系为

$$\text{đ}W = \sigma \text{d}A_\text{s},$$

其中, σ 为液体的表面张力系数. 由热力学原理可知, 对于可逆过程, 有

$$\text{đ}W = \text{d}U - T\text{d}S,$$

其中, $\text{d}U$ 为系统内能的改变量, $\text{d}S$ 为系统的熵变, T 为系统的温度, 那么, 对于等温过程, 则有

$$\text{đ}W = \text{d}(U - TS) = \text{d}F.$$

因此液体的表面能与液体的表面积及其表面张力系数之间满足

$$\text{d}F_\text{s} = \sigma \text{d}A_\text{s}. \tag{8.22}$$

由此可知, 液体的表面张力系数等于等温情况下液体的表面能随表面积的变化率, 即有

$$\sigma = \left(\frac{\partial F_\text{s}}{\partial A_\text{s}}\right)_T. \tag{8.23}$$

例题 1 水和油之间的表面张力系数为 $0.018\,\text{N/m}$, 为了使由密度为 $900\,\text{kg/m}^3$ 的油形成的质量为 $1\,\text{g}$ 的大油滴在水内等温地散布成半径为 $10\,\mu\text{m}$ 的小油滴, 所需做的功为多少?

解 由表面张力的物理起因可知, 大油滴散布成大量小油滴时, 与油滴相邻的水的表面能的增量等于外力所做的功, 即有

$$\Delta W = \Delta F_\text{s} = \sigma \Delta A_\text{s},$$

其中, ΔA_s 是与油滴相邻的水的表面积的增量, 即油滴表面积的增量. 记大油滴的半径为 R, 它分裂成 N 个半径为 r 的小油滴, 则

$$\Delta A_\text{s} = N \cdot 4\pi r^2 - 4\pi R^2.$$

因为在大油滴散布成小油滴的过程中, 油的质量 M 不变, 记油的密度为 ρ, 则有

$$M = \frac{4}{3}\pi R^3 \rho = N \cdot \frac{4}{3}\pi r^3 \rho,$$

所以

$$N = \frac{R^3}{r^3}.$$

于是
$$\Delta A_\mathrm{s} = 4\pi N r^2 - 4\pi N^{2/3} r^2 = 4\pi N^{2/3} r^2 (N^{1/3} - 1).$$

另一方面, 散布成的小油滴的数目为
$$N = \frac{M}{\frac{4}{3}\pi r^3 \rho} = \frac{1 \times 10^{-3}}{\frac{4}{3}\pi \times (10 \times 10^{-6})^3 \times 900} \sim 10^8 \gg 1,$$

则
$$\Delta A_\mathrm{s} \approx N \cdot 4\pi r^2 = \frac{M}{\frac{4}{3}\pi r^3 \rho} 4\pi r^2 = \frac{3M}{r\rho}.$$

所以在该大油滴等温地散布成小油滴的过程中所需做的功为
$$\Delta W = \sigma \Delta A_\mathrm{s} \approx \frac{3\sigma M}{r\rho} = \frac{3 \times 0.018 \times (1 \times 10^{-3})}{1 \times 10^{-5} \times 900}\,\mathrm{J} = 6.0 \times 10^{-3}\,\mathrm{J}.$$

2. 负表面能

如果表面是组分粒子之间相互吸引作用明显不同的两种液体的接触面, 这两种液体各有一个表面层, 那么组分粒子之间相互吸引作用较弱的液体的表面能为负表面能.

记组分粒子之间相互吸引作用较弱的液体为 B, 组分粒子之间相互吸引作用较强的液体为 A, 如图 8.12 所示, 则液体 A 的表面层内的组分粒子所受力的合力仍垂直向下, 欲使组分粒子进入该表面层, 需要克服该合力的作用, 因此其表面能为正. 液体 B 的表面层内的组分粒子所受力的合力也垂直向下 (大多由液体 A 的组分粒子所提供), 其中的组分粒子欲进入液体 B 的内部, 需要克服该垂直向下的 "分子" 力, 所以液体 B 的表面能为负.

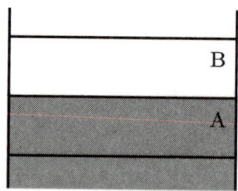

图 8.12　两种液体形成的表面示意图

二、表面内能

前述讨论表明, 表面能 F_s 为等温条件下外力在扩展表面时所做的功, 所以 F_s 不是液体的表面内能, 而仅是表面内能的一部分. 液体的表面内能需要根据热力学原理具体确定.

一般地，系统的内能包括能够对外界做功的自由能和不能够对外界做功的贬值能，并可表示为
$$U = F + TS,$$
其中，T 为系统的温度，S 为系统的熵.

对于液体的表面，由热力学第一定律和第二定律可知，在一个可逆的元过程中，其内能的改变量为
$$\mathrm{d}U = \text{đ}Q + \text{đ}W = T\mathrm{d}S + \sigma \mathrm{d}A_\mathrm{s}.$$

由 $U = F + TS$，即 $F = U - TS$ 可知，
$$\mathrm{d}F = \mathrm{d}U - T\mathrm{d}S - S\mathrm{d}T.$$

将上述两式联立则得
$$\mathrm{d}F_\mathrm{s} = \sigma \mathrm{d}A_\mathrm{s} - S_\mathrm{s}\mathrm{d}T,$$

其中，S_s 为液体表面的熵.

另一方面，液体的表面能可以一般地表述为系统的温度和表面积的函数，即有
$$F_\mathrm{s} = F_\mathrm{s}(A_\mathrm{s}, T).$$

那么
$$\mathrm{d}F_\mathrm{s} = \left(\frac{\partial F_\mathrm{s}}{\partial A_\mathrm{s}}\right)_T \mathrm{d}A_\mathrm{s} + \left(\frac{\partial F_\mathrm{s}}{\partial T}\right)_{A_\mathrm{s}} \mathrm{d}T.$$

由前述讨论可知，$\left(\frac{\partial F_\mathrm{s}}{\partial A_\mathrm{s}}\right)_T = \sigma$ 为液体的表面张力系数. 由此还可以得知，在确定的温度下，$F_\mathrm{s} = \sigma A_\mathrm{s}$. 在不考虑温度变化引起的液体表面积变化（即把液体的表面积和温度作为决定液体的表面能的独立自变量）的情况下，则有

$$\left(\frac{\partial F_\mathrm{s}}{\partial T}\right)_{A_\mathrm{s}} = \sigma \left(\frac{\partial A_\mathrm{s}}{\partial T}\right)_{A_\mathrm{s}} + A_\mathrm{s}\left(\frac{\partial \sigma}{\partial T}\right)_{A_\mathrm{s}} = 0 + A_\mathrm{s}\left(\frac{\partial \sigma}{\partial T}\right)_{A_\mathrm{s}} = A_\mathrm{s}\left(\frac{\partial \sigma}{\partial T}\right)_{A_\mathrm{s}}.$$

所以
$$\mathrm{d}F_\mathrm{s} = \sigma \mathrm{d}A_\mathrm{s} + A_\mathrm{s}\left(\frac{\partial \sigma}{\partial T}\right)_{A_\mathrm{s}} \mathrm{d}T.$$

比较该表达式与由热力学原理给出的液体表面能的改变量的表达式，可得
$$S_\mathrm{s} = -A_\mathrm{s}\left(\frac{\partial \sigma}{\partial T}\right)_{A_\mathrm{s}}.$$

将 $F_\mathrm{s} = \sigma A_\mathrm{s}$ 和上式代入一般关系式 $U = F + TS$ 则得，液体的表面内能为
$$U_\mathrm{s} = \sigma A_\mathrm{s} - TA_\mathrm{s}\left(\frac{\partial \sigma}{\partial T}\right)_{A_\mathrm{s}}. \tag{8.24}$$

液体的表面内能密度为

$$u_s = \sigma - T\left(\frac{\partial \sigma}{\partial T}\right)_{A_s}. \tag{8.25}$$

并有表面熵密度

$$s_s = -\left(\frac{\partial \sigma}{\partial T}\right)_{A_s}. \tag{8.26}$$

由此可知, 液体的表面内能密度由液体的表面张力系数和表面张力系数随温度的变化率决定. 并且液体的表面具有表面熵, 表面熵密度等于表面张力系数随温度的变化率的负值. 由于液体的表面张力系数随着温度升高而减小, 即 $\frac{\partial \sigma}{\partial T} < 0$, 因此当形成液面时, 系统的熵增加. 对于一些特殊情况, 该规律的重要性非常明显. 例如, 对于早期宇宙中, 强相互作用物质随着温度降低, 由夸克、胶子形成强子的过程, 如果仅考虑热力学极限的平直表面, 且不考虑表面熵的贡献, 会得到系统的熵密度减小的结果, 也就是得到与热力学第二定律不一致的结果. 在很好地考虑有限的弯曲分界面的表面熵的贡献的情况下, 才能得到与热力学原理一致的结果 (Ke W Y, Liu Y X. Phys. Rev. D, 2014, 89: 074041; Gao F, Liu Y X. Phys. Rev. D, 2016, 94: 094030). 这也说明现在所说的存在很多与热力学第二定律不一致的过程很可能是没有将影响因素 (例如, 纠缠熵等) 考虑完整所致, 或者本来就是热力学第二定律不适用的过程.

8.4.4 弯曲液面内外的压强差

8.4.4
授课视频

一、问题的提出及其重要性

仔细考察液体表面的形状可知, 常见的液体表面都是弯曲的, 并且有凸有凹. 例如, 肥皂泡、水中的气泡、蒸气中的液滴、油上的水滴、玻璃板上的水滴、两玻璃板之间的水滴、玻璃板上的水银、玻璃管内的水面等, 其中, 蒸气中的液滴、玻璃板上的水滴、玻璃板上的水银等液体表面是凸的, 而肥皂泡、水中的气泡、两玻璃板之间的水滴、玻璃管内的水面等液体表面是凹的.

由力学原理可知, 液体表面的形状由能量最低原理 (或者说自由能最小原理等) 决定, 是受力情况的反映, 而受力情况决定系统状态的演化方向和具体过程, 例如, 细胞的形状由细胞中液体表面的受力情况决定, 因此它决定细胞的稳定程度及演化方向 (例如, 分裂、凋亡等). 再如, 原子核 (其内部部分通常可以近似为关联较强的集体运动的液体, 因此有液滴模型) 的形状也是其各部分受力情况的表现, 从而决定原子核的稳定程度及演化方向 (例如, 衰变、裂变等). 总之, 液体表面的形状对基本物理过程、生命过程等都意义重大, 而该形状由液体表面的受力情况决定, 也就是由液体表面内外的压强差决定. 本小节讨论弯曲液面内外的压强差.

二、弯曲液面内外压强差的确定

直观地讲, 一个液体表面系统包括内部、外部和表面层三部分, 分别记之为 i, o, γ, 如图 8.13 所示. 由平衡态的自由能判据可知, 在液面系统稳定的情况下, 系统的自由能取最小值. 记三部分的自由能分别为 F_i, F_o, F_γ, 则有

$$\delta F_i + \delta F_o + \delta F_\gamma = 0.$$

因为系统中的 i, o 可以是液体或气体, 所以这三部分的自由能的改变量为

$$\delta F_i = đW_i = -p_i \delta V_i,$$
$$\delta F_o = đW_o = -p_o \delta V_o,$$
$$\delta F_\gamma = đW_\gamma = \sigma \delta A_s,$$

其中, $p_k\ (k=\text{i, o})$ 为 k 部分的压强, δV_k 为 k 部分的体积的改变量, σ 为液体的表面张力系数, δA_s 为液体表面积的改变量. 于是有

$$-p_i \delta V_i - p_o \delta V_o + \sigma \delta A_s = 0,$$

亦即

$$p_i \delta V_i + p_o \delta V_o = \sigma \delta A_s.$$

因为表面层 γ 很薄 (比液体组分粒子之间的相互作用的有效力程线度还要小), 则液体内部和外部的体积发生变化时, 表面层的体积保持不变, 即有

$$\delta V_i + \delta V_o = 0,$$

于是

$$\delta V_o = -\delta V_i,$$

所以

$$p_i - p_o = \sigma \frac{\delta A_s}{\delta V_i}.$$

这就是说, 液面内外的压强差取决于表面积的改变量与内部部分体积的改变量的比值.

如图 8.14 所示, 记未发生变化时所考虑面元由两条平行的弧 ab, cd 和与之正交的弧 ad, bc 形成, 其面积为

$$A_s = ab \cdot ad.$$

几何学原理表明, 弧 ab 和 ad 可以分别由其对应的曲率半径 R_1, R_2 及张角 $d\varphi_1, d\varphi_2$ 表示为

$$ab = R_1 d\varphi_1, \qquad ad = R_2 d\varphi_2.$$

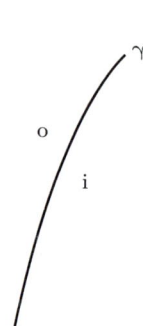

图 8.13 液体表面及其周围环境示意图

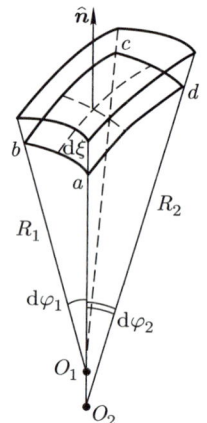

图 8.14 液体表面及其移动示意图

记液体表面在其内部与外部之间的压强差作用下有小位移 $\mathrm{d}\xi$, 即液体内部部分的体积改变量由原面元沿径向移动 $\mathrm{d}\xi$ 所致, 则其变化可具体表示为

$$ab \longrightarrow ab + \mathrm{d}\xi\,\mathrm{d}\varphi_1, \qquad ad \longrightarrow ad + \mathrm{d}\xi\,\mathrm{d}\varphi_2.$$

因此液体表面积的改变量为

$$\delta A_\mathrm{s} = (ab + \mathrm{d}\xi\,\mathrm{d}\varphi_1)\cdot(ad + \mathrm{d}\xi\,\mathrm{d}\varphi_2) - ab\cdot ad \approx \mathrm{d}\xi(ad\cdot\mathrm{d}\varphi_1 + ab\cdot\mathrm{d}\varphi_2).$$

又由 $ab = R_1\mathrm{d}\varphi_1$ 和 $ad = R_2\mathrm{d}\varphi_2$ 可知, $\mathrm{d}\varphi_1 = \dfrac{ab}{R_1}$, $\mathrm{d}\varphi_2 = \dfrac{ad}{R_2}$, 于是

$$\delta A_\mathrm{s} \approx \mathrm{d}\xi\Big(ad\cdot\frac{ab}{R_1} + ab\cdot\frac{ad}{R_2}\Big) = \mathrm{d}\xi\Big(\frac{1}{R_1} + \frac{1}{R_2}\Big)\cdot A_\mathrm{s} = \Big(\frac{1}{R_1} + \frac{1}{R_2}\Big)\delta V_\mathrm{i},$$

即近似有

$$\frac{\delta A_\mathrm{s}}{\delta V_\mathrm{i}} = \Big(\frac{1}{R_1} + \frac{1}{R_2}\Big).$$

所以

$$\Delta p = p_\mathrm{i} - p_\mathrm{o} = \sigma\Big(\frac{1}{R_1} + \frac{1}{R_2}\Big).$$

总之, 任意弯曲液面内外的压强差都可以表示为

$$\Delta p = p_\mathrm{i} - p_\mathrm{o} = \sigma\Big(\frac{1}{R_1} + \frac{1}{R_2}\Big), \tag{8.27}$$

其中, R_1, R_2 为过弯曲液面上的两个正截口的曲率半径. 该表达式通常称为拉普拉斯公式. 根据上述讨论过程, 我们有如下符号约定: 当曲率半径在液体内部时, R_1 (R_2) > 0, 当曲率半径在液体外部时, R_1 (R_2) < 0.

这一弯曲液面内外压强差的拉普拉斯公式可以通过利用图 8.15 所示的装置上吹气泡的实验进行定性检验. 实验时, 先将阀门 C_1 和 C_2 打开, 把阀门 C_3 关闭, 吹出一个肥皂泡 A. 此时, 关闭阀门 C_2, 得到一个稳定的肥皂泡 A. 然后, 把阀门 C_3 打开, 吹出一个曲率半径比 A 小的肥皂泡 B. 此时, 关闭阀门 C_3, 得到一个曲率半径较小的稳定的肥皂泡 B. 如图 8.15 (a) 所示. 再后, 关闭阀门 C_1, 打开阀门 C_2 和 C_3, 考察两肥皂泡的变化行为. 可以看到, 肥皂泡 A 越来越大, 肥皂泡 B 越来越小, 直至达到新的平衡态, 例如, 图 8.15 (b) 所示的情形. 究其原因, 肥皂泡 A 越来越大、肥皂泡 B 越来越小说明肥皂泡 A 中气体的压强小于肥皂泡 B 中气体的压强, 只有这样气体才能从肥皂泡 B 流到肥皂泡 A 中, 这就是说, 曲率半径较小的肥皂泡 B 的液体膜内的压强大于曲率半径较大的肥皂泡 A 的液体膜内的压强, 从而说明拉普拉斯公式正确.

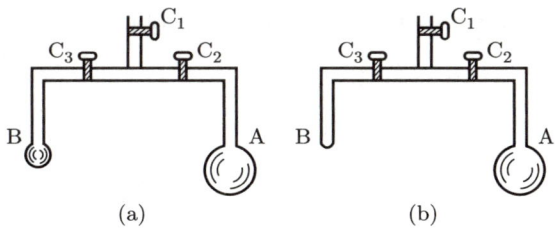

图 8.15 检验弯曲液面内外压强差的拉普拉斯公式的实验示意图

三、简单讨论与应用举例

1. 球形液滴的表面

对于如图 8.16 所示的半径为 R 的球形液滴的表面, 在其上任取两个过球心的相互垂直的截面, 即为正截口. 由于这两个正截口的曲率中心和曲率半径都在液体内, 于是 $R_1 = R_2 = R$, 因此

$$p_{i,s} - p_{o,s} = \frac{2\sigma}{R}.$$

2. 液柱的表面

对于如图 8.17 所示的半径为 R 的柱形液体的表面, 在其上取一个垂直于轴线的平面, 其与液柱表面的圆形交线为正截口. 因其曲率中心和曲率半径都在液体内, 故 $R_1 = R$. 再取一个平行于轴线的平面, 其与液柱表面的直线形交线也为正截口, 则 $R_2 = \infty$. 因此

$$p_{i,c} - p_{o,c} = \frac{\sigma}{R}.$$

3. 液体表面的形状由其内部、外部, 以及表面层三部分的能量决定

前面曾一般地说明液体表面的形状由其受力情况决定, 其净受力, 即合力, 由内部与外部之间的压强差决定 (压强差乘以表面积即得所受的合力). 由拉普拉斯公式可

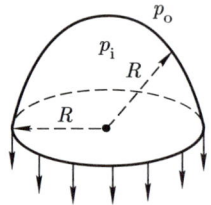
图 8.16 分布在球形区域内的液滴的表面示意图

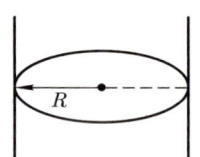
图 8.17 分布在柱形区域内的液体的表面示意图

知, 弯曲液面内外的压强差由液体的表面张力系数和表面上的两个正截口的曲率半径决定, 曲率半径和表面张力系数都既与液体内部的性质有关, 又与液体外部与之相邻的物质有关, 因此液体表面部分所受的力由其内部、外部和表面层三部分共同决定.

例如, 如果液体表面的曲率中心在液体内部, 则其曲率半径取正值, 由拉普拉斯公式可知, $p_i - p_o > 0$, 即液体内部气体的压强大于液体外部气体的压强, 液体表面受到由内部指向外部的力的作用, 因此液体表面呈现外凸的形状, 如图 8.18 (a) 所示. 例如, 蒸气中的液滴、玻璃管内水银的上表面等, 都呈外凸的形状. 如果液体表面的曲率中心在液体外部, 则其曲率半径取负值, 由拉普拉斯公式可知, $p_i - p_o < 0$, 即液体内部气体的压强小于液体外部气体的压强, 液体表面受到由外部指向内部的力的作用, 因此液体表面呈现外凹 (内凸) 的形状, 如图 8.18 (b) 所示. 例如, 液体中的气泡、玻璃管内水的上表面等, 都呈外凹的形状.

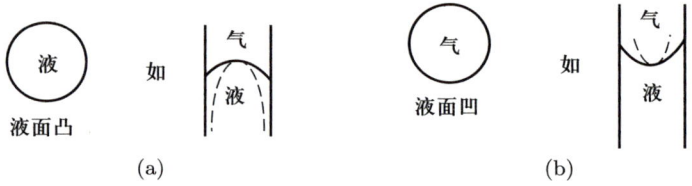
图 8.18 液体表面的形状由其内部、外部及表面层共同决定的示意图

例题 2 设两玻璃片中央有一扁圆形水滴, 玻璃片被吸得很紧, 且 $R_1 = 1 \times 10^{-4}$ cm, $R_2 = 2$ cm, 水的表面张力系数为 $\sigma = 0.073$ N/m, 试问从垂直于玻璃片表面方向拉动此两玻璃片至少需要多大的力?

解 因为压强为单位面积上所受的正压力, 所以先计算出水滴内外的压强差, 然后对所得压强差乘以水滴的表面积即得所要求的力.

依题意, 曲率半径较大的液体表面为水滴的外包络面, 其曲率中心在液体内部, 因此其曲率半径取正值. 曲率半径较小的液体表面为两玻璃片之间向玻璃片上有延伸的液体表面, 其曲率中心在液体外部, 因此其曲率半径取负值. 那么, 由拉普拉斯公式可

知, 此两玻璃片之间的水滴中的压强与大气压强之差为

$$\Delta p = p_\text{i} - p_\text{o} = \sigma\left(\frac{1}{R_1} + \frac{1}{R_2}\right) \approx \frac{\sigma}{R_1} = \frac{7.3 \times 10^{-2}}{-1 \times 10^{-4} \times 10^{-2}}\,\text{N/m}^2 = -7.3 \times 10^4\,\text{N/m}^2,$$

其中, 负号 "$-$" 表明水滴所受合力的方向是由外向内的. 为拉动此两玻璃片必须克服这一由外向内的力, 所以所需施加的力至少为

$$f = |\Delta p \cdot A_\text{s}| \approx (7.3 \times 10^4) \times [3.14 \times (2 \times 10^{-2})^2]\,\text{N} \approx 91.7\,\text{N}.$$

例题 3 将压强为 1 atm 的空气等温地压缩进肥皂泡内, 吹成半径为 2.5 cm 的肥皂泡. 设肥皂液的表面张力系数为 0.044 N/m, 试求吹成此肥皂泡的过程中应做多少功?

解 根据热力学原理可知, 一系统在等温过程中能够对外界做功的本领 (最大值) 等于系统的自由能 F 的减小量. 那么外界对系统所做的功至少为系统自由能的增量.

对于现在的吹肥皂泡的问题, 记肥皂泡的半径为 r, 泡内气体的压强为 p、体积为 V、温度为 T, 大气压强为 p_0. 因为将气体等温地压缩进肥皂泡内, 吹成有确定半径的肥皂泡的过程是等温过程, 所以在其中的一个元过程中外界需要做的功至少为

$$\Delta W = \Delta U - T\Delta S = \Delta(U - TS) = \Delta F.$$

因为现在的系统由空气和肥皂膜 (液体薄层) 两部分构成, 记肥皂膜和空气的自由能分别为 F_s, F_G, 所以

$$\Delta W = \Delta F = \Delta F_\text{s} + \Delta F_\text{G}.$$

因为肥皂膜有内外两个表面, 且肥皂膜很薄, 则因形成肥皂膜而改变的面积为 $\Delta A_\text{s} = 4\pi r^2 + 4\pi r^2 = 8\pi r^2$, 于是

$$\Delta F_\text{s} = \sigma \cdot \Delta A_\text{s} = \sigma \cdot 8\pi r^2.$$

对于空气, 考虑自由能的定义 $F = U + TS$, 并取理想气体模型, 则有

$$\Delta F_\text{G} = \Delta(U_\text{G} - T_\text{G}S_\text{G}) = \Delta U_\text{G} - T\Delta S_\text{G} = -T\left(-\nu R \ln\frac{p}{p_0}\right) = \nu RT \ln\frac{p}{p_0}.$$

因为肥皂泡内空气的压强等于肥皂泡外的大气压强 p_0 与弯曲液面提供的压强差两部分之和, 即有 $p = p_0 + \Delta p$, 所以

$$\Delta W = 8\pi\sigma r^2 + \nu RT \ln\frac{p}{p_0} = 8\pi\sigma r^2 + \nu RT \ln\left(1 + \frac{\Delta p}{p_0}\right).$$

记肥皂泡内液体的压强为 p_i，则由弯曲液面内外压强差的拉普拉斯公式可知，

$$p_\mathrm{i} - p_0 = \frac{2\sigma}{r},$$

$$p_\mathrm{i} - p = -\frac{2\sigma}{r},$$

于是

$$\Delta p = p - p_0 = (p - p_\mathrm{i}) + (p_\mathrm{i} - p_0) = \frac{4\sigma}{r}.$$

所以

$$\Delta W = 8\pi\sigma r^2 + \nu RT \ln\left(1 + \frac{4\sigma}{p_0 r}\right) \approx 8\pi\sigma r^2 + \nu RT \cdot \frac{4\sigma}{p_0 r},$$

再考虑理想气体状态方程，则得

$$\Delta W \approx 8\pi\sigma r^2 + p_0 V \cdot \frac{4\sigma}{p_0 r} = 8\pi\sigma r^2 + \frac{4\sigma}{r} V = 8\pi\sigma r^2 + \frac{4\sigma}{r} \cdot \frac{4}{3}\pi r^3 = \frac{40}{3}\pi\sigma r^2.$$

代入已知数据则得

$$\Delta W \approx \frac{40}{3} \times 3.14 \times (4.4 \times 10^{-2}) \times (2.5 \times 10^{-2})^2 \text{ J} \approx 1.151 \times 10^{-3} \text{ J}.$$

8.5 润湿现象与毛细现象

在本章开始，我们曾提到液体具有附着能力。考察常见的现象可知，一种液体可以在另一种与之互不相溶的液体表面上形成一层薄膜，也可以形成液珠；水能覆盖清洁的玻璃，但不能覆盖涂有油脂的玻璃，也不能覆盖整个荷叶；水银不能覆盖整个玻璃，而只能在其上形成水珠；等等。这些事实表明，液体的附着能力的表现相当复杂。本节对之予以简单讨论。

8.5.1
授课视频

8.5.1 润湿、不润湿及接触角

一、润湿现象和接触角的概念

为了较准确地描述上述附着现象的复杂性，我们先引入润湿现象和不润湿现象的概念。如果一种液体可以均匀地附着于另一种液体或固体表面，则称之为润湿现象或浸润现象；否则称之为不润湿现象或不浸润现象。仔细考察起来，可以根据附着的均匀程度将之更细致地分为完全润湿、部分润湿、部分不润湿、完全不润湿。完全润湿即液体完全均匀地附着于另一种物质的表面；部分润湿即液体大致均匀地附着于另一种物质的表面，也称之为能润湿；完全不润湿即液体处于另一种物质之上，但其间只有点接触；部分不润湿即介于完全不润湿和部分润湿之间的状态，也称之为不能润湿。

为定量描述润湿现象和润湿程度, 我们引入一个称为接触角的量. 直观地讲, 液体与固体或液体与另一种液体接触处的液面的切线与液体内部两种物质表面切线之间的夹角称为这两种物质之间的接触角. 例如, 图 8.19 所示的液体附着于固体上的情况, 液体与固体的接触处的切线为图中的射线, 液体内部两种物质表面的切线即图中的凸起部分与平直部分的共有线, 图中标记为 θ 的角就是液体与固体之间的接触角.

图 8.19　润湿程度与接触角之间的关系示意图

很显然, 接触角越小, 润湿程度越高. 具体地讲, 接触角与润湿程度之间的关系为: 接触角 $\theta = \pi$, 则液体与另一种物质之间完全不润湿; 接触角 $\theta \in [\pi/2, \pi)$, 则液体与另一种物质之间不能润湿 (亦即部分不润湿); 接触角 $\theta \in (0, \pi/2)$, 则液体与另一种物质之间能润湿 (亦即部分润湿); 接触角 $\theta = 0$, 则液体与另一种物质之间完全润湿.

在下面, 我们分别确定液体与液体之间、液体与固体之间的接触角.

二、液体与液体之间的接触角

记两种液体分别为 1, 2, 并且液体 1 的物质的量很大, 即将少量液体 2 置于液体 1 之上, 这两种液体之外是空气 (及两种液体的蒸气), 记之为 3. 液体 1、液体 2、物质 3 两两作用, 整体平衡. 假设从外侧可见的两种液体和物质 3 的分界线为圆形, 其纵切面如图 8.20 所示. 在分界线上取垂直于纵切面的线元 $\mathrm{d}l$, 它受到的力有液体 1 与液体 2 之间的表面张力 $\boldsymbol{F}_{12}$、液体 1 与物质 3 之间的表面张力 $\boldsymbol{F}_{13}$、液体 2 与物质 3 之间的表面张力 $\boldsymbol{F}_{23}$, 记它们两两之间的表面张力系数分别为 $\sigma_{12}, \sigma_{13}, \sigma_{23}$, 则这些力的大小分别为

$$F_{12} = \sigma_{12}\mathrm{d}l, \qquad F_{13} = \sigma_{13}\mathrm{d}l, \qquad F_{23} = \sigma_{23}\mathrm{d}l.$$

考虑由沿 $\boldsymbol{F}_{13}$ 方向 (广义地, 即平行于从外侧可见的液体 1 的表面的方向) 和垂直于从外侧可见的液体 1 的表面的方向建立的坐标系, 则线元 $\mathrm{d}l$ 的力学平衡条件可以表示为

$$\sigma_{13} = \sigma_{23}\cos\theta_1 + \sigma_{12}\cos\theta_2,$$
$$0 = \sigma_{23}\sin\theta_1 - \sigma_{12}\sin\theta_2.$$

对上述两式先分别计算其平方, 然后对它们的等号两边分别求和得

$$\sigma_{13}^2 = \sigma_{12}^2 + \sigma_{23}^2 + 2\sigma_{12}\sigma_{23}\cos\Theta,$$

其中, $\Theta = \theta_1 + \theta_2$ 正是液体 1 与液体 2 之间的接触角.

由之可得

$$\cos\Theta = \frac{\sigma_{13}^2 - (\sigma_{12}^2 + \sigma_{23}^2)}{2\sigma_{12}\sigma_{23}} = \frac{\sigma_{13}^2 - (\sigma_{12} + \sigma_{23})^2}{2\sigma_{12}\sigma_{23}} + 1 = \frac{\sigma_{13}^2 - (\sigma_{12} - \sigma_{23})^2}{2\sigma_{12}\sigma_{23}} - 1. \quad (8.28)$$

由数学原理可知, $\cos\Theta \in [-1, 1]$, 由 (8.28) 式可知, 为保证存在具有确定意义的接触角 Θ, 两种液体之间及它们各自与外侧物质之间的表面张力系数不能任意取值, 而应满足一定的关系. 图 8.21 给出接触角 Θ 的余弦函数随大块液体与外侧物质之间表面张力系数的平方变化的行为. 由图 8.21 可知, 前述的三个表面张力系数之间的关系是 $\sigma_{13}^2 \in [(\sigma_{12} - \sigma_{23})^2, (\sigma_{12} + \sigma_{23})^2]$. 在满足这些关系的情况下, 由 (8.28) 式即可确定两种液体之间的接触角 Θ.

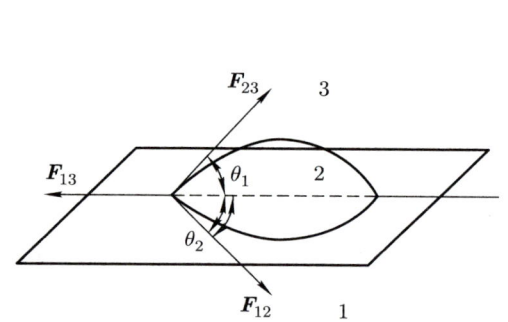

图 8.20　液体与液体之间接触角的纵切面及分界线处的受力情况示意图

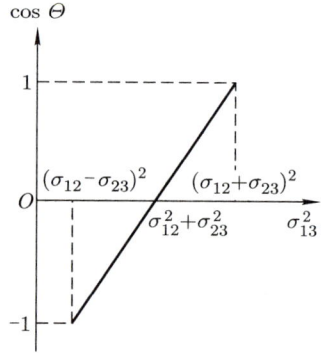

图 8.21　液体与液体之间接触角的余弦函数 $\cos\Theta$ 随大块液体与外侧物质之间表面张力系数的平方 σ_{13}^2 变化的行为

显然, 在 $\cos\Theta = 1$, $\Theta = 0$ 的情况下, $\theta_1 = \theta_2 = 0$, 液体 2 均匀地覆盖于液体 1 之上. 其他几种典型情况下的两种液体的表观形态如图 8.22 所示, 当 $\cos\Theta = -1$, $\Theta = \pi$ 时, 特殊的情况可以是 $\theta_1 = 0$, $\theta_2 = \pi$ 或 $\theta_1 = \pi$, $\theta_2 = 0$. 在 $\theta_1 = 0$, $\theta_2 = \pi$ 的情况下, 液体 2 的上表面与液体 1 的不与液体 2 接触部分的外表面平齐, 则液体 2 以液滴形式存在于液体 1 的表面之下, 如图 8.22 (a) 所示. 在 $\theta_1 = \pi$, $\theta_2 = 0$ 的情况下, 液体 2 的下表面与液体 1 的不与液体 2 接触部分的外表面平齐, 则液体 2 以液滴形式存在于液体 1 的表面之上, 如图 8.22 (b) 所示. 在 $\cos\Theta \in [0, 1)$ 的情况下, $\Theta = \theta_1 + \theta_2 \leqslant \frac{\pi}{2}$, 液体 2 较宽广地覆盖于液体 1 之上, 即呈能润湿 (或部分润湿) 的形态, 如图 8.22 (c) 所示. 在 $\cos\Theta \in (-1, 0)$ 的情况下, $\Theta = \theta_1 + \theta_2 > \frac{\pi}{2}$, 液体 2 很局限地覆盖于液体 1 之上, 即呈不能润湿 (或部分不润湿) 的形态, 如图 8.22 (d) 所示.

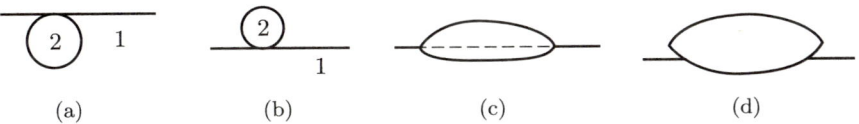

图 8.22　液体与液体之间的接触角取一些特殊值的情况下, 物质的量较小的液体所呈形状的纵切面示意图

三、液体与固体之间的接触角

记固体、液体分别为 1, 2, 并且固体 1 的物质的量很大, 即将少量液体 2 置于固体 1 之上, 固体和液体之外是空气 (及液体 2 的蒸气), 记之为 3. 因为常见固体的表面强度都较大, 所以少量液体置于其上, 其表面不会凹陷. 固体 1、液体 2 和物质 3 之间两两作用, 整体平衡. 假设自上而下可见的物质 3、液体 2 及固体 1 的分界线 (表面层或表面环) 为圆形, 其纵切面如图 8.23 所示.

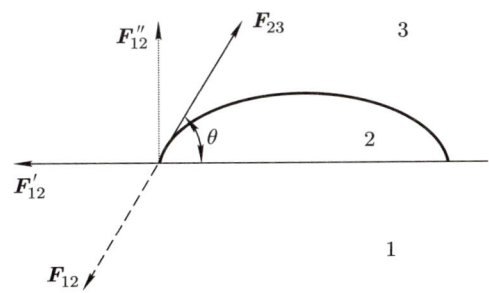

图 8.23　液体与固体之间接触角的纵切面及分界线处的受力情况示意图

在分界线 (表面层或表面环) 上取垂直于纵切面的线元 dl, 它受到的力有液体内部的组分粒子对它 (液体的表面层内的组分粒子) 的吸引力 (常称之为内聚力)、固体的组分粒子对它 (液体的表面层内的组分粒子) 的吸引力 (常称之为附着力 F_{12}). 考虑液体的物质的量较小, 固体的物质的量较大, 我们知道附着力的方向定性地如图 8.23 中的虚线所示的 F_{12} 的方向. 这些力还可以表示为液体 2 与其外的固体 1 之间的表面张力 F'_{12}、固体 1 对液体 2 的表面层 (分界线) 的支撑力 F''_{12}、液体 2 与其外的物质 3 之间的表面张力 F_{23}, 那么线元 dl 的力学平衡条件

$$F_{12} + F_{23} = 0$$

可以改写为

$$F'_{12} = F_{23} \cos\theta,$$

其中的 θ 即为待定的液体与固体之间的接触角. 记液体 2 与固体 1 之间、液体 2 与物

质 3 之间的表面张力系数分别为 σ_{12}, σ_{23}, 则这些力的大小分别为

$$F'_{12} = \sigma_{12} \mathrm{d}l, \qquad F_{23} = \sigma_{23} \mathrm{d}l.$$

于是有

$$\sigma_{12} = \sigma_{23} \cos\theta.$$

所以

$$\cos\theta = \frac{\sigma_{12}}{\sigma_{23}}. \tag{8.29}$$

显然, 液体与固体之间的接触角由附着力与内聚力之间竞争的结果决定. 具体地讲, 液体与固体之间接触角的余弦由液体与其外相应物质之间的表面张力系数的比值决定. 如果附着力远大于内聚力, 即有 $\sigma_{12} \gg \sigma_{23}$, $F'_{12} > 0$, 则 $\theta = 0$, 即液体完全润湿固体. 如果附着力远小于内聚力, 即有 $\sigma_{12} \ll \sigma_{23}$, $F'_{12} < 0$, 则 $\theta = \pi$, 即液体完全不润湿固体. 如果附着力略大于内聚力, 即有 $\theta \in \left(0, \dfrac{\pi}{2}\right)$, 则液体能润湿固体 (或部分润湿), 其表观形态如图 8.24 (a) 所示. 如果附着力略小于内聚力, 即有 $\theta \in \left(\dfrac{\pi}{2}, \pi\right)$, 则液体不能润湿固体 (或部分不润湿), 其表观形态如图 8.24 (b) 所示.

图 8.24 液体与固体之间的接触角大小在不同区间情况下, 液体所呈形状的纵切面示意图

对于液体与固体之间有竖直分界面的情况, 如果液体与固体之间的接触角 $\theta \in \left[0, \dfrac{\pi}{2}\right)$, 则液体能 (部分) 润湿固体, 液体表面呈上凹的形状 (如图 8.25 (a) 所示), 例

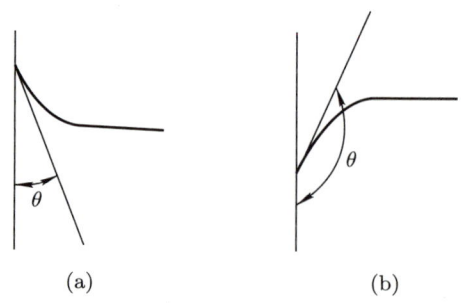

图 8.25 液体与固体之间有竖直分界面的情况下, 其间的接触角为不同数值时对应的液体表面所呈形状的纵切面示意图

如, 玻璃管内水的上表面. 如果液体与固体之间的接触角 $\theta \in \left(\dfrac{\pi}{2}, \pi\right)$, 则液体不能润湿固体, 液体表面呈上凸的形状 (如图 8.25 (b) 所示), 例如, 玻璃管内水银的上表面. 把方形固体材料置于液体中时, 液体表面的形状和接触角之间的关系及其表观形态与液体和固体之间有竖直分界面的情况完全相同 (如图 8.26 所示), 这里不再赘述.

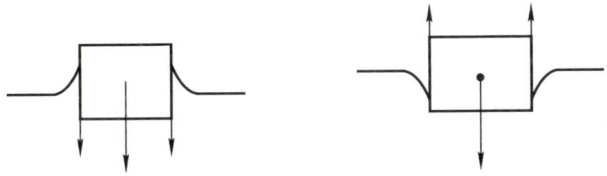

图 8.26　在液体中放入方形固体材料的情况下, 液体表面所呈形状的纵切面示意图

液体对固体的润湿或不润湿现象普遍存在, 并且应用广泛. 例如, 日常生活中利用自来水笔写字即是典型的墨水润湿笔尖及纸张的现象的应用, 很难在附有油脂的纸张上写字也正是墨水不能对之润湿的表现. 在焊接金属的工艺中, 通常都先对金属表面进行清洁处理, 其目的是使焊锡液体能够很好地润湿金属, 从而粘连牢固、表面光滑平整. 冶金工业中常用的浮游选矿方法也是液体润湿固体的典型应用. 通常的矿石都既包含矿物, 又包含沙石、泥土等多种杂质, 选矿时, 先将矿石打碎, 并将之与液体混合成 "泥浆", 然后加入强酸, 沙石等物质与强酸发生反应, 从而生成气泡, 液体对之润湿程度低的矿物即黏附在气泡上, 被带到 "泥浆" 表面, 而液体对沙石的润湿本领很高, 沙石的比重通常较大, 因而沉在 "泥浆" 底部. 于是人们即可实现对矿物的挑选.

关于弯曲液面内部与外部之间压强存在差异的现象, 除宏观上普遍存在, 并应用广泛外, 在基础物理研究中也有重要作用. 例如, 对于可见物质及其质量的起源, 现在的研究表明, 可见物质起源于称为色禁闭的强子化过程 (带色自由度的夸克和胶子在合适的温度和密度条件下 "自动" 囚禁到很小的空间区域内形成质子、中子等可见物质粒子), 而可见物质的质量则起源于称为手征对称到手征对称性动力学破缺的相变. 直观地, 随着夸克质量变大, 运动不再自如, 从而可以囚禁起来, 这就是说, 色禁闭相变与手征对称性动力学破缺相变应该同时发生 (理论上, 有科尔曼 – 威滕定理 (Coleman S, Witten E. Phys. Rev. Lett., 1980, 45: 100), 这里不予具体介绍). 但后来有学者提出, 在高密高温情况下可能存在禁闭但具有手征对称性的夸克物质 (称为 quarkyonic 相), 也就是说手征对称性动力学破缺相变相对于色禁闭相变在较低密度、较低温度情况下发生. 初步的研究 (例如, Ke W Y, Liu Y X. Phys. Rev. D, 2014, 89: 074041; Gao F, Liu Y X. Phys. Rev. D, 2016, 94: 094030; 等等) 表明, quarkyonic 相的存在可能正是弯曲表面内外存在压强差的效应 (科尔曼 – 威滕定理所述是针对热力学极限情况的, 实际上发生强子化时, 由夸克和胶子形成的强子有弯曲的表面, 致使实际发生手征对称性动力学破缺相变的温度和密度低于热力学极限情况下的相应值).

例题 4 如图 8.27 所示, 一 U 形玻璃管的两管直径分别为 $d_1 = 1\,\text{mm}$, $d_2 = 3\,\text{mm}$, 试求两管内水面的高度差.

解 如图 8.27 所示, 在两管内水面下紧靠水面处分别取 A, B 两点, 细管内与 B 点同高的点为 C, 则 A, C 两点之间的高度差即为所求.

设水完全润湿玻璃, 即接触角 $\theta = 0$, 并且, 记大气压强为 p_0, 水与空气之间的表面张力系数为 σ, 则由弯曲液面内外的压强差可知,

$$p_A = p_0 - \frac{2\sigma}{d_1/2} = p_0 - \frac{4\sigma}{d_1},$$
$$p_B = p_0 - \frac{2\sigma}{d_2/2} = p_0 - \frac{4\sigma}{d_2}.$$

因为 C 点与 B 点的高度相同, 则 $p_B = p_C$, 而

$$p_C = p_A + \rho g h,$$

于是有

$$p_0 - \frac{4\sigma}{d_1} + \rho g h = p_0 - \frac{4\sigma}{d_2}.$$

所以

$$h = \frac{4\sigma}{\rho g}\left(\frac{1}{d_1} - \frac{1}{d_2}\right)$$
$$= \frac{4 \times (7.3 \times 10^{-2})}{(1 \times 10^3) \times 9.8} \times \left(\frac{1}{1 \times 10^{-3}} - \frac{1}{3 \times 10^{-3}}\right)\,\text{m} \approx 0.0199\,\text{m} \approx 2\,\text{cm}.$$

例题 5 一液滴置于平板上, 液滴上部也为一平面 (如图 8.28 所示), 记液体的密度为 ρ, 液体与平板之间的接触角为 θ, 若该系统处于真空中, 试确定液体的表面张力系数 σ 与液滴的高度 h 之间的关系.

解 取宽为 $\mathrm{d}l$ 的液体, 其纵切面如图 8.28 所示, 记液体与平板接触处的表面张力为 f, 液体内部压强作用在该小块液体上的合力为 f', 液体上部平直液面的表面张力为 f'', 则由楔形表面层的力学平衡条件可知,

$$f\cos\theta + f' = f''.$$

将液体表面张力的表达式和液体内部压强的表达式代入上式, 即有

$$\sigma\mathrm{d}l\cos\theta + \int_0^h \rho g z \cdot \mathrm{d}z\mathrm{d}l = \sigma\mathrm{d}l.$$

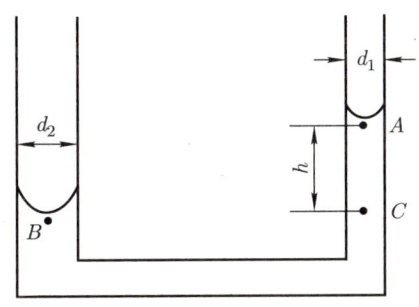
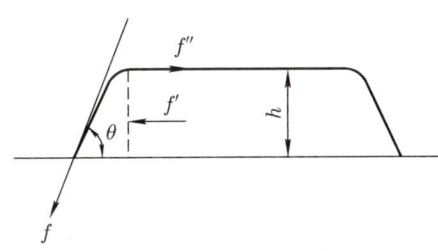

图 8.27　U 形玻璃管及其中液体表面的纵切面示意图　　图 8.28　固体上的液滴所呈形状的纵切面及一表面的受力情况示意图

所以
$$\sigma = \frac{\int_0^h \rho g z \cdot \mathrm{d}z}{1-\cos\theta} = \frac{\rho g h^2}{2(1-\cos\theta)}.$$

8.5.2　毛细现象

一、毛细现象的概念

内径细小的管子称为毛细管. 实验表明, 将毛细管插入液体中, 管内液面会上升或下降, 如图 8.29 所示. 这种毛细管内的液面相对于管外液面上升或下降的现象称为毛细现象.

图 8.29　插入液体中的毛细管内的液面变化情况的纵切面示意图

8.5.2
授课视频

二、毛细现象的物理根源

8.5.1 小节的讨论表明, 毛细管内的液面形状由液体与固体之间的接触角决定. 而接触角由液体的内聚力与附着力之间竞争的结果决定, 也就是由弯曲液面内外的压强差决定. 如果附着力大于内聚力, 则液体与固体之间的接触角较小 (甚至等于 0), 液体能够润湿固体, 于是靠近管壁部分的液面较高, 靠近管子中轴线的液面较低, 因此液面呈上凹的形状. 由弯曲液面内外压强差的拉普拉斯公式可知, 在液面呈上凹形状的情况下, 液面内侧的压强小于液面外侧的压强, 因管内液面外侧与管外液面外侧是连通的, 即这两处的压强相同, 而管外平直液面内侧的压强与外侧的压强相同, 由此可知,管内液面内侧的压强小于管外液面内侧的压强, 在这一压强差的作用下, 液体进入管内, 从而毛细管内的液面上升. 另一方面, 如果附着力小于内聚力, 则液体与固体之间的接触角很大 (甚至接近 π), 液体不能够润湿固体, 于是靠近管壁部分的液面比靠近管子中轴线的液面低, 因此液面呈上凸的形状. 由弯曲液面内外压强差的拉普拉斯公式可知, 在液面呈上凸形状的情况下, 液面内侧的压强大于液面外侧的压强, 因管内液面外侧与管外液面外侧是连通的, 即这两处的压强相同, 而管外平直液面内侧的压强与外侧的压强相同, 由此可知, 管内液面内侧的压强大于管外液面内侧的压强, 由于液体中的压强随液体深度增大而增大, 则在管外平直液面下某一深度处的压强与管内液面内侧的压强相同, 在这样的力学平衡条件下, 系统处于稳定状态, 这表明毛细管内的液面下降.

三、毛细现象中液面的高度

1. 直立的柱形毛细管内液面的高度

如图 8.30 所示, 记 A, D 分别是毛细管内液面内外紧靠液面的两点, 则由弯曲液面内外压强差的拉普拉斯公式可知,

$$p_A - p_D = \frac{2\sigma}{-R},$$

其中, R 为弯曲液面的曲率半径. 因为管外与大气相通, 所以 D 点压强即大气压强, 也就是说 $p_D = p_0$, 则

$$p_A = p_0 - \frac{2\sigma}{R}.$$

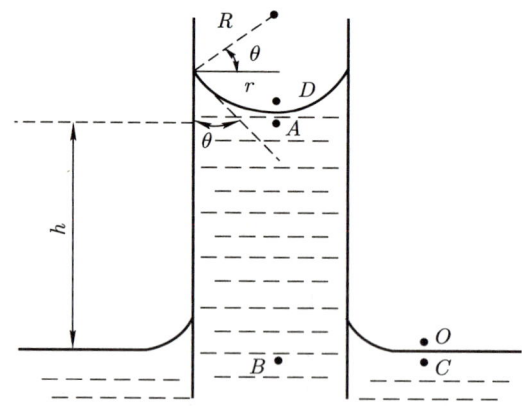

图 8.30 毛细管内液面变化的物理机制及高度变化示意图

记 C, O 分别为管外平直液面内外侧的两点, 则

$$p_C = p_O = p_0.$$

显然
$$p_A < p_C.$$

在这一压强差的作用下, 液体会进入毛细管, 引起其中的液面上升.

记 B 点为达到平衡时管内液面下方与 C 点同高度处的一点, 液面上升高度为 h, 由力学平衡条件可知,
$$p_B = p_A + \rho g h,$$

其中, ρ 为液体的密度, g 为重力加速度. 因为 $p_B = p_C = p_0$, 于是有
$$p_0 = p_0 - \frac{2\sigma}{R} + \rho g h,$$

所以
$$h = \frac{2\sigma}{\rho g R}.$$

记液体与固体之间的接触角为 θ, 则液面的曲率半径 R 与毛细管的半径 r 之间的关系为
$$R = \frac{r}{\cos\theta},$$

所以
$$h = \frac{2\sigma \cos\theta}{\rho g r}. \tag{8.30}$$

显然, 在 $\theta \in \left[0, \dfrac{\pi}{2}\right)$ 的情况下, $h > 0$, 毛细管内的液面上升. 在 $\theta \in \left(\dfrac{\pi}{2}, \pi\right]$ 的情况下, $h < 0$, 毛细管内的液面下降.

2. 两平行板之间液面的高度

两平行板之间的液面呈柱形, 柱形液面的轴线与板面平行, 前已述及, 柱形液面的两个正截口, 一个是与轴线垂直的圆弧, 另一个是与板面平行的平面, 其曲率半径的绝对值分别是 R, ∞. 记液体的表面张力系数为 σ, 那么该液面内外的压强差为
$$p_\text{i} - p_\text{o} = -\frac{\sigma}{R}.$$

采用与讨论柱形毛细管内液面高度变化完全相同的方案可得, 两平行板之间的液面相对于板外的液面的高度改变量为
$$h = \frac{\sigma}{\rho g R}.$$

记两平行板之间的距离为 d, 液体与固体之间的接触角为 θ, 则液面的曲率半径 R 与两平行板之间的距离 d 的关系为
$$R = \frac{\dfrac{d}{2}}{\cos\theta},$$

因此

$$h = \frac{2\sigma\cos\theta}{\rho g d}. \tag{8.31}$$

与直立的柱形毛细管内的液面变化完全相同,在接触角 $\theta \in \left[0, \dfrac{\pi}{2}\right)$ 的情况下, $h > 0$,两平行板之间的液面上升. 在接触角 $\theta \in \left(\dfrac{\pi}{2}, \pi\right]$ 的情况下, $h < 0$,两平行板之间的液面下降.

3. 两相交成很小夹角 φ 的平板之间液面的高度

以两板之间夹角 φ 的平分面内与两板交线垂直的方向为 x 轴正方向,以两板交线的交点为原点建立坐标系,如图 8.31 所示. 因为 φ 很小,则 x 处两板之间的距离为 $d = x\varphi$,并且在 x 附近很小改变量 dx 范围内的两段平板可近似为平行板,所以两板之间的液面相对于板外的液面的高度改变量为

$$h = \frac{2\sigma\cos\theta}{\rho g \varphi x}.$$

很显然,两相交成很小夹角 φ 的平板之间的液面呈双曲面形,在紧靠两板交线的位置改变的高度最大,随着与两板交线之间的距离增大,板间液面相对于板外液面改变的高度减小.

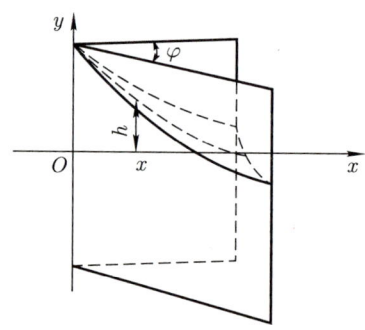

图 8.31 两相交成很小夹角的平板之间的液面所呈形状示意图

四、应用举例

毛细现象不仅普遍存在,而且在工农业生产和日常生活中广泛应用. 例如,植物中的营养和水分的传输主要就是靠这些液体在植物体内的细小组织导管内的毛细现象实现的. 又如,地层内的石油开采是与毛细现象密切相关的工业生产活动. 地层内相当大的成分是具有细小孔洞或缝隙的多孔矿岩,这些细小孔洞和缝隙组成相互连通的毛细管,而地下水、石油和天然气等就存在于其中,并且地下水与天然气的接触面,以及石油与天然气的接触面都呈弯曲形状. 石油本来就不容易流动 (黏度一般是水的上千

倍，例如，室温下水的黏度大约为 $1\,\mathrm{mPa\cdot s}$，石油的黏度大约为 $1800\,\mathrm{mPa\cdot s}$（葛际江，张贵才，蒋平，等. 石油学报 (石油加工)，2008, 24(5): 614），石油的弯曲液面所产生的附加压强使得石油的流速明显降低，从而降低油井的产量，甚至使油井报废. 因此在采油工业中常采用注入热水和加入表面活性物质（碱溶液、盐溶液等）等方法减小石油的表面张力系数，保持甚至提高油井的产量. 在利用对流传热的热管装置中的工作物质回流到高温热源处也是毛细现象的典型应用，如图 8.32 所示，工作物质在高温热源端汽化后沿管子传输到待加热的低温热源端，在低温热源端的工作物质凝结成液体，同时释放热量，实现高效传热的目标，凝结成液体的工作物质以毛细现象为方式沿排布于管壁上的细管或细丝回流到高温热源端. 因为液体的汽化热很大，所以这种传热技术的效率很高，并且装置的结构简单，没有噪声，工作可靠，适用温区广泛（采用不同沸点的物质作为工作物质），从而广泛应用于科学研究、航空航天工程、军事工程和医疗技术等领域. 道路建设中常在道路的侧面引出一些细管也是与毛细现象相关的典型例子，因为土壤中的细小孔洞和缝隙具有毛细管的作用，土壤中（可至很深层）的水分沿这些细管上升至地表，如果不将之引出将会使道路翻浆，甚至在冬季使道路冻胀. 所以采用埋入细管而改变上升水的方向并排出上升水的方案以保证道路的质量. 此外，农业生产中的翻耕土地是为了保证土壤中保持适当的毛细结构，以使农作物获得充足的水分；农业生产中的锄地则是使土壤表层松动，改变其直至地表的毛细管结构，从而使土壤保持水分的措施.

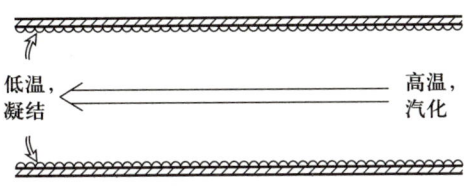

图 8.32 热管装置的纵切面示意图

例题 6 将一根内直径为 0.5 mm 的毛细管浅浅地插入酒精中，已知酒精的表面张力系数为 0.0229 N/m，那么进入毛细管内的酒精的质量最大为多少？

解 依题意，毛细管浅浅地插入酒精中表明，管内酒精柱的高度等于管内酒精液面的高度相对于管外酒精液面的高度变化，那么，为确定管内酒精的质量需要先确定管内酒精上表面的高度相对于管外酒精液面的高度变化. 根据竖直毛细管内液面高度变化的规律可知，该高度变化量为

$$h = \frac{2\sigma\cos\theta}{\rho g r},$$

其中, r 为毛细管的半径, θ 为液体与固体之间的接触角, σ 为液体的表面张力系数, ρ 为液体的密度, g 为重力加速度. 那么酒精柱的体积为

$$V = \pi r^2 h = \pi r^2 \frac{2\sigma \cos\theta}{\rho g r} = \frac{2\pi r \sigma \cos\theta}{\rho g}.$$

考虑毛细管半径与毛细管内直径之间的关系 $r = \dfrac{d}{2}$, 则进入毛细管内的酒精的质量为

$$M = \rho V = \frac{2\pi r \sigma \cos\theta}{g} = \frac{\pi d \sigma \cos\theta}{g}.$$

因为 $\cos\theta$ 的极大值为 1 (相应于接触角 $\theta = 0$), 所以待求的进入毛细管内的酒精质量的最大值为

$$M = \frac{\pi d \sigma}{g} = \frac{3.14 \times (0.5 \times 10^{-3}) \times 0.0229}{9.8}\,\text{kg} \approx 3.67 \times 10^{-6}\,\text{kg}.$$

例题 7 将一根毛细管竖直插入水中, 其下管口在水面下 10 cm, 在不受影响的情况下达到稳定时, 毛细管内液面比周围水面高 4 cm. 如果从上管口向下吹气, 在毛细管的下管口吹出一个呈半球状的气泡, 则毛细管内的压强至少为多大?

解 依题意, 毛细管内的压强即紧靠形成的半球状气泡的上表面处的压强. 记气泡处相对于管外水面的深度为 h_d, 大气压强为 p_0, 水的密度为 ρ, 重力加速度为 g, 则气泡表面下侧液体的压强为

$$p_\text{i} = p_0 + \rho g h_\text{d}.$$

由弯曲液面内外压强差的拉普拉斯公式可知, 半球状气泡上表面处的压强为

$$p_\text{o} = p_\text{i} + \frac{2\sigma}{R},$$

其中, σ 为液体的表面张力系数, R 为气泡的半径. 因为吹出的气泡呈半球状, 即在毛细管管口处液面与管口固体相切, 这就是说, 此处水与管壁之间的接触角为 0, 从而该气泡半径 R 即为毛细管的半径 r.

另一方面, 在没有吹气的情况下, 根据竖直毛细管内液面高度变化的规律可知, 该毛细管内的水面相对于管外水面的高度变化量 h_c 为

$$h_\text{c} = \frac{2\sigma \cos\theta}{\rho g r},$$

其中, r 为毛细管的半径, θ 为液体与固体之间的接触角. 于是有

$$\frac{2\sigma}{r} = \frac{\rho g h_\text{c}}{\cos\theta}.$$

因此管内气体的压强为

$$p_\text{o} = p_\text{i} + \frac{2\sigma}{R} = p_\text{i} + \frac{2\sigma}{r} = (p_0 + \rho g h_\text{d}) + \frac{\rho g h_\text{c}}{\cos\theta} = p_0 + \rho g \left(h_\text{d} + \frac{h_\text{c}}{\cos\theta}\right).$$

显然, $\cos\theta = 1$ 时, p_o 取得其极小值, 所以待求的毛细管内的压强至少为

$$p_\text{o,min} = p_0 + \rho g(h_\text{d} + h_\text{c}) = [101325 + (1\times 10^3)\times 9.8 \times (1\times 10^{-1} + 4\times 10^{-2})]\,\text{Pa} = 102697\,\text{Pa},$$

即约为 $1.014\,\text{atm}$.

思 考 题

8.1 试述液体和固体的定义、特征、分类.

8.2 试说明液体和固体的微观结构的基本特征和相应的表征与研究方法, 以及径向分布函数随温度变化的行为.

8.3 试说明液体和固体的微观组分单元的热运动动能与单元之间相互作用势能的相对大小、热运动的基本特征及标志量.

8.4 试说明液体和固体的热容的基本特征, 以及经典物理在关于固体的热容研究中遇到的本质困难.

8.5 试分析讨论液体和固体的压缩性质和热膨胀性质, 以及它们的等温压缩系数和体膨胀系数随温度变化的行为.

8.6 试分析讨论液体的剪切黏滞现象、固体的内摩擦现象和液体的剪切黏滞系数与温度之间的关系, 以及其物理机制.

8.7 试分析讨论液体和固体中的扩散现象的基本特征, 以及扩散系数随温度变化的行为.

8.8 试分析讨论液体和固体的导热和导电性质的基本特征、热导率和电导率与温度等因素之间的关系, 以及导体的热导率与电导率的比值的维德曼 – 弗兰兹定律.

8.9 试分析讨论关于液体表面性质研究的重要性.

8.10 试分析讨论液体表面张力的表现及其物理成因.

8.11 试分析讨论表面张力系数的定义、确定方法, 以及影响液体表面张力系数的因素及具体行为.

8.12 试分析讨论表面能与表面内能的概念和物理内涵.

8.13 试分析讨论表面熵的概念、确定系统表面熵密度的方案, 并查阅研读文献以说明关于表面熵研究的重要性.

8.14 试尽可能多地举出表征弯曲液面内外具有压强差的实例,并分析讨论弯曲液面内外具有压强差的物理机制,以及表征这一压强差的拉普拉斯公式.

8.15 试畅想从分子动理论方法导出拉普拉斯公式,以及从统计力学方法对局限于有限空间内的微观系统(但微观状态足够多)进行研究的方案.

8.16 试分析讨论润湿现象的表现、分类和物理本质.

8.17 试分析讨论接触角的概念及其数值与润湿程度的对应关系.

8.18 试尽可能多地列举出润湿现象的应用实例.

8.19 试分析讨论毛细现象的表现和物理本质.

8.20 试分析讨论确定毛细现象引起的液面高度差和液面形状的方案和核心要点.

8.21 试尽可能多地列举毛细现象的应用实例.

8.22 观测发现,在自然界中存在非常高大的枝叶茂盛的树木,其高度远高于通过毛细现象传输营养物质和水分能够达到的高度,试畅想这类非常高大的树木中传输营养物质和水分的机制.

习　题

8.1 研究表明,液体的黏度随温度变化的行为可以表示为 $\eta = \eta_0 e^{\frac{E_a}{k_B T}}$,其中,$\eta_0$ 为常量,E_a 是可以近似为液体的组分粒子的激活能,k_B 为玻尔兹曼常量,T 为热力学温标下的温度. 现有一实验测得,在其冰点,水的黏度为 $1.793 \times 10^{-3}\,(\text{N}\cdot\text{s})/\text{m}^2$;在其汽点,水的黏度为 $2.84 \times 10^{-4}\,(\text{N}\cdot\text{s})/\text{m}^2$. 试近似确定 η_0 和 E_a.

8.2 对液体做范德瓦耳斯模型近似,试导出液体的摩尔熵随系统的温度和体积的变化行为,并给出液体的黏度与摩尔熵的比值的表达式,画出其随温度变化行为的曲线.

8.3 一实验测得水的自扩散系数为 $1.5 \times 10^{-9}\,\text{m}^2/\text{s}$,试由之估算水分子的平均驻留时间.

8.4 在面积为 $20\,\text{km}^2$ 的湖面上,下了一场 $50\,\text{mm}$ 的大雨. 如果雨滴半径为 $2\,\text{mm}$,温度近似保持不变,水的表面张力系数为 $7.3 \times 10^{-2}\,\text{N/m}$,试确定该下雨过程中释放的能量.

8.5 一实验测得室温下水的表面张力系数为 $0.073\,\text{N/m}$,其摩尔热容为 $75.3\,\text{J}/(\text{K}\cdot\text{mol})$. 如果将两个半径都为 $2\,\text{mm}$ 的水滴合并为一个大水滴,则水滴的温度最多可以改变多少?

8.6 将一根表面涂有油脂的钢针轻轻放到水面上，如果水的表面张力系数为 0.073 N/m，钢针的密度为 $7.8 \times 10^3 \,\text{kg/m}^3$，要保证钢针不下沉，则钢针的最大直径为多大？

8.7 试利用卡诺定理证明液体的表面内能的表达式 (8.24)．

8.8 设有一个在压强为 1.0136×10^5 Pa 的大气中吹成的半径为 1×10^{-2} m 的球形肥皂泡．已知肥皂膜的表面张力系数为 $\sigma = 5 \times 10^{-2}$ N/m，试确定周围的大气压强改变为多大，才可使该肥皂泡的半径在等温条件下增大为 2×10^{-2} m？

8.9 两个表面张力系数都为 σ，半径分别为 R_1, R_2 的肥皂泡，在相同的大气中，等温地合并成一个半径为 R 的肥皂泡．试证明：如果肥皂泡内的气体可以近似为理想气体，则肥皂泡外的大气压强为 $p = 4\sigma(R^2 - R_1^2 - R_2^2)/(R_1^3 + R_2^3 - R^3)$．

8.10 测定液体表面张力系数 σ 的一种简便方法是称量从毛细管下端滴出的液体的质量，并利用快速连续摄影的方法，测定液滴在脱离毛细管下端的瞬间，液滴颈的直径 d．实验测定出 300 滴液滴的总质量为 5 g，它们的 d 都为 0.7 mm，试问此种液体的表面张力系数至少是多少？

8.11 我们经常说水面上泛起漂亮的涟漪，所谓涟漪就是水面波．水面波也常被称为表面张力波，因为它起因于表面张力．试通过具体分析说明水面波的形成机制．如果通过实验观测记录下水面波的频率、波长和液体密度分别为 ν, λ 和 ρ，试证明它们与液体的表面张力系数之间存在简单关系：$\nu^2 \lambda^3 \rho = 2\pi\sigma$，并请根据对水面波的观测，确定水的表面张力系数．

8.12 在如图 8.15 所示的检验弯曲液面内外压强差的拉普拉斯公式的实验装置两端吹肥皂泡．

(1) 试证明：在肥皂泡的形状小于半球的情况下，吹成的肥皂泡是稳定的，如果吹成的肥皂泡的形状大于半球，则肥皂泡不稳定．

(2) 如果装置中两管的管口直径都为 4 mm，吹气停止时形成的都是直径为 5 mm 的大于半球的肥皂泡．假设因肥皂膜的位置移动引起的泡内空气的密度改变可以忽略不计，试确定稳定的肥皂泡的状态．

8.13 一直径为 0.1 mm 的球形气泡恰好处在水面下，如果水面上的大气压强为 1×10^5 Pa，试确定气泡内气体的压强．

8.14 记液体的等温压缩系数为 κ，液体与空气之间的表面张力系数为 σ．

(1) 试确定半径为 r 的液滴的密度．

(2) 实验测量结果表明，在温度为 4 °C 的情况下，水的等温压缩系数为 $\kappa = 4.75 \times 10^{-5}\,\text{atm}^{-1}$，水与空气之间的表面张力系数为 $\sigma = 7.24 \times 10^{-2}$ N/m，试确定 4 °C 的情

况下，半径为 $1\,\mu m$ 的小水滴的质量.

8.15 在压强为 p_0 的大气中有一半径为 R_0 的电中性肥皂泡, 记肥皂膜的表面张力系数为 σ.

(1) 这种情况下, 肥皂泡内气体的压强为多大?

(2) 对于上述肥皂泡, 使其带上电量 Q, 如果肥皂泡带电后重新达到平衡的过程为等温过程, 达到平衡后, 肥皂泡的半径为 R, 泡内气体可以近似为理想气体, 试确定现在泡内气体的压强, 并从物理上定性说明 R 将变大还是变小.

(3) 试给出以 p_0, σ, Q, R_0 和 R 表示的确定 R 的方程的形式, 并讨论 R 和 R_0 的大小.

8.16 对于在空气中匀速下落的雨滴, 测得其上下两端的间距为 $d=2\,mm$, 试确定该雨滴上下两端处的曲率半径之差.

8.17 水深为 $h=2\,m$ 的池底产生许多直径为 $d_0=5\times10^{-5}\,m$ 的小气泡, 如果水的表面张力系数为 $\sigma=7.3\times10^{-2}\,N/m$, 大气压强为 $p_0=1.01\times10^5\,Pa$. 试确定这些气泡等温地上升到水面时, 它们的直径 d 为多大?

8.18 题 8.18 图是测定液体与固体之间的表面张力系数的一种装置, 慢慢提起放入待测液体中的固体薄片, 在它刚要离开液面时, 测得所用的上提力 F, 即可测得液体与这种固体之间的表面张力系数. 设待测液体与固体之间的接触角为 $\theta=0°$, 固体薄片的质量为 $m=5\times10^{-4}\,kg$, 宽度为 $l=3.977\times10^{-2}\,m$, 厚度为 $d=2.3\times10^{-4}\,m$, 所用力为 $F=1.07\times10^{-2}\,N$, 试确定该实验测出的液体与固体之间的表面张力系数.

8.19 如题 8.19 图所示的 U 形管的两侧管的口径不同, 较细的管 A 的内半径为 $r=5\times10^{-5}\,m$, 较粗的管 B 的内半径为 $R=2\times10^{-4}\,m$. 向该 U 形管内注入适量的表面张力系数为 $\sigma=7.3\times10^{-2}\,N/m$ 的水, 试确定两侧管内水面的高度差 h.

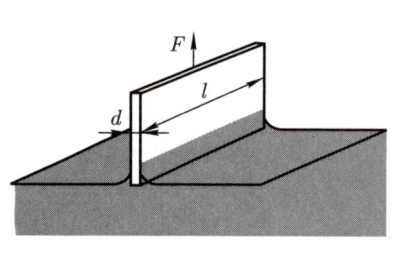
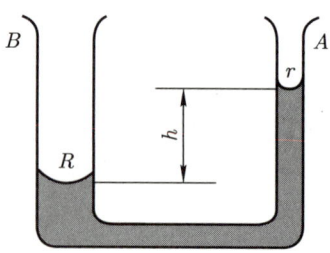

题 8.18 图　　　　　　　　题 8.19 图

8.20 将少量水银放在两块水平的玻璃板之间, 已知水银的表面张力系数 $\sigma=0.45\,N/m$, 水银与玻璃板面之间的接触角为 $\theta=135°$, 试确定多大的力加在上板时, 能够使两板之间的水银厚度处处等于 $1\times10^{-4}\,m$, 并且两板和水银的接触面积都为

$4 \times 10^{-3}\,\mathrm{m}^2$.

8.21 在内半径为 $R_1 = 2 \times 10^{-2}\,\mathrm{m}$ 的玻璃管内插入一根半径为 $R_2 = 1.5 \times 10^{-2}\,\mathrm{m}$ 的玻璃棒, 并使玻璃棒与玻璃管同轴. 实验测得水的密度为 $1 \times 10^3\,\mathrm{kg/m}^3$, 水与玻璃之间的表面张力系数为 $7.3 \times 10^{-2}\,\mathrm{N/m}$, 水与玻璃之间的接触角为 $0°$, 试确定水在玻璃管与玻璃棒之间的缝隙中上升的高度.

8.22 将一根一端封闭的玻璃管开口朝下竖直插入水中, 如果玻璃管的内直径为 $d = 2 \times 10^{-5}\,\mathrm{m}$, 长为 $l = 0.2\,\mathrm{m}$, 水与玻璃之间的表面张力系数为 $\sigma = 7.3 \times 10^{-2}\,\mathrm{N/m}$, 水与玻璃之间的接触角为 $\theta = 0°$, 大气压强为 $p_0 = 1.013 \times 10^5\,\mathrm{Pa}$, 试确定管内外水面一样高的情况下, 插入水面下的那一段的长度.

8.23 将一充满水银的气压计下端浸在一个广阔的盛有水银的容器内, 读数为 $p = 0.95 \times 10^5\,\mathrm{Pa}$. 已知毛细管的直径为 $d = 2 \times 10^{-3}\,\mathrm{m}$, 接触角为 $\theta = \pi$, 水银的表面张力系数为 $\sigma = 0.49\,\mathrm{N/m}$, 密度为 $13.6 \times 10^3\,\mathrm{kg/m}^2$.

(1) 试确定水银柱的高度.

(2) 考虑到毛细现象的情况下, 真正的大气压强为多大?

(3) 如果允许误差为 0.1%, 则毛细管直径所能允许的最小值为多大?

8.24 将一内直径为 $d = 4 \times 10^{-4}\,\mathrm{m}$、长为 $l_0 = 0.2\,\mathrm{m}$ 的玻璃管, 水平且等温地浸到深度为 $h = 0.15\,\mathrm{m}$ 的水银槽中, 空气全部留在管内. 已知大气压强为 $p_0 = 1.013 \times 10^5\,\mathrm{Pa}$, 水银的表面张力系数为 $\sigma = 0.49\,\mathrm{N/m}$, 水银与玻璃之间的接触角为 $\theta = \pi$, 试确定玻璃管内空气柱的长度 l.

8.25 一根内直径为 $1\,\mathrm{mm}$ 的玻璃管, 竖直插入盛水银的容器里, 管的下端在水银面以下 $1\,\mathrm{cm}$ 处.

(1) 要在管的下端吹出一个半球形气泡, 管内气体的计示压强是多少? 所谓计示压强, 即实际压强与大气压强 p_0 之差.

(2) 如果管内压强比大气压强低 $3000\,\mathrm{N/m}^2$, 水银和玻璃之间的接触角是 $135°$, 求水银在管内会升到多高?

8.26 某天, 大气压强为 $95000\,\mathrm{Pa}$. 已知水银的表面张力系数为 $\sigma = 0.48\,\mathrm{N/m}$, 水银与玻璃之间的接触角为 $\theta = 135°$.

(1) 对于玻璃管的内直径是 $2\,\mathrm{mm}$ 的气压计, 试确定其内水银柱的高度.

(2) 如果没有任何表面张力效应, 试确定水银柱的高度.

(3) 为使由毛细现象产生的大气压强误差小于 $0.01\,\mathrm{cmHg}$, 试确定气压计玻璃管的内直径的最小值.

8.27 一半径为 r、密度为 ρ 的匀质扁圆柱体, 浮在密度为 ρ_1 的某种液体中, 浸入液体部分的高度为 h, 高出液面的高度为 H, 如题 8.27 图所示. 若已知液体与固体之间的表面张力系数为 σ.

(1) 试对液体与固体之间的接触角 $\theta = 0$ (完全润湿) 和 $\theta = \pi$ (完全不润湿) 两种情况确定深度 h.

(2) 已知表面张力系数随温度按规律 $\sigma = \sigma_0(1 - kt)$ 变化, 其中, σ_0 和 k 是常量, t 是摄氏温标下的温度, 试确定, 当温度变化时, 为保持浸入深度 h 不变, 液体的体膨胀系数 α 随温度应如何变化.

8.28 在半径为 $r = 0.3\,\text{mm}$ 的毛细管内注水, 结果是在管下端形成一个水滴, 如题 8.28 图所示. 已知水的表面张力系数为 $\sigma = 7.12 \times 10^{-2}\,\text{N/m}$, 试对水滴表面是半径为 $R = 3\,\text{mm}$ 的球面的一部分的情况, 确定水柱的高度 h.

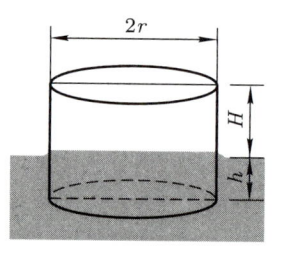

题 8.27 图

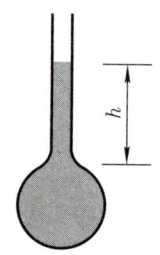

题 8.28 图

8.29 有一开口向上, 竖直放置的 U 形玻璃毛细管, 内半径为 $r = 1\,\text{mm}$, 水平联通部分长为 $5\,\text{cm}$, 从 U 形玻璃毛细管的两侧分别注入 $2\,\text{cm}$ 长的水银柱和 $30\,\text{cm}$ 长的水柱. 已知水的表面张力系数为 $0.07\,\text{N/m}$, 它与玻璃完全润湿, 水银的表面张力系数为 $0.5\,\text{N/m}$, 密度为 $13.6 \times 10^3\,\text{kg/m}^3$, 它与玻璃完全不润湿, 试在不考虑水银与水接触面处液面的弯曲情况下, 确定在 U 形玻璃毛细管内液面的高度差.

8.30 在一根两端开口的毛细管内滴入一滴水后将它竖直放置, 若这滴水在毛细管内形成长为 (1) $2.00\,\text{cm}$, (2) $4.00\,\text{cm}$, (3) $2.98\,\text{cm}$ 的水柱, 毛细管的内直径为 $1\,\text{mm}$, 并且能够完全被水润湿, 水的表面张力系数为 $0.073\,\text{N/m}$, 试确定在上述三种情况下, 水柱的上下液面各自所呈的形状.

8.31 试确定当可能的毛细现象引起的上升力与重力达到平衡时, 液体表面的曲线方程 (可仅考虑两维情况).

8.32 两块平行且竖直放置的玻璃板部分浸入水中, 如果板的长度为 $15\,\text{cm}$, 两板之间的距离为 $0.1\,\text{mm}$, 水的表面张力系数为 $0.07\,\text{N/m}$, 试确定在水能够完全润湿玻璃板的情况下, 两板之间的吸引力.

8.33 一无限大平板竖直地部分浸入液体中, 记液体的密度为 ρ, 表面张力系数为

σ, 假设液体完全润湿平板, 试确定液体在此平板的板面上的上升高度.

8.34 如果农作物、花草灌木及树木中传输水分及营养物质的导管是内半径为 $5\,\mu\mathrm{m}$ 的细圆柱形管, 水分及营养物质的表面张力系数为 9×10^{-2} N/m, 密度为 1.1×10^3 kg/m³, 地面及其附近的重力加速度为 9.8 m/s², 试通过定量计算说明水分及营养物质在农作物及花草灌木中传输的机制可能主要是毛细现象, 而在高大树木中一定还有其他机制.

第九章 单元系的相变与复相平衡

热力学系统由其物质组成而分为单元系和多元系,由其物质组成的均匀性而分为单相系和复相系. 单相系就是只有一个相的均匀系统,复相系是具有多个相的非均匀系统. 单元单相系是最简单的热力学系统,多元单相系是次简单的热力学系统. 无疑,复相系是一个复杂系统. 作为基础, 本书主要介绍单元复相系的基本概念、性质, 以及一些简单的描述方法.

9.1 相、相变及相平衡的概念

9.1.1 相的概念与相稳定条件

一、相的概念

9.1.1
授课视频

我们知道, 常见的物质有气、液、固三种状态 (目前认为物质有气、液、固、等离子体、细小粉尘及高压六种状态). 人们有时也分别称气态、液态、固态为气相、液相、固相. 其实, 物相与物态不完全相同. 先前讨论热力学系统分类的时候, 我们根据组成研究对象的物质的均匀性把热力学系统分为单元系和复相系. 这表明, "相" 的要点在于 "物质性质的均匀性". 例如, 通常的气体只有一个相. 通常的液体也只有一个相, 但能呈液晶的纯液体却有两个相 (液相和液晶相), 低温下的液体具有更多相 (例如, ^{4}He 有氦 I 和氦 II 两个相, ^{3}He 有三个相 (A 相、B 相和正常液相)). 固体却可能有多个相, 例如, 碳有四个相 ((通常的) 无定形碳、石墨、金刚石和石墨烯)、铁有四个相 (在 1 atm 下将铁液逐步降温, 1808 K 时结晶出体心立方 δ 铁, 1673 K 时结晶出面心立方 γ 铁, 1183 K 时结晶出体心立方 β 铁, 1059 K 时结晶出有铁磁性的体心立方 α 铁)、冰有十几个相 (十几种晶体结构). 由此可见, 在具体考察物质的性质时, 相是一个十分重要的概念. 严格地讲, 在没有外界影响下, 被一定边界包围的, 具有确定并且均匀的物理和化学性质的一个系统 (或系统的一部分) 的状态称为物质的一个相. 这就是说, 在不均匀的系统中, 可以由力学手段分离出的组分相同、物理和化学性质相同的均匀部分的状态称为该物质的一个相.

由上述定义和实例可知, 相与态的差别在于: 态仅考虑表观状态, 而相考虑物理和化学性质的均匀性, 也就是考虑物质的内部结构. 例如, 金刚石、石墨和石墨烯的组分粒子都是碳原子, 都呈固态, 但其内部结构完全不同 (如图 9.1 所示), 因此具有截然不同的性质.

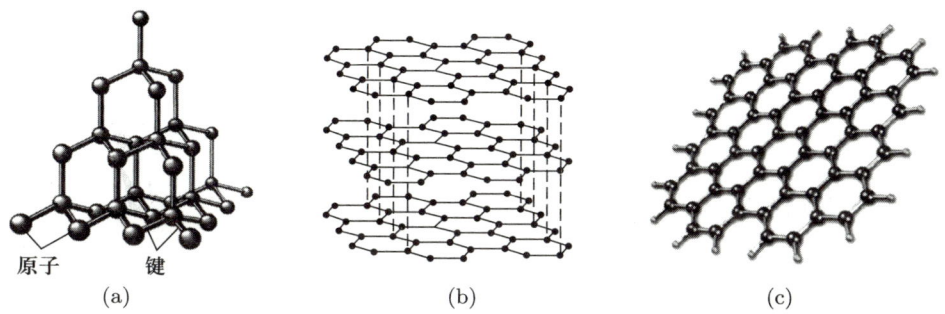

图 9.1 碳的同素异构体相 —— (a) 金刚石、(b) 石墨和 (c) 石墨烯的晶体结构示意图

二、相稳定条件

假设一系统由处于相同相的两子系统组成, 两子系统的体积、熵和粒子数分别为 V, S, N, 则每一子系统的自由焓可以表示为 $G(V, S, N)$, 系统的总自由焓为 $G_{t,1} = 2G(V, S, N)$, 系统的体积、熵和粒子数分别保持 $2V, 2S, 2N$ 不变. 如果该物质相 (大系统) 不稳定, 则前述两子系统的相将不同, 相应的体积、熵和粒子数都将发生变化. 我们对子系统的体积、熵和粒子数分别变化的情况讨论如下.

1. 两子系统的体积可能发生变化的情况

假设两子系统的熵和粒子数各自保持不变, 两子系统的体积相对于原来的体积 V 分别有改变 $\Delta V, -\Delta V$, 则系统的总自由焓为

$$G_{t,S,N,2} = G(V + \Delta V, S, N) + G(V - \Delta V, S, N).$$

如果该大系统是稳定的, 即不演化为子系统具有不同体积的两个不同相, 则由稳定状态的自由焓极小条件可知,

$$G_{t,S,N,2} - G_{t,1} > 0.$$

由 $G = H - TS = U + pV - TS$ 可知,

$$\begin{aligned}
G(V + \Delta V, S, N) &= U(V + \Delta V, S, N) + p(V + \Delta V) - TS \\
&= U(V, S, N) + \left(\frac{\partial U}{\partial V}\right)_{S,N} \Delta V + \frac{1}{2}\left(\frac{\partial^2 U}{\partial V^2}\right)_{S,N} (\Delta V)^2 + \cdots \\
&\quad + pV + p\Delta V - TS \\
&= G(V, S, N) + \left(\frac{\partial U}{\partial V}\right)_{S,N} \Delta V + \frac{1}{2}\left(\frac{\partial^2 U}{\partial V^2}\right)_{S,N} (\Delta V)^2 + p\Delta V + \cdots,
\end{aligned}$$

$$G(V - \Delta V, S, N) = U(V - \Delta V, S, N) + p(V - \Delta V) - TS$$
$$= U(V, S, N) + \left(\frac{\partial U}{\partial V}\right)_{S,N}(-\Delta V) + \frac{1}{2}\left(\frac{\partial^2 U}{\partial V^2}\right)_{S,N}(-\Delta V)^2 + \cdots$$
$$+ pV + p(-\Delta V) - TS$$
$$= G(V, S, N) - \left(\frac{\partial U}{\partial V}\right)_{S,N}\Delta V + \frac{1}{2}\left(\frac{\partial^2 U}{\partial V^2}\right)_{S,N}(\Delta V)^2 - p\Delta V + \cdots,$$

将上述两式相加得

$$G_{t,S,N,2} = 2G(V, S, N) + \left(\frac{\partial^2 U}{\partial V^2}\right)_{S,N}(\Delta V)^2 + \cdots,$$

那么

$$G_{t,S,N,2} - G_{t,1} = 2G(V, S, N) + \left(\frac{\partial^2 U}{\partial V^2}\right)_{S,N}(\Delta V)^2 + \cdots - 2G(V, S, N)$$
$$= \left(\frac{\partial^2 U}{\partial V^2}\right)_{S,N}(\Delta V)^2 + \cdots.$$

这表明前述的体积为 $2V$、熵为 $2S$、粒子数为 $2N$ 的系统处于一个稳定的相的条件 $G_{t,S,N,2} > G_{t,1}$ 可以改写为 $\left(\frac{\partial^2 U}{\partial V^2}\right)_{S,N}(\Delta V)^2 > 0$, 也就是

$$\left(\frac{\partial^2 U}{\partial V^2}\right)_{S,N} > 0.$$

由热力学第一定律与第二定律联立而得的 TdS 方程可知, $\left(\frac{\partial U}{\partial V}\right)_{S,N} = -p$, 将之代入上式, 则有

$$-\left(\frac{\partial p}{\partial V}\right)_{S,N} > 0.$$

将上式代入绝热压缩系数的定义式, 有

$$\kappa_S = -\frac{1}{V}\left(\frac{\partial V}{\partial p}\right)_{S,N} > 0.$$

所以系统的一个相不会因为不同部分之间可能有体积变动而引起相不稳定的条件是系统的绝热压缩系数大于零 (即 $\kappa_S > 0$).

2. 两子系统的熵可能发生变化的情况

假设两子系统的体积和粒子数各自保持不变, 两子系统的熵相对于原来的熵 S 分别有改变 $\Delta S, -\Delta S$, 则系统的总自由焓为

$$G_{t,V,N,2} = G(V, S + \Delta S, N) + G(V, S - \Delta S, N).$$

如果该大系统是稳定的, 即不演化为子系统具有不同熵的两个不同相, 则由稳定状态的自由焓极小条件可知,

$$G_{t,V,N,2} - G_{t,1} > 0.$$

由 $G = H - TS = U + pV - TS$ 可知，

$$G(V, S+\Delta S, N) = U(V, S+\Delta S, N) + pV - T(S+\Delta S)$$
$$= U(V, S, N) + \left(\frac{\partial U}{\partial S}\right)_{V,N} \Delta S + \frac{1}{2}\left(\frac{\partial^2 U}{\partial S^2}\right)_{V,N}(\Delta S)^2 + \cdots$$
$$+ pV - TS - T\Delta S$$
$$= G(V, S, N) + \left(\frac{\partial U}{\partial S}\right)_{V,N} \Delta S + \frac{1}{2}\left(\frac{\partial^2 U}{\partial S^2}\right)_{V,N}(\Delta S)^2 - T\Delta S + \cdots,$$

$$G(V, S-\Delta S, N) = U(V, S-\Delta S, N) + pV - T(S-\Delta S)$$
$$= U(V, S, N) + \left(\frac{\partial U}{\partial S}\right)_{V,N} (-\Delta S) + \frac{1}{2}\left(\frac{\partial^2 U}{\partial S^2}\right)_{V,N}(-\Delta S)^2 + \cdots$$
$$+ pV - TS - T(-\Delta S)$$
$$= G(V, S, N) - \left(\frac{\partial U}{\partial S}\right)_{V,N} \Delta S + \frac{1}{2}\left(\frac{\partial^2 U}{\partial S^2}\right)_{V,N}(\Delta S)^2 + T\Delta S + \cdots,$$

将上述两式相加得

$$G_{t,V,N,2} = 2G(V, S, N) + \left(\frac{\partial^2 U}{\partial S^2}\right)_{V,N}(\Delta S)^2 + \cdots,$$

那么

$$G_{t,V,N,2} - G_{t,1} = 2G(V, S, N) + \left(\frac{\partial^2 U}{\partial S^2}\right)_{V,N}(\Delta S)^2 + \cdots - 2G(V, S, N)$$
$$= \left(\frac{\partial^2 U}{\partial S^2}\right)_{V,N}(\Delta S)^2 + \cdots.$$

这表明前述的体积为 $2V$、熵为 $2S$、粒子数为 $2N$ 的系统处于一个稳定的相的条件 $G_{t,V,N,2} > G_{t,1}$ 可以改写为 $\left(\frac{\partial^2 U}{\partial S^2}\right)_{V,N}(\Delta S)^2 > 0$, 也就是

$$\left(\frac{\partial^2 U}{\partial S^2}\right)_{V,N} > 0.$$

由热力学第一定律与第二定律联立而得的 $T\mathrm{d}S$ 方程可知, $\left(\frac{\partial U}{\partial S}\right)_{V,N} = T$, 将之代入上式, 则有

$$\left(\frac{\partial T}{\partial S}\right)_{V,N} > 0.$$

另一方面, 由热力学定律可知, $\left(\frac{\partial T}{\partial S}\right)_{V,N} = \frac{T}{C_V}$, 因温度 $T > 0$, 故

$$C_V = \frac{T}{\left(\frac{\partial T}{\partial S}\right)_{V,N}} > 0.$$

所以系统的一个相不会因为不同部分之间可能有熵变动而引起相不稳定的条件是系统的定容热容大于零 (即 $C_V > 0$).

3. 两子系统的粒子数可能发生变化的情况

假设两子系统的体积和熵各自保持不变, 两子系统的粒子数相对于原来的粒子数 N 分别有改变 $\Delta N, -\Delta N$, 则系统的总自由焓为

$$G_{t,V,S,2} = G(V,S,N+\Delta N) + G(V,S,N-\Delta N).$$

如果该大系统是稳定的, 即不演化为子系统具有不同粒子数的两个不同相, 则由稳定状态的自由焓极小条件可知,

$$G_{t,V,S,2} - G_{t,1} > 0.$$

因为

$$G(V,S,N+\Delta N) = G(V,S,N) + \left(\frac{\partial G}{\partial N}\right)_{V,S}\Delta N + \frac{1}{2}\left(\frac{\partial^2 G}{\partial N^2}\right)_{V,S}(\Delta N)^2 + \cdots,$$

$$G(V,S,N-\Delta N) = G(V,S,N) + \left(\frac{\partial G}{\partial N}\right)_{V,S}(-\Delta N) + \frac{1}{2}\left(\frac{\partial^2 G}{\partial N^2}\right)_{V,S}(-\Delta N)^2 + \cdots$$

$$= G(V,S,N) - \left(\frac{\partial G}{\partial N}\right)_{V,S}\Delta N + \frac{1}{2}\left(\frac{\partial^2 G}{\partial N^2}\right)_{V,S}(\Delta N)^2 + \cdots,$$

将上述两式相加得

$$G_{t,V,S,2} = 2G(V,S,N) + \left(\frac{\partial^2 G}{\partial N^2}\right)_{V,S}(\Delta N)^2 + \cdots,$$

那么

$$G_{t,V,S,2} - G_{t,1} = 2G(V,S,N) + \left(\frac{\partial^2 G}{\partial N^2}\right)_{V,S}(\Delta N)^2 + \cdots - 2G(V,S,N)$$

$$= \left(\frac{\partial^2 G}{\partial N^2}\right)_{V,S}(\Delta N)^2 + \cdots.$$

这表明前述的体积为 $2V$、熵为 $2S$、粒子数为 $2N$ 的系统处于一个稳定的相的条件 $G_{t,V,S,2} > G_{t,1}$ 可以改写为 $\left(\frac{\partial^2 G}{\partial N^2}\right)_{V,S}(\Delta N)^2 > 0$, 也就是

$$\left(\frac{\partial^2 G}{\partial N^2}\right)_{V,S} > 0.$$

由开放系统的热力学基本方程可知, $\left(\frac{\partial G}{\partial N}\right)_{V,S} = \mu$, 将之代入上式, 则有

$$\left(\frac{\partial \mu}{\partial N}\right)_{V,S} > 0.$$

综上所述, 一个相稳定的条件是该相所处系统的绝热压缩系数大于零、定容热容大于零、化学势随粒子数增多而增大, 即

$$\kappa_S > 0, \qquad C_V > 0, \qquad \left(\frac{\partial \mu}{\partial N}\right)_{V,S} > 0. \tag{9.1}$$

另一方面, 利用热力学规律可以证明, 一个系统的等温压缩系数与绝热压缩系数之间满足

$$\frac{\kappa_T}{\kappa_S} = \frac{C_p}{C_V}. \tag{9.2}$$

例如, 对于理想气体系统 (气相), 由绝热过程方程 $pV^\gamma = C$ (其中, γ 为绝热指数, C 为常量) 可知,

$$p\gamma V^{\gamma-1}\mathrm{d}V + V^\gamma \mathrm{d}p = 0.$$

于是有

$$\left(\frac{\partial p}{\partial V}\right)_S = -\gamma \frac{p}{V}.$$

由等温过程方程 $pV = C'$ (其中, C' 为常量) 可知,

$$\left(\frac{\partial p}{\partial V}\right)_T = -\frac{p}{V}.$$

于是有

$$\frac{\left(\frac{\partial p}{\partial V}\right)_S}{\left(\frac{\partial p}{\partial V}\right)_T} = \frac{\left(\frac{\partial V}{\partial p}\right)_T}{\left(\frac{\partial V}{\partial p}\right)_S} = \frac{-V\kappa_T}{-V\kappa_S} = \frac{\kappa_T}{\kappa_S} = \gamma.$$

因为 $C_V > 0$, 则 $C_p > 0$, 于是 κ_T 与 κ_S 具有相同的符号, 所以一个相稳定的条件还可以表述为该相所处系统的等温压缩系数大于零、定容热容大于零、化学势随粒子数增多而增大, 即

$$\kappa_T > 0, \qquad C_V > 0, \qquad \left(\frac{\partial \mu}{\partial N}\right)_{V,S} > 0. \tag{9.3}$$

考察常见的处于一个稳定相的物质状态的特征, 我们知道, 等温情况下, 这些物质的体积都随压强增大而减小; 等体情况下, 温度都随吸收热量而升高. 比较可知, 这些特征正是上述相稳定条件的表现, 上述相稳定条件正是这些特征的高度概括和升华.

9.1.2 相变及其分类

一、相变的概念

在压强、温度等外界条件不变的情况下, 物质从一个相转变为另一个相的现象称为相变.

相变过程常伴随有某种物理或化学性质的突然变化. 例如, 一种物质由固相变为液相的熔解过程和由液相变为固相的凝固过程、由液相变为气相的汽化过程和由气相变为液相的凝结过程, 以及由固相变为气相的升华过程和由气相变为固相的凝华过程, 等等, 不仅表现出状态有明显变化, 还伴随有体积、热容等的变化, 并且需要吸收或释

9.1.2 授课视频

放热量. 在相变过程中, 系统吸收或释放的热量称为该系统的相变潜热. 对于固态物质, 由一种晶体结构到另一种晶体结构的变化称为同素异晶相变, 在这种相变过程中也伴随有明显的物理性质的变化, 例如, 碳由正四面体晶体结构 (金刚石) 变为平面三角形键合起来的晶体结构 (石墨) 时, 如图 9.1 所示, 由很硬的正八面体形固体变为很柔软的细鳞片状固体, 由高绝缘体变为有较好导电性质的导体. 又如, 可呈超导性质的物质在发生超导相变时由正常导体转变为超导体, 电阻率和磁导率都由有限值突变到趋于零, 目前的高温超导体更是由绝缘体转变为超导体. 再如, 铁磁 – 反铁磁相变发生时磁铁失去磁性. 处于液态的不同相之间发生相变时, 也伴随有明显的物理性质的变化, 例如, 液氦由氦 I 转变为氦 II 时, 出现典型的无摩擦力、高热导率等超流现象.

另外, 还存在一类过程, 使系统的性质发生变化, 但不存在性质突变的状态, 这样的由一相到另一相的演化称为连续过渡. 例如, 由不定轴转动到定轴转动, 由 BCS 关联[①]到 BEC 关联[②]等都是连续过渡.

除上述常见的早已引起广泛深入研究的相变过程外, 目前认为, 从宇宙演化到生命起源, 从尺度小于 10^{-15} m 的微观世界到大于 10^{27} m 的广袤宇宙的演化过程都是相演化过程 (较笼统地讲, 即相变过程). 例如, 宇宙产生早期的零质量的夸克演化为具有不同固有质量 (常称之为流质量) 的夸克, 从而出现现在认识到的三代六味夸克, 具有流质量的夸克和胶子演化到被限制在 10^{-15} m 的尺度范围内, 从而出现核子、介子等强子, 并使可见物质具有现在观测到的质量 (形成核子的 u, d 夸克的流质量平均仅约为 3.4 MeV, 由三个 u, d 夸克形成的核子的质量却约为 939 MeV. 这一质量增大上百倍的可见物质质量起源问题显然是现代物理学的核心问题之一) 等过程都是相变. 因此, 对于宇宙天体中可能存在不同组分致密星体等的研究, 对于相对论性高能 (重) 离子碰撞中可能出现不同于强子物质的全新物质 (夸克、胶子物质) 的研究, 对于中能重离子碰撞中出现类似于液气相变的现象的研究等是目前原子核物理、粒子物理、天体物理、宇宙学、统计物理等领域共同关注的前沿课题, 正是要由之探索宇宙起源、可见物质及其质量起源, 以及宇宙早期的演化行为. 另外, 生命体中的 D-氨基酸和 L-氨基酸可能是类似于自旋反转相的两种相, 目前发现的 DNA 的双螺旋几乎都是右旋 (是不是由右旋和左旋对称的相演化而来), 等等. 探讨这些现象并揭示其机制正是相变研究的重要课题. 简而言之, 宇宙具有丰富的相和相变, 除早已引起人们关注并一直探究的关于相和相变的研究至关重要之外, 对强相互作用系统的相变及有机生命体中的相变等的研究是探索宇宙及生命的起源和演化之奥秘的关键.

[①] BCS 即巴丁 (Bardeen)、库珀 (Cooper)、施里弗 (Schrieffer) 三个人的姓氏首字母的缩写, BCS 关联指真实的电子在空间上的配对.

[②] BEC 关联指动量空间内保证能量最低的关联.

二、相变的分类

相和相变现象如此丰富多彩、种类繁多,人们在逐一分别研究的同时,当然希望对之进行分类,例如,分为不同级次的相变,以便归纳总结、探究规律. 目前采用的相变的分类方法,包括直观考察物质宏观性质的演化行为和理论上分析吉布斯函数等热力学函数 (或有效热力学势) 及其各阶导数的连续性两类.

在直观考察物质宏观性质的演化行为方法下,人们按其进行过程中物质性质的变化行为不同将之分为一级相变、二级相变及高级相变. 具体地讲,人们将发生相变时两相之间有体积跃变和潜热的相变称为一级相变,例如,宏观的固液相变、固气相变及液气相变和微观的原子核的振动到定轴转动的相变等. 发生相变时两相之间无潜热、无体积跃变,但有热容跃变的相变称为二级相变,例如,一些导体和陶瓷及金属氧化物的正常相和超导相之间的相变、液氦的氦 I 和氦 II 两相之间的相变,以及微观的原子核的振动到不定轴转动的相变,等等. 另有一类相演化过程,其中系统的性质没有突变,例如,由不定轴转动到定轴转动之间的演化,系统的宏观性质没有突变,仅转动轴的取向发生了变化. 这种没有宏观性质突变的由一相到另一相的演化称为连续过渡.

在理论上,由于热力学系统的平衡条件可以表述为热力学系统的熵、自由能及自由焓 (吉布斯函数) 等态函数取极值,并且对于等温等压条件下的过程,利用吉布斯函数表示其过程进行方向及平衡条件甚为方便,于是埃伦菲斯特 (Ehrenfest) 提出了利用热力学函数 (如吉布斯函数等) 的性质对相变进行分类的理论. 按照埃伦菲斯特的相变分类理论,相演化过程中,热力学函数连续,但其关于温度等控制参量的一阶 (偏) 导数不连续的相变称为一级相变; 热力学函数及其对温度等的一阶 (偏) 导数都连续,但其对温度等控制参量的二阶 (偏) 导数不连续的相变称为二级相变. 以此类推,我们可以定义三级相变、四级相变等高级相变,并且人们通常把二级及二级以上确定级次的高级相变统称为连续相变 (continuous phase transition). 此外,人们将热力学函数、热力学函数关于控制参量的任意阶 (偏) 导数都连续的相演化称为连续过渡.

乍看起来,直观考察物质宏观性质的演化行为的分类方法与分析吉布斯函数等热力学函数及其 (偏) 导数的连续性的分类方法似乎各行其道、互不相关,但事实上,两种分类方法完全等价. 例如,对于 p-V-T 系统,由热力学基本方程可知,

$$\mathrm{d}G = V\mathrm{d}p - S\mathrm{d}T,$$

则

$$V = \left(\frac{\partial G}{\partial p}\right)_T, \qquad S = -\left(\frac{\partial G}{\partial T}\right)_p.$$

那么吉布斯函数关于压强的一阶偏导数 $\left(\frac{\partial G}{\partial p}\right)_T$ 的不连续性对应体积有跃变

$$\Delta V = \left(\frac{\partial G}{\partial p}\right)_{T,\mathrm{II}} - \left(\frac{\partial G}{\partial p}\right)_{T,\mathrm{I}},$$

如图 9.2 (a) 所示. 并且吉布斯函数关于温度的一阶偏导数 $\left(\frac{\partial G}{\partial T}\right)_p$ 的不连续性对应存在潜热

$$L = \Delta H = H_{\mathrm{II}} - H_{\mathrm{I}} = T\Delta S = T\left\{-\left(\frac{\partial G}{\partial T}\right)_{p,\mathrm{II}} - \left[-\left(\frac{\partial G}{\partial T}\right)_{p,\mathrm{I}}\right]\right\}$$
$$= T\left[\left(\frac{\partial G}{\partial T}\right)_{p,\mathrm{I}} - \left(\frac{\partial G}{\partial T}\right)_{p,\mathrm{II}}\right].$$

又由 $\left(\frac{\partial G}{\partial T}\right)_p = -S$ 和 $\left(\frac{\partial S}{\partial T}\right)_p = \frac{C_p}{T}$ 可知,

$$\left(\frac{\partial^2 G}{\partial T^2}\right)_{p,\mathrm{II}} - \left(\frac{\partial^2 G}{\partial T^2}\right)_{p,\mathrm{I}} = -\left(\frac{\partial S}{\partial T}\right)_{p,\mathrm{II}} - \left[-\left(\frac{\partial S}{\partial T}\right)_{p,\mathrm{I}}\right] = \frac{C_{p,\mathrm{I}}}{T} - \frac{C_{p,\mathrm{II}}}{T},$$

这表明自由焓 (吉布斯函数) 关于温度的二阶偏导数 $\left(\frac{\partial^2 G}{\partial T^2}\right)_p$ 的不连续性对应两相的 (定压) 热容有跃变, 如图 9.2 (b) 所示.

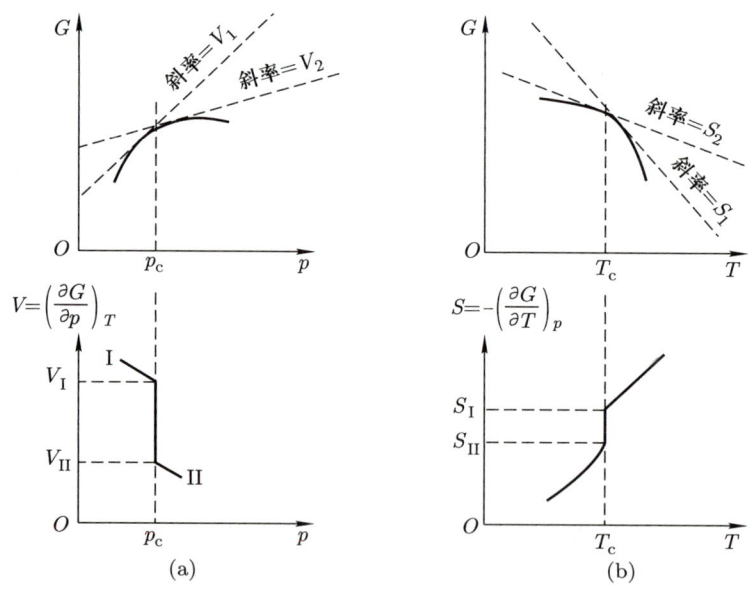

图 9.2 一级相变的临界状态附近吉布斯函数的典型行为示意图

在不同条件下 (或者说, 不同控制参量区间内), 较复杂的系统可以发生不同级次的相变或连续过渡. 能够发生一级相变与仅能够发生连续过渡的分界状态称为临界终点 (critical endpoint, 常简记为 CEP), 能够发生一级相变与能够发生二级相变的区间的分界状态称为三临界点 (tricritical point, 常简记为 TCP). 通常, 人们将不再能发生一级相变的临界状态统称为临界终点.

9.1.3 相平衡及相图

由上述分析可知, 相变可以是单向进行的, 也可以是双向进行的, 并且多数是可以双向进行并达到平衡的. 所谓相平衡就是在相变过程中达到的系统中的相及其物质的量都不再变化的状态. 如果尚未达到上述状态, 则称其为未达到相平衡. 显然, 前述的单向进行的相变实质是尚未达到相平衡的相变.

相平衡是一个动态平衡. 所谓相及其物质的量不再变化, 实质是说, 如果存在从一相到另一相的变化, 则必然存在从另一相到该相的变化. 如果原变化中使一相的物质的量减少, 则必然存在从另一相到该相的变化, 以抵消该相的物质的量的减少, 从而两相的物质的量在宏观上都保持不变. 也就是说, 系统中的每一相及其物质的量都长时间保持不变 (动态平衡). 例如, 对封闭在容器内的液体加热, 液体就会蒸发. 随着蒸发过程的进行, 蒸气密度越来越大, 返回液体的蒸气分子数也越来越多, 最后达到动态平衡, 使得单位时间内从液体表面逸出的分子数与返回液体的分子数相等, 从而处于液相和处于气相的物质的量在宏观上保持确定的比例不再发生变化.

相平衡时, 描述不同相的某些状态参量的数值不能区分. 例如, 对于有体积跃变的一级相变, 处于不同相的物质的压强和温度的差别会消失 (9.2 节将证明这些特征实质上是相平衡的条件). 那么在 $p\text{-}T$ 图上不同的相及其间的平衡就可以由一些曲线表示出来. 这种把一物质系统的相、相变及相平衡以其状态参量为变量所作的图称为该物质的相图. 例如, 图 9.3 所示的 $p\text{-}T$ 图上的 I, II, III 三条曲线把整个 $p\text{-}T$ 空间分为三个部分, 曲线 I 表示该物质的气相、液相之间发生相变, 并达到相平衡时该两相之间状态参量 $\{p,T\}$ 之间的关系, 其两侧分别对应液相、气相, 故称之为汽化曲线. 曲线 II 表示固、液两相的分界及其间相变达到平衡时该物质的固相和液相的状态参量 $\{p,T\}$ 之间的关系, 称为熔解曲线. 曲线 III 表示固、气两相共存时状态参量 $\{p,T\}$ 之间的关系, 称为升华曲线.

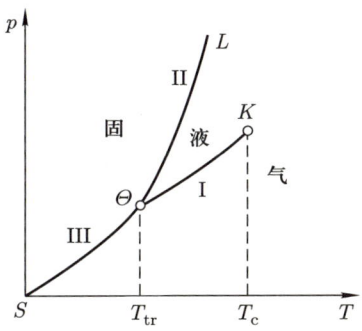

图 9.3 常见物质的相图示意图

回顾上述液气相变的过程，存在一个临界温度 T_c，在温度低于临界温度的情况下，系统可以发生有液气共存状态的相变，也就是有 (摩尔) 体积突变的一级相变. 而在临界温度 T_c 之上，系统不再有液气共存的状态，即不再能发生一级相变. 这表明，在不同条件 (控制参量) 下，系统可以发生不同级次的相变 (或连续过渡). 不再能发生一级相变的状态，或者说一级相变与连续相变 (或连续过渡) 共存的状态称为系统的临界终点，如图 9.3 中的 K 所示. 此外，相图上还存在一个表示该物质固、液、气三相共存的点，对应的温度 $T_{\rm tr}$ 为系统的三相点温度，如图 9.3 中的 Θ 所示.

另外，为表述方便，人们还常把相图表示为 $p\text{-}V$ 图、$p\text{-}\rho$ 图 (其中, $\rho \propto \dfrac{1}{V}$ 为系统的密度) 等不同形式.

9.2 单元系的复相平衡

9.2.1 单元系复相平衡的条件

9.2.1
授课视频

假设 α 相和 β 相是一个单元系的已经达到平衡的任意两个相，并且这两个相构成一个孤立系统，则 α 相和 β 相的总内能 $U_\alpha + U_\beta$、总体积 $V_\alpha + V_\beta$ 和总粒子数 $N_\alpha + N_\beta$ 都守恒. 设想 α 相和 β 相发生了一个无穷小的变动，则上述孤立系统的平衡条件要求

$$\mathrm{d}U_\alpha + \mathrm{d}U_\beta = 0,$$
$$\mathrm{d}V_\alpha + \mathrm{d}V_\beta = 0,$$
$$\mathrm{d}N_\alpha + \mathrm{d}N_\beta = 0.$$

由开放系统的热力学基本方程 $\mathrm{d}U = T\mathrm{d}S - p\,\mathrm{d}V + \mu\mathrm{d}N$ 可知,
$$\mathrm{d}S = \frac{\mathrm{d}U + p\,\mathrm{d}V - \mu\mathrm{d}N}{T}.$$

对于上述 α 相和 β 相，则有
$$\mathrm{d}S_\alpha = \frac{\mathrm{d}U_\alpha + p_\alpha\mathrm{d}V_\alpha - \mu_\alpha\mathrm{d}N_\alpha}{T_\alpha},$$
$$\mathrm{d}S_\beta = \frac{\mathrm{d}U_\beta + p_\beta\mathrm{d}V_\beta - \mu_\beta\mathrm{d}N_\beta}{T_\beta}.$$

那么系统 (α 相 $+$ β 相) 的总熵变为
$$\mathrm{d}S = \mathrm{d}S_\alpha + \mathrm{d}S_\beta = \left(\frac{\mathrm{d}U_\alpha}{T_\alpha} + \frac{\mathrm{d}U_\beta}{T_\beta}\right) + \left(\frac{p_\alpha\mathrm{d}V_\alpha}{T_\alpha} + \frac{p_\beta\mathrm{d}V_\beta}{T_\beta}\right) - \left(\frac{\mu_\alpha\mathrm{d}N_\alpha}{T_\alpha} + \frac{\mu_\beta\mathrm{d}N_\beta}{T_\beta}\right).$$

将上述 α 相和 β 相整体的内能、体积、粒子数守恒的条件 (即 $\mathrm{d}U_\beta = -\mathrm{d}U_\alpha$, $\mathrm{d}V_\beta = -\mathrm{d}V_\alpha$, $\mathrm{d}N_\beta = -\mathrm{d}N_\alpha$) 代入上式，则有

$$\mathrm{d}S = \left(\frac{1}{T_\alpha} - \frac{1}{T_\beta}\right)\mathrm{d}U_\alpha + \left(\frac{p_\alpha}{T_\alpha} - \frac{p_\beta}{T_\beta}\right)\mathrm{d}V_\alpha - \left(\frac{\mu_\alpha}{T_\alpha} - \frac{\mu_\beta}{T_\beta}\right)\mathrm{d}N_\alpha.$$

由孤立系统的热平衡条件可知, 当 α 相和 β 相之间的相变达到平衡时, 系统的总熵有极大值, 即 $dS = 0$. 由于 $dU_\alpha, dV_\alpha, dN_\alpha$ 三者独立变化, 因此 dS 中这些项的系数应分别等于零, 于是有该两相平衡的条件:

$$T_\alpha = T_\beta, \tag{9.4}$$

$$p_\alpha = p_\beta, \tag{9.5}$$

$$\mu_\alpha = \mu_\beta. \tag{9.6}$$

很显然, 由于温度和压强分别均匀是平衡态的条件, 因此两相的温度、压强分别相同必然是相平衡的条件. 关于化学势相同的条件, 回顾化学势的物理意义, 我们知道, $\mu = \dfrac{G}{N}$, 其中, 自由焓 G 是系统可以向外界做的非体积功的最大值. 这表明, 化学势是系统增加一个粒子所需要的能量. 如果 $\mu_\alpha < \mu_\beta$, 则 β 相增加一个粒子引起的能量增量多于 α 相增加一个粒子引起的能量增量, 根据自由焓最小原理 (即能量最低原理) 可知, 系统一定沿由 β 相向 α 相转变的方向演化, 即尚未达到相平衡. 只有当 $\mu_\alpha = \mu_\beta$ 时, 两相才都满足自由焓最小原理, 从而得以稳定存在, 即达到相平衡. 因此相平衡条件一定包括 $\mu_\alpha = \mu_\beta$.

由于这里的 α 相和 β 相是单元系中的任意两个相, 则这些平衡条件可以直接推广到多于两相的单元系. 因此单元系复相平衡的条件为: 所有各相的温度、压强、化学势都分别相同.

9.2.2 单元系复相平衡的性质

一、化学势之间的关系

由单元系复相平衡的条件可知, 单元系复相平衡时, 一定可以在 p-T 图上作出两相共存的平衡曲线. 相平衡曲线上的任一点不仅说明已达到相平衡的两相的温度和压强相同, 还说明该两相的化学势也相同. 但是, 如果两相共存的状态有所改变, 即沿上述相平衡曲线变化时, 两相之间的化学势如何变化呢? 设 $\{T, p\}$ 和 $\{T + dT, p + dp\}$ 是两相 α, β 的相平衡曲线上的两临近点, 则由相平衡的条件可知,

$$\mu_\alpha(T, p) = \mu_\beta(T, p),$$

$$\mu_\alpha(T + dT, p + dp) = \mu_\beta(T + dT, p + dp).$$

将上述两式的等号两端相减, 则得

$$d\mu_\alpha = d\mu_\beta. \tag{9.7}$$

9.2.2
授课视频

由此可知, 单元系复相平衡时具有性质: 对于任意两共存相, 如果其中一相的状态变化引起化学势有所改变, 则与该相平衡的另一相的状态也发生相应改变, 并且两相的化学势的改变量相同.

二、状态参量之间的关系

相、相变和相平衡可以由相图来描述, 但由于理论上通常缺乏关于化学势的全部知识, 相图上的相平衡曲线一般由实验测定. 尽管如此, 我们仍然可以根据热力学理论确定相平衡曲线的斜率, 进而确定状态参量之间的关系.

由化学势的定义 $\mu = \left(\frac{\partial G}{\partial N}\right)_{T,p}$ 和近独立粒子系统的化学势的物理意义 $\mu = \frac{G}{N}$, 以及由自由焓表示的独立系统的热力学基本方程 $dG = -SdT + Vdp$ 可知,

$$d\mu = \frac{dG_m}{N_A} = \frac{1}{N_A}(-S_m dT + V_m dp),$$

其中, G_m, S_m, V_m 分别为系统的摩尔自由焓、摩尔熵、摩尔体积.

再由相平衡情况下, 因状态参量 (控制参量) 改变而引起的各相化学势的改变相同可知, α, β 两相平衡时,

$$-S_{\alpha,m} dT + V_{\alpha,m} dp = -S_{\beta,m} dT + V_{\beta,m} dp,$$

于是有

$$\frac{dp}{dT} = \frac{S_{\beta,m} - S_{\alpha,m}}{V_{\beta,m} - V_{\alpha,m}}. \tag{9.8}$$

对于一级相变, 其典型特征之一是存在相变潜热. 以 L_m 表示 1 mol 物质由 α 相转变到 β 相时的相变潜热, 则由相变过程中温度保持不变可得

$$S_{\beta,m} - S_{\alpha,m} = \frac{L_m}{T},$$

所以

$$\frac{dp}{dT} = \frac{L_m}{T(V_{\beta,m} - V_{\alpha,m})}. \tag{9.9}$$

这给出了一级相变的相平衡曲线上任一状态的斜率 $\frac{dp}{dT}$ 与状态参量及相变潜热之间的一个关系. 它首先由克拉珀龙 (Clapeyron) 于 1834 年利用其他方法得到, 因此常称其为克拉珀龙方程 (Clapeyron equation). 根据熵的概念, 上述导出方法既简单, 物理意义又明确, 故也称其为克拉珀龙 – 克劳修斯方程 (Clapeyron-Clausius equation).

利用克拉珀龙方程可以直接判定相图上相平衡曲线的变化趋势. 例如, 对于汽化过程和升华过程, 由于 $V_{\alpha,m} < V_{\beta,m}$, $L_m > 0$, 因此汽化曲线和升华曲线一定是随着

温度升高而上升的曲线. 具体地讲, 对于水的饱和蒸气压与温度的关系, 以及沸点与压强的关系, 已知 1 atm 下水的沸点 $T = 373.15$ K, 汽化热 $L_m = 9.7126\,\text{kcal/mol} = 4.0638 \times 10^4$ J/mol, $V_{L,m} = 1.8798 \times 10^{-5} \text{m}^3/\text{mol}$, $V_{G,m} = 3.0139 \times 10^{-2}\,\text{m}^3/\text{mol}$, 所以

$$\frac{dp}{dT} = \frac{L_m}{T(V_{G,m} - V_{L,m})} = \frac{4.0638 \times 10^4}{373.15 \times (3.0139 \times 10^{-2} - 1.8798 \times 10^{-5})} \text{N} \cdot \text{m}^{-2} \cdot \text{K}^{-1}$$
$$\approx 3.6157 \times 10^3 \text{ N} \cdot \text{m}^{-2} \cdot \text{K}^{-1}$$
$$\approx 3.568 \times 10^{-2} \text{ atm} \cdot \text{K}^{-1}.$$

由此可知, 饱和蒸气压随着温度升高而增大, 其变化率为 10^{-2} atm·K^{-1} 的量级. 由于饱和蒸气压等于 1 atm 时对应的温度就是沸点, 因此水的沸点随压强变化的关系为

$$\frac{dT}{dp} = \left(\frac{dp}{dT}\right)^{-1} \approx 28.027 \text{ K} \cdot \text{atm}^{-1}.$$

这就是说, 压强每升高 1 atm, 水的沸点升高约 28.027 K. 由等温大气模型和绝热大气模型可知, 随着高度升高, 大气压强减小. 相应地, 水的沸点降低. 所以在高原地区为保证将食物煮熟, 常需使用高压锅以尽量保证沸点不降低. 又如, 对于熔解过程, 由于绝大多数物质在熔解时体积都变大, 且吸收热量, 则 $\frac{dp}{dT} > 0$, 因此大多数物质的熔解曲线也是随着温度升高而上升的曲线. 但对于冰等特殊物质, 熔解时虽然吸收热量, 但是体积却缩小, 所以 $\frac{dp}{dT} < 0$, 那么冰等特殊物质的熔解曲线是随着温度升高而下降的曲线.

克拉珀龙方程反映了一级相变达到平衡时, 两相物质的状态与其热力学函数及相变潜热之间的关系, 该方程可用以讨论一些实际过程.

例题 1 已知水在 $100\,^\circ\text{C}$ 时的汽化热为 2.26×10^6 J·kg^{-1}, 设海平面附近的大气温度为 300 K, 试问从海平面每上升 1 km, 水的沸点变化多少?

解 由大气的力学平衡条件可知, 大气压强 p 与远离海平面的高度 z 的关系为

$$\frac{dp}{dz} = -\rho g,$$

其中, ρ 为高度 z 处的大气密度, g 为重力加速度. 那么

$$\frac{dp}{dT} = \frac{dp}{dz} \cdot \frac{dz}{dT} = -\rho g \frac{dz}{dT},$$

即有

$$\frac{dT}{dz} = -\rho g \frac{dT}{dp}.$$

设大气温度为 T_0, 摩尔质量为 μ, 按理想气体近似处理, 则 $\rho = \frac{\mu}{V_m} = \frac{\mu p}{RT_0}$, 那么

$$\frac{dT}{dz} = -\frac{\mu g p}{RT_0}\frac{dT}{dp}.$$

将克拉珀龙方程 $\dfrac{\mathrm{d}p}{\mathrm{d}T} = \dfrac{L_\mathrm{m}}{T(V_\mathrm{G,m} - V_\mathrm{L,m})} \approx \dfrac{L_\mathrm{m}}{TV_\mathrm{G,m}}$ 代入上式得

$$\frac{\mathrm{d}T}{\mathrm{d}z} \approx -\frac{\mu p g}{RT_0} \cdot \frac{TV_\mathrm{G,m}}{L_\mathrm{m}} = -\frac{\mu g}{T_0 L_\mathrm{m}} \cdot \frac{TpV_\mathrm{G,m}}{R} = -\frac{\mu g T^2}{T_0 L_\mathrm{m}} = -\frac{gT^2}{T_0 l},$$

其中, l 为水的汽化热. 代入已知数据得

$$\frac{\mathrm{d}T}{\mathrm{d}z} \approx -\frac{9.8 \times 373.15^2}{300 \times 2.26 \times 10^6} \,\mathrm{K/m} \approx -2.01 \,\mathrm{K/km}.$$

所以从海平面每上升 1 km, 水的沸点大约降低 2 K.

例题 2 设地幔内某一深度处的熔岩与岩石的分界面的温度为 $1300\,^\circ\mathrm{C}$, 熔岩与岩石的密度之比 $\dfrac{\rho_\mathrm{L}}{\rho_\mathrm{S}}$ 大约为 0.9, 该深度处的重力加速度 g 约为 $9.8\,\mathrm{m\cdot s^{-2}}$, 岩石的熔解热为 $4.18 \times 10^5\,\mathrm{J\cdot kg^{-1}}$, 试问在此深度附近, 每降低 1 km, 岩石的熔点变化多少?

解 设地幔内熔岩的摩尔体积和岩石的摩尔体积分别为 $V_\mathrm{L,m}$, $V_\mathrm{S,m}$, 并记岩石的熔点为 T_f, 摩尔熔解热为 $L_\mathrm{f,m}$, 则由克拉珀龙方程

$$\frac{\mathrm{d}p}{\mathrm{d}T} = \frac{L_\mathrm{f,m}}{T(V_\mathrm{L,m} - V_\mathrm{S,m})}$$

可知, 当岩石在地幔内的熔解和凝固达到平衡时, 有

$$\frac{1}{T_\mathrm{f}} \frac{\mathrm{d}T_\mathrm{f}}{\mathrm{d}p} = \frac{V_\mathrm{L,m} - V_\mathrm{S,m}}{L_\mathrm{f,m}}. \tag{a}$$

因地球内部的压强由重力引起, 则其中压强的变化 $\mathrm{d}p$ 可以由地球半径的变化 $\mathrm{d}r$ 表示为

$$\mathrm{d}p = -\rho_\mathrm{S} g \mathrm{d}r.$$

又由摩尔体积与摩尔密度之间的关系

$$V_\mathrm{L,m} = \frac{\mu}{\rho_\mathrm{L}}, \qquad V_\mathrm{S,m} = \frac{\mu}{\rho_\mathrm{S}}$$

可知,

$$V_\mathrm{L,m} - V_\mathrm{S,m} = \frac{\mu}{\rho_\mathrm{L}} - \frac{\mu}{\rho_\mathrm{S}} = \frac{\mu}{\rho_\mathrm{S}}\left(\frac{\rho_\mathrm{S}}{\rho_\mathrm{L}} - 1\right).$$

那么由 (a) 式可知,

$$\frac{\mathrm{d}T_\mathrm{f}}{T_\mathrm{f}} = \frac{V_\mathrm{L,m} - V_\mathrm{S,m}}{L_\mathrm{f,m}} \mathrm{d}p = \frac{\mu(\rho_\mathrm{S}/\rho_\mathrm{L} - 1)}{\rho_\mathrm{S} L_\mathrm{f,m}}(-\rho_\mathrm{S} g \mathrm{d}r) = \frac{1 - \dfrac{\rho_\mathrm{S}}{\rho_\mathrm{L}}}{l_\mathrm{f}} g \mathrm{d}r,$$

于是有

$$\frac{\mathrm{d}T_\mathrm{f}}{\mathrm{d}r} = \frac{T_\mathrm{f} g}{l_\mathrm{f}}\left(1 - \frac{\rho_\mathrm{S}}{\rho_\mathrm{L}}\right).$$

将 $T_\mathrm{f} = 1300\,°\mathrm{C} = 1573.15\,\mathrm{K}$, $g = 9.8\,\mathrm{m\cdot s^{-2}}$, $l_\mathrm{f} = 4.18\times 10^5\,\mathrm{J\cdot kg^{-1}}$, $\dfrac{\rho_\mathrm{L}}{\rho_\mathrm{S}} \approx 0.9$ 代入上式则得

$$\frac{\mathrm{d}T_\mathrm{f}}{\mathrm{d}r} \approx \frac{1573.15 \times 9.8}{4.18\times 10^5} \times \left(1 - \frac{1}{0.9}\right)\,\mathrm{K/m} \approx -0.0041\,\mathrm{K/m} = -4.1\,\mathrm{K/km}.$$

所以地幔内此深度附近, 每降低 1 km, 岩石的熔点升高约 4.1 K.

例题 3 在 $700 \sim 739\,\mathrm{K}$ 的温度范围内, 1 mol 镁的饱和蒸气压 p_S 与温度 T 的关系由经验公式 $\lg p = -\dfrac{7527}{T} + 13.48$ 给出, 其中, p 的单位是 Pa. 试确定镁的升华热.

解 设镁的摩尔升华热为 $L_\mathrm{S,m}$, 则由克拉珀龙方程可知,

$$\frac{\mathrm{d}p}{\mathrm{d}T} = \frac{L_\mathrm{S,m}}{T(V_\mathrm{G,m} - V_\mathrm{S,m})}.$$

因为摩尔体积 $V_\mathrm{G,m} \gg V_\mathrm{S,m}$, 则上式即

$$\frac{\mathrm{d}p}{\mathrm{d}T} \approx \frac{L_\mathrm{S,m}}{TV_\mathrm{G,m}}.$$

假设镁蒸气可近似为理想气体, 则 $V_\mathrm{G,m} = \dfrac{RT}{p}$, 于是有

$$L_\mathrm{S,m} \approx T\cdot V_\mathrm{G,m}\frac{\mathrm{d}p}{\mathrm{d}T} = R\frac{\mathrm{d}p}{p}\frac{T^2}{\mathrm{d}T} = R\frac{\dfrac{\mathrm{d}p}{p}}{\dfrac{\mathrm{d}T}{T^2}} = -R\frac{\mathrm{d}\ln p}{\mathrm{d}\left(\dfrac{1}{T}\right)} = -2.303R\frac{\mathrm{d}\lg p}{\mathrm{d}\left(\dfrac{1}{T}\right)}.$$

将 $\lg p = -\dfrac{7527}{T} + 13.48$ 代入上式则得

$$L_\mathrm{S,m} \approx -2.303R\frac{-7527\mathrm{d}\left(\dfrac{1}{T}\right)}{\mathrm{d}\left(\dfrac{1}{T}\right)} = 2.303\times 7527R\,\mathrm{J/mol} \approx 144051.2\,\mathrm{J/mol}.$$

所以镁的升华热为

$$l_\mathrm{S} = \frac{L_\mathrm{S,m}}{\mu} \approx \frac{144051.2}{24\times 10^{-3}}\,\mathrm{J/kg} \approx 6.002\times 10^6\,\mathrm{J/kg}.$$

对于二级相变, 由于两相的体积和熵都连续, (9.8) 式的右边成为 $\dfrac{0}{0}$ 型, 因此无法直接确定. 但我们可以利用洛必达法则进行计算. 对 (9.8) 式右边的分子、分母都求关于 T 的偏导数, 则有

$$\frac{\mathrm{d}p}{\mathrm{d}T} = \frac{\left(\dfrac{\partial S_{\beta,\mathrm{m}}}{\partial T}\right)_p - \left(\dfrac{\partial S_{\alpha,\mathrm{m}}}{\partial T}\right)_p}{\left(\dfrac{\partial V_{\beta,\mathrm{m}}}{\partial T}\right)_p - \left(\dfrac{\partial V_{\alpha,\mathrm{m}}}{\partial T}\right)_p},$$

考虑 $\left(\frac{\partial S_\mathrm{m}}{\partial T}\right)_p = \frac{1}{T}C_{p,\mathrm{m}}$ 和 $\left(\frac{\partial V_\mathrm{m}}{\partial T}\right)_p = V_\mathrm{m}\alpha$, 其中, $C_{p,\mathrm{m}}$, α 分别为定压摩尔热容、体膨胀系数, 并注意发生二级相变时没有体积跃变, 则有

$$\frac{\mathrm{d}p}{\mathrm{d}T} = \frac{C_{p,\mathrm{m},\beta} - C_{p,\mathrm{m},\alpha}}{TV_\mathrm{m}(\alpha_\beta - \alpha_\alpha)}.$$

对 (9.8) 式右边的分子、分母都求关于 p 的偏导数, 则有

$$\frac{\mathrm{d}p}{\mathrm{d}T} = \frac{\left(\frac{\partial S_{\beta,\mathrm{m}}}{\partial p}\right)_T - \left(\frac{\partial S_{\alpha,\mathrm{m}}}{\partial p}\right)_T}{\left(\frac{\partial V_{\beta,\mathrm{m}}}{\partial p}\right)_T - \left(\frac{\partial V_{\alpha,\mathrm{m}}}{\partial p}\right)_T},$$

考虑 $\left(\frac{\partial S_\mathrm{m}}{\partial p}\right)_T = -\left(\frac{\partial V_\mathrm{m}}{\partial T}\right)_p = -V_\mathrm{m}\alpha$ 和 $\left(\frac{\partial V_\mathrm{m}}{\partial p}\right)_T = -V_\mathrm{m}\kappa_T$, 其中, κ_T 为等温压缩系数, 并注意发生二级相变时没有体积跃变, 则有

$$\frac{\mathrm{d}p}{\mathrm{d}T} = \frac{\alpha_\beta - \alpha_\alpha}{\kappa_{T,\beta} - \kappa_{T,\alpha}}.$$

总之, 我们有

$$\frac{\mathrm{d}p}{\mathrm{d}T} = \frac{C_{p,\mathrm{m},\beta} - C_{p,\mathrm{m},\alpha}}{TV_\mathrm{m}(\alpha_\beta - \alpha_\alpha)} = \frac{\alpha_\beta - \alpha_\alpha}{\kappa_{T,\beta} - \kappa_{T,\alpha}}. \tag{9.10}$$

该方程称为埃伦菲斯特方程. 由之可以确定二级相变的相平衡曲线的斜率.

9.3 一级相变及其基本特征

9.3.1 常见一级相变概述

一、液气相变

物质由液相转变为气相的过程称为汽化过程, 由气相转变为液相的过程称为凝结过程, 汽化和凝结统称为液气相变. 实验表明, 液体汽化时吸收热量, 气体凝结时释放热量. 单位质量的物质在由液相汽化成同温度下的气相的汽化过程中吸收的热量称为该物质的汽化热, 而单位质量的物质在由气相凝结成同温度下的液相的凝结过程中释放的热量称为该物质的凝结热. 汽化热和凝结热统称为液气相变过程中的潜热. 另一方面, 我们知道, 相同温度、相同压强等条件下, 相同组分的液相物质的密度远大于气相物质的密度, 也就是说, 液相物质的摩尔体积远小于气相物质的摩尔体积. 总之, 在液气相变过程中, 存在体积跃变和相变潜热, 因此液气相变是典型的一级相变.

物质由液相汽化成气相的方式有两种, 其中一种称为蒸发, 另一种称为沸腾. 蒸发是在任何温度下, 在液体表面发生的汽化现象. 沸腾则是在某个特定温度下, 在整个液

体内部和表面同时发生的激烈的汽化现象. 这一特定的温度称为该物质的沸点, 常简记为 T_b. 那么, 当物质的温度达到其沸点时, 其汽化的方式主要是沸腾, 而在物质的温度低于其沸点的情况下, 其汽化的方式主要是蒸发. 无论是蒸发还是沸腾, 汽化过程实质上都是液体的一些组分粒子克服其他组分粒子的吸引作用逸出液体的过程, 而逸出的组分粒子的热运动动能平均来讲比液体内部的组分粒子的热运动动能大, 那么, 为克服其他组分粒子的吸引作用, 并获得较大的热运动动能, 一定需要消耗液体的内能, 为维持温度不变, 液体一定需要从外界吸收热量, 所以物质汽化时一定都存在汽化热. 由于物质内的组分粒子之间的相互作用强度依赖于物质的结构, 液体的组分粒子逸出液体所需的能量又依赖于其原有的热运动动能, 因此汽化过程与物质类别及其温度、压强等因素有关, 不同物质有不同的沸点和汽化热, 即使是同一物质, 在不同温度下也有不同的汽化热, 并且物质的沸点与压强密切相关. 较严格地讲, 人们把单位质量的物质在由液相转变为同温度下的气相的汽化过程中吸收的热量称为该物质的汽化热. 表 9.1 列出一些常见液体在 1 atm 下的沸点和相应的汽化热, 表 9.2 列出水在不同温度下的汽化热.

表 9.1 几种常见液体在 1 atm 下的沸点和相应的汽化热

液体	水	酒精	乙醚	汞	氨	一氧化碳	氮	氢
沸点/°C	100	78.3	34.6	356.57	−33.4	−191.6	−195.8	−252.7
汽化热/(10^5 J/kg)	22.5	8.5	35.0	2.39	13.7	2.16	1.99	4.5

表 9.2 水在不同温度下的汽化热

温度/°C	0	20	40	60	80	100	200	300	370	374
汽化热/(10^5 J/kg)	24.9	24.4	24.0	23.5	23.0	22.5	19.6	13.8	4.14	0.0

与液相物质汽化时需要吸收热量对应, 气相物质凝结时一定释放热量, 该热量称为凝结热. 不同物质在同一温度下有不同的凝结热, 同一物质在不同温度下也有不同的凝结热.

实用中, 物质的量也常取 1 mol, 相应系统的汽化热 (凝结热) 称为该物质的摩尔汽化热 (摩尔凝结热). 记摩尔汽化热为 $L_\text{v,m}$, 则其与系统的温度及两相的熵之间满足

$$L_\text{v,m} = T_\text{v} (S_\text{G,m} - S_\text{L,m}), \tag{9.11}$$

其中, T_v 称为系统的汽化温度. 考虑热力学第一定律和第二定律, 则得

$$L_\text{v,m} = (U_\text{G,m} - U_\text{L,m}) + p_0(V_\text{G,m} - V_\text{L,m}), \tag{9.12}$$

其中，p_0 为系统的汽化压强，$V_{G,m}$ ($V_{L,m}$) 为相应于温度 T_v 和压强 p_0 情况下的气相 (液相) 的摩尔体积，$U_{G,m}(U_{L,m})$ 为相应状态下气相 (液相) 的摩尔内能. 考虑系统的焓的定义，即有 $L_{v,m} = H_{G,m} - H_{L,m}$.

液气相变有汽化和凝结两个互逆方向，但在一些条件下，某一方向的相变可以较另一方向的相变强，例如，经验告诉我们，随着温度升高，汽化过程会逐渐占据主导地位，而随着温度下降，凝结过程将会逐渐显著. 但是由于凝结过程需要一定的因素诱导，对于非封闭系统，汽化过程通常强于凝结过程. 当没有补充时，液态物质会全部变为气态，从而会有河流、湖泊的干涸. 而对于封闭系统，在一定的温度、压强下，单位时间内由液相汽化成气相的粒子数可以等于由气相凝结成液相的粒子数，此时液相和气相保持动态平衡，也就是达到液气相变的相平衡. 液气相变达到相平衡时，处于气相的蒸气称为饱和蒸气，其压强称为饱和蒸气压.

二、固液相变

物质由固相转变为液相的过程称为熔解过程，由液相转变为固相的过程称为凝固过程，若凝固后的固态物质为晶体，则称之为结晶. 熔解和凝固统称为固液相变. 我们知道，相同温度、相同压强等条件下，相同组分的固相物质的密度与液相物质的密度不同，也就是说，液相物质和固相物质具有不同的摩尔体积. 这说明，固液相变中有体积跃变. 实验测量还表明，在熔解过程中，系统吸收热量；在凝固过程中，系统释放热量. 由此可知，固液相变过程中有相变潜热. 单位质量的物质在由固相熔解成同温度下的液相的熔解过程中吸收的热量称为该物质的熔解热，单位质量的物质在由液相凝固成同温度下的固相的凝固过程中释放的热量称为该物质的凝固热. 一个系统的凝固热与其熔解热相等. 若系统中物质的量为 1 mol，则其熔解热 (凝固热) 称为该物质的摩尔熔解热 (摩尔凝固热). 记摩尔熔解热为 $L_{m,m}$，则

$$L_{m,m} = T_m (S_{L,m} - S_{S,m}),$$

其中，T_m 称为系统的熔点温度. 考虑热力学第一定律和第二定律，则得

$$L_{m,m} = (U_{L,m} - U_{S,m}) + p_0(V_{L,m} - V_{S,m}) = H_{L,m} - H_{S,m},$$

其中，p_0 为系统的熔点压强. 一些常见物质在 1 atm 下的熔点和熔解热如表 9.3 所示.

表 9.3 一些常见物质在 1 atm 下的熔点和熔解热

物质	氢	氧	冰	锡	锌	铝	银	金	铜	铁	铂
熔点/°C	−271.4	−218	0	231.9	410	660	960.5	1063	1083.2	1639	1773.5
熔解热/(kJ/kg)	3.4	14	333	59	120	390	100	87	180	280	110

实验观测表明, 固相物质的熔点与压强有关, 相应的关系曲线称为熔解曲线, 一些物质的熔解曲线如图 9.4 所示. 对于大多数常见物质, 其熔解曲线如图 9.4 中的曲线 OL 所示. 而对于水、铋等特殊物质, 由于 $V_{L,m} < V_{S,m}$, 其熔解曲线如图 9.4 中的曲线 OL' 所示. 这种现象称为反常现象. 显然, 熔解曲线上的任一点 M 都表示系统中固液两相平衡共存的状态.

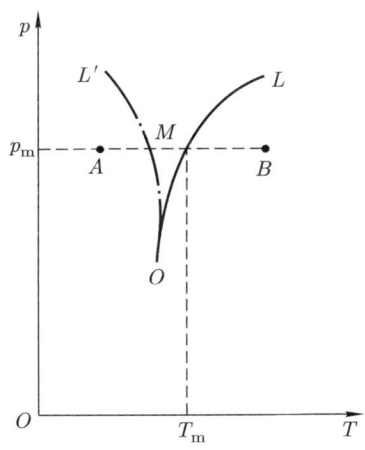

图 9.4 熔解曲线示意图

由于固液相变过程中有体积跃变和相变潜热, 因此固液相变为一级相变.

三、固气相变

物质由固相直接转变为气相的过程称为升华, 例如, 樟脑、干冰、硫、磷等物质在常温下都可以直接挥发成气体, 这些均系升华现象. 又如, 早期表演舞台上的云雾通常是利用干冰升华而模拟产生的. 物质由气相直接转变为固相的过程称为凝华, 例如, 寒冷的夜间, 地面上的水蒸气形成霜的过程就是凝华. 升华和凝华统称为固气相变. 观测表明, 在升华过程中, 系统的摩尔体积急剧增大; 在凝华过程中, 系统的摩尔体积急剧减小. 这说明, 固气相变中有明显的体积跃变. 实验测量表明, 在升华过程中, 系统吸收热量; 在凝华过程中, 系统释放热量. 由此可知, 固气相变过程中有相变潜热. 由于固气相变过程中有明显的体积跃变和相变潜热, 因此固气相变是典型的一级相变.

一系统在升华过程中吸收的热量称为该系统的升华热, 如果系统中物质的质量为单位质量, 则其升华热简记为该物质的升华热. 若系统中物质的量为 1 mol, 则其升华热称为该物质的摩尔升华热. 记摩尔升华热为 $L_{s,m}$, 升华点 (温度) 为 T_s, 则

$$L_{s,m} = T_s(S_{G,m} - S_{S,m}).$$

考虑热力学第一定律和第二定律,则得

$$L_{\mathrm{s,m}} = (U_{\mathrm{G,m}} - U_{\mathrm{S,m}}) + p_0(V_{\mathrm{G,m}} - V_{\mathrm{S,m}}),$$

整理、计算得

$$L_{\mathrm{s,m}} = L_{\mathrm{m,m}} + L_{\mathrm{v,m}}. \tag{9.13}$$

这就是说,物质的摩尔升华热等于该物质的摩尔熔解热与摩尔汽化热之和. 由于固体升华时需要吸收大量的热量,因此人们常用易升华的物质作为制冷剂. 例如,现代高速飞机为克服摩擦生热造成的危害,采取的措施之一就是将石墨喷涂于飞机表面,利用石墨的升华来消耗掉产生的热量.

由于固体升华时,分子不断脱离固体而成为蒸气,同时蒸气分子也会返回固体,当单位时间逸出和返回固体的分子数相等时,系统的固气两相就达到平衡. 这时,固体外的蒸气的压强称为固气两相平衡的饱和蒸气压. 该饱和蒸气压 p_{s} 的大小与温度密切相关,其关系在 $p\text{-}T$ 图中的表示曲线称为升华曲线,如图 9.3 中的曲线 $S\varTheta$ 所示. 升华曲线 $S\varTheta$ 上的任一点代表固气两相平衡共存的状态,其左上方的区域为系统呈固相的区域,其右下方的区域为系统呈气相的区域. 实验表明,同一物质的汽化曲线、熔解曲线和升华曲线三者相交于一点,该交点表示的状态是该物质的气、液、固三相共存的平衡态,称为该物质的三相点. 一些常见物质的三相点温度 T_{tr} 及三相点压强 p_{tr} 如表 9.4 所示. 由物质的汽化曲线、熔解曲线、升华曲线和三相点、临界点构成的表示物质各相存在区域及两相共存、三相共存状态的图称为该物质的相图,如图 9.3 所示.

表 9.4 一些常见物质的三相点温度和三相点压强

物质	氢	氧	氮	氨	二氧化碳	汞	水	锌	银
$T_{\mathrm{tr}}/\mathrm{K}$	13.956	54.361	63.18	195.4	216.55	234.15	273.16	692	1234
$p_{\mathrm{tr}}/(10^3\,\mathrm{Pa})$	7.194	0.15	12.53	6.075	517.28	1.3×10^{-7}	0.6113	0.01	7.9×10^{-5}

综上所述,液气相变、固液相变和固气相变都是典型的一级相变. 上述讨论给出了这些相变的一些特征和性质,下面我们以液气相变为例对一级相变进行较深入的讨论.

9.3.2 饱和蒸气压与饱和蒸气压方程

如前所述,液气相变和固气相变达到平衡时,其气相都是饱和蒸气,相应的压强称为饱和蒸气压,简记为 p_{s}. 饱和蒸气压与沸点或升华点之间的关系给出温度 $T = T_{\mathrm{b}}$ 或 T_{s} 的特殊状态附近两相物质的状态参量等的关系.

9.3.2
授课视频

因为液气相变的汽化过程和固气相变的升华过程中都有 $V_{\beta,m} \gg V_{\alpha,m}$, 所以克拉珀龙方程可以近似表示为

$$\frac{dp}{dT} = \frac{L_m}{TV_{\beta,m}}. \tag{9.14}$$

那么, 再考虑蒸气的状态方程 $V_{\beta,m} = V_{\beta,m}(p,T)$, 即可确定任意可能状态下的饱和蒸气压与温度的关系 —— 饱和蒸气压方程 $p_s = p_s(T)$.

当压强不太高时, 饱和蒸气可近似为理想气体, 即有 $V_{\beta,m} = \dfrac{RT}{p_s}$, (9.14) 式可化为

$$\frac{dp_s}{dT} = \frac{p_s L_m}{RT^2}. \tag{9.15}$$

由于 $L_m = H_{\beta,m}(T) - H_{\alpha,m}(T)$, 而摩尔焓 $H_m(T)$ 依赖于参考点的选取. 选取焓的参考点的温度为 T_0, 则

$$H_m(T) = H_m(T_0) + \int_{T_0}^{T} C_{p,m}(T') dT',$$

那么

$$L_m(T) = \Delta H_m(T_0) + \int_{T_0}^{T} \Delta C_{p,m}(T') dT',$$

其中,

$$\Delta H_m(T_0) = H_{\beta,m}(T_0) - H_{\alpha,m}(T_0),$$
$$\Delta C_{p,m}(T') = C_{p,\beta,m}(T') - C_{p,\alpha,m}(T').$$

因为理想气体和液体的定压摩尔热容在一定温区内可近似为常量 $C_{p,m}$, 所以

$$L_m(T) = \Delta H_m(T_0) + \Delta C_{p,m}(T - T_0).$$

于是有

$$\frac{dp_s}{dT} = \frac{p_s[\Delta H_m(T_0) - \Delta C_{p,m}T_0]}{RT^2} + \frac{p_s \Delta C_{p,m}}{RT}.$$

解之则得

$$\ln \frac{p_s}{p_{s,0}} = B\left(1 - \frac{T_0}{T}\right) + C \ln \frac{T}{T_0}, \tag{9.16}$$

其中,

$$B = \frac{\Delta H_m(T_0) - \Delta C_{p,m}T_0}{RT_0}, \qquad C = \frac{\Delta C_{p,m}}{R}.$$

(9.16) 式就是可近似为理想气体的饱和蒸气的蒸气压方程. 当温度在很小范围内变化时, 摩尔相变潜热 L_m 可近似为常量, 则由 (9.15) 式可得, 饱和蒸气压与温度的关系近似为

$$p_s \approx p_{s,0} e^{-\frac{L_m}{RT}}. \tag{9.17}$$

9.3.3 相平衡曲线

由于物质的相变潜热与温度有关，因此通过改变温度可以影响一级相变的相变过程及其平衡. 再者，物质的沸点和升华点等都与压强有关，因此通过改变压强也可以影响一级相变的相变过程及其平衡. 当然，同时改变温度、压强也可以影响一级相变. 另一方面，由相变的定义可知，任一确定的一级相变及其平衡的过程都是等温过程. 那么系统的等温线可以视为该温度下一级相变的相平衡曲线，由之可以讨论相变过程及其达到平衡时压强与体积的关系、体积跃变及相分离等.

一、等温线及其测量结果

物质的等温线可以通过在保持温度恒定的条件下，测量不同压强下的体积及物态来确定，图 9.5 是最早测定的 CO_2 在不同温度下的等温线 (英国物理学家安德鲁斯 (Andrews) 测定于 1869 年).

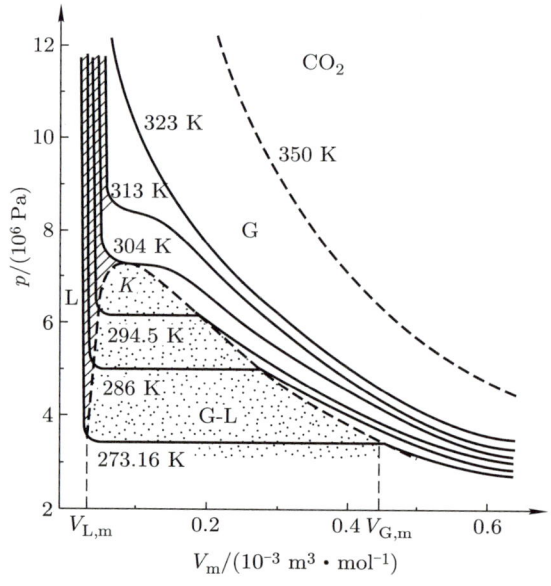

图 9.5 CO_2 的等温线示意图

由图 9.5 可知，在温度较低时，存在摩尔体积 $V_{L,m}$ 和 $V_{G,m}$ 将整个 p-V 空间分为三个部分，一个部分是摩尔体积小于 $V_{L,m}$ 的高压高密区，CO_2 呈液态. 一个部分是摩尔体积大于 $V_{G,m}$ 的低压低密区，CO_2 呈气态. 而摩尔体积在介于 $V_{L,m}$ 和 $V_{G,m}$ 之间的区域内，等温线呈水平线，这就是说，CO_2 的压强不随体积的变化而变化. 由此可知，该区域内液气两相共存并达到平衡. 相应的压强就是饱和蒸气压 p_s. 随着温度升高，在高压高密区和低压低密区，CO_2 仍分别呈液相和气相，但中间的液气两相共存区域却逐渐减小，即液气两相的摩尔体积的差别 $V_{G,m} - V_{L,m}$ 逐渐减小. 当温度升高

到一个确定温度 (304 K) 时, 水平的等压线缩为一个点 K, 即 $V_{G,m}$ 和 $V_{L,m}$ 的差别消失, 该点对应的状态就是所谓的临界状态, 相应的温度称为临界温度 T_c. 在临界状态下, 液相和气相之间频繁地交换分子, 使得光在其上的散射增强, 原来透明的气体或液体变得浑浊起来, 呈现一片乳白色, 这种现象称为临界乳光, 它是液气相变在临界状态附近丰富的临界现象的典型特征. 当温度高于临界温度 T_c 时, 等温线呈随着压强增加摩尔体积单调下降的曲线. 当 $T = 350$ K 时, CO_2 的等温线即相当接近理想气体的等温线, 并且在该温度下无论把压强增至多高都不会出现液态. 这表明, 在温度高于临界温度时, 等温压缩不能使气体液化. 后来, 对其他物质测量的等温线也都有完全相同的特征, 只是具体的定量关系存在差异.

二、等温线的理论描述

在关于状态方程的讨论中, 我们说范德瓦耳斯方程是实际气体的状态方程. 下面我们讨论范德瓦耳斯模型作为描述物质的等温线的理论模型的可能性.

由范德瓦耳斯方程

$$\left(p + \frac{a}{V_m^2}\right)(V_m - b) = RT,$$

可得

$$V_m^3 - \left(b + \frac{RT}{p}\right)V_m^2 + \frac{a}{p}V_m - \frac{ab}{p} = 0.$$

在温度 T 取不同确定值的情况下, 由上式可得压强 p 与摩尔体积 V_m 之间的关系 $p(V_m)$. 具体地讲, 压强 p 取不同确定值的情况下, 上述 $p(V_m)$ 确定的方程 $p(V_m) = p$ 给出的 V_m 的解有以下四种情况:

(1) 三个不相等的实根.

(2) 三个实根, 但其中两个相等.

(3) 三个相等的实根.

(4) 一个实根, 两个虚根.

分别如图 9.6 中 I, II, III, IV 标记的四种情况所示.

比较图 9.6 和图 9.5 可知, 对于高压区域, 范德瓦耳斯模型可以很好地描述实验测量到的等温线; 对于低压区域, 在小摩尔体积和大摩尔体积情况下, 范德瓦耳斯模型也可以描述实验测量到的结果, 但根本没有中等摩尔体积的等压段. 那么能否找到一段等压线, 使之分别与小摩尔体积和大摩尔体积的范德瓦耳斯等温线连接, 从而描述真实的较低压强和较低温度情况下的等温线呢? 为此, 我们从相平衡的化学势相等条件出发考察范德瓦耳斯等温线.

对于既具有极小值又具有极大值的较低温度情况下的范德瓦耳斯等温线 $ABCDE$, 如图 9.7 所示, 要使水平直线段 ACE 为表示液气相变的液气共存区的等压线, 并且

$V_A = V_{L,m}$, $V_E = V_{G,m}$, 相应的压强 p^* 应如何确定呢?

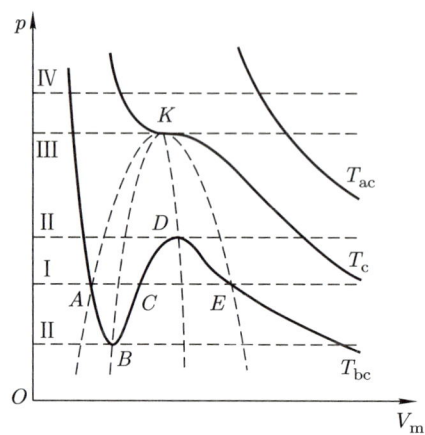

图 9.6　不同温度下, 范德瓦耳斯模型中的压强与摩尔体积的关系 $p(V_m)$ 的示意图

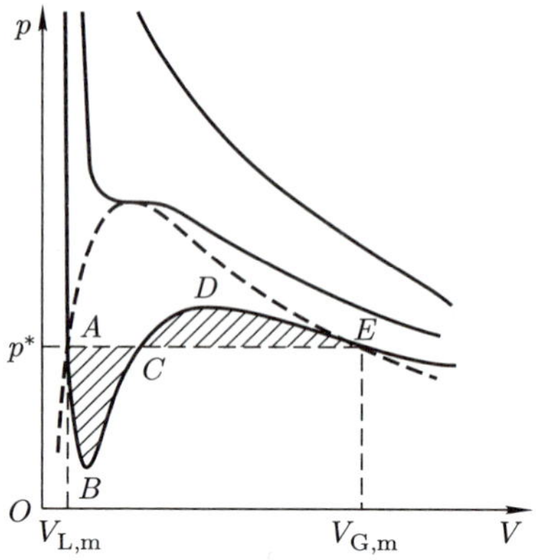

图 9.7　利用范德瓦耳斯模型描述液气相变过程中等压段的可能性的麦克斯韦构建法示意图

由定义我们知道,

$$\mu_{A,m} = G_{A,m} = F_{A,m} + p^* V_{L,m}, \quad \mu_{E,m} = G_{E,m} = F_{E,m} + p^* V_{G,m}.$$

考虑相平衡条件

$$\mu_{A,m} = \mu_{E,m},$$

则得

$$F_{A,m} - F_{E,m} = p^* (V_{G,m} - V_{L,m}).$$

另一方面, 由热力学第二定律可知, 对于相平衡态 (相变过程完全可逆), 有

$$dF = -SdT - pdV,$$

在等温条件下则有

$$dF_m = -p\, dV_m.$$

对上式积分则得

$$F_{E,m} - F_{A,m} = -\int_{ABCDE} p\, dV_m,$$

于是有

$$\int_{ABCDE} p\, dV_m = F_{A,m} - F_{E,m} = p^*(V_{G,m} - V_{L,m}).$$

这说明, 图 9.7 所示的曲边形 $ABCDEV_{G,m}V_{L,m}A$ 的面积等于长方形 $AEV_{G,m}V_{L,m}A$ 的面积. 由此可知, 水平直线段 ACE 的高度 p^* 由曲边形 $ABCA$ 的面积与曲边形 $CDEC$ 的面积相等唯一确定.

由此可知, 只要引入一段使上凹和上凸区域的曲边形的面积相等的等压线, 使之分别与小摩尔体积和大摩尔体积的范德瓦耳斯等温线连接, 即可得到可以较好地描述实验结果的等温线. 该方法称为麦克斯韦等面积法则, 也称为麦克斯韦构建法 (第二和第八章都曾提及).

9.3.4 相平衡时两相的物质的量之间的关系

记可发生一级相变的系统的物质的量是 ν, 一级相变达到相平衡时两相 (例如, 液相 L、气相 G) 的物质的量分别是 ν_L, ν_G, 两相的物质的量的相对丰度 (摩尔百分比) 分别是 $\chi_L = \dfrac{\nu_L}{\nu}, \chi_G = \dfrac{\nu_G}{\nu}$, 相平衡时两相的摩尔体积分别为 $V_{L,m}, V_{G,m}$, 系统的平均摩尔体积为 $\overline{V}$, 则有

$$\chi_L + \chi_G = 1,$$
$$\chi_L V_{L,m} + \chi_G V_{G,m} = \overline{V}.$$

解上述两式组成的方程组得

$$\chi_L = \frac{V_{G,m} - \overline{V}}{V_{G,m} - V_{L,m}}, \tag{9.18}$$

$$\chi_G = \frac{\overline{V} - V_{L,m}}{V_{G,m} - V_{L,m}}. \tag{9.19}$$

此即可由一级相变分离成两相的系统达到相平衡时两相的物质的量 (摩尔百分比) 之间的关系. 由此可知, 达到相平衡的两相的摩尔百分比之间满足

$$\frac{\chi_L}{\chi_G} = \frac{V_{G,m} - \overline{V}}{\overline{V} - V_{L,m}},$$

即

$$\chi_L(\overline{V} - V_{L,m}) = \chi_G(V_{G,m} - \overline{V}).$$

显然, 该相平衡时两相的摩尔百分比及摩尔体积之间的关系与静力学中不共点力作用的系统平衡时的力矩平衡的形式完全相同, 如图 9.8 所示. 力矩平衡常被称为杠

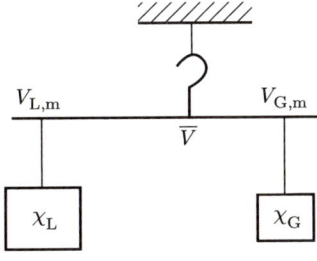

图 9.8 液气相变平衡时两相的摩尔百分比及摩尔体积之间的关系示意图

杆原理, 因此该关系也被称为一级相变平衡时两相物质的摩尔百分比的杠杆原理, 摩尔百分比相当于力, 两相的摩尔体积与系统的平均摩尔体积的差值的绝对值相当于力臂.

9.3.5 热力学函数的特征

我们知道, 热力学系统的稳定性由系统的态函数是否取极值决定. 具体地讲, 对于一个孤立系统, 稳定时, 系统的熵取其全部值域范围内的极大值, 系统的自由能和自由焓分别取其全部值域范围内的极小值. 因此为分析一系统发生一级相变的可能性及方式等, 我们在本小节讨论可发生一级相变的系统的热力学函数的特征. 为具体起见, 我们以液气相变系统的自由能为例进行讨论 (讨论过程和所得结果全部适用于自由焓).

一、两相共存系统的总自由能及其图示

记系统的温度为 T, 平均摩尔体积为 $\overline{V}$, 系统的保持固定不变的体积为 $V = \nu\overline{V}$, 系统单独处于液相或气相的自由能分别为 F_L, F_G, 相平衡时液相和气相的摩尔百分比分别为 χ_L, χ_G, 则系统的总自由能为

$$F = \chi_L F_L + \chi_G F_G.$$

将相平衡时它们的摩尔百分比的关系代入上式, 则有

$$F = \frac{V_{G,m} - \overline{V}}{V_{G,m} - V_{L,m}} F_L + \frac{\overline{V} - V_{L,m}}{V_{G,m} - V_{L,m}} F_G,$$

即有

$$\begin{aligned}(V_{G,m} - V_{L,m})F &= (V_{G,m} - \overline{V})F_L + (\overline{V} - V_{L,m})F_G \\ &= (V_{G,m} - \overline{V})F_L - (V_{G,m} - \overline{V})F_G + (V_{G,m} - V_{L,m})F_G.\end{aligned}$$

于是有

$$(V_{G,m} - V_{L,m})(F - F_G) = (V_{G,m} - \overline{V})(F_L - F_G),$$

亦即

$$\frac{F - F_G}{V_{G,m} - \overline{V}} = \frac{F_L - F_G}{V_{G,m} - V_{L,m}}.$$

将上述各差值记为自由能与体积的关系图 (F-V 图) 上的线段, 如图 9.9 所示, 由几何知识可知, 代表总自由能大小的 P 点一定在分别代表液相和气相的自由能大小的 P_L 点、P_G 点的连线上.

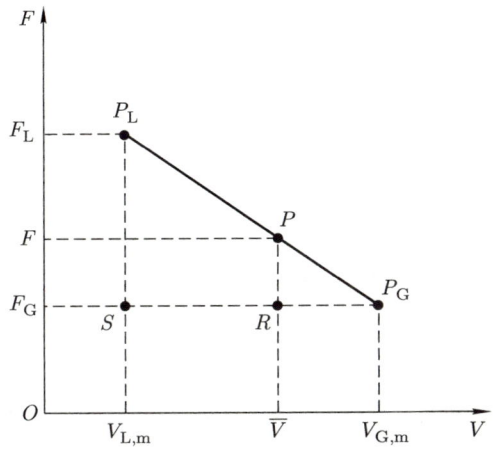

图 9.9　液气相变中两相的自由能及相平衡时的自由能之间的关系示意图

二、出现两相分离的可能性与自由能

设系统的自由能曲线 $F(V)$ 为具有一个极小值的开口向上的曲线, 如图 9.10 (a) 所示, 即在整个区域内都有 $\dfrac{\mathrm{d}^2 F}{\mathrm{d}V^2} > 0$, 则连接曲线上任意两点 (假设其体积分别对应于 $V_{\mathrm{L,m}}$, $V_{\mathrm{G,m}}$) 的线段总是在这两点之间的曲线上方, 也就是说, 无论 $V_{\mathrm{L,m}}$, $V_{\mathrm{G,m}}$, $\overline{V}$ 的数值多大, 以假设的摩尔体积分别为 $V_{\mathrm{L,m}}$, $V_{\mathrm{G,m}}$ 的两相共存状态的自由能总是大于图示曲线所对应的单相的自由能, 即 $F_2 > F = F_1$. 所以单相状态为平衡态 (其稳定状态为使自由能取极小值的摩尔体积所对应的状态), 不可能出现两相分离或两相共存.

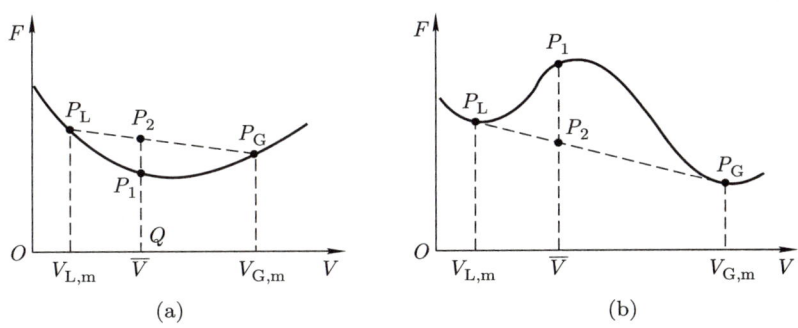

图 9.10　(a) 不可能分离成两相的系统的自由能曲线示意图, (b) 能够分离成两相的系统的自由能曲线示意图

如果系统的自由能曲线 $F(V)$ 为两端各有一个极小值、中间有一个极大值的双底曲线, 如图 9.10 (b) 所示, 即在两端有 $\dfrac{\mathrm{d}^2 F}{\mathrm{d}V^2} > 0$, 在中间 $\dfrac{\mathrm{d}^2 F}{\mathrm{d}V^2} < 0$, 则连接曲线上两极小值点 (假设其体积分别对应于 $V_{\mathrm{L,m}}$, $V_{\mathrm{G,m}}$) 的线段总是在这两点之间的曲线下方, 也就是说, 无论 $V_{\mathrm{L,m}}$, $V_{\mathrm{G,m}}$, $\overline{V}$ 的数值多大, 以假设的摩尔体积分别为 $V_{\mathrm{L,m}}$, $V_{\mathrm{G,m}}$ 的两

相共存状态的自由能总是小于图示曲线所对应的单相的自由能,即 $F_2 < F = F_1$. 所以系统不能以单相状态存在,而一定分离为摩尔体积分别为使各自自由能取极小值的摩尔体积所对应的两相共存的状态.

一般地,对于相对于体积 V 有小改变量 $\pm \Delta V$ 的状态,其自由能为

$$F(V \pm \Delta V) = F(V) + \frac{dF}{dV}(\pm \Delta V) + \frac{1}{2}\frac{d^2F}{dV^2}(\pm \Delta V)^2 + \cdots.$$

近似地,假设一系统可以分离为体积分别为 $V+\Delta V$, $V-\Delta V$ 的两相,则 $\chi_L = \chi_G = \frac{1}{2}$,那么

$$F_2 = \frac{1}{2}F(V+\Delta V) + \frac{1}{2}F(V-\Delta V) = F(V) + \frac{1}{2}\frac{d^2F}{dV^2}(\Delta V)^2 + \cdots,$$

因 $F(V)$ 即单相物质的自由能 F_1,故两相分离且共存的状态的自由能是否大于单相系统的自由能取决于自由能关于体积的二阶导数的符号. 如果 $\frac{d^2F}{dV^2} > 0$,则 $F_2 > F_1$;如果 $\frac{d^2F}{dV^2} < 0$,则 $F_2 < F_1$. 由此可知,一系统是以单相作为稳定状态存在还是发生一级相变形成两相分离开来的稳定状态完全由系统的自由能曲线的凹凸性决定. 如果自由能曲线是只有一个极小值的上凹形曲线,则系统只能以单相状态稳定存在,不能发生一级相变. 如果自由能曲线是两端上凹 (两端各有一个极小值)、中间上凸 (中间有一个极大值) 的曲线,则系统可以发生一级相变,分离成两相.

9.3.6 相变和相分离的方式

9.3.6
授课视频

一、一级相变的实现与相分离的方式

9.3.5 小节的讨论表明,具有两相分离且共存可能性的系统的自由能一定呈两端上凹、中间上凸的形状,即两端各有一个极小值、中间有一个极大值的形状,如图 9.10 (b) 所示. 由数学理论可知,极小值附近自由能的二阶导数大于零 ($\frac{d^2F}{dV^2} > 0$),极大值附近自由能的二阶导数小于零 ($\frac{d^2F}{dV^2} < 0$),两个极小值与极大值之间各有一个拐点,记之为 S, S',则有 $\left(\frac{d^2F}{dV^2}\right)_S = \left(\frac{d^2F}{dV^2}\right)_{S'} = 0$,即整条自由能曲线可以分为三个部分: $P_L S$,SS',$P_G S'$,如图 9.11 (a) 所示.

对于自由能处于上凸区域 SS' 的以某一相存在的系统,因为 $\frac{d^2F}{dV^2} < 0$,微小的密度涨落可以引起体积 (亦即密度) 的变化,从而引起系统的自由能减小,如图 9.11 (a) 所示,其中的代表系统的某状态的自由能的 P_1 点将变化到代表具有摩尔体积差别为 $2\Delta V$ 的两相的自由能的 P_2 点. 由 6.6 节的讨论可知,自发的等温过程总是沿着自由能减小的方向进行,处于稳定平衡态时系统的自由能最小,那么上述微小密度涨落引起的自由能减小过程可以一直进行下去,如图 9.11 (a) 中的 P_2', P_2'', $\cdots$ 点所示,直到

出现最小自由能 (如图 9.11 (a) 中的 P_0 点所示) 的两相共存状态. 这种由微小的密度涨落过渡成稳定的两相共存, 进而达到相平衡和相分离的方式称为失稳分解 (spinodal decomposition).

对于处于上凹区域 $P_\mathrm{L}S$ 和 $P_\mathrm{G}S'$ 的系统, 因为 $\dfrac{\mathrm{d}^2 F}{\mathrm{d}V^2} > 0$, 在微小的体积变化 ΔV 下, $F_2 > F_1$, 即微小的密度涨落不会引起自由能减小, 如图 9.11 (b) 所示, 其中的代表系统的某状态的自由能的 P_1 点不可能自发地变化到代表具有摩尔体积差别为 $2\Delta V$ 的 "两相" 的自由能的 P_2 点. 从而不可能诱导大的密度分解, 使系统发生相变. 因此系统所处的这种状态称为亚稳态 (metastable state). 从温度的观点来看, 处于亚稳区 $P_\mathrm{L}S$ 的液体可以汽化, 但由于 $F_2 > F_1$ 而未能汽化, 也就是说, 系统呈过热液体状态. 对于处于亚稳区 $P_\mathrm{G}S'$ 的气体, 其应该可以液化, 但实际未能液化, 也就是说, 系统呈过冷蒸气状态. 但是, 如果小范围的局域涨落在一相中形成另一相的核时, 该 "外来核" 可以逐步扩大自己的范围, 然后形成两相共存的状态, 进而实现两相分离. 这种先在一相中形成另一相的核, 然后发展到两相共存状态, 进而实现分离、发生相变, 并实现相变平衡的方式称为成核长大 (nucleation and growth).

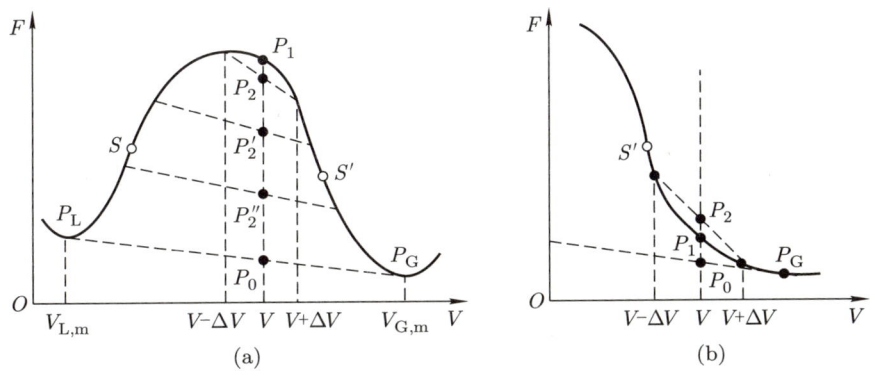

图 9.11　能够分离成两相的系统的自由能曲线的分区及分别以 (a) 失稳分解和 (b) 成核长大方式实现液气相变的系统的自由能曲线的示意图

二、过饱和现象及其应用

1. 过饱和现象及其物理机制

上述讨论表明, 单从温度效应看, 自由能曲线具有中间上凸、两端上凹的特征的系统可以发生一级相变, 但在体积处于特殊区域内, 或者说密度处于特殊区域内的系统却不能发生相变, 从而出现过热液体或过冷蒸气. 这种现象称为过饱和现象. 乍看起来, 过饱和现象不可思议, 探究其物理机制当然是重要的问题. 下面我们对之予以讨论.

在前面的讨论中, 我们没有涉及一级相变发生时两相之间的分界面的形状, 事实上, 这隐含了我们所涉及的分界面是无限大的平面. 记这种情况下系统的温度、压强分别为 T, p, 则由相平衡条件可知, 不仅两相的温度、压强分别相同, 两相的化学势也相同, 即有

$$\mu_{\mathrm{G}}(T, p) = \mu_{\mathrm{L}}(T, p). \tag{9.20}$$

实际上, 无限大的平面只是热力学极限的理想情况, 在一相中形成另一相的核时, 其间的分界面为曲面, 如图 9.12 所示. 记相应情况下, 饱和蒸气的温度、压强分别为 T', p', 由于弯曲表面引起其内外部压强出现差异, 若记在一相中形成的另一相的核 (例如, 液体中的气泡) 的半径为 r, 两相物质之间的表面张力系数为 σ, 则液体的温度和压强分别为 $T', p' - \dfrac{2\sigma}{r}$, 两相平衡的化学势相等的条件则可以表示为

$$\mu_{\mathrm{G}}(T', p') = \mu_{\mathrm{L}}\left(T', p' - \dfrac{2\sigma}{r}\right). \tag{9.21}$$

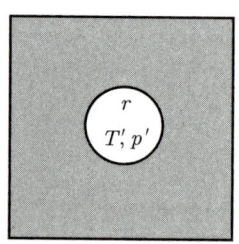

图 9.12 以成核长大方式实现液气相变的过程中, 在一相中形成另一相的核时两相的分界面的示意图

将饱和蒸气近似为理想气体, 则对于 (9.21) 式减去 (9.20) 式所得方程, 其等号的左右两边分别为

$$\begin{aligned}
\mathrm{LHS} &= \mu_{\mathrm{G}}(T', p') - \mu_{\mathrm{G}}(T, p) = \int_p^{p'} V \mathrm{d}p - \int_T^{T'} S_{\mathrm{G}} \mathrm{d}T \approx \nu RT \ln \frac{p'}{p} - S_{\mathrm{G}}(T' - T), \\
\mathrm{RHS} &= \mu_{\mathrm{L}}\left(T', p' - \frac{2\sigma}{r}\right) - \mu_{\mathrm{L}}(T, p) = \int_p^{p' - \frac{2\sigma}{r}} V \mathrm{d}p - \int_T^{T'} S_{\mathrm{L}} \mathrm{d}T \\
&\approx \left[\left(p' - \frac{2\sigma}{r}\right) - p\right] V_{\mathrm{L}} - S_{\mathrm{L}}(T' - T),
\end{aligned} \tag{9.22}$$

其中, R 为普适气体常量, ν 为系统的物质的量. 记 $T' - T = \Delta T$, 则近似有

$$\left[\left(p' - \frac{2\sigma}{r}\right) - p\right] V_{\mathrm{L}} - S_{\mathrm{L}} \Delta T = \nu RT \ln \frac{p'}{p} - S_{\mathrm{G}} \Delta T,$$

即

$$(S_{\mathrm{G}} - S_{\mathrm{L}}) \Delta T = \nu RT \ln \frac{p'}{p} - \left[\left(p' - \frac{2\sigma}{r}\right) - p\right] V_{\mathrm{L}}.$$

如果 $\frac{p'-p}{p} \ll 1$, 则

$$\ln\frac{p'}{p} = \ln\frac{p+p'-p}{p} \approx \frac{p'-p}{p} = \frac{(p'-p)V_G}{pV_G} = \frac{(p'-p)V_G}{\nu RT},$$

因此

$$(S_G - S_L)\Delta T \approx \nu RT \frac{(p'-p)V_G}{\nu RT} - \left[\left(p' - \frac{2\sigma}{r}\right) - p\right]V_L = (p'-p)(V_G - V_L) + \frac{2\sigma}{r}V_L.$$

于是近似有

$$\Delta T = \frac{V_G - V_L}{S_G - S_L}(p'-p) + \frac{2\sigma}{r}\frac{V_L}{S_G - S_L}.$$

因为对于质量为 M、密度为 ρ、汽化热为 l 的系统, 有

$$V = \frac{M}{\rho}, \qquad S_G - S_L = \frac{L}{T} = \frac{lM}{T},$$

所以

$$\Delta T = \frac{\frac{M}{\rho_G} - \frac{M}{\rho_L}}{\frac{Ml}{T}}(p'-p) + \frac{2\sigma}{r}\frac{\frac{M}{\rho_L}}{\frac{Ml}{T}}$$

$$= \frac{T(\rho_L - \rho_G)}{l\rho_G\rho_L}(p'-p) + \frac{T}{l\rho_L}\frac{2\sigma}{r}$$

$$= \frac{T(\rho_L - \rho_G)}{l\rho_G\rho_L}\left[(p'-p) + \frac{\rho_G}{\rho_L - \rho_G}\frac{2\sigma}{r}\right].$$

再考虑 $\rho_L - \rho_G \approx \rho_L$, $\frac{1}{\rho_G} = v_G$ 为气体的比体积, 则有

$$\Delta T \approx \frac{T v_G}{l}\left[(p'-p) + \frac{\rho_G}{\rho_L - \rho_G}\frac{2\sigma}{r}\right]. \tag{9.23}$$

如果 $r > 0$ (即正如讨论开始时假设的液体中出现气泡的情况), 显然有 $(p'-p) > 0$, 那么 $\Delta T = T' - T > 0$. 这表明, 实际的特殊密度情况下由弯曲表面作为分界面使液体中出现气泡而发生一级相变的过程中, 由于饱和蒸气压高于平直表面情况下的饱和蒸气压, 于是相变温度 (T') 比平直表面情况下相应的相变温度 (T) 高, 因此出现过热液体实际是现实温度尚低于真正的相变温度而未汽化的表现. 另一方面, 如果 $r < 0$ (即与讨论开始时假设的液体中出现气泡的情况相反, 实际为在气体中出现液滴), 显然有 $(p'-p) < 0$, 那么 $\Delta T = T' - T < 0$. 这表明, 实际的特殊密度情况下由弯曲表面作为分界面使气体中出现液滴而发生一级相变的过程中, 由于饱和蒸气压低于平直表面情况下的饱和蒸气压, 于是相变温度 (T') 比平直表面情况下相应的相变温度 (T) 低, 因此出现过冷蒸气的物理机制是现实温度尚高于真正的相变温度.

显然，如果强制性地要求 $\Delta T = 0$，则应有

$$(p' - p) + \frac{\rho_\mathrm{G}}{\rho_\mathrm{L} - \rho_\mathrm{G}} \frac{2\sigma}{r_\mathrm{c}} = 0,$$

于是

$$r_\mathrm{c} = -\frac{2\sigma\rho_\mathrm{G}}{(\rho_\mathrm{L} - \rho_\mathrm{G})(p' - p)}.$$

这就是说，如果强制性地从外界引入一个半径满足上述要求的诱导核，则可以直接发生相变，而不出现过饱和现象. 该半径称为中肯半径.

也可以较近似地直接从饱和蒸气压方程理解上述存在过热液体或过冷蒸气的物理机制. 直观地，上述情形中的 $r > 0$，弯曲表面情况下的饱和蒸气压大于平直表面情况下的饱和蒸气压，由汽化热 (相变潜热) 近似为常量情况下的饱和蒸气压方程

$$p_\mathrm{sv} = p_\mathrm{sv,0} \mathrm{e}^{-\frac{L_\mathrm{m}}{RT}}$$

可知，相变温度 T 一定增大，从而出现过热液体. 在 $r < 0$ (即液滴出现在蒸气中的情况) 时，弯曲表面情况下的饱和蒸气压小于平直表面情况下的饱和蒸气压. 由上述饱和蒸气压方程可知，相变温度 T 一定减小，从而出现过冷蒸气.

关于外来核的大小的效应，我们以常温下的 H_2O 为例予以简单说明. 已知常温 (记之为 27°C) 下，H_2O 的密度为 $\rho_\mathrm{L} = 1 \times 10^3 \,\mathrm{kg/m^3}$，摩尔质量为 $\mu = 18 \times 10^{-3} \,\mathrm{kg/mol}$，表面张力系数为 $\sigma = 7.3 \times 10^{-2} \,\mathrm{N/m}$，平直表面情况下的水蒸气的密度与饱和蒸气压的比值为 $\dfrac{\rho_\mathrm{G}}{p} = \dfrac{nm}{p} = \dfrac{\frac{\mu}{N_\mathrm{A}}}{\frac{p}{n}} = \dfrac{\mu}{N_\mathrm{A} \cdot k_\mathrm{B} T} = \dfrac{\mu}{RT} = \dfrac{18 \times 10^{-3}}{8.31 \times 300.15} \approx 7.22 \times 10^{-6}$. 由中肯半径的表达式可知，

$$\frac{p'}{p} = 1 - \frac{2\sigma\frac{\rho_\mathrm{G}}{p}}{r_\mathrm{c}(\rho_\mathrm{L} - \rho_\mathrm{G})} \approx 1 - \frac{2\sigma\rho_\mathrm{G}}{r_\mathrm{c}\rho_\mathrm{L} p}.$$

将已知数据代入上式可知，如果外来核的半径不太小，例如，$r_\mathrm{c} = \pm 10\,\mathrm{\mu m}$，则 $\dfrac{p'}{p} \approx 1 \mp 0.0001$，影响很小；如果外来核的半径很小，例如，$r_\mathrm{c} = \pm 2\,\mathrm{nm}$，则 $\dfrac{p'}{p} \approx 1 \mp 0.525$，影响很大.

2. 成核长大的应用举例

过冷蒸气和过热液体都是处于过饱和状态的相. 出现这种相的物理机制是弯曲表面情况下的饱和蒸气压相对于平直表面情况下的饱和蒸气压有变化 (升高或降低)，相应的相变温度较系统所处温度高或低，从而在所处温度下系统不发生相变，出现过热液体或过冷蒸气. 这种现象称为过饱和现象. 为使系统发生相变，需要引入诱导核. 日常生活中，我们经常会看到天空中云层密布，但仍不下雨，就是出现过冷蒸气的过饱和现

象. 如果利用飞机或火箭在云中喷洒一些粉末状物质 (例如, 碘化银粉末等) 即可在这些过冷蒸气中形成凝结核, 在此基础上水蒸气凝结成较大水滴而下落成雨. 这就是人工降雨.

微观基础科学研究中, 利用这种过饱和现象及过饱和蒸气在有凝结核时即可凝结成液滴的原理, 科学家们制成云室来探测微观粒子 (尤其是带电粒子) 的运动径迹, 并在高能物理及核物理发展的早期为研究放射性原子核的性质及发现新的粒子等方面做出巨大贡献. 据此, 其发明人 C. T. R. 威尔逊 (C. T. R. Wilson) 获得了 1927 年的诺贝尔物理学奖. 并且, 英国物理学家布拉开 (Brackett) 因对云室方法的改进, 发现宇宙射线的簇射, 确认正电子的存在和发现质子而获得 1948 年的诺贝尔物理学奖. 同理, 对于处于亚稳态的过热液体, 可以通过外界干扰使其中的某些分子有足够的能量而彼此推开形成小气泡, 再进一步形成蒸气. 微观基础科学研究中, 根据这一原理, 利用过热液体 (例如, 乙醚、液氢、液氦等) 制成气泡室显示微观粒子 (尤其是带电粒子) 的运动径迹. 其发明人格拉泽 (Glaser) 由之直接确定了 Λ 超子和 Σ 超子的自旋, 说明超子衰变中宇称不守恒, 等等. 据此贡献, 格拉泽获得了 1960 年的诺贝尔物理学奖.

固液相变过程中也存在过冷、过热现象. 例如, 在液体中如果不存在结晶核, 即使其温度低于结晶温度 (亦即熔点) T_m, 液体也不会结晶, 这种液体称为过冷液体. 并通常把熔点 T_m 与实际结晶温度 T_n 的差值称为过冷度. 因此为得到晶体, 人们常在完全熔化的液体中放入结晶核, 使熔液 (胶体) 以结晶核为中心, 沿着与结晶核相同的晶面方向生长成晶体. 由于结晶核可由液体中的分子自发凝聚而成, 通常在熔液中可同时存在许多晶面方向互不相同的晶粒, 最后的结果是形成多晶. 为了得到纯度很高的单晶, 常利用人工控制结晶的方法进行生产. 根据不同物质的熔点不同及实际结晶温度的差异, 人们可以利用这一原理提纯物质, 该方法已在生产中发挥重要作用. 此外, 珍珠的养殖也是一个通过成核长大实现固液相变的常见的典型实例.

三、以不同方式发生一级相变的区域在 p-V 图上的图示

上述讨论表明, 一级相变有失稳分解和成核长大两种实现方式, 对应于自由能与体积的关系曲线上 $\dfrac{\mathrm{d}^2 F}{\mathrm{d}V^2} < 0$ 的区域为失稳分解区, 对应于自由能与体积的关系曲线上 $\dfrac{\mathrm{d}^2 F}{\mathrm{d}V^2} > 0$ 的区域为成核长大区. 人们通常认为, 自由能是基本的热力学函数, 相当复杂, 而状态方程却比较直观, 因此我们需要在 p-V 图上给出一级相变的失稳分解区和成核长大区.

由热力学第二定律的自由能表述形式 $\mathrm{d}F \leqslant -S\mathrm{d}T - p\,\mathrm{d}V$ 可知, $\left(\dfrac{\partial F}{\partial V}\right)_T = -p$, 那么

$$\left(\frac{\mathrm{d}^2 F}{\mathrm{d}V^2}\right)_T = -\left(\frac{\partial p}{\partial V}\right)_T.$$

因此自由能曲线上关于 $\left(\frac{\mathrm{d}^2 F}{\mathrm{d}V^2}\right)_T$ 取特殊值的分区方案可以在 p-V 图上按 $-\left(\frac{\partial p}{\partial V}\right)_T$ 取相应特殊值而分区. 具体地, $\left(\frac{\mathrm{d}^2 F}{\mathrm{d}V^2}\right)_T < 0$ 的区域对应于 p-V 图上 $\left(\frac{\partial p}{\partial V}\right)_T > 0$ 的区域, $\left(\frac{\mathrm{d}^2 F}{\mathrm{d}V^2}\right)_T > 0$ 的区域对应于 p-V 图上 $\left(\frac{\partial p}{\partial V}\right)_T < 0$ 的区域, $\left(\frac{\mathrm{d}^2 F}{\mathrm{d}V^2}\right)_T = 0$ 的拐点对应于 p-V 图上 $\left(\frac{\partial p}{\partial V}\right)_T = 0$ 的点. 因此 $F(V)$ 图上的拐点 S, S' 在 p-V 图的等温线上表现为极值点, 将这些极值点连成一条曲线, 其中间的 $\left(\frac{\partial p}{\partial V}\right)_T > 0$ 的区域即为失稳分解区, 上述曲线与连接各 $V_{\mathrm{L,m}}$ 点的曲线之间的区域及连接各 $V_{\mathrm{G,m}}$ 点的曲线之间的 $\left(\frac{\partial p}{\partial V}\right)_T < 0$ 的区域即为成核长大区. 具体形式如图 9.13 所示.

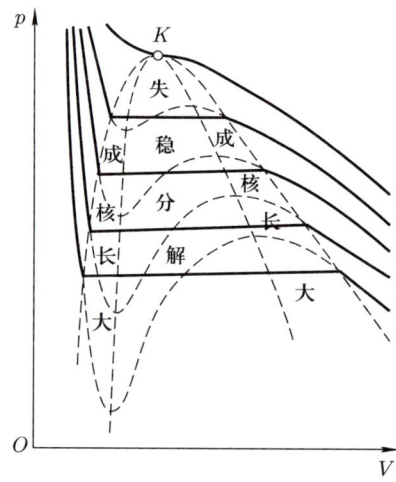

图 9.13　以失稳分解和成核长大两种方式实现一级相变的区域在 p-V 图上的分布示意图

9.4　连续相变的基本特征及热力学描述

二级及二级以上的相变统称为连续相变. 例如, 有序 – 无序相变、液氦相变及正常导体与超导体之间的相变等都是典型的连续 (二级) 相变. 连续相变有完全不同于一级相变的性质和规律. 关于这些具体的连续相变的性质和规律的讨论大多超出本课程的范畴, 本节仅简要介绍连续相变的一些基本概念、现象及其典型 (基本) 特征.

9.4.1　有序 – 无序相变概述

对于由两组分 A, B 组成的点阵, 如图 9.14 所示, 设只有最近邻的格点之间才有相互作用, 并且 A 与 A 之间及 B 与 B 之间的相互作用分别为 $V_{\mathrm{AA}}, V_{\mathrm{BB}}$, A 与 B 之

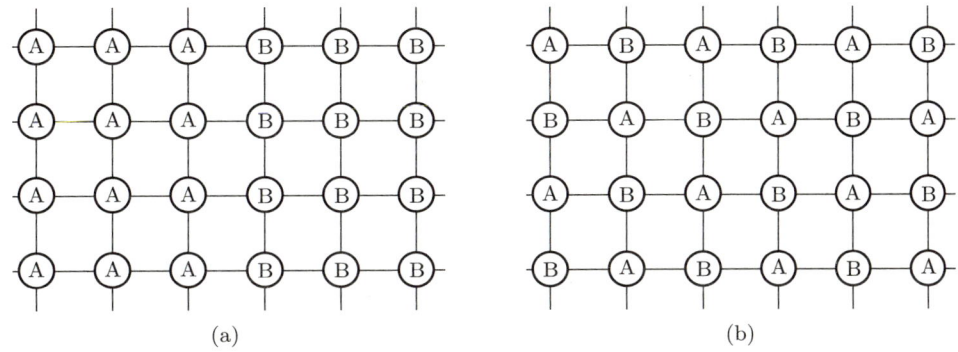

图 9.14 A, B 两组分的排列状况示意图

间的相互作用为 V_{AB}, 那么在系统处于很低温度的情况下, 如果 $V_{AB} > \frac{1}{2}(V_{AA} + V_{BB})$, 则从能量上来讲, 所有的 A 组分和所有的 B 组分分别处于不同区域是稳定的 (最概然的) 状态, 如图 9.14 (a) 所示. 如果 $V_{AB} < \frac{1}{2}(V_{AA} + V_{BB})$, 则从能量上来讲, A 组分和 B 组分互为近邻、交替排列的状态是稳定的 (最概然的) 状态, 如图 9.14 (b) 所示. 例如, 具有离子晶体结构的 NaCl 的 Na^+ 和 Cl^- 即按图 9.14 (b) 所示的方式排列. 由图 9.14 可知, 上述两种状态都是规则的、有序的. 但是, 如果使系统的温度升高, 则 A, B 两组分的热运动动能增加, 从而可使 A, B 偏离其原来的平衡位置, 并趋于不规则化. 当温度高于某一特定温度时, A 组分和 B 组分在格点上的排列完全随机, 即 A, B 占据某一格点的概率都为 $\frac{1}{2}$. 例如, 对于黄铜 (Cu-Zn 合金), 当温度较低时, Cu 原子和 Zn 原子交错排列, 当温度高于 742 K 时, Cu 原子和 Zn 原子在各格点上随机排列. 对其热容的测量结果表明, 在 $T = 742$ K 附近, 黄铜的热容有 λ 形尖峰, 也就是说发生了相变. 这种由两种不同组分从规则排列到不规则排列而引起的相变称为有序 – 无序相变, 发生这类相变的温度称为临界温度, 记作 T_c.

在很低温度下, 各组分 (如上述的 A, B) 规则排列. 随着温度升高, 各组分开始偏离原来占据的格点. 当温度升高到高于临界温度时, 各组分在格点上的排列完全无规则. 各组分排列的有序程度可以通过定义一个序参量来描述, 而温度称为控制参量. 设 R, W 分别是 A, B 两组分占据、不占据它们在规则排列时所占据格点的概率, 则序参量 η 定义为

$$\eta = \frac{R - W}{R + W}. \tag{9.24}$$

显然, $\eta = 1$ 表示各组分全部占据其该占据的格点, 即 $R = 1, W = 0$; $\eta = -1$ 表示各组分全部不占据其原来占据的格点, 即 $R = 0, W = 1$, 也就是 A, B 两组分全部交换其

占据的格点. 从宏观上看, 这两种情况是完全等价的, 即序参量 $\eta = 1$ 和 $\eta = -1$ 等价, 因此我们可以仅考虑 η 的绝对值 $|\eta|$. 如果 $\eta = 0$, 则一定有 $R = W = \dfrac{1}{2}$, 这就是说, A, B 两组分占据格点的情况相对于其规则排列时的占据情况对错参半, 对于一个格点来讲, A, B 两组分占据它的概率都是 $\dfrac{1}{2}$, 即处于完全无序的状态. 由于 A, B 两组分在格点上的排列情况由温度决定, 当温度 T 很低时, $|\eta|$ 趋于 1. 随着温度升高, 但 $T < T_c$ 时, 序参量 η 的取值可正可负, 但 $0 < |\eta| < 1$. 当温度 T 达到临界温度 T_c 时, A, B 两组分的排列完全无序, 即当 $T \geqslant T_c$ 时, $\eta = 0$.

各组分在格点上的排列情况还可以由对称性来描述. 所谓对称性就是在一定的变换或操作下的不变性. 那么, 对于完全无序的排列, 不论如何变换 (例如, 转动、空间反演等), 系统的状态都保持不变, 这就是说, 系统的对称性很高. 但对于有序的、规则的排列, 只有在一些特殊的变换下, 系统的状态才保持不变, 例如, 对于图 9.14 (b) 所示的 A, B 两组分相间排列的情况, 只有在空间反演及镜面反射的变换下, 系统的状态才保持不变. 这就是说, 有序状态的对称性低. 因此系统由无序向有序过渡的相变过程是对称性破缺的过程, 而由有序向无序过渡的相变过程是对称性恢复的过程. 有序 – 无序相变与对称性的这一关系还可以由序参量表示, 具体地, 当 $|\eta| = 1$ 时, 使系统状态保持不变的变换受到的限制很大, 即对称性低; 当 $\eta = 0$ 时, 使系统状态保持不变的变换的任意性很大, 即对称性高.

9.4.2 超导相变及其热力学描述**

超导现象和超导材料是二十世纪最重要的科学发现之一, 温度驱动的从正常导体到超导体的演化是一个典型的二级相变, 本小节从热力学的观点出发对之予以简单讨论.

一、超导现象及其特征

1908 年, 昂内斯 (Onnes) 成功地将最后一种气体 —— 氦液化, 从而得到新的低温区 (4.2 K 以下), 之后即致力于研究该温区中导体的电阻率随温度变化的行为. 按照传统的电学理论, 导体的电阻率随着温度降低而连续线性减小. 但实验测量结果并不尽然. 1911 年, 昂内斯发现温度 $T \approx 4.2$ K 时, 汞的电阻突然下降到仪器无法测量的很小值, 并且突变前后电阻值的变化率超过 10^4. 于是昂内斯认为其发现了物质的一种新的形态, 称之为超导态 (superconducting state), 这种现象称为超导现象. 这种正常导体到超导体的相变称为超导相变. 二十世纪八十年代中后期, 人们发现, 除上述低温情况下正常导体和超导体之间的相变外, 一些化合物也有超导性质, 在高温情况 (几十 K, 甚至上百 K) 下, 金属氧化物、陶瓷材料也有超导现象, 从而推动了既有重大理论意义,又有广阔应用前景的超导物理学的发展. 近年还发现一些铁基化合物也有超导现象.

超导态在电学、磁学和热学性质等方面都有其典型特征. 电学性质方面的最重要特征就是零电阻现象, 例如, 汞在低温下出现超导相变过程中的电阻率的变化行为如图 9.15 所示. 值得注意的是, 所谓的零电阻并不是电阻率绝对为零, 而是指电阻率很小, 目前认为电阻率小于 10^{-6} mΩ 即是出现了零电阻现象.

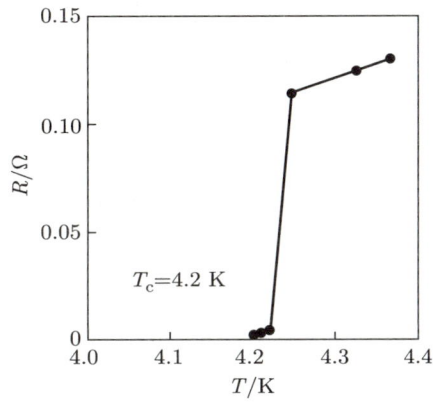

图 9.15 实验测得的低温下汞的电阻率随温度变化的行为

超导态的磁学性质有两类: 一类是完全抗磁性, 具体表现是, 对超导前外加的磁场, 在超导态被完全排出到超导体外; 对超导后的材料再加磁场, 磁场不能进入超导体内, 如图 9.16 (b) 的上半部分所示. 即在这类超导体内部总有磁感应强度 $\boldsymbol{B} \equiv \boldsymbol{0}$. 因为 $\boldsymbol{B} = \mu_0(\boldsymbol{H} + \boldsymbol{M})$, 其中, μ_0 为真空磁导率, $\boldsymbol{H}$ 为外磁场的磁场强度, $\boldsymbol{M}$ 为材料的磁化强度, 所以完全抗磁性实际是材料的磁化强度与外磁场的磁场强度大小相等、方向相反所致, 即在这类超导体内总有

$$\boldsymbol{M} = -\boldsymbol{H}.$$

另一类是可以使外磁场分束进入超导体内, 即超导体内存在一些相对于磁场而言的 "孔洞", 磁场可以沿着这些 "孔洞" 进入超导体, 如图 9.16 (b) 的下半部分所示. 这种 "孔洞" 称为核心涡旋 (center vortex). 在超导物理学领域中, 人们将具有完全抗磁性和核心涡旋的超导体分别称为第一类超导体和第二类超导体.

热学性质方面, 超导前后热容具有明显的跃变, 图 9.17 给出典型超导材料锡的热容在超导相变过程中演化的行为. 由图 9.17 可知, 在临界状态, 超导相的热容大于正常导体相的热容. 热容在临界状态附近的演化行为类似于希腊字母 "λ" 的形状, 因此常形象地称之为 λ 相变. 由这一特征可知, 超导相变为二级相变.

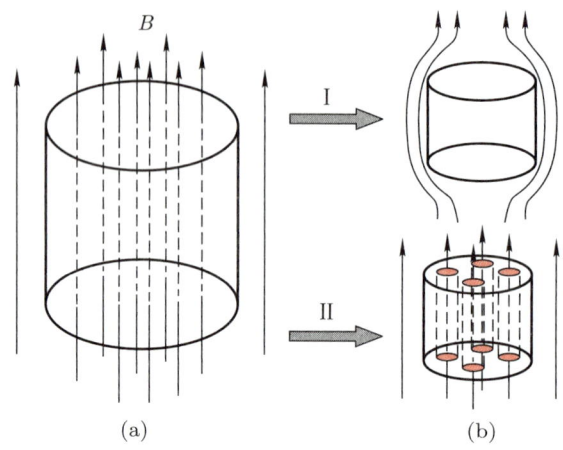

图 9.16 将可呈超导态的材料置于外磁场中,在 (a) 超导前和 (b) 超导后磁场的分布示意图

上面提到,影响 (或引起) 超导相变的因素是温度. 事实上, 除温度这一典型的控制参量之外, 外磁场的磁场强度和所载电流的强度都影响超导态的存在. 实验测量表明, 将处于超导态的材料置于外磁场中, 如果外磁场的磁场强度不太大, 则超导体具有前述的磁学性质. 如果外磁场的磁场强度很大, 则处于超导态的材料转变为正常态的材料. 使超导材料由超导态转变为正常态的外磁场的磁场强度称为临界磁场, 常记为 H_c. 因为是否超导及超导性质与温度有关, 所以临界磁场一定是温度依赖的, 于是常记之为 $H_c(T)$. 实验测得的一些超导材料的临界磁场随温度变化的行为如图 9.18 所示. 由图 9.18 可知, 临界磁场对温度的依赖行为可以表示为

$$H_c(T) = H_c(0)\Big[1 - \Big(\frac{T}{T_c}\Big)^2\Big]. \tag{9.25}$$

但是, 对于不同材料, $H_c(0)$ 和 T_c 不同, 例如, 对于汞 (Hg), $T_c = 4.16$ K, $H_c(0) = 410$ G; 对于锡 (Sn), $T_c = 3.74$ K, $H_c(0) = 307$ G.

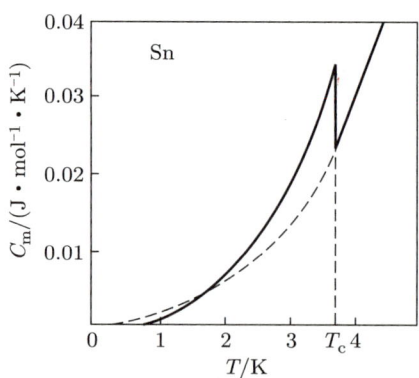

图 9.17 典型超导材料锡的热容在超导相变过程中演化的行为

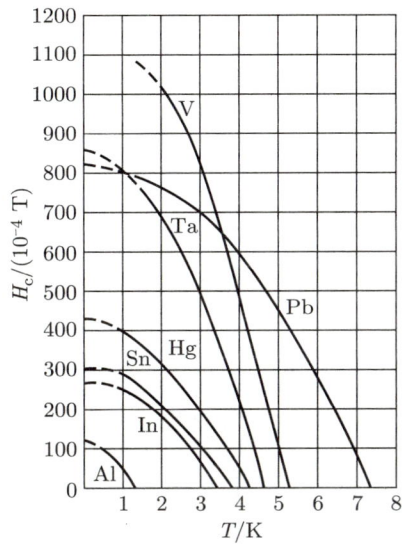

图 9.18 实验测得的一些超导材料的临界磁场随温度变化的行为

实验还发现,对于某种超导体,当其中的电流强度增大到一定值时,其超导性也消失,即发生超导相到正常相的相变,该使超导性消失的电流强度称为这种材料的临界电流,记为 i_c. 临界电流也与温度相关,其依赖关系可以表示为

$$i_c(T) = i_c(0)\left[1 - \left(\frac{T}{T_c}\right)^2\right]. \tag{9.26}$$

二、超导的部分现象和性质的热力学理论解释

根据其磁学性质,超导体可以分为两类:第一类超导体具有完全抗磁性,第二类超导体具有核心涡旋,磁场可进入其内部. 显然,第二类超导体非常复杂,远远超出本课程应该涉及的范围,因此我们仅讨论第一类超导体的部分性质.

1. 基本方程

第一类超导体具有完全抗磁性,在正常导体到超导体的相变过程中,系统的体积、压强基本保持不变,但是,有外磁场和磁化. 记真空磁导率为 μ_0,系统的体积为 V,磁化强度为 M,则系统的磁矩为 $I = \mu_0 V M$,于是外磁场的磁场强度 H 在引起磁矩变化 $\mathrm{d}I$ 的过程中所做的功为 $\mathrm{d}W_M = -H\mathrm{d}I$,那么类比以自由焓表述的热力学系统的基本方程 $\mathrm{d}G = -S\mathrm{d}T + V\mathrm{d}p$ 可知,系统的自由焓的改变量为

$$\mathrm{d}G = -S\mathrm{d}T - I\mathrm{d}H. \tag{9.27}$$

2. 临界磁场的存在性

对于超导态,

$$\boldsymbol{M} = -\boldsymbol{H}, \qquad I = \mu_0 V M = -\mu_0 V H,$$

那么
$$dG_{SC} = -SdT - IdH = -SdT + \mu_0 VHdH.$$

假设系统的熵仅与系统的温度和体积有关,与磁场无关,那么,对于超导态的任一确定温度 T,由上式可知,

$$G_{SC}(T, p_0, H) - G_{SC}(T, p_0, 0) = \frac{1}{2}\mu_0 VH^2. \tag{9.28}$$

对于正常态,
$$M \ll H, \qquad I \approx 0,$$

那么
$$dG_N = -SdT - IdH \approx -SdT.$$

于是有
$$G_N(T, p_0, H) - G_N(T, p_0, 0) \approx 0. \tag{9.29}$$

如果存在临界磁场 H_c,根据相平衡条件,应该有
$$G_{SC}(T, p_0, H_c) = G_N(T, p_0, H_c).$$

那么,由 (9.28) 式和 (9.29) 式可得
$$G_{SC}(T, p_0, 0) + \frac{1}{2}\mu_0 VH_c^2 \approx G_N(T, p_0, 0).$$

于是近似有
$$H_c = \left\{\frac{2}{\mu_0 V}[G_N(T, p_0, 0) - G_{SC}(T, p_0, 0)]\right\}^{\frac{1}{2}}, \tag{9.30}$$

显然, (9.30) 式具有非零值, 否则, 在没有外磁场时系统不会转变到超导态. 所以一定存在非零的临界磁场 H_c, 并且该临界磁场依赖于温度, 即有 $H_c = H_c(T)$.

由没有外磁场时具有超导性的系统可以转变到超导态可知, 在没有外磁场的情况下, 处于正常态的系统的自由焓一定大于处于超导态的系统的自由焓, 其间的差值决定临界磁场的数值. 因为一定温度、压强情况下, 处于正常态的系统的自由焓基本确定, 那么, $H_c(T)$ 越大, 则 $G_{SC}(T, p_0, 0)$ 越小, 从而超导态越稳定.

3. 临界磁场随温度升高而减小

我们知道, 相平衡情况下, 除了确定条件下各相的化学势相等外, 不同条件下各相的化学势的改变量也相同, 那么, 对于超导相变, 即有 $dG_{SC} = dG_N$, 于是有

$$-S_{SC}dT + \mu_0 VH_c dH_c = -S_N dT.$$

整理得
$$(S_N - S_{SC})dT = -\mu_0 V H_c dH_c.$$

因此有
$$\frac{dH_c}{dT} = -\frac{S_N - S_{SC}}{\mu_0 V H_c}. \tag{9.31}$$

因为 $H = H_c$ 时，系统的超导性消失，即由超导相转变为正常相，则一定有 $S_N > S_{SC}$，所以有 $\frac{dH_c}{dT} < 0$，这就是说，临界磁场一定随着温度升高而降低.

4. 热容有跃变

由
$$C_p = T\left(\frac{\partial S}{\partial T}\right)_p$$

可知，
$$C_{p,N} - C_{p,SC} = T\left[\left(\frac{\partial S_N}{\partial T}\right)_p - \left(\frac{\partial S_{SC}}{\partial T}\right)_p\right] = T\left[\frac{\partial (S_N - S_{SC})}{\partial T}\right]_p.$$

由 (9.31) 式可知，$S_N - S_{SC} = -\mu_0 V H_c \frac{dH_c}{dT}$，将之代入上式则得
$$C_{p,N} - C_{p,SC} = -\mu_0 V T\left[\left(\frac{\partial H_c}{\partial T}\right)^2 + H_c\left(\frac{\partial^2 H_c}{\partial T^2}\right)\right]_p.$$

因为 $T \geqslant T_c$ 时，即使没有外磁场，系统也能由超导相转变为正常相，即有 $H_c(T_c) = 0$，所以
$$C_{p,SC,T_c} - C_{p,N,T_c} = \mu_0 V T_c\left[\left(\frac{\partial H_c}{\partial T}\right)_p\right]^2. \tag{9.32}$$

显然，(9.32) 式的数值大于零. 这就是说，在临界温度下，由正常相转变为超导相时，系统的热容突然增大.

例如，对于锡 (Sn)，已知 $T_c = 3.74\,\text{K}$，$V_m = 1.65 \times 10^{-5}\,\text{m}^3$，$\mu_0 = 4\pi \times 10^{-7}\,\text{N/A}^2$，理论计算得 $\Delta C_{p,T_c}^m = C_{p,SC,T_c}^m - C_{p,N,T_c}^m = 0.0134\,\text{J/(K·mol)}$，实验测量得 $\Delta C_{p,T_c}^m = 0.0106\,\text{J/(K·mol)}$. 这说明，在不考虑实际系统的动力学特性的情况下，热力学理论可以定性描述超导相变的一些性质.

上述讨论表明，利用热力学理论不仅可以说明超导的一些性质的存在性，还可以定性描述超导相变的一些性质. 当然，超导现象的本质是量子效应，对于低温超导机理已有 BCS 理论，但对于高温超导机理的研究仍是目前炙手可热的课题.

9.4.3 液氦相变的基本特征*

另一个典型的二级相变是液氦相变. 实验测量表明，液氦 (⁴He) 在低温下有 He I 和 He II 两个相，相变的临界温度 $T_c \approx 2.17\,\text{K}$. 利用毛细管法测量 He II 的黏滞特性表

9.4.3 授课视频

明, 其黏滞系数为 0, 即 He II 具有完全不同于正常流体的流动性, 因此称之为超流体, 相应的现象称为超流现象. 本小节简单介绍液氦相变 (或者广义地说, 超流相变) 的表现和理论解释.

一、液氦相变的表现和性质

做类似于观测毛细现象的实验表明, 把空试管置于 He II 中, He II 会沿着试管壁流进试管, 使试管内外的液面高度出现差异并达到平衡, 如图 9.19 所示. 这显然也与正常液体不同, 常称之为爬膜效应 (creeping film effect). 对于正常液体, 由于杯壁与液体之间的微小温度差, 如果杯壁温度稍高, 液膜会迅速蒸发; 如果杯壁温度稍低, 液膜将形成液滴落回液体. 因此液膜的厚度随着高度升高而减小, 从而有毛细现象中常见的弯曲液面, 但液体不可能从试管外沿着试管壁进入试管内. He II 的爬膜效应表明, He II 与其所处的杯壁之间不存在温度差, 即杯壁与 He II 之间, 特别是 He II 内部高效率的热量传递消除和抑制了可能的温度差, 由此可知, He II 具有很高的热导率和很大的热容. 精确的测量表明, 在温度降低到接近临界温度 2.17 K, ^{4}He 由 He I 转变为 He II 时, 其热容成对数发散. 具体测量结果如图 9.20 所示. 这说明, 液氦相变是典型的二级相变.

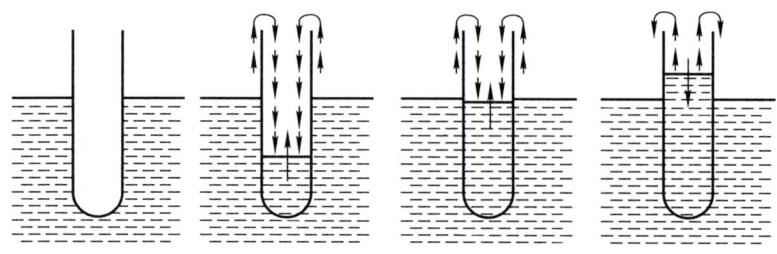

图 9.19 He II 的爬膜效应示意图

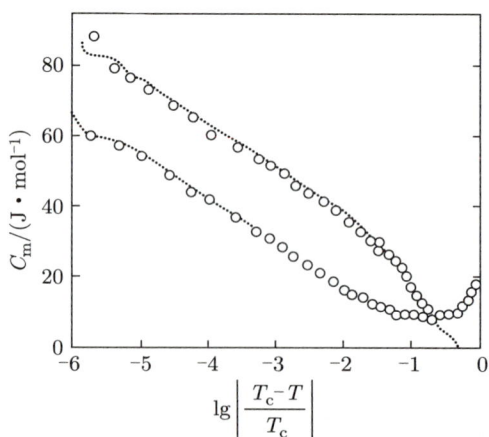

图 9.20 实验测得的 ^{4}He 的热容在临界温度附近变化的行为

He II 不仅具有很小的黏滞系数、很高的热导率和很大的热容, 还具有奇特的力 – 热效应. 例如, 将一个瓶口密封的小保温瓶倒扣于 He II 中, 当对瓶内加热时, He II 会流进瓶内, 并且平衡时瓶内 He II 面的高度高于瓶外 He II 面的高度, 如图 9.21 (a) 所示. 将一个可以加热并可监控温度的小保温瓶横浸到液氦中, 其内充满 He II, 瓶口连一毛细管, 毛细管前端挂一小翼, 如图 9.21 (b) 所示. 利用加热器对瓶内持续加热时有液柱持续从管口射出, 并推动小翼绕轴转动, 但瓶内液体并不减少、枯竭. He II 的这种力 – 热效应还表现在具有明显的喷泉效应. 图 9.21 (c) 是 He II 的喷泉效应示意图, 置于 He II 中的容器下部装满吸热性能很强的金刚砂粉末, 其外由棉花塞密封, 外部的 He II 只有通过棉花塞和金刚砂粉末才能进入容器, 容器上端为一细管. 当用光照射容器内的金刚砂粉末时, 有 He II 涌入容器, 并从细管顶端喷出, 形成高达几十厘米的喷泉. 这些力 – 热效应表明, He II 可以穿过极小的缝隙, 或者说具有极强的穿透能力.

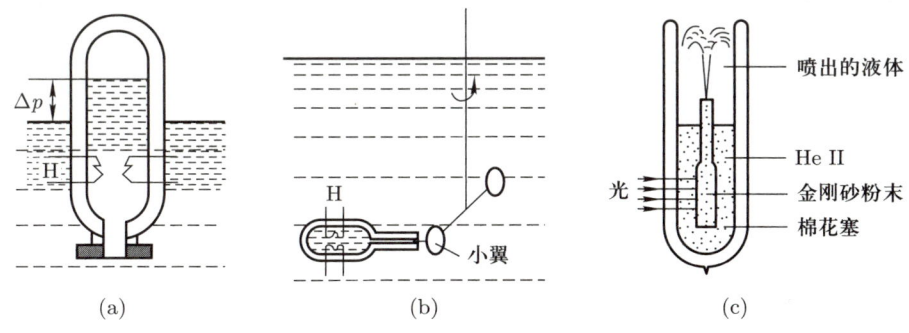

图 9.21 He II 的力 – 热效应示意图

另一方面, 利用旋转黏度计 (如习题部分的 7.1 题所述) 测量 He II 的黏滞系数时发现, He II 的黏滞系数比 He I 的还大. 由于利用上述两种方法测量 He 的黏滞系数时, He II 的流速不同, 那么, 比较这两种测量结果可知, He II 的流动性质与其流速有关, 也就是说, 是否存在超流现象取决于 He II 的流速. 这种流动与流速密切相关的性质还表现在 He II 中存在无色散的波动或温度波, 这种波称为第二声. 声波是由于介质中密度分布呈周期性变化而形成的疏密波, 而第二声却是密度、压强均匀分布, 温度呈周期性变化的波. 由于热力学系统的温度是组成系统的微观粒子无规则运动的剧烈程度的度量, 因此第二声现象说明 ^{4}He 分子的运动速度随分子所处区域呈周期性分布.

二、液氦相变现象的理论解释

为解释液氦的上述奇特性质, 蒂萨 (Tisza) 于 1938 年提出二流体模型. 二流体模型认为, ^{4}He 由两种能够相互无阻碍穿透的流体组成, 一种流体为正常流体, 密度记为 ρ_n, 它携带全部的熵, 其黏度与正常液氦相同; 另一种流体为超流体, 密度记为 ρ_s, 它不携带熵, 其黏度为 0. 则 ^{4}He 的密度 $\rho = \rho_s + \rho_n$ 保持不变, 但随着温度从 0 K 上升至临界温度, ρ_s 从 ρ 减小到 0, ρ_n 从 0 增大到 ρ. 与黏滞系数实验相联系, 在毛细管法测量中, 超流体组分在很细的管道或缝隙中自由流动, 表现出无黏滞性的超流体特征; 而利用旋转黏度计测量中, 不同旋转层之间通过正常流体部分之间的有限的黏滞系数而传递动量和能量, 亦即出现动能耗散, 表现出正常流体的黏滞特性. 因此, 利用不同方法测量 He II 的黏滞系数时所得结果不同. 在力 – 热效应的实验中, 无论是直接加热, 还是利用光照, 其效果都是使容器内的总熵值增大 (温度升高), 从而 ρ_s 减小, ρ_n 增大, 这一不同组分之间的密度差异使得超流体向容器内扩散, 于是容器内压强升高, 形成射流和喷泉. 而对于温度波 (或第二声), 由于总密度均匀, ρ_n 和 ρ_s 分别呈大小交叉周期分布, 即形成温度呈周期性变化的温度波.

蒂萨的二流体模型可以解释液氦及其相变的一些奇特性质, 但太唯象, 没有涉及物理本质. 为认识液氦相变和超流相变的本质, 我们需要从微观运动的本质出发. 根据 3.5 节和 4.3 节的讨论, 对于玻色系统, 当温度降低到一个极低的特定值后, 越来越多的玻色子都处于能量最低的状态, 也就是动量为 "零" 的状态, 这种现象称为玻色 – 爱因斯坦凝聚. 根据玻色 – 爱因斯坦凝聚, 当液氦的温度降低到其临界温度时, 氦原子之间出现了很强的关联, 形成 "抱团很紧" 的集体, 要改变整个集体的运动状态, 使其激发, 需要消耗相当大的能量. 改变上述集体运动状态的激发称为元激发 (elementary excitation). 与微观的单个粒子的运动相类比, 人们把这种元激发称为准粒子激发 (quasiparticle excitation), 相应的代表元激发的粒子称为准粒子. 这样, ^{4}He 的超流体和正常液体两种组分分别对应氦原子处于集体运动状态或元激发状态. 二十世纪四十年代, 朗道把这种准粒子叫作旋子 (roton), 并唯象地提出液氦的准粒子能谱, 从而很好地定量描述了液氦相变和超流相变. 后来, 朗道 (Landau) 假设的准粒子能谱由中子散射实验证实 (1959 ~ 1961 年间). 于是朗道因说明超流相变和液氦相变的本质而获得了 1962 年的诺贝尔物理学奖. 由此可见, 元激发是现代物理学中的一个重要概念, 是一个基本物理机制. 由于有关元激发的详细讨论超出本课程的范畴, 因此这里不予具体介绍.

9.5 相变的唯象理论*

为从理论上描述有序 – 无序相变, 朗道提出了 (1937 年) 一套唯象模型理论方法. 经德冯舍尔 (de von Shire) 扩展 (1949 ~ 1951 年间提出), 该唯象模型理论方法还可以很好地描述一级相变, 并可以确定系统相变的临界终点. 后经金兹堡 (Ginzburg) 改进, 使之包含了涨落效应, 再经 K. G. 威尔逊 (K. G. Wilson) 引入重整化群, 使得这一相变理论成为目前研究相变的最有力的工具. 本节简要介绍唯象层面上的相变理论模型 (常简称朗道 – 德冯舍尔相变理论或朗道相变理论).

9.5.1 热力学势的特点与描述方案概述

回顾 9.1.2、9.3.5、9.3.6 和 9.4.2 小节的讨论, 我们知道, 在一级相变过程中, 系统的热力学势随控制参量连续变化, 而其关于控制参量的一阶导数不连续; 在二级相变过程中, 系统的热力学势及其关于控制参量的一阶导数都随控制参量连续变化, 而其关于控制参量的二阶导数不连续 (或发散). 而物质系统的相的演化可以由序参量的变化来描述. 通常, 序参量由具有晶格结构的系统的有序 – 无序相变 (二级相变) 引入, 序参量等于零对应不同类粒子在晶格上完全随机 (无序) 排列的相, 即高对称相 (在多种变换下, 系统的状态和性质都保持不变); 序参量不等于零对应不同类粒子在晶格上规则 (有序) 排列的相, 即低对称相 (在一些特殊变换下, 系统的状态和性质才保持不变). 因此, 由有序相到无序相的相变通常被称为对称性恢复相变, 由无序相到有序相的相变通常被称为对称性破缺相变. 对于一级相变, 尽管其不像有序 – 无序相变那么直观, 但也可以引入序参量, 例如, 在液气相变中, 系统的摩尔体积与气相的摩尔体积的差值与气相的摩尔体积的比值 (相对摩尔体积) 可以作为一个很好的序参量. 类似地, 相对密度、相对自旋顺排、相对磁化强度、相对极化强度、相对凝聚等都可以作为表征相变的序参量. 由稳定状态能量最低原理 (例如, 第六章所述的自由能最小原理和自由焓最小原理, 以及 9.3 节所述的热力学函数的特征) 可知, 可以发生二级相变的系统的各相的热力学势及相变临界状态的热力学势如图 9.22 (a) 所示, 可以发生一级相变的系统的各相的热力学势及相变临界状态的热力学势如图 9.22 (b) 所示.

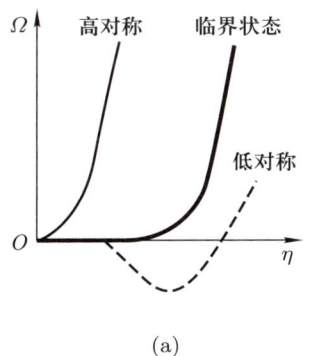
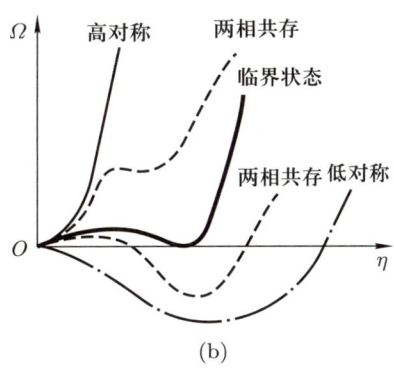

(a) (b)

图 9.22 (a) 可以发生二级相变的系统的各相及临界状态的热力学势示意图, (b) 可以发生一级相变的系统的各相及临界状态的热力学势示意图

由前两节的讨论和图 9.22 可知, 对于由对应序参量不等于零的稳定状态到对应序

参量等于零的稳定状态的相变 (或连续过渡), 如果经历的过程是二级相变, 则系统的热力学势的演化行为是: 由对应序参量不等于零处有一极小值 (对应的相为稳定相)、对应序参量等于零处有一极大值 (对应的相为不稳定相, 实际上不能存在) 变化到仅对应序参量等于零处有一极值, 且为极小值 (对应的相为稳定相), 中间的对应序参量等于零附近较大范围内出现近简并的热力学势对应的状态为临界状态. 如果经历的过程是一级相变, 则系统的热力学势的演化行为是: 由对应序参量不等于零处有一极小值 (对应的相为稳定相)、对应序参量等于零处有一极大值 (对应的相为不稳定相) 变化到对应序参量不等于零处和对应序参量等于零处各有一个极小值 (对应两相共存的状态, 其中, 对应热力学势的整体极小值的相为稳定相, 对应热力学势的局域极小值的相为亚稳相), 且其中间有一个极大值 (对应的状态为随遇平衡态, 亦即不能实际稳定存在的状态), 再到仅对应序参量等于零处有一极小值, 中间的对应序参量不等于零处的极小值与对应序参量等于零处的极小值简并的热力学势对应的状态为临界状态. 那么, 构建描述相变的理论模型时, 应该使系统的热力学势随控制参量的变化行为具有上述演化特征.

假设任意一个能够发生相变的系统都有一个序参量 η 和至少一个控制参量 (例如, 温度 T、密度 ρ 或化学势 μ 等), 当控制参量 T, μ 等达到其临界值 T_c, μ_c 时, 系统发生相变. 将热力学势 (函数) Ω (自由焓 G、自由能 F 等) 在 T_c, μ_c 附近按 η 的幂次展开, 则有

$$\Omega(T,\eta) = \Omega_0(T) + a\eta + \frac{1}{2}\alpha\eta^2 + \frac{1}{3}b\eta^3 + \frac{1}{4}\beta(\eta^2)^2 + \frac{1}{5}c\eta^5 + \frac{1}{6}\gamma(\eta^2)^3 + \cdots. \quad (9.33)$$

由 9.4.1 小节的讨论可知, 对于具有空间平移不变性和空间反演不变性的系统, η 和 $-\eta$ 等效地描述同一种序的状态, 那么 Ω 必定是 η 的偶函数, 即 $\Omega(-\eta) = \Omega(\eta)$, 因此 $a = b = c = \cdots = 0$, 于是热力学函数 Ω 实际上可以表述为

$$\Omega(T,\eta) = \Omega_0(T) + \frac{1}{2}\alpha\eta^2 + \frac{1}{4}\beta(\eta^2)^2 + \frac{1}{6}\gamma(\eta^2)^3 + \cdots, \quad (9.34)$$

其中, α, β, γ 等都是由控制参量决定的实 (函) 数. 对于不具有空间平移不变性或/和空间反演不变性的系统, 其热力学函数通常既包含序参量的偶次幂项也包含序参量的奇次幂项.

9.5.2 二级相变的朗道理论描述

考虑 (9.34) 式所示的热力学函数, 显然, 其关于序参量的一阶导数和二阶导数分

别为

$$\frac{\partial \Omega}{\partial \eta} = \alpha\eta + \beta\eta^3 + \gamma\eta^5 + \cdots = \eta(\alpha + \beta\eta^2 + \gamma\eta^4 + \cdots), \tag{9.35}$$

$$\frac{\partial^2 \Omega}{\partial \eta^2} = \alpha + 3\beta\eta^2 + 5\gamma\eta^4 + \cdots. \tag{9.36}$$

由数学知识可知, 该热力学函数在 $\frac{\partial \Omega}{\partial \eta} = 0$ 的条件下出现极值. 求解相应方程得, 使该热力学函数取极值的序参量为

$$\eta_{e,0} = 0, \tag{9.37}$$

$$\eta_{e,1}^2 = \frac{-\beta - \sqrt{\beta^2 - 4\alpha\gamma}}{2\gamma}, \tag{9.38}$$

$$\eta_{e,2}^2 = \frac{-\beta + \sqrt{\beta^2 - 4\alpha\gamma}}{2\gamma}. \tag{9.39}$$

相应状态的二阶导数为

$$\left(\frac{\partial^2 \Omega}{\partial \eta^2}\right)_{\eta=\eta_{e,0}} = \alpha, \tag{9.40}$$

$$\left(\frac{\partial^2 \Omega}{\partial \eta^2}\right)_{\eta^2=\eta_{e,1}^2} = \frac{\sqrt{\beta^2 - 4\alpha\gamma}\,(\sqrt{\beta^2 - 4\alpha\gamma} + \beta)}{\gamma}, \tag{9.41}$$

$$\left(\frac{\partial^2 \Omega}{\partial \eta^2}\right)_{\eta^2=\eta_{e,2}^2} = \frac{\sqrt{\beta^2 - 4\alpha\gamma}\,(\sqrt{\beta^2 - 4\alpha\gamma} - \beta)}{\gamma}. \tag{9.42}$$

由 9.5.1 小节的讨论可知, 对于可发生二级相变的系统, 在高温情况下, 对应序参量 $\eta = 0$ 的相为稳定相; 在低温情况下, 对应序参量 $0 < |\eta| < 1$ 的相为稳定相. 如果 $\eta_{e,0} = 0$ 为稳定相, 则要求 $\left(\frac{\partial^2 \Omega}{\partial \eta^2}\right)_{\eta=\eta_{e,0}} = \alpha > 0$; 如果 $\eta_{e,0} = 0$ 为不稳定相, 则要求 $\left(\frac{\partial^2 \Omega}{\partial \eta^2}\right)_{\eta=\eta_{e,0}} = \alpha < 0$. 由此可知, 当控制参量达到其临界值, 即 $T = T_c$ 时, α 应改变符号, 于是我们有 (可以假设)

$$\alpha = \alpha_0(T - T_c), \qquad \alpha_0 > 0, \tag{9.43}$$

其中, α_0 为由其他控制参量决定的正定函数或常量. 显然, 当 $T = T_c$ 时, $\alpha \equiv 0$, 系统可能发生相变.

为简单计, 我们暂时先忽略 η^6 及更高幂次的项, 并假设 $\beta > 0$. 这种情况下, 由

$$\frac{\partial \Omega}{\partial \eta} = \alpha\eta + \beta\eta^3 = 0$$

可得, 系统的热力学函数在下述 η_e 值下取得极值:

$$\eta_{e,0} = 0,$$

$$\eta_{e,\pm} = \pm\sqrt{-\frac{\alpha}{\beta}} = \pm\sqrt{-\frac{\alpha_0(T - T_c)}{\beta}}.$$

显然, 在 $T > T_c$ 情况下, $\eta_{e,\pm}$ 在实数域内无意义, 即热力学函数不存在非零的极值点. 在 $T < T_c$ 情况下, $\eta_{e,0}$ 和 $\eta_{e,\pm}$ 都有意义, 并且

$$\left(\frac{\partial^2 \Omega}{\partial \eta^2}\right)_{\eta=\eta_{e,0}} = \alpha = \alpha_0(T - T_c) < 0,$$

$$\left(\frac{\partial^2 \Omega}{\partial \eta^2}\right)_{\eta=\eta_{e,\pm}} = \alpha + 3\beta\left(-\frac{\alpha}{\beta}\right) = -2\alpha = -2\alpha_0(T - T_c) > 0.$$

这表明, 热力学函数在 $\eta = \eta_{e,0} = 0$ 处有极大值, 在 $\eta = \eta_{e,\pm} = \pm\sqrt{-\frac{\alpha}{\beta}} \neq 0$ 处有极小值, 也就是说, 在 $T < T_c$ 情况下, 对应 $\eta_{e,0} = 0$ 的高对称相不稳定 (或者说, 实际不存在这样的相), 对应 $\eta_{e,\pm} = \pm\sqrt{-\frac{\alpha}{\beta}} \neq 0$ 的低对称相为稳定的实际存在的相.

上述讨论表明, 在忽略 η^6 及更高幂次项情况下的按序参量展开的热力学函数

$$\Omega(T, \eta) = \Omega_0(T) + \frac{1}{2}\alpha\eta^2 + \frac{1}{4}\beta(\eta^2)^2 \tag{9.44}$$

可以描述二级相变, 相应于不同控制参量情况下的热力学函数如图 9.23 所示.

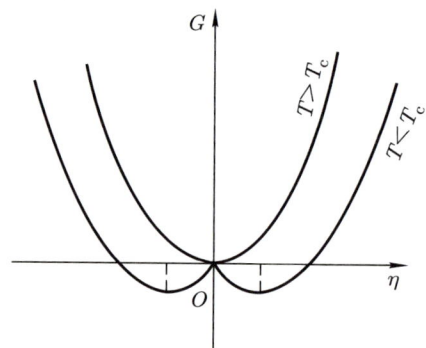

图 9.23 可以发生二级相变的系统的自由焓 G (广义来讲, 热力学函数) 与相变序参量 η 之间关系的示意图

我们分析热力学函数只能在理论上判定是否可以发生相变, 为进一步说明上述理论方法的正确性, 我们考察它是否可以描述二级相变中热容的演化行为. 为此, 我们将上述热力学函数 Ω 具体化为自由焓 G.

根据系统的熵与自由焓之间的关系 $S = -\left(\frac{\partial G}{\partial T}\right)_p$, 我们有: 对于序参量 $\eta = 0$ 的高对称相,

$$G_{\eta=0} = G_0(T, p),$$
$$S_{\eta=0} = -\left(\frac{\partial G}{\partial T}\right)_{p,\eta=0} = -\left(\frac{\partial G_0}{\partial T}\right)_p = S_0.$$

对于序参量 $\eta = \pm\sqrt{\dfrac{\alpha_0(T_c - T)}{\beta}} \neq 0$ 的低对称相, 有

$$G_{\eta_{e,\pm}\neq 0} = G_0(T, p) - \frac{\alpha_0^2}{4\beta}(T - T_c)^2,$$

$$S_{\eta_{e,\pm}\neq 0} = -\left(\frac{\partial G}{\partial T}\right)_{p,\eta\neq 0} = -\left(\frac{\partial G_0}{\partial T}\right)_p + \frac{\alpha_0^2}{2\beta}(T - T_c) = S_0 + \frac{\alpha_0^2}{2\beta}(T - T_c).$$

再考虑 $C_p = T\left(\dfrac{\partial S}{\partial T}\right)_p$, 则得在临界温度 T_c 下, 有

$$C_{p,\mathrm{HS}} = C_{p,\eta_e=0} = T_c\left(\frac{\partial S_0}{\partial T}\right)_p,$$

$$C_{p,\mathrm{LS}} = C_{p,\eta_e\neq 0} = T_c\left(\frac{\partial S_0}{\partial T}\right)_p + T_c\frac{\alpha_0^2}{2\beta}.$$

因为二级相变过程中热力学函数关于状态参量的一阶导数连续, 则熵 (自由焓关于温度的一阶偏导数) 应连续, 所以在临界状态 (例如, $T = T_c$), 有

$$C_{p,\mathrm{LS},T_c} - C_{p,\mathrm{HS},T_c} = \left[T_c\left(\frac{\partial S_0}{\partial T}\right)_p + T_c\frac{\alpha_0^2}{2\beta}\right] - T_c\left(\frac{\partial S_0}{\partial T}\right)_p = T_c\frac{\alpha_0^2}{2\beta}.$$

由此可知, 在临界状态 (例如, 临界温度情况下), 二级相变的两相的热容有突变, 低对称相的热容比高对称相的热容高 $\dfrac{\alpha_0^2}{2\beta}T_c$. 对于 ^{4}He, 在其相变临界点附近的热容的变化行为的按上述理论的计算结果及其与实验测量结果的比较如图 9.24 所示.

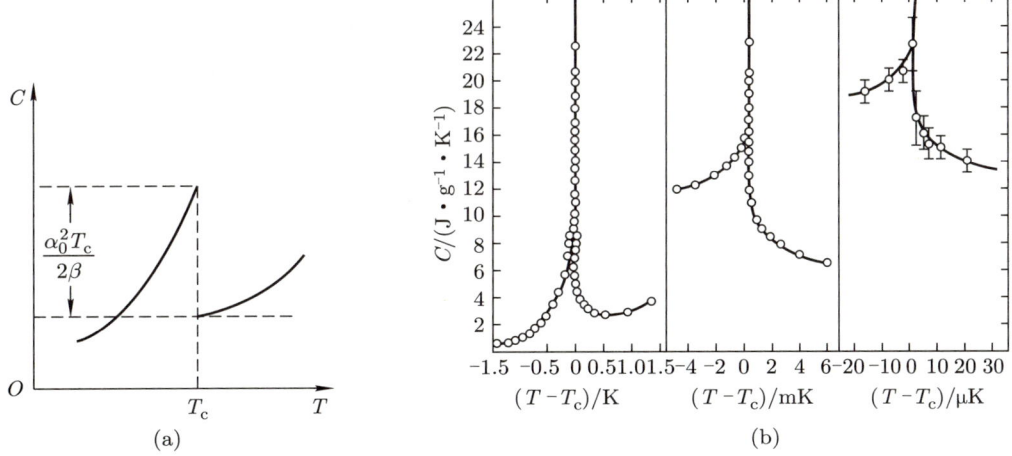

图 9.24 (a) 朗道二级相变理论给出的相变时的热容突变示意图, (b) ^{4}He 在其相变临界点附近的热容的变化行为的实验测量结果

由图 9.24 可知, 上面构建的模型 (见 (9.44) 式) 可以很好地描述二级相变过程中热容的跃变. 总之, (9.44) 式所示的热力学函数可以作为很好地描述二级相变的理论模型.

9.5.3 二级和一级相变的朗道理论的统一描述

9.5.2 小节的讨论表明, 利用展开到序参量 η 的四次方项的热力学势即可描述二级相变. 很自然的外推是, 考虑展开到序参量 η 的六次方及其以上项的热力学势有可能描述一级相变. 为了讨论简明、具体, 我们忽略 η^6 以上的项 (即考虑形如 (9.34) 式的有效热力学势), 这样应有 $\gamma > 0$, 以使得该热力学势曲线为开口朝上的曲线. 通过简单计算可知, 该热力学势关于序参量的一阶导数和二阶导数分别如 (9.35) 式和 (9.36) 式所示. 由数学知识可知, 该热力学势在 $\frac{\partial \Omega}{\partial \eta} = 0$ 的条件下出现极值. 求解相应方程得, 使该热力学势取极值的序参量的值分别如 (9.37) 式、(9.38) 式、(9.39) 式所示. 相应状态的二阶导数的值分别如 (9.40) 式、(9.41) 式、(9.42) 式所示.

为了使仅对应序参量 $\eta = \eta_{e,0} = 0$ 的相为稳定相, 应该要求相应的热力学势有极小值, 并且不存在其他极值, 于是需要 $\eta_{e,1}^2$ 和 $\eta_{e,2}^2$ 为复数或小于零的实数, 这就要求 $\beta > 0, 0 < \alpha < \frac{\beta^2}{4\gamma}$, 或者 $\beta \neq 0, \alpha \geqslant \frac{\beta^2}{4\gamma} > 0$.

为了使仅对应序参量 $\eta \neq 0$ 的相为稳定相, 对应序参量 $\eta = \eta_{e,0} = 0$ 的相为不稳定相, 应该要求与它们相应的热力学势分别为极小值、极大值, 并且其中间不存在其他极值, 于是需要 $\eta_{e,1}^2$ 或 $\eta_{e,2}^2$ 为复数或小于零的实数, 这就要求 $\beta \leqslant 0, \alpha < 0$.

为了使对应序参量 $\eta \neq 0$ 的相和对应序参量 $\eta = \eta_{e,0} = 0$ 的相都为稳定相 (严格地, 一个为稳定相, 另一个为亚稳相或处于临界状态), 应该要求与它们相应的热力学势都为极小值, 并且其中间存在一个极大值, 于是需要 $\eta_{e,1}^2$ 和 $\eta_{e,2}^2$ 都为大于零的实数, 并且与之相应的热力学势的二阶导数分别小于零、大于零, 这就要求 $\beta < 0, 0 < \alpha < \frac{\beta^2}{4\gamma}$ (这种情况下, $\eta_{e,1}^2 > 0$, $\eta_{e,2}^2 > 0$, 并且 $\eta_{e,1}^2 < \eta_{e,2}^2$, $\left(\frac{\partial^2 \Omega}{\partial \eta^2}\right)_{\eta = \eta_{e,1}} < 0$, $\left(\frac{\partial^2 \Omega}{\partial \eta^2}\right)_{\eta = \eta_{e,2}} > 0$).

综上所述, 随着控制参量的变化, 如果热力学势中的参数 $\gamma > 0, \beta \in \mathbb{R}, \alpha \in \mathbb{R}$, 则相应的热力学势可以描述一级相变. 如果热力学势中的参数 $\gamma > 0, \beta \in \mathbb{R}, \alpha \notin \left(0, \frac{\beta^2}{4\gamma}\right)$, 或者 $\gamma > 0, \beta > 0, \alpha \in \left(0, \frac{\beta^2}{4\gamma}\right)$, 或者 $\gamma = 0, \beta > 0, \alpha \in \mathbb{R}$, 则相应的热力学势可以描述二级相变.

对于序参量不具有 $-\eta$ 与 η 对称的系统, 人们也可以根据热力学势的基本特征构建其他形式的模型来描述一级相变, 甚至统一描述一级相变和二级相变. 例如, 将原子核近似为 (量子) 液滴, 利用 (投影) 相干态方法 (有兴趣具体探究的读者可参见刘玉鑫的《物理学家用李群李代数》(北京大学出版社, 2022 年)), 人们得到其有效热力学势

$$\Omega(\beta) = \Omega_0 + a\beta^2 + b\beta^3 + c\beta^4$$

的模型(其中的 β 为类似于椭球的偏心率的参量, 描述原子核中物质分布的包络面偏离球形的程度, 与上述的序参量 η 对应), 成功描述了原子核的形状相变(原子核的集体运动模式之间的相变. 较具体的讨论可参见 Iachello F, Zamfir N V. Phys. Rev. Lett., 2004, 92: 212501; Liu Y X, Mu L Z, Wei H Q. Phys. Lett. B, 2006, 633: 49 等文献).

9.5.4 相图的确定

9.5.4 授课视频

我们知道, 相图主要包括相边界曲线及其上的特殊状态, 例如, 一级相变与连续过渡之间的分界状态 —— 临界终点, 一级相变与二级相变之间的分界状态 —— 三临界点, 等等. 本小节对确定相边界曲线及其上特殊状态的方案予以简要讨论.

一、传统的热力学势判据下相图的确定

由上述讨论可知, 对于二级相变, 随着控制参量变化, α 由小于 0 变到大于 0 或大于 $\frac{\beta^2}{4\gamma}$, 系统由对应序参量 $\eta \neq 0$ 的低对称相为稳定相演化到对应序参量 $\eta = 0$ 的高对称相为稳定相, 因此相边界曲线可以由 $\alpha = 0$ 确定.

对于一级相变, 随着控制参量变化, 在 $\beta < 0$ 的情况下, α 由小于 0 变到大于 0, 系统由仅对应序参量 $\eta \neq 0$ 的低对称相为稳定相演化到对应序参量 $\eta = 0$ 的高对称相为亚稳相的两相共存状态, 因此, 由 $\beta < 0$ 和 $\alpha = 0$ 可以确定一条相边界曲线. 另一方面, 由于在 $\beta < 0$ 的情况下, α 在 $\left(0, \frac{\beta^2}{4\gamma}\right)$ 区间内取值时, 系统处于两相共存状态; 当 $\alpha > \frac{\beta^2}{4\gamma}$ 时, 系统处于对应序参量 $\eta = 0$ 的高对称相. 因此, 由 $\beta \neq 0$ 和 $\alpha = \frac{\beta^2}{4\gamma}$ 可以确定另一条相边界曲线.

概括来讲, 相边界曲线由热力学势关于序参量的二阶导数 $\left(\frac{\partial^2 \Omega}{\partial \eta^2}\right)_{\frac{\partial \Omega}{\partial \eta} = 0} = 0$ 决定.

对于二级相变, 简单的 $\left(\frac{\partial^2 \Omega}{\partial \eta^2}\right)_{\eta=0} = 0$ 即决定其相边界曲线 (例如, $\left(\frac{\partial^2 \Omega}{\partial \eta^2}\right)_{\eta=0}$ 由大于 0 变到小于 0 对应对称性破缺相变, $\left(\frac{\partial^2 \Omega}{\partial \eta^2}\right)_{\eta=0}$ 由小于 0 变到大于 0 对应对称性恢复相变).

对于一级相变, $\left(\frac{\partial^2 \Omega}{\partial \eta^2}\right)_{\eta=0}$ 由大于 0 变到小于 0 的过程中达到的 $\left(\frac{\partial^2 \Omega}{\partial \eta^2}\right)_{\eta=0} = 0$ 和 $\left(\frac{\partial^2 \Omega}{\partial \eta^2}\right)_{\eta=\eta_{e,1}}$ 由小于 0 增大而达到的 $\left(\frac{\partial^2 \Omega}{\partial \eta^2}\right)_{\eta=\eta_{e,1}} = 0$ 决定系统中可能的高对称相由 (亚) 稳定相变到不稳定相 ($\eta = 0$ 处的极小值与 $\eta = \eta_{e,1}$ 处的极大值合并成为拐点, $\left(\frac{\partial^2 \Omega}{\partial \eta^2}\right)_{\eta=\eta_{e,2}} > 0$ 保证低对称相为稳定相), 从而给出一条相边界曲线. $\left(\frac{\partial^2 \Omega}{\partial \eta^2}\right)_{\eta=\eta_{e,1}}$ 由小于 0 增大而达到的 $\left(\frac{\partial^2 \Omega}{\partial \eta^2}\right)_{\eta=\eta_{e,1}} = 0$ 和 $\left(\frac{\partial^2 \Omega}{\partial \eta^2}\right)_{\eta=\eta_{e,2}}$ 由大于 0 减小而达到的

$\left(\frac{\partial^2 \Omega}{\partial \eta^2}\right)_{\eta=\eta_{e,2}} = 0$ 决定系统中可能的低对称相由 (亚) 稳定相变到不稳定相 ($\eta = \eta_{e,1}$ 处的极大值与 $\eta = \eta_{e,2}$ 处的极小值合并成为拐点, $\left(\frac{\partial^2 \Omega}{\partial \eta^2}\right)_{\eta=0} > 0$ 保证高对称相为稳定相), 从而给出另一条相边界曲线. 上述两条相边界曲线中间的区域为两相共存区. 再者, 由 9.2 节关于克拉珀龙方程和埃伦菲斯特方程的讨论可知, 如果知道了 (实验上测定了) $\frac{\mathrm{d}p}{\mathrm{d}T}$ 与温度 T 等控制参量之间的函数关系, 通过直接积分, 即可得到相平衡曲线.

然而, 在由控制参量决定的函数或常量 α, β, γ 等的值很小的情况下, 上述各二阶导数决定的函数随控制参量 T, p, μ 等变化的行为并不剧烈, 从而不很容易得到相边界曲线. 尤其是对于非微扰强关联情况, 目前尚难以给出系统的有效热力学势, 因此上述通过分析热力学势确定相边界曲线的方法失效.

二、无法确定系统的热力学势情况下相图的确定

事实上, 相变通常都是由非微扰相互作用所致, 在完全非微扰情况下, 有效热力学势很难确定, 例如, 对于表征早期宇宙强相互作用物质的演化的 QCD 相变 (既包括描述可见物质质量起源的手征对称性动力学破缺相变, 又包括由不束缚的夸克到夸克被限制在极小的空间区域内形成质子、中子等强子的强子化过程 —— 禁闭相变), 引起 QCD 相变的能量仅在 10^2 MeV, 即相互作用是典型的非微扰相互作用, 应该采用的理论是典型的非微扰 QCD. 目前, 非微扰 QCD 本身已经在离散场论层面上发展建立起来了格点 QCD 模拟方法, 在连续场论层面也已经建立起来了戴森 – 施温格方程方法和泛函重整化群 (functional renormalization group) 方法, 但在一般地完整考虑非微扰效应情况下确定相应的有效热力学势的方案却尚未建立. 显然, 在无法确定系统的有效热力学势的情况下, 前述的由分析系统的有效热力学势而确定相图的方案失效, 从而需要建立新的方案.

由于通过分析有效热力学势而确定相图的方案的理论基础是能量最低原理, 而能量最低原理是现在认识的任何现象和过程都遵循的最基本的物理学原理, 因此发展建立新的确定相图 (相边界曲线及其上的特殊状态) 的方案必须以分析有效热力学势方案为基础, 或者说与有效热力学势方案等价.

我们知道, 记影响系统的序参量的外部扰动 (相对于任意一个对应于稳定状态的控制参量) 为 ζ, 则系统的序参量相对于外部扰动的响应率或变化率为

$$\chi = \frac{\partial \eta}{\partial \zeta}. \tag{9.45}$$

类似于电磁系统, 该响应率常简称 (广义) 磁化率.

在前述的统一描述一级相变和二级相变的朗道 – 德冯舍尔唯象理论下, 其能量极值条件为

$$\alpha\eta + \beta\eta^3 + \gamma\eta^5 = 0.$$

对这一由能量极值条件决定的方程两边求关于外部扰动的导数, 可得

$$(\alpha + 3\beta\eta^2 + 5\gamma\eta^4)\frac{\partial \eta}{\partial \zeta} + \left(\eta\,\frac{\partial \alpha}{\partial \zeta} + \eta^3\frac{\partial \beta}{\partial \zeta} + \eta^5\frac{\partial \gamma}{\partial \zeta}\right) = 0,$$

即有

$$\frac{\partial \eta}{\partial \zeta} = \frac{-\eta\dfrac{\partial \alpha}{\partial \zeta} - \eta^3\dfrac{\partial \beta}{\partial \zeta} - \eta^5\dfrac{\partial \gamma}{\partial \zeta}}{\alpha + 3\beta\eta^2 + 5\gamma\eta^4}.$$

与 (9.36) 式比较可知,

$$\chi = \frac{\partial \eta}{\partial \zeta} = -\frac{\eta\dfrac{\partial \alpha}{\partial \zeta} + \eta^3\dfrac{\partial \beta}{\partial \zeta} + \eta^5\dfrac{\partial \gamma}{\partial \zeta}}{\left(\dfrac{\partial^2 \Omega}{\partial \eta^2}\right)_{\frac{\partial \Omega}{\partial \eta}=0}}. \tag{9.46}$$

这表明, 朗道 – 德冯舍尔相变理论 (唯象的) 下, 就表征系统中各相的稳定性及其演化而言, 由序参量对于外部扰动的响应率定义的 (广义) 磁化率与热力学势关于序参量的二阶导数完全等价. 并且, 对于微观层次上能够确定 (有效) 热力学势的系统已经证明, (广义) 磁化率确实与系统的热力学势在其极值点处关于序参量的二阶导数成反比, 其比例系数的符号取决于序参量的符号 (Zhao Y, Chang L, Yuan W, et al. Eur. Phys. J. C, 2008, 56: 483); 在完整的 QCD 场论层次上, 二者的等价性也已给出 (Qin S X, Chang L, Chen H, et al. Phys. Rev. Lett., 2011, 106: 172301; Gao F, Liu Y X. Phys. Rev. D, 2016, 94: 076009). 那么, 对于一个实际系统, 计算分析磁化率与计算分析热力学势一样, 不仅能够准确地确定相边界曲线, 还能够确定临界终点或三临界点 (使一级相变的两条相边界曲线合并成一点的状态即为临界终点或三临界点). 并且, 在不能确定 (有效) 热力学势, 但能够确定磁化率的情况下, 仅通过计算分析系统的磁化率就可以准确地确定系统的相图. 显然, 这一方案对于研究复杂系统的相变和相结构具有更重要的意义和作用. 由于对复杂系统的相变的计算和分析比较复杂, 并且超出本课程的范畴, 因此, 在这里的正文中不介绍应用实例. 但是, 我们在附录 B 中引述一个对早期宇宙强相互作用物质系统的相变的研究情况, 供有意深入讨论这一方法及其应用的读者参阅.

这里简要介绍了在朗道 – 德冯舍尔 (统一描述二级相变和一级相变) 唯象相变理论框架下确定相边界曲线 (相图) 及相变临界终点的方案. 在这里的介绍中, 采用的是唯象模型, 即热力学势中的序参量的各幂次的系数都是唯象参数. 但是, 在纯粹非微扰

量子场论层面上也已经证明了 (广义) 磁化率判据和相应的确定相图的方案与传统的热力学势判据和方案之间的等价性和实用性. 因此, 为应用于描述实际系统或解决实际问题, 我们可以利用实际问题所对应物质结构层次上的相互作用动力学确定这些系数, 或者在非微扰场论层次上直接计算分析 (广义) 磁化率来实现. 也就是说, 这里介绍的理论方法完全可以应用于描述各种结构层次上的物质系统的相变.

思 考 题

9.1 试分析讨论物质的相的概念及其与通常所说的物质表观状态之间的关系, 并说明相的概念比表观状态的精妙和复杂之处.

9.2 试分析讨论相稳定条件及其直观表现.

9.3 试分析讨论相变的概念、分类方案、不同级次相变的直观表现 (尤其是其间的差异), 以及两种分类方案的等价性.

9.4 试分析讨论相平衡的概念及其与相稳定的不同之处.

9.5 试分析讨论相图的概念, 尽可能多地给出表征物质相图的空间 (可局限于二维).

9.6 试分析讨论常见物质的蒸发与沸腾现象的异同.

9.7 试分析讨论常见物质在不同温度区间的一级相变的表现.

9.8 试分析讨论相平衡条件及其直观物理根源.

9.9 试分析讨论确定一级相变和二级相变的相平衡曲线的三种方案 (或者说方法) 及其各自的困难之处.

9.10 试分析讨论确定物质的熔解热、汽化热和升华热的方法, 以及熔解热、汽化热和升华热之间的关系.

9.11 试分析讨论常见物质的液固相变曲线比液气相变曲线、固气相变曲线的复杂之处.

9.12 试分析讨论利用范德瓦耳斯模型研究常见物质的一级相变的相平衡曲线的方案, 以及其中的麦克斯韦构建法和相应的物理机制.

9.13 试分析讨论确定常见物质的一级相变达到相平衡时两相物质的量的杠杆原理及其物理机制.

9.14 试分析讨论不能发生一级相变的系统和能够发生一级相变的系统的摩尔自由能曲线和摩尔自由焓曲线的基本特征.

9.15 试分析讨论不能发生二级相变的系统和能够发生二级相变的系统的摩尔自由能曲线和摩尔自由焓曲线的基本特征. 连续过渡情况又如何?

9.16 试分析讨论出现过饱和现象 (包括过冷、过热两类)的物理机制.

9.17 试尽可能多地列举出利用不同物质具有不同相变温度的基本物理事实而发展建立起来的高新技术的实例.

9.18 试尽可能多地列举出利用过冷现象或过热现象的基本物理事实而发展建立起来的高新技术的实例.

9.19 试分析讨论利用克拉珀龙方程确定的相平衡曲线在其两端的特点.

9.20 试分析讨论具有相变的经典宏观物质的声速的平方随系统温度和密度 (化学势) 变化的行为, 以及相变分别为二级相变和一级相变的差异.

9.21 试分析讨论表征物质有序和无序程度的序参量与物质系统的对称性之间的对应关系.

9.22 试分析讨论金属导体转变为超导体、水蒸发为水蒸气、食盐熔解等现象中系统的对称性发生变化的情况, 以及序参量发生变化的情况.

9.23 试分析讨论蒂萨关于超流相变的二流体模型, 以及其直观物理图像在物理学研究中的作用.

9.24 试分析讨论朗道关于二级相变的唯象模型的核心要义, 以及具体分析的方案和过程.

9.25 试分析讨论德冯舍尔通过推广朗道二级相变的唯象模型而建立的统一描述二级相变和一级相变的唯象模型的核心要义.

9.26 试分析讨论热力学势在其极值点处关于序参量的二阶导数随控制参量 (或者说作为控制参量的函数的展开系数 α, β, γ) 变化的行为, 说明磁化率判据与热力学势判据的等价性, 以及磁化率判据的优势.

习 题

9.1 宇宙学观测表明, 我们所处的宇宙在加速膨胀, 这表明宇宙的组分除包含物质外, 还包含被称为暗能量的成分. 假设暗能量的状态方程可以表示为 $p_{\text{DE}} = K_{\text{DE}} \varepsilon$, 试根据经典物理中 (不) 稳定状态的基本性质和相 (不) 稳定条件确定系数 K_{DE} 的取值范围.

9.2 试对孤立系统中的自发过程, 证明下列判据:

(1) 如果熵 S 和体积 V 保持不变, 则使内能 U 取得极小值的状态为系统的稳定平衡态.

(2) 如果熵 S 和压强 p 保持不变, 则使焓 H 取得极小值的状态为系统的稳定平衡态.

(3) 如果焓 H 和压强 p 保持不变,则使熵 S 取得极大值的状态为系统的稳定平衡态.

(4) 如果自由能 F 和体积 V 保持不变,则使温度 T 最低的状态为系统的稳定平衡态.

(5) 如果自由焓 G 和压强 p 保持不变,则使温度 T 最低的状态为系统的稳定平衡态.

(6) 如果自由能 F 和温度 T 保持不变,则使体积 V 最小的状态为系统的稳定平衡态.

(7) 如果内能 U 和熵 S 保持不变,则使体积 V 最小的状态为系统的稳定平衡态.

9.3 试述民间俗语 "冷生雨" 的物理机制.

9.4 试述民间俗语 "下雪不冷化雪冷" 的物理机制.

9.5 对于在温度为 T、压强为 p 的情况下发生的相变,试证明:系统的摩尔内能的改变量为 $\Delta U_\mathrm{m} = L_\mathrm{m}\left(1 - \dfrac{p}{T}\dfrac{\mathrm{d}T}{\mathrm{d}p}\right)$,其中,$L_\mathrm{m}$ 为摩尔汽化热.

9.6 在 $p_0 = 101325$ Pa 的压强下,冰的熔点为 273.15 K,此时冰的熔解热为 $l = 3.35 \times 10^5$ J/kg,冰的比体积为 $v_\alpha = 1.0907 \times 10^{-3}$ m^3/kg,水的比体积为 $v_\beta = 1.00013 \times 10^{-3}$ m^3/kg. 试确定冰水两相平衡曲线的斜率 $\mathrm{d}p/\mathrm{d}T$.

9.7 在 $p_0 = 101325$ Pa 的压强下,水的沸点为 99.974 °C,此时水的汽化热为 $l = 2.257 \times 10^6$ J/kg,水的比体积为 $v_\alpha = 1.043 \times 10^{-3}$ m^3/kg,水蒸气的比体积为 $v_\beta = 1.673$ m^3/kg,试确定水和水蒸气两相平衡的情况下,水的沸点随压强的变化率 $\mathrm{d}T/\mathrm{d}p$.

9.8 在 1 atm 下,固态氨于 83 K 的温度下熔解,其摩尔熔解热为 1176 J/mol,全部熔解时其摩尔体积增加了 3.5×10^{-6} m^3. 有外力施加时,其潜热保持不变,但体积的变化与 $T^{3/2}$ 成反比. 试确定使其熔点提高一倍所需施加的压强.

9.9 液氦的正常沸点为 4.2 K,压强降为 1 Torr 时的沸点为 1.2 K,试估计液氦在这一温度范围内的平均汽化热.

9.10 设某种液体在某一压强下的沸点为 400 K,且沸点每升高 1 K,其平衡压强升高 5%,试估计这种液体的摩尔汽化热.

9.11 假定把水蒸气视为理想气体,试由下表所列数值计算 27 °C 时冰的升华热.

温度/°C	27.1	27.0	26.9
饱和蒸气压/(10^3 Pa)	3.587	3.566	3.545

9.12 在三相点附近,固态氨的饱和蒸气压 (单位为 atm) 方程为 $\ln p = 23.03 -$

$\dfrac{3754}{T}$, 液态氨的饱和蒸气压 (单位为 atm) 方程为 $\ln p = 19.49 - \dfrac{3063}{T}$, 试确定氨的三相点温度、压强, 以及氨在其三相点的汽化热、升华热和熔解热.

9.13 某物质的摩尔质量为 μ, 三相点温度及压强分别为 T_0, p_0, 在三相点时, 其固态及液态的密度分别为 ρ_S, ρ_L, 其蒸气可视为理想气体, 又知在三相点时的熔解曲线的斜率为 $\left(\dfrac{\mathrm{d}p}{\mathrm{d}T}\right)_{\mathrm{sol}}$, 饱和蒸气压曲线的斜率为 $\left(\dfrac{\mathrm{d}p}{\mathrm{d}T}\right)_{\mathrm{sv}}$.

(1) 试确定升华曲线的斜率 $\left(\dfrac{\mathrm{d}p}{\mathrm{d}T}\right)_{\mathrm{sub}}$.

(2) 试证明: 在通常情况下, 有 $\left(\dfrac{\mathrm{d}p}{\mathrm{d}T}\right)_{\mathrm{sub}} > \left(\dfrac{\mathrm{d}p}{\mathrm{d}T}\right)_{\mathrm{sv}}$.

9.14 已知池中水面上冻结了 1 cm 厚的冰层, 冰上面空气的温度为 $-20\ ^\circ\mathrm{C}$, 冰的热导率为 $\kappa = 2.092\ \mathrm{J/(m\cdot s\cdot K)}$, 结冰时的潜热为 $l = 3.349 \times 10^5\ \mathrm{J/kg}$, 水的密度为 $\rho = 1 \times 10^3\ \mathrm{kg/m^3}$, 试确定:

(1) 开始结冰时, 冰层厚度增加的速度.

(2) 冰层厚度增加一倍所需的时间.

9.15 质量为 M 的固体, 密度为 ρ_1, 在温度为 T、压强为 p_1 的情况下熔解成密度为 ρ_2 的液体, 熔解热为 l. 试确定:

(1) 固体熔解成液体时内能的增量.

(2) 熵的增量.

9.16 对于液气相变, 试证明: 当蒸气和液体在温度为 T 的情况下达到平衡时, 蒸气的体膨胀系数为 $\alpha = \dfrac{1}{V_\mathrm{m}}\dfrac{\mathrm{d}V_\mathrm{m}}{\mathrm{d}T} = \dfrac{1}{T}\left(1 - \dfrac{L_\mathrm{m}}{RT}\right)$, 其中, L_m 为系统的摩尔汽化热, R 为普适气体常量.

9.17 试证明: 将 $p\text{-}V$ 图上不同温度下的范德瓦耳斯模型的等温线的极小值点和极大值点连起来的曲线方程为 $pV_\mathrm{m}^3 = a(V_\mathrm{m} - 2b)$.

9.18 目前, 由于科学研究及生物、精密焊接等技术的需求, 人们对亚微米, 甚至纳米尺度的缝隙或细管内的液体的性质 (例如, 凝固、蒸发等) 极为关注. 假设碳纳米管内水与管壁之间的接触角为 θ, 碳纳米管的半径为 R_p, 水的表面张力系数为 σ, 表面平直的水的凝结温度为 $T_{\mathrm{S,B}}$, 冰的熔解热为 l, 密度为 ρ.

(1) 试证明: 上述碳纳米管内水的凝结温度相对于表面平直的水的凝结温度的改变量为 $\Delta T_\mathrm{S} = T_{\mathrm{S,p}} - T_{\mathrm{S,B}} = -\dfrac{2\sigma\cos\theta}{l\rho R_\mathrm{p}}T_{\mathrm{S,B}}$.

(2) 实验测得, 在接触角 $\theta = 83.5^\circ$ 的情况下, 碳纳米管内水的凝结温度的改变量与碳纳米管内直径 D_p 之间的对应关系如下表所示.

$D_{\rm p}$/nm	1.35	1.70	1.87	3.21	6.57	8.17	8.86
$\Delta T_{\rm S}$/K	−21.0	−15.0	−14.2	−10.5	−7.5	−6.5	−4.5

试总结出实验测得的 $\Delta T_{\rm S}$ 与 $D_{\rm p}$ 之间的关系, 并说明实验测量结果与前述简单理论关系的异同.

(3) 若假设上述实验结果与理论结果之间的差异仅仅来自前述近似理论忽略了水的表面张力系数对碳纳米管内直径的依赖性, 那么这些实验结果表明碳纳米管内水的表面张力系数与碳纳米管内直径之间的关系是什么? (定性给出 σ 与 $\dfrac{1}{D_{\rm p}}$ 之间的函数关系, 进而予以讨论即可.)

9.19 与在二级相变中一样, 也可以引入序参量来描述一级相变, 例如, 摩尔体积与一很高温度下理想气体的摩尔体积的比值. 试在朗道相变理论的框架下, 说明由高对称相向低对称相的一级相变和二级相变过程中序参量随控制参量变化的行为, 并给出图示.

9.20 对于一液滴, 人们引入一个类似于偏心率的量 ε 来描述其形状, 该量常被称为形变参数. 通常, 对于一个球形液滴在某一方向加压时, 该方向向内收缩, 与之垂直方向则向外突出, 撤除外界加压的影响后, 液滴的长短轴方向交替变换, 这种模式的运动称为四极振动. 显然, 四极振动时, 液滴的形变参数平均保持为零, 即没有明显的形变. 当使液滴绕某一轴转动时, 如果角动量大于一个临界值, 则液滴可以稳定地呈沿与转动轴垂直的方向拉长的椭球形 ($\varepsilon > 0$); 如果角动量小于该临界值, 则液滴仍然以四极振动为其主要集体运动模式. 这种现象称为角动量驱动的形状相变. 因为发生相变时, 形变参数 ε 发生突变, 所以这种相变为一级相变. 试仿照朗道相变理论, 构建一个模型描述角动量驱动的形状相变, 并画出以角动量和形变参数表示的相图.

9.21 从朗道相变理论的热力学 (势) 函数出发, 定义 $\chi = \left(\dfrac{\partial^2 \Omega}{\partial \eta^2}\right)^{-1}$ (可以证明, 该量正比于系统的磁化率, 并且其间的比例系数的符号与序参量的符号相同).

(1) 试说明: 在二级相变中, 对于两个相, 它们的 χ 分别如何随控制参量变化, 有何特点, 并给出图示.

(2) 试说明: 在一级相变中, 对于两个相, 它们的 χ 分别如何随控制参量变化, 有何特点, 并给出图示.

(3) 试说明: 利用此量确定该系统的三临界点的具体方案, 并给出图示.

9.22 熵是物理系统中重要的态函数, 是系统的有序和无序程度的度量; 黏度是表征物理系统的输运性质的重要物理量. 黏度与摩尔熵 (或熵密度) 的比值被作为描述系统由组分粒子之间耦合较强的相到组分粒子之间耦合较弱的相的相变 (例如, 液气相变) 的重要物理量而备受关注. 现有一系统, 其温度由低于沸点 (记为 T_B) 的 T_L 上升到高于沸点的 T_G, 系统发生明显的液气相变. 试分析该相变过程中系统的黏度与摩尔熵的比值随温度变化的行为, 并给出图示.

9.23 一系统在高温低密 (低化学势) 情况下可以发生连续过渡, 在低温高密 (高化学势) 情况下可以发生一级相变, 相图上一级相变和连续过渡的分界点称为临界终点 (相应的状态称为临界终点状态). 如果上述连续过渡可以近似为二级相变, 临界终点的状态 (控制) 参量可以由温度和化学势表述为 $(T_\text{E}, \mu_\text{E})$, 试仿照朗道二级相变理论构建一个模型, 描述上述不同温度、不同化学势区域中发生不同级次相变的现象.

9.24 试在范德瓦耳斯模型下, 给出系统的声速的平方作为系统的密度和温度的函数的解析表达式 (表示为系统的密度 ρ 和温度 T, 以及摩尔质量 μ、绝热指数 γ、范德瓦耳斯修正量 a 和 b 的函数); 并对可发生一级相变和连续过渡 (两种状态转变模式之间的临界终点状态的温度为 T_E) 的系统, 给出系统中的声速的平方在上述 T_E 之上、等于 T_E 和 T_E 之下三种情况下随系统密度变化的定性图示, 并说明声速不仅可以作为一个表征一级相变的可测量物理量, 由之还可以确定临界 (终) 点状态.

附录 A 名词索引

A

阿伏伽德罗常量, 7
阿蒙东定律, 13
埃伦菲斯特方程, 360
奥托循环, 176, 177

B

饱和绝热递减率, 162
饱和蒸气压与饱和蒸气压方程, 357, 362, 364—366
比热容, 86, 140
表面内能, 316, 317
表面熵, 318
表面自由能/表面能, 283, 314—317
冰箱, 170, 172
玻尔兹曼分布, 101
玻尔兹曼熵/微观熵, 127, 212
玻色－爱因斯坦分布, 103
玻色－爱因斯坦凝聚, 133, 388
玻色子, 94
不可逆过程, 189—191
不确定性, 127
布朗运动, 2, 268—271

C

超导与超导相变, 350, 380—385
超流与超流相变, 386—388
成核长大, 373
弛豫时间, 8, 17, 292

D

大气的稳定性, 72
等焓过程, 147
等体过程, 16, 152, 153
等体压强系数, 40
等温过程, 16, 155, 156
等温压缩系数, 41
等压过程, 16, 154, 155
等压膨胀系数, 40
狄塞尔循环, 177, 178
第一类永动机, 140
定容热容, 86
定压热容, 125
对称性与对称性破缺, 272
对流传热, 257
多方过程, 163—166
多方指数, 164

E

二级相变, 351

F

范德瓦耳斯方程, 30—33
范德瓦耳斯模型, 147—151
非牛顿流体, 250
非平衡热机, 280—282
菲克扩散定律, 258
沸点, 357, 361
费米－狄拉克分布, 103
费米能, 304
费米子, 94
分布函数, 56
分岔, 272
分形, 273
分子动理论, 38, 248
分子力, 3
焚风, 163
负温度, 241, 242

G

概率, 52
概率分布, 55

干绝热递减率, 162
功, 135
固体, 288
固体的热膨胀, 297
固体的热容, 294
固体的压缩性质, 297
固体中的输运现象, 299—306
光子气体, 256
广延量, 125
(广义) 磁化率判据, 398
广义力, 19, 137
广义位移, 19, 137
过冷蒸气, 373
过热液体, 373

H

耗散结构, 274—276
黑体辐射, 253
黑体辐射本领的普朗克公式, 254
黑体辐射本领的瑞利 – 金斯公式, 253
黑体辐射本领的维恩公式, 254
宏观状态, 6, 7
华氏温标, 12
化学反应热力学, 237—239
化学势, 130—133, 228, 229
化学振荡, 275
混合理想气体的状态方程, 26

J

伽尔顿板实验, 53—55
焦耳定律, 144
焦耳定律的实验检验, 144
焦耳 – 汤姆孙系数, 147
接触角, 283, 325—329
节流膨胀过程, 147
节流膨胀效应, 147
近独立粒子系统, 94
经验温标, 12
径向分布函数, 291
绝对温度, 15
绝热功, 139
绝热过程, 16, 156—158

绝热压缩系数, 297
绝热指数, 143, 158

K

卡末林 – 昂内斯方程, 32
卡诺定理, 194
卡诺热机, 174
卡诺循环, 174
可逆过程, 189—191
克拉珀龙方程, 356
克劳修斯不等式, 198
克劳修斯熵/宏观熵, 201
克鲁克斯关系, 280
空调, 170
扩散现象, 257

L

朗道二级相变理论, 390—393
理想气体, 15, 25
理想气体的热容, 86—88
理想气体的微观模型, 34
理想气体的压强公式, 35
理想气体的状态方程, 25, 26
理想气体温标, 11, 12, 15
理想气体系统的熵与熵变, 204—207
连续过渡, 350—352, 354
临界现象, 367
临界终点, 352, 354, 388, 391, 395, 397

M

麦克斯韦等面积法则/麦克斯韦构建法, 368, 369
麦克斯韦速度分布律/麦克斯韦速度分布函数, 65
麦克斯韦速率分布律/麦克斯韦速率分布函数, 65
麦克斯韦妖, 219
毛细现象, 331
密度分布函数, 291
摩尔热容, 86

N

内能, 20, 84, 122—124, 141—145
内燃机, 176
能量均分定理, 82—84

能量守恒定律, 18—20
黏滞现象, 248—250
凝结核, 377
凝结热, 360, 361
牛顿冷却定律, 257
牛顿流体, 250, 300
牛顿黏滞定律, 249

O

欧姆定律, 250, 305

P

泡利不相容原理, 94
碰撞截面, 107
平衡态, 8
平均碰撞频率 (简称碰撞频率), 108
平均速率, 71
平均驻留时间, 293
平均自由程, 108
平均自由飞行时间, 108
普朗克绝对熵, 240

Q

气体的等温膨胀实验, 144
气体的节流膨胀实验, 146
气体的自由膨胀实验, 143
气体温度的本质, 38
气体压强的微观意义, 37
汽点, 12
汽化热, 162, 311
强度量, 125
全同粒子, 94
确定状态方程的理论方法, 45
确定状态方程的唯象方法, 42

R

热传导现象与傅里叶热传导定律, 250
热功当量, 19
热机效率, 171
热力学第二定律, 191—198
热力学第二定律的喀拉氏表述, 194
热力学第二定律的开尔文表述, 192

热力学第二定律的克劳修斯表述, 192
热力学第二定律的两种语言表述的等效性, 192
热力学第二定律的统计解释与实质, 216—218
热力学第零定律, 10
热力学第三定律, 241
热力学第一定律, 20, 135
热力学基本方程, 224
热力学极限, 318
热力学势判据, 395
热力学温标/绝对温标, 11, 15, 229—232
热力学系统的分类, 5, 6
热量, 19, 137—140
热欧姆定律, 251
热容, 86—88, 140—143, 294—296
热阻率, 305
熔点, 362
软物质, 282, 283
润湿现象, 324

S

散射截面, 107
熵, 24, 125—129, 200, 201
熵的标准参考点的选取, 239
熵增加原理, 211
摄氏温标, 12
升华, 349
升华热, 363
失稳分解, 373
实际气体的状态方程, 30—32
输运过程中的流, 260
输运现象, 248, 260
斯特藩 – 玻尔兹曼定律, 251, 255
斯特林逆循环/斯特林循环, 178—180
随机变量, 54

T

态函数, 23, 122—133
体膨胀系数, 40
统计规律, 52—54
统一描述一级相变和二级相变的朗道 – 德冯舍尔唯象理论, 394—398
图灵斑图, 274, 276

W

弯曲液面内外压强差的拉普拉斯公式, 320
微观状态, 95
微观状态的分布, 96, 99
微观状态数, 96—98
位力展开, 32
温标, 10—15, 229—232
温度, 7, 9, 38
温度的统计意义/温度的本质, 38
温熵图, 204
稳定态, 8
物态方程/状态方程, 23
物态/物质状态, 6
物态与物相的区别与联系, 344

X

稀薄气体中的输运现象, 266—268
相变, 6, 349—354
相变的分类, 351
相分离, 372, 373
相平衡的性质, 355, 356
相平衡/相平衡的条件, 353—355
相图, 24, 353, 395
相稳定条件, 345—349
泻流数率, 69
泻流现象, 69
信息, 128
信息量, 129
信息熵, 128, 129
序参量, 379, 389—397
循环过程, 169, 170

Y

压强, 7, 31, 35, 37, 45

雅尔津斯基等式, 279
亚稳态, 373
液滴, 283, 307
液体的表面内能, 316, 317
液体的表面能, 314—317
液体的表面熵, 318
液体的表面/液体的表面张力, 307
液体的表面张力系数, 309—315
液体的压缩, 293
液体分子的排列方式, 292, 293
液体分子热运动的特点, 293
液体与固体的接触角, 283, 327
液体与液体的接触角, 325, 326
液体中的输运现象, 299—306
一级相变, 351, 360
有序 – 无序相变, 378

Z

涨落, 57
涨落效应, 388
制冷机, 170
制冷系数, 171
重力场中微观粒子数密度随高度的分布, 77, 78
状态参量, 6, 7
准静态过程, 16—18
自发过程, 189, 217
自相似结构, 272
自旋, 94
自由度, 81—92
自由焓/吉布斯函数/吉布斯自由焓, 130, 222
自由能/亥姆霍兹自由能, 129, 219—221
自组织现象, 274
最概然分布, 99
最概然速率, 65, 70

附录 B　常见高斯积分表

$$\int_0^\infty e^{-\lambda x^2} dx = \frac{1}{2}\sqrt{\frac{\pi}{\lambda}}, \tag{B.1}$$

$$\int_0^\infty x e^{-\lambda x^2} dx = \frac{1}{2\lambda}, \tag{B.2}$$

$$\int_0^\infty x^2 e^{-\lambda x^2} dx = \frac{1}{4}\sqrt{\frac{\pi}{\lambda^3}}, \tag{B.3}$$

$$\int_0^\infty x^3 e^{-\lambda x^2} dx = \frac{1}{2\lambda^2}, \tag{B.4}$$

$$\int_0^\infty x^4 e^{-\lambda x^2} dx = \frac{3}{8}\sqrt{\frac{\pi}{\lambda^5}}, \tag{B.5}$$

$$\int_0^\infty x^5 e^{-\lambda x^2} dx = \frac{1}{\lambda^3}, \tag{B.6}$$

$$\int_0^\infty x^6 e^{-\lambda x^2} dx = \frac{15}{16}\sqrt{\frac{\pi}{\lambda^7}}. \tag{B.7}$$

附录 C　无法确定热力学势情况下确定系统相图的一个现代物理学研究实例简介

具体的计算和分析表明, 朗道相变理论及 (广义) 磁化率判据不仅可以准确确定相边界曲线 (相图), 还可以确定相变的临界终点. 并且, 对于研究非常复杂的难以给出热力学势的系统, 磁化率判据尤为有效. 作为应用实例, 我们引述一项利用这一方法对早期宇宙强相互作用物质系统的相变的研究, 供有意深入讨论这一方法及其应用的同学和教师们参阅.

近四十年的研究表明, 可以在场论层面上直接计算的手征夸克凝聚 $\langle \bar{q}q \rangle$ 是一个很好的表征该系统相变的序参量, 并且由化学势 (即密度) 为主要因素 (相对低温高密区域) 驱动的相变为一级相变, 由温度为主要因素 (相对高温低密区域) 驱动的相变为二级相变 (流夸克质量为零情况) 或连续过渡 (流夸克质量非零情况). 具体计算得到的由化学势驱动的早期宇宙强相互作用物质的相变过程中的序参量 ($-\langle \bar{q}q \rangle$) 及两相的磁化率 χ (χ_N 对应手征对称性动力学破缺 (夸克由之获得客观的动力学质量) 的低对称相, χ_W 对应保持手征对称性 (夸克都无质量) 的高对称相) 的演化行为如图 C.1 所示. 由图 C.1 可知, 在低化学势 (低密度) 区域, $\chi_N > 0$, $\chi_W < 0$, $-\langle \bar{q}q \rangle > 0$ 且近似为常量,

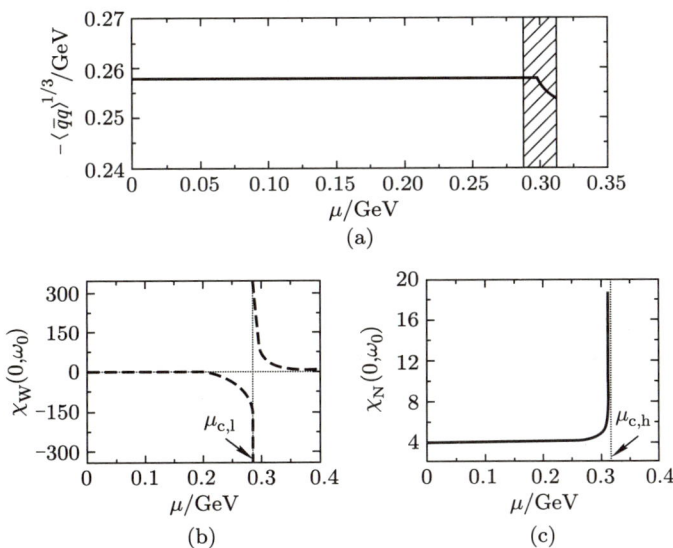

图 C.1　由化学势驱动的可发生一级相变的早期宇宙强相互作用物质的序参量 ($-\langle \bar{q}q \rangle$) 及两相的磁化率 χ (χ_N 对应低对称相, χ_W 对应高对称相) 的演化行为 (图片取自 Qin S X, Chang L, Chen H, et al. Phys. Rev. Lett., 2011, 106: 172301)

系统处于低对称相 (以夸克禁闭、手征对称性动力学破缺的强子物质存在). 在高化学势 (高密度) 区域, χ_N 不存在, $\chi_W > 0$, $-\langle \bar{q}q \rangle$ 保持为 0, 系统处于高对称相 (以夸克退禁闭、保持手征对称性的夸克物质存在). 在中等化学势区域, 存在两个临界化学势 $\mu_{c,l}, \mu_{c,h}$, 在 $\mu = \mu_{c,l}$ 的情况下, χ_N 保持大于 0, χ_W 在负无穷、正无穷双向发散, 从而手征对称性动力学破缺的低对称相保持为稳定相, 保持手征对称性的高对称相开始成为亚稳相. 在 $\mu = \mu_{c,h}$ 的情况下, χ_W 保持大于 0, χ_N 向正无穷发散, 从而手征对称性动力学破缺的低对称相成为不稳定相 (实际不再存在), 保持手征对称性的高对称相成为稳定相. 中间的 $\mu \in (\mu_{c,l}, \mu_{c,h})$ 的区间为两相共存区.

具体计算得到的由温度驱动的可发生二级相变的早期宇宙强相互作用物质的序参量 $(-\langle \bar{q}q \rangle)$ 及两相的 χ (χ_N 对应低对称相, χ_W 对应高对称相) 的演化行为如图 C.2 所示. 由图 C.2 可知, 在低温度区域, $\chi_N > 0$, $\chi_W < 0$, $-\langle \bar{q}q \rangle > 0$ 且近似为常量, 系统处于低对称相 (以夸克禁闭、手征对称性动力学破缺的强子物质存在). 在高温度区域, χ_N 不存在, $\chi_W > 0$, $-\langle \bar{q}q \rangle$ 保持为 0, 系统处于高对称相 (以夸克退禁闭、保持手征对称性的夸克物质存在). 在中等温度区域, 存在一个临界温度 T_c, 在 $T = T_c$ 的情况下, χ_N 在大于 0 的区域向正无穷发散, χ_W 在负无穷、正无穷双向发散, 从而手征对称性动力学破缺的低对称相由稳定相转变为不稳定相 (实际不存在), 保持手征对称性的高对称相成为稳定相.

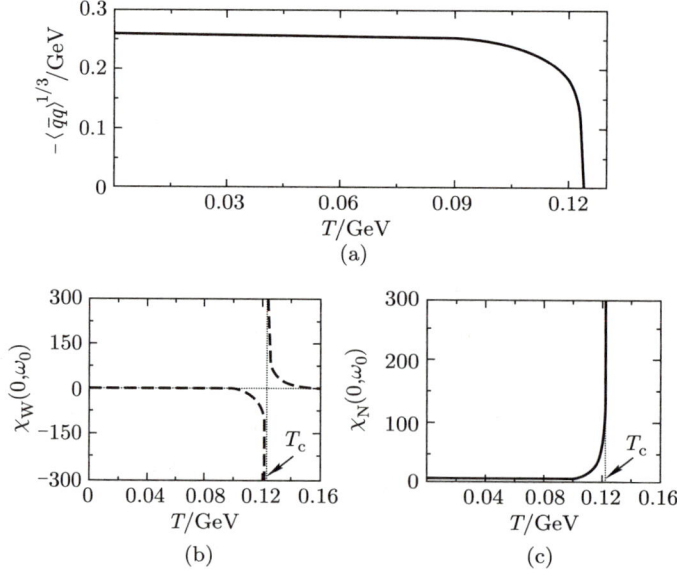

图 C.2 由温度驱动的可发生二级相变的早期宇宙强相互作用物质的序参量及两相的 χ 的演化行为 (图片取自 Qin S X, Chang L, Chen H, et al. Phys. Rev. Lett., 2011, 106: 172301)

附录 C 无法确定热力学势情况下确定系统相图的一个现代物理学研究实例简介

由上述讨论可知, 仅从 χ 的演化 (发散) 行为即可确定相边界曲线, 也就是可以确定相图.

事实上, 对于早期宇宙强相互作用物质的演化, 由于目前对于非微扰情况下强相互作用的行为和规律认识的不足, 相关研究大多采用模型方法 (一些模型具有很好的 QCD 基础、反映强相互作用的基本特征, 另一些则较唯象). 在具有很好的 QCD 基础的戴森 – 施温格方程框架下, 我们可以对夸克 – 胶子相互作用顶角采用简单的裸顶角模型, 也可以采用满足沃德 – 高桥恒等式 (Ward-Takahashi identity) 的鲍尔 – 赵顶角 (Ball-Chiu Vertex) 模型, 还可以采用更完整的常 – 刘 – 罗伯茨 – 秦模型等, 有关细节过于复杂, 这里不予细述. 在裸顶角模型下, 我们可以得到系统的 (有效) 热力学势, 也可以得到系统的 (广义) 磁化率, 因此我们可以采用分析热力学势的方法, 也可以采用计算并分析 (广义) 磁化率的方法确定系统的相图. 利用计算和分析 (广义) 磁化率的方法确定的相边界曲线分别如图 C.3 (a) 中的虚线、实线及高温低化学势区间内的点画线所示, 利用分析热力学势的方法得到的相边界曲线如图 C.3 (a) 中的点画线所示. 显然, 对于二级相变区域, 两种方法给出完全相同的结果; 对于一级相变区域, 由两相的热力学势相等得到的相边界曲线位于由分析两相的 (广义) 磁化率得到的相边界曲线之间, 这表明分析 (广义) 磁化率的方法不仅给出了相边界曲线, 还给出了两相共存区. 在 BC 顶角模型下, 我们无法得到系统的 (有效) 热力学势, 但可以通过求解戴森 – 施温格方程直接得到系统的 (广义) 磁化率, 因此分析 (有效) 热力学势确定系统的相边界曲线的方法失效, 但我们可以采用计算并分析 (广义) 磁化率的方法确定系统的相边界曲线. 所得结果如图 C.3 (b) 所示. 显然, 与裸顶角模型下的结果定性相同, 分析 (广义) 磁化率的方法很好地给出了系统的相图.

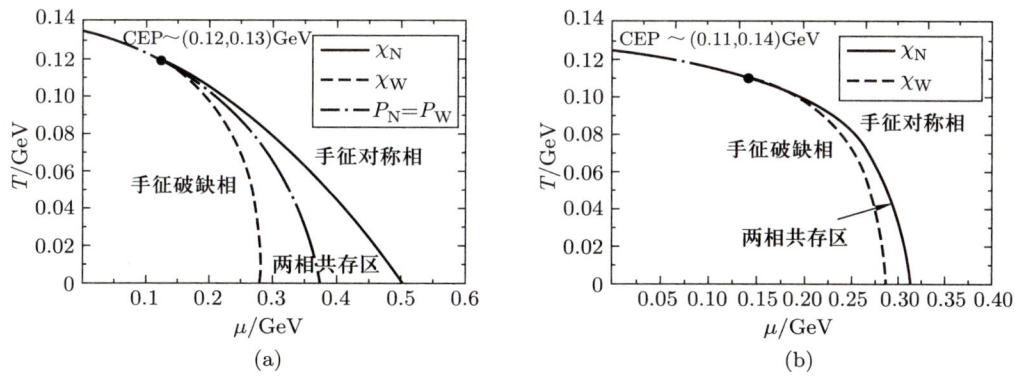

图 C.3 由温度和化学势驱动的组分粒子的流质量为 0 的强相互作用系统的相图 (图片取自 Qin S X, Chang L, Chen H, et al. Phys. Rev. Lett., 2011, 106: 172301)

另一方面, 我们知道, 在不同条件下, 一些系统可以发生不同级次的相变, 甚至仅通过连续过渡方式由一相演化到另一相. 不再能够通过一级相变由一相变化到另一相的分界状态统称为系统的临界终点 (严格地讲, 一级相变与连续过渡之间的分界状态称为临界终点, 一级相变与二级相变之间的分界状态称为三临界点). 由上述 (广义) 磁化率的演化及发散行为可知, (广义) 磁化率是一个很好的确定临界终点的标志量 (或判据), 由之可以准确确定系统的临界终点. 具体确定方案是: 在所考虑的控制参量空间内计算并分析 (广义) 磁化率的演化和发散行为, 两相的 (广义) 磁化率在同一状态发散的区域为二级相变 (或高级相变) 区, 两相的 (广义) 磁化率在不同状态发散的区域即为一级相变区, 两相的 (广义) 磁化率开始不在同一状态发散的状态即为临界终点. 例如, 利用戴森 – 施温格方程方法确定的早期宇宙强相互作用物质相变的临界终点如图 C.3 中由 CEP 标记的点所示 (实际为 TCP, 因为所讨论的系统是流质量为零的系统), 其对应的临界化学势与临界温度的比值与实验上估计的数值及格点 QCD 模拟计算得到的数值定性符合.

这里介绍了利用朗道相变理论统一描述二级相变和一级相变的框架, 给出了确定相边界曲线 (相图) 及相变临界终点的方案. 在这里的介绍中, 我们把热力学势中的序参量的各幂次的系数都视为唯象参数. 为应用于描述实际系统或解决实际问题, 我们可以利用实际问题所对应物质结构层次上的相互作用动力学确定这些系数, 或者在超出平均场层次上直接计算分析 (广义) 磁化率来实现. 尽管所举实际应用例子是早期宇宙强相互作用物质的相变 (由于理论和计算都很复杂, 这里仅给出结果, 未讨论在相应动力学 —— QCD 下如何进行具体计算), 但这里所介绍的框架完全可以应用于各种结构层次上的物质系统相变过程.

部分习题参考答案

第 一 章

1.1 $\dfrac{t'_s - t'_p}{t'_s - t'_i} t_i + \dfrac{t'_p - t'_i}{t'_s - t'_i} t_s$.

1.2 (1) 107 °C. (2) 8.4 cm.

1.3 0.873 cm; 3.717 cm.

1.4 (1) $t^* = 273.16 + \ln \dfrac{T_i}{273.16}$. (2) 273.16 °; 273.47 °. (3) 可能存在, 但实际上难以实现.

1.5 $\dfrac{273.15}{273.16}$.

1.6 373.15 K.

1.7 514.58 K (最小两点拟合); 443.61 K (线性拟合); 524.49 K (二次函数拟合).

1.8 约 420 K (419.4918 K (线性拟合), 419.5191 K (二次函数拟合), 419.81 K (最小两点拟合)).

1.9 略.

1.10 略.

1.11 略.

1.12 略.

第 二 章

2.1 温度升高, 压强随之升高, 力学平衡被破坏, 大气膨胀, 从而形成风.

2.2 $1.82 \, \text{m}^3/\text{kg}$.

2.3 388.36 kg.

2.4 5404 N.

2.5 $\dfrac{1}{2}\left[\sqrt{\left(a - h + \dfrac{p_0}{\rho g}\right)^2 + 4ah} - \left(a - h + \dfrac{p_0}{\rho g}\right)\right]$.

2.6 456 K.

2.7 (1) 3.53 cm. (2) 50 cmHg.

2.8 751.02 mmHg.

2.9 基本保持不变.

2.10 43.15 kg.

2.11 9.6 天.

2.12 (1) 1.6 atm. (2) 66.67%.

2.13 104.05 °C.

2.14 1.93 atm.

2.15 (1) 84.73 m. (2) 6.33×10^4 Pa.

2.16 28.92×10^{-3} kg/mol.

2.17 (1) 不能平衡. (2) 向装有氧气的容器一侧移动. (3) −63.15 °C.

2.18 1.176×10^{-2} Pa.

2.19 398.1 K.

2.20 25.37 atm; 比理想气体模型给出的结果 (约 29.33 atm) 小.

2.21 通常三维情况下, 7.73×10^3 K; 1.29×10^{-4} eV.

常见固体中 (受限为二维情况), 1.16×10^4 K; 8.63×10^{-5} eV.

2.22 它们的热运动动能都为 8.0109×10^{-15} J; 因为系统中组分粒子的无规则运动动能相对于组分粒子质量的最大偏差为 5.34×10^{-5}, 最小偏差为 4.07×10^{-5}, 所以在不考虑温度效应的情况下, 对该星体物质的性质进行计算时带来的系统误差大约为 5.34×10^{-5}.

2.23 1.2847×10^{-5} K.

2.24 1.1145×10^{10} K.

2.25 1.89×10^{21}.

2.26 6.42 K; 6.67×10^4 Pa.

2.27 略.

2.28 理想气体: 体膨胀系数 $\alpha_{\mathrm{IG}} = \dfrac{1}{T}$, 等体压强系数 $\beta_{\mathrm{IG}} = \dfrac{1}{T}$, 等温压缩系数 $\kappa_{T,\mathrm{IG}} = \dfrac{1}{p}$.

范德瓦耳斯气体: 体膨胀系数 $\alpha_{\mathrm{vdW}} = \dfrac{RV^2(V-b)}{RTV^3 - 2a(V-b)^2}$, 等体压强系数 $\beta_{\mathrm{vdW}} = \dfrac{RV^2}{RTV^2 - a(V-b)}$, 等温压缩系数 $\kappa_{T,\mathrm{vdW}} = \dfrac{[V(V-b)]^2}{RTV^3 - 2a(V-b)^2}$.

2.29 2371.259 atm.

2.30 $4.5 \times 10^{-7}\,°\mathrm{C}^{-1}$.

2.31 $\dfrac{d}{(\alpha_2 - \alpha_1)\Delta T}$.

2.32 慢 5.184 s.

2.33 $p(V-b) = CT$, 其中, b 和 C 为数值大于零的常量.

2.34 $V + bp - \dfrac{3}{4}aT^4 = $ 常量.

2.35 $p\left(V + \dfrac{a}{T^n} - b\right) = RT$, 其中, a, b, n, R 为常量.

第 三 章

3.1 (1) 图略. (2) $C = \dfrac{1}{v_0}$. (3) $\dfrac{v_0}{2}$.

3.2 $\dfrac{\displaystyle\int_{v_1}^{v_2} vF(v)\mathrm{d}v}{\displaystyle\int_{v_1}^{v_2} F(v)\mathrm{d}v}$.

3.3 $\sqrt{\dfrac{2m}{\pi k_{\mathrm{B}} T}}$.

3.4 证明略; 平动动能的最概然值为 $\dfrac{1}{2}k_{\mathrm{B}}T$.

3.5 方均根速率、平均速率和最概然速率分别为 $\sqrt{\dfrac{k_{\mathrm{B}}T}{m}}$, $\sqrt{\dfrac{2k_{\mathrm{B}}T}{\pi m}}$, 0.

3.6 方均根速率、平均速率和最概然速率分别为 $\sqrt{\dfrac{2k_\mathrm{B}T}{m}}, \sqrt{\dfrac{\pi k_\mathrm{B}T}{2m}}, \sqrt{\dfrac{k_\mathrm{B}T}{m}}$.

3.7 略.

3.8 $\dfrac{3\pi}{8}$.

3.9 最概然速率、平均速率和方均根速率分别为 394.73 m/s, 445.52 m/s, 483.44 m/s.

3.10 $6.35 \times 10^{13}\,\mathrm{m}^{-3}$; $2.63 \times 10^{-7}\,\mathrm{Pa}$.

3.11 $\overline{v_x^2} = \dfrac{k_\mathrm{B}T}{m}$; $\overline{\varepsilon}_\mathrm{k} = \dfrac{1}{2}k_\mathrm{B}T$.

3.12 (1) $1.9138 \times 10^{-317}/(\mathrm{m}^2\cdot\mathrm{s})$; $1.481 \times 10^{-316}\,\mathrm{kg}$.   (2) $1.32 \times 10^6/(\mathrm{m}^2\cdot\mathrm{s})$.
(3) 具体计算略.

3.13 $T_\text{氢逸} = 448\,\mathrm{K}$, $T_\text{氮逸} = 6271\,\mathrm{K}$, $T_\text{氧逸} = 7167\,\mathrm{K}$, 月球表面附近的最高温度约为 400 K. 由于在月球表面附近, 氢分子、氮分子和氧分子等的逃逸温度都高于月球表面附近的温度, 因此这些气体都可以存在于月球表面. 又由于月球表面空气分子的逃逸速率为 $1.502 \times 10^{10}/(\mathrm{m}^2\cdot\mathrm{s})$, 很容易逃逸, 因此月球上仅可能有极稀薄且组分结构复杂的大气.

3.14 $\dfrac{2\pi p}{m^2}\left(\dfrac{m}{2\pi k_\mathrm{B}T}\right)^{3/2}\left(k_\mathrm{B}T + \dfrac{1}{2}mv_0^2\right)\mathrm{e}^{-\dfrac{mv_0^2}{2k_\mathrm{B}T}}$.

3.15 (1) 证明略.   (2) 因为只有当器壁很薄、小孔很小, 从而气体分子在小孔所在区域内不会因为发生碰撞而改变方向时, 才能保证测量到的泻流出小孔的分子数等于容器内气体分子撞击到所考察的器壁上小孔所在区域的数目, 即容器内气体经小孔泻流出的分子数, 也就是说, 只有在器壁很薄、小孔很小的情况下, 上述公式成立的条件才能满足. 另一方面, 只有压强很低的气体才能近似为理想气体, 从而 $\varGamma = \dfrac{1}{4}n\overline{v}$ 和 $p = nk_\mathrm{B}T$ 成立.

3.16 略.

3.17 2232 级.

3.18 (1) $\varGamma_{\Delta S} = \dfrac{p\Delta S}{\sqrt{2\pi m k_\mathrm{B}T}}$, 其中, m 为气体分子的质量.   (2) $\dfrac{4V\ln 2}{\overline{v}\Delta S}$.

3.19 (1) 证明略.   (2) $f_\mathrm{2D,B}(\boldsymbol{v}) = \dfrac{4}{\sqrt{\pi}}\left(\dfrac{m}{2k_\mathrm{B}T}\right)^{3/2}v^2\mathrm{e}^{-mv^2/(2k_\mathrm{B}T)}$.   (3) $I_\parallel = -n_0 e\sqrt{\dfrac{k_\mathrm{B}T}{8\pi m}}$.

3.20 20.12 s.

3.21 1953.56 m.

3.22 分别为 $2.86 \times 10^4\,\mathrm{Pa}$, $3.31 \times 10^4\,\mathrm{Pa}$.

3.23 $k_\mathrm{B}T$.

3.24 8050.04 m.

3.25 $5.302 \times 10^{18}\,\mathrm{kg}$.

3.26 $p(z) = p_0\left(1 - \dfrac{\alpha}{T_0}z\right)^{\dfrac{\mu g}{\alpha R}}$.

3.27 平动动能和转动动能分别为 3741.37 J, 2494.25 J.

3.28 1 mol 氢气和 1 mol 氮气的内能都为 6232.5 J; 1 g 氢气和 1 g 氮气的内能分别为 3116.25 J, 222.59 J.

3.29 25%.

3.30 3675 J.

3.31 $5886.25 \text{ J}/(\text{kg} \cdot \text{K})$.

3.32 汞蒸气分子、氖气分子和氦气分子的平均动能相同, 但它们的方均根速率不同, 其间的比值为 $\dfrac{1}{\sqrt{m_{\text{Hg}}}} : \dfrac{1}{\sqrt{m_{\text{Ne}}}} : \dfrac{1}{\sqrt{m_{\text{He}}}}$.

3.33 $c_{V,\text{m}} = \dfrac{3R}{\mu}$, 其中, μ 为夸克形成的物质的摩尔质量.

3.34 $n\left(\dfrac{k_\text{B} T}{2\pi m}\right)^{1/2} e^{-\frac{mv_s^2}{2k_\text{B} T}}$.

3.35 略.

3.36 (1) 既可以测量到发射谱, 也可以测量到吸收谱.　(2) 强度相等.

3.37 略.

3.38 (1) 火星表面的平均温度和月亮面向太阳的一面的平均温度分别为 $-46\,°\text{C}$, $59\,°\text{C}$.
(2) 6.88×10^9 年.　(3) 0.247 天.　(4) $0.92\,\text{W}/\text{m}^2$.

3.39 结果依赖于体表温度 T_B 和舒适室温 T_R 的取值, 对于 $T_\text{B} = 35.5\,°\text{C}$, $T_\text{R} = 20.0\,°\text{C}$, 并考虑室温下空气有吸收系数 0.9 的情况下, 辐射功率约为 $248\,\text{W}$.

3.40 (1) $9269\,\text{nm}$.　(2) 约 10%.

3.41 单位体积内的分子数为 $3.22 \times 10^{17}\,\text{m}^{-3}$, 分子的平均自由程 $\overline{\lambda}$ 和碰撞频率 $\overline{Z}$ 分别为 $7.77\,\text{m}$, $60.2\,\text{s}^{-1}$.

3.42 $0.274\,\text{nm}$.

3.43 略.

3.44 $3.11 \times 10^{-5}\,\text{s}$.

3.45 (1) $5.21 \times 10^4\,\text{Pa}$.　(2) 3.80×10^6.

3.46 $3.1 \times 10^{-2}\,\text{Pa}$.

3.47 (1) $10\,\text{cm}$.　(2) $60.65\,\mu\text{A}$.

3.48 $1.09 \times 10^{-7}\,\text{Pa}$.

第 五 章

5.1 (1) 图略; $\dfrac{1}{2}k(V_2^2 - V_1^2)$.　(2) 图略; 0.　(3) 图略; $\dfrac{\nu R}{k}(V_2 - V_1)$.

5.2 (1) $\Delta U = 623.25\,\text{J}$, $\Delta Q = 623.25\,\text{J}$, $W = 0$.　(2) $\Delta U = 623.25\,\text{J}$, $\Delta Q = 1038.75\,\text{J}$, $W = -415.50\,\text{J}$.　(3) $\Delta U = 623.25\,\text{J}$, $\Delta Q = 0$, $W = 623.25\,\text{J}$.

5.3 $Q = n\left[a(T_2 - T_1) + \dfrac{b}{2}(T_2^2 - T_1^2) - \dfrac{c}{3}(T_2^3 - T_1^3)\right]$.

5.4 (1) $Q_1 = 25173.74\,\text{J}$.　(2) 不同, $Q_2 = 6293.44\,\text{J}$.

5.5 (1) $H_\text{m} = cT + V_0 p + bp^2$.　(2) $C_{p,\text{m}} = c$; $C_{V,\text{m}} = c - \dfrac{(V - V_0)a}{b} + \dfrac{2a^2}{b}T$.

5.6 $343.69\,\text{m/s}$.

5.7 $76\,\text{J}$.

5.8 $3.45 \times 10^{-3}\,\text{J}$.

5.9 $\kappa_{\text{IG},S} = \dfrac{1}{(1+K)p_\text{IG}}$.

5.10 $3231.65\,\text{m}$.

5.11 $TR = $ 常量.

5.12 略.

5.13 以 1 mol 范德瓦耳斯气体为例,
$$\left(\frac{\Delta T}{\Delta p}\right)_S = \frac{V_m^3(V_m - b)RT}{V_m^3(C_{V,m} + R)RT - 2a(V_m - b)^2}.$$

5.14 比较 5.13 题的结果和节流膨胀过程中相应的比值 (焦耳 – 汤姆孙系数)
$$\left(\frac{\Delta T}{\Delta p}\right)_H = \frac{2aV_m(V_m - b)^2 - bRTV_m^3}{V_m^3(C_{V,m} + R)RT - 2a(V_m - b)^2}$$

可知, 在温度较高的情况下, 采用绝热膨胀法, 范德瓦耳斯气体的降温效率较高; 在温度较低的情况下, 采用节流膨胀法, 范德瓦耳斯气体的降温效率较高. 因此, 使范德瓦耳斯气体高效率降温的装置可以是绝热膨胀装置与节流膨胀装置级联的装置. 具体地, 先采用绝热膨胀装置对气体进行预冷, 当其温度降到一定程度后, 再进入节流膨胀装置, 就可以使范德瓦耳斯气体高效率降温.

5.15 略.

5.16 (1) $\rho = C'' T^{1/(\gamma-1)}$, $\dfrac{dT}{dz} = -\dfrac{\overline{\mu}g}{C_{p,m} + \Lambda_{vp,m}\dfrac{dc_{vp}}{dT}}$, 其中, C'' 为数值大于零的常量. 由此即可确定大气密度随高度变化的行为, 亦即确定其稳定性.

(2) 具体计算略; 该日该地区的大气不真正稳定, 具体地, 该日该地区的大气将下沉.

5.17 4035 m.

5.18 (1) 6.23 °C. (2) 1409 m. (3) −2 °C. (4) 11.76 mm. (5) 26.78 °C; 温度较高, 湿度较低.

5.19 略.

5.20 (1) 1.2. (2) −62.5 J. (3) 125 J. (4) 62.5 J.

5.21 证明略; 气体的温度随体积增大 (压强减小) 而降低.

5.22 (1) $Q' = \dfrac{3GM^2}{5}\dfrac{R_1 - R_2}{R_1 R_2}$. (2) $c = \dfrac{C}{M} = -\dfrac{7\nu R}{2M}$.

5.23 (1) 图略; $p_{m_1} = 2 \times 10^5$ Pa, $V_{m_1} = 5$ L; $p_{m_2} = 1 \times 10^5$ Pa, $V_{m_2} = 5$ L; $p_{m_3} = 1 \times 10^5$ Pa, $V_{m_3} = 3$ L; $p_f = 2 \times 10^5$ Pa, $V_f = 3$ L. (2) 200 J. (3) 9.3%.

5.24 略.

5.25 (1) 93.3 K. (2) 46.6 K.

5.26 (1) 70%. (2) 102.04 MJ. (3) 1.24 K.

5.27 (1) $0.395\, p_1 V_1$. (2) 11.3%. (3) 62%.

5.28 略.

5.29 82.84 %.

5.30 略.

5.31 0.20 kg.

5.32 $\eta = 1 - \left(\dfrac{V_2}{V_1}\right)^{\gamma-1}$.

5.33 $\eta = 1 - \dfrac{1}{\gamma}\left(\dfrac{V_2}{V_1}\right)^{\gamma-1}\dfrac{\left(\dfrac{V_3}{V_2}\right)^{\gamma} - 1}{\dfrac{V_3}{V_2} - 1}$.

5.34 (1) $VT^3 = $ 常量 $= V_0 T_0^3$; $\eta = 1 - \dfrac{T}{T_0}$. (2) $\gamma_1 = 1$; $\gamma_2 = 1.68$. (3) $Q = \left(2^{\frac{1}{\beta-1}} - 1\right)\beta\sigma T_0^4 V_0$; $T = 8^{-\frac{\frac{4}{3}-\beta}{4(1-\beta)}} T_0$.

5.35 略.

5.36 (1) 34 元. (2) 30.53 元.

第 六 章

6.1 略.

6.2 略.

6.3 $0.03\,R$.

6.4 $\Delta S = mc_p \ln \dfrac{(T_1 + T_2)^2}{4T_1 T_2} > 0$.

6.5 $\Delta S = -8.22\,\text{kJ/K}$.

6.6 $16\,\text{J/K}$.

6.7 $278.06\,\text{J/K}$.

6.8 (1) 0; $8.33\,\text{J/K}$. (2) 两熵变都增加约 $5.79\,\text{J/K}$.

6.9 $3.48 \times 10^{-3}\,\text{J/K}$.

6.10 $\Delta S = Mc_p \left(1 - \ln \dfrac{2T_1}{T_1 + T_2} - \dfrac{T_2}{T_1 - T_2} \ln \dfrac{T_1}{T_2}\right)$.

6.11 约 $9.57\,\text{J/(K·s)}$.

6.12 $S_{G,m} = S_{0,m} + C_{V,m} \ln T + R \ln V_m$; $\eta_G = \dfrac{2}{3\sigma} \sqrt{\dfrac{mk_B T}{\pi}}$;

$\dfrac{\eta_G}{S_{G,m}} = \dfrac{\dfrac{2}{3\sigma} \sqrt{\dfrac{mk_B T}{\pi}}}{S_{0,m} + C_{V,m} \ln T + R \ln V_m}$; 图略.

6.13 $\Delta S = C_{p,m} \ln \dfrac{T_2}{T_1} + C_{V,m} \ln \dfrac{T_3}{T_2}$; 与直接用理想气体熵公式所得结果一样.

6.14 三种情况都为 $R \ln 2$, 其中, R 为普适气体常量.

6.15 $85.28\,\text{J/(K·s)}$.

6.16 (1) 至少为 $3730.66\,\text{J/K}$. (2) $477.83\,\text{J/K}$.

6.17 略.

6.18 $4.415 \times 10^{-284}\,\text{s}$; 由于观测到上述情况的时间极短, 从而概率近似为零, 因此自由膨胀过程为不可逆过程.

6.19 略.

6.20 $W_{\max} = C_{p,1} T_1 + C_{p,2} T_2 - (C_{p,1} + C_{p,2}) T_1^{\frac{C_{p,1}}{C_{p,1}+C_{p,2}}} T_2^{\frac{C_{p,2}}{C_{p,1}+C_{p,2}}}$.

6.21 略.

6.22 略.

6.23 略.

6.24 $S(T,V) = C_V \ln T + \nu R \ln(V - \nu b) + S_0$;

$F(T,V) = C_V T(1 - \ln T) - \nu RT \ln(V - \nu b) - \dfrac{\nu^2 a}{V} + F_0$;

$$G(T,V) = C_V T(1-\ln T) + \nu RT\left[\frac{V}{V-\nu b} - \ln(V-\nu b)\right] - \frac{2\nu^2 a}{V} + G_0;$$

图略;

与理想气体模型下的结果相比,熵的表达式几乎相同,但范德瓦耳斯模型的自由能和自由焓都多出了 V^{-1} 及 $V/(V-\nu b)$ 的项,使得其不再单调,从而可以描述相变.

6.25 略.

6.26 略.

6.27 证明略; $B = 2A$; $n = 3$.

第 七 章

7.1 略.

7.2 $\omega(t) = \omega_0 e^{-\eta[\pi R^2/(lmd)]t}$.

7.3 $14\,\mu m$.

7.4 约 $0.2\,K$.

7.5 略.

7.6 (1) $-\kappa_0 \dfrac{(T_2-T_1)}{d} S\left(1+\gamma\dfrac{T_2+T_1}{2}\right)$. (2) $61.8\,°C$.

7.7 并联与串联时的传热效率相差 3.5 倍.

7.8 $4.05\,mm$.

7.9 有薄膜时约为 $140\,°C$,无薄膜时约为 $73.95\,°C$.

7.10 略.

7.11 (1) 密度梯度 (由左到右) 约为 $-1.027\,kg/m^4$. (2) 从左侧移往右侧的放射性分子数和从右侧移往左侧的放射性分子数分别为 $(1.191 + 9.16\times 10^{-8})\times 10^{23}$, $(1.191 - 9.16\times 10^{-8})\times 10^{23}$. (3) $7\times 10^{-10}\,kg$.

7.12 (1) $\overline{\lambda} = 2.64\times 10^{-7}\,m$. (2) $r = 8.9\times 10^{-11}\,m$.

7.13 $1.34\times 10^{-7}\,m$.

7.14 分别变为原来的 2 倍、$\sqrt{2}$ 倍、$\sqrt{2}$ 倍、$2\sqrt{2}$ 倍.

7.15 $2nmv^2$.

7.16 略.

7.17 略.

7.18 $1.19\times 10^{-23}\,J/K$.

第 八 章

8.1 $\eta_0 = 1.8\times 10^{-6}\,(N\cdot s)/m^2$; $E_a = 2.6\times 10^{-20}\,J$.

8.2 $S_{L,m} = S_{L,m,0} + C_{p,L,m}\ln T - R\ln\left(p - \dfrac{a}{V_m^2} + \dfrac{2ab}{V_m^3}\right)$;

$$\frac{\eta_L}{S_{L,m}} = \frac{\eta_0 e^{E_a/(k_B T)}}{S_{L,m,0} + C_{p,L,m}\ln T - R\ln\left(p - \dfrac{a}{V_m^2} + \dfrac{2ab}{V_m^3}\right)};\qquad 图略.$$

8.3 $\overline{\tau} = 1.07\times 10^{-11}\,s$.

8.4 $1.08\times 10^8\,J$.

8.5 $5.4\times 10^{-6}\,K$.

8.6 1.61 mm.

8.7 略.

8.8 12662.5 Pa.

8.9 略.

8.10 0.0743 N/m.

8.11 水面波的形成机制是重力和表面张力共同作用下振动的传播; 证明略; $\sigma = \frac{1}{2\pi}\nu^2\lambda^3\rho$.

8.12 (1) 证明略. (2) 肥皂泡是直径都约为 6.1 mm, 一边呈在管口下凸出约 5.33 mm 的大于半球的状态, 另一边呈在管口下凸出约 0.75 mm 的小于半球的状态.

8.13 102920 Pa.

8.14 (1) $\rho_1 = \left(1 + \frac{2\sigma\kappa}{r}\right)\rho_0$, 其中, ρ_0 为处于空气中的液体的密度. (2) 4.2×10^{-15} kg.

8.15 (1) $p = p_0 + \frac{4\sigma}{R}$. (2) $p = p_0 + \frac{4\sigma}{R} - \frac{Q^2}{32\pi^2\varepsilon_0 R^4}$; R 相对于 R_0 变大.

(3) $R \approx \left[1 + \frac{Q^2}{32\pi^2\varepsilon_0(3p_0R_0^4 + 8\sigma R_0^3)}\right]R_0$; 显然, $R > R_0$.

8.16 0.134 mm.

8.17 5.39×10^{-5} m.

8.18 7.25×10^{-2} N/m.

8.19 223.5 mm.

8.20 25.55 N.

8.21 约 3 mm.

8.22 2.52 cm.

8.23 (1) 713 mm. (2) 0.9598×10^5 Pa. (3) 约 1.8×10^{-3} m.

8.24 0.174 m.

8.25 (1) 3292.8 Pa. (2) 1.2 cm.

8.26 (1) 70.77 cm. (2) 71.28 cm. (3) 1.96 mm.

8.27 (1) $h(\theta=0) = \frac{\rho + \frac{2\sigma}{rHg}}{\rho_1 - \rho}H$; $h(\theta=\pi) = \frac{\rho - \frac{2\sigma}{rHg}}{\rho_1 - \rho}H$.

(2) $\alpha(t) = \frac{\pm 2\sigma_0 k}{r\rho g(h+H) \pm 2\sigma_0 \mp 2\sigma_0 kt}$, 其中, $\pm$ ($\mp$) 中的 "+" "−" ("−" "+") 分别对应液体对固体完全润湿、完全不润湿两种情况.

8.28 约 5.3 cm.

8.29 约 24.9 cm.

8.30 当水柱长为 2.00 cm 时, 其上下液面都凹向液体内部; 当水柱长为 4.00 cm 时, 其上液面凹向液体内部, 下液面凸向液体外部; 当水柱长为 2.98 cm 时, 其上液面凹向液体内部, 下液面平直.

8.31 $z = \frac{\sigma}{\rho g}\frac{\mathrm{d}}{\mathrm{d}x}\left[\frac{\frac{\mathrm{d}z}{\mathrm{d}x}}{\sqrt{1+\left(\frac{\mathrm{d}z}{\mathrm{d}x}\right)^2}}\right]$.

8.32 约 15 N.

8.33 $\sqrt{\dfrac{2\sigma}{\rho g}}$.

8.34 题设情况下, 包含水分及营养物质的液体在内半径为 5 μm 的导管内向上传输的最大高度 $h = 3.34\,\text{m}$.

这表明, 包含水分及营养物质的液体在内半径为 5 μm 的导管内向上传输的最大高度大于通常的农作物及花草灌木的高度, 那么包含水分及营养物质的液体可以传输到农作物及花草灌木的顶端, 因此水分及营养物质在农作物及花草灌木中传输的机制可能主要是毛细现象. 但高大树木的高度远高于前述结果. 这就是说, 毛细现象无法使水分及营养物质传输到高大树木的顶端. 从而高大树木中水分及营养物质的传输一定还有毛细现象之外的其他机制.

第 九 章

9.1 $-1 < K_{\text{DE}} < 0$.

9.2 略.

9.3 温度降低, 凝结效应增强.

9.4 下雪时, 蒸气凝结成固体, 释放热量, 因此下雪时相对不冷; 化雪时, 固态转变为液态, 吸收热量, 因此化雪时相对更冷.

9.5 略.

9.6 -1.354×10^7 Pa/K.

9.7 2.764×10^{-4} K/Pa.

9.8 4.1×10^8 Pa.

9.9 2.32×10^4 J/kg.

9.10 65033.58 J/mol.

9.11 2.45×10^6 J/kg.

9.12 氨的三相点温度、压强分别为 195.2 K, 4.52×10^6 Pa; 氨在其三相点的汽化热、升华热和熔解热分别为 1.497×10^6 J /kg, 1.835×10^6 J/kg, 3.38×10^5 J/kg.

9.13 (1) $\left(\dfrac{dp}{dT}\right)_{\text{sub}} = \left(\dfrac{dp}{dT}\right)_{\text{sv}} + \dfrac{\mu p_{\text{tr}}}{RT_{\text{tr}}}\left[\left(\dfrac{dp}{dT}\right)_{\text{sol}} - \left(\dfrac{dp}{dT}\right)_{\text{sv}}\right]\left(\dfrac{1}{\rho_{\text{L}}} - \dfrac{1}{\rho_{\text{S}}}\right)$, 其中, $\left(\dfrac{dp}{dT}\right)_{\text{sv}}$, $\left(\dfrac{dp}{dT}\right)_{\text{sol}}$ 分别为其饱和蒸气压曲线、熔解曲线的斜率. (2) 证明略.

9.14 (1) 12.5 μm/s. (2) 约 20 min.

9.15 (1) $\Delta U = M\left[l - \left(\dfrac{p_1}{\rho_2} - \dfrac{p_1}{\rho_1}\right)\right]$. (2) $\Delta S = Ml/T$.

9.16 略.

9.17 略.

9.18 (1) 证明略. (2) $\Delta T_{\text{S}}(D_{\text{p}}) = -\dfrac{33.38}{D_{\text{p}}}\left(1 - \dfrac{0.39}{D_{\text{p}}^2}\right)$, 其中, D_{p} 以 nm 为单位; 前述简单理论关系与实验测量结果在定性上符合得很好, 在定量上稍有差异. (3) $\sigma = \sigma_0\left(1 - \dfrac{0.39}{D_{\text{p}}^2}\right)$; 讨论略.

9.19 一级相变中, 序参量有突变; 二级相变中, 序参量连续变化; 图略.

9.20 $\Omega(L, \varepsilon) = \Omega_0 + \dfrac{1}{2}a\varepsilon^2 + \dfrac{1}{4}b\varepsilon^4 + \dfrac{1}{6}c\varepsilon^6$, 其中的系数 $a = a_{01}(L_{c0} - L) + a_{00}$, $b = b_0(L_{c0} - L)$, $c > 0$, $b_0 > 0$, $a_{00} > 0$, $-\dfrac{a_{00}}{|L_{c0} - L|} < a_{01} < \dfrac{b_0^2|L - L_{c0}|}{4c} - \dfrac{a_{00}}{|L_{c0} - L|}$; 图略.

9.21 略 (因为正文中有详述).

9.22 弱耦合相, 理想气体模型, $\dfrac{\eta_{\text{G}}}{S_{\text{G,m}}} = \dfrac{\dfrac{2}{3\sigma}\sqrt{\dfrac{mk_{\text{B}}T}{\pi}}}{S'_{\text{G,m},0} + C_{p,\text{G,m}}\ln T - R\ln p}$;

强耦合相, 范德瓦耳斯模型与经验规律相结合,

$\dfrac{\eta_{\text{L}}}{S_{\text{L,m}}} = \dfrac{\eta_0 \mathrm{e}^{E_{\text{a}}/(k_{\text{B}}T)}}{S_{\text{L,m},0} + C_{V,\text{L,m}}\ln T + R\ln[V_{\text{m}}^3 RT - 2a(V_{\text{m}} - b)^2]}$;

图略;

液相的剪切黏度与摩尔熵的比值随温度升高而减小, 即是温度的减函数. 气相的剪切黏度与摩尔熵的比值随温度升高而增大, 即是温度的升函数. 而这明显不同, 因此可作为观测量.

9.23 $\Omega(T,\eta) = \Omega_0(T) + \dfrac{1}{2}\alpha\eta^2 + \dfrac{1}{4}\beta\eta^4 + \dfrac{1}{6}\gamma\eta^6 + \cdots$, 其中, $\gamma > 0$, $\alpha = \alpha_{01}(T - T_{\text{c}})\theta(\mu_{\text{c},1} - \mu) + \alpha_{02}(\mu - \mu_{\text{c},1})\theta(T_{\text{c}} - T) + \alpha_{03}\theta(\mu - \mu_{\text{c},1})\theta(T - T_{\text{c}})$, $\beta = \beta_{01}(T - T_{\text{c}})\theta(\mu_{\text{c},2} - \mu) + \beta_{02}(\mu - \mu_{\text{c},2})\theta(T_{\text{c}} - T) + \beta_{03}\theta(\mu - \mu_{\text{c},2})\theta(T - T_{\text{c}})$, $\alpha_{0i}\ (i = 1,2,3)$ 和 $\beta_{0i}\ (i = 1,2,3)$ 为由其他控制参量决定的正定函数或常量, $\theta(x)$ 为阶跃函数 (即 $x \leqslant 0$ 时, $\theta(x) = 0$; $x > 0$ 时, $\theta(x) = 1$), $\mu_{\text{c},1} < \mu_{\text{c},2}$.

9.24 $C_{\text{s}}^2 = \dfrac{\partial p}{\partial \rho} = \dfrac{\gamma}{\mu}\left[\dfrac{\mu^2}{(\mu - bp)^2}RT - \dfrac{2a\rho}{\mu}\right]$; 图和讨论略.

主要参考书目

[1] 李椿, 章立源, 钱尚武. 热学 [M]. 2 版. 北京: 高等教育出版社, 2008.

[2] 秦允豪. 热学 [M]. 北京: 高等教育出版社, 1999.

[3] 赵凯华, 罗蔚茵. 新概念物理教程·热学 [M]. 2 版. 北京: 高等教育出版社, 2005.

[4] 包科达. 热物理学基础 [M]. 北京: 高等教育出版社, 2001.

[5] 陆果. 基础物理学教程: 下卷 [M]. 北京: 高等教育出版社, 1998.

[6] 常树人. 热学 [M]. 天津: 南开大学出版社, 2001.

[7] 李洪芳. 热学 [M]. 上海: 复旦大学出版社, 1994.

[8] 范宏昌. 热学 [M]. 北京: 科学出版社, 2003.

[9] 王竹溪. 热力学 [M]. 2 版. 北京: 北京大学出版社, 2015.

[10] 汪志诚. 热力学·统计物理 [M]. 6 版. 北京: 高等教育出版社, 2019.

[11] 林宗涵. 热力学与统计物理学 [M]. 2 版. 北京: 北京大学出版社, 2018.

[12] 徐耀祖. 相变原理 [M]. 北京: 科学出版社, 1988.

[13] 于渌, 郝柏林. 相变和临界现象 [M]. 北京: 科学出版社, 1984.

[14] 张裕恒. 超导物理 [M]. 合肥: 中国科学技术大学出版社, 1997.

[15] 李如生. 非平衡态热力学和耗散结构 [M]. 北京: 清华大学出版社, 1986.

[16] 孙宗扬, 郑久仁. 热物理习题精解: 上册 [M]. 北京: 科学出版社, 2004.

[17] Zemansky M W. Heat and Thermodynamics [M]. 3rd ed. McGraw-Hill Book Company, Inc., 1951.

[18] Resnick R, Halliday D, Krane K S. Physics: Vol. 2 [M]. 4th ed. John Wiley & Sons, Inc., 1992.

[19] Landau L D, Lifshitz E M. Statical Physics [M]. 3rd ed. Pergamon Press, 1986.

[20] Reichl L E. A Modern Course in Statistical Physics [M]. University of Texas Press, 1980.

[21] Kittel C, Kroemer H. Thermal Physics [M]. W.H. Freeman and Company, 1980.

[22] Plischke M, Bergerson B. Equilibrium Statistical Physics [M]. World Scientific Publishing Co. Pte. Ltd., 2006.

[23] Chaikin P M, Lubensky T C. Principles of Condensed Matter Physics [M]. Cambridge University Press, 1995.